Grundlagen der Baubetriebslehre 3

Fritz Berner · Bernd Kochendörfer ·
Rainer Schach · Hans Christian Jünger ·
Jens Otto · Matthias Sundermeier

Grundlagen der Baubetriebslehre 3

Baubetriebsführung

3. Auflage

Fritz Berner
Universität Stuttgart
Stuttgart, Deutschland

Rainer Schach
Technische Universität Dresden
Dresden, Deutschland

Jens Otto
Institut für Baubetriebswesen
Technische Universität Dresden
Dresden, Deutschland

Bernd Kochendörfer
KVL Bauconsult GmbH
Berlin, Deutschland

Hans Christian Jünger
Institut für Baubetriebslehre
Universität Stuttgart
Stuttgart, Deutschland

Matthias Sundermeier
Institut für Bauingenieurwesen
Technische Universität Berlin
Berlin, Deutschland

ISBN 978-3-658-47552-9   ISBN 978-3-658-47553-6 (eBook)
https://doi.org/10.1007/978-3-658-47553-6

Die Deutsche Nationalbibliothek verzeichnet diese Publikation in der Deutschen Nationalbibliografie; detaillierte bibliografische Daten sind im Internet über https://portal.dnb.de abrufbar.

© Der/die Herausgeber bzw. der/die Autor(en), exklusiv lizenziert an Springer Fachmedien Wiesbaden GmbH, ein Teil von Springer Nature 2009, 2015, 2025

Das Werk einschließlich aller seiner Teile ist urheberrechtlich geschützt. Jede Verwertung, die nicht ausdrücklich vom Urheberrechtsgesetz zugelassen ist, bedarf der vorherigen Zustimmung des Verlags. Das gilt insbesondere für Vervielfältigungen, Bearbeitungen, Übersetzungen, Mikroverfilmungen und die Einspeicherung und Verarbeitung in elektronischen Systemen.
Die Wiedergabe von allgemein beschreibenden Bezeichnungen, Marken, Unternehmensnamen etc. in diesem Werk bedeutet nicht, dass diese frei durch jede Person benutzt werden dürfen. Die Berechtigung zur Benutzung unterliegt, auch ohne gesonderten Hinweis hierzu, den Regeln des Markenrechts. Die Rechte des/der jeweiligen Zeicheninhaber*in sind zu beachten.
Der Verlag, die Autor*innen und die Herausgeber*innen gehen davon aus, dass die Angaben und Informationen in diesem Werk zum Zeitpunkt der Veröffentlichung vollständig und korrekt sind. Weder der Verlag noch die Autor*innen oder die Herausgeber*innen übernehmen, ausdrücklich oder implizit, Gewähr für den Inhalt des Werkes, etwaige Fehler oder Äußerungen. Der Verlag bleibt im Hinblick auf geografische Zuordnungen und Gebietsbezeichnungen in veröffentlichten Karten und Institutionsadressen neutral.

Planung/Lektorat: Karina Danulat
Springer Vieweg ist ein Imprint der eingetragenen Gesellschaft Springer Fachmedien Wiesbaden GmbH und ist ein Teil von Springer Nature.
Die Anschrift der Gesellschaft ist: Abraham-Lincoln-Str. 46, 65189 Wiesbaden, Germany

Wenn Sie dieses Produkt entsorgen, geben Sie das Papier bitte zum Recycling.

Vorwort zur dritten Auflage

Mit der hier vorliegenden dritten Auflage des Band 3 „Baubetriebsführung" sind die Grundlagen der Baubetriebslehre nunmehr über die Themenfelder Baubetriebswirtschaft (Band 1) und Baubetriebsplanung (Band 2) hinaus vollständig aktualisiert. Die gewohnte Betrachtungsweise entlang der Phasen eines Bauprojektes aus der Sicht der Bauunternehmungen ist nicht geändert worden und so beinhaltet der dritte Band die Aktivitäten, die ein Bauunternehmen nach erfolgtem Auftragseingang und während der Bauwerkserstellung zu leisten hat. Damit schließt der vorliegende Band 3 in direkter inhaltlicher Folge an die Bände 1 und 2 an. Nennenswert sind die notwendig gewordenen Anpassungen und Überarbeitungen zu den maßgebenden Gesetzen und Verordnungen aufgrund wesentlicher Änderungen seit der letzten Auflage von 2015. Damit soll auch weiterhin der Anspruch erfüllt werden, Studierenden und Praktikern ein Grundlagenwerk an die Hand zu geben für einen Überblick der Themen der Baubetriebslehre sowie für vertiefte Einblicke.

Weiterer Aktualisierungsbedarf ist bereits absehbar aus der fortschreitenden Entwicklung der Digitalisierung und in Hinblick auf die Erreichung von Nachhaltigkeitszielen zu denen auch die Bauwirtschaft durch Anpassungen und Veränderungen beitragen wird. Auch aus diesem Grund sind die Verfasser an den Rückmeldungen der Leserinnen und Leser interessiert und für Ergänzungs- und Verbesserungsvorschläge offen.

Nennenswert ist zudem der Übergang der Autorenschaft auch für den vorliegenden dritten Band von den drei Erstautoren und Universitätsprofessoren-Kollegen Fritz Berner, Bernd Kochendörfer und Rainer Schach auf die jeweiligen Nachfolger in Stuttgart, Dresden und Berlin. Für die Übergabe der Autorenschaft und die bemerkenswerte Vorarbeit danken die drei Neuautoren an dieser Stelle ganz herzlich. Sich der damit einhergehenden Verantwortung bewusst seiend, danken wir für das entgegengebrachte Vertrauen zur Weiterführung des Werkes. Für die Unterstützung bei der Veröffentlichung danken wir dem Verlag und hier insbesondere Frau Danulat. Besonderer Dank gilt allen Kooperations- und Gesprächspartnern deren Unterlagen wir zitieren durften. Zu danken ist auch unseren Mitarbeiterinnen und Mitarbeitern an den von uns geleiteten Instituten und Lehrstühlen sowie insbesondere Frau Anja Petzold und Gudrun Radloff für die redaktionelle Betreuung dieses Buches.

Um eine bessere Lesbarkeit zu ermöglichen, ohne diskriminierende Absicht, wird im Text bei Personen und Personengruppenbezeichnungen die männliche Form verwendet.

Stuttgart, Deutschland   Hans Christian Jünger
Dresden, Deutschland   Jens Otto
Berlin, Deutschland   Matthias Sundermeier
Juli 2025

Competing Interests

Die Autor*innen haben keine für den Inhalt dieses Manuskripts relevanten Interessenkonflikte.

Inhaltsverzeichnis

1	**Baubetriebsführung**		1
2	**Anlaufphase**		3
	2.1	Startgespräch	4
	2.2	Grundlagen der Projektorganisation	7
		2.2.1 Bedeutung der Projektorganisation	7
		2.2.1.1 Qualifikation des Bauleitungspersonals	8
		2.2.1.2 Zusammensetzung des Baustellenpersonals	9
		2.2.2 Aufgaben, Verantwortungsbereiche und Haftung	10
		2.2.2.1 Unternehmens-Bauleitung, Oberbauleitung und Abschnittsbauleitung	10
		2.2.2.2 Bauherren-Bauleitung	10
		2.2.2.3 Öffentlich-rechtlicher Bauleiter und Fachbauleiter	11
		2.2.2.4 Projektleitung	13
		2.2.2.5 Haftung der Unternehmens-Bauleitung auf Basis des Bauvertrags	14
		2.2.2.6 Haftung der Unternehmens-Bauleitung gegenüber Dritten	15
		2.2.2.7 Haftung der Unternehmens-Bauleitung bei strafbaren Handlungen und Ordnungswidrigkeiten	15
		2.2.2.8 Notwendige behördliche Anzeigen des Baubeginns	19
		2.2.3 Funktionsbeschreibung des typischen Baustellenpersonals	20
		2.2.3.1 Oberbauleiter oder Technischer Leiter	20
		2.2.3.2 Projektleiter	20
		2.2.3.3 Bauleiter	20
		2.2.3.4 Abschnittsbauleiter	21
		2.2.3.5 Polier und Bauführer	21
		2.2.3.6 Sicherheitsbeauftragter, Fachkraft für Arbeitssicherheit, Sicherheits- und Gesundheitsschutzkoordinator	22
		2.2.3.7 Abrechner oder Aufmaßtechniker	22
		2.2.3.8 Baukaufmann	23

	2.2.4	Aufbauorganisation	23
	2.2.5	Ablauforganisation/Prozessorganisation	24
	2.2.6	Zuordnung der Zuständigkeiten	26
	2.2.7	Instrumentarien der Projektorganisation	27
		2.2.7.1 Zuständigkeitsmatrix	29
		2.2.7.2 Besprechungskoordination	30
		2.2.7.3 Planlaufschema	30
		2.2.7.4 Strukturierung des Datenaustauschs bei Planungsleistungen	31
		2.2.7.5 Bautagebuch	33
		2.2.7.6 Planeingangsbuch	38
		2.2.7.7 Projekt-Kommunikations-Management-System	39
		2.2.7.8 Lohnstundenerfassung	42
		2.2.7.9 Stundenlohnnachweise	45
		2.2.7.10 Besprechungsprotokolle	49
		2.2.7.11 Technische Protokolle	49
		2.2.7.12 Geräteeinsatzbericht/Maschinen-Tagesbericht	50
		2.2.7.13 Adressenverzeichnis	52
		2.2.7.14 Projektordnerstruktur	53
		2.2.7.15 Gefährdungsbeurteilung	55
		2.2.7.16 Interne Qualitätssicherung	57
2.3	Management, Controlling und Kontrolle		59
	2.3.1	Management	59
	2.3.2	Controlling	60
	2.3.3	Kontrolle und Soll-Ist-Vergleichsrechnungen	62
	2.3.4	Bedeutung von Controllingmaßnahmen	62
2.4	Bauverträge und Vertragsanalyse		64
	2.4.1	Bauvertragliche Grundlagen	64
	2.4.2	Vertragsanalyse	65
	2.4.3	Bedeutung des Bausolls	66
	2.4.4	Unwirksame Vertragsklauseln	67
2.5	Gesetzliche Regelungen		68
	2.5.1	Rechtsgebiete und Zuordnung des Baurechts	68
	2.5.2	Regelungen aus dem Bereich des öffentlichen Baurechts	69
	2.5.3	Regelungen aus dem Bereich des privaten Baurechts	71
		2.5.3.1 Vergabe und Vertragsordnung für Bauleistungen (VOB)	75
	2.5.4	Sonstige öffentlich-rechtliche Regelungen auf nationaler Ebene	79
	2.5.5	Regelungen auf europäischer Ebene	79
	2.5.6	Weitere rechtliche Vorgaben	84

2.6		Technische Regelungen	85
	2.6.1	Anerkannte Regeln der Technik	85
	2.6.2	Stand der Technik	87
	2.6.3	Stand der Wissenschaft	88
	2.6.4	Technische Spezifikationen und Normen	89
2.7		Kontakt mit Auftraggebern und Planern	92
2.8		Kontakt mit Behörden, Verwaltungen und Institutionen	93
	2.8.1	Berufsgenossenschaft, Rettungsdienste und Sicherheits- und Gesundheitsschutz-Koordinator	93
	2.8.2	Straßenverkehrsbehörde	93
	2.8.3	Energieversorgungsunternehmen	94
	2.8.4	Wasserversorgung und Abwasserentsorgung	96
	2.8.5	Telekommunikation/Datennetze	96
	2.8.6	Sonstige Institutionen	97
2.9		Fertigungsplanung	97
2.10		Building Information Modeling (BIM) in der Baubetriebsführung	98
	2.10.1	Grundlagen	98
	2.10.2	BIM-Anwendungsfälle	100
	2.10.3	Änderungs- und Entscheidungsmanagement	100
	2.10.4	Kollisionsprüfung (clash detection)	100
	2.10.5	Mengenermittlung	101
	2.10.6	Ablaufsimulation	101
	2.10.7	Simulation zur Baustelleneinrichtung und -logistik	101
	2.10.8	Controlling, Kostensteuerung und Mängelmanagement	103
Literatur			103

3 Bauphase 113
   3.1 Bauprozess und Ressourceneinsatz 113
       3.1.1 Ressourcen des Bauprozesses 114
            3.1.1.1 Personal 114
            3.1.1.2 Geräte 115
            3.1.1.3 Stoffe 119
            3.1.1.4 Nachunternehmer 130
            3.1.1.5 Sonstige Ressourcen 132
       3.1.2 Wetterbedingte Einflüsse 132
            3.1.2.1 Wetterinformationen 132
            3.1.2.2 Winterbau 132
   3.2 Rechtliche Aufgaben 134
       3.2.1 Vertragsmanagement 134
            3.2.1.1 Anzeigen von Bedenken 138
            3.2.1.2 Anzeigen von Behinderungen 141
            3.2.1.3 Eigenmächtig erstellte Leistungen .. 143
       3.2.2 Beweissicherungsverfahren 144

3.3 Organisatorische Aufgaben 146
    3.3.1 Management der Nachunternehmer 146
        3.3.1.1 Schnittstellenrisiko 147
        3.3.1.2 Koordinationsrisiko 148
        3.3.1.3 Vergabe von Nachunternehmerleistungen 149
        3.3.1.4 Vertragsunterlagen 150
        3.3.1.5 Führung und Steuerung der Nachunternehmer bei der Leistungserbringung 150
        3.3.1.6 Ersatzvornahme 151
        3.3.1.7 Vergütung von Nachunternehmern 151
    3.3.2 Rohbauleistungen als Lohnleistung 154
        3.3.2.1 Grundlagen der Vergaben 154
        3.3.2.2 Vertragsgestaltung und Verfahrensregelungen 156
        3.3.2.3 Quotierung/Kontingente 157
        3.3.2.4 Behördliche Überwachung 160
    3.3.3 Arbeitnehmerüberlassung in Bauunternehmen 160
3.4 Technische Aufgaben 162
    3.4.1 Terminmanagement und Termincontrolling 162
    3.4.2 Sicherheitsmanagement 166
    3.4.3 Logistik auf der Baustelle 168
    3.4.4 Qualitätsmanagement 170
        3.4.4.1 Begriffsdefinition 170
        3.4.4.2 Betonqualität 172
        3.4.4.3 Sichtbetonqualität 173
        3.4.4.4 Qualitätsrichtlinien und Normen 175
    3.4.5 Bemusterung 177
    3.4.6 Mängelmanagement während der Bauausführung 179
    3.4.7 Aufmaß 181
        3.4.7.1 Aufmaß durch Plan/nach Zeichnungen 182
        3.4.7.2 Gemeinsames Aufmaß 183
    3.4.8 Mengenermittlung 184
        3.4.8.1 Flächenberechnung nach Gauß-Elling 186
        3.4.8.2 Exakte Volumenberechnung 187
        3.4.8.3 Näherungsverfahren zur Volumenberechnung 190
        3.4.8.4 Mengenermittlung mit dem Prismenverfahren 191
        3.4.8.5 Händische Mengenermittlung im Hochbau 198
        3.4.8.6 Mengenermittlung mit Standardsoftware 200
        3.4.8.7 REB-Verfahrensbeschreibungen 200
        3.4.8.8 Allgemeine Mengenberechnung (REB-VB 23.003) 201
        3.4.8.9 Beispiel 1 für Mengenermittlung – Wände bei einem Einfamilienhaus 204
        3.4.8.10 Beispiel 2 für Mengenermittlung – Baugrube 204

3.5 Wirtschaftliche Aufgaben 208
3.5.1 Methodische Ansätze zum Risikomanagement und -controlling 208
3.5.1.1 Risikoidentifikation, Risikostrukturierung und Risikobewertung 209
3.5.1.2 Risikoklassifizierung und Risikoaggregation 211
3.5.1.3 Risikosteuerung 212
3.5.2 Instrumente der Risikosteuerung 213
3.5.2.1 Risikosteuerung durch kaufmännische Instrumente 213
3.5.2.2 Risikosteuerung durch Versicherungen 214
3.5.2.3 Risikosteuerung durch Sicherheitsleistungen (Bürgschaften) 218
3.5.3 Leistungsmeldung 225
3.5.3.1 Grundlegende Anmerkungen zur Leistungsmeldung 225
3.5.3.2 Methodischer Ansatz und Ermittlung der Leistungsmengen 228
3.5.3.3 Leistungsermittlung über Einheitspreise 229
3.5.3.4 Leistungsermittlung über die Kosten der Teilleistungen 231
3.5.3.5 Leistungsermittlung über Vorgänge der Terminplanung 232
3.5.3.6 Weitere Angaben bei der Leistungsmeldung 234
3.5.4 Kosten-Soll-Ist-Vergleich, Kostencontrolling und Kostenmanagement 236
3.5.5 Stunden-Soll-Ist-Vergleich 239
3.5.5.1 Grundlegende Anmerkungen zum Stunden-Soll-Ist-Vergleich 239
3.5.5.2 Bauarbeitsschlüssel (BAS) 241
3.5.5.3 Beispiel zum Stunden-Soll-Ist-Vergleich 244
3.5.6 Anforderung von Abschlagszahlungen (Abschlagsrechnungen) 247
3.5.6.1 Einführung 247
3.5.6.2 Abrechnungsgrundlagen 248
3.5.6.3 Rechnungsarten 248
3.5.6.4 Abrechnungsvorschriften 250
3.5.6.5 Abrechnungseinheiten 252
3.5.6.6 Vergütungsanspruch für Teilleistungen 253
3.5.6.7 Aufstellung von Anforderungen auf Abschlagszahlungen (Abschlagsrechnungen) 253
3.5.6.8 Zahlung von Forderungen auf Abschlagszahlungen (Abschlagsrechnungen) 257
3.5.6.9 Abrechnung bei Pauschalverträgen 259

3.5.7 Finanz- und Liquiditätsplanung 260
    3.5.7.1 Motivation 260
    3.5.7.2 Sicherheitsleistungen und Finanzplanung 262
    3.5.7.3 Liquiditätsplanung 263
    3.5.7.4 Innerbetriebliche Zahlungsplanung 266
3.5.8 Grundlagen zum Nachtragsmanagement 267
3.5.9 Prozess der Nachtragsstellung 272
3.5.10 Nachträge infolge von Leistungsmodifikationen 278
3.5.11 Nachträge infolge von Mengenabweichungen 285
    3.5.11.1 Beispiel: Vergütungsanpassung bei Mehrmengen 290
    3.5.11.2 Beispiel: Vergütungsanpassung bei Mindermengen 292
    3.5.11.3 Beispiel: Ausgleichsberechnung bei Mehr- und Mindermengen 293
3.5.12 Lohn- und Stoffpreisgleitklauseln 295
3.5.13 Auswirkungen von Behinderung und Unterbrechung der Bauausführung 298
3.5.14 Störungsmodifizierter Bauablaufplan 300
3.5.15 Schadenermittlung 303
    3.5.15.1 Schadenermittlung wegen erhöhter Lohnkosten 305
    3.5.15.2 Schadenermittlung wegen Minderleistung des gewerblichen Baustellenpersonals 307
    3.5.15.3 Schadenermittlung wegen sonstigem Personalaufwand 310
    3.5.15.4 Schadenermittlung wegen Stoffpreiserhöhungen 310
    3.5.15.5 Schadenermittlung wegen verlängerter Gerätevorhaltung 313
    3.5.15.6 Schadenermittlung wegen erhöhter Baustellengemeinkosten 316
    3.5.15.7 Schadenermittlung wegen Unterdeckung Allgemeiner Geschäftskosten 316
    3.5.15.8 Behandlung von Gewinn bei der Schadenermittlung ... 317
    3.5.15.9 Behandlung von Wagnis bei der Schadenermittlung ... 318
    3.5.15.10 Umsatzsteuer bei Schadenersatzansprüchen 318
3.5.16 Entschädigung nach § 642 BGB 319
    3.5.16.1 Entschädigung wegen erhöhter Lohn- und Gehaltskosten 322
    3.5.16.2 Entschädigung wegen Minderleistung der gewerblichen Arbeitnehmer 323
    3.5.16.3 Entschädigung wegen sonstigem erhöhtem Personalaufwand 324
    3.5.16.4 Entschädigung wegen Stoffpreiserhöhungen 324
    3.5.16.5 Entschädigung wegen verlängerter Gerätevorhaltung ... 325

			3.5.16.6	Entschädigung wegen erhöhter Baustellengemeinkosten 325

                3.5.16.6 Entschädigung wegen erhöhter Baustellengemeinkosten 325
                3.5.16.7 Entschädigung wegen Unterdeckung Allgemeiner Geschäftskosten 325
                3.5.16.8 Behandlung von Wagnis und Gewinn bei der Entschädigung 326
                3.5.16.9 Umsatzsteuer bei Entschädigung 327
        3.5.17 Vergleich Schaden und Entschädigung 327
        3.5.18 Nachkalkulation 328
                3.5.18.1 Ermittlung von Stundenaufwandswerten 328
                3.5.18.2 Kaufmännische Nachkalkulation 330
  Literatur 331

4 Fertigstellungsphase 335
  4.1 Abnahme 335
        4.1.1 Unternehmensinterne Abnahmen nach QM-Plan 335
        4.1.2 Technische Abnahmen 336
        4.1.3 Privatrechtliche Abnahmen 336
                4.1.3.1 Einordnung, Rechtsfolgen und Arten 336
                4.1.3.2 Abnahme nach dem BGB 339
                4.1.3.3 Abnahme nach der VOB/B 340
                4.1.3.4 Abnahme von Nachunternehmerleistungen 343
        4.1.4 Öffentlich-rechtliche Abnahmen 344
  4.2 Rechnung/Schlussrechnung 345
        4.2.1 Rechnungsstellung 345
        4.2.2 Zahlung 347
  4.3 Abschlussgespräch 348
  4.4 Dokumentation 351
        4.4.1 Interne Dokumentation und Archivierung 351
        4.4.2 Übergabedokumentation 354
                4.4.2.1 Struktur der Übergabedokumentation 355
                4.4.2.2 Inhalt der Übergabedokumentation 355
                4.4.2.3 Dokumentation für das Facility Management 357
  Literatur 358

5 Gewährleistungsphase 359
  5.1 Verpflichtung nach BGB und VOB 359
  5.2 Mängel- und Gewährleistungsmanagement 360
        5.2.1 Definition des Begriffes Mangel 360
                5.2.1.1 Der Mangel-Begriff nach BGB und VOB/B 360
                5.2.1.2 Mangelarten 361
        5.2.2 Verjährung der Mängelansprüche 363
        5.2.3 Beweislast 364

    5.2.4 Rechtsfolgen nach VOB/B bei Mängeln vor der Abnahme 364
    5.2.5 Rechtsfolgen nach BGB und VOB/B bei Mängeln nach der Abnahme 365
    5.2.6 Mangelverfolgung 366
  5.3 Wartungsarbeiten 368
  Literatur 369

Stichwortverzeichnis... 371

Verzeichnis Abkürzungen

2D	zweidimensional
3D	dreidimensional
4G	vierte Generation mobiler Breitband-Kommunikation

A

A	Abschreibung
AA	Agentur für Arbeit
aaRdT	Allgemein anerkannte Regel der Technik
Abb.	Abbildung
AbfG	Abfallgesetz
ABN	Allgemeine Bedingungen für die Bauleistungsversicherung durch Auftraggeber
Abs.	Absatz
Abschn.	Abschnitt
ABU	Allgemeine Bedingungen für die Bauwesenversicherung von Unternehmerleistungen
AEntG	Arbeitnehmer-Entsendegesetz
AEUV	Vertrag über die Arbeitsweise der Europäischen Union
AG	Auftraggeber; Aktiengesellschaft
AGI	Arbeitsgemeinschaft Industriebau e. V.
AGB	Allgemeine Geschäftsbedingungen
AGK	Allgemeine Geschäftskosten
AHB	Allgemeine Haftpflichtbedingungen
AHO	Ausschuss der Verbände und Kammern der Ingenieure und Architekten für die Honorarordnung e. V.
AktG	Aktiengesetz
AN	Auftragnehmer
AO	Abgabenordnung

ArbSchG	Arbeitsschutzgesetz
ArbStättV	Arbeitsstättenverordnung
ArbZG	Arbeitszeitgesetz
aRdT	anerkannte Regel der Technik
ARGE/Arge	Arbeitsgemeinschaft
ARGEBAU	Arbeitsgemeinschaft der für Städtebau, Bau- und Wohnungswesen zuständigen Minister und Senatoren
ARH	Arbeitszeit-Richtwerte
ASiG	Arbeitssicherheitsgesetz
ASP	Application Service Providing
ASR	Arbeitsstättenregeln (früher Arbeitsstättenrichtlinien)
ATV	Allgemeine Technische Vertragsbedingungen
AÜG	Arbeitnehmerüberlassungsgesetz
AVA	Ausschreibung, Vergabe und Abrechnung
AVB	Allgemeine Vertragsbedingungen für die Ausführung von Bauleistungen
AW	Außenwand

B

BAL	Baustellenausstattungsliste
BAS	Bauarbeitsschlüssel
BAST	Bundesanstalt für Straßenwesen
BauGB	Baugesetzbuch
BauNVO	Baunutzungsverordnung
BArbBl	Bundesarbeitsblatt
BauO Bln	Bauordnung für Berlin
BauO NRW	Bauordnung Nordrhein-Westfalen
BauPG	Bauproduktengesetz
BauPrüfVO	Bauprüfverordnung
BauPVO	Bauproduktenverordnung
BaustellV	Baustellenverordnung
BBR	Bundesamt für Bauwesen und Raumentwicklung
BBSR	Bundesinstitut für Bau-, Stadt- und Raumforschung
BetrSichV	Betriebssicherheitsverordnung
BetrVG	Betriebsverfassungsgesetz
BF	Bauführung/Bauführer
BGB	Bürgerliches Gesetzbuch
BGBau	Berufsgenossenschaft der Bauwirtschaft
BGBl	Bundesgesetzblatt
BGH	Bundesgerichtshof der Bundesrepublik Deutschland
BGHZ	Entscheidungen des Bundesgerichtshofs in Zivilsachen

BGI	Berufsgenossenschaftliche Informationen (seit 01.05.2014 Informationen der DGUV)
BGK	Baustellengemeinkosten
BGL	Baugeräteliste
BGV	Berufsgenossenschaftliche Vorschriften (seit 01.05.2014 Vorschriften der DGUV)
BGR	Berufsgenossenschaftliche Regeln (seit 01.05.2014 Regeln der DGUV)
BIM	Building Information Modelling
BImSchG	Bundes-Immissionsschutzgesetz
BKI	Baukosteninformationszentrum Deutscher Architektenkammern
BL	Bauleitung/Bauleiter
BNatSchG	Bundesnaturschutzgesetz
BPR	Bauproduktenrichtlinie
BRH	Brüstungshöhe
BRTV	Bundesrahmentarifvertrag für das Baugewerbe
BS	British Standard
bspw.	beispielsweise
BTB	Bundesverband der Deutschen Transportindustrie
BVB	Besondere Vertragsbedingungen
BVerwG	Bundesverwaltungsgericht
bzw.	beziehungsweise

C

CAD	Computer Aided Design
CAFM	Computer-Aided Facility Management
CAS	Content Addressed Storages
CD	Compact Disk
CEN	Europäisches Komitee für Normung
CENELEC	Europäisches Komitee für elektrotechnische Normung
CRD	Capital Requirements Directive
CDE	Common Data Environment
CE	Conformité Européenne
CEE	Certification of Electrical Equipment

D

DAfStb	Deutscher Ausschuss für Stahlbeton
DASt	Deutscher Ausschuss für Stahlbau
DBV	Deutscher Beton- und Bautechnik-Verein e.V.

d. h.	das heißt
Dekra	Deutscher Kraftfahrzeug-Überwachungs-Verein
DGUV	Deutsche Gesetzliche Unfallversicherung
DIBt	Deutsches Institut für Bautechnik
DIN	Deutsches Institut für Normung e. V.
DoP	Declaration of Performance
DOPCAP	Zentrale Datenbank auf Initiative der Baustoffhersteller
DSchG	Denkmalschutzgesetz
DSL	Digital Subscriber Line (Digitaler Teilnehmer-Anschluss)
DVA	Deutsche Vergabe- und Vertragsausschuss für Bauleistungen
DVD	Digital Versatile Disc
DVGW	Deutsche Vereinigung des Gas- und Wasserfaches e. V.
DWF	Dateiformat – design web format zur Präsentation im Internet und zur Ansicht
DWG	Dateiformat – das Kürzel steht für drawing
DXF	Zeichnungsaustauschformat – drawing interchange format

E

EAD	European Assessment Document
EDV	Elektronische Datenverarbeitung
eEPK	erweiterte Ereignisgesteuerte Prozessketten
EG	Europäische Gemeinschaft
EKT	Einzelkosten der Teilleistungen
EltBauR	Richtlinie über den Bau und Betrieb für elektrische Anlagen
ELSE	Elektronischer Lieferschein Entwicklung
EN	European Norm (Europäische Norm)
EnEV	Energieeinsparverordnung
Engl.	Englisch
EOTA	European Organisation for Technical Assessment
ERP	Enterprise Resource Planning
EStG	Einkommensteuergesetz
ETA	European Technical Assessment
ETAG	Europäische Technische Zulassung
ETB	Einheitliche Technische Baubestimmungen
etc.	et cetera
ETSI	Europäisches Institut für Telekommunikationsnormen
ETZ	Europäische Technische Zulassungen
EU	Europäische Union
EU-BauPVO	Europäische Bauproduktenverordnung

EVU	Energieversorgungsunternehmen
e. V.	eingetragener Verein
evtl.	eventuell

F

Fasi	Fachkraft für Arbeitssicherheit
FGSV	Forschungsgesellschaft für Straßen- und Verkehrswesen
ff.	fortfolgende

G

G	Gewinn
GAEB	Gemeinsamer Ausschuss Elektronik im Bauwesen
GaragenVO	Garagenverordnung
GastBauR	Richtlinie über den Bau und Betrieb von Gaststätten – Gaststättenbaurichtlinie
GDV	Gesamtverband der Deutschen Versicherungswirtschaft e.V.
GEFMA	German Facility Management Association – Deutscher Verband für Facility Management e. V.
GG	Grundgesetz
ggf.	gegebenenfalls
GmbH	Gesellschaft mit beschränkter Haftung
GU	Generalunternehmer
GÜB	Gemeinschaft für Überwachung im Bauwesen e. V.

H

HGB	Handelsgesetzbuch
HHR	Richtlinie über den Bau und Betrieb von Hochhäusern – Hochhausrichtlinie
HLS	Heizung, Lüftung und Sanitär
HOAI	Verordnung über die Honorare für Architekten- und Ingenieurleistungen
HVA B-StB	Handbuch für die Vergabe und Ausführung von Bauleistungen im Straßen- und Brückenbau
html	Hypertext Markup Language
http	Hypertext Transfer Protocol

I

i. A.	im Auftrag
IBPM	Internetbasierte Projektmanagement-Systeme
IDEF	Integrated Definition
i. d. R.	in der Regel
IfA	Institut für Arbeitsschutz der Deutschen Gesetzlichen Unfallversicherung
INQA	Initiativkreis Neue Qualität der Arbeit
inkl.	inklusive
IPA	Integrierte Projektabwicklung
IPD	Integrated Project Delivery
ISO	Internationale Organisation für Normung
IT	Informationstechnologie
	i. V.
	in Vollmacht

J

JuSchG	Jugendschutzgesetz
JArbSchG	Jugendarbeitsschutzgesetz

K

KLR	Kosten- und Leistungsrechnung
KMU	Kleinere und mittlere Unternehmen
KrWG	Kreislaufwirtschaftsgesetz
KSchG	Kündigungsschutzgesetz
KT	Kalendertag
KVH	Konstruktionsvollholz
KW	Kohlenwasserstoffe

L

LBO BW	Landesbauordnung für Baden-Württemberg
LBSchAG	Landesbodenschutz- und Altlastengesetz für Baden-Württemberg
LE	Leistungserklärung
LTB	Liste der Technischen Baubestimmungen
LTE	Long Term Evolution
LV	Leistungsverzeichnis
LWaldG	Landeswaldgesetz

M

MaBV	Makler- und Bauträgerverordnung
MBO	Musterbauordnung
M-LTB	Muster-Liste der Technischen Baubestimmungen
MFPA	Materialforschungs- und Prüfungsanstalt
MPA	Materialprüfungsanstalt
MVAS	Merkblatt über Rahmenbedingungen für erforderliche Fachkenntnisse zur Verkehrssicherung von Arbeitsstellen an Straßen
MVV TB	Muster-Verwaltungsvorschrift Technische Baubestimmungen

N

NachwG	Nachweisgesetz
NU	Nachunternehmer

O

o. g.	oben genannt
OBL	Oberbauleitung/Oberbauleiter
ÖPP	Öffentlich-Private-Partnerschaft
OFD	Oberfinanzdirektion
OLG	Oberlandesgericht

P

p. a.	per anno
PAK	Polyzyklische aromatische Kohlenwasserstoffe
PCB	Polychlorierte Biphenyle
PCT	Polychlorierte Terphenyle
PDF	Portable Document Format
PKMS	Projekt-Kommunikations-Management-System
PL	Projektleitung/Projektleiter
PlanzV	Planzeichenverordnung
ppa.	per procura
PPP	Public Private Partnership
PSA	Persönliche Schutzausrüstung
PÜZ-Stelle	Prüf-, Überwachungs- und Zertifizierungsstelle
PSA	Persönliche Schutzausrüstung

Q

Q	Qualitätsstufe
QM	Qualitätsmanagement
Qtl.	Quartal

R

RAB	Regeln zum Arbeitsschutz auf Baustellen
RbAL	Richtlinie über die brandschutztechnische Anforderung an Lüftungsanlagen
RbBH	Richtlinie für die Verwendung brennbarer Baustoffe im Hochbau
REB	Regelungen für die elektronische Bauabrechnung
REFA	Verband für Arbeitsgestaltung, Betriebsorganisation und Unternehmensentwicklung
RGSt	Reichsgericht in Strafsachen
ROG	Raumordnungsgesetz (ROG)
RoV	Raumordnungsverordnung
RSA	Richtlinie für die Sicherung von Arbeitsstellen an Straßen
RTV Leilo	Rahmentarifvertrag für Leistungslohn
RVT	Dateiformat (Autodesk Revit) für BIM (Building Information Modeling)

S

S.	Seite(n)
SaaS	Software as a Service
SächsBO	Sächsische Bauordnung
SächsDSchG	Sächsisches Denkmalschutzgesetz
SächsNatSchG	Sächsisches Naturschutzgesetz
SB	Sichtbetonklasse
SchwarzArbG	Gesetz zur Bekämpfung der Schwarzarbeit und illegalen Beschäftigung
SGB	Sozialgesetzbuch
SiB	Sicherheitsbeauftragter
Sifa	Sicherheitsfachkraft
SiGe	Sicherheit und Gesundheitsschutz
SiGeKo	Koordinator für Sicherheit und Gesundheitsschutz nach BaustellV
SMS	Short Message Service
sog.	sogenannt
SOKA-BAU	Sozialkasse des Baugewerbes
SSD	Solid State Drives

Staatl.	Staatlich	
StGB	Strafgesetzbuch	
STP	Dateiformat für Dateien im STEP 3D Modell-Format	
StVO	Straßenverkehrsordnung	
SVB	selbstverdichtender Beton	
SZ	Stillstandszeiten Strecke	

T

TG	Tiefgarage
TGA	Technische Gebäudeausrüstung
TRB	Technische Regeln zur Druckbehälterverordnung
TRBA	Technische Regeln für biologische Arbeitsstoffe
TRbF	Technische Regeln für brennbare Flüssigkeiten
TRBS	Technische Regeln für Betriebssicherheit
TRFL	Technische Regel für Rohrfernleitungsanlagen
TRGS	Technische Regeln für Gefahrstoffe
TS	technische Spezifikationen
TÜV	Technischer Überwachungsverein
TVG	Tarifvertragsgesetzt Zeit, auch Taktzeit

U

u. a.	unter anderem
ULAK	Urlaubs- und Lohnausgleichskasse
UML	Unified Modelling Language
ugs	umgangssprachlich
USB	Universal Serial Bus
UStG	Umsatzsteuergesetz
Ust-IdNr.	Umsatzsteuer-Identifikationsnummer
usw.	und so weiter
UVV	Unfallverhütungsvorschrift
UZ	Unterzug

V

v. a.	vor allem
V	Verzinsung
VDI	Verein Deutscher Ingenieure e. V.
VDE	Verband der Elektrotechnik, Elektronik und Informationstechnik e. V.

VdS	Vertrauen durch Sicherheit (ehemals: Verband der Sachversicherer e. V.)
vgl.	vergleiche
VHB	Vergabe- und Vertragshandbuch für die Baumaßnahmen des Bundes
VO	Verordnung
VOB	Vergabe- und Vertragsordnung für Bauleistungen
VOB/A	Teil A der Vergabe- und Vertragsordnung für Bauleistungen
VOB/B	Teil B der Vergabe- und Vertragsordnung für Bauleistungen
VOB/C	Teil C der Vergabe- und Vertragsordnung für Bauleistungen
VR	Virtuelle Realität
VVaa	Verband der Versicherungsvereine auf Gegenseitigkeit e. V.
VwVSächsBO Verwaltungsvorschrift des Sächsischen Staatsministeriums des Innern zur	Sächsischen Bauordnung

W

W	Wagnis
WertV	Wertvermittlungsverodnung
WHG	Wasserhaushaltsgesetz
WLAN	Wireless Local Area Network
WuG	Wagnis und Gewinn

X

XML	Extensible Markup Language

Z

ZAV	Zentrale Auslands- und Fachvermittlung
z. B.	zum Beispiel
ZDB	Zentralverband des Deutschen Baugewerbes
ZPO	Zivilprozessordnung
ZTV	Zusätzliche Technische Vertragsbedingungen
zust.	zuständig
ZVB	Zusätzliche Vertragsbedingungen
ZVK	Zusatzversorgungskasse des Baugewerbes AG

Verzeichnis Formelzeichen

α	Böschungswinkel [°]
A	Angebotssumme ohne Umsatzsteuer [€]
a	Seitenlänge [m]
A_m	Fläche [m²]
A_o	obere Begrenzungsfläche [m²]
A_u	untere Begrenzungsfläche [m²]
b	Seitenlänge [m]
c	Seitenlänge [m]
d	Seitenlänge [m]
f	Änderungssatz [‰/ct]
G	Gehaltskostenanteil [€] an der Bauleistung
h	Höhe [m]
I_{KD}	Krankheitsdauer-Index [-]
L	kalkulierte Lohnkosten [€]
L_T	maßgebender Lohn [ct]
m	Steigung [m]
M	Menge [Einheit]
n_A	Ausfalltage pro Unfall i [d]
n_{AS}	Zahl der geleisteten Arbeitsstunden im Betrachtungszeitraum [-]
n_U	Anzahl der Unfälle pro Betrachtungszeitraum [-]
P	Punkt
P	Preis/Einheit [€/Einh]
R	Rechnungsbetrag [€]
t_{er}	Erholungszeit
t_g	Grundzeit
t_{ges}	Richtzeit
t_t	Tätigkeitszeit
t_v	Verteilzeit
t_w	Wartezeit
V	Vergütung [€]
V	Volumen [m³]
x	Koordinate [m]
y	Koordinate [m]
z	Koordinate [m]
Z_{UB}	Unfallbelastungsziffer [-]
Z_G	Zusatzkosten für Gehalt [€]
Z_L	Zusatzkosten für Lohn [€]
Z_{UH}	Unfallhäufigkeitsziffer [-]

Abbildungsverzeichnis

Abb. 1.1	Gliederung der Grundlagen der Baubetriebslehre (Band 1 bis 3)	2
Abb. 2.1	Phasengliederung der Abwicklung eines Bauprojektes	4
Abb. 2.2	Checkliste für das unternehmensinterne Startgespräch	6
Abb. 2.3	Baufreigabeschein	12
Abb. 2.4	Organigramm einer Baustelle	23
Abb. 2.5	Zuständigkeitsmatrix	28
Abb. 2.6	Dokumente auf Baustellen und deren Verwendung	29
Abb. 2.7	Besprechungsstruktur	31
Abb. 2.8	Planlaufschema	32
Abb. 2.9	Auszug aus der Layerstruktur des Staatlichen Baumanagement Niedersachsen, Version 5.0	34
Abb. 2.10	Layeraufbau	34
Abb. 2.11	Bautagebuch Rohbau Seite 1 von 2	36
Abb. 2.12	Bautagebuch Rohbau Seite 2 von 2	37
Abb. 2.13	Planein- und Planausgangsbuch	39
Abb. 2.14	Lohnstundenbericht	43
Abb. 2.15	Auszug aus der Liste der Überstunden- und Erschwerniszuschläge nach Bundesrahmentarifvertrag	44
Abb. 2.16	Stundenlohnnachweis	46
Abb. 2.17	Interner Arbeitsbericht	48
Abb. 2.18	Protokoll Baubesprechung (Auszug)	50
Abb. 2.19	Bohrprotokoll	51
Abb. 2.20	Geräteeinsatzbericht/Maschinen-Tagesbericht	52
Abb. 2.21	Auszug aus der Liste möglicher Adressen	53
Abb. 2.22	Inhalt der Ordnergruppe 2 (exemplarisch)	55
Abb. 2.23	Checkliste zur Überprüfung der Sicherheitsmaßnahmen auf der Baustelle (Auszug)	56
Abb. 2.24	Internes Abnahmeprotokoll	58
Abb. 2.25	Controllingprozess	61
Abb. 2.26	Arten von Soll-Ist-Vergleichen nach KLR-Bau	63

Abb. 2.27	Auswirkungen von verspäteten und rechtzeitigen Controllingmaßnahmen	63
Abb. 2.28	Rechtsgebiete der Rechtswissenschaft und Zuordnung des Baurechts	69
Abb. 2.29	Darstellung der Schranken von Art. 14 GG	70
Abb. 2.30	Unterscheidung zwischen Bauplanungs- und Bauordnungsrecht	71
Abb. 2.31	Verhältnis von Vertrag zu Gesetz	72
Abb. 2.32	Darstellung der Rechtsbeziehungen	73
Abb. 2.33	Normen der VOB/C	77
Abb. 2.34	Normenhierarchie	81
Abb. 2.35	Anerkannte Regeln der Technik, Stand der Technik, Stand der Wissenschaft	88
Abb. 2.36	Europäische Normen zu Bauprodukten (Auswahl) – Stand August 2022	91
Abb. 2.37	Regelplan nach RSA	94
Abb. 2.38	Regelplan C I/3 nach RSA: Verkehrsführung über Behelfsfahrstreifen	95
Abb. 2.39	Umfang und Verweise eines BIM-Projektabwicklungsplans	99
Abb. 2.40	Kollisionsprüfung in RIB iTWO	101
Abb. 2.41	Ablaufsimulation mit RIB iTWO	102
Abb. 2.42	Positionierung von Turmdrehkranen	102
Abb. 3.1	Prozessdiagramm der Bauleistungserstellung	113
Abb. 3.2	Versandbeleg/Lieferschein	116
Abb. 3.3	Geräteliste	118
Abb. 3.4	Abnahmeprotokoll für Krane	120
Abb. 3.5	Betonsortenverzeichnis	122
Abb. 3.6	Betonsortenverzeichnis einer Baustelle	123
Abb. 3.7	Anmeldeformular zur Betonüberwachung	125
Abb. 3.8	Lieferschein für Transportbeton	126
Abb. 3.9	Betonstahlliste	128
Abb. 3.10	Lieferschein für Betonstahl	129
Abb. 3.11	Bestellschein	131
Abb. 3.12	Beweissicherung von öffentlichen Verkehrsflächen vor Baubeginn	145
Abb. 3.13	Rissmonitor	146
Abb. 3.14	Freistellungsbescheinigung	153
Abb. 3.15	Berechnungsvorgabe für die Quotenermittlung	158
Abb. 3.16	Formular Selbstauskunft	159
Abb. 3.17	Das Dreiecksverhältnis der Arbeitnehmerüberlassung	161
Abb. 3.18	Visualisierung von Informationen im Terminplan	163
Abb. 3.19	Umsetzung der Zieldefinition im Soll-0-Bauablaufplan	164
Abb. 3.20	Feststellung der Abweichungen im Soll-Ist-Vergleich	165
Abb. 3.21	Erfolgreiche Nachsteuerung anfänglicher Störungen	166
Abb. 3.22	Prozessdiagramm für die Logistik der LKW-Disposition	169

Abbildungsverzeichnis

Abb. 3.23	Prozessdiagramm für den Transport auf der Baustelle	169
Abb. 3.24	Steuerung des Warenumschlags	170
Abb. 3.25	Sichtbetonklassen und deren Verknüpfung mit Anforderungen in Anlehnung an DBV-Merkblatt Sichtbeton	174
Abb. 3.26	Aufmaß, Mengenermittlung und nachfolgende Aufgaben	182
Abb. 3.27	Berechnung der Fläche einer Baugrubensohle nach Gauß-Elling	186
Abb. 3.28	Prismatoid	187
Abb. 3.29	Pyramidenstumpf	188
Abb. 3.30	Obelisk	188
Abb. 3.31	Dreiseitiges Prisma	190
Abb. 3.32	Koordinaten vorgegebener Punkte der Baugrube	192
Abb. 3.33	Bemaßtes Baufeld mit zwei Höhenpunkten und den unteren Punkten der Baugrube	193
Abb. 3.34	Baugrube mit allen Punkten	194
Abb. 3.35	Schnitt A-A – Lage der Geraden für die Berechnung von Punkt P_7 und Punkt P_8	194
Abb. 3.36	Koordinaten aller Punkte der Baugrube	195
Abb. 3.37	Koordinaten der Grundstücksgrenze	196
Abb. 3.38	Aufteilung des Urgeländes in Dreiecke	197
Abb. 3.39	Berechnung der Teilflächen nach Gauß-Elling und Berechnung der Volumina für das Urgelände bezogen auf die Bezugsebene	197
Abb. 3.40	Aufteilung der Baugrube und des Grundstückes in Dreiecke	198
Abb. 3.41	Berechnung der Teilflächen nach Gauß-Elling und Berechnung der Volumina für das Gelände nach dem Aushub	199
Abb. 3.42	Kopfzeile eines Formulars zur Mengenermittlung	199
Abb. 3.43	REB- und GAEB-Verfahrensbeschreibungen	202
Abb. 3.44	Formelsammlung der Allgemeinen Mengenberechnung, REB-VB 23.003	203
Abb. 3.45	Aufmaßplan – Grundriss EG Einfamilienhaus	204
Abb. 3.46	Positionen für Titel 1.5 Mauerarbeiten	205
Abb. 3.47	Mengenermittlung	206
Abb. 3.48	Berechnung der oberen Fläche der Baugrube nach Gauß-Elling	206
Abb. 3.49	Abweichung der Näherungsverfahren zur Prismenmethode	207
Abb. 3.50	Grundprinzipien des Risikomanagements	209
Abb. 3.51	Ausschnitt aus einer Risiko-Checkliste	210
Abb. 3.52	Qualitatives Risikoportfolio	212
Abb. 3.53	Beispiel einer Vertragserfüllungsbürgschaft	221
Abb. 3.54	Beispiel einer Gewährleistungsbürgschaft	222
Abb. 3.55	Schritte zur kurzfristigen Ergebnisrechnung	228
Abb. 3.56	Positionszuordnung zu den Vorgängen einer Terminplanung	233
Abb. 3.57	Formular für die Leistungsmeldung	237
Abb. 3.58	Kostencontrolling – Modul Nachunternehmernachträge	239

Abb. 3.59	Kostencontrolling – Modul Gemeinkostenentwicklung	240
Abb. 3.60	Tätigkeitsbereiche eines Bauarbeitsschlüssels	242
Abb. 3.61	Arbeitsschritte des Tätigkeitsbereichs „3 Schal- und Rüstarbeiten"	243
Abb. 3.62	Position mit BAS-Nummern	244
Abb. 3.63	Auswertung Soll-Lohnstunden für Gesamtprojekt nach BAS	245
Abb. 3.64	Ist-Lohnstundenverbrauch im April 2014	246
Abb. 3.65	Stunden-Soll-Ist-Vergleich zum Stichtag 30.04.2014	246
Abb. 3.66	Beispiel eines Rechnungsdeckblattes	249
Abb. 3.67	Abrechnungsmengen und Übermessungsregeln für Schalung nach VOB/C, DIN 18331 (2019)	251
Abb. 3.68	Beispiel für Zusammenstellung erhaltener und offener Abschlagszahlungen	255
Abb. 3.69	Beispiel für Zusammenstellung der Abrechnung nach Positionen	256
Abb. 3.70	Beispiel für einen Zahlungsplan	259
Abb. 3.71	Verlauf der Zahlungsströme in einem Projekt	261
Abb. 3.72	Finanzplanung einer Bauunternehmung	265
Abb. 3.73	Ermittlung der einem Vorgang zugeordneten Leistung	267
Abb. 3.74	Unterschiede bei Nachträgen wegen Vergütungsansprüchen, Schadenersatz oder Entschädigung	273
Abb. 3.75	Übersicht Nachträge	277
Abb. 3.76	EDV-Kalkulation einer Stütze Ø 35 cm	280
Abb. 3.77	Nachtragsposition einer Stütze Ø 40 cm	281
Abb. 3.78	Nachtragsposition einer Stütze Ø 35 cm mit C 35/45	282
Abb. 3.79	Gegenüberstellung Mehr- und Mindermengen nach § 2 Abs. 3 VOB/B 2016	289
Abb. 3.80	Auswirkungen von auftraggeberseitig zu vertretenden Störungen	301
Abb. 3.81	Soll-Lohnstundenanfall nach Arbeitskalkulation	305
Abb. 3.82	Lohnstundenanfall infolge der durch den Auftraggeber zu vertretenden Bauablaufstörungen	306
Abb. 3.83	Tabellarische Ermittlung des Schadens	308
Abb. 3.84	Planmäßiger Betonverbrauch C 20/25 nach Arbeitskalkulation	311
Abb. 3.85	Tatsächlicher Betonverbrauch	312
Abb. 3.86	Struktur der Betonkosten	312
Abb. 3.87	Erfassungsblatt für Einzelzeit- und Fortschrittszeitaufnahme	329
Abb. 3.88	Systematische Multimomentaufnahme	330
Abb. 4.1	Typische technische Abnahmen mit öffentlich-rechtlicher oder privatrechtlicher Wirkung	337
Abb. 4.2	Beispiel eines Abnahmeformulars – Seite 1 von 2	341
Abb. 4.3	Beispiel eines Abnahmeformulars – Seite 2 von 2	342
Abb. 4.4	Fristen für die Einreichung der Schlussrechnung	346
Abb. 4.5	Gesetzliche Aufbewahrungsfristen für Baudokumente	352

Abb. 4.6	Vorschläge zur Strukturierung von Übergabedokumentationen für Bauvorbereitende Maßnahmen, Baukonstruktionen und Freianlagen	356
Abb. 4.7	Vorschläge zur Strukturierung von Übergabedokumentationen für die Technische Gebäudeausrüstung und Nutzerspezifische Ausstattung	356
Abb. 4.8	Begriffliche Zusammenhänge beim Facility Management	357

Baubetriebsführung 1

Im ersten Band der Grundlagen der Baubetriebslehre wird ein allgemeiner Überblick über die Strukturen der Bauwirtschaft und die am Bau Beteiligten gegeben. Daran anschließend werden die ersten Phasen der Projektabwicklung bis zur Auftragsvergabe ausführlicher dargestellt. Diese umfassen vor allem die Ausschreibung und die Kalkulation. Hier werden umfassende Einblicke in die Thematik der Preisermittlung gegeben. Abschließend wird im ersten Band die Angebotsbearbeitung als wesentliche Aufgabe der ausführenden Unternehmen dargestellt.

Der zweite Band der Reihe behandelt die Baubetriebsplanung. Unter diesem Oberbegriff werden alle Planungsaufgaben zusammengefasst, die zur Planung des Baubetriebs im wörtlichen Sinne erforderlich sind. Sie schließen sich unmittelbar an die Auftragserteilung an. Sie umfassen alle vorbereitenden Maßnahmen der Fertigungsplanung auf Seiten des Auftragnehmers, bevor mit der eigentlichen Bauausführung begonnen werden kann. Ziel der Baubetriebsplanung ist eine wirtschaftliche Bauausführung unter Einhaltung der kalkulierten Kosten bei gleichzeitiger Erfüllung aller vertraglichen und rechtlichen Randbedingungen. Diese Aufgaben werden unter dem Begriff Fertigungsplanung, häufig auch unter „Arbeitsvorbereitung", zusammengefasst.

Der hier vorliegende dritte Band der Reihe mit dem Untertitel „Baubetriebsführung" schließt an die beiden ersten Bände an und beschreibt alle Aufgaben und Tätigkeiten, die während der eigentlichen Bauausführung bis zur Abnahme und während der Gewährleistungsphase anfallen.

Die Abb. 1.1 gibt hierzu einen Überblick und stellt alle Phasen der Erstellung eines Bauwerks mit den zugehörigen Aufgaben der am Bau Beteiligten dar. Zusätzlich wird in der Abbildung auf die jeweiligen Abschnitte der drei Bände dieser Reihe verwiesen.

Die Baubetriebsführung erfasst alle Schritte, die durch die ausführenden Abteilungen im Unternehmen sichergestellt werden müssen, um das Bauwerk nach den vertraglichen

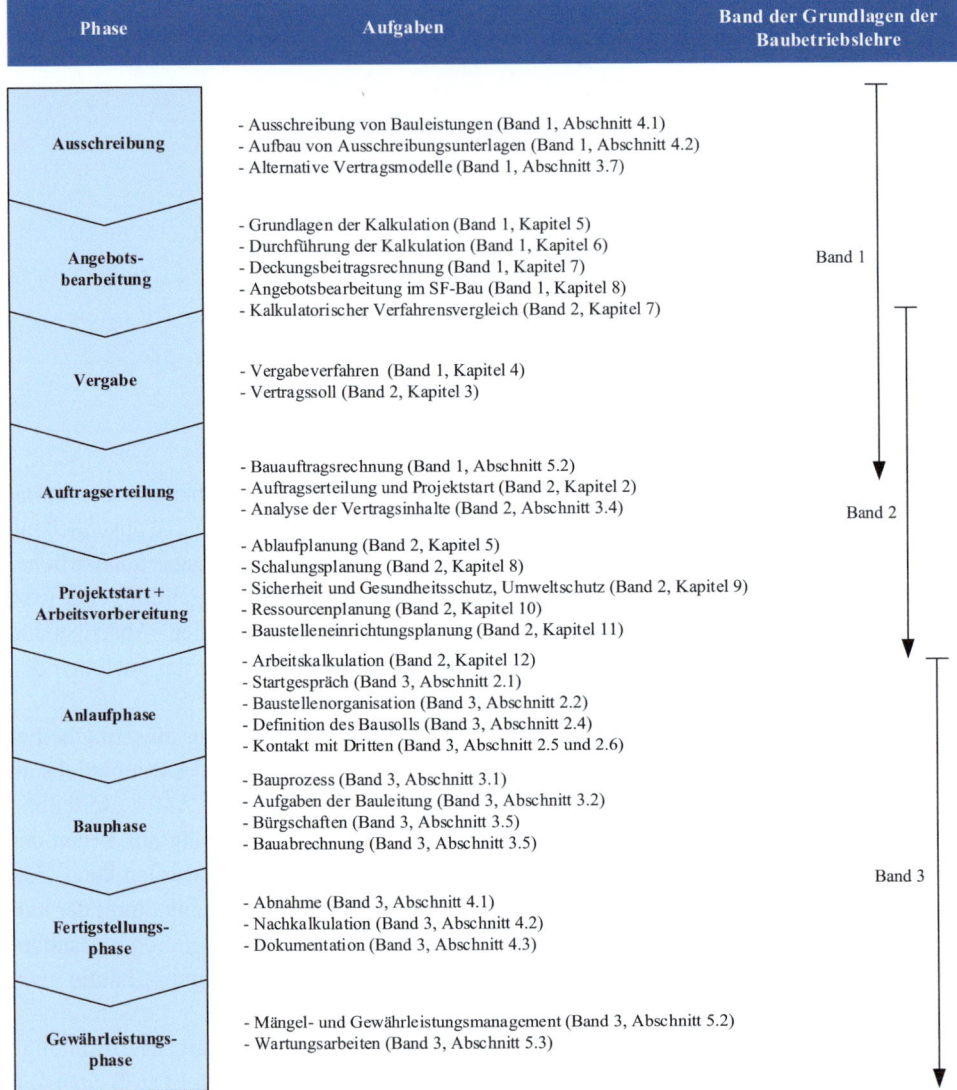

Abb. 1.1 Gliederung der Grundlagen der Baubetriebslehre (Band 1 bis 3)

Bedingungen mängelfrei zu erstellen. Diese Aufgaben werden traditionell durch die Bauleitung erbracht. Daher wird der Begriff der Bauleitung als Synonym für die Baubetriebsführung benutzt. Insbesondere bei schlüsselfertig zu erstellenden Bauwerken sind häufig umfangreiche Planungsaufgaben mit abzudecken, die aber nicht Schwerpunkt der Betrachtungen dieses Bandes sein sollen.

Anlaufphase 2

Die Baubetriebsführung betrachtet die Aufgaben der Abteilung „Bauausführung", in vielen Bauunternehmen mit „Bauleitung" bezeichnet. Die Aufgaben dieser Abteilung können projektspezifisch in vier Phasen untergliedert werden (siehe Abb. 2.1):

- die Anlaufphase (Kap. 2),
- die eigentliche Bauphase (Kap. 3),
- die Fertigstellungsphase (Kap. 4),
- die Gewährleistungsphase (Kap. 5).

Die vielfältigen Aufgaben der kaufmännischen Abteilung, wie Einkauf, Personalwesen und Buchhaltung, sind nicht Bestandteil dieses Buches.

In den meisten Unternehmen ist die Fertigungsplanung (ugs. Arbeitsvorbereitung) der Bau- und Projektleitung sehr eng zugeordnet oder sogar deren integraler Bestandteil. Wegen der vielfältigen Aufgaben der Fertigungsplanung wurden diese im Band 2 „Baubetriebsplanung" erläutert. Je kleiner ein Bauunternehmen ist, desto eher muss die Bauleitung die Aufgaben der Fertigungsplanung übernehmen. Sie wird diese Planung sehr intensiv begleiten und je nach Situation auf der Baustelle eine Überarbeitung oder Fortschreibung entweder selbst durchführen oder diese veranlassen.

In Kap. 2 werden die Aufgaben erläutert, die weitgehend parallel zur Fertigungsplanung ablaufen, jedoch von der Bau- und Projektleitung selbst durchgeführt und beachtet werden müssen. Das sind nach dem Startgespräch (Abschn. 2.1) die Projektorganisation (Abschn. 2.2), die laufende Steuerung (Abschn. 2.3), das Vertragswesen (Abschn. 2.4), die Einhaltung der gesetzlichen und technischen Regelungen (Abschn. 2.5), die Einbeziehung Dritter (Abschn. 2.7 und 2.8) sowie die Fertigungsplanung (Abschn. 2.9), auch mit Hilfe digitaler Daten (Abschn. 2.10).

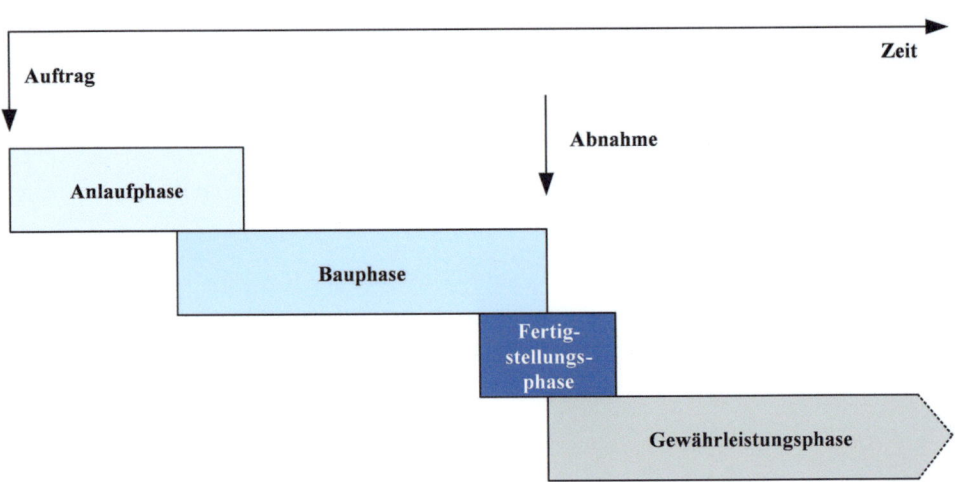

Abb. 2.1 Phasengliederung der Abwicklung eines Bauprojektes

2.1 Startgespräch

Das interne Startgespräch im Bauunternehmen, häufig auch als „Kick-off-meeting", „Bauanlaufberatung" oder „erstes Projektgespräch" bezeichnet, hat eine große Bedeutung, um einen reibungslosen Projektstart sicherzustellen. Dabei werden alle Beteiligten über das neue Projekt informiert und die Projektorganisation festgelegt.

Während fast alle Unternehmen in der stationären Industrie ihre Organisation entweder kontinuierlich den laufenden Prozessen anpassen und daher Änderungen in der Organisation eher sporadisch vornehmen, muss für jede Baumaßnahme zuerst eine neue Organisation aufgebaut werden. Da diese genau den spezifischen Erfordernissen des Projektes anzupassen ist, wird diese auch Projektorganisation genannt.

Das Startgespräch wird üblicherweise unmittelbar nach Auftragserteilung durch die Unternehmens- oder Niederlassungsführung vorbereitet, indem jene Mitarbeiter festgelegt werden, die Aufgaben innerhalb eines Projektes übernehmen sollen. Zudem wird ein Termin festgelegt, an dem das Startgespräch stattfindet. Dieser Termin liegt in den meisten Fällen am Folgetag der Auftragserteilung oder nur wenige Tage nach dieser, da zwischen Auftragserteilung und dem Baubeginn vor Ort kurzfristig zahlreiche Entscheidungen zu treffen und Aufgaben auszuführen sind. Weiterhin werden die Entscheidungsträger der damit abgeschlossenen Angebots- und Verhandlungsphase zu dem Startgespräch eingeladen. Ihre Anwesenheit ist verpflichtend, um die Informationen übergeben und Abhängigkeiten verdeutlichen zu können.

Bei Großprojekten hat es sich als günstig erwiesen, das Startgespräch in zwei Stufen durchzuführen. In der ersten Stufe ist es sinnvoll, zuerst ausschließlich die wichtigsten Mitarbeiter, die Führungsfunktionen übernehmen, in das Projekt einzubinden. Nachdem diese Führungspersonen eine detaillierte Projektorganisation und dazugehörige Prozessabläufe festgelegt haben, werden schließlich im zweiten Startgespräch alle Mitarbeiter des Projektes darüber informiert.

Beim Startgespräch werden bei Projekten üblicher Größenordnung zuerst der Kalkulator sowie sonstige Personen, die in die Akquisition eingebunden waren, über technische, terminliche, baubetriebliche, vertragliche und kalkulatorische Besonderheiten des Projektes berichten. Außerdem werden die wichtigsten Projektbeteiligten genannt. Dies sind insbesondere der planende Architekt und die bauherrenseitige Bauaufsicht sowie die Fachingenieure. Von besonderer Bedeutung sind Festlegungen und Maßnahmen, deren Umsetzung oder Erarbeitung unmittelbar bevorstehen. Dies betrifft zum Beispiel die Frage, wer bestimmte Aufgaben bis zu einem festgelegten Zeitpunkt abzuarbeiten hat. Als Beispiele werden die Bauablauf- und Baustelleneinrichtungsplanung, der Terminplan, die Arbeitskalkulation, kurzfristig einzuholende Genehmigungen sowie die Ausschreibungen für kurzfristig durchzuführende Vergaben für Lieferungen und Leistungen genannt.

Alle Festlegungen im Rahmen des Startgespräches sind sorgfältig zu protokollieren. Dieses Protokoll wird häufig durch die Bauleitung erstellt. Es hat sich als praktisch erwiesen, das Startgespräch entlang einer Checkliste zu führen. In Abb. 2.2 ist eine einfache Checkliste wiedergegeben.

Mit dem Startgespräch ist die Voraussetzung gegeben, dass intern alle an dem Projekt Beteiligten die wichtigsten Projektinformationen erhalten und unmittelbar nach dem Startgespräch mit der Projektbearbeitung beginnen können. In der Regel bleibt es Aufgabe der Bauleitung, darauf zu achten, dass alle Projektbeteiligten ihre Zuarbeiten rechtzeitig erbringen.

Im Allgemeinen müssen sich die Projektbeteiligten die notwendigen Informationen selbst besorgen. Hinsichtlich der Informationen besteht daher eine Holschuld. Mit dem Startgespräch wird somit sichergestellt, dass zum Zeitpunkt des Baubeginns die Arbeiten zügig aufgenommen werden können und Verantwortlichkeiten festgelegt sind. Dies ist der erste Schritt für eine termingerechte und wirtschaftliche Bauausführung.

Allgemeine Angaben zum Projekt
- Projektnummer
- Kostenstellennummer
- Projektname

Projektbeteiligte

Anschriften, Ansprechpartner, Telefonnummern und E-Mail-Adressen der wichtigsten Projektbeteiligten, wie
- Bauherr
- bauleitender Architekt
- planender Architekt
- Tragwerksplaner
- Prüfingenieur
- Fachplaner für Heizung, Lüftung, Sanitär
- Fachplaner Elektro
- sonstige Fachplaner
- Vermessungsingenieur
- Baugrundgutachter

Informationen zum Vertrag
- Vertragsakten (Originale, Aufbewahrungsort, Vervielfältigungen)
- Vertragsart (VOB, BGB) und sonstige Besonderheiten im Vertrag
- Auftragssumme
- Nachlass, Skonto
- Rechnungen und Zahlungen
- Vertragsstrafe
- Bürgschaften und Versicherungen

Informationen über Bautermine
- Baubeginn
- vertraglich vereinbarte Zwischentermine
- Fertigstellung (Bauende)

Projektkommunikation und Planlieferung/BIM
- Datenaustauschplattform/CDE
- Planliefertermine und Planlaufschema oder modellbasierte Arbeitsabläufe

Festlegungen zur Fertigungsplanung (verantwortliche Personen und Termine)
- Organigramm
- Baustelleneinrichtungsplan
- Terminplan
- Schalungsvorbereitung
- Arbeitskalkulation

Informationen für den Einkauf
- Menge und Art der wichtigsten Baustoffe
- besondere Baustoffe
- erforderliche Nachunternehmer

Festlegungen zu Art/ Umfang der vertraglichen Bindung wichtiger Nachunternehmer

Festlegungen zum Controlling

wichtige Terminfestlegungen

Abb. 2.2 Checkliste für das unternehmensinterne Startgespräch

2.2 Grundlagen der Projektorganisation

2.2.1 Bedeutung der Projektorganisation

Die Abwicklung von Bauprojekten unterscheidet sich stark von der Produktion in der stationären Industrie. Einige Unterschiede sollen genannt werden:

- Ein Bauunternehmen erbringt eine Bauleistung, die vom Auftraggeber planerisch vorgegeben ist. Die Bauleistung ist auf einem vom Bauherrn vorgegebenen Grundstück zu erbringen. Das Bausoll, das heißt die Vorgabe, was gebaut werden soll, ergibt sich aus dem Bauvertrag und durch ergänzende oder ändernde Vorgaben, die der Bauherr während der Bauausführung macht.
- Die Projektbeteiligten arbeiten i. d. R. zum ersten Mal in der jeweiligen Konstellation miteinander und Durchlaufen verschiedene Phasen des Kennenlernens und Vertrauensaufbaus.
- Von großer Bedeutung für die wirtschaftliche und termingerechte Erstellung der Bauleistung ist die Bereitstellung einer für jede Baustelle neu zu errichtenden, möglichst effektiven Baustelleneinrichtung. Ausführungen hierzu finden sich in Band 2, Kap. 11.[1, 2]
- Das Bauunternehmen muss projektspezifische Planungen im Rahmen der Fertigungsplanung durchführen, um sicherzustellen, dass die Bauleistung in der vereinbarten Qualität, termingerecht und wirtschaftlich errichtet werden kann. Zu nennen sind besonders die Terminplanung sowie die Geräte- und Schalungsplanung. Darüber hinaus sind die notwendigen Planungen im Bereich von Sicherheit und Gesundheitsschutz sowie Planungen zur Reduktion schädlicher Einflüsse auf die Umwelt dringend anzuraten. Alle diese Punkte sind ebenfalls in Band 2 detailliert dargestellt.

Zusammenfassend kann festgestellt werden, dass alle diese Maßnahmen jeweils projektspezifisch erforderlich sind, während im Gegensatz dazu in der stationären Industrie alle Produktionsplanungen in der Regel keinen projektspezifischen Ansatz aufweisen. Bauprojekte weisen darüber hinaus weitere Unterscheidungsmerkmale auf wie beispielsweise:

- Größe des Projektes (umsatz-, flächen- oder volumenbezogen),
- Art des Bauvorhabens (Erdbau, Straßenbau, Hochbau, Ingenieurbau etc.) oder
- Projektabwicklungsform (Einzelvergabe, Schlüsselfertigbau, Public Private Partnership).[3]

Diese und weitere Faktoren beeinflussen maßgeblich die Organisation der Baustelle. So wird eine kleine Straßenbaustelle, bei der ein neuer Straßenbelag auf eine städtische Straße aufgebracht wird, wegen einfacher planerisch-technischer Vorgaben eine relativ

---

[1] Berner, F.; Kochendörfer, B.; Schach, R.: Grundlagen der Baubetriebslehre, Band 2, Baubetriebsplanung, 3. Aufl. (2022).
[2] Schach, R.; Otto, J.: Baustelleneinrichtung, 4. Aufl. (2022).
[3] Bei einem Public-Private-Partnership-Vertrag erbringt das private Unternehmen die Planungsleistungen, erstellt das Bauwerk, übernimmt die Finanzierung, betreibt das Bauwerk über einen Zeitraum von 15 bis 30 Jahren und organisiert das Zusammenspiel aller beteiligten Akteure.

einfache Organisation mit wenigen Beteiligten aufweisen. Des Weiteren sind keine zusätzlichen Unternehmen auf der Baustelle tätig. Die Abstimmung mit dem Auftraggeber, dem städtischen Tiefbauamt, ist einfach und die Baumaßnahme wird nach einer relativ kurzen Bauzeit abgeschlossen. Im Gegensatz dazu sind bei einem schlüsselfertig zu erstellenden Bau eines Einkaufszentrums zahlreiche Personen, Unternehmen und mehrere Institutionen mit sehr unterschiedlichen Funktionen eingebunden.

Die Definition der Baustellenorganisation ist eine planerische Maßnahme, die sicherstellt, dass die Baustelle so organisiert wird, dass alle Aufgaben effizient erfüllt werden. Verantwortlich für die Baustellenorganisation ist in der Regel die Geschäftsleitung, die Niederlassungsleitung, die Technische Leitung oder die Oberbauleitung. Da die Baustellenorganisation für jede Baustelle jeweils wegen der vorgenannten Unterschiede neu definiert wird, stellen Bauprojekte die klassische Form eines Prototyps der Projektorganisation dar. Dabei wird jede Baustelle als Projekt verstanden, das durch Zielvorgaben, zeitliche, finanzielle, personelle und andere Bedingungen gegenüber anderen Vorhaben und projektspezifischen Organisationen abgegrenzt ist.[4]

Voraussetzung für eine erfolgreiche Projektorganisation ist weiterhin ein ausreichend qualifiziertes Bauleitungspersonal sowie deren geeignete Einordnung im jeweiligen Projektteam. In diesem Zusammenhang sind unternehmensinterne Anweisungen und Regelabläufen vorzugeben, damit das Bauleitungsteam seine Aufgaben möglichst effizient umsetzen kann.

2.2.1.1 Qualifikation des Bauleitungspersonals

Die Qualifikation des Bauleitungspersonals und deren Eignung ist von verschiedenen Faktoren abhängig:

- Art der Baustelle
  Unter der Art der Baustelle sollen die verschiedenen Baumaßnahmen verstanden werden, wie Einfamilienhausbau, größere Wohn- und Bürogebäude, Erd- und Straßenbau, Spezialtiefbau (z. B. der Bau von komplizierten Baugruben), Brückenbau und viele Spezialbaumaßnahmen, wie zum Beispiel Stahlbau, Turmbau, Wasserbau oder Gleisbau. Für all diese Baumaßnahmen ist die geforderte Qualifikation des Bauleitungspersonals sehr unterschiedlich.
- Größe der Baustelle
  Von großer Bedeutung ist auch die Größe der Baustelle. So ist leicht verständlich, dass die Qualifikation des Bauleitungspersonals für die Rohbauarbeiten bei einem Einfamilienhaus anders sein muss als die des Personals beim Bau eines Hochhauses.
- Leistungsumfang

---

[4] In diesem Zusammenhang wird auf die Praxishilfen CASA-bauen (www.casa-bauen.de) (aufgerufen 22.11.2024) und KOMKO-bauen (www.komko-bauen.de) (aufgerufen 22.11.2024) verwiesen, die durch die „Offensive Gutes Bauen" (www.offensive-gutes-bauen.de) (aufgerufen 22.11.2024) verbreitet werden.

Beide Instrumente wurden speziell für kleinere und mittlere Unternehmen entwickelt. Die Offensive Gutes Bauen stellt die Nachfolgeorganisation der früheren „Initiative Neue Qualität des Bauens" (INQA-bauen) dar.

2.2 Grundlagen der Projektorganisation

Ein weiterer Unterschied ergibt sich durch den Leistungsumfang. Die VOB/B 2016 sieht als Regelfall die Vergabe der Bauleistung in Losen vor, die in der Regel den Gewerken entsprechen. Somit werden auf der Baustelle zahlreiche Unternehmen tätig sein, die jeweils ihre gewerkespezifischen Leistungen erbringen. Seit den 1970er-Jahren vergeben private Bauherren die Bauleistung zunehmend schlüsselfertig an Generalunternehmer.[5] Diese setzen eine große Zahl von Nachunternehmern ein, um die schlüsselfertige Leistung zu erbringen. Es ist leicht verständlich, dass für die Bauleitung von schlüsselfertig zu erstellenden Baumaßnahmen besonders qualifiziertes Personal benötigt wird.

- Ausbildung / Qualifikation
Bauleitungspersonal kann eine unterschiedliche berufliche Ausbildung haben. Typisch im technischen Bereich ist eine Ausbildung als Bauingenieur, gelegentlich auch als Architekt. Die Abschlüsse können an einer Universität, Fachhochschule oder Dualen Hochschule[6] erworben werden.[7] Daneben gibt es Techniker und vergleichbare Abschlüsse an Akademien und weiteren Institutionen. Von Bedeutung ist auch eine handwerkliche Ausbildung, die zum Meister führen kann oder die Industrieausbildung zum geprüften Polier. Neben der Ausbildung spielt die einschlägige Berufserfahrung eine wichtige Rolle. Auf der kaufmännischen Seite gibt es vergleichbare Ausbildungen.

2.2.1.2 Zusammensetzung des Baustellenpersonals

Neben der unterschiedlichen Qualifikation des Personals einer Baustelle zeichnet sich dieses durch unterschiedliche Berufsbilder aus:

- Technisches Personal
Das Technische Personal setzt sich in der Regel aus Ingenieuren, hauptsächlich Bauingenieuren, Technikern, Meistern und Polieren zusammen und ist für die technische Abwicklung verantwortlich. Diese betrifft insbesondere die technologische, terminliche, kostenseitige und vertragliche Steuerung der gesamten Baustelle, Verhandlungen mit Auftraggebern und Nachunternehmern zu technischen Sachverhalten, rechtzeitige Bereitstellung aller benötigten Ressourcen, Bauzeit- und Qualitätscontrolling, Nachtragsmanagement und Abrechnung.
- Kaufmännisches Personal
Auch dieses umfasst Personen mit unterschiedlicher Qualifikation vergleichbar zum Technischen Personal. Die Tätigkeiten betreffen den gesamten Einkauf, den Rech-

---

[5] Der Begriff „Generalunternehmer" wird hier als Synonym für Generalunternehmer, Totalunternehmer, Generalübernehmer und Totalübernehmer verwendet. Siehe Abschn. 3.6.2 und 3.6.3, Berner, F.; Kochendörfer, B.; Schach, R.: Grundlagen der Baubetriebslehre, Band 1, Baubetriebswirtschaft, 3. Aufl. (2020), S. 91 f.

[6] Fachhochschulen führen alternativ die Bezeichnungen *Hochschule*, *Hochschule für angewandte Wissenschaften* oder die englischsprachige Bezeichnung *University of Applied Sciences*.

[7] Des Weiteren sind Ingenieure, die Abschlüsse im ingenieurtechnischen Bereich in Bezug auf Immobilien haben, gefragt. Dies sind zum Beispiel Ingenieure, die eine Ausbildung in der Technischen Gebäudeausrüstung (TGA) erfahren haben.

nungs- und Zahlungsverkehr, Lohn- und Gehaltsabrechnungen, Bilanzen und die Baubetriebsrechnung (siehe Band 1, Abschn. 5.1).[8]
- Sekretariat
Sekretariatspersonal und weitere Personen, die das technische und kaufmännische Personal unterstützen, sind bei größeren Baustellen mit vorzusehen.

2.2.2 Aufgaben, Verantwortungsbereiche und Haftung

Die Begriffs- und Tätigkeitsbezeichnungen der Projektleitung, der Bauleitung und der Oberbauleitung beruhen nicht auf einheitlichen Festlegungen oder Normierungen, sondern werden mit unterschiedlicher Ausprägung hinsichtlich Aufgaben, Zuständigkeiten, Verantwortung und Haftung verwendet. Vor diesem Hintergrund sind Begriffsdefinitionen angebracht.

2.2.2.1 Unternehmens-Bauleitung, Oberbauleitung und Abschnittsbauleitung

Die „Bauleitung" oder die „Projektleitung"[9] bezeichnet zunächst nur Organisationseinheiten, wobei die Bezeichnung „Bauleitung" eher bei den ausführenden Firmen des Rohbaus, der Gebäudetechnik und des Ausbaus zu finden ist. Zur eindeutigen Unterscheidung wird daher auch der Begriff „Unternehmens-Bauleitung" verwendet. Die Institution, die mehreren „Bauleitungen" vorsteht, wird dann im Allgemeinen als „Oberbauleitung" bezeichnet. Diese Zusammenfassung kann sowohl mehrere „Abschnittsbauleitungen" einer größeren Baustelle als auch mehrere „Bauleitungen" von unterschiedlichen Nachunternehmen an unterschiedlichen Standorten betreffen.

2.2.2.2 Bauherren-Bauleitung

Auch die Objektüberwachung bzw. Bauüberwachung nach Leistungsphase 8 der HOAI[10] wird oftmals als „Bauleitung", als „Bauüberwachung" oder „Bauoberleitung" bezeichnet. Bei Gebäuden und Innenräumen ist damit allerdings die überwachende Tätigkeit meist eines Architekten nach § 34 der HOAI 2021 gemeint. In Anlage 10 der HOAI 2021 ist dieses Leistungsbild definiert. Vergleichbar gilt dies für andere Leistungsbilder der HOAI 2021, jedoch finden sich in Anlage 12 (Ingenieurbauwerke) oder Anlage 13 (Verkehrsanlagen) auch die Begriffe „Bauoberleitung" und „örtliche Bauüberwachung". Zur klaren Abgrenzung wird dann häufig von der „Bauherren-Bauleitung" gesprochen. Damit wird

---

[8] Berner, F.; Kochendörfer, B.; Schach, R.: Grundlagen der Baubetriebslehre, Band 1, Baubetriebswirtschaft, 3. Aufl. (2020), S. 157–164.
[9] Siehe hierzu auch Abschn. 2.2.2.4.
[10] Honorarordnung für Architekten und Ingenieure HOAI 2021, z. B. Anlage 10, Leistungsbild Gebäude und Innenräume; Anlage 12, Leistungsbild Ingenieurbauwerke oder Anlage 13, Leistungsbild Verkehrs-anlagen, www.hoai.de/hoai/volltext/hoai-2021.

deutlich, dass diese Bauleitung im Auftrag des Bauherrn tätig ist und diesem gegenüber haftet. Die Bauherren-Bauleitung unterstützt den Bauherren bei seiner Projektmitwirkung, koordiniert in seinem Namen die Leistungserbringung der einzelnen Unternehmer im Gesamtprojekt und überwacht deren jeweilige Herbeiführung des Werkerfolges.

2.2.2.3 Öffentlich-rechtlicher Bauleiter und Fachbauleiter

Eine besondere Funktion in dieser Begriffs-„Umgebung" nimmt der „öffentlich-rechtliche Bauleiter" nach der Landesbauordnung (LBO – siehe Grundlagen der Baubetriebslehre, Band 1, Abschn. 3.3.2) ein.[11] Häufig wird er auch als „verantwortlicher Bauleiter" oder „LBO-Bauleiter" bezeichnet. Dieser ist in den meisten Landesbauordnungen (Ausnahme z. B. Bayern) für jedes zu genehmigende Bauvorhaben gesetzlich vorgeschrieben und muss der Genehmigungsbehörde (Baubehörde) namentlich benannt werden. Die Regelungen in den Landesbauordnungen sind weitgehend inhaltlich identisch. So lautet die Regelung in der Bauordnung für Berlin (BauO Bln) im § 56 (1):[12]

> *„Die Bauleiterin oder der Bauleiter hat darüber zu wachen, dass die Baumaßnahme entsprechend den öffentlich-rechtlichen Anforderungen durchgeführt wird, und die dafür erforderlichen Weisungen zu erteilen. Sie oder er hat im Rahmen dieser Aufgabe auf den sicheren bautechnischen Betrieb der Baustelle, insbesondere auf das gefahrlose Ineinandergreifen der Arbeiten der Unternehmerinnen oder Unternehmer zu achten. Die Verantwortlichkeit der Unternehmerinnen oder Unternehmer bleibt unberührt."*

Im § 56 (1) der Sächsischen Bauordnung (SächsBO)[13] heißt es fast identisch: *„Der Bauleiter hat darüber zu wachen, dass die Baumaßnahme entsprechend den öffentlich-rechtlichen Anforderungen durchgeführt wird und die dafür erforderlichen Weisungen zu erteilen. Er hat im Rahmen dieser Aufgabe auf den sicheren bautechnischen Betrieb der Baustelle, insbesondere auf das gefahrlose Ineinandergreifen der Arbeiten der Unternehmer, zu achten. Die Verantwortlichkeit der Unternehmer bleibt unberührt."*

Weiterhin ist in den Landesbauordnungen geregelt, dass mit der Ausführung genehmigungspflichtiger Vorhaben erst nach Erteilung des Baufreigabescheins (§ 59 Landesbauordnung für Baden-Württemberg – LBO-BW) oder dass bei genehmigungsbedürftigen Bauvorhaben an der Baustelle ein Schild (Baustellenschild) anzubringen ist (§ 11 Bauordnung für das Land Nordrhein-Westfalen – BauO NRW). Abhängig von weiteren spezifischen Regelungen werden diese grüner (genehmigungsfreie Bauvorhaben) oder roter Punkt (genehmigungspflichtige Bauvorhaben) genannt (siehe Abb. 2.3). Darauf ist die Bauleiterin oder der Bauleiter einzutragen.

Der LBO-Bauleiter kann ein weiterer „dritter" Bauleiter sein oder aus dem Kreis der Bauherren-Bauleitung (Architekt) oder der Unternehmens-Bauleitung benannt werden und dann in Personalunion verschiedene Aufgaben erfüllen. Er hat insoweit dann auch in-

---

[11] Berner/Kochendörfer/Schach (2020), S. 43–46.
[12] Bauordnung für Berlin (BauO Bln) vom 09.04.2018, Stand 25.01.2024.
[13] Sächsische Bauordnung (SächsBO) vom 11.05.2016, Stand 25.01.2024.

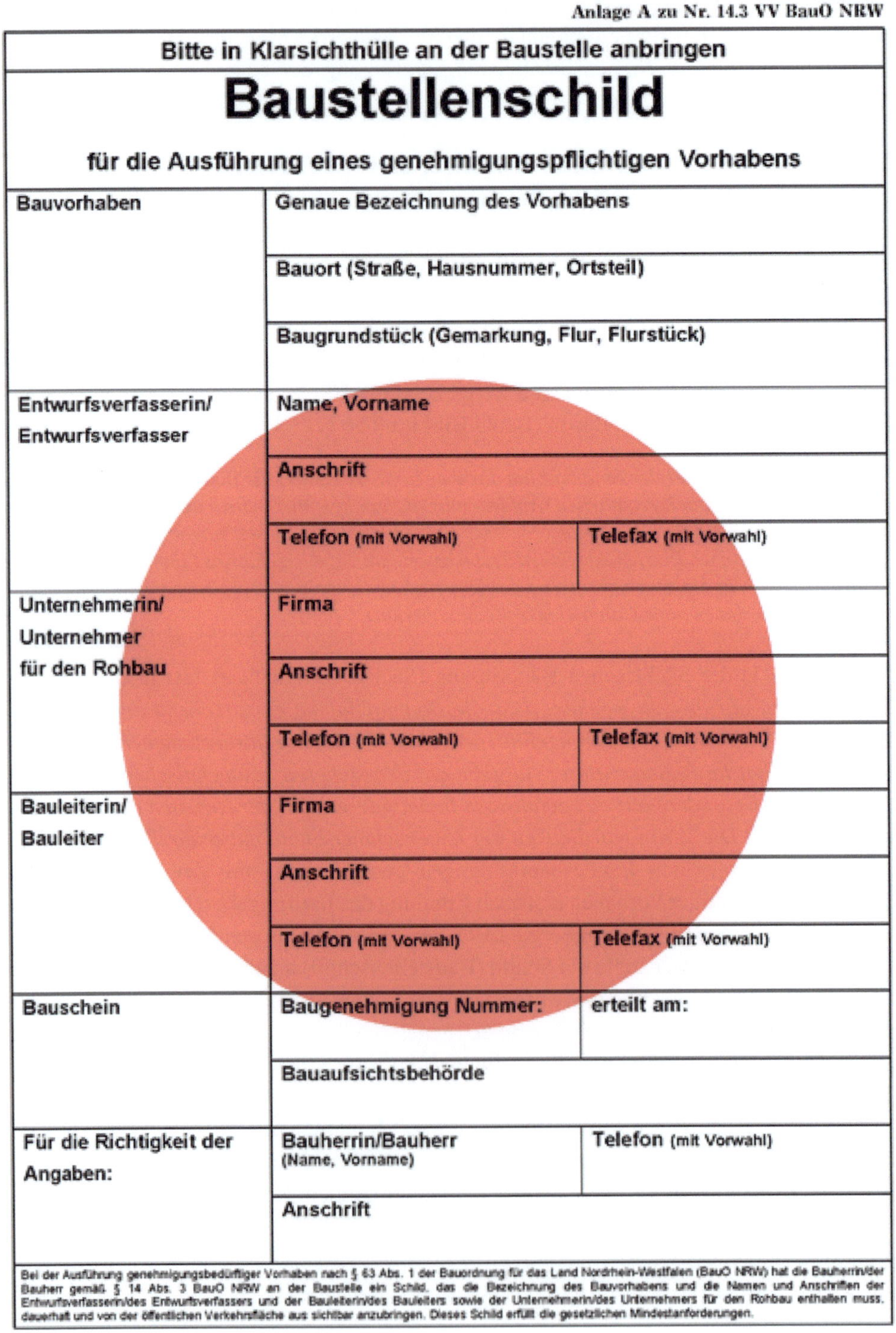

Anlage A zu Nr. 14.3 VV BauO NRW

	Bitte in Klarsichthülle an der Baustelle anbringen	
	Baustellenschild für die Ausführung eines genehmigungspflichtigen Vorhabens	
Bauvorhaben	Genaue Bezeichnung des Vorhabens	
	Bauort (Straße, Hausnummer, Ortsteil)	
	Baugrundstück (Gemarkung, Flur, Flurstück)	
Entwurfsverfasserin/ Entwurfsverfasser	Name, Vorname	
	Anschrift	
	Telefon (mit Vorwahl)	Telefax (mit Vorwahl)
Unternehmerin/ Unternehmer für den Rohbau	Firma	
	Anschrift	
	Telefon (mit Vorwahl)	Telefax (mit Vorwahl)
Bauleiterin/ Bauleiter	Firma	
	Anschrift	
	Telefon (mit Vorwahl)	Telefax (mit Vorwahl)
Bauschein	Baugenehmigung Nummer:	erteilt am:
	Bauaufsichtsbehörde	
Für die Richtigkeit der Angaben:	Bauherrin/Bauherr (Name, Vorname)	Telefon (mit Vorwahl)
	Anschrift	

Bei der Ausführung genehmigungsbedürftiger Vorhaben nach § 63 Abs. 1 der Bauordnung für das Land Nordrhein-Westfalen (BauO NRW) hat die Bauherrin/der Bauherr gemäß § 14 Abs. 3 BauO NRW an der Baustelle ein Schild, das die Bezeichnung des Bauvorhabens und die Namen und Anschriften der Entwurfsverfasserin/des Entwurfsverfassers und der Bauleiterin/des Bauleiters sowie der Unternehmerin/des Unternehmers für den Rohbau enthalten muss, dauerhaft und von der öffentlichen Verkehrsfläche aus sichtbar anzubringen. Dieses Schild erfüllt die gesetzlichen Mindestanforderungen.

Abb. 2.3 Baufreigabeschein (für das Land Nordrhein-Westfalen)

direkt Anordnungsbefugnisse gegenüber den sonstigen am Bau beteiligten Firmen und Institutionen. Nach § 56 (2) SächsBO *„muss [er] über die für seine Aufgabe erforderliche Sachkunde und Erfahrung verfügen. Verfügt er auf einzelnen Teilgebieten nicht über die erforderliche Sachkunde, sind geeignete Fachbauleiter heranzuziehen. Diese treten insoweit an die Stelle des Bauleiters. Der Bauleiter hat die Tätigkeit der Fachbauleiter und seine Tätigkeit aufeinander abzustimmen."*

Der Begriff des Fachbauleiters ist somit dem öffentlich-rechtlichen Aufgabenbereich zuzuordnen. Für den Nachweis der erforderlichen Sachkunde ist weder eine Ausbildung als Architekt oder Bauingenieur noch die einer bestimmten beruflichen Ausbildung vorgesehen. Allein ausschlaggebend sind die konkret vorhandene Sachkunde und Erfahrung.

Dem Bauleiter nach LBO sind im Hinblick auf die gesetzlich vorgeschriebenen Aufgaben eine umfassende öffentlich-rechtliche und eine gegebenenfalls sanktionsrelevante zivil- und strafrechtliche Verantwortung übertragen. Verletzt der öffentlich-rechtliche Bauleiter seine Pflichten, so kann er Dritten gegenüber aus unerlaubter Handlung nach § 823 Abs.1 BGB zur Verantwortung gezogen werden. Dabei spielt es keine Rolle, dass er sich allein dem Bauherrn gegenüber verpflichtet hat. Aufgrund dieser vertraglichen Verpflichtung übernimmt er auch im öffentlichen Interesse die Pflicht, Leib, Leben, Gesundheit und Eigentum Dritter zu schützen. Damit obliegt dem öffentlich-rechtlichen Bauleiter eine Verkehrssicherungspflicht jedem Dritten gegenüber. Verletzt er diese, so kann er sich schadensersatzpflichtig gemäß § 823 Abs.1 BGB machen. Darüber hinaus kann er auch nach § 319 StGB zur Verantwortung gezogen werden, wenn bestimmte Regeln der Baukunst verletzt werden.

Die Bauleitung nach LBO hat die Baumaßnahme als Ganzes und übergeordnet zu koordinieren und zu organisieren. Dies muss er unabhängig von der privatrechtlich gegenüber dem Bauherrn geplanten und geschuldeten Bauausführung umsetzen und sicherstellen.

Hierfür fehlendes Fachwissen und Erfahrung hat er selbstständig einzuschätzen, eine geeignete Vertretung in Person von der Fachbauleitung eigenverantwortlich auszuwählen und diese Vertretung ebenfalls zeitlich und fachlich zu koordinieren, zur Tätigkeit anzuhalten und diese zu überwachen. Die Bauleitung bleibt unabhängig von dieser Vertretung für die Überwachung der Bauausführung als Ganzes im Interesse der Öffentlichkeit verantwortlich.

2.2.2.4 Projektleitung

Der Begriff der „Projektleitung" oder der „Gesamt-Projektleitung" wird in der Regel im Schlüsselfertigbau oder im Projektmanagement verwendet und bezeichnet bei den ausführenden Unternehmen Organisationseinheiten, die fach- und disziplinübergreifend tätig sind. So ist beispielsweise der „Projektleiter" im SF-Bau in der Regel für das gesamte Projekt einschließlich Planung und Ausführung zuständig und kann demzufolge sowohl die Führungsinstanz für mehrere „Fach-Projektleiter" als auch für mehrere „Fach-Bauleiter" sein.

Bei den verschiedenen Fach-Ingenieurbüros ist ebenfalls der Begriff Projektleitung gebräuchlich. Er beschreibt dabei eine Einzelperson oder mehrere Personen, die für das Planungsmanagement, aber auch den bürointernen wirtschaftlichen Erfolg des Planungs-Projektes verantwortlich sind.

Die „Bauleitung" (Unternehmens-Bauleitung) oder die „Projektleitung" ist im Sinne der hier zu erläuternden Baubetriebsführung diejenige Instanz oder diejenige Person, die – bezogen auf einen konkreten Bauauftrag – Führungs- und damit Managementaufgaben in den folgenden Handlungsbereichen übernimmt:

- Recht (Bau- und Vertragsrecht, Risikomanagement), siehe Abschn. 3.2,
- Organisation (Personal-, Geräte-, Stoff- und Leistungsressourcen), siehe Abschn. 3.3,
- Technik (Ausführung nach Quantität, Qualität und Terminen), siehe Abschn. 3.4 und
- Wirtschaft (Überwachung von Leistung, Kosten und Liquidität), siehe Abschn. 3.5.

Diese Aufgaben werden hinsichtlich der methodischen und inhaltlichen Ansätze für Planung, Überwachung und Steuerung in den folgenden Kapiteln erläutert.

2.2.2.5 Haftung der Unternehmens-Bauleitung auf Basis des Bauvertrags

Aus ihren Verpflichtungen als Angestellte des Bauunternehmens hat die Unternehmens-Bauleitung die Interessen des Bauunternehmens gegenüber dem Auftraggeber zu vertreten. In der VOB/B wird die Grundlage für eine Vertretungsvollmacht mittelbar durch § 4 Abs. 1 Nr. 3 Satz 3 VOB/B 2016 geschaffen. Dort heißt es: „*Dem Auftraggeber ist mitzuteilen, wer jeweils als Vertreter des Auftragnehmers für die Leitung der Ausführung bestellt ist.*" Diese Erklärung sollte zumindest mündlich erfolgen. Jedoch wird auch durch „schlüssiges Handeln" diese Vertretungsvollmacht bekräftigt.

Hinsichtlich der privatrechtlichen Verpflichtungen, die der Auftragnehmer gegenüber dem Auftraggeber im Bauvertrag eingegangen ist, haftet die Bauleitung nicht. Somit ist er zum Beispiel nicht für einen Schaden und eventuell auch den entgangenen Gewinn haftbar, den der Auftraggeber im Rahmen von § 6 Abs. 6 VOB/B 2016 geltend machen kann. Auch andere Haftungstatbestände wegen Nichtbeachtung der Regelungen der VOB/B verbleiben beim Auftragnehmer. Zu nennen wären zum Beispiel eine Haftung, falls Funde von Altertümern, Kunstwerken und dergleichen nicht angezeigt wurden (§ 4 Abs. 9 VOB/B 2016). Dies beruht auf § 278 BGB, nachdem der Auftragnehmer für vertragswidriges Verhalten der Bauleitung wie für eigenes Verschulden einzustehen hat. Rechtlich gesehen ist die Bauleitung Erfüllungsgehilfe oder Verrichtungsgehilfe des Auftragnehmers. Als Verrichtungsgehilfe wird laut § 831 BGB derjenige bezeichnet, der – frei ausgewählt – nach dem Willen des „Geschäftsherrn" allgemein tätig und dessen Anweisungen unterworfen ist. Die Art der Tätigkeit, die Qualifikation der rechtlichen Beziehung zwischen „Geschäftsherrn" und Verrichtungsgehilfen, ihre rechtliche Wirksamkeit, all dies spielt keine Rolle. Wichtig ist allein, dass die Vornahme der Verrichtung dem Einfluss des „Geschäftsherrn" unterliegt und zwar sowohl in der Bestellung der Bauleitung als auch in der Ausführung der Tätigkeit.

2.2.2.6 Haftung der Unternehmens-Bauleitung gegenüber Dritten

Zu beachten ist auch eine mögliche außervertragliche Haftung der Bauleitung. Verstößt der Bauunternehmer gegen Sicherungspflichten, die ihm der Allgemeinheit gegenüber obliegen und erwächst daraus einem am Bauvertrag nicht beteiligten Dritten eine Rechtsgutverletzung, so greift zu dessen Gunsten § 823 Abs. 1 BGB ein. In der Rechtsgutschädigung des Dritten wird also eine Vernachlässigung oder Unterlassung einer dem Bauunternehmer oder der Bauleitung obliegenden schadenverhütenden Handlungspflicht gesehen. Im Allgemeinen wird der Unternehmer zur Deckung dieser Verpflichtungen eine Haftpflichtversicherung abschließen, die auch für die Tätigkeit seiner Beschäftigten eintritt. Insoweit werden dann keine Haftungsansprüche auf die Bauleitung zukommen, sofern sie nicht vorsätzlich einen Dritten geschädigt hat.

2.2.2.7 Haftung der Unternehmens-Bauleitung bei strafbaren Handlungen und Ordnungswidrigkeiten

Von weiterer Bedeutung für die Bauleitung sind Fehlverhaltensweisen, die strafrechtlichen Handlungen und Ordnungswidrigkeiten darstellen. In Frage kommt eine kaum abzugrenzende Zahl von Gesetzen und Verordnungen. Nachfolgend werden einige wichtige Gesetze, Verordnungen und andere Regelwerke aufgeführt, die im Zusammenhang mit einer Bauausführung besonders zu beachten sind:

- **Strafgesetzbuch** (StGB)

  § 222 StGB – Fahrlässige Tötung – und § 229 StGB – fahrlässige Körperverletzung – stellen Schutzgesetze dar. Das Führungspersonal von Baustellen, somit insbesondere die Bauleitung und Poliere werden sich im Falle von schweren Unfällen hiernach verantworten müssen.

  § 303 StGB – Sachbeschädigung. Eine Sachbeschädigung kann geahndet werden, falls durch fahrlässige oder gar vorsätzliche Pflichtverletzung der Bauleitung Sachen Dritter (z. B. geparkte Autos) beschädigt werden.

  § 317 StGB – Störung von Telekommunikationsanlagen. Bestraft wird danach derjenige, der *„den Betrieb einer öffentlichen Zwecks dienenden Telekommunikationsanlage dadurch verhindert oder gefährdet, dass er eine dem Betrieb dienende Sache zerstört, beschädigt, beseitigt, verändert oder unbrauchbar macht oder die für den Betrieb bestimmte elektrische Kraft entzieht."*

  § 319 StGB – Baugefährdung – legt fest, dass derjenige, der *„(1) [...] bei der Planung, Leitung oder Ausführung eines Baues oder des Abbruchs eines Bauwerks gegen die allgemein anerkannten Regeln der Technik (siehe Abschn. 2.6.1) verstößt und dadurch Leib oder Leben eines anderen Menschen gefährdet, [...] mit Freiheitsstrafe bis zu fünf Jahren oder mit Geldstrafe bestraft [wird]. (2) Ebenso wird bestraft, wer in Ausübung eines Berufs oder Gewerbes bei der Planung, Leitung oder Ausführung eines Vorhabens technische Einrichtungen in ein Bauwerk einzubauen oder eingebaute Einrichtungen dieser Art zu ändern, gegen die allgemein anerkannten Regeln der Technik verstößt und dadurch Leib oder Leben eines anderen Menschen gefährdet."*

Im Zusammenhang mit Straftaten wegen Belangen der Umwelt wird auf § 324 StGB Gewässerverunreinigung, § 324a StGB Bodenverunreinigung, § 325 StGB Luftverunreinigung, § 325a StGB Verursachen von Lärm, Erschütterungen und nichtionisierenden Strahlen, § 326 StGB Unerlaubter Umgang mit gefährlichen Abfällen und § 327 StGB Unerlaubtes Betreiben von Anlagen verwiesen.

- **Straßenverkehrsordnung** (StVO)
Unter den vielen Regelungen, die im Zusammenhang mit der Straßenverkehrsordnung zu beachten sind, soll besonders auf das Verbot verwiesen werden, nach dem es nicht erlaubt ist, Gegenstände auf die Straße zu bringen oder liegen zu lassen, wenn dadurch der Verkehr gefährdet oder die Sicherheit oder Leichtigkeit des Verkehrs beeinträchtigt wird. Diese Regelung ist insbesondere im Zusammenhang mit dem Abladen von Baumaterialien von Bedeutung. Weiterhin sei erwähnt, dass auch das eigenmächtige Entfernen oder Aufstellen von Verkehrszeichen verboten ist.

Verwiesen wird auch darauf, dass auch Vorgesetzte von Fahrern „Punkte" im Fahreignungsregister des Kraftfahrt-Bundesamtes in Flensburg eingetragen bekommen können, falls sie Verstöße gegen die StVO zugelassen haben. Falls somit gegen einen LKW-Fahrer wegen eines überladenen Fahrzeugs ein Bußgeld erlassen wird, so kann auch gegen den Vorgesetzten ein Bußgeld (einschließlich der Punkte in Flensburg) erlassen werden, sofern das Überladen vom Vorgesetzten geduldet oder gar angeordnet wurde.

- **Bundesnaturschutzgesetz** (BNatSchG)
Besonders im Zusammenhang mit der Altbausanierung von Gebäuden ist es für die Bauleitung von Bedeutung, zu wissen, was er bei Vorhandensein von wild lebenden Tieren (z. B. Fledermäuse, Mauersegler, Schwalben) zu tun oder zu unterlassen hat.

- **Wasserhaushaltsgesetz** (WHG)
Das Gesetz zur Ordnung des Wasserhaushaltes (WHG) ist überwiegend der Umweltpflege gewidmet.

Nach § 8 (1) WHG 2009 bedarf es „*bei Benutzung eines Gewässers der Erlaubnis oder der Bewilligung, soweit nicht durch dieses Gesetz oder auf Grund dieses Gesetzes erlassener Vorschriften etwas anderes bestimmt ist.*" Unter Benutzen sind zum Beispiel Entnahmen, Ableiten, Aufstauen oder Umleiten von Grundwasser oder auch von oberirdischen Gewässern zu verstehen.

Bei Baumaßnahmen sind insbesondere § 32 Reinhaltung oberirdischer Gewässer, § 33 Mindestwasserführung, § 45 Reinhaltung von Küstengewässern, § 46 Erlaubnisfreie Benutzung des Grundwassers und § 48 Reinhaltung des Grundwassers zu beachten. So dürfen nach § 32 (1) WHG feste Stoffe (Beispiel: Bauschutt) in ein Gewässer nicht zum Zweck eingebracht werden, um sich ihrer zu entledigen.

- **Kreislaufwirtschaftsgesetz** (KrWG)
Mit der Verabschiedung des zwischenzeitlich außer Kraft gesetzten Kreislaufwirtschafts- und Abfallgesetzes (KrW-/AbfG) 1994 wurde die rechtliche Grundlage für eine Abkehr von der Wegwerfgesellschaft hin zu einer Kreislaufwirtschaft auf der Grundlage marktwirtschaftlicher Strukturen geschaffen. In der aktuellen Fassung dieses Gesetzes, nunmehr als Kreislaufwirtschaftsgesetz (KrWG 2012) bezeichnet, ist in § 6 (1) festgelegt:

"Maßnahmen der Vermeidung und der Abfallwirtschaft stehen in folgender Rangfolge:
1. Vermeidung,
2. Vorbereitung zur Wiederverwendung,
3. Recycling,
4. Sonstige Verwertung, insbesondere energetische Verwertung und Verfüllung,
5. Beseitigung."

- **Arbeitsschutzgesetz** (ArbSchG)
  Nach § 3 ArbSchG richten sich die Grundpflichten dieses Gesetzes in erster Linie an den Arbeitgeber. In § 4 ArbSchG sind die allgemeinen Grundsätze dieses Gesetzes festgelegt (siehe auch Band 2, Abschn. 9.3).

- **Arbeitsstättenverordnung** (ArbStättV 2004)
  Die Arbeitsstättenverordnung (ArbStättV 2004) enthält Mindestvorschriften für die Sicherheit und den Gesundheitsschutz der Beschäftigten beim Einrichten und Betreiben von Arbeitsstätten. Für die Einhaltung der Regelungen ist im Wesentlichen der Arbeitgeber verantwortlich. Als Arbeitsstätten gelten dabei alle Orte in Gebäuden und im Freien, die zur Nutzung als Arbeitsplätze vorgesehen sind. Zu den Arbeitsstätten gehören zum Beispiel auch Verkehrswege, Fluchtwege, Lagerplätze, Sanitärräume, Pausenräume sowie Unterkünfte. Die allgemeinen Schutzziele der ArbStättV 2004 werden durch die verbindlichen Technischen Regeln für Arbeitsstätten (ASR) konkret untersetzt.[14, 15]

- **Unfallverhütungsvorschriften** (UVV)
  Die Unfallverhütungsvorschriften sind von den Berufsgenossenschaften (BG) erlassene Arbeitsvorschriften, die sich an die Unternehmer richten, um deren Mitarbeiter vor Gefahren für Leben und Gesundheit zu schützen. Mit der DGUV Vorschrift 1 (früher BGV A1) „Grundsätze der Prävention" ist zum 01.01.2004 eine Unfallverhütungsvorschrift als Basisvorschrift geschaffen worden, in der grundlegende Positionen zur Umsetzung des berufsgenossenschaftlichen Auftrags nach dem Sozialgesetzbuch VII zur Verhütung von Arbeitsunfällen und arbeitsbedingten Berufskrankheiten festgelegt wurden. Eine Konkretisierung erfolgt bedarfsorientiert im DGUV-Regelwerk (früher BG-Regelwerk mit BG-Regeln, BG-Informationen und sonstigen Schriften).[16]

- **Arbeitszeitgesetz** (ArbZG)
  Das Arbeitszeitgesetz stellt den Gesundheitsschutz der Arbeitnehmer sicher, indem die tägliche Höchstarbeitszeit begrenzt sowie Mindestruhepausen während der Arbeit und Mindestruhepausen nach dem Arbeitsende festgelegt werden.

  Nach § 3 ArbZG darf die werktägliche Arbeitszeit der Arbeitnehmer in der Regel acht Stunden nicht überschreiten. Sie kann auf bis zu 10 h verlängert werden, wenn innerhalb von sechs Kalendermonaten oder innerhalb von 24 Wochen im Durchschnitt acht Stunden werktäglich nicht überschritten werden. In § 7 ArbZG werden gewisse

---

[14] Berner/Kochendörfer/Schach (2022), Grundlagen der Baubetriebslehre, Band 2, Kap. 11.
[15] Schach/Otto (2022), Baustelleneinrichtung, Abschn. 1.4.
[16] Schach/Otto (2022), Baustelleneinrichtung, Abschn. 6.6.

Ausnahmen geregelt. § 4 ArbZG regelt die Ruhepausen, wonach diese im Voraus fest stehend bei einer Arbeitszeit von mehr als sechs bis zu neun Stunden mindestens 30 min lang und bei mehr als neun Stunden 45 min lang zu gewähren sind, wobei diese in Zeitabschnitte von jeweils 15 min aufgeteilt werden können. Eine Beschäftigung von mehr als sechs Stunden hintereinander ohne Ruhepause ist nicht erlaubt.

- **Jugendarbeitsschutzgesetz** (JArbSchG)
  Mit dem Jugendarbeitsschutzgesetz werden junge Menschen geschützt, um ihre Gesundheit nicht zu gefährden und ihre Entwicklung ungestört verlaufen zu lassen. Es schützt deshalb Kinder und Jugendliche vor Arbeit, die zu früh beginnt, die zu lange dauert, die zu schwer ist, die sie gefährdet oder die für sie ungeeignet ist.

Nach § 8 (1) JArbSchG dürfen Jugendliche nicht mehr als acht Stunden täglich und nicht mehr als 40 h wöchentlich beschäftigt werden. § 11 JArbSchG schreibt vor, dass den Jugendlichen im Voraus feststehende Ruhepausen gewährt werden müssen und zwar:

„1. 30 Minuten bei einer Arbeitszeit von mehr als viereinhalb bis zu sechs Stunden und 2. 60 Minuten bei einer Arbeitszeit von mehr als sechs Stunden. Als Ruhepause gilt nur eine Arbeitsunterbrechung von mindestens 15 Minuten."

§ 16 JArbSchG verbietet die Beschäftigung von Jugendlichen an Samstagen. Ergänzt werden diese bundesweit geltenden Regelungen durch verschiedene Landesgesetze und kommunale Regelungen. Am Beispiel von Sachsen sind zu nennen:

- **Sächsisches Naturschutzgesetz** (SächsNatSchG)
  Das sächsische Gesetz über Naturschutz und Landschaftspflege ist ein das Bundesnaturschutzgesetz ausfüllendes Landesgesetz. Dieses ist ausschließlich der Umweltpflege gewidmet und vornehmlich auf das Schutzgut Boden ausgerichtet. Schutzgüter sind darüber hinaus insbesondere Wasser und Luft, wild lebende Tiere und Pflanzen sowie der Naturhaushalt als komplexes Wirkungsgefüge.

  § 9 SächsNatSchG regelt die oberirdische Gewinnung von Bodenbestandteilen, selbstständige Aufschüttungen, Abgrabungen, Auffüllung von Bodenvertiefungen oder ähnliche Veränderungen der Bodengestalt im Außenbereich, falls die betroffene Grundfläche größer als 300 m^2 ist und die Höhe oder Tiefe mehr als 2 m beträgt. Außerdem sind Regelungen zu wesentlichen Veränderungen von oberirdischen Gewässern gegeben.

- **Sächsisches Denkmalschutzgesetz** (SächsDSchG)
  Bei bestimmten Baumaßnahmen sind die Belange des Denkmalschutzes durch den Bauunternehmer zu beachten. Dies betrifft insbesondere die Sanierung von Gebäuden, die unter Denkmalschutz stehen und Baumaßnahmen, die in unmittelbarer Nähe von denkmalgeschützten Bauwerken ausgeführt werden müssen.

  Nach § 12 (1) SächsDSchG darf ein Kulturdenkmal nur mit Genehmigung

„1. wiederhergestellt oder instandgesetzt werden, 2. in seinem Erscheinungsbild oder seiner Substanz verändert oder beeinträchtigt werden, 3. mit An- und Aufbauten, Aufschriften oder Werbeeinrichtungen versehen werden, 4. aus einer Umgebung entfernt werden, 5. zerstört oder beseitigt werden."

Der Bauleitung und dem Bauunternehmer ist also anzuraten, sich vor Ausführung stets von dem Vorhandensein der genehmigten Pläne zu überzeugen. Weiterhin besteht für den Bauunternehmer die Anzeigepflicht bei der Entdeckung von Funden.

- **Kommunale Regelungen**
  Unter den kommunalen Regelungen sind besonders die Baumschutzverordnungen, aber auch Grünflächen- und Friedhofsverordnungen für das Bauen relevant. Falls Städte und Kommunen keine Baumschutzverordnungen erlassen haben, gelten meistens die Landes-Baumschutzverordnungen. Unter Strafe gestellt ist demnach das Fällen von Bäumen über einem gewissen Stammdurchmesser. Zu beachten ist auch, dass in der Periode, in denen Singvögel nisten (meistens beginnend am 1. März bis zum 31. Oktober), das Fällen von Bäumen und Hecken gänzlich untersagt ist.

2.2.2.8 Notwendige behördliche Anzeigen des Baubeginns

Behördliche Anzeigen vor Baubeginn sind länderspezifisch geregelt. Folgende Stellen können in Frage kommen:

- Baubehörde,
- Berufsgenossenschaft der Bauwirtschaft,
- Gewerbeaufsichtsamt,
- Sicherheits- und Gesundheitsschutzkoordinator,
- Luftfahrtbundesamt (bei Baustellen in Flughafennähe) und
- Wasserwirtschaftsamt (bei Baustellen mit Grundwasserhaltung).

Die Vorgaben und Fristen sind ebenfalls unterschiedlich. Zum Beispiel gilt:

Hessen:	1 Woche vor Baubeginn bei der Bauaufsicht;
Hamburg:	1 Woche vor Baubeginn bei der Bauaufsicht und 2 Wochen vor Baubeginn bei allen Nachbarn;
Baden-Württemberg:	keine Anzeigepflicht, jedoch ist ein genehmigter Baufreigabeschein Pflicht.

Darüber hinaus empfiehlt es sich insbesondere, den Baubeginn bei Feuerwehr und Polizei anzuzeigen. Es wird ausdrücklich darauf hingewiesen, dass Anzeigepflichten, die durch den Bauherrn vorzunehmen sind, hier nicht betrachtet werden.

2.2.3 Funktionsbeschreibung des typischen Baustellenpersonals

Bis auf handwerklich geprägte Kleinbaustellen, die der Unternehmer selbst leitet, werden Angestellte oder Freie Mitarbeiter mit der Bauleitung beauftragt. In § 4 Abs. 1 Nr. 3 VOB/B 2016 ist festgelegt, dass dem Auftraggeber mitzuteilen ist, wer jeweils als Vertreter des Auftragnehmers für die Leitung der Ausführung bestellt ist.

Die nachfolgenden Funktionsbeschreibungen des Baustellenpersonals sind teilweise durch firmeninterne Regelungen wesentlich abgeändert. Insbesondere die Funktion des Projekt- und Oberbauleiters wird teilweise recht unterschiedlich definiert.

2.2.3.1 Oberbauleiter oder Technischer Leiter

Der Oberbauleiter, in manchen Bauunternehmen auch Technischer Leiter genannt, führt meistens drei bis maximal acht Bauleiter und ist für den übergeordneten Ressourceneinsatz (insbesondere Personal und Geräte) verantwortlich. Bei vielen Unternehmen hat er auch Aufgaben in der Akquisition wahrzunehmen. Inwieweit er Ansprechpartner für den Auftraggeber ist, hängt von der Größe der Baustelle, aber auch von unternehmensinternen Regelungen ab. Er ist für übergeordnete organisatorische Regelungen für die einzelnen Baustellen verantwortlich und wird immer Ansprechpartner für die Bauleitung in technischen Fragen sein. Bei Großbauvorhaben wird der übergeordnete Leiter meist auch als Technischer Leiter geführt.

2.2.3.2 Projektleiter

Der Projektleiter ist in der Regel für den wirtschaftlichen Erfolg der Baustelle verantwortlich. Er hat übergeordnete Funktionen, die mit denen des Oberbauleiters genau abzustimmen sind. Ob seine Rolle nach außen in Erscheinung tritt und ob er somit zentraler Ansprechpartner für den Auftraggeber ist, wird in den Bauunternehmen unterschiedlich definiert. Bei kleineren Bauunternehmen ist die Funktion des Projektleiters häufig nicht vorhanden.

2.2.3.3 Bauleiter

Der Bauleiter ist der eigentliche „Manager" auf der Baustelle und vor Ort für die Leistungserbringung verantwortlich. Er besitzt eine Schlüsselposition, repräsentiert das Bauunternehmen und gilt als wichtigster Ansprechpartner für die Mitarbeiter auf der Baustelle. Er wird daher einen Arbeitsplatz auf der Baustelle haben und dort auch den überwiegenden Anteil seiner Arbeitszeit verbringen. Er ist für die konkrete Erstellung der Bauleistung verantwortlich und muss daher umfangreiche Koordinationsaufgaben wahrnehmen. Er organisiert den Bauablauf. Zusammen mit dem Oberbauleiter und dem Projektleiter ist er für das wirtschaftliche Ergebnis der Baustelle verantwortlich. Er wird daher auch alle aus dem Bauvertrag sich ergebenden Verpflichtungen umsetzen müssen (wie z. B. Anmeldung von Bedenken – § 4 Abs. 3 VOB/B 2016, Anzeige von Behinderungen – § 6 VOB/B 2016, Mängelbeseitigung – § 13 Abs. 5 VOB/B 2016, Rechnungsstellung – § 14 VOB/B 2016).

Es wird darauf hingewiesen, dass der Begriff des Bauleiters nicht eindeutig abgegrenzt ist. Hinweise zum Bauherren-Bauleitung finden sich in Abschn. 2.2.2.2 und zum öffentlich-rechtlichen Bauleiter nach den Landesbauordnungen in Abschn. 2.2.2.3.

2.2 Grundlagen der Projektorganisation

Führungsstil und Motivation des Bauleiters sind für das Baustellenergebnis von großer Bedeutung. Ein „guter" Bauleiter muss neben seiner technischen und wirtschaftlichen Qualifikation eine hohe soziale Kompetenz aufweisen und daher viele Eigenschaften einer Führungskraft besitzen wie

- Selbstvertrauen und Selbstsicherheit,
- Kontakt- und Kommunikationsfähigkeit,
- Durchsetzungsvermögen und Überzeugungskraft,
- Informationswertung und -verarbeitung,
- die Fähigkeit, Informationen in Weisungen und Anordnungen umzusetzen und
- die Fähigkeit, zu kritisieren und Kritik entgegenzunehmen.[17]

Der Erfolg einer Bauleitung hängt darüber hinaus von einer zielorientierten, sachgerechten und partnerorientierten Verhandlungs- und Gesprächsführung ab.

Typische Instrumentarien, mit denen die Bauleitung arbeitet, sind in Abschn. 2.2.7 beschrieben, während in den Abschn. 3.2 bis 3.5 die Aufgaben der Bauleitung beschrieben sind.

Die Bauleitung ist Bindeglied zwischen dem im Bauunternehmen entweder auf der Baustelle tätigen Abschnittsbauleiter (siehe Abschn. 2.2.3.4), Polier und Bauführer (siehe Abschn. 2.2.3.5), Abrechner (siehe Abschn. 2.2.3.7), Baukaufmann (siehe Abschn. 2.2.3.8) oder den Personen in zentralen Abteilungen (Fertigungsplanung, Technisches Büro etc.) und den bei der Baumaßnahme eingebundenen Personen in Ingenieurbüros (siehe Abschn. 2.7), anderen Unternehmen, Zulieferern oder den Personen, die in Behörden oder vergleichbaren Institutionen (siehe Abschn. 2.8) tätig sind.

2.2.3.4 Abschnittsbauleiter

Ein Abschnittsbauleiter wird nur bei größeren Baustellen eingesetzt. Er unterstützt die „ersten" Bauleitung oder Projektleitung, indem er für bestimmte Bauabschnitte verantwortlich ist. Der „Abschnitt" kann dabei zeitlich oder räumlich betrachtet werden. Zeitlich folgt auf den Rohbau der Ausbau. Folglich gibt es häufig den Rohbaubauleiter und den Ausbaubauleiter. Bei räumlicher Gliederung kann es zum Beispiel einen „Abschnittsbauleiter Gebäude A" und einen „Abschnittsbauleiter Gebäude B" geben.

2.2.3.5 Polier und Bauführer

Der Polier führt die Werkpoliere, Vorarbeiter und die gewerblichen Arbeitskräfte auf der Baustelle. Er ist somit das direkte Bindeglied zwischen Bauleitung und den gewerblichen Arbeitskräften. Er hat in der Regel die Polierprüfung[18] erfolgreich abgelegt.

---

[17] Biermann, M: Der Bauleiter im Bauunternehmen (2005), S. 54.
[18] Poliere sind technische Fach- und Führungskräfte am Bau im Rang eines Industriemeisters. Die Prüfung zum Polier fordert i. d. R. eine 6 Monate umfassende Fortbildung im Bereich der Wirtschafts-, Rechts- und Sozialkunde. Voraussetzungen sind eine abgeschlossene Bauberufsausbildung und mehrjährige praktische Berufserfahrung.

In der Praxis wird der Polier teilweise auch als Bauführer bezeichnet. Dies gilt insbesondere dann, wenn vorrangig Nachunternehmer eingesetzt werden.

2.2.3.6 Sicherheitsbeauftragter, Fachkraft für Arbeitssicherheit, Sicherheits- und Gesundheitsschutzkoordinator

Der Sicherheitsbeauftragte (SiB) ist nach § 22 SGB VII in Unternehmen mit mehr als 20 Mitarbeitern unter Beteiligung des Betriebsrates schriftlich zu bestellen. Die Sicherheitsbeauftragten unterstützen den Unternehmer, Führungskräfte, die Fachkraft für Arbeitssicherheit sowie Kollegen dabei, Unfälle und berufsbedingte Krankheiten zu vermeiden. Die Sicherheitsbeauftragten sind Mitarbeiter des Unternehmens und sollen nicht gleichzeitig Vorgesetzte sein. Sie sind in ihrer Funktion „ehrenamtlich" tätig, da ihre Tätigkeit mit dem Lohn oder Gehalt abgegolten ist. Sie sollen Vorbildfunktion haben. Die Berufsgenossenschaften bieten Seminare für Sicherheitsbeauftragte an.

Ergänzend soll hier noch der Koordinator nach Baustellenverordnung erwähnt werden.[19] Er wird auch häufig als Sicherheits- und Gesundheitsschutzkoordinator (SiGeKo) bezeichnet. Er ist auf Baustellen ab einer bestimmten Größe und bestimmten Gefahren vom Bauherrn nach der Baustellenverordnung (BaustellV) zu bestellen. Er hat die Belange von Sicherheit und Gesundheitsschutz aus Sicht des Auftraggebers zu koordinieren. Der Unternehmer ist daher zur Kooperation und Mitarbeit verpflichtet.

Außerdem wird noch auf die Fachkraft für Arbeitssicherheit (Fasi) hingewiesen, in der Praxis häufig als Sicherheitsfachkraft (Sifa) bezeichnet, wird vom Unternehmer nach § 5 Arbeitssicherheitsgesetz (ASiG) schriftlich bestellt. Die Fachkraft für Arbeitssicherheit benötigt eine umfassende Ausbildung, die überwiegend durch die Berufsgenossenschaften durchgeführt wird. Die Fachkraft für Arbeitssicherheit berät den Arbeitgeber in Fragen der Arbeitssicherheit, des Gesundheitsschutzes, der Unfallverhütung und bei der menschengerechten Gestaltung der Arbeit. Die Fachkraft für Arbeitssicherheit muss daher nicht auf der Baustelle unmittelbar tätig werden. Für Kleinunternehmen mit bis zu 10 Mitarbeitern besteht nach dem Arbeitgebermodell die Möglichkeit, dass der Arbeitgeber die Aufgaben der Fachkraft für Arbeitssicherheit teilweise selbst übernimmt. Die Fachkraft für Arbeitssicherheit hat keine Linienverantwortung und keine Weisungsbefugnis.

In Bezug auf Sicherheit und Gesundheitsschutz wird auch auf die Abschn. 2.2.7 und 3.4.2 und auf das Kap. 9 Grundlage der Baubetriebslehre, Band 2 verwiesen.

2.2.3.7 Abrechner oder Aufmaßtechniker

Eine Sonderfunktion ist den Abrechnern zugewiesen. In der Regel soll nach § 4 Abs. 1 VOB/B 2016 die Abrechnung nach Einheitspreisen erfolgen. In diesem Fall hat der Auftragnehmer ein Aufmaß, eine Mengenermittlung und eine Rechnung zu erstellen (siehe Abschn. 3.4.7, 3.4.8 und 4.2). Der Aufwand hierfür ist häufig nicht unbeträchtlich. Zur Entlastung der Bauleitung wird dann ein „Abrechner" eingesetzt. Er arbeitet direkt der Bauleitung zu.

---

[19] Berner/Kochendörfer/Schach (2022), Grundlagen der Baubetriebslehre, Band 2, Abschn. 9.4.4.

2.2 Grundlagen der Projektorganisation

2.2.3.8 Baukaufmann

Auf der Baustelle sind abhängig von zahlreichen Randbedingungen mehr oder weniger kaufmännische Aufgaben zu erledigen. Daher können auf großen Baustellen separate Stellen zum Beispiel für Einkäufer, Rechnungsprüfer, Finanzbuchhalter und Lohnbuchhalter vorgesehen sein.

2.2.4 Aufbauorganisation

In der Aufbauorganisation, auch Strukturorganisation genannt, werden die arbeitsteiligen Zuständigkeiten auf der Baustelle festgelegt. Ziel ist dabei die Definition von Stellen, mit denen Verantwortlichkeiten, Kompetenzen und Handlungsaufgaben festgelegt werden. Jeder Stelle wird in der Regel ein Mitarbeiter zugewiesen. Die Aufbauorganisation kann verschiedenen Organisationsmustern folgen. Diese werden in so genannten Organigrammen dargestellt.

Abb. 2.4 zeigt ein typisches Organigramm für eine Baustelle, der eine weitgehend hierarchische Organisation zugrunde liegt. An oberster Stelle steht die Oberbauleitung oder technische Leitung, dieser folgen die Projektbauleitung und darunter die anderen Mitarbeiter der Bauleitung. Neben der technischen Bauleitung ist auch die kaufmännische Bauleitung dargestellt.

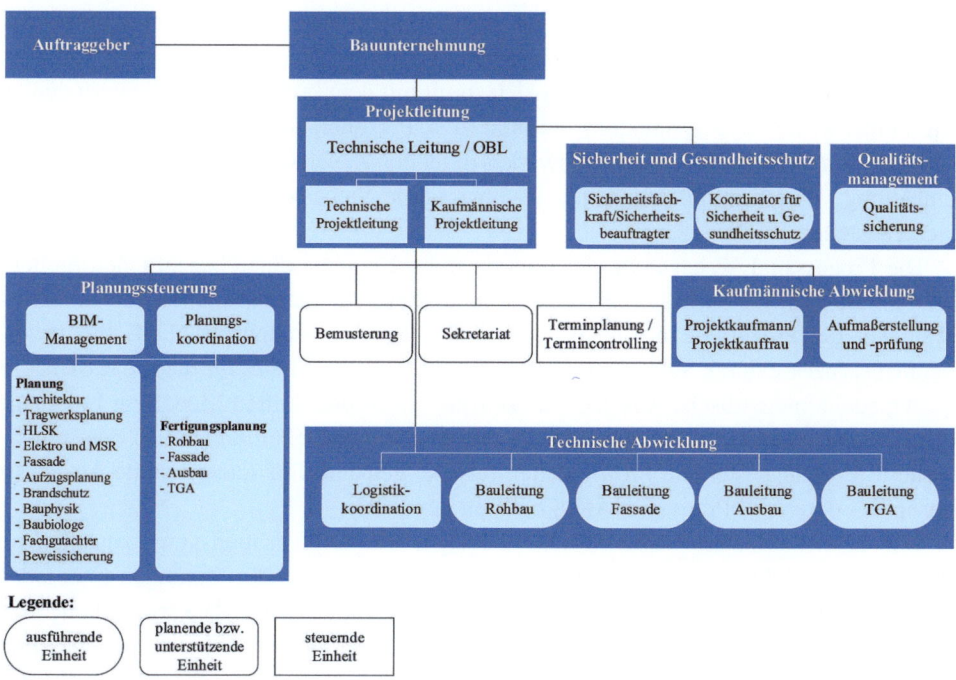

Abb. 2.4 Organigramm einer Baustelle

Die Projekt-Aufbauorganisation ist von der Unternehmensorganisation zu unterscheiden. Insbesondere bei kleineren Baustellen ist die Leitung nicht ganztägig beschäftigt. Folglich hat ein Bauleiter mehrere Baustellen gleichzeitig zu betreuen. Dies gilt in gleicher Art für die kaufmännischen Mitarbeiter.

Das Organigramm für eine Baustelle ist während der Bauzeit in vielen Fällen der jeweiligen Leistung anzupassen. Besonders im Schlüsselfertigbau werden mindestens zwei Phasen unterschieden: die Erstellung des Rohbaus und die Phase des Ausbaus. Das Organigramm sollte dem Auftraggeber zur Information zur Verfügung gestellt werden.

2.2.5 Ablauforganisation/Prozessorganisation

Durch die Aufbauorganisation werden die Ablauforganisation und die Prozessorganisation sichergestellt, in der die Tätigkeiten im Unternehmen, teilweise auch unternehmensübergreifend, festgelegt werden. Die Aufbauorganisation wurde traditionell in der Betriebswirtschaftslehre und in der betrieblichen Praxis höher gewichtet. In den 90er-Jahren des vergangenen Jahrhunderts wurde zunehmend erkannt, dass sich diese Vernachlässigung der betrieblichen Abläufe negativ auf die Unternehmensrentabilität auswirkt. In der Folge wurde eine Schwerpunktverlagerung zur Ablauforganisation vollzogen. Der bisherige Begriff Ablauforganisation wurde in dem Maße durch den Begriff Prozessorganisation ersetzt, wie die traditionelle Tätigkeit in einer Organisationseinheit durch die unternehmensweite oder gar unternehmensübergreifende Betrachtung der Prozesse ersetzt wurde.

Die Prozessorganisation beschäftigt sich somit mit dem örtlich und zeitlich effizienten Zusammenwirken aller Produktionsfaktoren (u. a. Personal, Geräte, Material, Nachunternehmer), um die Erstellung eines Bauwerkes unter den Zielen Qualitätssicherung, Termineinhaltung, Wirtschaftlichkeit, Umweltschutz sowie Sicherheit und Gesundheitsschutz sicherzustellen.

Die Prozessanalyse hat in der stationären Industrie heute einen beachtlichen Stellenwert erhalten, insbesondere durch die Notwendigkeit, vor Einführung von Informationssystemen die Prozesse exakt analysieren und definieren zu müssen. Falls die Unternehmensprozesse durch Software unterstützt werden sollen, gibt es für die Prozessanalyse verschiedene methodische Ansätze. Als Beispiel seien die Unified Modelling Language (UML), die Integrated (Computer-Aided Manufacturing) Definition (IDEF) oder die erweiterte Ereignisgesteuerte Prozessketten (eEPK) genannt. Der letztgenannte Ansatz ist besonders durch das Programm ARIS bekannt geworden.

Wie bereits erläutert (siehe Abschn. 2.2.1), ist die Organisation von Baustellen im Sinne einer Projektorganisation den jeweiligen spezifischen Randbedingungen einer jeden Baustelle folgend neu zu definieren oder anzupassen. Daraus folgt, dass wesentliche Prozesse jeweils neu durchdacht und ggf. festgelegt werden müssen. Effizienzvorteile ergeben sich entsprechend aus der Organisation von Standardprozessen, die diesen erneuten Aufwand verringern oder ganz vermeiden. Typische Prozesse sind zum Beispiel:

- Einkauf von Baustoffen und Nachunternehmerleistungen,
- Abruf von Personal und von Geräten vom Bauhof,
- Aufmaß und Rechnungsstellung,
- Nachtragsmanagement,
- interne Leistungsmeldung und sonstiges Berichtswesen,
- alle Controllingmaßnahmen, wie zum Beispiel Qualitätscontrolling, Termincontrolling, Kostencontrolling.

Für die Prozesse sind in Bauunternehmen Standardprozesse definiert. Typisch ist dabei, dass die Ausprägung dieser Prozesse von verschiedenen Randbedingungen abhängig ist, wie zum Beispiel vom Vertragsvolumen (z. B. $\leq$ 1,0 Mio. € oder > 1,0 Mio. €), der Sparte (Straßenbau oder Hochbau), der Bauwerksart (Bürogebäude oder Ingenieurbauwerk) oder dem Vertragstyp (Schlüsselfertigbau oder Rohbau, Pauschalvertrag oder Einheitspreisvertrag). Häufig werden in der gelebten Baustellenpraxis viele Prozesse intuitiv umgesetzt, ohne diese zu hinterfragen, systematisch zu durchdenken und zu analysieren. Deshalb ist auf Nachfragen, warum das oder jenes so gemacht wurde, die Antwort häufig: „Das haben wir schon immer so gemacht!".

Aufgabe der Projekt- und der Bauleitung ist es jedoch, jene Prozesse projektspezifisch festzulegen, die von Baustelle zu Baustelle unterschiedlich realisiert werden können. Dabei spielen selbstverständlich die vorher genannten Randbedingungen (Vertragsvolumen, Bauwerksart etc.) eine maßgebliche Rolle. Andere wichtige Kriterien sind:

- EDV-Einsatzmöglichkeiten (LTE-Datenübermittlung,[20] Glasfaser- oder DSL-Leitung) und
- eingesetztes Bauleitungspersonal.

Insbesondere das Führungspersonal der Baustelle (Oberbauleiter und technische sowie kaufmännische Bauleitung) hat einen starken Einfluss auf die Prozesse. Ist das Führungspersonal zum Beispiel davon überzeugt, dass ein bestimmtes EDV-gestütztes Termincontrolling notwendig ist, so wird dieses auch umgesetzt. Es soll an dieser Stelle darauf hingewiesen werden, dass ein nicht unbedeutender Abwägungsprozess vorzunehmen ist, wenn über die Umsetzung des einen oder eines anderen Prozesses auf einer Baustelle zu entscheiden ist.

Die erste Frage ist häufig, ob ein bestimmter Prozess überhaupt benötigt wird. Zum Beispiel kann hier der Stunden-Soll-Ist-Vergleich (siehe Abschn. 3.5.5) genannt werden. Die Umsetzung dieses Prozesses auf der Baustelle führt sicherlich zu mehr Transparenz und kann daher zu Einsparungen führen, indem Verlustpotenziale aufgedeckt werden. Andererseits führt der Prozess zu einem Mehraufwand beim Polier und bei der Bauleitung und somit zu Kosten. Betriebswirtschaftlich ist dieser Prozess nur sinnvoll, wenn die Einsparungen höher als die Kosten sind. Die möglichen Einsparungen sind jedoch zunächst nicht bekannt.

---

[20] Siehe Abschn. 2.6.4.

Die zweite Frage ist, mit welcher Methode ein zweifelsfrei notwendiger Prozess umgesetzt wird. Typisches Beispiel hierfür ist das Termincontrolling. Es steht außer Frage, dass bei terminkritischen Baustellen ein Termincontrolling[21] notwendig ist und wegen der Auswirkungen einer terminlich gut geführten Baustelle auf das wirtschaftliche Ergebnis bei jeder Baustelle generell vorhanden sein sollte.

Die Bandbreite und Intensität eines Termincontrollings ist jedoch beträchtlich. Die Bandbreite kann wie folgt beschrieben werden:

- Als minimale Lösung ist die Terminplanung über einen einfachen Balkenplan (heuristische Methode – siehe Band 2, Abschn. 5.1) anzusehen. Der Termin-Soll-Ist-Vergleich könnte dann etwa 14-tägig durch einfaches Eintragen der Ist-Termine in den Balkenplan vorgenommen werden. Abweichungsanalysen und die Festlegung von Maßnahmen würden nicht systematisch vorgenommen werden und blieben dem intuitiven Vorgehen des Bauleiters überlassen. Protokolle würden nicht erwartet werden.
- Eine umfassendere Lösung wird durch Einrichtung einer Stelle zur Unterstützung des gesamten Prozesses mittels „Terminplanungs-Programm" (z. B. MS-Project) erreicht. Wöchentlich wird ein Termin-Soll-Ist-Vergleich durchgeführt. Die Abweichungsanalyse erfolgt nach bestimmten Regeln. Dabei steht eine Klassifizierung der Abweichungen im Vordergrund (besonders gravierende Terminverzüge, mittelschwere Terminverzüge und zu verfolgende Terminverzüge). Die Ergebnisse werden dokumentiert. Mögliche Maßnahmen zu jedem Terminverzug werden untersucht. Schließlich wird in einer wöchentlich stattfindenden Termincontrolling-Besprechung mit Projektleiter, Oberbauleiter und Bauleiter festgelegt, welche Maßnahmen ergriffen werden.

Es ist nun die Aufgabe der für die Baustelle verantwortlichen Projektleiter, Oberbauleiter und Bauleiter, festzulegen, wie der Prozess des Termincontrollings im konkreten Fall realisiert wird.

2.2.6 Zuordnung der Zuständigkeiten

Die Verbindung zwischen der Prozessorganisation und der Aufbauorganisation wird in der so genannten Zuständigkeitsmatrix einer Baumaßnahme geregelt.

Mit Hilfe dieser Matrix werden die einzelnen Prozessabläufe den Projektbeteiligten zugeordnet. Jedes Mitglied eines Projektteams erhält hierdurch schnell einen Überblick über seinen eigenen Verantwortungsbereich und die Verantwortungsbereiche der anderen Projektbeteiligten. Auf diese Art wird sichergestellt, dass innerhalb eines Prozesses keine Lücken entstehen und Missverständnisse über die Aufgabenbereiche ausgeschlossen werden.

---

[21] Siehe Abschn. 3.4.1.

Die Zuordnung der tätigkeitsbezogenen Rolle der Bauleitung zu einem Prozess erfolgt beispielhaft nach den Kriterien Information (I), Beratung (B), Durchführung (D), Vertretung (V) und Kontrolle (K).

Ein Projektmitglied kann innerhalb eines Prozesses auch mehrere Funktionen wahrnehmen. Dies steht nicht im Widerspruch und ist besonders bei kleineren Baumaßnahmen sinnvoll. Grundsätzlich sind jedoch lediglich die Funktion der Durchführung und die Vertretung zwingend zu trennen, da diese sonst zu Widersprüchen führen, beispielsweise bei Urlaubsabwesenheit.

Mit der Integration der EDV in die Prozessabläufe sind mit bestimmten Funktionen sogenannte Benutzerrollen, häufig verkürzt nur als Rolle bezeichnet, verbunden. Mit den Benutzerrollen sind die definierten Aufgaben, vor allem aber Rechte eines Benutzers in einer Software definiert. Den in der Zuständigkeitsmatrix festgelegten Personen werden somit Rollen zugewiesen, über die dann der Zugriff auf Programme und Daten und somit Eingaben und Auswertungen möglich sind (siehe auch Abschn. 2.2.7.7).

Eine sinnvolle Urlaubsplanung ergibt sich ebenfalls durch diese Zuordnung mit dem Ergebnis, dass eine Person, die einen Prozess durchführt, nicht zur selben Zeit den Urlaub wahrnehmen kann wie diejenige Person, die sie gemäß Zuständigkeitsmatrix hierbei vertritt. Das Beispiel einer Zuständigkeitsmatrix ist in Abb. 2.5 dargestellt.

Die Zuständigkeitsmatrix wird meist durch den Projektleiter oder den technischen Leiter der Baumaßnahme erstellt. Hierbei ist von besonderer Bedeutung, dass die Mitarbeiter entsprechend ihren Fähigkeiten eingesetzt werden.

2.2.7 Instrumentarien der Projektorganisation

Unter Instrumentarien der Projektorganisation sollen vorrangig formularmäßig verwendete Dokumente (Formulare) verstanden werden, die in der Regel unternehmensweit eingeführt sind und die die Baustellenorganisation unterstützen. Zu unterscheiden sind Dokumente, die auch für externe Zwecke und solche, die nur intern verwendet werden. Alle Dokumente werden somit nicht nur im Sinne eines Berichtswesens verwendet, sondern sind Bestandteil von Schriftwechsel und dienen als Arbeitsunterlagen, die für die Bauprozesse (siehe Abschn. 3.1) benötigt werden. In Abb. 2.6 sind die wichtigsten Dokumente aufgeführt.

Diese herkömmlichen Papier-Dokumente lassen sich in der Regel digitalisieren und können damit direkt vor Ort, beispielsweise auf dem Smartphone oder Tablet, ausgefüllt werden. Damit lässt sich eine direkte Online-Übertragung organisieren (sofern ein Zugriff auf das Mobilfunknetz oder ein Wireless Local Area Network (WLAN) besteht, wozu auch Kellergeschosse/Tiefgaragen/Tunnel mit WLAN während der Bauausführung auszurüsten sind). Somit ist es möglich, dass an jedem beliebigen Platz auf der Erde und zu jeder beliebigen Zeit Baustellendaten erfasst oder Informationen abgefragt werden können. Auch können diese Daten digital ausgewertet und auf Plausibilität geprüft werden.

	steuernde Einheiten				planende Einheiten						ausführende Einheiten				
	Technische Leitung	Technische Projektleitung	Kaufmännische Projektleitung	Terminplanung und -controlling	Planungskoordination	Fertigungsplanung	Bemusterung	Projektkaufmann/frau	Aufmaßerstellung und -prüfung	Sekretariat	BL Rohbau	BL Fassade und Hülle	BL Ausbau	BL TGA	Sicherheitsfachkraft/Sicherheits-beauftragter
Ablaufprozess															
Projektleitung															
Schriftverkehr AG	K/V	D	B	B	B/I		B/I	B/I			B/I	B	B	B	
Schriftverkehr AG rechtswirksam	K/V	D	B	B	V		V				B	B	B		
Vertragsprüfung AG	K	D	K	I	B		B	B	V						
Veranlassung Arbeitssitzungen	K	D	V												
Protokollierung Arbeitssitzungen	K	D	V												
Einkauf															
Erstellung von Leistungsverzeichnissen	K	V			B	D					B	B	B	B	
Auswahl von geeigneten Nachunternehmern	K	V	D		B						B	B	B	B	
Versendung der Leistungsverzeichnisse			K					V		D					
Erstellung Preisspiegel	I	I	V					D							
Verhandlung mit Nachunternehmern	I	D	V					I							
Beauftragung von Nachunternehmern	B	V	D					I							
Zusammenstellen der Vertragsunterlagen	K	V	D					I							
Rohbau															
Qualitätsüberwachung Rohbau	K	V									D				B
Sicherheitsüberwachung Rohbau mit Sicherheitsfachkraft	K	K									V				D
Kontrolle der Sicherheitseinweisung	K	K									V				D
Terminüberwachung Rohbau	K	V		D							I				
Materialdisposition (Bestellung)		I	V					D			B				
Materialversand (Versandrapporte)		V						I			D				
Stahldisposition		V						I			D				
Fertigteil-Disposition		V						I			D				
Beton- und Pumpendisposition		V						I			D				
NU Abruf Rohbau		V		K							D				
Bautagebuch Rohbau		V		K							D				
B II Eigenüberwachung	K	V									D				
B II - Zusammenstellung der Unterlagen/ Prüfungen	K	V									D				
Arbeitsschutz															
Sicherheitsbegehungen	K	K									V/I	I	I	I	D
Kontrolle der Abarbeitung der Mängel aus den Sicherheitsbegehungen	K	K									V/I	I	I	I	D
Weiterverfolgung der Maßnahmen der ASA-Protokolle	K	K									V	I	I	I	D
Qualitätsmanagement															
Mängeldokumentation AG	V	D	I	I							B	B	B	B	
Mängeldokumentation NU	V	D		I				I	I		B	B	B	B	I

Abb. 2.5 Zuständigkeitsmatrix
(Mit freundlicher Genehmigung der ZECH Hochbau AG)

2.2 Grundlagen der Projektorganisation

Dokument	Siehe Abschnitt	Hauptsächliche Verwendung		
		intern	intern und extern	extern
Zuständigkeitsmatrix	2.2.7.1		√	
Besprechungskoordination	2.2.7.2		√	
Planlaufschema	2.2.7.3		√	
Layerstruktur bei Plänen	2.2.7.4		√	
Bautagebuch	2.2.7.5		√	
Planeingangsbuch	2.2.7.6		√	
Lohnstundenerfassung; Wochenstundenbericht	2.2.7.8	√		
Stundenlohnnachweise	2.2.7.9		√	
Aktennotiz, Gesprächsnotiz, Besprechungsprotokolle	2.2.7.10		√	
Technische Protokolle	2.2.7.11		√	
Geräteeinsatzbericht/Maschinen-Tagesbericht	2.2.7.11	√		
Adressverzeichnis	2.2.7.11	√		
Projektordnerstruktur	2.2.7.12	√		
Interne Qualitätssicherung	2.2.7.16	√		
Versandschein (Versandbeleg/Lagerschein)	3.1.1.2		√	
Materialanforderungsliste/Bestellschein	3.1.1.3	√		
Aufmaß	3.4.7		√	
Mengenermittlung	3.4.8		√	
Leistungsmeldung	3.5.3	√		
Abrechnungsblätter			√	
Unfallmeldungen			√	
Fotodokumentation			√	

Abb. 2.6 Dokumente auf Baustellen und deren Verwendung

Aus Gründen der Verständlichkeit werden jedoch nachfolgend die Arbeitsmittel anhand von typischen Standardformularen erläutert. Solche Standardformulare werden derzeit noch in vielen Unternehmen in Papier vorgehalten. Dabei können Durchschreibsätze vorgesehen werden, sodass keine Kopien notwendig werden. Die einzelnen Blätter der Schreibsätze können auch in verschiedenen Farben vorgesehen werden. Dies vereinfacht die Verteilung an den Auftraggeber und die Abteilungen des Unternehmens.

2.2.7.1 Zuständigkeitsmatrix

In Abschn. 2.2.1 wurde dargelegt, dass für jede Baustelle eine spezifische Projektorganisation aufzubauen ist. Traditionell wird diese durch die Aufbauorganisation (siehe Abschn. 2.2.4) und die Ablauf-/Prozessorganisation (siehe Abschn. 2.2.5) beschrieben.

Als Ergebnis der Aufbau- und der Prozessorganisation kann eine Zuständigkeitsmatrix (siehe Abb. 2.5) erarbeitet werden. In dieser ist konkret festgelegt, welche Aufgaben und Rollen welche Personen übernehmen. Da die Ablaufprozesse und die Einheiten sowie die Tätigkeiten in der Regel als Standard mit geringfügigen projektbezogenen Anpassungen in Unternehmen vorliegen, wird die Zuständigkeitsmatrix als digitale Dokumentvorlage vorgehalten.

2.2.7.2 Besprechungskoordination

Die Abwicklung von Baustellen zeichnet sich dadurch aus, dass regelmäßig unterschiedliche Besprechungen (Beratungen) durchgeführt werden. Eine zentrale Aufgabe der Bauleitung besteht darin, Fragen, die an ihn herangetragen werden, zu klären. Darüber hinaus wird er Projektbeteiligte über Maßnahmen und Festlegungen informieren, welche einerseits technische, insbesondere aber auch Steuerungsaufgaben betreffen. Prinzipiell können alle diese Aufgaben in Einzelgesprächen durchgeführt werden. Da jedoch häufig das Fachwissen mehrerer Personen notwendig ist, bietet es sich an, regelmäßig Besprechungen durchzuführen.

Bei kleineren bis mittelgroßen Baustellen wird üblicherweise einmal wöchentlich eine Besprechung durchgeführt, in der alle offenen Fragen behandelt werden. Diese wird häufig Jour fixe genannt. Teilnehmer sind mindestens der Objektplaner (Architekt) und der Unternehmensbauleiter sowie regelmäßig ein Vertreter des Auftraggebers. Bei öffentlichen Aufträgen wird regelmäßig ein Vertreter des zuständigen Amtes (zum Beispiel Tiefbauamt) mit anwesend seien. Ergänzt wird diese Kerngruppe je nach Bedarf durch den Koordinator nach Baustellenverordnung, Vertreter (Bauleiter) von Nach- und Fremdarbeitsunternehmern oder weiteren auf der Baustelle tätigen Unternehmensbauleitern.

Da bei größeren Baustellen alle anstehenden Fragen nicht in einem einzigen Termin geklärt werden können, werden häufig mehrere Besprechungsarten vorgesehen, in denen spezifische Inhalte abgestimmt werden. In Abb. 2.7 ist exemplarisch die Besprechungsstruktur für eine Großbaustelle wiedergegeben.

Ergänzend wird darauf hingewiesen, dass zusätzlich zu den projektspezifischen Besprechungen auch im Unternehmen Abstimmungsgespräche notwendig sind. Von besonderer Bedeutung sind dabei die wöchentlich stattfindenden Bauleiterbesprechungen, in der insbesondere das Umsetzen von Personal und Gerät abgestimmt wird. Hinsichtlich der Besprechungsprotokolle wird auf Abschn. 2.2.7.10 verwiesen.

2.2.7.3 Planlaufschema

Bevor ein Plan zur Ausführung freigegeben ist, muss dieser von den im Einzelfall festgelegten Stellen geprüft und freigegeben werden. Traditionell ist es Aufgabe des Auftraggebers, dem Bauunternehmen freigegebene Pläne zur Verfügung zu stellen. Insbesondere bei schlüsselfertig zu erstellenden Baumaßnahmen wird jedoch auch häufig vertraglich festgelegt, dass Werkpläne durch den Bauunternehmer zu erstellen sind. Besonders in diesen Fällen muss festgelegt werden, welche Personen in welcher Reihenfolge die Pläne prüfen und schließlich freigeben. In diesem Zusammenhang sind auch

Besprechungsstruktur

Projekt: Hauptverwaltung Stadtwerke

Besprechung	Termin / Ort	Tagesordnungspunkte	Teilnehmer	Protokollführung
Baubesprechung intern	wöchentlich / Baubüro GU Mittwoch	Projektstand Arbeitssicherheit Personalbedarf Gerätebedarf Materialbedarf Sonstiges	PL, BL, BF	BL
Baubesprechung extern (Bauherrnbesprechung)	14-tägig / Baubüro AG Dienstag	Projektstand Termine Abnahmen Zahlungen Behinderungen Nachträge Arbeitssicherheit (SiGe-Plan)	AG, Architekt, Tragwerksplaner, sonstige Planer, OBL/PL, Projektsteuerer	AG oder Projektsteuerer
Baubesprechung mit Nachunternehmern	nach Bedarf	Projektstand Termine Arbeitssicherheit (SiGe-Plan) Mängelliste Nachträge Sonstiges	PL, BL, BF alle zur Zeit tätigen NU SiGe-Koordinator (zeitweise)	BL
Fassadenbesprechung	wöchentlich / Baubüro GU Dienstag	nach Erfordernis	PL, BL Planer AG	PL
Haustechnikbesprechung	14-tägig / Hauptverwaltung Dienstag	nach Erfordernis	Planer AG Planer GU	Planer AG
Planungsbesprechung intern	wöchentlich / Baubüro GU Mittwoch	nach Erfordernis	alle Planer GU	Planungskoordinator
Rohbaubesprechung	wöchentlich / Bauleitercontainer Dienstag 09:00 Uhr (+ täglich 17:00 Uhr)	nach Erfordernis	Rohbaufirmen BL, BF	BL

Legende: PL: Projektleiter; BL: Bauleiter; P: Polier; AG: Auftraggeber; GU: Generalunternehmer; NU: Nachunternehmer; OBL: Oberbauleiter

Abb. 2.7 Besprechungsstruktur
(Mit freundlicher Genehmigung der ZECH Hochbau AG)

Zeiträume festzulegen, die jeweils zur Prüfung und Freigabe zur Verfügung stehen. Die Ergebnisse dieser Festlegungen werden in einem Planlaufschema, wie in Abb. 2.8 gezeigt, dokumentiert.

2.2.7.4 Strukturierung des Datenaustauschs bei Planungsleistungen

Bei zahlreichen Bauverträgen wird der Auftragnehmer auch verpflichtet, Planungsleistungen zu übernehmen. Für die Planung kommt dabei in der Regel CAD- oder BIM-Software zum Einsatz. BIM steht für Building Information Modeling (BIM). Falls verschiedene, auch von externen Planern genutzte Softwareprogramme verwendet werden, so ist sicherzustellen, dass die Planungsdaten fehler- und verlustfrei ausgetauscht und

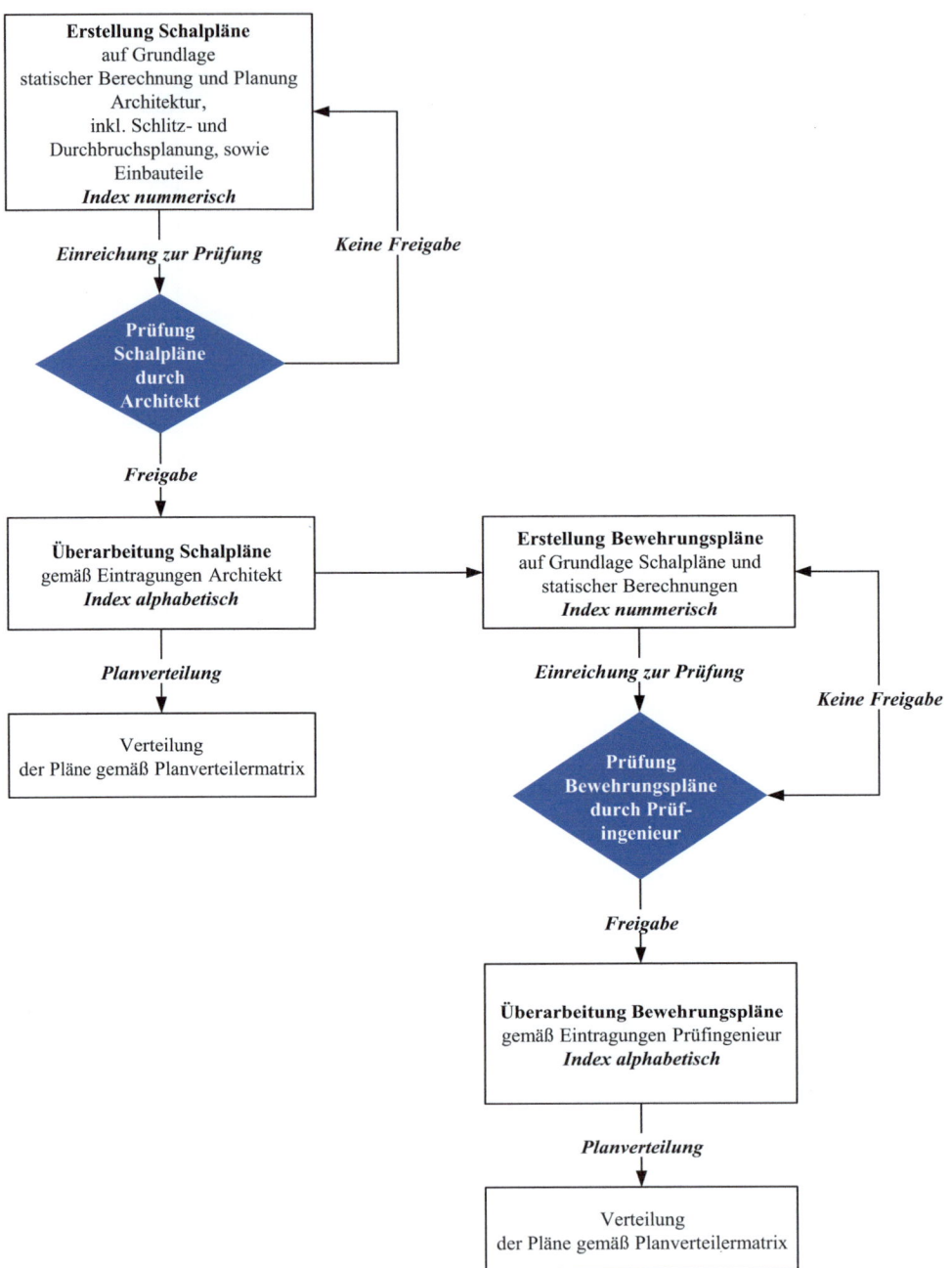

Abb. 2.8 Planlaufschema

2.2 Grundlagen der Projektorganisation

gemeinsam genutzt werden können. Außerdem fordert der Auftraggeber die Planungsunterlagen als Dokumentation in der Regel bei der Abnahme der Bauleistung.

Noch bis ungefähr im Jahr 2015 waren fast ausschließlich 2D-CAD-Systeme üblich. Der Datenaustausch betraf somit „digitale Pläne", meistens als RVT-, DWG-, DXF-, DWF- oder STP-Datenformate. Spezifisch ist dabei, dass die Pläne über sogenannte Layer strukturiert sind. Die Layer-Strukturen betreffen dabei typische Inhalte, wie zum Beispiel das Tragwerk, Heizungs-, Lüftungs- und Sanitärinstallation, Starkstrom- und Nachrichtentechnikinstallation oder die unterschiedlichen Ausbaugewerke. Diese Layer konnten dann entweder einzeln oder überlagert dargestellt werden. Mit dieser Methode können Planungsprozesse optimiert und Schnittstellenprobleme reduziert werden. Außerdem ermöglicht die einheitliche Anwendung der Layerstrukturen die konsistente Überführung von Ausführungs-, Werkstatt- und Montageplänen in die Plandokumentation und damit auch in das Gebäude-/Facility Management.

Exemplarisch soll auf die Regelungen der CAD-Leitstelle des Staatlichen Baumanagement Niedersachsen[22] verwiesen werden. Dort wird eine umfangreiche Layerstruktur definiert, die für die Bestandsdokumentation verbindlich zu verwenden ist. In Abb. 2.9 sind Angaben zu den Konstruktionselementen 3.3.0 Allgemein bis 3.3.4 Trennwände wiedergegeben.

Das Element „3.3 Konstruktionselemente" ist bei den Wänden wie folgt untergliedert:

3.3.0	Allgemein	[XA]
3.3.1	Wände	[WA]
3.3.2	Wand (tragend)	[WA]
3.3.3	Wand (nicht tragend)	[WA]
3.3.4	Trennwände	[WT]

Die bekannten 2D-CAD-Programme werden zunehmend durch 3D-objektorientierte-CAD- oder BIM-Programme ersetzt (siehe Abschn. 2.10.1). Diese haben keine Layer-Strukturen, sondern systemdefinierte Kategorien. Die Kategorien stellen Objekte dar, wie zum Beispiel Wände, Stützen oder Decken. Diesen werden zur Darstellung Linien oder Schraffuren zugewiesen. Falls zum Datenaustausch zum Beispiel eine DWG-Datei erstellt werden soll, werden den Objekten die Layer zugewiesen.

Zum Aufbau der Layer und deren strukturellen Inhalten sind die Erläuterungen zu beachten, die in Abb. 2.10 wiedergegeben sind.

2.2.7.5 Bautagebuch

Das Führen eines Bautagebuchs, auch Bautagesbericht genannt, wird häufig vertraglich geregelt. Auch vom Bauherren-Bauleiter (siehe Abschn. 2.2.2.2) ist nach Anlage 10 der HOAI 2021 in der Phase 8 „Objektüberwachung (Bauüberwachung) und Dokumentation"

---

[22] Niedersächsisches Landesamt für Bau- und Liegenschaften: Leitstelle CAD www.lcad.de (aufgerufen 22.11.2024).

3.3 Konstruktionselemente

3.3.0 Allgemein [XA]

Beschriftung	[TXT]	007	■	C	300_XA_TXT_Konstruktionselement-Allgemein
Schraffur	[SCR]				300_XA_SCR_Konstruktionselement-Allgemein
Bemaßung	[BEM]	007	■	C	300_XA_BEM_Konstruktionselement-Allgemein
Brandschutzbeschriftung	[BSB]	020	■	C	300_XA_BSB_Konstruktionselement-Allgemein

3.3.1 Wände [WA]

Bauteil/Objekt	[BTO]	007	■	C	300_WA_BTO_Wand
> Beschriftung	[TXT]	007	■	C	300_WA_TXT_Wand
> Schraffur	[SCR]	009	■	C	300_WA_SCR_Wand
> Bemaßung	[BEM]	007	■	C	300_WA_BEM_Wand

3.3.2 Wände (tragend) [WA]

Bauteil/Objekt	[BTO]	007	■	C	300_WA_BTO_Wand-Tragend
> Beschriftung	[TXT]	007	■	C	300_WA_TXT_Wand-Tragend
> Schraffur	[SCR]	009	■	C	300_WA_SCR_Wand-Tragend
> Bemaßung	[BEM]	007	■	C	300_WA_BEM_Wand-Tragend

3.3.3 Wände (nicht tragend) [WA]

Bauteil/Objekt	[BTO]	007	■	C	300_WA_BTO_Wand-NichtTragend
> Beschriftung	[TXT]	007	■	C	300_WA_TXT_Wand-NichtTragend
> Schraffur	[SCR]	009	■	C	300_WA_SCR_Wand-NichtTragend
> Bemaßung	[BEM]	007	■	C	300_WA_BEM_Wand-NichtTragend

3.3.4 Trennwände [WT]

Bauteil/Objekt	[BTO]	007	■	C	300_WT_BTO_Trennwand
> Beschriftung	[TXT]	007	■	C	300_WT_TXT_Trennwand
> Schraffur	[SCR]	009	■	C	300_WT_SCR_Trennwand
> Bemaßung	[BEM]	007	■	C	300_WT_BEM_Trennwand

Abb. 2.9 Auszug aus der Layerstruktur des Staatlichen Baumanagement Niedersachsen, Version 5.0 (In Anlehnung an Staatliches Baumanagement Niedersachsen, CAD-Pflichtenheft, Anlage 2a, www.nlbl.niedersachsen.de (aufgerufen 22.11.2024))

Inhalte der Layertabellen

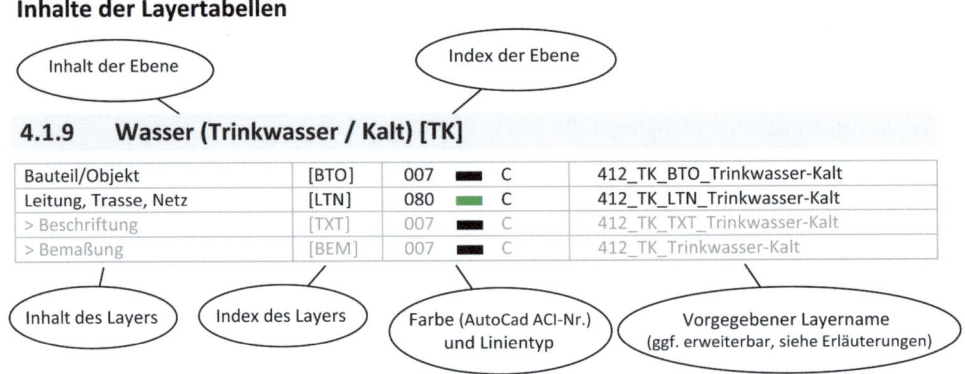

Farben und Linientypen sind Empfehlungen, keine Verwendungspflicht

Abb. 2.10 Layeraufbau
(In Anlehnung an Staatliches Baumanagement Niedersachsen, CAD-Pflichtenheft, Anlage 2a, www.nlbl.niedersachsen.de (aufgerufen 22.11.2024))

2.2 Grundlagen der Projektorganisation

die *e) Dokumentation des Bauablaufs (zum Beispiel Bautagebuch)* zu erbringen. In der Praxis gibt es oft nur ein gemeinsames Bautagebuch, das dann meistens vom Bauleiter des Auftragnehmers erstellt und durch den Bauleiter des Auftraggebers evtl. ergänzt und gegengezeichnet wird.

Das Bautagebuch dient der Dokumentation des gesamten Baugeschehens und wird zum Beispiel zur nachträglichen Rekonstruktion des Bauablaufs bei Nachtragsverhandlungen oder bei der Erstellung von Gutachten hinsichtlich der Ausführungsqualität zur Nachweisführung benötigt.

Der Name Bautagebuch unterstellt, dass dieses als gebundenes Buch geführt wird. In der Praxis haben sich jedoch selbstdurchschreibende Formularsätze oder digitale Formulare bewährt. Bei Papier erhält das Original meistens der Auftraggeber, eine Durchschrift bleibt auf der Baustelle und eine weitere wird am Sitz der Unternehmung oder in der Niederlassung abgelegt. Bei digitalen Formularen wird eine Ablage auf einem zentralen Server oder webbasiert (sogenannte Cloud) vorgenommen. Bei manchen Bauvorhaben gibt der Auftraggeber Form und Inhalt des Bautagebuchs vor. Als Beispiel werden auch Festlegungen in Vergabehandbüchern genannt.[23] Das digital geführte Bautagebuch kann schneller und umfassender als ein traditionell geführtes Bautagebuch ausgewertet werden. Die Erfassung erfolgt auf einem Tabletcomputer oder einem Smartphone und wird per Datenübertragung auf einen Server übertragen.

Typische Inhalte eines Bautagebuchs (siehe Abb. 2.11 und 2.12) sind:

- Datum,
- Angaben zum Wetter (meistens morgens, mittags und abends mit Angaben zur Temperatur und zu Niederschlägen,
- Angaben zur Baustellenbelegschaft (Anzahl und Qualifikation der Beschäftigten),
- Einsatz besonderer Geräte,
- erbrachte Leistung (Beschreibung der ausgeführten Arbeiten mit Angabe zum Ort, z. B. Schalen der Decke über 2. OG BT 1, Achsen G – I/1–4),
- Grund und Dauer von Unterbrechungen und Verzögerungen,
- besondere Vorkommnisse wie Besuche, Besprechungen, Behinderungen, Abnahmen, Unfälle etc.

Wie Kapellmann/Schiffers[24] feststellen, erlaubt es das Instrument Bautagesbericht dem Bauleiter des Auftragnehmers, ohne nennenswerten Aufwand und ohne gesonderten Schriftverkehr die Dokumentation der in ihren Auswirkungen „schleichenden Entwicklung" der Behinderungen wiederzugeben. Ganz gleich, ob heute ein einziger Plan noch nicht vorliegt oder ob eine dringend erforderliche Anordnung nochmals um drei Tage ver-

---

[23] Vergabe- und Vertragshandbuch für die Baumaßnahmen des Bundes (Ausgabe 2017, Stand 2022), Formblatt 411.

[24] Kapellmann, K.; Schiffers, K-H.: Vergütung Nachträge und Behinderung beim Bauvertrag, Band 1, Einheitspreisvertrag, 7. Aufl. (2017), S. 581.

Energy-City Stuttgart

Baustelle	Energy-City Stuttgart			
Nr.:		**Bautagebuch**		
Bauteil	1-7	**Nr. 264**		Seite 1/2
Datum	07.09.2024	Arbeitszeit von 06:00 bis		21:55 *
Wetter	bewölkt / Regenschauer	Pause von 09:00 bis		09:30
Temperatur	max. 20 °C min. 15 °C	Pause von 12:30 bis		13:00

Gesamtpersonal auf der Baustelle: 169

Personal:

Projektleitung	Bauleitung	Bauführer	Gewerbliche	Gesamt
2	3	2	1	8

Nachunternehmer: (Tätigkeitsnachweise im jeweiligen Bautagebuch des NU aufgeführt)

Gewerk / Tätigkeit	Gesamt-arbeitszeit	max. Anzahl Aufsicht	max. Anzahl Facharb.	max. Anzahl Sonst.	Gesamt	Unterweisung durchgeführt Datum	Name
Erdbauarbeiten	07:00 - 15:30	1	1	4	6	27.10.2023	Maier
Bewehrungsarbeiten	06:00 - 18:00	3	44	0	47	12.01.2024	Schulze
Schalungsarbeiten	07:00 - 21:00	5	79	0	84	27.03.2024	Schulze
Bohrung Erdsonden	06:00 - 18:00	1	2	1	4	26.02.2024	Schulze
Grundleitungsarbeiten	06:00 - 18:00	0	0	0	0	19.01.2024	Schulze
Flügelglättarbeiten	06:00 - 18:00	0	0	0	0	13.03.2024	Maier
Einlegearbeiten Blitzschutz	07:00 - 16:00	1	1	0	2	02.03.2024	Maier
Einlegearbeiten Leerrohre Elektro	06:35 - 21:55	1	7	0	8	30.03.2024	Maier
Einlegearbeiten zur Betonkerntemperierung	07:00 - 20:00	1	2	2	5	10.04.2024	Maier
Einlegearbeiten Sprinklertechnik	07:00 - 18:00	1	2	2	5	20.03.2024	Schulze
Abbrucharbeiten	-	0	0	0	0	26.06.2024	Maier
Personal Nachunternehmer:		14	138	9	161		
Gesamtpersonal der Baustelle:		21	139	9	169		

* verschiedene Nachunternehmer mehrschichtig tätig

Abb. 2.11 Bautagebuch Rohbau Seite 1 von 2
(Mit freundlicher Genehmigung der ZECH Hochbau AG)

2.2 Grundlagen der Projektorganisation

Bautagebuch Nr. 264

Seite 2/2

Beton: Fremdüberwachung   ja [x]   nein [ ]

Sicherheits- und Gesundheitsschutzkoordinator: Herr Müller

Unterweisung durchgeführt   ja [x]   teilweise [ ]   nein [ ]

Hauptarbeiten: (evtl. besondere Anlage)

Erdbauarbeiten:

- Erdbauarbeiten Parkhaus BT 6
- Aushub Kabelschacht Forum 2. UG

Schal- und Betonierarbeiten:

- Schalung Decke über 9. OG BT 1 Achsen G-I/1-4
- Schalung und Beton Wände 9. OG BT 1 Achsen G-D/2-3
- Schalung und Beton Attika EG BT 1 Achsen A''/2-4
- Erstellung von Mauerwerkswänden 1. und 2. UG BT 5
- Schalung Beton und Wände 5. OG BT7
- Schalung Überzüge BT7
- Schalung Decke über 4.OG BT7 Achsen K-P'/-1 - -4
- Schalung Decke über 5.OG BT2 Takt C
- Schalung Wände 6.OG BT2 Takt B
- Schalung und Beton Decke über 5.OG BT3 Takt A
- Schalung Decke über 5.OG BT3 Takt B
- Schalung und Beton Wände 5.OG BT3
- Schalung und Beton Stützen 5.OG BT4 Takt C
- Schalung und Beton Wand Aufzug 3.3 4.OG BT4
- Schalung Decke über 4.OG BT4 Takt B
- Attika Fertigteile über 4.OG BT4 Takt C versetzt
- Schalung Wände 5.OG BT4 Achsen A/17-19
- Schalung und Beton Podeste BT2-4
- Treppenfertigteile versetzt BT2-4

Betonstahlarbeiten:

- Bewehrung Decke über 9. OG BT1 Achsen G-I/1-4
- Bewehrung Wände 9. OG BT1 Achsen G-D/2-3
- Bewehrung Attika EG BT1 Achsen A''/2-4
- Bewehrung Wände 5. OG BT7
- Bewehrung Überzüge BT7
- Bewehrung Decke über 4. OG BT7 Achsen K-P'/-1 - -4
- Bewehrung Decke über 5. OG BT2 Takt C
- Bewehrung Wände 6. OG BT2 Takt B
- Bewehrung Decke über 5. OG BT3 Takt A
- Bewehrung Decke über 5. OG BT3 Takt B
- Bewehrung Wände 5. OG BT3

aufgestellt   Bauleiter   Bauherr/Vertreter

Abb. 2.12   Bautagebuch Rohbau Seite 2 von 2

schoben wird. Jede noch so geringfügige oder bedeutende Behinderung kann im Bautagesbericht (oder im Falle einer gleichzeitigen Fülle von Behinderungen in einem Beiblatt) sachlich und emotionslos dokumentiert und in ihren Auswirkungen festgehalten werden.

Wegen der Bedeutung des Bautagebuches wird auch dringend empfohlen, dass die Bauleitung selbst das Bautagebuch führt und diese Aufgabe nicht an einen Polier delegiert, wie dies in der Praxis leider häufig der Fall ist. Das Bautagebuch ist voll auf den Auftraggeber ausgerichtet. In einzelnen Bereichen kann es durch andere Dokumente ergänzt oder ersetzt werden, die ebenfalls dem Auftraggeber zur Verfügung gestellt werden, wie zum Beispiel das Planeingangsbuch (siehe Abschn. 2.2.7.6). Teilweise stellt es komprimiert Daten dar, die in internen Dokumenten nochmals erfasst sind, wie in der Lohnstundenerfassung (siehe Abschn. 2.2.7.8), den Geräteeinsatzberichten (siehe Abschn. 2.2.7.12) oder Angaben aus dem Termincontrolling (siehe Abschn. 3.4.1).

Es wird ausdrücklich darauf hingewiesen, dass Angaben zu Behinderungen im Bautagebuch nur bedingt den formalen Vorgaben der VOB/B entsprechen. Somit wird empfohlen, Behinderungen und Unterbrechungen der Ausführung nach § 6 VOB/B 2016 dem Auftraggeber in einem separaten Schriftstück unverzüglich schriftlich anzuzeigen.

Selbstverständlich sind auch Ausdrucke der Bautagebücher, die mit EDV-Unterstützung für jeden Tag erstellt werden, dem Auftraggeber oder dessen Vertreter zur Unterschrift vorzulegen.

2.2.7.6 Planeingangsbuch

Auf jeder Baustelle sollte ein Planeingangsbuch geführt werden. Da in diesem auch Planausgänge dokumentiert werden, wird dieses auch „Planein- und Planausgangsbuch" genannt. Bei Kleinbaustellen kann darauf gegebenenfalls verzichtet werden, falls Planeingänge im Bautagebuch erfasst werden. Je größer und komplexer eine Baustelle ist, desto notwendiger wird es, ein separates Planeingangsbuch zu führen. Auch hier setzt es sich zunehmend durch, dass das Planeingangsbuch digital in einer Datenbank geführt wird.

Nur über ein ordentlich geführtes Planeingangsbuch ist es möglich, jederzeit (auch nachträglich) feststellen zu können, wie das aktuelle Bausoll definiert war.

Ein häufig auftretendes Problem besteht darin, dass sich das Bausoll, das heißt die Definition dessen, was konkret gebaut werden soll, kontinuierlich ändert. Ursachen hierfür liegen einerseits im Recht des Bauherrn, jederzeit Änderungen des Bausolls anordnen zu können (siehe § 1 Abs. 3 VOB/B 2016). Andererseits sind sie damit begründet, dass der Planungsprozess meistens mit Beauftragung des Unternehmers noch nicht abgeschlossen ist, sodass Planungsänderungen aus der zunehmenden Detaillierung erforderlich sind. Zum Beispiel ergeben sich Lage und Größe von Durchbrüchen erst mit der detaillierten Planung der Haustechnik. Die überarbeiteten Pläne erhalten dann einen neuen Index. Ein überarbeiteter, korrigierter Plan wird auch „Tektur" genannt. Falls nur die überarbeiteten Bereiche eines Plans – meistens per DIN-A4-Blatt – auf die Baustelle geschickt werden,

2.2 Grundlagen der Projektorganisation

so ist hierfür auch der Begriff „Deckblatt" gebräuchlich. Selbstverständlich sind auch Deckblätter im Planeingangsbuch zu erfassen.

Von besonderer Bedeutung ist die Kenntnis des konkreten Bausolls besonders dann, wenn sich Bauzeitverzögerungen aus kurzfristig angeordneten Änderungen des Bausolls (siehe Abschn. 2.4) ergeben oder falls nachträglich Leistungen geändert werden müssen.

Falls sich der Auftragnehmer der Leistung von Subunternehmern bedient, müssen die jeweils aktuellen Pläne an diese weitergeleitet werden. Da jedoch jeder Subunternehmer nur die für ihn relevanten Pläne benötigt, sollte diese Weiterverteilung individuell im integrierten Planein- und Planausgangsbuch verfolgt werden.

Nicht zuletzt soll darauf hingewiesen werden, dass die Planprüf-, Kopier- und Weiterverteilungskosten möglicherweise auch gegenüber dem Auftraggeber nachzuweisen sind, falls Mehrkosten wegen eines zusätzlichen Planmanagements entstanden sind. Bei größeren Baustellen setzen sich zunehmend Projekt-Kommunikations-Management-Systeme (PKMS) durch, die unter Anderem das Planein- und Planausgangsbuch beinhalten (siehe Abschn. 2.2.7.7). Abb. 2.13 zeigt ein typisches Planein- und Planausgangsbuch.

2.2.7.7 Projekt-Kommunikations-Management-System

Bei Großprojekten wird oftmals zur Verbesserung der Kommunikation zwischen dem Auftraggeber, dem Projektsteuerer, den Planern und den ausführenden Firmen ein Projekt-

Plan - Eingang / - Verteilung												Seite: 35	
Bauvorhaben:	Neubau Hauptverwaltung Stadtwerke												
Zeichnungstyp:	☑ Architekt ☐ Schalung ☐ Bewehrung ☐ Terminplan ☐ BE ☐ Heizung ☐ Lüftung ☐ Sanitär ☐ Elektro												
		Planeingang				Prüfung	Planausgang / Verteiler						
		Soll		Ist		durchgeführt	Projektleitung		Bauleitung		Baustelle		Arbeitsvorbereit.
Plan-Nr.	Index	Datum	Stk.	Datum	Stk.	Name	Datum	Stk.	Datum	Stk.	Datum	Stk.	Datum	Stk.
5-AR-GR-E00-001	1	01.05.2015	1	07.05.2015	1	J. Maier	08.05.2015	2	08.05.2015	3	08.05.2015	2	08.05.2015	1
5-AR-GR-E00-001	2			17.06.2015	1	J. Maier	18.06.2015	2	18.06.2015	3	18.06.2015	2	18.06.2015	1
5-AR-GR-E00-001	A			23.07.2015	1	J. Maier	24.07.2015	2	24.07.2015	3	24.07.2015	2	24.07.2015	1
5-AR-GR-E01-002	1	01.05.2015	1	12.05.2015	1	J. Maier	13.05.2015	2	13.05.2015	3	13.05.2015	2	13.05.2015	1
5-AR-GR-E01-002	2			18.06.2015	1	J. Maier	19.06.2015	2	19.06.2015	3	19.06.2015	2	19.06.2015	1
5-AR-GR-E01-002	3			24.06.2015	1	J. Maier	25.06.2015	2	25.06.2015	3	25.06.2015	2	25.06.2015	1
5-AR-GR-E01-002	A			03.08.2015	1	J. Maier	04.08.2015	2	04.08.2015	3	04.08.2015	2	04.08.2015	1
5-AR-GR-E02-003	1	01.05.2015	1	12.05.2015	1	J. Maier	13.05.2015	2	13.05.2015	3	13.05.2015	2	13.05.2015	1
5-AR-GR-E02-003	A			23.06.2015	1	J. Maier	24.06.2015	2	24.06.2015	3	24.06.2015	2	24.06.2015	1
5-AR-GR-E03-004	1	01.05.2015	1	12.05.2015	1	J. Maier	13.05.2015	2	13.05.2015	3	13.05.2015	2	13.05.2015	1
5-AR-GR-E03-004	A			25.06.2015	1	J. Maier	26.06.2015	2	26.06.2015	3	26.06.2015	2	26.06.2015	1
5-AR-GR-E03-004	B			28.07.2015	1	J. Maier	29.07.2015	2	29.07.2015	3	29.07.2015	2	29.07.2015	1

Abb. 2.13 Planein- und Planausgangsbuch
(Mit freundlicher Genehmigung der ZECH Hochbau AG)

Kommunikations-Management-System,[25, 26] (PKMS) eingerichtet. Als Synonym oder mit anderer Abgrenzung werden diese auch Dokumenten-, Planmanagementsysteme, virtuelle Projekträume oder Internetbasierte Projektmanagement-Systeme (IBPM) genannt. Hiermit können alle Projektbeteiligten über Unternehmensgrenzen hinweg miteinander verbunden und Informationen rund um die Uhr an jedem internetfähigen Rechner zur Verfügung gestellt und abgerufen werden.

Für PKMS gibt es zahlreiche Technologien und Anbieter.[27] Gemeinsam haben sie, dass sie als Sammelplatz für projektspezifische Informationen, den gesamten Schriftverkehr, Pläne sowie weitere Dokumente (z. B. Fotos) eines Projekts dienen. Die Pflege des Servers, auf dem die Daten gespeichert sind, die Datensicherung, sowie die Gewährleistung der Verfügbarkeit und der Datensicherheit übernimmt in der Regel ein Dienstleister als sogenanntes Application Service Providing (ASP), auch Software as a Service (SaaS) genannt. Damit gehören PKMS zu den Cloud-Lösungen der Baubranche.

Der Zugriff auf die Web-Plattformen erfolgt über sichere Authentifizierungsverfahren und rollenbasierte projekt- und personenbezogene Zugriffsprozesse. Durch die Zuweisung von Rollen kann festgelegt werden, welche Rechte ein Nutzer hat, d. h. ob er Dateien hochladen, nur lesen, oder auch ändern darf. Zudem kann definiert werden, auf welche Bereiche des PKMS der Nutzer Zugriff hat. Löschrechte werden in der Regel nicht vergeben. Diese Rollen- und Rechtevergabe gibt es nicht nur bei PKMS, sondern auch bei Kalkulations- und Buchhaltungssoftware sowie bei vielen weiteren Softwareprogrammen.

Die bei Bauprojekten eingesetzten Projekt-Kommunikations-Management-Systeme sind an die Besonderheiten des Bauwesens angepasst und sollten zur Sicherstellung der Rechtswirksamkeit des Schriftverkehrs vom Bauherrn schon bei Beginn der Planung eingerichtet werden. Es ist unabdingbar, dass jeder Projektbeteiligte an diesem System teilnimmt. Hierbei werden in einem Pflichtenheft die Dateibezeichnungen, die Vorgaben für den Datenaustausch, die Zustellfristen und die Dateiformate (Modell-, pdf- oder Plot-Dateien) definiert. Die Dateibezeichnung ähnelt einem Planschlüssel mit Informationen zu Absender-, Teilprojekt- und Katalogisierungs-Status und einem Freitext (zum Beispiel: IBL-2-SA-0-Aktennotiz Baufeld).

---

[25] Schach, R.; Naumann-Jährig, R.: Einsatz von Projekt-Kommunikations-Management-Systemen bei Planung und Abwicklung von Baumaßnahmen in: BKI Praxis, Lehre und Forschung der Bauökonomie (2005), S. 276.

[26] Bauch, U.; Bargstädt, H.-J.: Praxis-Handbuch Bauleiter (2023), S. 447.

[27] Beispielhaft werden Internetadressen folgender Hersteller genannt (abgerufen 22.11.2024):
www.autodesk.de; www.awaro.com; www.bentley.com; www.conclude.de; www.conetis.de; www.oracle.com; www.cycot.de; www.dokupool.de; www.edr-software.de; www.eplass.de; www.legano.de; www.mclarensoftware.de; www.netzwerkplan.de; www.pmgnet.de; www.poolarserver.com; www.planview.com; www.siso.net; www.thinkproject.com; www.wwb-space.de.

2.2 Grundlagen der Projektorganisation

PKMS bieten unter anderem die folgenden Funktionen:

- **Projektverwaltung:** Einheitliche Ablagestruktur mit Vorgaben zur Bezeichnung von Dateien. Nur bei einer korrekten Eingabe der Dateibezeichnung und nach der vorgegebenen Codierung ist es möglich, die Dateien auf die Plattform einzustellen
- **Planverwaltung:** Mit dieser Funktion können Pläne mit einer aussagekräftigen Plannummer[28] nach einem vorgegebenen System eingestellt werden. Zudem werden die Planläufe mit Prüffristen und Freigaben dokumentiert und nach einem festgelegten Verteilerschlüssel an die Planer verteilt.
- **Dokumentenmanagement:** Zusätzlich zu den Plänen können auch andere Arten von Dateien wie z. B. Textdateien, Fotos, Videos oder Tondokumente verwaltet werden.
- **Versionsverwaltung/Archivfunktion:** Verschiedene Versionen einer Datei werden mit Versende- und Verteilinformationen gespeichert.
- **Workflows:** Durch Workflows können Prozesse wie beispielsweise Planläufe festgelegt werden.
- **Up- und Download:** Neue Informationen werden mittels Upload zur Verfügung gestellt, auch Multidatei-Uploads sind möglich. Download-Funktionen ermöglichen das Herunterladen von Dateien.
- **Viewer:** dienen zur Ansicht von Modellen oder Plänen mit unterschiedlichen Datei-Formaten auf dem Bildschirm.
- **Redlining:** Hiermit können Prüf- und Änderungsvermerke digital eingetragen und gespeichert bzw. versendet werden, bei Projekten mit BIM als Issue-Management bezeichnet.
- **Benachrichtigungsfunktion:** Die angebundenen Teilnehmer werden vom System per E-Mail, Fax oder SMS benachrichtigt, sobald ein neues Dokument oder ein Plan geändert wurde oder neu eingestellt ist. Die Teilnehmer müssen die Dokumente jedoch selbsttätig abrufen. Meistens ist vertraglich geregelt, dass ein Dokument nach Ablauf einer vereinbarten Frist (z. B. 24 h oder am nächsten Arbeitstag) dem Empfänger als zugestellt gilt.
- **Filterfunktionen:** dienen der Erleichterung von Recherchen und dem schnellen Auffinden von Informationen und Dateien.
- **Einbindung von Reprobetrieben:** Hierdurch können neue Pläne automatisch geplottet und den Beteiligten in Papierform zugesendet werden.
- **Archivierung und Weiternutzung der Daten:** Die Daten können z. B. während der Gewährleistungsphase und im Facility Management weiter genutzt werden. Hierfür sollte das Programm auch offline im lokalen Netzwerk betrieben werden können.
- **Erweiterte Funktionen** ergänzen die vorgenannten Funktionen beispielsweise durch Kalenderfunktion, Nachrichtenmodul zur Erstellung von E-Mails, Protokollverwaltung, Bautagebuch und Mängelmanagement.

---

[28] Bauch/Bargstädt (2023), S. 451.

Die webbasierten Benutzeroberflächen ähneln sehr stark den Organisationsprogrammen Microsoft Outlook™ oder Lotus Notes™ und gliedern sich in:

- Übersichtsseite,
- Nachrichten,
- Dokumente,
- Kontakte,
- Kalender,
- Aufgaben und
- Einstellungen.

2.2.7.8 Lohnstundenerfassung

Die Lohnstundenerfassung über Stundenzettel ist nur indirekt ein Instrumentarium, um eine Baustelle zu führen, da sich die Bezahlung der Löhne nicht auf die Wirtschaftlichkeit, Qualität, Termintreue, Einhaltung der Vorschriften zum Schutz der Umwelt und hinsichtlich Sicherheit und Gesundheitsschutz auswirkt. Falls jedoch die Löhne nicht bezahlt werden, wird eine Baustelle schnell stillliegen, da die gewerblich Beschäftigten bei nicht pünktlich ausbezahlten Löhnen einfach nicht mehr zur Arbeit kommen. Es ist somit oberste und vornehmste Aufgabe einer Bauunternehmung, die Löhne pünktlich auszubezahlen. Die dazu erforderliche Stundenerfassung kann an die lohnberechnende Stelle mit Tages- oder mit Wochenstundenberichten erfolgen (siehe Abb. 2.14). In dieser sind Überstunden und Erschwerniszuschläge zu erfassen (siehe Abb. 2.15). Hierfür bieten sich insbesondere digitale Lösungen zur Erfassung bspw. mittels einer Handy-App an, sodass die Daten online zur Bestätigung durch Vorgesetzte und an die Lohnbuchhaltung weitergeleitet werden.

Gegebenenfalls sind auch Krankheitsstunden oder zu vergütende Wegezeiten zu melden. Die Berechnung des auszuzahlenden Nettolohnes ist äußerst kompliziert, da eine Vielzahl von gesetzlichen Regelungen zur Renten-, Kranken-, Arbeitslosen- und Pflegeversicherung sowie zusätzliche bauspezifische Regelungen der Tarifverträge zu beachten sind. Zu den letzteren gehören zum Beispiel die Regelungen der Urlaubs- und Lohnausgleichskasse der Bauwirtschaft (ULAK) und der Zusatzversorgungskasse des Baugewerbes AG (ZVK).[29] Darüber hinaus sind tarifvertragliche Regelungen wie zum Beispiel zur Flexibilisierung (Einrichten eines internen Stundenkontos)[30] oder Regelungen zum Schlechtwetter zu berücksichtigen.

Der Bruttolohn ergibt sich aus den anzusetzenden Lohnstunden multipliziert mit dem vertraglich vereinbarten Stundenlohn. Dazu kommen Überstunden- und Erschwerniszuschläge sowie Lohnnebenkosten zum Beispiel als Auslösung oder in Form von

---

[29] Beides geführt unter der Dachmarke Sozialkassen der Bauwirtschaft (SOKA-BAU), www.sokabau.de (abgerufen 15.11.2021).

[30] Das Stundenkonto wird in Zeiten guter Beschäftigung aus Überstunden angefüllt und in Zeiten geringerer Beschäftigung wieder abgebaut.

2.2 Grundlagen der Projektorganisation

Lohnstundenbericht

Baustelle: *Kuhgraben*   Polier: *Maier, Karl*   Datum: *4.9.2015*

Nr.	Name	Arbeitsbeginn	Arbeitsende	Pause	Gesamtstunden	Überstundenzuschlag 25 %	1.31 Wasserarbeiten	1.61 Abbruchhammer	1.71 Schacht					
						\multicolumn{4}{l}{Erschwerniszuschläge}						
1	Adak, Mehmet	7.00	16.30	1	8,5	0,5		1,5						
2	Bode, Dieter	7.00	12.00	-	5,0									
3	Belec, Franjo	7.00	16.00	1	8,0			4,5						
4	Cardac, Musa	7.00	17.00	1	9,0	1,0								
5	Drösch, Joseph	7.00	17.00	1	9,0	1,0	3,0							
6	Fried, Erik	7.00	17.00	1	9,0	1,0		4,0						
7	Halilyi, Kamer	7.00	17.00	1	9,0	1,0								
8	Hausser, Maurice	7.00	17.00	1	9,0	1,0	3,0							
9	Kilic, Ahmet	7.00	17.00	1	9,0	1,0								
10														
11														
12														
13														
14														

Abb. 2.14 Lohnstundenbericht

Wegegeldern. Insgesamt sind in § 6 des Bundesrahmentarifvertrags (BRTV) 41 verschiedene Zuschläge für Erschwernisse definiert (siehe Abb. 2.15).

In Deutschland wird der Lohn spätestens am 15. des Monats fällig, der auf den Monat fällt, für den er zu zahlen ist.[31] Der Betrag wird in der Regel auf ein Bankkonto überwiesen.

---

[31] § 5 Nr. 7.2 Bundesrahmentarifvertrag für das Baugewerbe vom 28.September 2018 in der Fassung vom 10. November 2022 (BRTV), in: Brettschneider, S. (Hrsg.): Tarifsammlung für die Bauwirtschaft, S. 249.

1.1	**Arbeiten mit persönlicher Schutzausrüstung**	
1.11	Arbeiten mit Schutzkleidung - Arbeiten, bei denen ein luftundurchlässiger Einwegschutzanzug getragen wird …	0,40 €/h
1.12	Arbeiten mit Atemschutzgeräten - Arbeiten, bei denen eine filtrierende Halbmaske verwendet wird …	0,65 €/h
1.2	**Schmutzarbeiten**	
1.21	Arbeiten, die im Verhältnis zu den für den Gewerbezweig und das Fach des Arbeiters typischen Arbeiten außergewöhnlich schmutzig sind …	0,80 €/h
1.3	**Wasserarbeiten**	
1.4	**Hohe Arbeiten**	
1.5	**Heiße Arbeiten**	
	Arbeiten in Räumen, in denen eine Temperatur von 40 °C bis 50 °C herrscht …	1,10 €/h
1.6	**Erschütterungsarbeiten**	
1.7	**Schacht- und Tunnelarbeiten**	
1.72	Kanalarbeiten Arbeiten ohne Maschineneinsatz in offenen Baugruben und unter 1 m Grabenbreite und über 3,60 m Tiefe …	1,00 €/h
1.8	**Druckluftarbeiten**	
	bis 100 kPa Überdruck …	1,70 €/h
1.9	**Taucherarbeiten**	
	Bei einer Tauchtiefe bis zu 5 m …	18,10 €/h

Abb. 2.15 Auszug aus der Liste der Überstunden- und Erschwerniszuschläge nach Bundesrahmentarifvertrag
(Brettschneider (2023), Tarifsammlung für die Bauwirtschaft, S. 174 ff.)

Neben dem üblichen Stundenlohn gibt es die Möglichkeit, die Entlohnung über Leistungslohn[32] vorzunehmen. Ziel ist die Steigerung der Motivation der Arbeitnehmer durch leistungsgerechte Entlohnung und dadurch die Erhöhung der Produktivität und der Arbeitseffizienz. Voraussetzung für die Anwendung von Leistungslohn auf einer Baustelle ist eine Betriebsvereinbarung zwischen Betriebsrat und Geschäftsführung, in der die Durchführung von Arbeiten im Leistungslohn geregelt wird. Projektspezifisch sind dann methodisch Vorgabewerte zu entwickeln, für die als Grundlage anerkannte, nach arbeitswissenschaftlichen Gesichtspunkten erstellte Arbeitszeit-Richtwerte-Tabellen[33] verwendet werden. Nach der Zeiterfassung wird durch den Vergleich der Soll-Stunden und der Ist-Stunden ein Mehrlohnfaktor ermittelt. Dieser wird mit den Ist-Stunden des Arbeitnehmers multipliziert und führt so zu den Mehrstunden, die dem Arbeitnehmer zusätzlich zu den geleisteten Lohnstunden vergütet werden.

---

[32] Rahmentarifvertrag für Leistungslohn vom 29.07.2005 (RTV Leilo), in: Brettschneider (2023), S. 346.
[33] z. B. ARH Arbeitszeit-Richtwerte

2.2.7.9 Stundenlohnnachweise

Die VOB/B 2016 geht in zwei Paragrafen auf Stundenlohnarbeiten ein (§ 2 Abs. 2 und § 2 Abs. 10 sowie § 15). Die meisten Bauarbeiten werden auf der Basis eines Einheitspreisvertrages erbracht. Dabei ist ein Einheitspreis für eine Teilleistung festgelegt, über den unabhängig von den tatsächlichen Kosten die Vergütung vereinbart ist. Die VOB/A sieht neben dem Einheitspreisvertrag auch den Stundenlohnvertrag vor. Der Stundenlohnvertrag soll nur bei Leistungen kleineren Umfangs zum Beispiel bei Reparaturarbeiten zur Anwendung kommen. Der Verbrauch an Lohnstunden, Stoffen und der Geräteeinsatz werden dabei erfasst und über Verrechnungssätze vergütet. Die Verrechnungssätze werden vorab vereinbart oder sind wie ortsüblich anzusetzen.

Statt des in der VOB gewählten Begriffes Stundenlohnarbeiten sind in der Praxis auch die Begriffe Regiearbeiten und Tagelohnarbeiten gebräuchlich. Bei sehr vielen Baumaßnahmen, die auf der Basis eines Einheitspreisvertrages errichtet werden, fallen Bauarbeiten an, für die keine Leistungspositionen mit Einheitspreisen vorgesehen sind. Dabei kann es sich um geänderte Leistungen (§ 2 Abs. 5 VOB/B 2016), um zusätzliche Leistungen (§ 2 Abs. 6 VOB/B 2016) oder um besondere Leistungen (VOB/C – DIN 18 299 ff. Abschn. 4) handeln.

Selbstverständlich hat der Bauunternehmer Anspruch auf Vergütung dieser Leistungen. Hierfür bieten sich generell zwei Wege an:

- Vereinbarung von Einheitspreisen für die Bauleistungen (siehe Abschn. 3.5.8 ff.) oder
- Vergütung über Stundenlohnarbeiten.

In § 2 Abs. 10 VOB/B 2016 heißt es: *„Stundenlohnarbeiten werden nur vergütet, wenn sie als solche vor ihrem Beginn ausdrücklich vereinbart sind (§ 15)."*

In § 15 Abs. 3 VOB/B 2016 wird weiter festgelegt:

„Dem Auftraggeber ist die Ausführung von Stundenlohnarbeiten vor Beginn anzuzeigen. Über die geleisteten Arbeitsstunden und den dabei erforderlichen, besonders zu vergütenden Aufwand für den Verbrauch von Stoffen, für Vorhaltung von Einrichtungen, Geräten, Maschinen und maschinellen Anlagen, für Frachten, Fuhr- und Ladeleistungen sowie etwaige Sonderkosten sind, wenn nichts anderes vereinbart ist, je nach der Verkehrssitte werktäglich oder wöchentlich Listen (Stundenlohnzettel) einzureichen. Der Auftraggeber hat die von ihm bescheinigten Stundenlohnzettel unverzüglich, spätestens jedoch innerhalb von 6 Werktagen nach Zugang, zurückzugeben. Dabei kann er Einwendungen auf den Stundenlohnzetteln oder gesondert schriftlich erheben. Nicht fristgemäß zurückgegebene Stundenlohnzettel gelten als anerkannt."

Die Bauleitung hat sicherzustellen, dass auf der Baustelle die durch die VOB vorgegebenen Schritte (insbesondere die Anzeige und die Führung der notwendigen Nachweise) peinlichst genau eingehalten werden, da ansonsten die Gefahr besteht, keine Vergütung zu erhalten.

Abb. 2.16 zeigt ein typisches Formblatt, mit dem täglich die Stundenlohnarbeiten erfasst werden können.

Stundenlohnnachweis

Nr. 118255

Bauherr Rechnungsstelle	Bau GmbH
Straße	Bergstraße 11
PLZ/Ort	01069 Dresden
Baustelle Betrieb/Werk	EKZ Heringsdorf

Tag: 22.05.2023
Projekt-Nr.:
Kostenstellen-Nr.: 7624-388

Ausgeführte Arbeiten

Türdurchbruch: (1. OG, Achsen B/14-15)
- Durchbruch Wand
- Schuttbeseitigung
- Beiputzen

Arbeiten ausgeführt nach mündl./schriftl. Auftrag durch _____ vom _____

Arbeitszeiten

Titel Pos.	Bezeichnung	Anzahl	mal Std.	Ges. Std.
	Polier			
	Werkpolier			
	Vorarbeiter			
3.2.1	Spez. Baufacharbeiter	1	5	5
3.2.1	Fachwerker	1	5	5
	Maschinist			
				10 h

Zuschläge (Art der Zuschläge siehe Rückseite)

Eingebautes Material, Gerätezeit, Rüst- und Schalmaterial

Titel Pos.	Menge	Einheit	Bezeichnung	Preis je Einheit
3.2.1	2	Sack	Trockenmörtel	17,51 €
4.1.8	4	Std.	Abbruchhammer	4,05 €
7.1.1	0,5	m³	Schuttentsorgung	27,60 €

Aufgestellt Polier/Bauführer: Tag/Unterschrift
23.05.2023 Mayer

Geprüft und anerkannt: Auftraggeber: Tag/Unterschrift
23.05.2023 Schulz

Abgerechnet am:
durch:
Rechnung-Nr.:

Abb. 2.16 Stundenlohnnachweis

Die für die Formblätter verwendeten Begriffe „Tagelohnnachweis", „Stundenlohnnachweis" und „Arbeitsnachweis" sind als synonym anzusehen. Die ausgeführten Arbeiten sind verbal zu beschreiben (u. a. Art der Arbeiten, räumliche Zuordnung). Es werden im Einzelnen je Arbeitstag erbrachte Lohnstunden, verbrauchtes Material und eingesetzte Geräte (Art und Einsatzzeiten) aufgelistet.

Häufig ist in den Ausschreibungsunterlagen ein separater Titel „Stundenlohnarbeiten" oder „Tagelohnarbeiten" zu finden. In diesem Titel werden Verrechnungssätze insbesondere für die Arbeitsleistung getrennt nach Qualifikationen (Spezialbaufacharbeiter, Bauwerker) und häufig auch für typische Stoffe und Materialien sowie für Geräte abgefragt. Problematisch ist hierbei unter kalkulatorischen Gesichtspunkten, welche Mengenansätze bei den Stundenlohnverrechnungssätzen vorgegeben werden. Häufig werden aber auch fiktive Mengen angesetzt, damit der Auftraggeber in diesem Titel ein Budget für Stundenlohnarbeiten erhält.

Es wird empfohlen, im Unternehmen ein Standardleistungsverzeichnis „Stundenlohnarbeiten" zu pflegen, in dem die Verrechnungssätze für typische Stoffe, Verrechnungssätze für das Vorhalten von Einrichtungen, Geräten, Maschinen und maschinellen Anlagen, für Frachten, Fuhr- und Ladeleistungen sowie etwaige Sonderkosten enthalten sind. Dieses Standardleistungsverzeichnis „Stundenlohnarbeiten" sollte unmittelbar nach Auftragserteilung dem Auftraggeber übergeben werden, nachdem vorab geprüft wurde, dass die Verrechnungssätze am konkreten Bauort auch angemessen sind. Damit wird eine Basis für die Verrechnung von möglicherweise anfallenden Stundenlohnarbeiten gegeben.

Durch dieses Standard-LV kann anschließend auch auf einfache Weise die Stundenlohnrechnung gestellt werden. Der § 15 Abs. 4 VOB/B 2016 schreibt dazu vor: *„Stundenlohnrechnungen sind alsbald nach Abschluss der Stundenlohnarbeiten, längstens jedoch in Abständen von 4 Wochen, einzureichen."*

Aus organisatorischen und rechtlichen Gründen sollten Stundenlohnrechnungen als separate Rechnungen gestellt werden und nicht in Zahlungsanforderungen (Abschlagsrechnungen) integriert werden. Diese lassen sich dann separat von der vertraglichen Leistungsabrechnung klären und vergüten, womit im Konfliktfall eine entkoppelte Betrachtung möglich ist.

Vergleichbar zu Stundenlohnarbeiten wird auch die innerbetriebliche Verrechnung von Leistungen zwischen den Kostenstellen innerhalb einer Bauunternehmung vorgenommen, wenn zum Beispiel Hilfs- oder Nebenbetriebe auf einer Baustelle Leistungen erbringen. Ein typischer Hilfsbetrieb ist zum Beispiel die betriebsinterne Elektrowerkstatt oder die Schalungsfertigung. Eine Transportbetonmischanlage, die auch Beton an externe Unternehmen verkauft, könnte als Nebenbetrieb geführt werden. Die Verrechnung erfolgt in der Regel über interne Arbeitsberichte (siehe Abb. 2.17). Diese Arbeitsberichte sind Grundlage für die betriebsinterne Verrechnung. Hierzu bieten sich digitale Erfassungs- und Übermittlungslösungen bspw. durch eine Handy-App an.

BAU Deutschland GmbH
Große Werkstraße 7, 19746 Grahlsdorf
Telefon (03874) 25007 E-Mail: info@bau-dtl-grahlsdorf.de

Lagerplatz
Hallenstraße 13, 19746 Grahlsdorf
Telefon (03874) 83996 E-Mail: lager@bau-dtl-grahlsdorf.de

Für Herrn

Helmut König

Auf Baustelle

D | A | 2 | 2 | 0 | EKZ Heringsdorf

Arbeitsbericht

Nr. _18_

Für MTA Grahlsdorf

Datum	Stunden					
		Hinfahrt mit Firmenfahrzeug [X] Privatfahrzeug [ ]			15	km
		Geleistete Arbeiten:				
24.04.23	2,5	– Elektro-Zuleitung Container 6, 8 geprüft				
		– Container 6 – FI-Schutzschalter ausgetauscht				
		– Container 8 – Anschlußkabel gewechselt				
		– Funktionsprüfung durchgeführt				
		Rückfahrt mit Firmenfahrzeug [X] Privatfahrzeug [ ]			15	km

Materialverbrauch (auch Ersatzteile)

– FI-Schutzschalter FI 80 / 0,03 A 4 pol.

– 3 m Anschlußkabel N 2xH-J 4x10 mm²

Belaste	Betrag	Erkenne	Betrag

Grahlsdorf, 24.04.23   _i. A. König_   _Schmidt_
Ort/Datum   Arbeitsausführender   Für die Baustelle

Original: Zentrale, Kopie: Baustelle, Lagerplatz

Abb. 2.17 Interner Arbeitsbericht

2.2.7.10 Besprechungsprotokolle

Bei jeder Baustelle sind verschiedenste Besprechungen zur Koordination der Beteiligten notwendig (siehe Abschn. 2.2.7.2). Die Koordination der Baustelle, die eine der Hauptaufgaben der Bau- und Projektleitung ist, kann auch mit „Informationen Dritten bereitstellen" definiert werden. Zusätzlich ist von der Bauleitung eine Vielzahl von Entscheidungen zu fällen. Diese erfordern jedoch, dass sich die Bauleitung informiert. Der gesamte Informationsaustausch und auch das Fällen bestimmter Entscheidungen erfolgt hauptsächlich bei Besprechungen. Der Informationsaustausch erfolgt darüber hinaus auch schriftlich, per E-Mail und über das Internet, z. B. über PKMS-Plattformen (siehe Abschn. 2.2.7.7).

Generell müssen Besprechungen unterschieden werden in solche zwischen zwei Personen und Besprechungen in Gruppen mit drei und mehr Personen. Bei Gesprächen zwischen zwei Personen werden auf Baustellen häufig nur weniger bedeutende Informationen ausgetauscht oder Anweisungen gegeben. In diesen Fällen werden selten Protokolle angefertigt. Allerdings sollte immer dann protokolliert werden, wenn wichtige Feststellungen oder Entscheidungen getroffen wurden. Dies dient der späteren Nachvollziehbarkeit und dokumentiert die Randbedienungen und den Wissenstand zum Zeitpunkt der Entscheidung. Insbesondere wenn nachträglich unterschiedliche Meinungen zu den getroffenen Entscheidungen vorliegen. Der Bauunternehmer hat ein großes Interesse an einer guten Dokumentation der Besprechungsergebnisse, da dies für ihn oft Voraussetzung bei der Geltendmachung berechtigter Forderungen ist.

Unabhängig davon, wer das Protokoll erstellt, ist dieses sehr sorgfältig auf die korrekte Darstellung der Besprechungsergebnisse oder fehlende Teile zu prüfen. Hilfreich ist, wenn während der Besprechung handschriftlich die wichtigsten Ergebnisse festgehalten werden. Jede turnusmäßige Besprechung sollte mit der Einigung über die zu besprechenden Punkte (Tagesordnung) und der Protokollgenehmigung der vorangegangenen Besprechung beginnen.

Es ist hilfreich, wenn ein Protokoll systematisch aufgebaut ist. Mindestbestandteile sind: Art des Protokolls (z. B. Protokoll Jour fixe), durchgehende Zählung, Datum der Besprechung, Ort der Besprechung, Teilnehmer (eventuell mit Angabe der Uhrzeit, falls einzelne Teilnehmer später kommen oder früher gehen), die einzelnen Besprechungspunkte mit fortlaufender Nummer, getroffene Entscheidungen und Festlegungen zur Verantwortlichkeit. Der Aufbau eines typischen Protokolls (Baustellenprotokoll) ist in Abb. 2.18 dargestellt.

Auf die Erläuterungen in Abschn. 3.2.1 zur „kaufmännischen Bestätigung" und zur Unterschrift/Signatur wird verwiesen.

2.2.7.11 Technische Protokolle

Besonders erwähnt werden technische Protokolle, die im Rahmen der eigenen Qualitätskontrolle oder auf Grund der bauvertraglichen Regelungen erstellt werden müssen. Unabhängig von der vertraglichen Regelung ist es Aufgabe der Bauleitung, die ordnungsgemäß erbrachten Bauleistungen zu dokumentieren.

Besprechungsprotokoll 19. Baubesprechung

Projekt:	Neubau Hauptverwaltung Stadtwerke	Besprechungsort:	Baubüro Stadtwerke
Bauherr:	Stadtwerke GmbH	Besprechungstermin:	13.08.2023 14:00 Uhr
		Erstellt am:	14.08.2023
Teilnehmer: Herr C. Maier Stadtwerke Herr U. Fischer Stadtwerke Frau C. Schmitt Projektsteuerung Herr L. Maurer Bau AG Herr S. Sommer Bau AG		Zusätzliche Verteiler: Herr T. Herbst Stadtwerke	
Anlage: Geländerdetail Fluchttreppenhaus Varianten (3-AR-D-XX-001, Index 1)			
TOP 1	Begrüßung und Feststellung der Tagesordnung		
TOP 2	Protokollgenehmigung In der 19. Bauherrenbesprechung wurden folgende einvernehmliche Festlegungen getroffen: Gegenüber dem 18. Bauherrenbesprechungsprotokoll vom 5.8.2023 bestehen seitens der anwesenden Personen inhaltlich keinerlei Widersprüche. Aus der letzten Besprechung noch zu klärende Punkte verbleiben im Protokoll. Ergänzungen und neue Punkte werden in Fettdruck hervorgehoben.		
TOP 3	Neue Punkte	Zu erledigen durch	Termin
	18/01 Arbeitssicherheit Rundgang Bau BG vom 31.07.2023	Bau AG	13.08.2023
	19/01 Optimierung Ausbau/Kosteneinsparungen Detail Geländer Treppenhaus Entscheidung über Ausführung der Varianten	Stadtwerke	15.09.2023

Abb. 2.18 Protokoll Baubesprechung (Auszug)

Exemplarisch genannt seien in diesem Zusammenhang Bohr-, Ramm- und Verpressprotokolle sowie Protokolle zur Bewehrungsabnahme als Dokumente, die zum Qualitätsnachweis erforderlich sind. Hingewiesen wird auch auf Lieferscheine, über die die Anlieferung von zugelassenen Baustoffen dokumentiert wird. In Abb. 2.19 ist beispielhaft ein Bohrprotokoll gezeigt.

2.2.7.12 Geräteeinsatzbericht/Maschinen-Tagesbericht

Wie in Band 1, Abschn. 5.5.6[34] erläutert, wird baubetrieblich zwischen Vorhalte- und Leistungsgeräten unterschieden. Leistungsgeräte spielen insbesondere im Erd-, Straßen- und Spezialtiefbau eine bedeutende Rolle, da die wirtschaftliche Abwicklung einer Baustelle maßgeblich von der Leistung dieser Geräte abhängt.

---

[34] Berner/Kochendörfer/Schach (2020).

2.2 Grundlagen der Projektorganisation

Vordruck für das Herstellen von Bohrpfählen gemäß DIN EN 1536

Baustelle		Bohrpfahl Nr. 83	Lfd. Nr. 42
		Pfahlart *Druckpfahl*	
Pfählplan Nr. 0026		Druckpfahl/Zugpfahl	

Schichtenfolge

m unter Bohrebene	m über NN	Bodenart und -beschaffenheit	Grundwasser
0		▶ Bohrebene	
-1		*Auffüllung*	
-2	-1,9		
-3			
-4			
-5			▽ -7,4
-6		*Lettelehm*	
-7			
-8	-8,6		
-9	-9,3	*Lettenkeuper, verwittert*	
-10	-10,8	*Lettenkeuper*	
-11			
M. 1 ...			

1. Pfahl-Daten
1.1 Pfahl-Ø (äußerer Ø des Bohrrohres) .... 80 cm
1.2 Pfahlfuß-Ø .... 80 cm
1.3 Pfahlfußhöhe .... cm
1.4 Pfahlneigung ....
1.5 Pfahlkopf .... 2,3 m unter Bohrebene
1.6 Pfahlfußunterkante .... 10,8 m unter Bohrebene
1.7 Pfahllänge (1.8 – 1.5) .... 8,5 m
1.8 Leerbohrung .... 2,3 m
1.9 Einbindetiefe in den tragfähigen Baugrund .... 1,5 m

2. Bohrarbeit
2.1 Außen-Ø des Bohrkranzes .... 81 cm
2.2 Bohrlochtiefe ohne Fuß .... 10,8 m unter Bohrebene
     Bohrlochtiefe mit Fuß .... 10,8 m unter Bohrebene
2.3 Bohrgutmenge (rechnerisch mit 2.1 und 2.2)
     Schaft 5,42
     Fuß ....
     insgesamt 5,42

3. Pfahlbewehrung
3.1 Längsbewehrung 20 Ø 28 mm, BST
3.2 Querbewehrung Ø 10 mm, BST
3.3 Korblänge .... 30 cm
     Ganghöhe ....
     über Pfahlkopf .... 0,5 m
     unter Pfahlkopf .... 8,4 m
     insgesamt .... 8,9 m
3.4 Stoße ....

4. Pfahl-Beton
4.1 Betongüte XC 1, XA 1 B. C 30/37
4.2 Zementart (Lieferwerk) CEM 3 42,5
4.3 Zementmenge .... 320 kg/m³
4.4 Zuschlagstoffe (Größtkorn) .... 32 mm
4.5 Wasserzement-Wert $\left(\frac{W}{Z} = \frac{\text{Wassergewicht}}{\text{Zementgewicht}}\right)$ 0,53
4.6 Beton-Zusatzmittel

5. Einbringen des Betons
5.1 Wasserstand im Bohrrohr bei Beginn des Betonierens .... 7,4 m unter Bohrebene
5.2 Schüttrohr (Ø 25 ....) / Schüttkabel geschüttelt
5.3 gerüttelt (Verfahren und Gerät) gepreßt mit .... atü bis .... atü
5.4 Nachweis des Betonverbrauchs:
     Karren je .... Inhalt = ... l
     Kübel je .... Inhalt = ... l
     Transportbeton 4,5 m³

6. Ausführungszeiten

Arbeitsvorgang	Datum	Uhrzeit	Wetter	Temp. °C
Bohren begonnen	14/08	13:00	*sonnig*	26
beendet	14/08	14:45		
Betonieren begonnen	14/08	17:00	*sonnig*	23
beendet	14/08	17:25		

7. Bemerkungen und Besonderheiten

Stuttgart den 14/08/2023

Maier   *Kolsner*
Der Bohrmeister   Verantwortlicher Bauleiter des Unternehmers

Abb. 2.19 Bohrprotokoll

Für die Steuerung einer Baustelle ist es deshalb von großer Bedeutung, die tägliche Leistung dieser Geräte abhängig von bestimmten Randbedingungen zu kennen.

Bei fast allen Bauunternehmen wird für größere Geräte ein elektronisches Gerätebuch geführt, in dem nicht nur die Gerätestammdaten erfasst sind, sondern auch tagesgenau die Baustellen, auf denen die Geräte im Einsatz sind, der Betriebsmittelverbrauch und bei Leistungsgeräten die erbrachte Leistung. Die Daten aus dem Geräteeinsatzbericht werden hier in Gänze oder auszugsweise erfasst. Damit ist es möglich, unterschiedliche Kennzahlen zu erstellen, die als Grundlage für die Angebotskalkulation aber auch für Entscheidungen bei den Ersatzinvestitionen verwendet werden können. Die Geräteeinsatzberichte unterscheiden sich in den Bauunternehmen zum Teil sehr deutlich. Ein Leerformular ist in Abb. 2.20 dargestellt. Wegen der Gerätemeldung wird auf Abschn. 3.1.1.2 verwiesen.

2.2.7.13 Adressenverzeichnis

Als Organisationshilfsmittel wird es sinnvoll sein, eine projektspezifische Liste aller Adressen anzufertigen, die für die Baustelle relevant sind.

In Abb. 2.21 ist eine umfassende Liste der möglichen Adressen wiedergegeben. Da heute auch in kleinen Unternehmen Computernetzwerke vorgehalten werden, wird es sinnvoll sein, diese Liste in einem zentralen, allgemein zugänglichen Dateiverzeichnis abzulegen. Damit ist sichergestellt, dass für alle auch in Notfällen Zugang zu den Adressen besteht.

Baustelle

Nr.

Gerät

Nr.

Zusatzgerät

Nr.

Maschinen-Tagesbericht

Nr. **801802**

Geräteführer

Datum

Blatt 1 - chamois: Betriebsbuchhaltung-HV
Blatt 2 - grün: Baustelle/Niederlassung
Blatt 3 - weiß: zum Verbleib

Uhrzeit von	Uhrzeit bis	Art der Arbeit	Betriebs-stunden	Wartungs-stunden	Transport-stunden	Reparatur-stunden	Stillstand-stunden	Gesamt-stunden	Leistung Menge	Leistung Einheit
Betriebsstundenzähler Stand Arbeitsende		Summe								

Bemerkung

Geräteführer ____ Unterschrift

Polier/Bauführer ____ Unterschrift

geprüft

Abb. 2.20 Geräteeinsatzbericht/Maschinen-Tagesbericht

2.2 Grundlagen der Projektorganisation

Adressenliste für Baustelle	
Baustellenadresse **Auftraggeber** Evtl. mehrere Adressen für: Projektleiter AG Rechnungsanschrift Projektmanagement des AG **Projektbeteiligte im Bauunternehmen** - Oberbauleitung/Technische Leitung - Fertigungsplanung - Baukaufmann - Lohnbuchhaltung - Kalkulator - Betonprüfung - Einkauf **Planer des Auftraggebers** - Architekt - Koordinator für Sicherheit und Gesundheitsschutz (SiGeKo) - Tragwerksplaner - Prüfingenieur - Fachingenieure HLS - sonst. Fachingenieure (z. B. Akustik, Innenarchitekt, Außenanlagen, spezielle maschinentechnische Ausstattung etc.) **Städtische Behörden und Ämter** - Zust. Bauordnungsamt/Bauaufsichtsbehörde - Straßenbauamt/Tiefbauamt - Stadtwerke für Wasser, Elektrizität, Fernheizung, Straßenbeleuchtung, Gas - Stadtreinigung - Stadtentwässerung - Städtisches Fernmeldenetz	**Sonstige Behörden und Ämter** - Munitionsbergungsdienst - Vermessungsamt - Öffentliche Verkehrsbetriebe - Telefon/Telekom - Gartenamt/Grünflächenamt/Forstamt - Feuerwehr/Feuermeldewesen - Energie-Versorgungs-Unternehmen (EVU) - Staatl. Gewerbeaufsichtsamt - Amt für Umwelt **Berufsgenossenschaft der Bauwirtschaft** **Kopierservice** **Reinigung** (Container) **Kurierdienst** **Lieferanten** **Subunternehmer Rohbau** **Nachunternehmer SF-Bau** **Nachbarn/Anlieger** **Notfalladressen** - Notarzt - Rettungsdienst - zuständiges Krankenhaus

Abb. 2.21 Auszug aus der Liste möglicher Adressen

Zu jeder Adresse sollten mindestens angegeben sein:

- vollständiger Name der Behörde, des Unternehmens oder Büros mit kompletter Adresse,
- Name eines oder mehrerer Ansprechpartner, gegebenenfalls mit zusätzlichen Angaben für die Zuständigkeit,
- Telefonnummern, E-Mail-Adressen,
- Hinweise, Erläuterungen etc., soweit notwendig.

2.2.7.14 Projektordnerstruktur

Bei jeder Baumaßnahme entstehen analoge und digitale Dokumente in Form von Briefen, E-Mails, Fotos, handschriftlichen Aufzeichnungen und Plänen. Im weiteren Sinne gehören zu den Dokumenten auch sächliche Stücke, wie zum Beispiel Muster und Proben. All diese Unterlagen sind so zu ordnen, abzulegen und zu archivieren (siehe Abschn. 4.4), dass sie sicher, ortsunabhängig und schnell verfügbar sind.

Die Ablage wird hier anhand von traditionellen Ordnerstrukturen erläutert. Es wird jedoch darauf hingewiesen, dass diese Struktur auch digital umsetzbar ist. Grundlage hierfür sind Dokumentenmanagementsysteme (siehe Abschn. 2.2.7.7), in denen die Dokumente abgelegt werden. Unterlagen, die nicht digital vorliegen, werden gescannt. Gerade bei Bauunternehmen können durch die digitale Ablage beträchtliche Effizienzvorteile generiert werden, da damit alle Unterlagen auf den Baustellen, in der Niederlassung und der Hauptverwaltung sowie bei Gesprächen mit Auftraggebern und Planern ortsunabhängig jederzeit verfügbar sind. Weitere Vorteile liegen in sehr schnellen digitalen Such- und Vergleichsfunktionen sowie der platzsparenden Speicherung.

Die meisten Unternehmen haben sich im Rahmen des Qualitätsmanagements einheitliche Strukturen bei den Projektakten vorgegeben. Häufig werden mehrere Ordnergruppen vorgegeben. Als Beispiel seien genannt:

Ordnergruppe 1   Angebotskalkulation, Bauvertrag und Auftragskalkulation
Ordnergruppe 2   Unterlagen Schriftverkehr mit Dritten (siehe Abb. 2.22)
Ordnergruppe 3   Interne Unterlagen wie zum Beispiel Arbeitskalkulation, Soll-Ist-Verglei-che, Tagesberichte, Baulohn, interne Meldungen, außerdem Aufmaß, Mengenermittlung, Abschlagsrechnungen usw.
Ordnergruppe 4   Pläne vom Auftraggeber
Ordnergruppe 5   Subunternehmer (Vertrag, Schriftverkehr, Abrechnung usw.)
Ordnergruppe 6   Werkstatt- und Ausführungspläne

Mit der Angebotskalkulation wird die erste Ordnergruppe angelegt, mit dem Bauauftrag die Ordnergruppen 2, 3 und 4. Falls der erste Ordner einer Ordnergruppe gefüllt ist, wird der Inhalt dieses Ordners auf zwei Ordner verteilt. Diese erhalten dann eine fortlaufende Zählung zum Beispiel bei der Ordnergruppe 2 die Erweiterung 2.1, 2.2 usw.. Bei schlüsselfertig zu erstellenden Projekten werden zwei weitere Ordnergruppen 5 und 6 vorgesehen.

Sofern Projektakten in Papierform geführt werden ist zu überlegen, wo die Projektakten physisch stehen. Eine doppelte Ablage ist dabei zu empfehlen. Dabei werden ein Aktensatz auf der Baustelle und ein zweiter in der Verwaltung vorgehalten. Dies hat den Nachteil, dass alle Unterlagen zu kopieren sind. Dieser zusätzliche Aufwand ist abzuwägen gegen das Risiko von Diebstahl und Brand.

Da heute ein großer Teil der Projektunterlagen elektronisch erstellt wird, ist festzulegen, wie die elektronische Ablage, Sicherung und Dokumentation mit den Papierunterlagen in Übereinstimmung gebracht wird. Dies ist von Projekt zu Projekt unterschiedlich und ist auch davon abhängig, welche elektronischen Kommunikations- und Dokumentationsmöglichkeiten der Auftraggeber zur Verfügung stellt oder vertraglich fordert (siehe Abschn. 2.2.7.7). Die Projektordnerstruktur ist in Verbindung mit der Projektdokumentation und der Archivierung zu betrachten (siehe hierzu Abschn. 4.4).

2.2 Grundlagen der Projektorganisation

Inhalt	Nr.
Abbruchgenehmigung, Baugenehmigung	2.1
Sondergenehmigungen, z. B. Wasserwirtschafts- und Straßenbauämter, Gestattungsverträge	2.2
Schriftverkehr zur Verkehrssicherung	2.3
Schriftverkehr mit Versorgungsträgern (Wasser, Elektrizität, Post)	2.4
Meldungen und Anträge an die Bauaufsichtsbehörde	2.5
Bestätigungen und Abnahmen der Bauaufsichtsbehörden	2.6
Schriftverkehr mit dem Bezirks-Schornsteinfegermeister	2.7
Lageplan/Spartenpläne	2.8
Bestandsaufnahmen	2.9
Vermessungsunterlagen	2.10
Statik	2.11
Bewehrungspläne	2.12
Prüf- und Abnahmeberichte	2.13
	2.14
Schriftverkehr mit dem Bauherrn/Auftraggeber	2.15
Schriftverkehr mit Architekt	2.16
Schriftverkehr mit Bauleitung	2.17
Schriftverkehr mit Sonderfachleuten	2.18
Schriftverkehr mit Nachbarn und Wohnungseigentümern	2.19
Aktenvermerke	2.20
Interne Aktenvermerke	2.21
ARGE-Protokolle	2.22
Schriftverkehr mit ARGE-Partnern	2.23
	2.24
	2.25
Beweissicherungen	2.26
Versicherungen	2.27
Rechtsfälle/Beratung	2.28
	2.29
Veröffentlichungen, Spatenstich, Grundsteinlegung, Richtfest, Einweihung	2.30

Abb. 2.22 Inhalt der Ordnergruppe 2 (exemplarisch)

2.2.7.15 Gefährdungsbeurteilung

Sicherheit und Gesundheitsschutz spielen im Bauwesen eine besondere Rolle, da Baustellen verglichen mit stationären Produktionsstätten ein höheres Gefahrenpotenzial aufweisen. Basierend auf gesetzlichen Regelungen kümmern sich der Unternehmer, die Berufsgenossenschaft der Bauwirtschaft, Betriebsärzte, die Sicherheitsbeauftragten (siehe Abschn. 2.2.3.6), die Fachkraft für Arbeitssicherheit (siehe Abschn. 2.2.3.6), sowie der Koordinator nach Baustellenverordnung (siehe Band 2, Abschn. 9.4) um Sicherheit und Gesundheitsschutz. Dort wird auf die Vorankündigung, den Sicherheits- und Gesundheitsschutzplan und die Unterlage für spätere Arbeiten verwiesen, für die der Bauherr verantwortlich zeichnet, diese aber häufig an den Koordinator nach Baustellenverordnung delegiert.

Die unternehmerische Verantwortung, die in der Regel weitgehend auf Bauleitung und Poliere übertragen wird, beruht auf § 5 ArbSchG und der DGUV Vorschrift 1 (früher Berufsgenossenschaftliche Vorschrift BGV A1). Danach müssen die Arbeitgeber die Gefährdungen am Arbeitsplatz ermitteln und beurteilen, die sich daraus ergebenden Arbeitsschutzmaßnahmen eigenverantwortlich festlegen und deren Wirksamkeit überprüfen (siehe Band 2, Abschn. 9.3.1). Das Arbeitsschutzgesetz verpflichtet den Arbeitgeber dazu, vor Leistungserbringung für alle Arbeitsplätze eine Gefährdungsbeurteilung durchzuführen.[35] Die Gefährdungsbeurteilung ist eine wesentliche Grundlage für ein systematisches und erfolgreiches Sicherheits- und Gesundheitsmanagement des Bauunternehmens.

Für die praktische Bauabwicklung kann es sinnvoll sein, ein Sicherheitscontrolling (siehe Abschn. 2.3) aufzubauen und dadurch die Beteiligten, insbesondere Bauleitung und Polier regelmäßig mit der Thematik „Sicherheit und Gesundheitsschutz" zu konfrontieren und die Bedeutung im Bewusstsein zu verankern.

In Abb. 2.23 ist ein Auszug aus der Kurz-Handlungshilfe zur Erstellung und Dokumentation der Gefährdungsbeurteilung für Kleinbetriebe für das Gewerk Hochbau abgebildet.

Maßnahmen gegen Gefährdung durch Absturz	Handlungsbedarf		Maßnahme	Überprüfung der Maßnahme	
	Ja	Nein		Wer	Bis [Datum]
Öffnungen und Kanten absperren, abdecken, Seitenschutz/umwehren					
Tragfähigkeit von Stand-/Laufflächen und von Stützkonstruktionen beachten – gemäß Aufbau- und Verwendungsanleitung – vorab bemessen					
Gerüste vorhalten, tägliche Sichtkontrolle für sicheres Benutzen					
Bockgerüste: Aufbau und Verwendung nach Herstellerangaben					
Auslegergerüste/Konsolgerüste: Aufbau- und Verwendungsanleitung beachten z. B: Verwendung von PSA gegen Absturz					
Vor Leitereinsatz prüfen: sind sichere Arbeitsmittel ohne Absturzgefährdung einsetzbar?					
Nur geeignete unbeschädigte Leitern einsetzen					
Weitere Maßnahmen:					

Abb. 2.23 Checkliste zur Überprüfung der Sicherheitsmaßnahmen auf der Baustelle (Auszug) (Kurz-Handlungshilfen zur Erstellung und Dokumentation der Gefährdungsbeurteilung für Kleinbetriebe, Berlin www.bgbau.de/themen/sicherheit-und-gesundheit/gefaehrdungsbeurteilung/kurz-handlungshilfen/ (abgerufen 22.11.2024))

---

[35] Kittelmann (2023): Handbuch Gefährdungsbeurteilung.

2.2 Grundlagen der Projektorganisation

In Anlehnung an diese Kurz-Handlungshilfe können Unternehmen Checklisten für Baustellen anfertigen und hierauf aufbauend ein Sicherheitscontrolling entwickeln.

2.2.7.16 Interne Qualitätssicherung

Mit den in Abschn. 2.2.7.11 erwähnten Technischen Protokollen wird die Einhaltung gewisser Qualitätsstandards dokumentiert. Viele Bauunternehmen haben ein Qualitätsmanagement-System (QM-System) eingeführt. In den meisten Fällen ist dieses prozessorientiert und basiert auf DIN EN ISO 9000 ff. Inwieweit sich die Unternehmen auf der Basis dieser Festlegungen darüber hinaus zertifizieren lassen, wird im Einzelfall unternehmensintern entschieden

Welche auf der Baustelle anfallenden Prozesse Teil des QM-Systems sind, wird von dem jeweiligen Bauunternehmen selbst festgelegt. Den Baustellenbetrieb betreffen insbesondere:

- Beschaffungsprozess,
- Sicherheit und Gesundheitsschutz (Ersteinweisung, Sicherheitsgespräch, Gefährdungsbeurteilung (siehe Abschn. 2.2.7.15), Baustellenbegehung, Erstmeldung und Endbericht bei schweren und tödlichen Unfällen, Meldung von Beinaheunfällen) und
- Abnahme (Interne Abnahmen von eigenen Bauleistungen, Abnahme von Subunternehmerleistungen, Abnahme der Bauleistung durch Behörden oder den Bauherrn und Mängelbeseitigung).

Zu all diesen Prozessen können eigene Protokolle und Formulare eingeführt sein. Bei den Leistungen von Nachunternehmern können diese auf die jeweilige Nachunternehmerleistung abgestimmt sein. In Abb. 2.24 ist beispielhaft ein Formular zur Vorbereitung und Dokumentation von selbst durchgeführten Schalungs- und Betonierarbeiten wiedergegeben.

Bauvorhaben:

Bauteil:

1. SCHALUNG UND BEWEHRUNG

Schalplan Nr.: _____ Index: _____

Bewehrungsplan Nr.: _____ Index: _____

Bewehrung verlegt durch ☐ Nachunternehmer
(bitte ankreuzen) ☐ Fa. Mustermann

Nachstehende Überprüfungen sind unbedingt vor der Bewehrungsabnahme durchzuführen

Überprüfung der Betondeckung

Sollmaß nach Plan: ____ cm   gemessen: ____ cm

Schalung ausreichend steif? Schalung ausreichend dicht?

Schalung gesäubert? Bewehrung gesäubert?

Bewehrung überprüfen (z. B. Stabanzahl, -durchmesser, -abstand)

Betonieröffnungen / Rüttelgassen

2. BEWEHRUNGSABNAHME (zust. Stelle ankreuzen)

☐ Prüfingenieur ☐ Tragwerksplaner ☐ eigen

Benachrichtigung über erforderliche Bewehrungsabnahme erfolgt:

Datum: _____ Uhrzeit: _____ Name des Benachrichtigten: _____

Abnahme durchgeführt ☐ ja ☐ nein (Datum) (Uhrzeit)

Abnahmeprotokoll erhalten? ☐ ja ☐ nein

Änderungen angeordnet? ☐ ja ☐ nein

erforderliche Änderungen ausgeführt? ☐ ja ☐ nein

3. VORBEREITUNG ZUM BETONIEREN

3.1 Personal

vorgesehene Anzahl Arbeitskräfte: _____

3.2 Geräte/Materialien

vorgesehen zum Fördern des Betons _____

3.3 Geräte/Materialien

Schalöl auftragen ☐   Vorbehandlung des Untergrunds (Nässen) ☐

3.4 Beton abrufen

Projekt-Nr.: _____

Betongüte nach Plan: _____

Sortenverzeichnis-Nr.: _____

besondere Eigenschaften: _____

Betonmenge: ____ m³

Beton bestellt am _____ bei _____
                  Datum/Uhrzeit   Firmenangabe

4. BETONIEREN

4.1 Lieferscheine

Lieferscheine Nr. _____

entgegennehmen und auf Übereinstimmung mit Bestellung prüfen

4.2 Betonprüfungen (mindestens einmal je Betoniertag durchführen)

L.Lieferschein-Nr. _____ Ausbreitmaß ____ cm

Hinweis: Bei zu großem Ausbreitmaß ist die Lieferung zurückzuweisen!

5. NACHBEHANDLUNG

5.1 Folgende Nachbehandlung des eingebauten Betons wurde mit dem Bauleiter festgelegt

Abdecken/Abhängen mit Folie/Dämmatte ☐

Einwickeln mit Folie ☐

Curingmittel auftragen ☐

Dauer der Nachbehandlung: ____ Tage

5.2 Nachbehandlung nach dem Ausschalen

Betonnester nacharbeiten ☐

abgebrochene Kanten nacharbeiten ☐

Betonnasen abstoßen ☐

Größere Maßungenauigkeiten sofort abstemmen und nacharbeiten!

_____   _____
Ort/Datum   Unterschrift

Abb. 2.24 Internes Abnahmeprotokoll

2.3 Management, Controlling und Kontrolle

Es erscheint wichtig, die Begriffe Management, Controlling und Kontrolle, wie sie hier verstanden sein sollen, zu definieren und gegenseitig abzugrenzen. Es wird dabei an den angloamerikanischen Begriffen festgehalten, da sie im täglichen Sprachgebrauch allgegenwärtig und gebräuchlich geworden sind. Es bestehen jedoch vielfach Unklarheiten darüber, was darunter speziell im Baubetrieb zu verstehen ist.

2.3.1 Management

Management (abgeleitet vom lateinischen manus: die Hand) wird hier nicht als Institution verstanden, sondern beschreibt Funktionen, die Führende und Handelnde aktiv zu übernehmen haben. Dabei umfassen diese Organisations-, Planungs-, Realisierungs- und Kontrollaufgaben.

Im Bereich der Baubetriebsführung werden die Managementaufgaben besonders bei der Unternehmensleitung und bei der Oberbauleitung gesehen, indem unternehmensspezifische aber auch projektspezifische Festlegungen zur Abwicklung der Bauaufträge getroffen werden. Gegebenenfalls ist im Rahmen der Umsetzung dieser Festlegungen während der Planungs- und Realisierungsphase dafür zu sorgen, dass die notwendigen Ressourcen (insbesondere finanzielle und personelle) zur Verfügung stehen. Kurz ausgedrückt, die Bauunternehmung und die Bau-Projektabwicklung sind zu organisieren.

Beispielhaft sollen folgende Managementaufgaben im Rahmen der Baubetriebsführung genannt werden:

- übergeordnete Festlegungen zum Geräte- und Personaleinsatz sowie zur Bautechnologie,
- Festlegungen zur Vergabe von Leistungen an Nachunternehmer, die auch mit eigenem Personal und Gerät erbracht werden könnten,
- Festlegungen zum Einsatz oder Nichteinsatz einer speziellen Software,
- Festlegungen, welche Steuerungsmaßnahmen durchgeführt oder nicht durchgeführt werden sollen,
- Festlegungen zu Maßnahmen der Fertigungsplanung, die entweder speziell oder auch bewusst nicht durchgeführt werden sollen.

Selbstverständlich muss sich das Management auch im Rahmen der Kontrolle darüber vergewissern, ob die Managemententscheidungen umgesetzt werden und ob diese wie erwartet wirken. Ziel von Managemententscheidungen muss es also sein, ein bestimmtes Berichts- und Informationssystem zu installieren, damit regelmäßig Informationen über den Ablauf der Baustelle insbesondere in Bezug auf Kosten und Termine vorliegen. Gegebenenfalls sind Managemententscheidungen, die zu schlechten, mangelhaften und unbefriedigenden Ergebnissen führen, durch geänderte Managementvorgaben zu korrigieren.

2.3.2 Controlling

Controlling ist nicht mit Kontrolle gleichzusetzen. Controlling leitet sich vom englischen Begriff „to control" ab, der im Sinne von „führen", „lenken", „steuern" zu übersetzen ist. Somit beschreibt Controlling ein System, das es erlaubt, eine Maßnahme oder einen Prozess zu steuern. Zentraler Ansatz des Steuerungsprozesses ist, dass Steuerungsmöglichkeiten durch sich wieder holende Prozessschritte regelmäßig wiederkehren. Daher handelt es sich beim Controllingprozess um einen kybernetischen Regelkreis,[36] der auch in technischen Prozessen zur Anwendung kommt.

Controlling findet sich im strategischen Bereich als Unternehmenscontrolling und ist dort in der Regel dem kaufmännischen Bereich zugeordnet. Darüber hinaus erfolgt Controlling im operativen Bereich und wird als Baustellencontrolling bezeichnet. Neben dem kaufmännisch orientierten Kostencontrolling auf Baustellen ist auch ein Qualitäts- und Termincontrolling möglich. Das Controlling der Qualität betrachtet beispielsweise den gesamten Leistungserbringungsprozess beim Einkauf von Lieferungen und Leistungen bei Nachunternehmern. In der Regel steht das Termincontrolling im Fokus des Baustellencontrollings. Selbstverständlich lassen sich auch andere Controllingprozesse einrichten, zum Beispiel solche, die Sicherheit und Gesundheitsschutz (siehe Abschn. 2.2.7.15) oder Umweltbelange betreffen.

Ein Controllingsystem[37] besteht aus mehreren Teilschritten. Meistens werden die nachfolgend erläuterten vier Teilschritte definiert (siehe Abb. 2.25):

- Planung: Am Anfang muss ein Plan aufgestellt werden, der aufzeigt, wie das Ziel erreicht werden soll. In diesem Zusammenhang werden die Soll-Werte definiert.

    Als Beispiel wird ein Terminplan genannt. Dieser beschreibt, welche Tätigkeiten wann und in welcher Reihenfolge durchzuführen sind, um die Baumaßnahme termingerecht fertig stellen zu können.
- Soll-Ist-Vergleich: Zu zuvor festgelegten Zeitpunkten in regelmäßigen Abständen wird der Ist-Stand erhoben und mit dem geplanten Soll-Stand verglichen.

    Zum Beispiel jeweils zum ersten des Monats oder am Montag jeder zweiten Woche wird der Fortschritt auf der Baustelle erfasst, indem der Fertigstellungsgrad oder das vermutliche Ende einer jeden aktuell in Ausführung befindlichen Tätigkeit aufgenommen wird. Diese Ist-Termine werden mit den Soll-Terminen verglichen und die Abweichungen werden dokumentiert. Dieser Schritt stellt die notwendige Informationsversorgung für den Controllingprozess dar.
- Abweichungsanalyse: In der Abweichungsanalyse werden die Abweichungen kategorisiert und bewertet.

---

[36] Kybernetik: (griechisch: Steuermannskunst); dynamische Systeme, deren Elemente in einer Beziehung zueinander und zum Ganzen stehen, die auf Einwirkungen von außen reagieren können und über mindes-tens einen (rückgekoppelten) Regelkreis verfügen.

[37] Proporowitz, A. (Hrsg.): Baubetrieb – Bauwirtschaft (2008), S. 186.

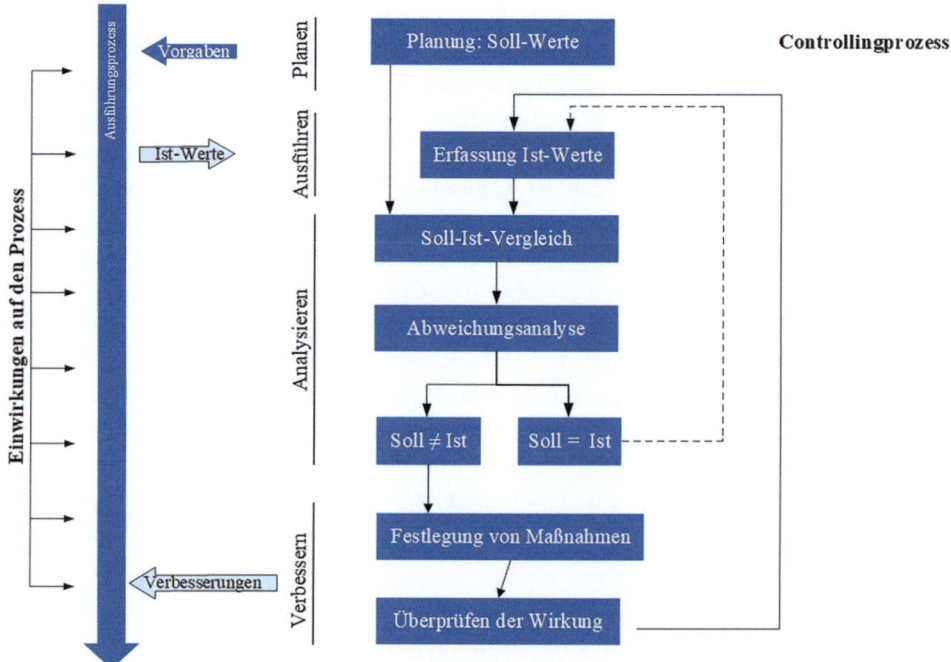

Abb. 2.25 Controllingprozess

Eine Kategorie sind zum Beispiel im Termincontrolling solche Abweichungen, die unbedeutend sind und nicht weiterverfolgt werden müssen, da die Vorgänge wegen Kleinigkeiten verzögert fertig werden und auf den weiteren Ablauf der Baustelle keinen oder nur einen nachrangigen Einfluss haben. Eine andere Kategorie wären Abweichungen, die ihre Ursache beim Auftraggeber haben. Eine dritte Kategorie sind selbst verursachte Abweichungen, die nochmals in besonders gravierende und weniger gravierende unterteilt werden können. Es sollten allgemeine Kriterien festgelegt werden, die Maßstab für die Zuordnung in die Kategorien besonders und weniger gravierend sind. Weiterführend sind vorgenannte Abweichungen hinsichtlich ihrer Auswirkungen auf die vertraglichen Fertigstellungstermine zu bewerten.

- Festlegung von Maßnahmen: Abhängig von der Kategorie und den Ergebnissen der Abweichungsanalyse sind verschiedene Maßnahmen denkbar. Besonders gravierende Abweichungen sind zum Beispiel an die vorgesetzte Unternehmenseinheit zu melden und selbstverständlich sind, wie bei den weniger gravierenden eigenverschuldeten Fällen, konkrete Maßnahmen festzulegen.

Im Rahmen des Termincontrollings kann beispielsweise für Beschleunigungsmaßnahmen zusätzliches Personal angefordert werden, es können andere Bauverfahren oder größere Maschinen zum Einsatz kommen, Überstunden und Samstagsarbeit können angeordnet werden oder es kann ein neuer Nachunternehmer gebunden werden.

Es ist eine Aufgabe des Managements, bestimmte Controllingprozesse vorzugeben. Besonders wichtig für den Erfolg einer Baustelle ist das Termincontrolling, da Bauzeitverzögerungen meistens auch mit nicht unbeträchtlichen Kostensteigerungen einhergehen. Sobald sich für die Einrichtung eines Controllingprozesses entschieden wurde, ist festzulegen, wie intensiv der Controllingprozess durchgeführt werden soll. Damit verbunden sind Festlegungen zum Rhythmus, in dem der Controllingprozess ablaufen soll (wöchentlich, 2-wöchentlich, 3-wöchentlich, monatlich, quartalsweise), welche Software zur Unterstützung eingesetzt werden soll und welche Personen konkret damit beauftragt werden.

Abschließend sei noch bewusst gemacht, dass Controllingprozesse im täglichen Leben häufig auftreten und somit nicht ungewöhnlich sind. Soll beispielsweise von Punkt A nach B gereist werden, so wird erst geplant, wie die Reise ablaufen soll: gewählt wird das Auto, Fahrt über die Orte C und D. Falls auf der Fahrt nun durch den Ort C gereist wird, wird im Rahmen des Soll-Ist-Vergleichs festgestellt, dass alles nach Plan abläuft. Führt die Fahrt aber durch einen Ort, der nicht auf der geplanten Strecke liegt, wird im Rahmen der Abweichungsanalyse festgestellt, dass falsch abgebogen worden ist. Danach wird festgelegt, ob zurückzufahren ist oder über eine andere Strecke mit einem angepassten Plan ans Ziel gelangt werden kann.

2.3.3 Kontrolle und Soll-Ist-Vergleichsrechnungen

Kontrolle ist im Sinne von Aufsicht, Überwachung und Überprüfung zu verstehen. Insoweit wird ein Vergleich zwischen geplanten und realisierten Größen durchgeführt. Die Beseitigung von Ursachen, die zu den Abweichungen vom Soll geführt haben, ist nicht Bestandteil der Kontrolle. Soll-Ist-Vergleiche stellen nur eine vergangenheitsorientierte Betrachtung dar und beinhalten keine direkte Einflussnahme auf künftige Ist-Situationen.

Ein Soll-Ist-Vergleich kann somit zentraler Bestandteil einer einmaligen Kontrollmaßnahme oder eines eingerichteten regelmäßig ablaufenden Kontrollprozesses darstellen. Inwieweit in die Kontrolle noch eine Betrachtung zu den Ursachen möglicher Abweichungen einbezogen wird, ist individuell festzulegen.

Festzuhalten bleibt, dass sowohl für die Führungs- wie für die Bauleitungsebene die Durchführung von Kontrollen, eventuell auch eingebunden in Kontrollprozesse, von großer Bedeutung sind. Insoweit ist auch der tägliche Rundgang über die Baustelle ein Kontrollprozess.

In der Kosten- und Leistungsrechnung der Bauunternehmen werden die verschiedenen Soll-Ist-Vergleichsrechnungen gegenübergestellt (siehe Abb. 2.26). Zu unterscheiden ist danach zwischen Vergleichen, die sich nur auf Mengen beziehen und solchen, die sich auf Kosten und Ergebnisse beziehen. Außerdem ist nach den Vergleichszeiträumen sowie den Bezugsbereichen und -einheiten zu unterscheiden.

2.3.4 Bedeutung von Controllingmaßnahmen

Die Kontrolle und damit jeder Soll-Ist-Vergleich sind rückschauend. Damit wird die Vergangenheit beurteilt, die aber nicht mehr zu verändern ist. Wenn bei einer Baustelle zum

2.3 Management, Controlling und Kontrolle

			Bezugsbereiche und -einheiten			
			Baustellenbereich			
			Baustelle (gesamt)	Bauabschnitt	BAS-Nr.[2]	Pos. Nr.
Vergleichszahlen	Mengen	Arbeitsstunden	X	X	X	X
		Stoffe	X[3]	X[3]	X[3]	X[3]
		Gerätestunden	X[4]	X[4]	X[4]	X[4]
	Werte	Kosten	X[5]	X[5]	X[5]	X[5]
		Ergebnisse	X	X	X	-
	Termine		X	-	-	-
Vergleichszeiträume	während der Leistungserstellung [1]		X	X	X	X
	nach der Leistungserstellung		X	X	X	X

[1] Zum Beispiel Tag, Woche, Monat, Quartal, Geschäftsjahr.
[2] Der BAS (Bauarbeitsschlüssel) ist ein Katalog von Arbeitsvorgängen. Er dient dazu, das Leistungsverzeichnis (LV) in ein dem Arbeitsablauf entsprechendes Arbeitsverzeichnis umzugliedern, das statt der Leistungspositionen des LV Arbeitspositionen (BAS-Nummern) enthält.
[3] Nur einzelne wichtige Stoffe, z. B. Stahl, Zement.
[4] Nur bei geräteintensiven Arbeiten für einzelne Geräte oder Gruppen gleichartiger Geräte.
[5] Einzelne oder alle Kostenarten.

Abb. 2.26 Arten von Soll-Ist-Vergleichen nach KLR-Bau
(KLR Bau, Kosten- und Leistungsrechnung der Bauunternehmen, 7. Aufl. (2001), S. 128)

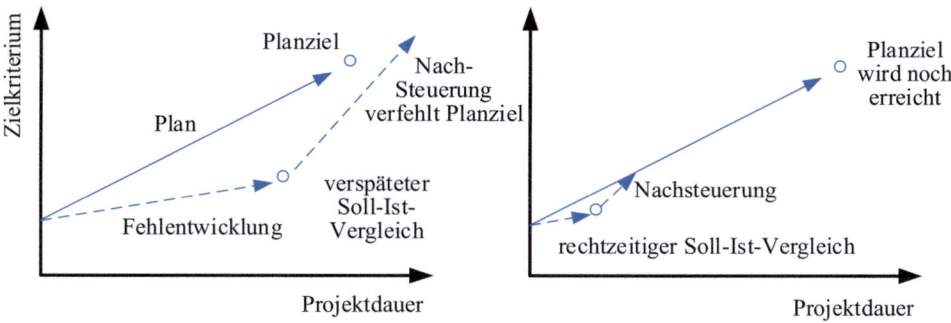

Abb. 2.27 Auswirkungen von verspäteten und rechtzeitigen Controllingmaßnahmen

Beispiel Verluste angefallen sind, so ist es wichtig, die Höhe dieser Verluste zu kennen, aber auch die Ursachen, die zu diesen Verlusten geführt haben. Fast alle kaufmännischen Methoden orientieren sich an der Analyse der in der Vergangenheit erfassten Kosten und haben daher keinen Zukunftsbezug.

Für die Bauleitung ist es wesentlich wichtiger, systematisch Methoden anzuwenden, die ihn befähigen, Fehlentwicklungen frühzeitig zu erkennen, um rechtzeitig Maßnahmen ergreifen zu können, damit sich die Fehlentwicklungen nicht insgesamt negativ auf das Projekt auswirken (siehe Abb. 2.27). Die Bauleitung sollte sich somit immer an der Perspektive des Projektergebnisses zum Projektende orientieren. Controllingprozesse können sie hierbei wirkungsvoll unterstützen.

2.4 Bauverträge und Vertragsanalyse

2.4.1 Bauvertragliche Grundlagen

Im Bauvertrag ist insbesondere festgelegt, welche Leistungen der Auftragnehmer zu erbringen hat. Der Bauvertrag ist ein Werkvertrag. Die Rechte und Pflichten, die sich aus einem Werkvertrag ergeben, sind in § 631 bis § 650v des Bürgerlichen Gesetzbuches (BGB) festgelegt. Da der Werkvertrag des Bürgerlichen Gesetzbuches bis im Jahr 2018 nicht speziell auf die Besonderheiten von Bauvorhaben und der Bauausführung ausgerichtet war, sondern zum Beispiel auch für Schneider und Möbelschreiner galt, waren die Regelungen des Bürgerlichen Gesetzbuches für viele spezielle Situationen beim Bauen nicht ausreichend. Dies war bereits beim Inkrafttreten des BGB zum 01.01.1900 bekannt. Dies sollte durch ergänzende Vereinbarungen für die Situation beim Bauen gelöst werden. Es hat jedoch bis Mai 1926 gedauert, bis die Verdingungsordnung für Bauleistungen veröffentlicht wurde. Diese wurde mehrfach novelliert, 2002 in Vergabe- und Vertragsordnung für Bauleistungen umbenannt und ist gegenwärtig[38] in der Ausgabe 2019 gültig. Die VOB besteht aus den Teilen A, B und C.

Detaillierte Erläuterungen zu Teil A „Allgemeine Bestimmungen für die Vergabe von Bauleistungen" finden sich in Band 1, Kap. 4 sowie in der hierzu umfangreich vorliegenden Fachliteratur.[39, 40, 41, 42, 43, 44, 45, 46] Im Jahr 2018 wurde das BGB um spezifische Regelungen bei Werkverträgen für Bauleistungen ergänzt (§ 650a-v), nachdem erhebliche Terminüberschreitungen und Kostensteigerungen bei großen öffentlichen Bauprojekten für Schlagzeilen gesorgt und diesen Missstand einer breiten Öffentlichkeit bewusst gemacht hatten. Die ersten Erfahrungen mit dem neuen Bauvertragsrecht werden derzeit gesammelt. Klar ist jedoch, dass bspw. § 650b (2) BGB, in dem die Vertragsänderung und das Anordnungsrecht des Bestellers geregelt sind, nicht ohne weiteres vereinbart werden sollten, da hier eine Frist von bis zu 30 Tagen für eine gütliche Einigung über eine verlangte Änderung bis zum Anordnungsrecht des Bestellers eingeräumt wird. D. h. in der Praxis könnte eine Verzögerung von bis zu 30 Tagen im Baufortschritt bei einem Änderungsbegehren eintreten. In der VOB 2016 hingegen wird dem Besteller dieses Anordnungsrecht vor allem zeitlich uneingeschränkt eingeräumt (§ 1 Abs. 3 VOB/B 2016).

Von besonderer Relevanz bei der Bauausführung ist deshalb nach wie vor die VOB, Teil B „Allgemeine Vertragsbedingungen für die Ausführung von Bauleistungen". Hier

---

[38] Redaktionsstand Mitte 2023.
[39] Ingenstau/Korbion/Kratzenberg/Leupertz: VOB Teile A und B, Kommentar, 22. Aufl. (2023).
[40] Kapellmann/Messerschmidt: VOB Teile A und B, Kommentar (2012).
[41] Heiermann/Riedl/Rusam/Kuffer: Handkommentar zur VOB (2013).
[42] Beck'scher VOB- und Vergaberecht-Kommentar, Teile A, B und C.
[43] Leinemann: VOB/B-Kommentar (2013).
[44] Franke/Kemper/Zanner/Grünhagen: VOB-Kommentar (2013).
[45] Kapellmann/Langen: Einführung in die VOB/B (2014).
[46] Fröhlich/Bielefeld: Kommentar zur VOB/C (2013).

2.4 Bauverträge und Vertragsanalyse

werden die Regelungen des Werkvertragsrechtes des BGB um weitere bauspezifische Regelungen ergänzt. Die VOB/B ist in insgesamt 18 Paragrafen gegliedert (siehe Band 1, Abschn. 4.2.3). Die Kenntnis des BGB oder der VOB/B ist für die Bauleitung von größter Bedeutung, je nachdem was vertraglich vereinbart ist, da sich bei Nichteinhaltung der Vorschriften beträchtliche Nachteile für den Auftragnehmer ergeben können.

In der Praxis werden daher diese zwei Bauvertragsarten unterschieden: der BGB-Bauvertrag und der VOB-Bauvertrag. Die Regelungen des BGB sind in allen Fällen einzuhalten. In keinem Bauvertrag können diese gesetzlichen Regelungen außer Kraft gesetzt werden. Sie können jedoch im Rahmen der Vertragsfreiheit spezifiziert und detailliert werden, insbesondere durch die Regelungen der VOB/B. Werden vertraglich die 18 Paragrafen der VOB/B zusätzlich zum BGB vereinbart, wird von einem VOB-Vertrag gesprochen. Bei einem VOB-Vertrag gelten damit nachrangig auch die Regelungen des BGB.

In Band 1 wurde erläutert, dass es sich bei der VOB/B um kein Gesetz, sondern um „Allgemeine Geschäftsbedingungen" handelt. Daher sind auf die VOB/B die §§ 305 ff. BGB (Allgemeine Geschäftsbedingungen) anzuwenden. Besonders problematisch ist dabei, dass die Vereinbarung der VOB/B als Ganzes hinfällig wird, falls durch zusätzliche, vertragsindividuelle Ergänzungen einzelne Regelungen der VOB/B durch Klauseln einseitig abgeändert werden.

Mit der VOB/B werden automatisch die „Allgemeinen Technischen Vertragsbedingungen für Bauleistungen (ATV)", auch als VOB/C bezeichnet, vereinbart (§ 1 Abs. 1 VOB/B 2016).[47] Auf die Bedeutung der VOB/C wird in diesem Band insbesondere in den Abschn. 2.4.3 und 3.4.8 verwiesen. Die drei Teile der VOB werden gleichlautend auch als DIN-Normen herausgegeben (Teil A: DIN 1960, Teil B: DIN 1961, Teil C: DIN 18299 bis DIN 18459).

Öffentliche Auftraggeber sind verpflichtet, die VOB/A bei der Vergabe anzuwenden und die VOB/B sowie die VOB/C im Bauvertrag zu vereinbaren.

Private Auftraggeber sind nicht an die VOB/A gebunden, können sich jedoch an deren Vorgaben orientieren. Ebenso ist es ihnen freigestellt, die Inhalte der VOB/B sowie der VOB/C ergänzend zu den Vorgaben des BGB vertraglich zu vereinbaren.

2.4.2 Vertragsanalyse

Durch die Vertragsanalyse muss sich die Bauleitung den Inhalt des Bausolls erarbeiten. Einfach ausgedrückt, beschreibt das Bausoll genau die Bauleistung, die der Auftragnehmer nach dem Vertrag zu erbringen hat. Somit sind insbesondere folgende Fragen zu beantworten:

- Was ist zu bauen (Umfang des Bauauftrags und Qualität als Beschaffenheits-Soll) bzw. was ist nicht zu bauen?
- Wie ist es zu bauen (Bauverfahrens-Soll)?

---

[47] Berner/Kochendörfer/Schach (2020), Grundlagen der Baubetriebslehre, Band 1, Abschn. 4.2.2.

- Bis wann ist zu bauen (Zeitrahmen und Bauablaufsoll)?[48]
- Unter welchen Bedingungen ist zu bauen?

Im Einzelnen sollte sich die Bauleitung Klarheit über folgende Punkte verschaffen:

1. Reihenfolge der Wirksamkeit der Vertragsunterlagen;
2. Vereinbarung der VOB/B als Ganzes oder abweichende Regelungen;
3. Vertragsbedingungen, die über die VOB/C (Allgemeine Technische Vertragsbedingungen) hinausgehen, wie zum Beispiel
   - Zusätzliche Vertragsbedingungen,
   - Besondere Vertragsbedingungen (ggf. Widersprüche, AGB-Gesetz);
4. Preise, Abschlagszahlungen, Rechnungsstellung, Aufmaße, Gleitklauseln, Mengenermittlung, Vorauszahlungen, Einbehalte, Sicherheitsleistungen;
5. Termine, Bauzeitenplan, Ausfallzeiten wegen Schlechtwetter, Zwischentermine, Planvor-laufzeiten, Fristen z. B. für Ankündigung von Abnahmen;
6. Leistungsumfang, Vorleistung des Auftraggebers, Nachunternehmereinsatz, Strom, Wasser, Baustraße, Gerüste (Vorhaltung für andere Unternehmer);
7. Richtigkeit der im Leistungsverzeichnis ausgewiesenen Mengen;
8. Digitaler Zwilling, BIM-Leistungen gemäß BIM-Abwicklungsplan, Dokumentationen
9. Nebenleistungen, Besondere Leistungen, Alternativ- und Bedarfspositionen (Eventualpo-sitionen);
10. Vertragsstrafen;
11. Abnahme;
12. Gewährleistung;
13. Besondere Risiken: Risikovorsorge (z. B. Anrechnung von Schlechtwetter, Hochwasser, Maßtoleranzen);
14. Besondere Chancen, wie z. B. Prämie bei früherer Fertigstellung, organisatorische und technische Abwicklung mit anderen Baumaßnahmen (bspw. Erdaushub), besondere Bauverfahren.

2.4.3 Bedeutung des Bausolls

Aus dem Bauvertrag ergibt sich das Vertragssoll, vor Baubeginn häufig auch „Bausoll 0" genannt oder einfach als „Soll 0" bezeichnet. Dieses beschreibt genau die Leistung, die vom Auftragnehmer erbracht werden soll. Dem gegenüber steht die vereinbarte Vergütung. Das Vertragssoll besteht aus dem primären Soll, das sich explizit aus den Vertragsunterlagen ergibt. Ergänzt wird das primäre Vertragssoll durch das sekundäre Vertragssoll, das im Vertragswerk nicht explizit beschrieben ist, sich jedoch durch die gesamten Umstände, die zur Realisierung des Bauwerks führen, ergeben. Hierzu gehören bspw. gesetzliche Regelungen zur Arbeitssicherheit und dem Gesundheitsschutz für Mitarbeitende, die im-

---

[48] Berner/Kochendörfer/Schach (2022), Abschn. 3.1.

plizit als einzuhaltend von den Vertragsparteien vorausgesetzt werden. In weiten Bereichen kann der Unternehmer dieses sekundäre Vertragssoll selbst definieren, zum Beispiel in Form eines Terminplanes, der den Ablauf der Baumaßnahme beschreibt. Zum primären Vertragssoll gehören die festgelegten Beginn- und Fertigstellungstermine, die explizit aufgeführt sind.

Dem Auftraggeber steht nach der VOB/B das Recht zu, Leistungsänderungen anzuordnen sowie zusätzliche Leistungen zu fordern. Außerdem kann es während der Bauabwicklung zu Behinderungen kommen, die sich auf den vereinbarten Fertigstellungstermin auswirken. Jede dieser Änderungen führt zu einem geänderten Bausoll, also der gesamtheitlichen Definition dessen, was und unter welchen Bedingungen der Unternehmer „Bauen soll". Fortlaufend zählend werden diese Änderung des Bausolls dann durchnummeriert, sodass nach dem Bausoll 0 das Bausoll 1 etc. folgt.

Im Rahmen einer ordnungsgemäßen Dokumentation zur Vermeidung von Konflikten ist es sehr wichtig, dass die Änderungen, die zu den verschiedenen Bausolls geführt haben, entsprechend gut erfasst werden. Diese Dokumentation soll auch in einer Fortschreibung des Terminplans erfolgen, falls sich die Änderungen im Bausoll auf den Bauablauf und den Fertigstellungstermin auswirken. Somit gehört zum Bausoll 0 ein Terminplan 0, zum Bausoll 1 ein Terminplan 1 etc.

2.4.4 Unwirksame Vertragsklauseln

Wird ein VOB-Vertrag angestrebt, so ist die VOB Teil B in der Regel als Ganzes als Vertragsbestandteil zu vereinbaren. Sie ist nur dann als Ganzes vereinbart, wenn nicht einzelne Regelungen einseitig, d. h. nur zu Lasten eines Vertragspartners verändert oder außer Kraft gesetzt werden. Dies vor dem Hintergrund, dass die VOB/B als Ganzes ein ausgewogenes, partnerschaftliches Vertragswerk ist. Einzelne Änderungen führen damit in der Regel zu einem unausgewogenen, einen der beiden Vertragspartner bevorzugenden Vertragswerk.

In der Praxis werden häufig im Rahmen von zusätzlichen oder besonderen Vertragsbedingungen ergänzende Regelungen vereinbart, die im Widerspruch zur VOB stehen können. Falls Auftraggeber und Auftragnehmer diese Regelungen unterschiedlich bewerten, kommt es zu einer so genannten Inhaltskontrolle. Wird bei dieser festgestellt, dass die individualvertragliche Regelung im Widerspruch zur VOB steht, so gilt die VOB im Ganzen als nicht wirksam vereinbart.[49] Dies hat in der Konsequenz zur Folge, dass alle Regelungen der VOB/B separat auf AGB-Konformität zu prüfen sind (§§ 305 ff. BGB), ggf. hinfällig sind und somit ausschließlich das BGB gilt, einschließlich wirksam vereinbarter individualvertraglicher Bedingungen.

Für das Bausoll ist es daher von großer Bedeutung, die aktuelle Rechtsprechung zum Bauvertragsrecht zu kennen.

---

[49] BGH-Urteil vom 22. 01. 2004; VII ZR 419/02, BGHZ 157,346 und BGH-Urteil vom 10. 05. 2007, VII ZR 226/05.

Wegen der Vielzahl an unwirksamen Vertragsklauseln wird auf die Rechtsprechung und spezielle Literatur hierzu verwiesen.[50, 51, 52] Beispielhaft seien zwei Fälle unwirksamer Vertragsklauseln genannt:

- Klausel zu § 2 Abs. 3 VOB/B 2012: „Massenänderungen – auch über 10 % – sind vorbehalten und berechtigen nicht zur Preiskorrektur." (Nicht zulässig nach BGH v. 04.11.2015 Az. VII ZR 282/14).
- Klausel zu § 2 VOB/B: „Die dem Angebot des Auftragnehmers zugrunde liegenden Preise sind grundsätzlich Festpreise und bleiben für die gesamte Vertragsdauer verbindlich." (Nicht zulässig nach BGH v. 20.07.2017 Az. VII ZR 259/16).

Auf die aktuelle Rechtsprechung des BGH wird ausdrücklich hingewiesen, nach der abweichende, Verbraucher benachteiligende Regelungen in der VOB/B als nicht rechtskräftig vereinbart anzusehen sind.

2.5 Gesetzliche Regelungen

2.5.1 Rechtsgebiete und Zuordnung des Baurechts

Im Bereich des Baurechts gibt es eine Vielzahl von gesetzlichen Regelungen. Dabei ist der Wir-kungskreis der gesetzlichen Vorgaben und auch die Anzahl der jeweils zu beachtenden Gesetze je nach Rolle der am Bau Beteiligten unterschiedlich. Während im Bereich der Bauplanung primär die den Planungs- und Genehmigungsprozess eines Bauwerks beeinflussenden Gesetze eine Rolle spielen, liegt bei der Bauausführung der Fokus auf Gesetzen, die für den Bauprozess als solchen von Bedeutung sind.

Um sich einen ersten Überblick über die vielen gesetzlichen Vorgaben zu verschaffen, empfiehlt es sich zunächst, sich die Zuordnung der jeweiligen Vorschriften klar zu machen. Auch wenn häufig die Begrifflichkeit „Baurecht" verwendet wird, sobald rechtliche Themen beim Bauen angesprochen werden, ist zwischen dem öffentlichen Baurecht und dem privaten Baurecht zu differenzieren. Das öffentliche Baurecht (vgl. Abb. 2.28) enthält als besonderes Verwaltungsrecht Regelungen, die das Verhältnis von Bürger und Staat betreffen. Demgegenüber regelt das private Baurecht im Bereich des Zivil- bzw. Privatrechts die Rechtsbeziehungen der jeweils am Bau beteiligten Parteien mit- und untereinander, auch die zwischen einem öffentlichen Bauherrn und einem Bauunternehmer.

---

[50] Markus, J; Kaiser, S.; Kapellmann, S.: AGB-Handbuch Bauvertragsklauseln, 4. Aufl. (2014).
[51] Glatzel, L.; Hofmann, O.; Frikell, E.: Unwirksame Bauvertragsklauseln, 11. Aufl. (2008).
[52] Heiermann, W.; Linke, L.; Kullack, A.: VOB-Musterbriefe für den Auftragnehmer, 11. Aufl. (2013).

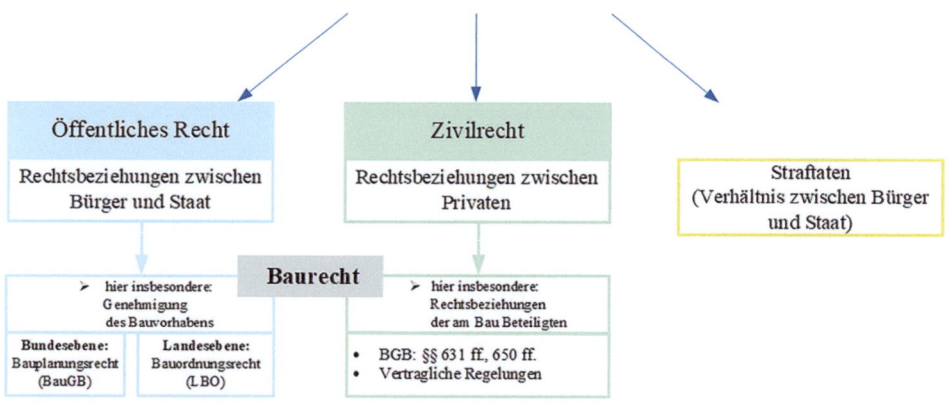

Abb. 2.28 Rechtsgebiete der Rechtswissenschaft und Zuordnung des Baurechts

2.5.2 Regelungen aus dem Bereich des öffentlichen Baurechts

Das öffentliche Baurecht regelt, ob und wie ein Bauvorhaben realisiert werden darf. Das öffentliche Baurecht betrifft daher das Verhältnis zwischen Bürger und Staat.[53] Denn selbst, wer Eigentümer eines Grundstücks ist, darf dieses nicht nach Belieben und ohne Berücksichtigung der jeweiligen gesetzlichen Vorgaben bebauen. Das mag zunächst verwundern, denn das Eigentum ist als Grundrecht nach Art. 14 Abs. 1 GG verfassungsrechtlich garantiert und zum Eigentum an Grund und Boden gehört auch das Recht der baulichen Nutzung (sogenannte Baufreiheit).[54] Wirft jemand jedoch einen genaueren Blick in die Regelung des Art. 14 GG zeigt sich: das Eigentumsrecht besteht gemäß Art. 14 Abs. 1 S. 2 GG nur im Rahmen der gesetzlichen Inhalts- und Schrankenbestimmung, wird also gerade nicht unbegrenzt gewährleistet. Eine weitere Beschränkung ergibt sich aus Art. 14 Abs. 2 GG, wonach Eigentum verpflichtet – also nicht ausschließlich Rechte gewährleistet – und der Gebrauch des Eigentums zugleich auch dem Wohle der Allgemeinheit dienen soll (sogenannte Sozialbindung des Eigentums[55]). Gesetzliche Vorgaben auf dem Gebiet des öffentlichen Baurechts sind gesetzliche Inhalts- und Schrankenbestimmungen im Sinne des Art. 14 Abs. 1 S. 2 GG und daher zulässige Beschränkungen der Eigentumsposition.[56] Mithin entscheidet sich anhand dieser gesetzlichen Vorgaben, ob und wie die Realisierung eines Bauvorhabens erfolgen kann (Zulässigkeit des Bauvorhabens). Gesetzliche Schranken bilden insbesondere das Bauplanungsrecht und das Bauordnungsrecht. Daneben sind außerdem sonstige baurechtsrelevante öffentlich-rechtliche Vorschriften zu beachten (nähere Ausführungen dazu siehe.

---

[53] Wirth, A.; Pfisterer, C.; Schellenberg, B.: Privates Baurecht praxisnah, 3. Aufl., (2021), S. 4, Kap. 1.2.
[54] Papier, H.-J.; Shirvani, F.: GG Art. 14 Rn. 164, Inhalts- und Schrankenbestimmung und Sozialbindung des Eigentums in: Dürig, G.; Herzog, R.; Scholz, R. (Hrsg.): Grundgesetz, 100. Aufl. (2023).
[55] Papier/Shirvani (2023).
[56] BVerwG BeckRS 1955, 102309, www.bverwg.de (aufgerufen 22.11.2024).

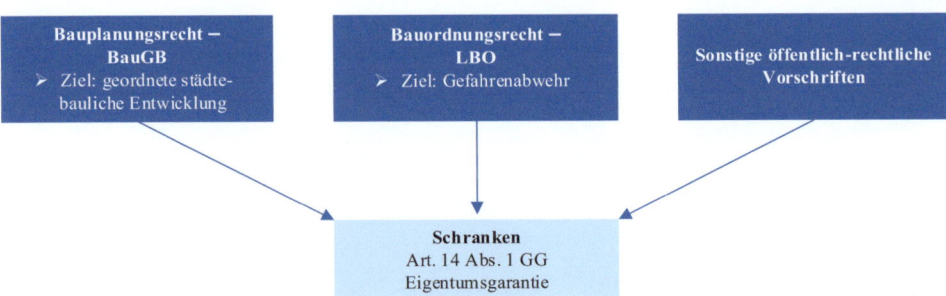

Abb. 2.29 Darstellung der Schranken von Art. 14 GG

Das Bauplanungsrecht (auch Städtebaurecht genannt) regelt die städtebauliche Ordnung und bestimmt daher die Zulässigkeit der Nutzung von Grund und Boden (vgl. Abb. 2.29). Ausgangspunkt ist dabei die Raumverträglichkeit. Durch das Bauplanungsrecht werden die flächenbezogenen Anforderungen an ein Bauvorhaben geregelt. So legt das Bauplanungsrecht fest, ob das entsprechende Grundstück bebaut werden darf, was gebaut werden und wie viel gebaut werden darf. Häufig wird daher auch von der Frage nach der Art (Was darf gebaut werden?) und dem Maß (Wie darf es gebaut werden?) der baulichen Nutzung gesprochen. Ziel des Bauplanungsrechts ist die Sicherung einer geordneten städtebaulichen Entwicklung. Die Gesetzgebungskompetenz des Bauplanungsrechts liegt beim Bund, siehe Art. 74 Abs. 1 Nr. 18 GG (sogenanntes Bodenrecht). Die bauplanungsrechtliche Zulässigkeit eines Bauvorhabens beurteilt sich insbesondere nach dem Baugesetzbuch (BauGB). Maßgeblich für die Beurteilung der Zulässigkeit der jeweiligen baulichen Nutzung sind dabei die §§ 29 ff. BauGB. Darüber hinaus sind die Baunutzungsverordnung (BauNVO) sowie das Raumordnungsgesetz (ROG) von Relevanz.

Das Bauordnungsrecht (gelegentlich auch Baupolizeirecht oder Bauaufsichtsrecht genannt) befasst sich dahingegen mit den sicherheitsrechtlichen Anforderungen an ein Bauvorhaben und betrifft die jeweilige bauliche Anlage. Im Gegensatz zum Bauplanungsrecht wirkt das Bauordnungsrecht objektbezogen. Ziel des Bauordnungsrechts ist die Abwehr von Gefahren (vgl. Abb. 2.30), die von einem Bauwerk ausgehen (sogenanntes Gefahrenabwehrrecht). Regelungsgegenstand des Bauordnungsrechts sind daher (technische) Anforderungen an Bauvorhaben wie beispielsweise Vorgaben zu Abstandsflächen, Standsicherheit und Brandschutz. Anders als beim Bauplanungsrecht liegt die Gesetzgebungskompetenz beim Bauordnungsrecht bei den Bundesländern, vgl. Art. 30, 70 GG. Bauordnungsrechtliche Bestimmungen regelt jedes Bundesland daher in seiner jeweiligen Landesbauordnung (LBO). Alle diese Landesgesetze beruhen aber auf einer einheitlichen Musterbauordnung (MBO), weshalb die jeweiligen LBOen im Wesentlichen übereinstimmende Vorschriften aufweisen. Darüber hinaus regelt die jeweilige LBO auch das Verfahren für die Erteilung einer Baugenehmigung, siehe beispielsweise § 58 Abs. 1 S. 1 LBO BW für Baden-Württemberg.

In der Praxis bedürfen Bauvorhaben häufig einer Genehmigung durch die jeweils zuständige Behörde. Daher stellen das Genehmigungsverfahren und die Erteilung der be-

2.5 Gesetzliche Regelungen

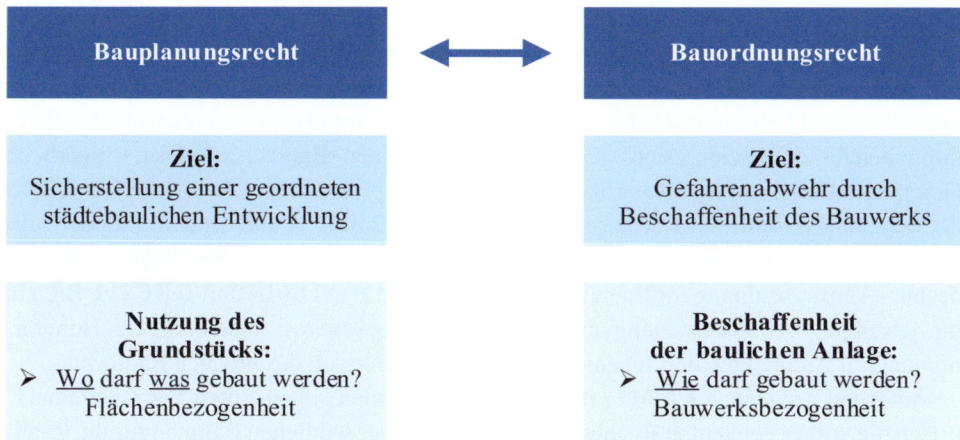

Abb. 2.30 Unterscheidung zwischen Bauplanungs- und Bauordnungsrecht

antragten Baugenehmigung durch die jeweils zuständige Behörde eines der zentralen Elemente im Bereich des öffentlichen Baurechts für den Hochbau dar. Eine solche Genehmigung ist einzuholen, sofern das konkrete Bauvorhaben genehmigungsbedürftig ist.[57] Genehmigungen für Bauvorhaben werden grundsätzlich als Baugenehmigung im Hochbau bezeichnet, siehe beispielsweise § 58 Abs. 1 LBO BW.

Die Genehmigung für große raumbedeutsame Vorhaben und Infrastrukturmaßnahmen wird als Planfeststellungsbeschluss bezeichnet, siehe § 74 Abs. 1 VwVfG. Die Genehmigung für insbesondere große Infrastrukturmaßnahmen funktioniert damit in anderer Weise und wird hier nicht weiter betrachtet.

Wurde die Baugenehmigung beantragt und die Genehmigungsbedürftigkeit des Vorhabens bejaht, prüft die zuständige Behörde, ob das Bauvorhaben zulässig, also genehmigungsfähig ist. Genehmigungsfähigkeit liegt vor, sofern dem Bauvorhaben keine von der Baubehörde zu prüfenden öffentlich-rechtlichen Vorschriften entgegenstehen, siehe beispielsweise § 58 Abs. 1 S. 1 LBO BW (vergleichbare Regelung in der jeweiligen LBO der anderen Bundesländer). Im Rahmen der Betrachtung der Genehmigungsfähigkeit überprüft die Baubehörde insbesondere die bauplanungsrechtliche Zulässigkeit sowie die bauordnungsrechtliche Zulässigkeit des Bauvorhabens.

2.5.3 Regelungen aus dem Bereich des privaten Baurechts

Das private Baurecht befasst sich mit Themen, die die Rechtsbeziehungen der am Bau Beteiligten betreffen, so z. B. Fragen zum Vertragsschluss und Vertragsgegenstand, zu Ände-

---

[57] Die Genehmigungsbedürftigkeit von Bauvorhaben richtet sich nach der jeweiligen Landesbauordnung (LBO), beispielhaft für Baden-Württemberg: § 49 LBO BW.

rungen vertraglicher Vereinbarungen, zu Störungen im Bauablauf und Mängelrechten.[58] Die am Bau Beteiligten sind insbesondere die jeweiligen Vertragsparteien, also Auftraggeber, Bauunternehmer, Ingenieure, Architekten und Handwerker. Aber auch Rechtsbeziehungen zu Dritten, wie Nachbarn oder anderweitig vom Bau betroffene und damit zufällig beteiligte Parteien, sind Gegenstand des privaten Baurechts:[59] Das Bürgerliche Gesetzbuch (BGB) bildet das normative Gerüst für das private Baurecht und stellt den Kern der Regelungen für dieses Rechtsgebiet dar (vgl. Abb. 2.31).[60] Daneben wird immer häufiger auch die – ursprünglich ausschließlich für Bauvorhaben öffentlicher Auftraggeber gedachte – Vertragsordnung für Bauleistungen (VOB) Teil B (VOB/B) und Teil C (VOB/C) in die jeweilige Vertragsbeziehung mit einbezogen. Desweiteres zählt auch die Honorarordnung für Architekten und Ingenieure (HOAI) zum Bereich des privaten Baurechts.

Aufgrund der sich aus § 311 Abs. 1 BGB ergebenden sogenannten Vertragsfreiheit[61] bilden die vorher genannten Regelwerke lediglich den gesetzlichen Rahmen für die Realisierung eines Bauvorhabens. Den Vertragsparteien steht es aber – aufgrund der Vertragsautonomie – frei, durch Vertrag abweichende oder zusätzliche Regelungen zu vereinbaren. Wie sich am Wortlaut des § 311 Abs. 1 BGB zeigt, besteht die Vertragsfreiheit natürlich

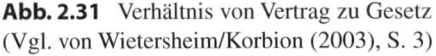

Abb. 2.31 Verhältnis von Vertrag zu Gesetz (Vgl. von Wietersheim/Korbion (2003), S. 3)

---

[58] Von Wietersheim, M.; Korbion, C.-J.: Basiswissen privates Baurecht (2003), S. 1.
[59] Von Wietersheim/Korbion (2003), S. 1.
[60] Wirth/Pfisterer/Schellenberg (2021), S. 2, Kap. 1.1.1.
[61] Emmerich, V.: § 311 Rn. 1, in: Münchener Kommentar zum BGB, Band 3, 9. Aufl. (2022).

2.5 Gesetzliche Regelungen

nicht völlig unbegrenzt, sondern kann durch Gesetz beschränkt werden. Aufgrund der gerade dargestellten Vertragsfreiheit und den daraus resultieren Variationsmöglichkeiten bei der Vertragsgestaltung ist stets der jeweils zugrunde liegende (Bau-)Vertrag maßgeblich für die Beurteilung der Rechtslage. Es ist sich daher unbedingt zunächst mit dem Vertrag vertraut zu machen und sich erst im Anschluss dann mit gesetzlichen Regelungen auseinanderzusetzen (vgl. Abb. 2.32).

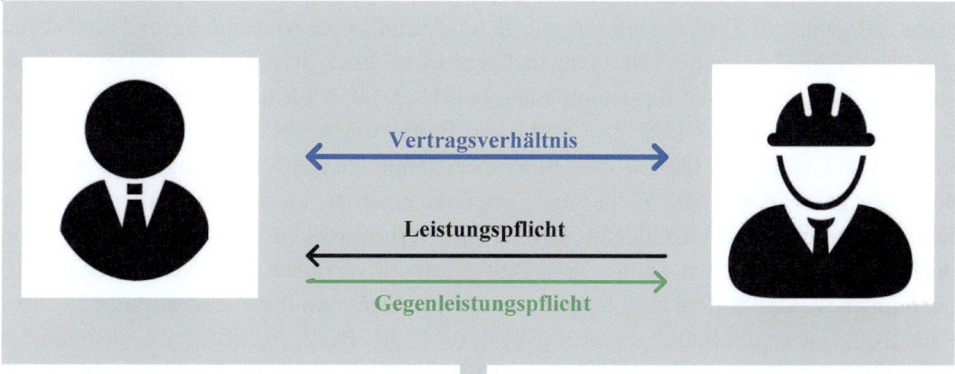

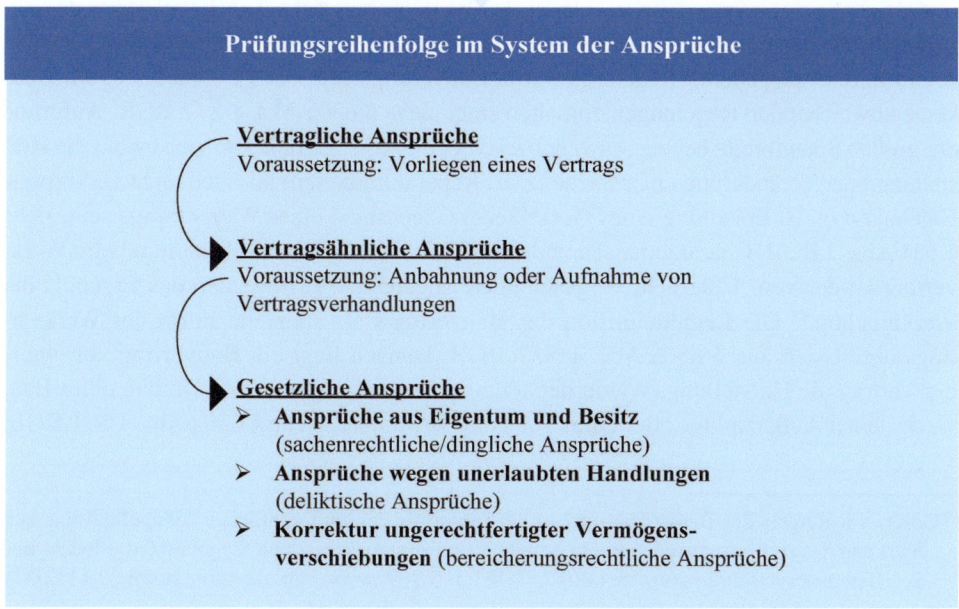

Abb. 2.32 Darstellung der Rechtsbeziehungen

Nachfolgend wird der gesetzliche Rahmen, ausgehend vom BGB, betrachtet. Das BGB gliedert sich in fünf Bücher. Von diesen fünf Büchern sind für den Bereich des privaten Baurechts insbesondere Folgende von Relevanz:

- Buch 1: Allgemeiner Teil, §§ 1 ff. BGB
- Buch 2: Recht der Schuldverhältnisse, §§ 241 ff. BGB
- Buch 3: Sachenrecht, §§ 854 ff. BGB – Regelungen zu Besitz und Eigentum

Die Regelungen des Allgemeinen Teils sowie die Regelungen des 2. Buchs zum Schuldrecht „Allgemeiner Teil" finden auf alle Schuldverhältnisse Anwendung und sind daher auch für die im Bereich des Baurechts maßgeblichen Vertragstypen relevant. Darüber hinaus sind insbesondere die Regelungen der §§ 631 ff. BGB für das Baurecht von Bedeutung. Mit Wirkung zum 01.01.2018 wurde das Bauvertragsrecht im BGB grundlegend reformiert und mit den §§ 650a – 650o BGB speziell auf den Bauvertrag zugeschnittene Regelungen geschaffen.[62] Bis zu diesem Zeitpunkt ergab sich aus dem BGB weder eine Differenzierung zwischen dem allgemeinen Werkvertragsrecht und dem Bauvertragsrecht, noch eine Definition, was unter einem Bauvertrag zu verstehen ist.[63] Neu ins BGB aufgenommen wurden zudem Regelungen zum Architekten- und Ingenieurvertrag, §§ 650p – 650t BGB sowie zum Bauträgervertrag, §§ 650u – 650v BGB. Anhand der Systematik des BGB zeigt sich, dass Bauverträge und auch Verbraucherbauverträge eine besondere Form des Werkvertrags im Sinne des § 631 BGB darstellen. Dahingegen stellen der Architekten- und Ingenieurvertrag gemäß § 650p BGB sowie der Bauträgervertrag nach § 650u BGB eigenständige Werk-Vertragstypen dar. Die weiteren Ausführungen dieses Buchs beschränken sich auf die Betrachtung des Werk- und Bauvertragsrechts.

Grundlage des privaten Baurechts ist das Werkvertragsrecht. Die Regelungen des allgemeinen Werkvertragsrechts nach §§ 631 bis 650 BGB gelten daher auch für Bauverträge, sofern in den spezielleren Regelungen zum Bauvertragsrecht der §§ 650a bis 650 h BGB keine abweichenden Regelungen enthalten sind, siehe § 650a Abs. 1 S. 2 BGB. Aufgrund der großen Spannbreite bei der Anwendbarkeit der §§ 631 ff. BGB können sowohl die Herstellung oder Veränderung einer Sache (z. B. Reparaturarbeiten) als auch nicht verkörperte Ergebnisse (z. B. Erstellung eines Gutachtens) Gegenstand eines Werkvertrags sein, siehe § 631 Abs. 2 BGB. Charakteristisch und maßgebliches Abgrenzungskriterium beim Werkvertrag ist der vom Unternehmer geschuldete sogenannte Erfolg, also das Ergebnis der Werkleistung.[64] Die Legaldefinition des Bauvertrags als spezielle Form des Werkvertrags ergibt sich aus § 650a Abs. 1 S. 1 BGB. Danach liegt ein Bauvertrag vor, wenn der Vertrag die Herstellung, Wiederherstellung, Beseitigung oder den Umbau eines Bauwerks, einer Außenanlage oder eines Teils davon vorsieht, siehe § 650a Abs. 1 S. 1 BGB.

---

[62] Gesetz zur Reform des Bauvertragsrechts, zur Änderung der kaufrechtlichen Mängelhaftung, zur Stärkung des zivilprozessualen Rechtsschutzes und zum maschinellen Siegel im Grundbuch- und Schiffsregisterverfahren vom 28.4.2017, BGBl. I. S.969; www.bgbl.de (aufgerufen 22.11.2024).

[63] Teichmann, A.: Vorbemerk zu § 650a Rn. 1, in: Jauernig-BGB, 18. Aufl. (2021).

[64] BGH NJW-RR 2018, 1319 Rn. 12; BGH NJW 2002, 1571,1572 u. a.

2.5 Gesetzliche Regelungen

In § 650a Abs. 2 BGB ist geregelt, dass die Instandhaltung eines Bauwerks, also Arbeiten zur Erhaltung des Soll-Zustands eines Bauwerks,[65] nur als Bauvertrag anzusehen ist, wenn die Instandhaltungsleistung für die Konstruktion, den Bestand oder den bestimmungsgemäßen Gebrauch von wesentlicher Bedeutung ist. Als grobe Faustregel für die Einschätzung der Wesentlichkeit Instandhaltung kann sich die Kontrollfrage stellen, ob das Bauwerk auch ohne die konkrete Instandhaltung „funktioniert".[66] Lässt sich diese Frage mit „nein" beantworten, liegt eine wesentliche Bedeutung im Sinne des § 650a Abs. 2 BGB und damit ein Bauvertrag vor. Wird dahingegen davon ausgegangen, dass das Bauwerk auch ohne die Instandhaltungsleistung „funktioniert", ist ein Bauvertrag zu verneinen und es liegt stattdessen ein einfacher Werkvertrag gemäß § 631 BGB vor.

2.5.3.1 Vergabe und Vertragsordnung für Bauleistungen (VOB)

Häufig spielt bei Bauverträgen auch die sogenannte Vergabe- und Vertragsordnung für Bauleistungen (VOB) eine bedeutende Rolle, wie einleitend in Abschn. 2.4 erläutert. Erarbeitet wird die VOB durch den Deutschen Vergabe- und Vertragsausschuss für Bauleistungen (DVA). Der DVA ist ein paritätisch aus Interessenvertretern öffentlicher Auftraggeber und privatwirtschaftlicher Auftragnehmer besetztes Gremium. Die VOB ist also ein von den am Bau beteiligten Parteien erarbeitetes Regelwerk. Insgesamt besteht die VOB aus drei Teilen, auf die im Folgenden jeweils kurz eingegangen wird.

Die VOB Teil A (VOB/A) beinhaltet Vorgaben zum Ablauf der Vergabe von Aufträgen durch öffentliche Auftraggeber, sie ist damit Bestandteil des deutschen Vergaberechts.[67] Als interne Verwaltungsvorschrift entfaltet die VOB/A für öffentliche Auftraggeber Bindungswirkung.[68] Für Auftragnehmer als auch für private Auftraggeber kommt ihr dagegen wenig praktische Bedeutung zu.[69]

Anders ist das bei der VOB Teil B (VOB/B), die den Titel „Allgemeine Vertragsbedingungen für die Ausführung von Bauleistungen" trägt. Mit ihren konkret auf die Anforderungen von Bauvorhaben zugeschnittenen Regelungen ist die VOB/B für alle am Bau Beteiligten von hoher praktischer Relevanz.[70] Die standardisierten vertraglichen Regelungen der VOB/B stellen sogenannte Allgemeine Geschäftsbedingungen (AGB) dar,[71] die zum Bestandteil eines Bauvertrags gemacht werden können. Auch wenn Aufbau und Ausgestaltung der VOB/B an ein Gesetz erinnern: bei der VOB/B handelt es sich um keine Rechtsnorm bzw. um kein Gesetz.[72] Durch ihre Eigenschaft als Mustervertrag muss die Geltung der VOB/B zwischen den Parteien explizit vertraglich vereinbart werden,

---

[65] Mansel, H.-P.: Kommentierung des § 650a Rn. 6, in: Jauernig-BGB, 18. Aufl. (2021).
[66] Von Wietersheim/Korbion (2003), S. 7.
[67] Schneider/Kapellmann/Messerschmidt: Einleitung VOB/A Rn. 2, VOB Teile A und B, 8. Aufl. (2022).
[68] BGH NJW 1992, 827.
[69] Wirth/Pfisterer/Schellenberg, 3. Aufl. (2021), S. 3, Kap. 1.1.3.1.
[70] Wirth/Pfisterer/Schellenberg, 3. Aufl. (2021), S. 3, Kap. 1.1.3.2.
[71] Vgl. gesetzliche Einordnung in § 310 Abs. 1 BGB. S. 3.
[72] Von Rintelen/Kapellmann/Messerschmidt: VOB A/B, Einleitung VOB/B Rn. 46, 8. Aufl. (2022).

damit sie Anwendung findet.[73] In der Praxis werden Bauverträge, bei denen die Geltung der VOB/B zwischen den Vertragsparteien vertraglich vereinbart wurde auch als „VOB-Vertrag" bezeichnet. Bei Verträgen ohne Einbeziehung der VOB/B wird dann häufig der Begriff „BGB-Vertrag" verwendet. Unabhängig von ihrer Bezeichnung bildet aber immer das BGB die gesetzliche Grundlage und den rechtlichen Rahmen eines Bauvertrags.

Neben der Bedeutung als rechtliches Regelwerk hat die VOB/B auch eine Bedeutung als technisches Regelwerk. Nach § 13 Abs. 1 VOB/B 2016 übernimmt der Auftragnehmer die Gewähr dafür, dass seine Leistung zum Zeitpunkt der Abnahme

- die vertraglich zugesicherten Eigenschaften hat und
- den anerkannten Regeln der Technik entspricht.

Zugesicherte Eigenschaften können verbal beschrieben aber auch durch Muster definiert werden. Dadurch werden im Sinne von Individualvereinbarungen einzelne konkrete Sacheigenschaften festgelegt. In der Regel werden die zugesicherten Eigenschaften durch technische Regelwerke und Normen festgelegt. Die VOB/B entspricht der gleichnamigen Norm DIN 1961.

Teil C der VOB (VOB/C) trägt den Titel „Allgemeine Technische Vertragsbedingungen für Bauleistungen" (ATV). Aus der VOB/C ergibt sich, welche ATV derzeit gelten. Damit enthält die VOB/C eine Vielzahl von Regelungen, die für die Beurteilung des jeweiligen Bausolls von maßgeblicher Bedeutung sind.[74] Sofern die Geltung der VOB/B zwischen den Parteien vereinbart wurde, wird die VOB/C über die Regelung des § 1 Abs. 1 VOB/B 2016 ebenfalls Gegenstand des Vertrags.

Liegt ein reiner BGB-Bauvertrag vor, bei dem die VOB/B nicht vereinbart ist, so ist auch die VOB/C nicht vereinbart. Dies hat weitreichende Folgen. Nicht vereinbart sind damit zum Beispiel die in Abschn. 2 „Stoffe, Bauteile" mit vereinbarten Normen oder die Regelungen in Abschn. 4 „Nebenleistungen, Besondere Leistungen". Im Einzelfall ist dann individuell zu regeln, welche Leistung als Nebenleistung anzusehen ist. Besonders problematisch könnte auch die Abrechnung werden, da Abschn. 5 „Abrechnung" nicht vereinbart ist. Damit sind z. B. bei DIN 18331 Betonarbeiten auch kleinste Aussparungen abzuziehen, da bei Abrechnung nach Flächenmaß Flächen unter 2,5 m² dann nicht mehr übermessen werden. Auch der vom Betonstabstahl verdrängte Raum wäre dann vom Betonvolumen abzuziehen (DIN 18331, Abschn. 5.1.3).

Alternativ zur Vereinbarung/Nicht-Vereinbarung der VOB/C als Ganzes können bei einem BGB-Vertrag individuell auch einzelne Teile der VOB/C vereinbart werden.

Die VOB/C (2016) besteht aus der DIN 18 299 „Allgemeine Regeln für Bauarbeiten jeder Art" und weiteren 66 gewerkespezifischen Normen (siehe Abb. 2.33).

Alle Normen der VOB/C sind einheitlich in fünf Abschnitte aufgeteilt.

Abschn. 1 regelt den jeweiligen Anwendungsbereich.

---

[73] Mansel, H.-P.: Kommentierung des § 631 Rn. 21, in: Jauernig-BGB, 18. Aufl. (2021).
[74] Markus/Kapellmann/Messerschmidt: VOB A/B, § 2 VOB/B Rn. 120, 8. Aufl. (2022).

2.5 Gesetzliche Regelungen

DIN 18 299	Allgemeine Regelungen für Bauarbeiten jeder Art
DIN 18 300	Erdarbeiten
DIN 18 301	Bohrarbeiten
DIN 18 302	Arbeiten zum Ausbau von Bohrungen
DIN 18 303	Verbauarbeiten
DIN 18 304	Ramm-, Rüttel- und Pressarbeiten
DIN 18 305	Wasserhaltungsarbeiten
DIN 18 306	Entwässerungskanalarbeiten
DIN 18 307	Druckrohrleitungsarbeiten außerhalb von Gebäuden
DIN 18 308	Drän- und Versickerarbeiten
DIN 18 309	Einpressarbeiten
DIN 18 311	Nassbaggerarbeiten
DIN 18 312	Untertagebauarbeiten
DIN 18 313	Schlitzwandarbeiten mit stützenden Flüssigkeiten
DIN 18 314	Spritzbetonarbeiten
DIN 18 315	Verkehrswegebauarbeiten, Oberbauschichten ohne Bindemittel
DIN 18 316	Verkehrswegebauarbeiten, Oberbauschichten mit hydraulischen Bindemitteln
DIN 18 317	Verkehrswegebauarbeiten, Oberbauschichten aus Asphalt
DIN 18 318	Pflasterdecken und Plattenbeläge, Einfassungen
DIN 18 319	Rohrvortriebsarbeiten
DIN 18 320	Landschaftsbauarbeiten
DIN 18 321	Düsenstrahlarbeiten
DIN 18 322	Kabelleitungstiefbauarbeiten
DIN 18 323	Kampfmittelräumarbeiten
DIN 18 324	Horizontalspülbohrarbeiten
DIN 18 325	Gleisbauarbeiten
DIN 18 326	Renovierungsarbeiten an Entwässerungskanälen
DIN 18 329	Verkehrssicherungsarbeiten
DIN 18 330	Mauerarbeiten
DIN 18 331	Betonarbeiten
DIN 18 332	Naturwerksteinarbeiten
DIN 18 333	Betonwerksteinarbeiten
DIN 18 334	Zimmer- und Holzbauarbeiten
DIN 18 335	Stahlbauarbeiten
DIN 18 336	Abdichtungsarbeiten
DIN 18 338	Dachdeckungsarbeiten
DIN 18 339	Klempnerarbeiten
DIN 18 340	Trockenbauarbeiten
DIN 18 345	Wärmedämm-Verbundsysteme
DIN 18 349	Betonerhaltungsarbeiten

Abb. 2.33 Normen der VOB/C

DIN 18 350	Putz- und Stuckarbeiten
DIN 18 351	Vorgehängte Hinterlüftete Fassaden
DIN 18 352	Fliesen- und Plattenarbeiten
DIN 18 353	Estricharbeiten
DIN 18 354	Gussasphaltarbeiten
DIN 18 355	Tischlerarbeiten
DIN 18 356	Parkett- und Holzpflasterarbeiten
DIN 18 357	Beschlagarbeiten
DIN 18 358	Rollladenarbeiten
DIN 18 360	Metallbauarbeiten
DIN 18 361	Verglasungsarbeiten
DIN 18 363	Maler- und Lackierarbeiten – Beschichtungen
DIN 18 364	Korrosionsschutzarbeiten an Stahlbauten
DIN 18 365	Bodenbelagsarbeiten
DIN 18 366	Tapezierarbeiten
DIN 18 379	Raumlufttechnische Anlagen
DIN 18 380	Heizanlagen und zentrale Wassererwärmungsanlagen
DIN 18 381	Gas-, Wasser- und Entwässerungsanlagen innerhalb von Gebäuden
DIN 18 382	Elektro-, Sicherheits- und Informationstechnische Anlagen
DIN 18 384	Blitzschutz-, Überspannungsschutz und Erdungsanlagen
DIN 18 385	Aufzugsanlagen, Fahrtreppen und Fahrsteige sowie Förderanlagen
DIN 18 386	Gebäudeautomation
DIN 18 421	Dämm- und Brandschutzarbeiten an technischen Anlagen
DIN 18 451	Gerüstarbeiten
DIN 18 459	Abbruch- und Rückbauarbeiten

Abb. 2.33 (Fortsetzung)

Abschn. 2 verweist auf weitere Normen für die gebräuchlichsten Stoffe und Bauteile.

Abschn. 3 legt Vorgaben zur Ausführung, zum Beispiel bei bestimmten Wetterbedingungen (Frost) oder zur Verwendung von bestimmten Stoffen, fest.

Abschn. 4 beschreibt im Abschn. 4.1 die „Nebenleistungen", also Leistungen, die vom Auftragnehmer zu erbringen sind, auch wenn diese nicht separat im Vertrag ausgeschrieben sind und in Abschn. 4.2 die „Besonderen Leistungen", somit solche Leistungen, die zusätzlich zu vergüten sind, falls diese gefordert werden und nicht schon im Bausoll enthalten sind.

Abschn. 5 gibt Abrechnungsregeln vor (siehe hierzu Abschnitte 3.5.6 und 4.2 dieses Buches).

Darüber hinaus enthält jede Norm einen Abschn. 0 mit dem Titel „*Hinweise für das Aufstellen der Leistungsbeschreibung*", der immer kursiv geschrieben ist, zum Zeichen, dass sein Inhalt nicht Bestandteil des jeweiligen Bauvertrages wird.

2.5.4 Sonstige öffentlich-rechtliche Regelungen auf nationaler Ebene

Bei der Beurteilung der Genehmigungsfähigkeit eines Bauvorhabens können neben bauplanungs- und bauordnungsrechtlichen Vorgaben auch eine Vielzahl anderer öffentlich-rechtlicher Vorschriften maßgeblich sein. So können sich beispielsweise naturschutzrechtliche, immissionsschutzrechtlich oder denkmalschutzrechtliche Vorgaben auf die Zulässigkeit eines Bauvorhabens auswirken. Zu beachten sind daher – neben den bauplanungs- und bauordnungsrechtlichen Regelungen – u. a. folgende Gesetze:

- Bundesimmissionsschutzgesetz (BImSchG),
- Denkmalschutzgesetz (DSchG) oder
- Landeswaldgesetz (LWaldG).

Darüber hinaus werden die Landesbauordnungen durch zahlreiche, sogenannte untergesetzliche Regelungen, welche auf Grundlage der jeweiligen LBO erlassen wurden, ergänzt. Auch diese Vorgaben sind für die Zulässigkeit eines Bauvorhabens von Relevanz. Dabei handelt es sich beispielsweise um örtliche Bauvorschriften (siehe § 74 LBO BW), Energieeinsparverordnungen (EnEV) oder Garagenverordnungen (GaragenVO).

2.5.5 Regelungen auf europäischer Ebene

Durch die Mitgliedschaft Deutschlands in der Europäischen Union (EU) sind neben nationalen Bestimmungen auch gesetzliche Regelungen der EU zu beachten. Im Bereich des Bauens betrifft das insbesondere das Bauproduktenrecht.

Die EU ist ein wirtschaftlicher und politischer Zusammenschluss aus derzeit insgesamt 27 selbstständigen Staaten, den sogenannten Mitgliedsstaaten. Die Gründung der EU erfolgte im Vertrag von Maastricht vom 07.02.1992, welcher zum Zeitpunkt der Gründung von 12 Mitgliedstaaten unterzeichnet wurde. Der Grundstein für die Gründung der EU wurde aber bereits in der Zeit nach dem Zweiten Weltkrieg gelegt. Alles begann mit dem Ziel der Friedenssicherung durch Förderung der wirtschaftlichen Zusammenarbeit.[75] Denn: Länder, die miteinander Handel treiben und daher wirtschaftlich aufeinander angewiesen sind, werden kriegerische Auseinandersetzungen untereinander vermeiden – so die Idee,[76] die bis heute greift. Längst ist aus der EU eine Organisation geworden, die nicht mehr ausschließlich wirtschaftliche Ziele, sondern auch andere politische Interessen wie kulturelle Vielfalt, Sicherheit sowie Klima- und Umweltschutz verfolgt, siehe Art. 3 Abs. 1, Abs. 3, Abs. 5 EUV. Dennoch sind der gemeinsame Binnenmarkt und der damit einhergehende zollfreie Warenaustausch in der EU der wichtigste Motor der europäischen Wirtschaft.[77]

---

[75] Oppermann, T.; Classen, C.; Nettesheim, M.: Europarecht, 9. Aufl. (2021), § 2 Rn. 1, § 3 Rn. 1.
[76] Schuman-Erklärung von Mai 1950, in: Hallstein, W.: Nachschrift des am 28.4.1951 gehaltenen Vortrages, Frankfurt a.M. 1951.
[77] Haug, V.: Öffentliches Recht im Überblick, 3. Aufl. (2021), Rn. 78.

Das Recht der EU setzt sich zusammen aus dem Primärrecht und dem Sekundärrecht. Darüber hinaus zählen zum Unionsrecht auch völkerrechtliche Verträge, denen die EU beigetreten ist. Als Primärrecht werden die Gründungsverträge der EU bezeichnet, die von den Mitgliedsstaaten geschlossen wurden, dazu zählt insbesondere der Vertrag über die Europäische Union (EUV) und der Vertrag über die Arbeitsweise der Europäischen Union (AEUV). Sie bilden die Grundordnung der EU und legen die Maßstäbe für das Handeln der EU-Organe fest.[78] In den Mitgliedsstaaten entfaltet das Primärrecht der Union unmittelbare Geltung.[79] Beim Sekundärrecht handelte es sich um von den Unionsorganen geschaffenes Recht, siehe Art. 288 AEUV. Nach dieser Norm stehen den jeweils zuständigen Unionsorganen als Handlungsformen Verordnungen, Richtlinien, Beschlüsse, Empfehlungen und Stellungnahmen zur Verfügung. Die verschiedenen Handlungsformen wirken sich auf unterschiedliche Weise auf die nationale Rechtsordnung aus. Während Verordnungen im Sinne des Art. 288 Abs. 2 AEUV unmittelbare Wirkung entfalten, bedarf es bei Richtlinien im Sinne des Art. 288 Abs. 3 AEUV einer Umsetzung in nationales Recht durch die Mitgliedsstaaten, bevor sie gegenüber den Bürgern Wirkung entfalten.

Im Folgenden wird ein genauer Blick auf die rechtlichen Auswirkungen der Mitgliedschaft Deutschlands geworfen. Das Unionsrecht ist eine selbstständige Rechtsordnung, sie besteht damit unabhängig von den Rechtsordnungen ihrer Mitgliedsstaaten und bindet diese.[80] Das Tätigwerden der EU – z. B. durch Erlass von gesetzlichen Regelungen – setzt aber die vorherige Übertragung der entsprechenden Hoheitsrechte durch die Mitgliedsstaaten an die EU voraus. Ohne eine solche vorherige Übertragung durch die Mitgliedsstaaten ist die EU also nicht befugt, eigene Regelungen zu erlassen.

Hat eine Übertragung von Hoheitsrechten in einem bestimmten Bereich stattgefunden, so sind neben nationalen Regelungen auch EU-Vorgaben zu beachten und kommen vorrangig zur Anwendung. In einem solchen Fall wird von einem harmonisierten Bereich gesprochen. Fehlt es hingegen an einer Ermächtigung der EU, liegt ein nicht harmonisierter Bereich vor und es finden ausschließlich nationale Bestimmung Anwendung (vgl. Abb. 2.34).

Wie eingangs bereits kurz angedeutet, ist im Bereich des Bauproduktenrechts eine Übertragung von Hoheitsrechten auf die EU erfolgt, weshalb hier neben nationale Bestimmung auch EU-Vorgaben zu beachten sind. Wichtig ist zunächst klarzustellen, dass nicht jedes Bauprodukt ein harmonisiertes Produkt ist. Es gibt also Bauprodukte, für die – mangels Ermächtigung der EU – nur nationale und gerade keine europäischen Bestimmungen zu beachten sind. Für den harmonisierten Bereich des Bauproduktenrechts finden sich Regelungen in der EU-Bauproduktenverordnung (BauPVO) sowie im Bauproduktengesetz

---

[78] Haug, V. (2021), Rn. 185.

[79] Die unmittelbare Wirkung des Rechts der Europäischen Union, https://eur-lex.europa.eu/DE/legal-content/summary/the-direct-effect-of-european-union-law.html (aufgerufen 23.02.2024).

[80] Quellen und Geltungsbereich des Rechts der Europäischen Union, https://www.europarl.europa.eu/factsheets/de/sheet/6/quellen-und-geltungsbereich-des-rechts-der-europaischen-union (aufgerufen 23.02.2024).

2.5 Gesetzliche Regelungen

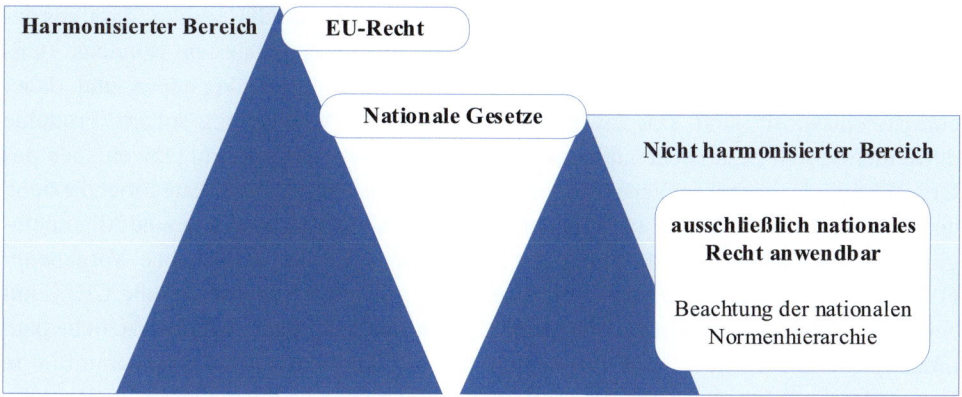

Abb. 2.34 Normenhierarchie

(BauPG). Im nicht harmonisierten Bereich sind die gesetzlichen Vorgaben in den jeweiligen Landesbauordnungen der Länder (LBO) geregelt. In Deutschland werden technische Regeln für die Bauplanung, Bemessung und Bauausführung durch das Deutsche Institut für Bautechnik (DIBt) – eine gemeinsam von Bund und Länder eingerichtete Anstalt des öffentlichen Rechts – aufgestellt. Bis zum Beschluss der Bauministerkonferenz im Mai 2016 erfüllte das DIBt seine Aufgabe durch die Aufstellung sogenannter Bauregellisten (Bauregelliste A, B und C). Inzwischen wurde das Bauproduktenrecht in Deutschland durch Einführung der Muster-Verwaltungsvorschrift Technische Baubestimmungen (MVV TB) reformiert und das alte System aus Bauregellisten, zusätzlichen bauaufsichtlichen Zulassungen etc. abgelöst. Die Neuordnung hat zur Folge, dass von nun an bauordnungsrechtliche Anforderungen nicht mehr an das Bauprodukt, sondern an das Bauwerk gestellt werden.

Um die Reformierung des Bauproduktenrechts in Deutschland besser zu verstehen, lohnt sich ein kurzer Blick auf das abgelöste System und die Hintergründe der Neuordnung: das mittlerweile abgelöste System mit den Bauregellisten des DIBt sah die Unterscheidung zwischen geregelten, nicht geregelten und harmonisierten Bauprodukten vor. Während geregelte Bauprodukte in der Bauregelliste A Teil 1 geführt wurden und sich deren Verwendbarkeit durch die Kennzeichnung mit dem sogenannten Übereinstimmungszeichen (Ü-Zeichen) ergab, galt für Bauprodukte, welche europäischen Vorgaben unterlagen (harmonisierter Bereich) die Bauregelliste B. Die Verwendung der in der Bauregelliste B geführten Baustoffe erforderte, neben der sogenannten CE-Kennzeichnung (Nachweis für die seitens des Herstellers erfolgte Prüfung der Einhaltung aller EU-Vorgaben), zusätzlich eine allgemeine bauaufsichtliche Zulassung des DIBt oder die Beurteilung nach den nationalen Prüfvorschriften der Bauregelliste A inklusive entsprechender Übereinstimmungserklärung und Kennzeichnung des Produkts mit dem Ü-Kennzeichen. Nicht selten hatte ein Bauprodukt, welches dem harmonisierten Bereich zuzuordnen ist, eine gleichzeitige Produktdeklaration mit dem europäischen CE-Kennzeichen und dem nationalen Ü-Kennzeichen. Diese Praxis erklärte der EuGH durch

Urteil vom 16.10.2014, Rs. C-100/13, für unzulässig. Der EuGH urteilte, dass zusätzliche nationale Anforderungen an Bauprodukte des harmonisierten Bereichs (CE-Kennzeichnung) gegen die europäische Bauproduktenrichtlinie verstoßen und daher europarechtswidrig sind. Das Inverkehrbringen und die Verwendung solcher Produkte dürfe nicht durch zusätzliche nationale Regelungen erschwert werden. Obwohl sich das Urteil lediglich auf drei im Verfahren beispielhaft aufgeführte Produktkategorien bezieht, entfaltet die Beurteilung zusätzlicher nationaler Vorgaben als unzulässig eine Allgemeingültigkeit hinsichtlich der Bindung der Mitgliedsstaaten an europäische Vorgaben.[81] Folglich muss für die Verwendbarkeit eines harmonisierten Bauprodukts die CE-Kennzeichnung genügen. Ein solches Bauprodukt muss zukünftig daher ohne zusätzliche bauordnungsrechtliche Nachweise verwendet werden können. Durch die daraufhin in Deutschland erfolgte Neuordnung des Bauproduktenrechts ist die gleichzeitige Produktdeklaration eines Produkts mit dem CE- und dem Ü-Kennzeichen seither ausgeschlossen.

Den Einfluss dieser Neugestaltung auf die Praxis und die nun bei der Verwendung von Bauprodukten konkret zu beachtenden Aspekte werden im Folgenden dargestellt.

Bei der Verwendbarkeit von Bauprodukten zeigt sich durch die Neugestaltung und Anpassung der Musterbauordnung (MBO) eine klare Abgrenzung zwischen harmonisierten Bauprodukten und nicht harmonisierten Bauprodukten. Hiermit wird der Rechtsprechung des EuGH Rechnung getragen und eine Erhöhung der Anforderungen an Bauprodukte vermieden. Für die Verwendbarkeit nicht harmonisierter Bauprodukte gilt § 16b MBO. Nach § 16b Abs. 1 MBO dürfen solche Bauprodukte verwendet werden, wenn bei ihrer Verwendung die baulichen Anlagen bei ordnungsgemäßer Instandhaltung während einer dem Zweck entsprechenden angemessenen Zeitdauer die Anforderungen dieses Gesetzes erfüllen und gebrauchstauglich sind.

Darüber hinaus dürfen nicht harmonisierte Bauprodukte auch verwendet werden, wenn sie den in Vorschriften anderer Vertragsstaaten des Abkommens vom 02. Mai 1992 über den europäischen Wirtschaftsraum genannten technischen Anforderungen entsprechen, sofern das geforderte Schutzniveau gemäß § 3 Satz 1 MBO gleichermaßen dauerhaft erreicht wird, siehe § 16b Abs. 2 MBO.

Der § 17 MBO regelt zudem, ob der Einsatz eines Bauprodukts einen Verwendungsnachweis im Sinne der §§ 18 bis 20 MBO bedarf oder nicht. Für die Verwendbarkeit CE-gekennzeichneter Bauprodukte (also harmonisiertes Bauprodukt) gilt die Regelung des § 16c MBO. Nach § 16c S. 1 MBO darf ein solches Bauprodukt verwendet werden, wenn die durch die CE-Kennzeichnung belegten Leistungen den in diesem Gesetz oder aufgrund dieses Gesetzes festgelegten Anforderungen für diese Verwendung entsprechen. Die Regelungen für nicht harmonisierte Bauprodukte gelten hier gerade nicht. Zur Konkretisierung der Bauwerksanforderung wurde die MVV TB auf Rechtsgrundlage des § 85a Abs. 1 S. 1 MBO geschaffen. Damit werden notwendige bauordnungsrechtliche Anforderungen – anders als bei der alten abgeschafften Regelungssystematik – an das Bau-

---

[81] Gründungsverträge, https://european-union.europa.eu/principles-countries-history/principles-and-values/founding-agreements_de (aufgerufen 27.02.2024).

2.5 Gesetzliche Regelungen

werk selbst gestellt, aber gerade nicht an das jeweilige Bauprodukt. Die am Bau Beteiligten müssen, neben Regelungen zur Verwendbarkeit der Bauprodukte (siehe § 16b MBO, § 16c MBO), auch die an das jeweilige Bauwerk gestellten technischen Baubestimmungen der MVV TB beachten.

In rechtlicher Hinsicht bedeutet die gesetzliche Neugestaltung in Deutschland, dass die bauordnungsrechtlichen konkreten technischen Anforderungen an das Bauwerk selbst und nicht mehr an die Bauprodukte geknüpft werden, siehe § 85a Abs. 2 MBO, Vorbemerkungen MVV TB. Trotz des angeführten EuGH-Urteils bleibt Deutschland als Mitgliedsstaat der EU nämlich für die Sicherheit von Bauwerken im Bundesgebiet (siehe LBO) zuständig und zwar unabhängig davon, ob harmonisierte oder nicht harmonisierte Bauprodukte verbaut werden. Während es sich bei dem teilweise an die EU übertragenen Bauproduktenrecht um Wirtschafts- bzw. Wettbewerbsrecht handelt, sind Sicherheitsanforderungen an bauliche Anlagen dem Bauordnungsrecht zuzuordnen. Die Kompetenz für den Erlass bauordnungsrechtlicher Maßnahmen und Vorgaben wurde nicht an die EU übertragen und liegt nach Art. 30 GG in der Zuständigkeit der Länder.

Für die Baupraxis ist, sich beim Einsatz harmonisierter Bauprodukte bewusst zu machen, dass die CE-Kennzeichnung nicht die gleichen Standards wie das Ü-Kennzeichen eines nicht harmonisierten Bauprodukts abbildet. Insbesondere gewährleistet die CE-Kennzeichnung keinesfalls die Bauwerkssicherheit. CE-Kennzeichen existieren allein für die Förderung des freien Warenverkehrs innerhalb der EU durch Festlegung einheitlicher Prüfstandards. Im Gegensatz zum Ü-Kennzeichen (nicht harmonisierte Produkte) enthält das CE-Kennzeichen (harmonisierte Produkte) daher nur Angaben darüber, ob ein Bauprodukt bestimmte Merkmale verwirklicht oder nicht. Mit der CE-Kennzeichnung erbringt der Hersteller also den Nachweis, dass eine Prüfung hinsichtlich der Einhaltung der EU-Vorgaben stattgefunden hat. Daher wird in diesem Zusammenhang auch von der Abgabe einer Leistungserklärung durch den Hersteller gesprochen. Folglich müssen die am Bau Beteiligten – insbesondere Planer und Bauunternehmer – bei der Verwendung harmonisierter Bauprodukte immer auch prüfen, ob sie bei Verwendung des entsprechenden Bauprodukts den nationalen bauordnungsrechtlichen Anforderungen an das Bauwerk gerecht werden und damit die Sicherheit des Bauwerks gewährleistet ist. Das stellt eine nicht zu unterschätzende Aufgabe und Verantwortung dar, weshalb sich verschiedene Verbände des Baustoffhandels und der Baustoffhersteller, die Bundesarchitekten- und Bundesingenieurkammer, Verbände der Bausachverständigen sowie der Wohnungs- und Immobilienwirtschaft zusammengeschlossen und eine gemeinsame Erklärung herausgegeben haben, in der die Verwendung privatrechtlicher „Anforderungsdokumente" empfohlen wird.[82] Mithilfe dieser Dokumente werden im Vertrag Merkmale festgelegt, die ein Bauprodukt erfüllen muss, um den bauordnungsrechtlichen Anforderungen des jeweiligen Bauwerks zu entsprechen. Damit sichert ein Hersteller bestimmte Produkteigenschaften vertraglich zu, weshalb ihn diesbezüglich dann auch das Haftungsrisiko trifft (Stichwort:

---

[82] Aikens, B., Bartsch, B., Hartmann, F. (2018): Jahresbericht 2017/2018 zur 91. Bundeskammerversammlung, S. 64.

Mangelgewährleistung u. a.). Solche Herstellererklärungen können von den für den Bau Verantwortlichen als Nachweis für die Einhaltung der bauordnungsrechtlichen Anforderungen bei der Bauaufsicht vorgelegt werden. Deren Einholung ist bei harmonisierten Bauprodukten daher dringend anzuraten.

2.5.6 Weitere rechtliche Vorgaben

Darüber hinaus sind die am Bau beteiligten Parteien – insbesondere die jeweilige Bauleitung – auch mit Regelwerken konfrontiert, die keinen spezifischen Bezug zum Baurecht aufweisen, aber dennoch zu beachten sind. Gemeint sind damit u. a. folgende gesetzlichen Regelungen:

- BGB,
- Arbeitsrechtliche Regelungen, die sich aus zahlreichen Einzelgesetzen ergeben. Auszugsweise sei an dieser Stelle verwiesen auf folgende gesetzliche Vorgaben:
    - Tarifverträge und Tarifvertragsgesetz (TVG),
    - Betriebsvereinbarungen und Betriebsverfassungsgesetz (BetrVG),
    - Arbeitszeitgesetz (ArbZG),
    - Arbeitsschutzgesetz (ArbSchG),
    - Arbeitnehmerüberlassungsgesetz (AÜG).

Im Falle von Verfehlungen seitens der Arbeitnehmenden – beispielsweise bei mangelndem Leistungswille oder mangelnder Leistungsfähigkeit, bei Diebstahl, bei Rauchen trotz Rauchverbot – stellt sich aus arbeitsrechtlicher Sicht die Frage nach Möglichkeiten der Sanktionierung. Diese richten sich insbesondere nach dem Kündigungsschutzgesetz (KSchG) sowie nach §§ 611 ff. BGB.

- Regelungen der Sozialgesetzbücher (SGB) – insbesondere nach SGB IV (Sozialversicherung) sowie nach SGB IX (Rehabilitation und Teilhabe von Menschen mit Behinderung)
- Gesellschaftsrechtliche Vorgaben, insbesondere nach folgenden Gesetzen:
    - Handelsgesetzbuch (HGB)
    - Gesetz betreffend die Gesellschaften mit beschränkter Haftung (GmbHG)
    - Aktiengesetz (AktG)
    - Beschäftigung von ausländischen Arbeitskräften (siehe Abschn. 3.3.2),
    - Jugendschutzrecht (JuSchG).

Die Umsetzung dieser Regelwerke wird normalerweise durch unternehmensinterne Vorgaben oder auch Branchenlösungen aus den Verbänden heraus als Musterlösungen für die Mitgliedsunternehmen durch Vorgehensweisen, zugehörige Formblätter durch bspw. Checklisten, sichergestellt und, sofern nötig, dokumentiert.

2.6 Technische Regelungen

Um ohne größeren Aufwand ein Bausoll in Verträgen festschreiben zu können, wird auf Technische Regelwerke als Standard zurückgegriffen. Von diesen Standards abweichende Festlegungen im Vertrag oder abweichende Leistungen können zu der Frage führen, in wie weit anerkannte Regelungen überschritten oder bei Unterschreitung unrechtmäßig verletzt werden. Zudem wird nachfolgend eine Einführung in gängige technische Regelwerke geben.

2.6.1 Anerkannte Regeln der Technik

Der Begriff der „Anerkannten Regeln der Technik" (aRdT) geht zurück auf eine Entscheidung des Reichsgerichtes (RGSt 44,76), das diesen Begriff so umschrieben hat, dass er „… *nicht schon dadurch erfüllt ist, dass eine Regel bei völliger wissenschaftlicher Erkenntnis sich als richtig und unanfechtbar darstellt, sondern sie muss auch allgemein anerkannt, d. h., durchweg in den Kreisen der betreffenden Techniker bekannt und als richtig anerkannt sein.*" Mit dieser Formulierung wird eine Anerkenntnis durch Theorie und Praxis eingefordert.

Die „aRdT" sind mit den „Allgemein anerkannten Regeln der Technik" (aaRdT) gleichzusetzen. Dieser Begriff hat ursprünglich nur im Strafrecht Verwendung gefunden. Unter der Überschrift „Baugefährdung" regelt § 319 (1) StGB: „*Wer bei der Planung, Leitung und Ausführung eines Baues oder des Abbruchs eines Bauwerks gegen die allgemein anerkannten Regeln der Technik verstößt und dadurch Leib oder Leben eines anderen Menschen gefährdet, wird mit Freiheitsstrafe bis zu fünf Jahren oder mit Geldstrafe bestraft.*" Zwischenzeitlich fand der Begriff dann auch im BGB Verwendung, ist jedoch später wieder entfallen.

Die VOB/B 2016 spricht dagegen in § 4 Abs. 2, § 13 Abs. 1 und § 13 Abs. 7 nur von den anerkannten Regeln der Technik. Da hinsichtlich des Regelungsinhaltes auch unter Ingenieuren und Technikern durchaus unterschiedliche Meinungen bestehen, wären „allgemein anerkannte Regeln der Technik" kaum einmal feststellbar. Nachfolgend soll daher nur noch von „anerkannten Regeln der Technik" gesprochen werden. Häufig wird statt von „anerkannten Regeln der Technik" auch nur von „Regeln der Technik" gesprochen.

Bei den anerkannten Regeln der Technik handelt es sich um Regeln für den Entwurf und die Ausführung baulicher Anlagen,

- die in der technischen Wissenschaft als theoretisch richtig anerkannt sind und feststehen,
- sowie insbesondere in der Gruppe, der für die Anwendung der betreffenden Regeln maßgeblich, nach dem neuesten Erkenntnisstand vorgebildeten Technikern durchweg bekannt und
- aufgrund fortdauernder praktischer Erfahrungen als technisch geeignet, angemessen und notwendig anerkannt sind.

Es handelt sich somit um einen unbestimmten Rechtsbegriff, für den es keine abschließende Auflistung gibt, in welcher alle Normen und Vorschriften enthalten sind. Somit beschreiben auch die bauaufsichtlich eingeführten Vorschriften nicht die anerkannten Regeln der Technik. Darüber hinaus ist festzustellen, dass sich die anerkannten Regeln der Technik fortwährend ändern, indem diese jene Erkenntnisse beschreiben, die Technikern, die nach den neuesten Erkenntnissen vorgebildet sind, durchweg bekannt sind und sich aufgrund fortdauernder praktischer Erfahrung bewährt haben. Die langzeitige Bewährung stellt somit ein Hauptkriterium für die Zuordnung zum Begriff der „anerkannten Regeln der Technik" dar. Unter wissenschaftlichen Gesichtspunkten haben sich die anerkannten Regeln der Technik als theoretisch richtig erwiesen. Diese können aber auch auf praktischen Erfahrungen beruhen und von der Mehrheit der auf dem Fachgebiet tätigen Personen als richtig anerkannt und von den praktisch tätigen Fachleuten angewendet werden.[83]

Die meisten Landesbauordnungen verweisen in ihren Generalklauseln darüber hinaus auf die „eingeführten technischen Baubestimmungen". Diese stellen eine Teilmenge der anerkannten Regeln der Technik dar.

Die anerkannten Regeln der Technik definiert der Deutsche Vergabe- und Vertragsausschuss für Bauleistungen (DVA) als Mindestanforderung nach dem Werkvertragsrecht. Damit beschreiben sie, ergänzend zum Bauvertrag, den Soll-Zustand.

In § 4 Abs. 2 Nr. 1 VOB/B 2016 wird festgelegt: *„Der Auftragnehmer hat die Leistung unter eigener Verantwortung nach dem Vertrag auszuführen. Dabei hat er die anerkannten Regeln der Technik und die gesetzlichen und behördlichen Bestimmungen zu beachten."* Somit ist eine Werkleistung dann mangelhaft, wenn sie nicht den zur Zeit der Abnahme anerkannten Regeln der Technik als vertraglichem Mindeststandard entspricht.[84]

In seinem Urteil vom 14.05.1998 (ZR 184/97) stellt der Bundesgerichtshof fest: *„Die DIN-Normen sind keine Rechtsnormen, sondern private technische Regelungen mit Empfehlungscharakter. DIN-Normen können die anerkannten Regeln der Technik wiedergeben oder hinter diesen zurückbleiben."* Die DIN-Normen enthalten somit nicht selbstverständlich die anerkannten Regeln der Technik. Mit seinem Urteil vom 14.06.2007 (ZR 45/06) hat der Bundesgerichtshof erneut festgestellt, dass eine Norm – es handelt sich hierbei um die Schallschutz-Norm DIN 4109 – in ihrer damals gültigen Fassung für die bauvertragsrechtliche Beurteilung des Schallschutzes im Wohnungsbau weitestgehend bedeutungslos ist. Dies gilt auch, obwohl die DIN 4109 bauaufsichtlich eingeführt wurde. Im Bauordnungsrecht geht es darum, dass durch staatliche Gesetzgebung Menschen in Räumen vor absolut unzumutbaren Lärmbelästigungen geschützt werden sollen. Im Werkvertragsrecht war jedoch im vorigen Beispiel zu klären, welche Schallschutzanforderungen im Rahmen von Verträgen, die zwischen privaten Vertragspartnern frei ausgehandelt wurden, zu einem allgemein üblichen Komfort führen.

Unabhängig von diesen, dem Praktiker sicherlich nicht direkt hilfreichen Ausführungen sind Regelsammlungen vorhanden, die vermuten lassen, dass sie die anerkannten Regeln der Technik abdecken. Besonders zu nennen sind dabei die bauaufsichtlich eingeführten Vorschriften.

---

[83] Deutsches Institut für Bautechnik, www.dibt.de (aufgerufen 22.11.2024).

[84] Siehe BGH-Urteil vom 14.05.1998 (VIIZR 184/97) und OLG Nürnberg am 23.09.2010 (13 U 194/08).

2.6 Technische Regelungen

Darüber hinaus sind zu nennen:

- Internationale Normen (BS, ISO), Europäische Normen (EN) und DIN-Normen des Deutschen Instituts für Normung e. V.,
- Zusätzliche Technische Vertragsbestimmungen (ZTV),
- Einheitliche Technische Baubestimmungen (ETB), die von den obersten Bauaufsichtsbehörden im Zusammenwirken mit dem Normenausschuss Bauwesen erarbeitet und eingeführt werden,
- Bestimmungen des Deutschen Ausschusses für Stahlbeton im Deutschen Normenausschuss,
- Bestimmungen der Deutschen Vereinigung des Gas- und Wasserfaches e. V. (DVGW),
- Richtlinien des Vereins Deutscher Ingenieure (VDI) und
- Bestimmungen des Verbandes Deutscher Elektrotechniker (VDE).

Es sei noch darauf verwiesen, dass es bei der Altbausanierung Probleme mit der Umsetzung der anerkannten Regeln der Technik geben kann. Diese sind in der Regel auf die Erfordernisse von Neubauten ausgerichtet und daher häufig mit den baulichen Voraussetzungen des Altbaus, insbesondere bei denkmalgeschützten Gebäuden, nicht vereinbar. Daher sind Abweichungen von den anerkannten Regeln der Technik in begründeten Fällen möglich und auch nötig.

2.6.2 Stand der Technik

Der „Stand der Technik" beschreibt die technischen Möglichkeiten zu einem bestimmten Zeitpunkt, basierend auf gesicherten Erkenntnissen von Wissenschaft und Technik. Der Stand der Technik stellt den Entwicklungsstand fortschrittlicher Verfahren, Einrichtungen oder Betriebsweisen dar, welche in der praktischen Eignung hinsichtlich des angestrebten Zieles als gesichert erscheinen. Der Stand der Technik ist jedoch noch nicht hinreichend und langjährig erprobt. Stand der Technik bedeutet auch, dass deren Umsetzung wirtschaftlich machbar ist.

In § 4 des Arbeitsschutzgesetzes (ArbSchG) ist festgelegt:

„(1) Der Arbeitgeber hat bei Maßnahmen des Arbeitsschutzes von folgenden allgemeinen Grundsätzen auszugehen:
...
3. bei den Maßnahmen sind der Stand der Technik, Arbeitsmedizin und Hygiene sowie sonstige gesicherte arbeitswissenschaftliche Erkenntnisse zu berücksichtigen;
..."

In den Regeln zum Arbeitsschutz auf Baustellen (RAB), welche die Baustellenverordnung weiter untersetzen, wird ebenfalls postuliert, dass diese den Stand der Technik bezüglich Sicherheit und Gesundheitsschutz auf Baustellen wiedergeben.

Weitere im Rahmen von Baumaßnahmen bedeutende Gesetze und Regeln, in denen der Stand der Technik gefordert wird, stellen dar:

- Gesetz zur Förderung der Kreislaufwirtschaft und Sicherung der umweltverträglichen Bewirtschaftung von Abfällen (Kreislaufwirtschaftsgesetz – KrWG) vom 24.02.2012 (Änderungsstand 2020): An mehreren Stellen z. B. § 3 Abs. 28 zum Entwicklungsstand fortschrittlicher Verfahren;
- KrWG, Anlage 3: Kriterien zur Bestimmung des Standes der Technik;
- Gesetz zum Schutz vor schädlichen Umwelteinwirkungen durch Luftverunreinigungen, Geräusche, Erschütterungen und ähnliche Vorgänge (Bundes-Immissionsschutzgesetz – BImSchG) vom 17.05.2013 (Änderungsstand 2021): an mehreren Stellen z. B. § 3 Nr. 6: Begriffsbestimmungen;
- Gesetz zur Ordnung des Wasserhaushaltes (Wasserhaushaltsgesetz – WHG) vom 07.08.2013 (Änderungsstand 2021): an mehreren Stellen z. B. § 3 Begriffsbestimmungen;
- WHG, Anlage 1 (zu § 3 Nummer 11): Kriterien zur Bestimmung des Standes der Technik.

2.6.3 Stand der Wissenschaft

Der „Stand der Wissenschaft" stellt die höchste Technikklausel dar, welche den aktuellen Forschungsstand in einem Fachgebiet beschreibt. Der Stand der Wissenschaft verschiebt den Stand der Technik zum wissenschaftlich Denkbaren und unterstellt das technisch noch Machbare. Wirtschaftliche Überlegungen spielen dabei in der Regel keine Rolle mehr.

Der Stand der Wissenschaft spielt, von wenigen Ausnahmen abgesehen, beim Bauen keine Rolle. Abb. 2.35 stellt die Begriffe allgemein anerkannte Regeln der Technik, Stand der Technik und Stand der Wissenschaft gegenüber.

Entwicklung	Begriffe	Merkmale			
		wissenschaftliche Erkenntnisse/Bestätigung	praktische Erfahrungen vorhanden	in Fachkreisen allgemein anerkannt	in der Praxis langzeitig bewährt
↓	Anerkannte Regeln der Technik	ja	ja	ja	ja
	Stand der Technik	ja	teilweise/bedingt	teilweise	nein
	Stand der Wissenschaft und Technik	ja	nein	nein	nein

Abb. 2.35 Anerkannte Regeln der Technik, Stand der Technik, Stand der Wissenschaft (Rybicki: Bauausführung und Bauüberwachung (1999), S. 6)

2.6.4 Technische Spezifikationen und Normen

Im Anhang zur VOB/A ist eine Definition der „Technischen Spezifikationen" gegeben, die dort auf den öffentlichen Auftraggeber bezogen ist, jedoch auch für private Auftraggeber gilt:

> „*Technische Spezifikation*" *hat eine der folgenden Bedeutungen:*
>
> a) *bei öffentlichen Bauaufträgen die Gesamtheit der insbesondere in den Vergabeunterlagen enthaltenen technischen Beschreibungen, in denen die erforderlichen Eigenschaften eines Werkstoffs, eines Produkts oder einer Lieferung definiert sind, damit dieser/diese den vom Auftraggeber beabsichtigten Zweck erfüllt; zu diesen Eigenschaften gehören Umwelt- und Klimaleistungsstufen, „Design für alle" (einschließlich des Zugangs von Menschen mit Behinderungen) und Konformitätsbewertung, Leistung, Vorgaben für Gebrauchstauglichkeit, Sicherheit oder Abmessungen, einschließlich der Qualitätssicherungsverfahren, der Terminologie, der Symbole, der Versuchs- und Prüfmethoden, der Verpackung, der Kennzeichnung und Beschriftung, der Gebrauchsanleitungen sowie der Produktionsprozesse und -methoden in jeder Phase des Lebenszyklus der Bauleistungen; außerdem gehören dazu auch die Vorschriften für die Planung und die Kostenrechnung, die Bedingungen für die Prüfung, Inspektion und Abnahme von Bauwerken, die Konstruktionsmethoden oder -verfahren und alle anderen technischen Anforderungen, die der Auftraggeber für fertige Bauwerke oder dazu notwendige Materialien oder Teile durch allgemeine und spezielle Vorschriften anzugeben in der Lage ist;*
>
> b) *bei öffentlichen Dienstleistungs- oder Lieferaufträgen eine Spezifikation, die in einem Schriftstück enthalten ist, das Merkmale für ein Produkt oder eine Dienstleistung vorschreibt, wie Qualitätsstufen, Umwelt- und Klimaleistungsstufen, „Design für alle" (einschließlich des Zugangs von Menschen mit Behinderungen) und Konformitätsbewertung, Leistung, Vorgaben für Gebrauchstauglichkeit, Sicherheit oder Abmessungen des Produkts, einschließlich der Vorschriften über Verkaufsbezeichnung, Terminologie, Symbole, Prüfungen und Prüfverfahren, Verpackung, Kennzeichnung und Beschriftung, Gebrauchsanleitungen, Produktionsprozesse und -methoden in jeder Phase des Lebenszyklus der Lieferung oder der Dienstleistung sowie über Konformitätsbewertungsverfahren;"*

Im Anhang zur VOB/A finden sich außerdem Definitionen zu verschiedenen Normen. Eine „*Norm*" bezeichnet eine technische Spezifikation, die von einer anerkannten Normungsorganisation zur wiederholten oder ständigen Anwendung angenommen wurde, deren Einhaltung nicht zwingend ist ..."

Nationale deutsche Normen, die im Bauwesen eine Rolle spielen, werden herausgegeben vom:

- Deutschen Institut für Normung e. V.[85] (DIN-Normen),
- Deutschen Vereinigung des Gas- und Wasserfaches e. V.[86] (DVGW-Normen),

---

[85] Deutsches Institut für Normung, Berlin www.din.de (aufgerufen 22.11.2024).
[86] Deutscher Verein des Gas- und Wasserfaches, Bonn www.dvgw.de (aufgerufen 22.11.2024).

- Forschungsgesellschaft für Straßen- und Verkehrswesen[87] (FGSV),
- Verein Deutscher Ingenieure e. V.[88] (VDI-Richtlinien),
- Verband Deutscher Elektrotechniker e. V.[89] (VDE-Normen),
- German Facility Management Association (Deutsche Gesellschaft für Facility Management e. V.)[90] (GEFMA-Normen),
- Gesamtverbandes der Deutschen Versicherungswirtschaft e. V. (GDV), welche die VdS-Normen[91] veröffentlichen, und
- Arbeitsgemeinschaft Industriebau e. V.[92] (AGI-Arbeitsblätter zum Industriebau).

„Europäische Normen" (siehe Abb. 2.36) werden von einem der drei europäischen Komitees für Standardisierung (Europäisches Komitee für Normung CEN, Europäisches Komitee für elektrotechnische Normung CENELEC und Europäisches Institut für Telekommunikationsnormen ETSI) ratifiziert.

Mit Stand August 2022 gibt es über 560 im Amtsblatt der Europäischen Kommission veröffentlichte Europäische Normen, die Bauprodukte betreffen. Um einen Überblick über die Breite der Normen zu geben, ist in eine Auswahl wiedergegeben.[93]

Von besonderer Bedeutung sind Europäische Technische Bewertungen. Sie sind laut Anhang zur VOB/A „… *eine dokumentierte Bewertung der Leistung eines Bauprodukts in Bezug auf seine wesentlichen Merkmale im Einklang mit dem betreffenden Europäischen Bewertungsdokument gemäß der Begriffsbestimmung in Artikel 2 Nummer 12 der Verordnung (EU) Nr. 305/2011 des Europäischen Parlaments und des Rates;*"

Inwieweit nationale oder europäische Normen bauaufsichtlich eingeführt sind oder nicht, hat insbesondere in Bezug auf die anerkannten Regeln der Technik (siehe Abschn. 2.6.1) keine Bedeutung. Zahlreiche Vereinbarungen zur Normung sind zwischenzeitlich international vorgenommen. Auf europäischer Ebene sind dies die europäischen Normen (EN)[94] und weltweit die ISO-Normen.[95]

---

[87] Die Forschungsgesellschaft für Straßen- und Verkehrswesen, Köln www.fgsv.de (aufgerufen 22.11.2024).

[88] Verein Deutscher Ingenieure, Düsseldorf www.vdi.de (aufgerufen 22.11.2024).

[89] Verband der Elektrotechnik, Elektronik und Informationstechnik, Offenbach am Main www.vde.de (aufgerufen 22.11.2024).

[90] Deutscher Verband für Facility Management, Bonn www.gefma.de (aufgerufen 22.11.2024).

[91] VdS Abkürzung für Vertrauen durch Sicherheit der VdS Schadenverhütung GmbH (siehe www.vds.de früher: Verband deutscher Sachversicherer) (aufgerufen 22.11.2024).

[92] Arbeitsgemeinschaft Industriebau, München www.agi-online.de (aufgerufen 22.11.2024).

[93] Siehe Liste der harmonisierten europäischen Normen nach BPR, veröffentlicht unter https://www.dibt.de/de/service/listen-und-verzeichnisse/hen-liste (aufgerufen 22.11.2024).

[94] Die Europäischen Normen (EN) sind Regeln, die von einem der drei europäischen Komitees für Standardisierung CEN, CENELEC oder ETSI ratifiziert worden sind.

[95] Internationale Organisation für Normung, Genf www.iso.org (aufgerufen 22.11.2024).

2.6 Technische Regelungen

Europäische Norm	Titel der Deutschen Norm
EN 40-4: 2005/AC:2006-09	Lichtmaste - Teil 4: Anforderungen an Lichtmaste aus Stahl- und Spannbeton (DIN EN 40-4:2005/AC: 2008-05)
EN 54-3: 2001/A2:2006-05	Brandmeldeanlagen - Teil 3: Feueralarmeinrichtungen; Akustische Signalgeber (DIN EN 54-3: 2001+A1+A2: 2006-08)
EN 197-1: 2011-09	Zement - Teil 1: Zusammensetzung, Anforderungen und Konformitätskriterien von Normalzement (DIN EN 197-1: 2011-11)
EN 295-10: 2005-03	Steinzeugrohre und Formstücke sowie Rohrverbindungen für Abwasserleitungen und -kanäle - Teil 10: Leistungsanforderungen (DIN EN 295-10: 2005-05)
EN 459-1: 2010-09	Baukalk - Teil 1: Definitionen, Anforderungen und Konformitätskriterien (DIN EN 459-1: 2010-12)
EN 492: 2012-10	Faserzement-Dachplatten und dazugehörige Formteile - Produktionsspezifikation und Prüfverfahren (DIN EN 492: 2012-12)
EN 572-9: 2004-10	Glas im Bauwesen - Basiserzeugnisse aus Kalk-Natronsilicatglas - Teil 9: Konformitätsbewertung/Produktnormen (DIN EN 572-9: 2005-01)
EN 934-2: 2009+A1:2012-06	Zusatzmittel für Beton, Mörtel und Einpressmörtel - Teil 2: Betonzusatzmittel - Definitionen, Anforderungen, Konformität, Kennzeichnung und Beschriftung (DIN EN 934-2: 2009+A1:2012-08)
EN 998-1: 2010-09	Festlegungen für Mörtel im Mauerwerksbau - Teil 1: Putzmörtel (DIN EN 998-1: 2010-12)
EN 1337-3: 2005-03	Lager im Bauwesen - Teil 3 Elastomerlager (DIN EN 1337-3: 2005-07)
EN 1338: 2003/AC: 2006	Pflastersteine aus Beton - Anforderungen und Prüfverfahren (DIN EN 1338: 2003/AC: 2006-11)
EN 1342: 2012-11	Pflastersteine aus Naturstein für Außenbereiche - Anforderungen und Prüfverfahren (DIN EN 1342: 2013-03)
EN 1433: 2002/A1: 2005-06	Entwässerungsrinnen für Verkehrsflächen - Klassifizierung, Bau- und Prüfgrundsätze, Kennzeichnung und Beurteilung der Konformität (DIN EN 1433: 2002+AC:2004+A1:2005:2005-09)
EN 1916: 2002/AC: 2008	Rohre und Formstücke aus Beton, Stahlfaserbeton und Stahlbeton (DIN EN 1916: 2002/AC: 2008-08)
EN 10312: 2002/A1: 2005-06	Geschweißte Rohre aus nichtrostendem Stahl für den Transport von Wasser und anderen wässrigen Flüssigkeiten - Technische Lieferbedingungen (DIN EN 10312: 2002+A1: 2005-12)
EN 12057: 2004-10	Natursteinprodukte - Fliesen - Anforderungen: (DIN EN 12057: 2005-01)
EN 12101-1: 2005/A1: 2006-03	Rauch- und Wärmefreihaltung -Teil 1: Bestimmungen für Rauchschürzen (DIN EN 12101-1: 2005+A1: 2006-06)
EN 13055-1: 2002/AC: 2004	Leichte Gesteinskörnungen - Teil 1: Leichte Gesteinskörnungen für Beton, Mörtel und Einpressmörtel (DIN EN 13055-1: 2002/AC: 2004-12)
EN 13108-1: 2006/AC: 2008	Asphaltmischgut - Mischgutanforderungen - Teil 1: Asphaltbeton (DIN EN 13108-1: 2006/AC: 2008-06)
EN 13162: 2012-11	Wärmedämmstoffe für Gebäude - Werkmäßig hergestellte Produkte aus Mineralwolle (MW) - Spezifikation (DIN EN 13162: 2013-03)
EN 13225: 2004/AC: 2006-12	Betonfertigteile - Stabförmige Betonbauteile (DIN EN 13225: 2004-12)
EN 13249/A1: 2005-01	Geotextilien und geotextilverwandte Produkte - Geforderte Eigenschaften für die Anwendung beim Bau von Straßen und sonstigen Verkehrsflächen (DIN EN 13249: 2000+A1: 2005-04)

Abb. 2.36 Europäische Normen zu Bauprodukten (Auswahl) – Stand August 2022

2.7 Kontakt mit Auftraggebern und Planern

Unmittelbar nach Auftragserteilung wird unternehmensintern eine Projekt- oder Bauleitung als verantwortlicher Mitarbeiter für das Projekt festgelegt (siehe Abschn. 2.1 und 2.2.4). Während der Akquisitionsphase haben meistens die Unternehmensleitung, die eventuell vorhandene Akquisitionsabteilung oder auch die Niederlassungs- oder Oberbauleitung unter Einbindung der Kalkulationsabteilung mit dem Bauherrn und seinen Vertretern einen mehr oder weniger langen und intensiven Kontakt.

Nach Auftragserteilung muss nun dieser Kontakt auf die ausführende Abteilung, konkret auf die handelnden Personen (Oberbauleiter, Projektleiter und Bauleiter) übergehen. Dazu sind Gespräche mit den auf der Auftraggeberseite handelnden Personen notwendig. Die Terminvereinbarung zu diesem Gespräch sollte von der Bauunternehmung ausgehen.

Es ist sinnvoll, bei diesem Termin bereits die nächsten Schritte festzulegen:

- Vereinbarung von Tag und Uhrzeit für die regelmäßigen Besprechungen, oft als „Jour fixe", „Projektbesprechung" oder „Baubesprechung" oder – sofern im Stehen stattfindend – als „Stehung" bezeichnet (siehe Abschn. 2.2.7.2),
- Absprachen zur Übergabe der Planungsunterlagen,
- Durchführung der Zustandsfeststellung des Baugeländes, der Zuwegungen, von Bestandsbauwerken, Baumbestand etc.,
- Benennung der vertretungsberechtigten Personen auf Seiten von Auftraggeber und Auftragnehmer,
- ggf. Abstimmungen zur Übernahme bereits erstellter Vorleistungen anderer Unternehmer und
- Vereinbarungen zur Übernahme des Baugrundstücks im Hinblick auf die damit verbundenen Verkehrssicherungspflichten bzw. zu einer Baufeldeinweisung.

Beim ersten Jour fixe-Termin können dann weitere organisatorische Festlegungen getroffen werden, wie z. B.:

- Planlauf im Detail (siehe Abschn. 2.2.7.3),
- Durchführung technischer Abnahmen auf der Baustelle (z. B. Bewehrungsabnahme), (siehe Abschn. 4.1.2),
- Ablauf und Dokumentation von Bemusterungen (siehe Abschn. 3.4.5),
- zu verwendende Standardformulare (z. B. Bautages- und Stundenlohnberichte),
- Rechnungslauf und Zahlungsfreigabe sowie
- Freigabe der Baustelleneinrichtungsplanung.

2.8 Kontakt mit Behörden, Verwaltungen und Institutionen

Für eine störungsfreie Bauabwicklung kann es abhängig von den örtlichen Gegebenheiten notwendig sein, mit einer Vielzahl von Ämtern und Behörden sowie sonstigen Trägern öffentlicher Belange (TöB) und bspw. Energieversorgern Kontakt aufzunehmen. Je nach Stadt und Bundesland sind die Zuständigkeiten ggf. unterschiedlich verteilt. Die Ämter selbst haben ebenfalls bisweilen abweichende Bezeichnungen, sodass die nachfolgend aufgeführten Benennungen im Einzelfall anders lauten können.

2.8.1 Berufsgenossenschaft, Rettungsdienste und Sicherheits- und Gesundheitsschutz-Koordinator

Es wird angeraten, dass die Bauleitung rechtzeitig mit der Berufsgenossenschaft der Bauwirtschaft (BGBau)[96] Kontakt aufnimmt, um die projektspezifischen Gegebenheiten und die daraus resultierenden Belange der Unfallverhütung mit dem zuständigen Mitarbeiter des technischen Aufsichtsdienstes abzustimmen.

Unabhängig davon ist die Berufsgenossenschaft der Bauwirtschaft vor Einrichten der Baustelle zu informieren (siehe Abschn. 2.2.2.8). Damit hat die Berufsgenossenschaft der Bauwirtschaft die Möglichkeit, durch technische Aufsichtspersonen Kontrollen der Baustelle vorzunehmen. Falls in gravierender Weise gegen Unfallverhütungsvorschriften verstoßen wird, ist die technische Aufsichtsperson befugt, die Baustelle stillzulegen.

Bereits in Band 2, Kap. 9 wurde dargestellt, dass die Bauwirtschaft zu den unfallträchtigsten Wirtschaftszweigen gehört. Pflichten, die sich aus dem Arbeitsschutzgesetz ergeben, wurden dort erläutert, aber auch die Gefährdungsbeurteilung sowie die Aufgaben des Bauherrn und des von ihm zu bestellenden Sicherheitskoordinators. Es zählt zu den wichtigsten Pflichten aller Führungskräfte auf der Baustelle, in Bezug auf Sicherheit und Gesundheitsschutz immer mit gutem Beispiel voranzugehen.

Bauunternehmen sind verpflichtet, die Adressen und Telefonnummern der Rettungsleitstelle (Notruf) und eines Notarztes an leicht zugänglicher Stelle auszuhängen. Mit dem Sicherheits- und Gesundheitsschutz-Koordinator (SiGeKo) nach Baustellenverordnung sollte frühzeitig Kontakt aufgenommen werden, um alle notwendigen Abstimmungen fristgerecht vornehmen zu können.

2.8.2 Straßenverkehrsbehörde

Bei sehr vielen Baustellen wird der öffentliche Straßenraum für Zwecke der Baustelleneinrichtung genutzt. Dazu ist eine Genehmigung gemäß § 45 Abs. 6 StVO durch den Bauunternehmer mindestens 2 Wochen, bei größeren Baustellen 4 Wochen vor Baubeginn bei

---

[96] Berufsgenossenschaft der Bauwirtschaft, Berlin www.bgbau.de (aufgerufen 22.11.2024).

der unteren Straßenverkehrsbehörde zu erwirken. Diese Behörde hat in den einzelnen Ländern und Städten unterschiedliche Bezeichnungen, wie z. B. „Straßenbehörde" oder „Straßenbauamt". Dem Antrag sind üblicherweise ein Verkehrszeichenplan einschließlich Signallage- und Signalzeitenpläne sowie Umleitungspläne beizulegen. Ein nach MVAS 99[97] geschulter Verantwortlicher ist zu benennen.

Für gängige Baustellensituationen im örtlichen und außerörtlichen Verkehrsraum sowie im Bereich von Geh-, Radwegen und Schienenbahnen finden sich in den „Richtlinien für die Sicherung von Arbeitsstellen an Straßen" (RSA) (siehe Abb. 2.37 und 2.38) bereits ausgearbeitete Mindestanforderungen und Regelpläne. Diese müssen lediglich mit den projektspezifischen Bedingungen ergänzt werden.[98, 99]

2.8.3 Energieversorgungsunternehmen

Baustellen, die durch das öffentliche Stromnetz mit elektrischer Energie versorgt werden sollen, müssen an dieses Netz angeschlossen werden. Hierzu ist ein Antrag beim zuständigen Netzbetreiber einzureichen. Grundlage hierfür ist eine Ermittlung des von der Baustelle benötigten Anschlusswertes. Besonders bei größeren Bauvorhaben reichen die vorhandenen Versorgungskapazitäten häufig nicht aus, um die Baustelle sicher versorgen

Innerörtliche Straßen
Arbeitsstellen von längerer Dauer [1] im Fahrbahnbereich (Regelpläne B I)
Arbeitsstellen von längerer Dauer im Geh- und Radwegbereich (Regelpläne B II)
Arbeitsstellen von längerer Dauer im Bereich von Schienenbahnen (Regelpläne B III)
Arbeitsstellen von kürzerer Dauer [2] (Regelpläne B IV)
Landstraßen
Arbeitsstellen von längerer Dauer (Regelpläne C I)
Arbeitsstellen von kürzerer Dauer (Regelpläne C II)
Autobahnen
Arbeitsstellen von längerer Dauer ohne Überleitung auf die Gegenfahrbahn (Regelpläne D I)
Arbeitsstellen von längerer Dauer mit Überleitung auf die Gegenfahrbahn (Regelpläne D II)
Arbeitsstellen von kürzerer Dauer (Regelpläne D III)

Abb. 2.37 Regelplan nach RSA

---

[97] Merkblatt über Rahmenbedingungen für erforderliche Fachkenntnisse zur Verkehrssicherung von Arbeitsstellen an Straßen (MVAS 1999).

[98] Auf die nichtoffizielle Internetseite www.rsa-95.de (22.11.2024) wird hingewiesen. Dort sind die verschiedenen Regelpläne dreidimensional dargestellt.

[99] Schach/Otto (2022), Abschn. 2.6.3.

2.8 Kontakt mit Behörden, Verwaltungen und Institutionen

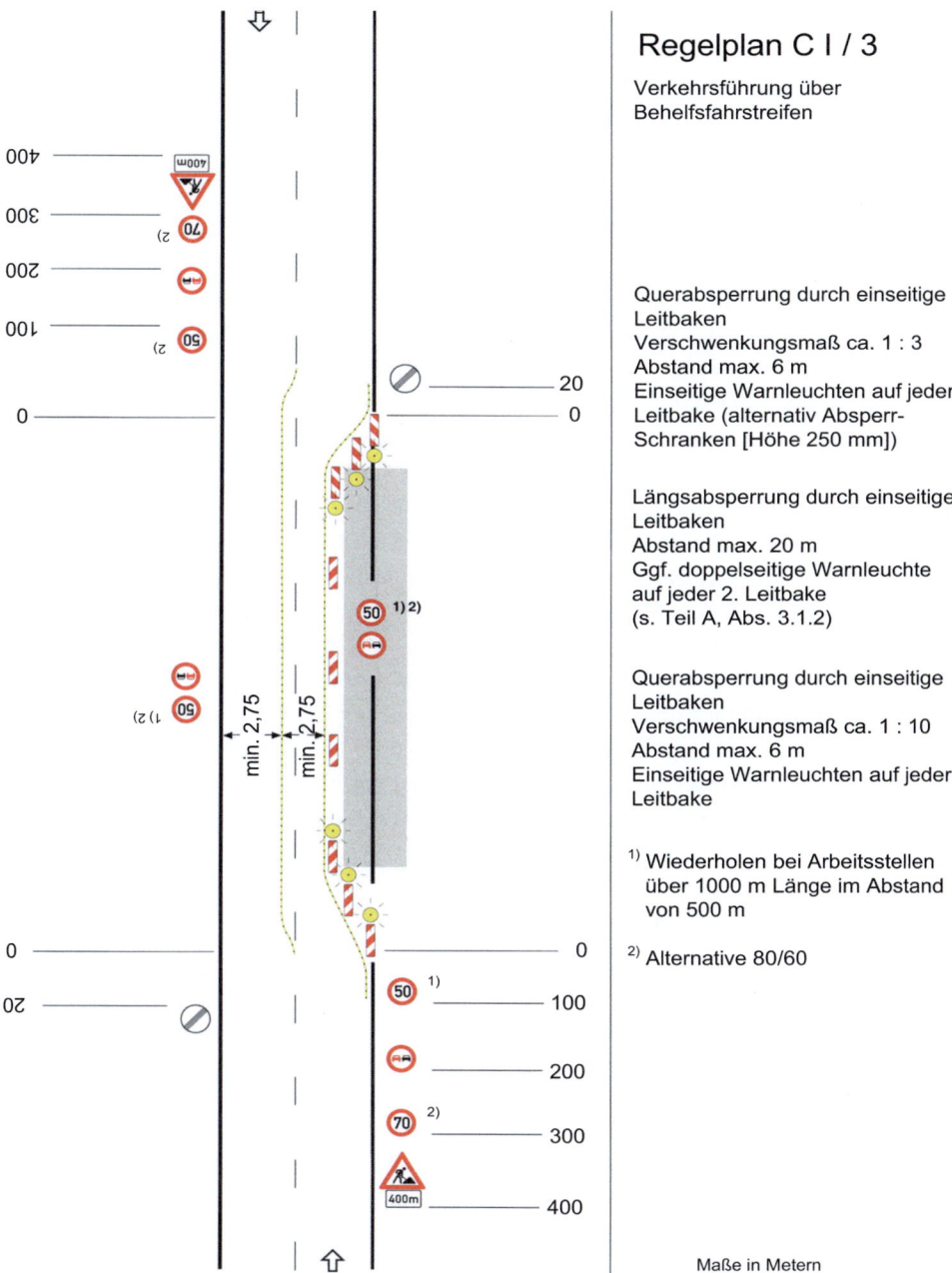

Abb. 2.38 Regelplan C I/3 nach RSA: Verkehrsführung über Behelfsfahrstreifen (Mit freundlicher Genehmigung des Verkehrsblatt-Verlages Dortmund)

zu können, sodass ein eventuell auch nur temporär genutzter Netzausbau notwendig ist. Abzustimmen ist insbesondere der Grund- und Arbeitspreis für die Stromversorgung. Zur Ermittlung des Anschlusswertes und hinsichtlich der Ausbildung der Stromverteilung auf der Baustelle wird auf Band 2, Kap. 11.4.5.3 und weiterführende Literatur[100] verwiesen.

2.8.4 Wasserversorgung und Abwasserentsorgung

Jede größere Baustelle benötigt Wasser in unterschiedlicher Qualität als Trink- und Brauchwasser. Sofern die Möglichkeit besteht, werden Baustellen im Allgemeinen an das öffentliche Trinkwassernetz angeschlossen. In diesen Fällen ist rechtzeitig ein Antrag auf Wasseranschluss zu stellen. Es empfiehlt sich, mit den zuständigen Wasserversorgungsunternehmen frühzeitig Kontakt aufzunehmen, um sicherzustellen, dass der Antrag auch genehmigt werden kann. Im Anschlussvertrag sind die Konditionen für die Belieferung mit Trinkwasser zu regeln.

Da größere Baustellen in der Regel mit separaten Sanitärcontainern ausgestattet sind, ist zu prüfen, wie die Abwässer entsorgt werden können. Da sich eigene Kläranlagen nur bei sehr großen und von Entsorgungsnetzen weit abgelegenen Baustellen anbieten, müssen entweder Rückhaltebehälter vorgesehen werden oder die Sanitärcontainer müssen an eine öffentliche Abwasserentsorgung angeschlossen werden. Auch in diesem Fall muss der Anschluss vertraglich geregelt werden, da für die Einleitung in der Regel Gebühren zu entrichten sind. Gleiches gilt für die Entsorgung von Abwasser aus der Bauausführung (z. B. Reinigungsabwässer) sowie für die Entsorgung von Niederschlags-, Schichten- oder Grundwasser, welches z. B. bei der Wasserhaltung von Baugruben anfällt.

2.8.5 Telekommunikation/Datennetze

Bauen erfordert regelmäßig einen umfassenden, eng abgestimmten Austausch von Informationen. Diese Informationen können als Schriftstücke mit der Post oder per (Fahrrad-)Kurier auf die Baustelle gebracht werden. In sehr vielen Fällen werden diese jedoch per Telefon, E-Mail und nur noch selten per Fax ausgetauscht. Somit ist bei größeren Baustellen die Bereitstellung einer leistungsfähigen Datenkommunikation unabdingbar. Mit dem Aufbau des Mobilnetzes und dessen Weiterentwicklung (4G und 5G) und der immer größer werdenden Abdeckung mit Long Term Evolution (LTE) ist ein Mobilfunkstandard verfügbar, der auch in der Lage ist, die Anforderungen von größeren Baustellen abzudecken. Somit wird zunehmend auf den Anschluss an das Festnetz verzichtet.

Falls die Unternehmen nicht Rahmenverträge mit Netzprovidern haben, muss die Bauleitung dafür sorgen, dass ein „Telefonvertrag" mit einem Telekommunikationsunternehmen abgeschlossen wird. Abhängig von der Baustellengröße ist sicherzustellen, dass ein schneller Internetanschluss freigeschaltet wird, um zum Beispiel Projekt-Kommuni-

---

[100] Schach/Otto (2022), Abschn. 2.5.2.

kations-Management-Systeme (PKMS – siehe Abschn. 2.2.7.7) nutzen zu können. Bei vielen größeren Baustellen werden solche PKM-Systeme genutzt, um Pläne, Dokumente, E-Mails und Schriftstücke zentral zu verwalten.

2.8.6 Sonstige Institutionen

Abhängig von der jeweiligen Baustelle ist mit weiteren Institutionen Kontakt aufzunehmen. Besonders zu nennen ist das Umweltamt, falls bei der Bauwerkserstellung zum Beispiel kontaminierte Böden entsorgt oder Asbestsanierungen vorzunehmen sind. Falls Bauarbeiten im Grundwasser durchzuführen sind, ist die jeweilige untere Wasserschutzbehörde zu kontaktieren, um die erforderlichen wasserrechtlichen Genehmigungen zu erhalten. Weitere Stellen, mit denen gegebenenfalls Kontakt aufzunehmen ist, sind z. B.

- die Deutsche Bahn AG, falls Bauarbeiten in der Nähe von Eisenbahntrassen durchgeführt werden;
- städtische Verkehrsbetriebe, falls zum Beispiel Bauarbeiten in der Nähe von Oberleitungen bzw. Gleisbereichen der Straßenbahnen durchzuführen sind;
- das städtische Grünflächenamt oder das Forstamt, falls Grünflächen als Lagerplätze benötigt werden;
- alle Ämter von Versorgungsträgern, falls im öffentlichen Bereich Bauarbeiten durchgeführt werden müssen. In diesen Fällen sind Leitungspläne einzusehen, um Kenntnisse über die Lage von Versorgungsleitungen zu erhalten. Mit den Energieversorgungsunternehmen (EVU) ist ebenfalls Kontakt aufzunehmen, falls Frei- oder Erdleitungen in der Nähe der Baustelle verlaufen. In diesen Fällen sind die notwendigen Sicherungsmaßnahmen abzustimmen.

2.9 Fertigungsplanung

Übergeordnetes Ziel der Fertigungsplanung ist es, das vorgegebene Bausoll mit dem bestmöglichen wirtschaftlichen Erfolg im vorgegebenen Zeitrahmen und in der vertraglich geforderten Qualität umzusetzen. Zusätzlich sind die Belange des Umweltschutzes und der Sicherheit zu berücksichtigen. Die Bau- und Projektleitung wird versuchen, Erkenntnisse aus früheren Bauvorhaben, ohne zusätzliche Einschaltung der Abteilung Fertigungsplanung (ugs. Arbeitsvorbereitung), direkt umzusetzen. Sind Erfahrungen und Randbedingungen jedoch nicht übertragbar, so ist gegebenenfalls eine neue, detaillierte Untersuchung und Planung der zur Leistungserstellung erforderlichen Bauarbeiten geboten. Diese Aufgabe hat, je nach organisatorischer Festlegung im Unternehmen, die Bauleitung durchzuführen oder sie kann durch eine Abteilung für Fertigungsplanung vorgenommen werden. Aufgabe der Fertigungsplanung ist es, alle erforderlichen Arbeitsschritte so aufzubereiten, dass bei der eigentlichen Leistungserstellung auf der Baustelle eine sichere, termingerechte und wirtschaftlich optimierte Abwicklung gewährleistet ist. Als wichtigste

Instrumente werden die Baustelleneinrichtungsplanung, der Termin- bzw. Bauablaufplan, eine Gefährdungsanalyse, verschiedene Ressourcenpläne sowie die Schalungs- und Gerüstpläne genannt.[101]

Es ist darauf zu achten, dass die verschiedenen Aufgaben der Fertigungsplanung in enger Abstimmung mit der Bauleitung erfolgen. Außerdem ist dafür zu sorgen, dass die Objekt-, Tragwerks- und sonstigen Fachplanungen auf die Belange der Bauausführung abgestimmt sind. So gilt es z. B. im Stahlbetonbau, die Bewehrungsplanung mit den in der Fertigungsplanung vorzusehenden Betonierabschnitten, dem vorgesehenen Verfahren für die Betonverdichtung (Rüttelgassen) und der Schalungseinsatzplanung zu koordinieren.

2.10 Building Information Modeling (BIM) in der Baubetriebsführung

2.10.1 Grundlagen

Der Begriff Building Information Modeling (BIM) beschreibt eine ganzheitliche digitale Arbeitsweise.[102] Dabei werden alle relevanten Bauwerksdaten in einem konsistenten Datenmodell eingebunden oder miteinander vernetzt. Dies betrifft die Daten zur computerbasierten Analyse und Berechnung (Computational Engineering), zum computerbasierten technischen Entwerfen (CAD), Planen und Bauen sowie Daten der computerbasierten baubetrieblichen und kaufmännischen Prozesse. Diese Informationsdatenbank bietet eine verlässliche Quelle für Entscheidungen idealerweise während des gesamten Lebenszyklus eines Bauwerks, von der Vorplanung bis zum Rückbau.[103]

Prinzipiell ist der Einsatz von BIM bei allen Vertragsformen möglich. Allerdings ist eine intensive Zusammenarbeit der Projektbeteiligten für eine erfolgreiche BIM-Integration schon in frühen Projektphasen notwendig. Außerdem werden beim Arbeiten mit der BIM-Methode viele Entscheidungen, die in konventionellen Bauprojekten erst während der Ausführung getroffen werden, in die Planungsphase vorverlegt. Das führt zu einer Arbeitsumverteilung. Daher bieten sich für die Anwendung von BIM Vertrags- und Projektabwicklungsmodelle an, die eine enge Zusammenarbeit fördern, wie z. B. Totalunternehmer- bzw. -übernehmerverträge oder neue Vertragsformen wie die Integrierte Projektabwicklung (IPA).[104]

---

[101] Berner/Kochendörfer/Schach (2022), S. 208.

[102] Borrmann, A.; König, M.; Koch, C.; Beetz, J.: Building Information Modeling, 2. Aufl. (2021), S. 1.

[103] Scherer, R.J; Schapke, S.-E.: Informationssysteme im Bauwesen, Band 1, Modelle, Methoden und Prozesse (2014).

[104] Integrated Project Delivery – Vertragsform aus den USA, die von einer dreiseitigen Vereinbarung des Bauherrn, des Generalplaners (oder Planungsteams) und des Generalunternehmers im Sinne eines Mehrparteienvertrags ausgeht. Siehe auch IPA Zentrum, Kompetenzzentrum für Integrierte Projektabwicklungen, www.ipa-zentrum.de (aufgerufen 08.03.2024).

2.10 Building Information Modeling (BIM) in der Baubetriebsführung

Zu Beginn eines Projektes, das mit Hilfe von BIM abgewickelt werden soll, müssen der Bauherr und die weiteren Projektbeteiligten die folgenden Punkte definieren:[105]

- Ziele der BIM-Anwendung,
- Organisation der Verantwortlichkeiten,
- Festlegung der wesentlichen Prozesse und Auswertungen, die mit BIM umgesetzt werden sollen,
- Definition und Kontrolle der geforderten Qualität,
- verwendete Softwaretechnologien und Formate.

Hierfür kann ein BIM-Projektabwicklungsplan verwendet werden, der z. B. ein Handbuch, eine allgemeine Vorlage sowie spezielle Vorlagen für Ziele und Anwendungen, Prozessanalysen und Datenaustauschanforderungen und Formate enthält. Ein Beispiel für den Umfang dieses Plans ist in Abb. 2.39 dargestellt.

Neben der Sicherstellung der technischen Rahmenbedingungen, wie z. B. die Bereitstellung der entsprechenden Hard- und Software und einer leistungsfähigen Internetverbindung, muss besonderer Wert auf die Qualifikation und Kooperationsfähigkeit der

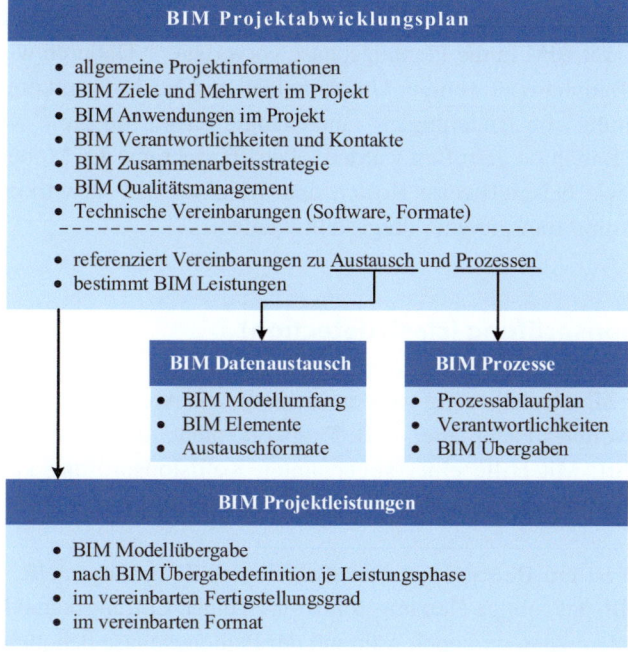

Abb. 2.39 Umfang und Verweise eines BIM-Projektabwicklungsplans (Egger u. a.: BIM-Leitfaden für Deutschland, Forschungsprogramm des Bundesinstituts für Bau, Stadt- und Raumforschung (BBSR) im Bundesamt für Bauwesen und Raumentwicklung (BBR), o. O. S. 49 (AEC3), 2014)

---

[105] Egger u. a.: BIM-Leitfaden für Deutschland, Forschungsprogramm des Bundesinstituts für Bau-, Stadt und Raumforschung (BBSR) im Bundesamt für Bauwesen und Raumentwicklung (BBR), o. O. S. 47, 2014.

Projektbeteiligten gelegt werden. Die Beteiligten sollten der neuen Arbeitsweise und Veränderungen gegenüber aufgeschlossen sein aufgrund des hohen Entwicklungstempos im Bereich digitaler Werkzeuge.

2.10.2 BIM-Anwendungsfälle

Die Anwendungsmöglichkeiten von BIM gestalten sich sehr vielseitig und können im Rahmen dieses Buches daher nur anhand weniger Beispiele vorgestellt werden.[106]

2.10.3 Änderungs- und Entscheidungsmanagement

Bei der Verwendung von BIM wird bereits in einem frühen Planungsstadium ein komplettes virtuelles Bauwerksmodell erstellt. Mit Hilfe dieses Modells können verschiedene Varianten und Änderungen simuliert werden. Hierdurch wird der Bauherr bei einer frühzeitigen und schnellen Entscheidungsfindung unterstützt. Viele Entscheidungen, die in Projekten mit einer zeichnungsorientierten Arbeitsweise während der Bauphase getroffen werden, werden mit BIM in die Planungsphase vorverlegt.[107] Dadurch wird erreicht, dass es während der Bauphase zu weniger Umplanungen und Nachträgen kommt.

Die Einarbeitung von Änderungen – unabhängig davon, ob diese während der Planungs- oder der Bauphase getroffen werden – betrifft nicht nur das Modell, sondern auch weitere Daten, wie beispielsweise Kosten und Termine. Die Auswirkungen der Änderungen können somit transparenter dargestellt werden.

2.10.4 Kollisionsprüfung (clash detection)

Im Rahmen der 3D-Modellierung werden nicht nur die Architekturpläne, sondern auch die Planungen weiterer Fachplaner, z. B. Tragwerksplaner und TGA-Planer, erfasst und zusammengeführt. Mit Hilfe einer sogenannten Kollisionsprüfung können so bereits während der Planungsphase nicht zulässige Leitungsführungen erkannt und korrigiert werden.

In Abb. 2.40 ist ein Beispiel für eine Kollisionsprüfung dargestellt. Vom Programm wurde festgestellt, dass einige Heizungsrohre durch einen Lüftungskanal hindurch verlaufen. Dieses Problem kann nun noch während der Planungsphase behoben werden, sodass im späteren Bauprozess keine Behinderungen daraus zu erwarten sind.

---

[106] Siehe weiterführend bspw. Borrmann/König/Koch/Beetz: Building Information Modeling.
[107] Borrmann/König/Koch/Beetz: Building Information Modeling, Abschn. 1.2.

2.10 Building Information Modeling (BIM) in der Baubetriebsführung

Abb. 2.40 Kollisionsprüfung in RIB iTWO
(Mit freundlicher Genehmigung der RIB Software AG)

2.10.5 Mengenermittlung

Während eines Bauprojektes werden Mengen für unterschiedliche Zwecke benötigt, z. B. für die Erstellung des Angebotes, für die Ausschreibung von Nachunternehmerleistungen, für die Abrechnung der Leistung und später im Betrieb des Objektes, unter anderem für die Ausschreibung der Reinigungsleistungen. Mit Hilfe des virtuellen Datenmodells können die CAD-Daten in ein durchgängiges Mengengerüst überführt werden, das jederzeit hinsichtlich Änderungen aktualisiert werden kann. Die Mengen können zudem mit Hilfe des virtuellen Modells visualisiert und nachvollzogen werden. Mehrfache manuelle Mengenermittlungen während der Projektlaufzeit entfallen.

2.10.6 Ablaufsimulation

Die Bauwerksmodelle und die daraus ermittelten Mengen können die Erstellung von Termin- bzw. Bauablaufplänen wirkungsvoll unterstützen. Im Programm werden die Termine direkt mit dem Modell verknüpft, sodass es möglich ist, den kompletten Bauablauf zu veranschaulichen. Neben der Entstehung des Bauwerkes können jedoch noch weitere Daten zeitabhängig angezeigt werden, wie beispielsweise Budget, Kosten und Ressourcen. Daraus ergeben sich weitere Möglichkeiten, wie unter anderem die Optimierung der Belegschaftskurve oder der Mittelbereitstellungs- und Mittelabflussplanung. In Abb. 2.41 ist ein Beispiel aus der Ablaufsimulation dargestellt.

Erkennbar sind ein Ausschnitt der Terminplanung mit Anfangs- und Endterminen (links oben), die 3D-Darstellung des Fertigstellungsgrades im CAD-Modell (rechts) sowie die Entwicklung von Kosten und Budget (links unten).

2.10.7 Simulation zur Baustelleneinrichtung und -logistik

Neben dem Bauablauf können auch Baustelleneinrichtung und logistische Vorgänge auf der Baustelle simuliert werden. Hierfür wird das Bauwerksmodell um Modelle der er-

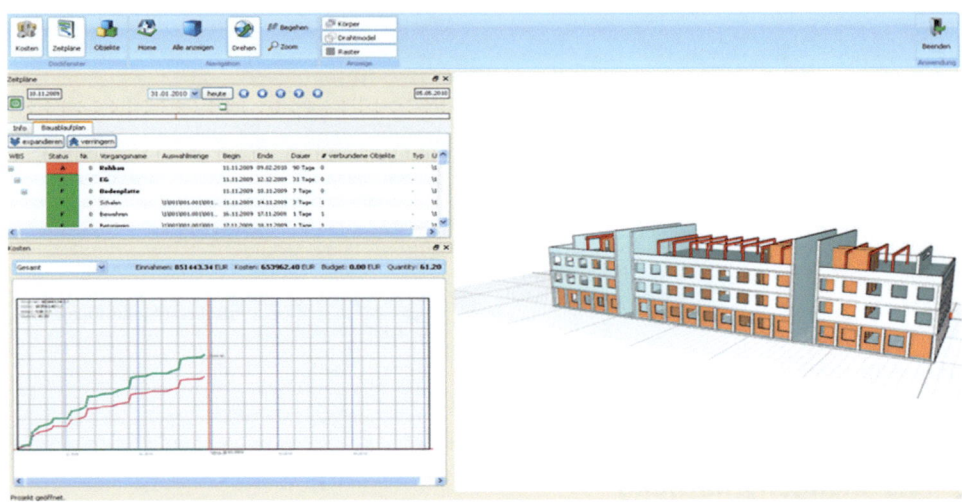

Abb. 2.41 Ablaufsimulation mit RIB iTWO
(Mit freundlicher Genehmigung der RIB Software AG)

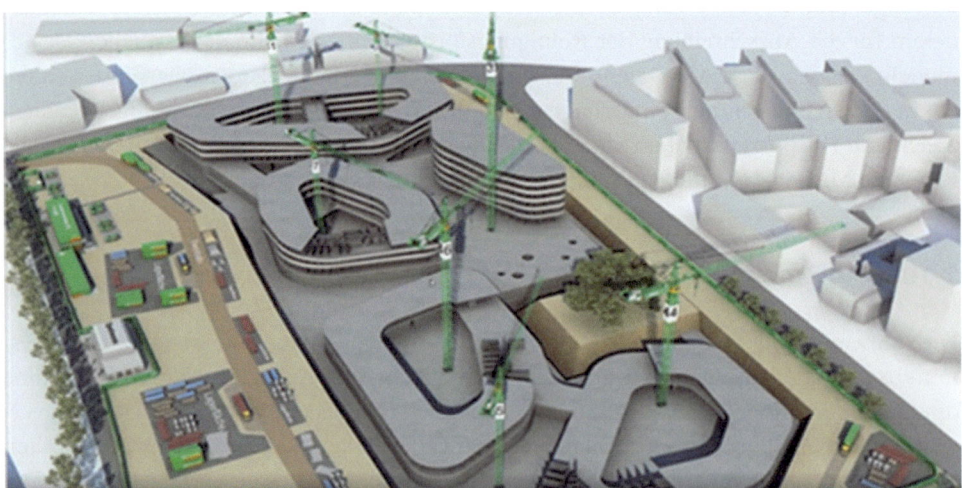

Abb. 2.42 Positionierung von Turmdrehkranen
(Mit freundlicher Genehmigung der ZECH Hochbau AG)

forderlichen Baumaschinen und der infrastrukturellen Einrichtungen ergänzt. Im Programm sind zu diesem Zweck nicht nur die verschiedenen Geräte mit ihren Abmessungen, sondern auch Bewegungsmöglichkeiten, Leistungs- und Kostenkennwerte erfasst. Abb. 2.42 zeigt die Kranpositionierung in einem Baustellenmodell. Das Baustellenmodell kann wiederum mit weiteren Informationen, z. B. Leistungsverzeichnissen oder Ablaufmodellen, verknüpft werden.

Für die Logistiksimulation werden neben den Bauwerks- und Baustellenmodellen sowie dem Rahmenterminplan zusätzlich Liefer- und Verpackungseinheiten, Transportmittel, Lieferketten, Aufwandswerte und Restriktionen der Logistikprozesse benötigt. So werden die logistischen Abläufe auf der Baustelle sichtbar und gegebenenfalls optimierbar.

2.10.8 Controlling, Kostensteuerung und Mängelmanagement

Während der Bauphase kann das Bauwerksmodell für das Baustellencontrolling verwendet werden. Beispielsweise können, bei konsequenter Pflege des Modells, die Leistungsstände im CAD-Modell abgebildet und mit dem Soll-Zustand verglichen werden. Weiterhin können Mengenänderungen hinsichtlich des aktuellen Leistungsstands sowie die erwartete zukünftige Entwicklung analysiert werden.

Auch Programme für das Mängelmanagement können in BIM integriert werden. Baumängel können mit der Angabe von Ort, Raum, Auftragnehmer und Fotos aufgenommen und den jeweiligen Verantwortlichen zur Kenntnis und Mangelbeseitigung zugeordnet werden.

Literatur

A

Aikens, B., Bartsch, B., Hartmann, F., Heinkelmann, J., Hundertmarck, J. M., Kerkhoff, S., Klein, F., Jöst, R., Läge, M., Lenzen, T., Leuschner, M., Lichtenthäler, P., Moltmann, M.-L., Prinz, T., Rätzer-Scheibe, F., Ripa, A., Sanders, C., Schagemann, R., Schlesinger, B. C., Schnepel, V., Schönhardt, F., Seitz, G., Stein-Barthelmes, I., Schultz, B., Wex, I.: Jahresbericht 2017/2018 zur 91. Bundeskammerversammlung, Bundes Architektenkammer, 2018

B

Bauch, U; Bargstädt, H.-J.: Praxis-Handbuch Bauleiter, 3. Auflage, RM Rudolf Müller, Köln, 2023
Berner, F.; Kochendörfer, B.; Schach, R.: Grundlagen der Baubetriebslehre, Band 1, Baubetriebswirtschaft, 3. Aufl., Springer Vieweg, Wiesbaden, 2020
Berner, F.; Kochendörfer, B.; Schach, R.: Grundlagen der Baubetriebslehre, Band 2, Baubetriebsplanung, 3. Aufl., Springer Vieweg, Wiesbaden, 2022
Beck'scher VOB- und Vergaberechts-Kommentar, Teile A, B und C, 3. Auflage, C. H. Beck Verlag, München, 2014
Biermann, M.: Der Bauleiter im Bauunternehmen. Bauablaufstörungen, Nachträge, Dokumentation, Verlagsgesellschaft Müller, Köln, 2005
BKI – Praxis, Lehre und Forschung der Bauökonomie, hrsg. v. Kalusche, K. und Baukosteninformationszentrum Deutscher Architektenkammern, Eigenverlag, Stuttgart, 2005
Borrmann, A.; König, M.; Koch, C.; Beetz, J. (Hrsg.): Building Information Modeling, 2. Aufl., Springer Vieweg Verlag, Wiesbaden, 2021
Brettschneider, S. (Hrsg.): Tarifsammlung für die Bauwirtschaft, Otto Elsner Verlagsgesellschaft, Dieburg, 2023

D

Dürig, G., Herzog, R., Scholz, R.: Grundgesetz (Hrgs.), 102. Auflage, C.H.Beck, 2024

F

Franke, H.; Kemper, R.; Zanner, Ch.: Grünhagen, M.: VOB-Kommentar, 5. Auflage, Werner Verlag, Köln, 2013

Fröhlich, P.; Bielefeld, B. (Hrsg.): Kommentar zur VOB/C, 17. Auflage, Springer Vieweg Verlag, Wiesbaden, 2013

G

Glatzel, L.; Hofmann, O.; Frikell, E.: Unwirksame Bauvertragsklauseln, 11. Auflage, Verlag Ernst Vögel, Stamsried, 2008

E

Emmerich, V.: § 311 Rn. 1, in: Münchener Kommentar zum Bürgerlichen Gesetzbuch: BGB, Band 3, 9. Auflage, C.H. Beck Verlag, München, 2022

Egger u. a.: BIM-Leitfaden für Deutschland, Forschungsprogramm des Bundesinstituts für Bau-, Stadt und Raumforschung (BBSR) im Bundesamt für Bauwesen und Raumentwicklung (BBR), 2014

H

Haug, V.: Öffentliches Recht im Überblick, 3. Auflage, Müller Verlag, Heidelberg, 2021

Heiermann, W.; Riedl, R.; Rusam, M.; Kuffer, J.: Handkommentar zur VOB, 13. Auflage, Springer Vieweg Verlag, Wiesbaden, 2013

Heiermann, W.; Linke, L.; Kullack, A.: VOB-Musterbriefe für den Auftragnehmer, 11. Auflage, Springer Vieweg Verlag, Wiesbaden, 2013

I

Ingestau, H.; Korbion, H.; Kratzenberg, R.; Leupertz, St. (Hrsg.): VOB Teile A und B, Kommentar, 22. Auflage, Werner Verlag, Köln, 2023

J

Jauernig, O.: Kommentar zum Bürgerlichen Gesetzbuch, 18. Auflage, C.H. Beck Verlag, München, 2021

K

Kapellmann, K.; Schiffers, K-H.: Vergütung Nachträge und Behinderungsfolgen beim Bauvertrag, Band 1, Einheitspreisvertrag, 7. Auflage, Werner Verlag, Köln, 2017

Kapellmann, K.; Messerschmidt, B.: VOB Teile A und B Kommentar, 4. Auflage, Verlag C. H. Beck, München, 2012

Kapellmann, K.; Langen, W.: Einführung in die VOB/B, 23. Auflage, Werner Verlag, Köln, 2014

Kittelmann, M., Adolph, L., Michel, A., Packroff, R., Schütte, M., Sommer, S.: Handbuch Gefährdungsbeurteilung, Bundesanstalt für Arbeitsschutz und Arbeitsmedizin (BAuA), Dortmund, 2023

KLR-Bau, Kosten- und Leistungsrechnung der Bauunternehmen, hrsg. v. Hauptverband der deutschen Bauindustrie e.V. und Zentralverband des Deutschen Baugewerbes e.V., 7. Auflage, Werner Verlag, Düsseldorf, 2001

L

Leinemann, R.: VOB/B-Kommentar, 5. Auflage, Werner Verlag, Köln, 2013

M

Mahler, H.: H: Stichwort: Bauleitung für Bauführer und Bauleiter im Hochbau, 4. Auf lage, Bauverlag, Wiesbaden/Berlin, 1993

Markus, J.; Kaiser, S.; Kapellmann, K.: AGB-Handbuch Bauvertragsklauseln, 4. Auf lage, Werner Verlag, Köln, 2014

Markus, J.; Kapellmann, K.; Messerschmidt, B.: VOB A/B, § 2 VOB/B Rn. 120, 8. Auflage, C.H. Beck Verlag, 2022

Merkblatt über Rahmenbedingungen für erforderliche Fachkenntnisse zur Verkehrssicherung von Arbeitsstellen an Straßen (MVAS 1999), Bekanntmachung des Bayerischen Staatsministeriums des Innern vom 3. November 1999 (AllMBl. S. 902)

O

Oppermann, T; Classen, C.; Nettesheim, M.: Europarecht, 9. Auflage, C.H. Beck Verlag, 2021

P

Papier, H.-J.; Shirvani, F.: GG Art. 14 Rn. 164, Inhalts- und Schrankenbestimmung und Sozialbindung des Eigentums in: Dürig, G.; Herzog, R.; Scholz, R. (Hrsg.): Grundgesetz, C. H. Beck Verlag, 100. Auflage, München, 2023

Proporowitz, A. (Hrsg.): Baubetrieb – Bauwirtschaft, Fachbuchverlag Leipzig im Carl Hanser Verlag, München, 2008

R

von Rintelen, C.; Kapellmann, K.; Messerschmidt, B.: VOB A/B, Einleitung VOB/B Rn. 46, 8. Auflage, C.H. Beck, 2022

Rybicki, R.: Bauausführung und Bauüberwachung, Werner Verlag, Köln, 1999

S

Schach, R.; Otto, J.: Baustelleneinrichtung, 4. Aufl., Springer Vieweg, Wiesbaden, 2022

Schach, R.; Naumann-Jährig, R.: Einsatz von Projekt-Kommunikations-Management-Systemen bei Planung und Abwicklung von Baumaßnahmen in: BKI Praxis, Lehre und Forschung der Bauökonomie, Stuttgart, 2005

Scherer, R.J.; Schapke, S.-E. (Hrsg.): Informationssysteme im Bauwesen, Modelle, Methoden und Prozesse, Band 1, Springer Vieweg, Wiesbaden, 2014

Schneider, M.; Kapellmann, K.; Messerschmidt, B.: Einleitung VOB/A Rn. 2, VOB Teile A und B, 8. Auflage, C.H. Beck, 2022

Schuman-Erklärung von Mai 1950, in: Hallstein, W.: Nachschrift des am 28.4.1951 gehaltenen Vortrages, Frankfurt a.M., 1951

T

Teichmann, A.: Vorbemerk zu § 650a Rn. 1. In: Jauernig-BGB, 18. Auflage, 2021

W

Wirth, A.; Pfisterer, C.; Schellenberg, B.: Privates Baurecht praxisnah – Basiswissen mit Fallbeispielen, 3. Auflage, Springer Vieweg Verlag, Wiesbaden, 2021

von Wietersheim, M.; Korbion, C.-J.: Basiswissen privates Baurecht, C. H. Beck Verlag, München, 2003

Zitierte Gesetze und Verordnungen

A

Arbeitsschutzgesetz (ArbSchG)
Arbeitsstätten-Richtlinien (ASR)
Arbeitsstättenverordnung (ArbStättV 2004)
Arbeitszeitgesetz (ArbZG)

B

Bauordnung für Berlin (BAuO Bln), Fassung vom 09.04.2018, Stand 25.01.2024
Bauordnung für das Land Nordrhein-Westfalen (BauO NRW)

BGH-Urteil vom 22. 01. 2004; VII ZR 419/02, BGHZ 157,346
BGH-Urteil vom 10. 05. 2007, VII ZR 226/05
Bundesnaturschutzgesetz (BNatSchG)
Bundesrahmentarifvertrag für das Baugewerbe vom 28.September 2018 in der Fassung vom 10. November 2022 (BRTV)
Bürgerliches Gesetzbuch (BGB), 18. Auflage (2021)
BVerwG BeckRS 1955, 102309: Urteil vom 08.12.1955 – I C 135.54.

G

Gesetz zur Reform des Bauvertragsrechts, zur Änderung der kaufrechtlichen Mängelhaftung, zur Stärkung des zivilprozessualen Rechtsschutzes und zum maschinellen Siegel im Grundbuch- und Schiffsregisterverfahren vom 28.4.2017, BGBI. I. S.969
GG – Grundgesetz, C. H. Beck Verlag, 100. Auflage, München 2023

H

HOAI – Honorarordnung für Architekten und Ingenieure, 39. Auflage, Beck dtv, München, 2024

J

Jugendarbeitsschutzgesetz (JArbSchG)

K

Kreislaufwirtschaftsgesetz (KrWG 2012)
Kreislaufwirtschafts- und Abfallgesetzes (KrW-/AbfG) 1994

L

Landesbauordnung Baden-Württemberg (LBO-BW)

M

Merkblatt über Rahmenbedingungen für erforderliche Fachkenntnisse zur Verkehrssicherung von Arbeitsstellen an Straßen (MVAS 1999)

R

Rahmentarifvertrag für Leistungslohn vom 29.07.2005 (RTV Leilo) in Brettschneider, S. (Hrsg.): Tarifsammlung für die Bauwirtschaft, Otto Elsner Verlagsgesellschaft, Dieburg, 2023

S

Sächsische Bauordnung (SächsBO), Fassung vom 11.05.2016, Stand 25.01.2024
Sächsisches Denkmalschutzgesetz (SächsDSchG)
Sächsisches Naturschutzgesetz (SächsNatSchG)
Strafgesetzbuch (StGB)
Straßenverkehrsordnung (StVO)

U

Unfallverhütungsvorschriften (UVV)

V

Vergabe- und Vertragshandbuch für die Baumaßnahmen des Bundes, ausgenommen Maßnahmen der Straßen- und Wasserbauverwaltungen (VHB), hrsg. v. Bundesministerium für Verkehr, Bau und Stadtentwicklung, Bundesanzeiger-Verlag, Köln, Ausgabe 2017, Stand 2022
VOB Teil A – Vergabe- und Vertragsordnung für Bauleistungen, Teil A (VOB/A) – Ausgabe 2019 – vom 31.01.2019 – Veröffentlicht am Dienstag, 19.02.2019 Banz AT 19.02.2019 B2
VOB Teil B – Vergabe- und Vertragsordnung für Bauleistungen, Teil B Allgemeine Vertragsbedingungen für die Ausführung von Bauleistungen, aufgestellt vom Deutschen Vergabe- und Vertragsausschuss für Bauleistungen (DVA), bekanntgemacht im Banz AT 19.01.2016 B3 und Banz AT 01.04.2016 B1

W

Wasserhaushaltsgesetz (WHG)

Zitierte weiterführende Informationen im Internet

A

Arbeitsgemeinschaft Industriebau, München www.agi-online.de (aufgerufen 04.08.2022)
Autodesk, München www.autodesk.de (aufgerufen 01.08.2023)
AWARO, Langenhagen www.awaro.com (aufgerufen 01.08.2023)

B

Bentley, www.bentley.com (aufgerufen 01.08.2023)
Berufsgenossenschaft der Bauwirtschaft, Berlin www.bgbau.de (aufgerufen 04.08.2022)
Bundesgesetzblatt, www.bgbl.de (aufgerufen 07.08.2023)

C

CASA-bauen, Wiesbaden https://www.offensive-gutes-bauen.de/fileadmin/user_upload/pdf/casa-bauen.pdf (aufgerufen 16.07.2023)
CAD-Vorlagen im Staatlichen Baumanagement Niedersachsen, Hannover www.nlbl.niedersachsen.de (aufgerufen 30.07.2023)
Conetis, Horb am Neckar www.conetis.de (aufgerufen 01.08.2023)
Cycot, Augsburg www.cycot.de (aufgerufen 01.08.2023)

D

Deutsches Institut für Bautechnik, Berlin www.dibt.de (aufgerufen 04.08.2022)
Deutsches Institut für Normung, Berlin www.din.de (aufgerufen 04.08.2022)
Deutscher Verband für Facility Management, Bonn www.gefma.de (aufgerufen 04.08.2022)
Deutscher Verein des Gas- und Wasserfaches, Bonn www.dvgw.de (aufgerufen 04.08.2022)
Die Forschungsgesellschaft für Straßen- und Verkehrswesen, Köln www.fgsv.de (aufgerufen 04.08.2022)
Die unmittelbare Wirkung des Rechts der Europäischen Union, https://eur-lex.europa.eu/DE/legal-content/summary/the-direct-effect-of-european-union-law.html (aufgerufen 23.02.2024)
Dokupool, Berlin www.dokupool.com (aufgerufen 01.08.2023)

E

Edr Software, München www.edr-software.de (aufgerufen 01.08.2023)
Eplass, Würzburg www.eplass.de (aufgerufen 01.08.2023)

G

Gefährdungsbeurteilung, Dortmund https://www.baua.de/DE/Themen/Arbeitsgestaltung/Gefaehrdungsbeurteilung/Handbuch-Gefaehrdungsbeurteilung/Grundlagenwissen/Grundlagen/Grundlagen_node.html (aufgerufen 01.02.2024)
Gründungsverträge, https://european-union.europa.eu/principles-countries-history/principles-and-values/founding-agreements_de (aufgerufen 27.02.2024)

H

hEN-Liste, Deutsches Institut für Bautechnik, Berlin 2023 www.dibt.de/de/service/listen-und-verzeichnisse/hen-liste (aufgerufen 04.08.2022)
HOAI – Honorarordnung für Architekten und Ingenieure 2021, Textausgabe mit amtlicher Begründung, Kohlhammer Verlag, Stuttgart, 2021, oder Internetausgabe, Erlensee 2021 https://www.hoai.de/hoai/volltext/hoai-2021/ (aufgerufen 31.07.2023)

I

Internationale Organisation für Normung, Genf www.iso.org (aufgerufen 04.08.2022)
IPA Zentrum, Kompetenzzentrum für Integrierte Projektabwicklungen, Karlsruhe www.ipa-zentrum.de (aufgerufen 08.03.2024)

K

KOMKO-bauen, Karlsruhe www.komko-bauen.de (aufgerufen 16.07.2023)
Kurz-Handlungshilfen zur Erstellung und Dokumentation der Gefährdungsbeurteilung für Kleinbetriebe, Berlin www.bgbau.de/themen/sicherheit-und-gesundheit/gefaehrdungsbeurteilung/kurzhandlungshilfen/ (aufgerufen 06.08.2023)

L

Legano, Neunkirchen www.legano.de (aufgerufen 01.08.2023)

M

Maclarensoftware, www.mclarensoftware.de (aufgerufen 01.08.2023)

N

Netzwerkplan, Darmstadt www.netzwerkplan.de (aufgerufen 01.08.2023)
Niedersächsisches Landesamt für Bau und Liegenschaften: Leitstelle CAD, Hannover www.lcad.de (aufgerufen 30.07.2023)

O

Offensive Gutes Bauen, Karlsruhe www.offensive-gutes-bauen.de (aufgerufen 16.07.2023)

P

Planview, Karlsruhe www.planview.com (aufgerufen 01.08.2023)
PMG Projektraum Management, München www.pmgnet.de (aufgerufen 01.08.2023)
Poolarserver, Stuttgart www.poolarserver.com (aufgerufen 01.08.2023)

Q

Quellen und Geltungsbereich des Rechts der Europäischen Union, https://www.europarl.europa.eu/factsheets/de/sheet/6/quellen-und-geltungsbereich-des-rechts-der-europaischen-union (aufgerufen 23.02.2024)

S

Siso, Bellinzona www.siso.net (aufgerufen 01.08.2023)
SOKA-Bau Service und Vorsorge für die Bauwirtschaft, Wiesbaden www.soka-bau.de (aufgerufen 15.11.2021)

T

Thinkproject, München www.thinkproject.com (aufgerufen 01.08.2023)

U

Urteile des Bundesverwaltungsgerichts, Leipzig www.bverwg.de (aufgerufen 07.08.2023)

V

VdS Schadensverhütung, Köln www.vds.de (aufgerufen 04.08.2022)
Verband der Elektrotechnik Elektronik Informationstechnik, Offenbach am Main, 2024 ww.vde.de (aufgerufen 04.08.2022)
Verein Deutscher Ingenieure, Düsseldorf www.vdi.de (aufgerufen 04.08.2022)

W

WeltWeitBau, Berlin www.wwb-space.de (aufgerufen 01.08.2023)

Bauphase

3

3.1 Bauprozess und Ressourceneinsatz

Bei der Erstellung von Bauleistungen setzt der damit beauftragte Bauunternehmer Planungsvorgaben seines Auftraggebers, des Bauherrn, in ein Bauwerk bzw. den von ihm zu erstellenden Teil eines Bauwerks um. Ein Prozessdiagramm der Bauleistungserstellung ist in Abb. 3.1 dargestellt: Der Bauherr schafft mit seiner Projektidee sowie der Bereitstellung des Baugrundstücks und der Sicherstellung der Finanzierung die Voraussetzungen für die Realisierung eines Bauvorhabens. Das ausführende Bauunternehmen erhält die zur Bauleistungserstellung notwendigen Informationen (z. B. Leistungsbeschreibung, Pläne, behördliche Auflagen) und bringt seinerseits die erforderlichen Ressourcen bzw.

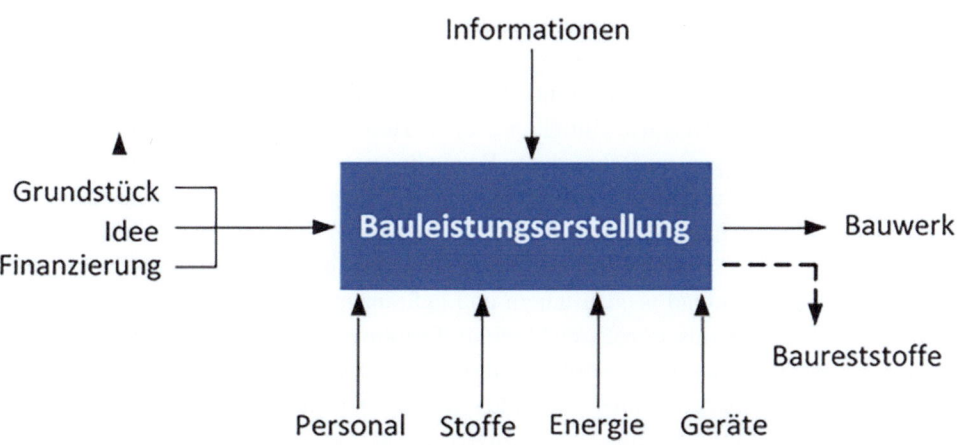

Abb. 3.1 Prozessdiagramm der Bauleistungserstellung

Produktionsmittel (Personal, Geräte, Material, Energie) ein, um das Bauwerk zu errichten. Während des Produktionsprozesses fallen außerdem i. d. R. Baureststoffe an, die entsorgt werden müssen.

In nicht dargestellt sind die zahlreichen Hilfsprozesse, die für eine erfolgreiche Bauwerkserstellung notwendig sind. Zu nennen sind hier etwa die Fertigungsplanung,[1] aber auch diejenigen Aufgaben, die im Zuge der Durchführung eines Bauauftrags von der unternehmensseitigen Bauleitung erfüllt werden müssen. Diese werden nachfolgend in Abschn. 3.2, 3.3, 3.4, und 3.5 sowie in den Kap. 4 und 5 näher thematisiert.

Die zentrale Aufgabe der Bauleitung ist es sicherzustellen, dass die geschuldete Leistung einerseits in der geforderten Qualität und zu den vereinbarten Terminen erbracht und andererseits mit dem für das ausführende Unternehmen bestmöglichen wirtschaftlichen Ergebnis abgeschlossen wird. Ein besonderes Augenmerk ist hierbei nicht zuletzt auch auf die Einhaltung von Umwelt- wie auch von Sicherheits- und Gesundheitsschutzanforderungen zu legen.

Die Bauleitung hat in diesem Kontext dafür Sorge zu tragen, dass sämtliche zur ordnungsgemäßen und wirtschaftlich erfolgreichen Durchführung eines Bauauftrags benötigten Ressourcen jeweils in der notwendigen Menge, der erforderlichen Qualität und zum richtigen Zeitpunkt an der erforderlichen Stelle zur Verfügung stehen.[2]

3.1.1 Ressourcen des Bauprozesses

In den folgenden Abschnitten werden die Ressourcen des Bauprozesses beispielhaft für Rohbauarbeiten aufgezeigt.

3.1.1.1 Personal

Die langfristige, übergeordnete Ermittlung des Personalbedarfs einer Baustelle erfolgt bereits im Rahmen der Fertigungsplanung, meistens im Zusammenhang mit der Bauablaufplanung. Diese planerischen Erkenntnisse stellen wiederum die Basis für die Festlegung und Dimensionierung der Sozialeinrichtungen, der Hebezeuge (Krane, Bauaufzüge) sowie der Zutrittseinrichtungen im Rahmen der Baustelleneinrichtungsplanung dar. Somit stehen der Bauleitung grundlegende Informationen über die geplante Zusammensetzung und die zeitliche Entwicklung der Baustellenbelegschaft zur Verfügung.

Der so geplante Personalbedarf ist im Rahmen des Termincontrollings (siehe Abschn. 3.4.1) fortlaufend nachzusteuern und ggf. anzupassen. Wird z. B. erkannt, dass aus dem eigenen Organisationsbereich heraus Terminverzögerungen entstanden sind, so müssen diese wieder aufgeholt werden, sofern die vorgesehenen und ggf. vertraglich vereinbarten Fertigstellungstermine eingehalten werden sollen. Als terminsichernde Maßnahme wird dann häufig der Einsatz von zusätzlichem Personal erforderlich.

---

[1] Berner/Kochendörfer/Schach/Jünger/Otto/Sundermeier: Grundlagen der Baubetriebslehre, Band 2.
[2] Häufig auch mit den „vier W" beschrieben: wieviel, was, wo und wann.

Die langfristig orientierte Fertigungsplanung muss somit durch eine mittel- und kurzfristige Personalplanung ergänzt werden. Diese ist detailliert mit den Ressourceneinsatzplanungen anderer Baustellen abzustimmen. Meistens erfolgt dies bei den wöchentlich durchgeführten Bauleitungsgesprächen, die unter der Leitung der Oberbauleitung stattfinden. Bei diesen Besprechungen muss eine eventuell notwendige Personalverstärkung angemeldet werden. Die Entscheidung erfolgt dann unter Abwägung der Bedürfnisse aller laufenden Baustellen Die Personalplanung erfolgt in kleinen Unternehmen oftmals noch händisch durch Stecktafeln, in größeren Unternehmen kommen in aller Regel IT-Werkzeuge zum Einsatz.

Besonders sorgfältig ist die mittelfristige Planung in den Urlaubszeiten vorzunehmen. Von allen Mitarbeitern des Unternehmens ist rechtzeitig der Urlaubswunsch zu erfragen. Inwieweit der Urlaubswunsch wie beantragt genehmigt werden kann, wird meist in Gesprächen und unter Beachtung der jeweiligen Zuständigkeiten (siehe Abschn. 2.2.6) abgestimmt. In der Praxis wird jedoch besonders in den Sommermonaten mit einer urlaubsbedingten Einschränkung der personellen Kapazitäten zu rechnen sein. Kleinere Unternehmen begegnen diesem Umstand ggf. durch feste Betriebsferien, die bereits in der Jahresplanung berücksichtigt werden.

3.1.1.2 Geräte

Im Rahmen der Arbeitsvorbereitung wird eine Gerätebedarfsplanung erstellt, welche die wichtigsten Vorhalte- und Leistungsgeräte umfasst. Geräte, die zum Beginn der Baumaßnahmen benötigt werden, sind unmittelbar nach Erhalt des Bauauftrags bei der gerätetechnischen Abteilung zu disponieren. Dies betrifft auch die Baustelleneinrichtung.[3] Falls eigene Geräte nicht zur Verfügung stehen, sind Gespräche und Verhandlungen mit Anbietern von Mietgeräten zu führen, um die erforderlichen Gerätekapazitäten zu möglichst günstigen Bedingungen sichern zu können.

Der Empfang eines Gerätes auf der Baustelle wird auf dem Versandbeleg, in der Praxis auch als Lieferschein oder Gerätemeldung bezeichnet, (siehe Abb. 3.2) bestätigt.

Dabei ist sorgfältig zu prüfen, ob das Gerät Beschädigungen oder Defekte aufweist. Diese sind ggf. auf dem Versandbeleg zu vermerken, damit bei Rückgabe des Gerätes keine ungerechtfertigte Kostenbelastung der Baustelle für die erforderlichen Reparaturen erfolgt.

Der Versandbeleg dient dazu, das Gerät auf die Baustelle zu verbuchen. Damit werden der Baustelle Mietkosten (für Abschreibung, Verzinsung und Reparatur) angerechnet. Grundlage der Mietkostenverrechnung stellen die Sätze der Baugeräteliste (BGL)[4] oder firmeninterne Verrechnungssätze dar.

---

[3] Vgl. dazu Schach/Otto: Baustelleneinrichtung.

[4] Baugeräteliste (BGL): Hrsg. Hauptverband der Deutschen Bauindustrie e.V.

Lagerplatz Stuttgart
Turbinenstraße 45 70499 Stuttgart (Weilimdorf)
Telefon (0711) 8 399 25 10 Fax (0711) 8 399 25 27

Lagerplatz Könnern
Gewerbegebiet Süd 06420 Könnern
Telefon (03471) 301 206 Fax (03471) 301 205

Versandbeleg Nr. 140630-105239-99

Abgebende Abteilung / Baustelle / Lagerplatz

Bemerkungen

Projekt:

Empfänger-Nr. 2 0 0

Empfangende Abteilung / Baustelle / Lagerplatz

Projekt:

Empfänger-Nr. 2 0 0

Inventar-Nr.	Stk.	Bezeichnung	Vermerk der Empfangsstelle			

Den richtigen Versand bescheinigt:

Abb. 3.2 Versandbeleg/Lieferschein
(Mit freundlicher Genehmigung der BAM Deutschland AG, jetzt: ZECH Hochbau AG)

Kleinere Baugeräte, wie z. B. Minibagger, kleine Radlader, Rüttelplatten und kleine Walzen, werden in der Regel nicht langfristig geplant. Bauunternehmen haben recht unterschiedliche Philosophien zu diesen kleineren Geräten, bspw.:

- Es wird eine bestimmte Zahl dieser Geräte auf dem Bauhof vorgehalten. Falls Geräte verfügbar sind, können diese nach Abruf kurzfristig auf die Baustelle geliefert werden. Falls keine Geräte mehr verfügbar sind, werden diese extern angemietet.
- Diese Geräte werden nicht vorgehalten. Die Baustellen müssen diese selbst extern anmieten.

Als typische Kleingeräte zu betrachten sind etwa Handbohrmaschinen, (Hand-)Kreissägen und sonstige elektrisch betriebene Werkzeuge. Es hat sich heute bei vielen Bauunternehmen eingebürgert, dass komplett ausgestattete Werkzeugcontainer auf die Baustelle transportiert werden. In diesen Fällen müssen nur noch Spezialwerkzeuge vom Bauhof abgerufen werden. Vergleichbar zur Baugeräteliste (BGL) gibt es eine Zusammenstellung von Kleingeräten und Werkzeugen (Schaufeln, Pickel, Besen, Kellen, etc.) in der so genannten Baustellenausstattungsliste (BAL).[5]

Sobald ein Gerät nicht mehr benötigt wird, sollte es bei der gerätetechnischen Abteilung oder beim externen Vermieter freigemeldet werden. Mit der Freimeldung enden die Verpflichtungen zur Übernahme der Miet- und Reparaturkosten und somit auch das Recht auf weitere Benutzung. In der Regel wird dann sehr zeitnah der Abtransport des Gerätes von der Baustelle veranlasst.

Falls abzusehen ist, dass ein Gerät über einen längeren Zeitraum nicht benötigt wird, kann es auch stillgelegt werden. Mit der Stilllegungsmeldung endet das Recht auf Nutzung des Gerätes, es wird aber nicht abtransportiert, sondern verbleibt auf der Baustelle. Nach der Stilllegung wird die Baustelle nur noch mit reduzierten Sätzen für Miete und Reparatur belastet. Die Stilllegung ist besonders im Winter zu beachten, wenn auf einer Baustelle wegen Schlechtwetters längere Zeit nicht gearbeitet werden kann.

Die Bauleitung kann ihren Gerätebestand i. d. R. tagesaktuell über die unternehmensinterne IT verfolgen oder sie erhält monatlich eine Geräteliste, in der sämtliche Geräte aufgeführt sind, deren Kosten auf die Baustelle gebucht werden (siehe Abb. 3.3).

Aufgeführt sind sämtliche auf der Baustelle geführten Geräte einschließlich der Miet- und Reparatursätze, häufig auch weitere Informationen wie Gerätenummer, Tag der Anlieferung etc. Die Bauleitung sollte diese Liste immer sorgfältig prüfen, damit der Baustelle keine Geräte in Rechnung gestellt werden, die sich nicht oder nicht mehr auf der Baustelle befinden.

Geräte, die auf Baustellen eingesetzt werden, sind regelmäßig auf ihre einwandfreie Funktionsfähigkeit zu überprüfen. Gesetzliche Grundlagen hierfür bilden die

- Betriebssicherheitsverordnung (BetrSichV),
- DGUV Vorschrift 1 (früher BGV A1) „Grundsätze der Prävention",

---

[5] Baustellenausstattungsliste (BAL): Hrsg. Hauptverband der Deutschen Bauindustrie e.V.

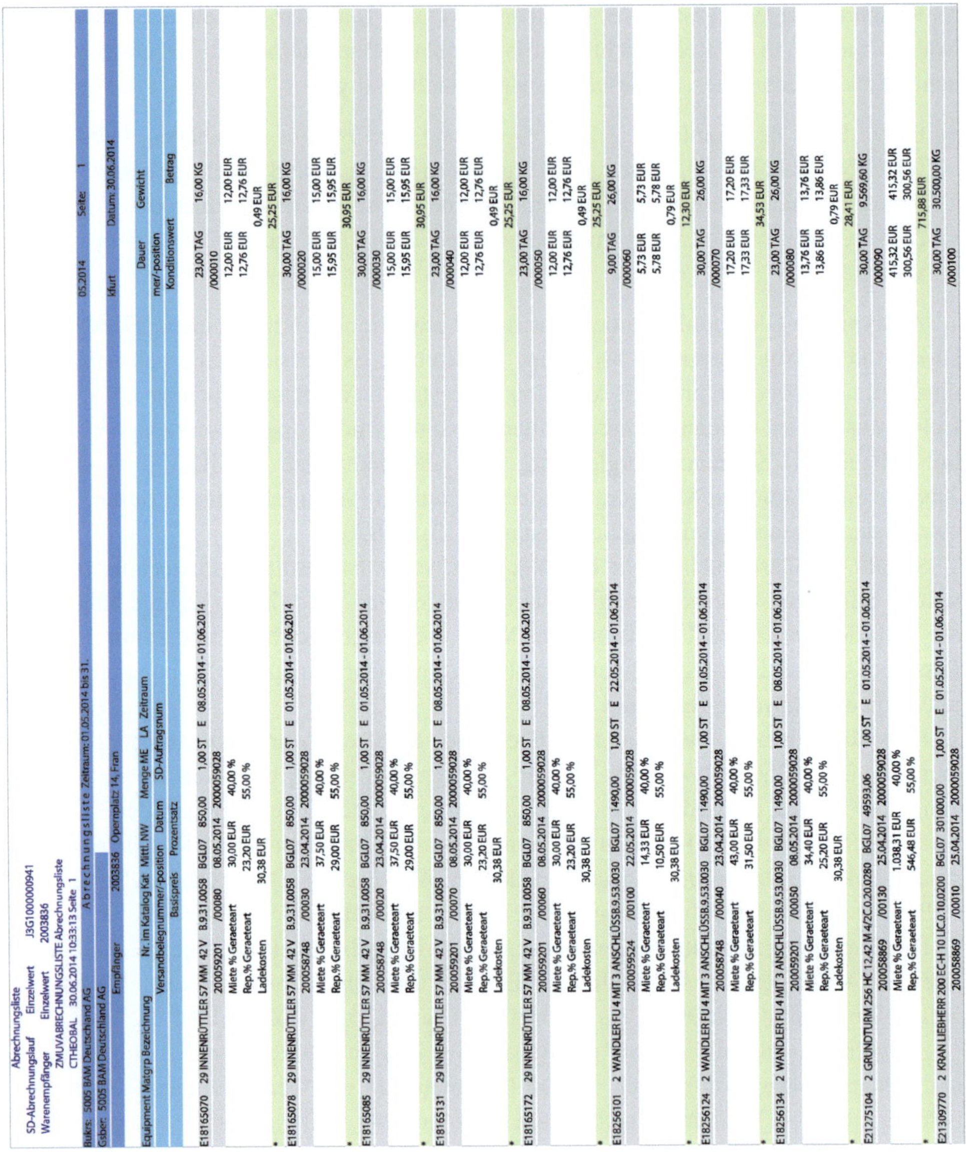

Abrechnungsliste
SD-Abrechnungslauf Einzelwert J3G1000000941
Warenempfänger Einzelwert 2003836
ZMUVABRECHNUNGSLISTE Abrechnungsliste
CTHEOBAL 30.06.2014 10:33:13 Seite 1
Bukrs: 5005 BAM Deutschland AG Abrechnungsliste Zeitraum: 01.05.2014 bis 31.05.2014 Seite: 1
Gsber: 5005 BAM Deutschland AG
Empfänger 2003836 Opernplatz 14, Frankfurt Datum: 30.06.2014
Equipment Matgrp Bezeichnung Nr. im Katalog Kat Mittl. NW Menge ME LA Zeitraum Dauer Gewicht
Versandbelegnummer/-position Datum SD-Auftragsnummer/-position
Basispreis Prozentsatz Konditionswert Betrag

E18165070 29 INNENRÜTTLER 57 MM 42 V B.9.31.0058 BGL07 850,00 1,00 ST E 08.05.2014 - 01.06.2014 23,00 TAG 16,00 KG
200059201 /00080 08.05.2014 2000059028 /000010
Miete % Geraeteart 30,00 EUR 40,00 % 12,00 EUR 12,00 EUR
Rep.% Geraeteart 23,20 EUR 55,00 % 12,76 EUR 12,76 EUR
Ladekosten 30,38 EUR 0,49 EUR
25,25 EUR

E18165078 29 INNENRÜTTLER 57 MM 42 V B.9.31.0058 BGL07 850,00 1,00 ST E 01.05.2014 - 01.06.2014 30,00 TAG 16,00 KG
200058748 /00030 23.04.2014 2000059028 /000020
Miete % Geraeteart 37,50 EUR 40,00 % 15,00 EUR 15,00 EUR
Rep.% Geraeteart 29,00 EUR 55,00 % 15,95 EUR 15,95 EUR
30,95 EUR

E18165085 29 INNENRÜTTLER 57 MM 42 V B.9.31.0058 BGL07 850,00 1,00 ST E 01.05.2014 - 01.06.2014 30,00 TAG 16,00 KG
200058748 /00020 23.04.2014 2000059028 /000030
Miete % Geraeteart 37,50 EUR 40,00 % 15,00 EUR 15,00 EUR
Rep.% Geraeteart 29,00 EUR 55,00 % 15,95 EUR 15,95 EUR
30,95 EUR

E18165131 29 INNENRÜTTLER 57 MM 42 V B.9.31.0058 BGL07 850,00 1,00 ST E 08.05.2014 - 01.06.2014 23,00 TAG 16,00 KG
200059201 /00070 08.05.2014 2000059028 /000040
Miete % Geraeteart 30,00 EUR 40,00 % 12,00 EUR 12,00 EUR
Rep.% Geraeteart 23,20 EUR 55,00 % 12,76 EUR 12,76 EUR
Ladekosten 30,38 EUR 0,49 EUR
25,25 EUR

E18165172 29 INNENRÜTTLER 57 MM 42 V B.9.31.0058 BGL07 850,00 1,00 ST E 08.05.2014 - 01.06.2014 23,00 TAG 16,00 KG
200059201 /00060 08.05.2014 2000059028 /000050
Miete % Geraeteart 30,00 EUR 40,00 % 12,00 EUR 12,00 EUR
Rep.% Geraeteart 23,20 EUR 55,00 % 12,76 EUR 12,76 EUR
Ladekosten 30,38 EUR 0,49 EUR
25,25 EUR

E18256101 2 WANDLER FU 4 MIT 3 ANSCHLÜSSB.9.53.0030 BGL07 1490,00 1,00 ST E 22.05.2014 - 01.06.2014 9,00 TAG 26,00 KG
200059524 /00100 22.05.2014 2000059028 /000060
Miete % Geraeteart 14,33 EUR 40,00 % 5,73 EUR 5,73 EUR
Rep.% Geraeteart 10,50 EUR 55,00 % 5,78 EUR 5,78 EUR
Ladekosten 30,38 EUR 0,79 EUR
12,30 EUR

E18256124 2 WANDLER FU 4 MIT 3 ANSCHLÜSSB.9.53.0030 BGL07 1490,00 1,00 ST E 01.05.2014 - 01.06.2014 30,00 TAG 26,00 KG
200058748 /00040 23.04.2014 2000059028 /000070
Miete % Geraeteart 43,00 EUR 40,00 % 17,20 EUR 17,20 EUR
Rep.% Geraeteart 31,50 EUR 55,00 % 17,33 EUR 17,33 EUR
34,53 EUR

E18256134 2 WANDLER FU 4 MIT 3 ANSCHLÜSSB.9.53.0030 BGL07 1490,00 1,00 ST E 08.05.2014 - 01.06.2014 23,00 TAG 26,00 KG
200059201 /00050 08.05.2014 2000059028 /000080
Miete % Geraeteart 34,40 EUR 40,00 % 13,76 EUR 13,76 EUR
Rep.% Geraeteart 25,20 EUR 55,00 % 13,86 EUR 13,86 EUR
Ladekosten 30,38 EUR 0,79 EUR
28,41 EUR

E21275104 2 GRUNDTURM 256 HC 12,42 M 4/2C.0.20.0280 BGL07 49593,06 1,00 ST E 01.05.2014 - 01.06.2014 30,00 TAG 9.569,60 KG
200058869 /00130 25.04.2014 2000059028 /000090
Miete % Geraeteart 1.038,31 EUR 40,00 % 415,32 EUR 415,32 EUR
Rep.% Geraeteart 546,48 EUR 55,00 % 300,56 EUR 300,56 EUR
715,88 EUR

E21309770 2 KRAN LIEBHERR 200 EC-H 10 LIC.0.10.0200 BGL07 301000,00 1,00 ST E 01.05.2014 - 01.06.2014 30,00 TAG 30.500,00 KG
200058869 /00010 25.04.2014 2000059028 /000100

Abb. 3.3 Geräteliste
(Mit freundlicher Genehmigung der BAM Deutschland AG, jetzt: ZECH Hochbau AG)

- DGUV Regel 100–500 (früher BGR 500) „Betreiben von Arbeitsmitteln" (Teil 2.12 „Betreiben von Erdbaumaschinen"),
- EN 474 „Erdbaumaschinen Sicherheit".

In der DGUV Regel 100–500 (früher BGR 500) wird eine jährliche Prüffrist definiert. Durch die Prüfung wird nicht nur die Betriebssicherheit der Maschinen und somit die Sicherheit des Anwenders gewährleistet. Durch die Prüfung der Geräte werden auch Mängel frühzeitig erkannt. Dies erhöht die Einsatzfähigkeit der Geräte, minimiert die Ausfallzeiten und vermeidet größere Reparaturen.

Die jährliche Prüffrist sollte unter Berücksichtigung nachfolgender Kriterien eventuell reduziert werden:

- Einsatzdauer und -ort,
- Art der mit der Maschine durchgeführten Arbeiten (Einsatzbedingungen),
- Qualifikation der eingesetzten Bediener (insbesondere bei Mietgeräten ein relevanter Faktor),
- Alter der Maschine und
- Pflege und Wartung der Maschine in der Vergangenheit.

Die Prüfung ist schriftlich zu dokumentieren. Im Abnahmeprotokoll sind Datum und Ort der Prüfung sowie alle festgestellten Mängel zu erfassen. Abb. 3.4 zeigt ein Abnahmeprotokoll für Krane. Die Prüfung muss nach DGUV Regel 100–500 (früher BGR 500) von einem Sachkundigen durchgeführt werden.

3.1.1.3 Stoffe

Unter dem Begriff der Stoffe werden subsumiert:

- Baustoffe (Materialien, die Bestandteil des Bauwerks werden, wie z. B. Steine, Mörtel, Stahl und Beton),
- Bauhilfsstoffe (Verbrauchsstoffe, die zum Bauen benötigt werden, aber nicht Bestandteil des Bauwerks werden, wie z. B. Schalholz oder Folien zur Nachbehandlung von Beton) sowie
- Betriebsstoffe (elektrische Energie, Verbrennungskraftstoffe, Druckluft).

Die zur Ausführung von Bauleistungen erforderlichen Stoffe werden in der Regel über den Einkauf beschafft. Die Bauleitung muss somit dem Einkäufer rechtzeitig mitteilen, welche Bau-, Bauhilfs- und Betriebsstoffe zu welchem Zeitpunkt und in welcher Menge auf der Baustelle benötigt werden.

Beton

Beton kommt als Baustoff auf nahezu sämtlichen Baustellen zum Einsatz. Beton ist in den Normen DIN EN 13670:2011-03 und DIN 1045-3:2012-03 durchgängig von der Bemessung und Konstruktion über die Betonherstellung bis zur Bauausführung geregelt. Für die Festlegungen der zur Bestellung von Beton anzugebenden technischen Spezifikationen (Betonrezeptur) sind die Vorgaben der DIN EN 206-1:2001-07 zu beachten. Für selbstverdichtenden Beton (SVB) wurden mit der DIN EN 206-9:2010-09 ergänzende Regelungen erlassen. Hierzulande kommt Beton zumeist als Transportbeton zum Einsatz. Der auf der Baustelle hergestellte Baustellenbeton soll daher an dieser Stelle nicht weiter betrachtet werden.

Wiederkehrende Prüfung für Krane nach BGV D6/BetrSichV

Betreiber: _____ Niederlassung: _____
Baustelle: _____ Voraussichtlicher Einsatz bis: _____

Hersteller: _____ Inv.-Nr. _____ Fabr.-Nr. _____
Baujahr _____ Nächste SV-Prüf. _____ Typ _____
Hakenhöhe (m) _____ Turmkombination _____ Ausladung (m) _____
☐U-Wagen ☐Standkreuz ☐stat. ☐fahrbar Typ _____ Inv.-Nr. _____
Fundament _____ Gleistyp _____ Spur _____
Zentralballast _____ Gegenballast (kg) _____

Es wurden geprüft ☒

1. Krankonstruktion, Vollst. der Schilder und Angaben ☐ | 5. Ballast und Gegengewicht ☐
2. Aufstieg, Podeste, Führerhaus, Laufstege ☐ | 6. Drahtseile/Lastaufnahmemittel ☐
3. Hub-, Fahr-, Einzieh- und Drehwerke einschließlich deren Bremsen ☐ | 7. Kranfahrbahn/Fundament ☐
 | 8. Beleuchtungs- und Signaleinrichtungen ☐
4. Elektr. Steuer., Überlast-, Grenz- und Schutzschalter ☐ | 9. Wartungs- und Pflegezustand ☐

Das Kranfundament und der Unterbau ist für den maximalen Eckdruck von _____ kN ausgelegt.

Unterschrift des Bauleiters/Verantwortlichen _____

Prüfergebnis:
1. Probebelastung mit _____ kg bei _____ m (max. Ausladung)
2. Probebelastung mit _____ kg bei _____ m (min. Ausladung)
   Abschaltung bei _____ % Überlast
3. Betriebs-, Standsicherheit ist gefährdet ☐ nein ☐ ja
4. Nachprüfung ist erforderlich ☐ nein ☐ ja bis _____

Beanstandungen:	Vollzugsfrist	Erledigt am:	Erledigt durch:

Bemerkungen:
_____
_____
_____

Prüfung durchgeführt: _____ _____ _____
                       Datum   Name des Sachkundigen/Befähigte Person   Unterschrift des Sachkundigen/Befähigte Person

Kenntnis genommen: _____ _____ _____ _____
                    Datum   Bauleiter/Polier   Datum   Betriebsleiter bzw. Beauftragter

Nächste Prüfung Monat _____ Jahr _____

Abb. 3.4 Abnahmeprotokoll für Krane
(Mit freundlicher Genehmigung der BAM Deutschland AG, jetzt: ZECH Hochbau AG)

Im „Zementmerkblatt Betontechnik B 6"[6] wird Transportbeton als ein Beton definiert, *„der in frischem Zustand durch eine Person oder Stelle geliefert wird, die nicht der Verwender ist. Transportbeton ist auch vom Verwender außerhalb der Baustelle hergestellter Beton sowie auf der Baustelle nicht vom Verwender hergestellter Beton. Er wird im Transportbetonwerk zusammengesetzt, in geeigneten Fahrzeugen zur Baustelle befördert und dort einbaufertig übergeben".* Die DIN 1045-2 unterscheidet zwischen dem Verfasser der Festlegung zur Betonrezeptur, dem Hersteller des Betons und dem Verwender des Betons. Sowohl der Frisch- als auch der Festbeton müssen die an ihn gestellten Anforderungen erfüllen. Die hierfür notwendigen Festlegungen zur Betonrezeptur müssen vor der Bestellung des Transportbetons getroffen werden. Dabei wird unterschieden nach:

- **Beton nach Eigenschaft:** Der Verwender (Bauunternehmen) definiert dabei die geforderten Eigenschaften des Betons. Der Hersteller ist dann für die Bereitstellung eines Betons, der diesen Eigenschaften entspricht, verantwortlich. Anzugeben sind grundlegende Anforderungen, wie die Druckfestigkeitsklasse, die Expositionsklasse, der Durchmesser des Größtkorns, die Konsistenzklasse und die Art der Verwendung des Betons (unbewehrter Beton, Stahlbeton, Spannbeton). Darüber hinaus können zusätzliche Anforderungen vorgegeben werden, wie z. B. Wassereindringwiderstand, Abriebwiderstand oder Vorgaben zur Wärmeentwicklung bei der Hydratation.
- **Beton nach Zusammensetzung:** Dem Hersteller des Transportbetons werden die Zusammensetzung und die Ausgangsstoffe, die verwendet werden müssen, durch den *„Verfasser der Festlegung"* vorgegeben. Der Hersteller schuldet dann die Lieferung eines Betons mit dieser festgelegten Zusammensetzung. Der *„Verfasser der Festlegung"* wiederum ist dafür verantwortlich, dass der Beton die geforderten Eigenschaften erreicht. Er hat insoweit auch die durchzuführenden Prüfungen zu veranlassen.
- **Standardbeton** ist Beton nach Zusammensetzung, die in der DIN EN 206-1 vorgegeben ist. Solcher Beton darf nach DIN 1045-2 nur verwendet werden für:
  – Normalbeton für unbewehrte und bewehrte Betonbauwerke,
  – Druckfestigkeitsklassen für den Nachweis der Tragfähigkeit ≤ C 16/20,
  – Expositionsklassen X0, XC1, XC2.

Transportbetonwerke bieten vor diesem Hintergrund ein mehr oder weniger umfangreiches Beton-Sortenverzeichnis an, in dem sowohl die produzierten Standardbetone als auch die darüber hinaus vom Werk angebotenen Betonsorten nach ihren Eigenschaften verzeichnet sind (siehe Abb. 3.5).

Inwieweit diese „Rezeptbetone" den Anforderungen der Baustelle entsprechen, ist für jeden Einzelfall durch die Bauleitung, ggf. zusammen mit Betontechnologen, zu prüfen. Dies gilt insbesondere dann, wenn für die Baustelle besondere Betoneigenschaften gefordert werden, Ggf. muss die Betonrezeptur hier individuell festgelegt werden. Zusätz-

---

[6] Zement-Merkblatt Betontechnik B 6 6.2021: Transportbeton – Festlegung, Bestellung, Lieferung, Abnahme, Hrsg. Verein Deutscher Zementwerke e. V. siehe www.beton.org (22.11.2024) und www.vdz-online.de (22.11.2024).

Umgebungsbedingungen/Verwendungszweck	Expositionsklassen und Feuchtigkeitsklassen X	Festigkeitsklasse C	Konsistenzklasse	Größtkorn in mm	Überwachungsklasse	Abrufnummer mittel CEM II/A-LL 32,5 R	schnell CEM II/A-LL 42,5 R	langsam CEM III/B 32,5N LH/HS
Beton für unbewehrte Bauteile								
Fundamente und Innenbauteile ohne Bewehrung und ohne Frost	X0; WA	08/10	C1	32	1	100 01	–	–
		08/10	C1	16	1	108 01	–	–
		12/15	C1	32	1	120 01	–	–
		12/15	F3	32	1	130 01	–	–
		12/15	F3	16	1	141 01	–	–
Randsteinbeton außerhalb der Norm	Normale Mischung	12/15	C1	16	1	135 01	–	–
	Fette Mischung	16/20	C1	16	1	172 01	–	–
Beton für Innenbauteile ohne Frost								
Innenräume, Gründungsbauteile	XC2; WA	16/20	F3	32	1	161 01	161 02	–
		16/20	F3	16	1	183 01	183 02	–
		16/20	F3	8	1	197 01	197 02	–
Beton für Innenbauteile, zu denen die Außenluft häufig Zugang hat								
offene Hallen, Innenbauteile mit hoher Luftfeuchte (ohne Frost)	XC3; WA	20/25	F3	32	1	210 01	210 02	–
		20/25	F3	16	1	235 01	235 02	–
Beton für Außenbauteile oder wasserundurchlässige Bauwerke								
Außenbauteil Überwachungsklasse 1 mit direkter Beregnung und Frost	XC4; XF1; WA	25/30	F3	32	1	256 01	256 02	256 04
		25/30	F3	16	1	306 01	306 02	306 04
		25/30	F4	8	1	341 01	341 02	341 04
Außenbauteil Überwachungsklasse 2 **WU-Beton nach DIN EN 206**	XC4; XF1; XA1; WA	25/30	F3	32	2	260 01	260 02	260 04
		25/30	F3	16	2	310 01	310 02	310 04
		25/30	F4	8	2	345 01	345 02	345 04
Außenbauteil Überwachungsklasse 2 **WU-Beton nach DAfStb-Richtlinie**	XC4; XF1; XA1; WA	25/30	F3	32	2	262 01	262 02	262 04
		25/30	F3	16	2	312 01	312 02	312 04
		25/30	F4	8	2	347 01	347 02	347 04
	XC4; XD1; XF1, XA1; XM1 [1]; WA	30/37	F3	32	2	355 01	355 02	355 04
		30/37	F3	16	2	405 01	405 02	405 04
		30/37	F4	8	2	445 01	445 02	445 04

[1] mit Oberflächenbehandlung XM2

Abb. 3.5 Betonsortenverzeichnis (Lieferverzeichnis) eines Transportbetonwerkes (Auszug)

lich zu den bautechnischen Anforderungen sind bei dieser Festlegung auch die Einbaubedingungen zu berücksichtigen, beispielsweise Fragen zum Einsatz von Betonpumpen, Betoneinbau nachts oder an Wochenenden sowie Winterbeton, teilweise auch spezielle Anforderungen an gekühlten Beton im Sommer (gekühlte Zuschlagstoffe oder Zugabe von Eis statt Wasser). Als Ergebnis wird ein baustellenspezifisches Betonverzeichnis erstellt, in welchem in der Regel auch die erforderlichen Betonmengen aufgeführt werden (siehe Abb. 3.6).

Der Polier/Bauführer wird in der Regel beim Transportbetonwerk den jeweils benötigten Beton abrufen. Beim Abruf sind mindestens anzugeben:

- Adresse der Baustelle,
- Name des bestellenden Unternehmens einschließlich Ansprechpartner (Polier) und möglichst dessen Telefonnummer zur Abstimmung bei Unklarheiten,
- Betonsorte,
- Menge [m^3],
- Datum und Uhrzeit der Lieferung.

Zusätzlich sollten angegeben werden:

- erwartete Einbaugeschwindigkeit – hierüber bestimmen sich die Zeitabstände, in denen die Transportbetonfahrzeuge auf der Baustelle eintreffen müssen, um einen kontinuierlichen Betoneinbau zu sichern,

3.1 Bauprozess und Ressourceneinsatz

BV: 0295 EKZ Glacis Galerie Neu-Ulm						Betonsortenverzeichnis								Stand: 08.02.2013
Sorte			Sorte n.	Größt-	Konsis-			Expositionsklassen				Alkali	spez.	zus. Anforderung
Nr.	Bauteil	Menge	1045-1	korn	tenz	XC	XD	XS	XF	XA	XM	Feuchte	Eigensch.	Oberfläche
01	Sauberkeitsschicht, Auffüllung	100	C 8/10	32	C1	X0						WF		
02	-"-	1600	C 12/15	32	F3	-"-						-"-		pumpf.
03	-"-	190	-"-	16	-"-	-"-						-"-		-"-
04	Außenwände, Innenwände	1250	C25/30	32	F4	XC4						WF	FE-m	
05	-"-	2480	-"-	16	-"-	-"-						-"-	-"-	
06	-"-, Kernbeton für Hohlwände	2500	-"-	8	F5	-"-						-"-	-"-	
07	Bodenplatte, Fundamente, Unterfahrten (Alternativsorte zu 11, 12)	(100)	C30/37	32	F4	XC4			XF1			WF	FE-m	WU
08	-"-	(100)	-"-	16	-"-	-"-			-"-			-"-	-"-	-"-
09	Wände, Decken, Unterzüge allgemein (Alternativsorte zu 13, 14)	(100)	C30/37	32	F4	XC4			XF1			WF	FE-m	
10	-"-	(100)	-"-	16	-"-	-"-			-"-			-"-	-"-	
11	Bodenplatte, Fundamente, Unterfahrten (WU-Beton)	17830	C35/45	32	F4	XC4			XF1			WF	FE-m	WU
12	-"-	1990	-"-	16	-"-	-"-			-"-			-"-	-"-	-"-
13	Wände, Stützen, Decken, Unterzüge allgemein	19510	C35/45	32	F4	XC4			XF1			WF	FE-m	
14	-"-	6510	-"-	16	-"-	-"-			-"-			-"-	-"-	
	Sonderbetone													
15	Fahrbahnplatten, Rampenplatten, Schrammborde, mit Taumittel	2960	C30/37	32	F3	XC4	XD3		XF4		XM1	WA		LP WU
16	-"-	50	-"-	16	-"-	-"-	-"-		-"-		-"-	-"-		-"-
17	Bohrpfähle	(12900)	C30/37	32	F3	XC2						WF		
	Gesamtsumme:	56970 m³												

zus. Anforderungen:	pumpf.	pumpfähig
	FE-s	Festigkeitsentwicklung: schnell
	FE-m	Festigkeitsentwicklung: mittel
	FE-l	Festigkeitsentwicklung: langsam
	PA-28T	Prüfalter: 28 Tage
	WU	WU-Beton
	LP	Luftporenbeton
Oberfläche:	NS	nicht sichtbar, ohne bes. Anforderungen
	SA	Spachtelung und Anstrich
	SB	sichtbar bleibender Beton
	BS	Beschichtung

Sommer- und Winterrezepturen
4, 5, 6, 7, 8, 9, 10, 11, 12, 13, 14   Sorten als Sommerrezepturen mit Festigkeitsentwicklung: schnell
4w, 5w, 6w, 7w, 8w, 9w, 10w, 11w, 12w   Sorten als Winterrezepturen mit Festigkeitsentwicklung: schnell
Änderung der Sommer- und Winterrezepturen z. B. über die Zementfestigkeit

Abb. 3.6 Betonsortenverzeichnis einer Baustelle
(Mit freundlicher Genehmigung der BAM Deutschland AG, jetzt: ZECH Hochbau AG)

- zu betonierendes Bauteil (Fundament, Decke, Wände, Stützen),
- Einbauart (Betonkübel, Betonpumpe oder mit Schurre direkt vom Transportbetonfahrzeug) und
- örtliche Gegebenheiten für die Anlieferung (z. B. Zufahrtsbeschränkungen).

Frischbeton steifer Konsistenz darf mit Fahrzeugen ohne Mischer oder ohne Rührwerk zur Baustelle transportiert werden. Frischbeton anderer als steifer Konsistenz darf nur in Fahrmischern oder Fahrzeugen mit Rührwerk zur Verwendungsstelle transportiert werden. Fahrmischer oder Fahrzeuge mit Rührwerk sollen gemäß Anforderungen der DIN 1045-3[7] binnen 90 min nach der ersten Wasserzugabe zum Zement vollständig entladen sein. Einflüsse der Witterung auf beschleunigtes oder verzögertes Erstarren des Frischbetons sind zu berücksichtigen. Durch Zugabe von Zusatzmitteln kann die Verarbeitbarkeit des Betons deutlich verlängert werden. Ab einer Verlängerung um 3 h ist die „DAfStb-Richtlinie für Beton mit verlängerter Verarbeitbarkeitszeit (Verzögerter Beton)"[8] zu berücksichtigen.

Bei Lufttemperaturen zwischen +5 °C und −3 °C darf die Temperatur des Frischbetons beim Einbringen einen Wert von +5 °C nicht unterschreiten, sofern der Zementgehalt im Beton kleiner als 240 kg/m^3 ist oder wenn Zemente mit niedriger Hydratationswärme verwendet werden. Bei Lufttemperaturen unter −3 °C muss die Frischbetontemperatur beim Einbringen mindestens +10 °C betragen. Sie soll anschließend wenigstens 3 Tage auf mindestens +10 °C gehalten werden. Demgegenüber darf die Frischbetontemperatur beim Einbau einen Wert von +30 °C nicht überschreiten, sofern nicht durch geeignete Maßnahmen sichergestellt ist, dass keine nachteiligen Folgen zu erwarten sind.[9]

Jeder Beton ist durch den Hersteller einer Produktionskontrolle zu unterziehen. Darüber hinaus ist der Beton auch im Hinblick auf einen ordnungsgemäßen Einbau zu überwachen: Während bei Betonen der Überwachungsklasse 1 (siehe Abschn. 3.4.4.2) eine Eigenüberwachung des Bauunternehmens genügt, ist bei Betonen der Überwachungsklassen 2 und 3 zusätzlich auch eine Fremdüberwachung durch eine anerkannte Prüf-, Überwachungs- und Zertifizierungsstelle (PÜZ-Stelle) erforderlich. Die Anmeldung einer Baustelle zur Beton-Fremdüberwachung ist exemplarisch in Abb. 3.7 dargestellt.

Das wichtigste Dokument bei der Abnahme von Beton ist der Lieferschein. Abb. 3.8 zeigt einen Lieferschein für Transportbeton.

Der Lieferschein trägt ein Zertifizierungszeichen mit dem die Übereinstimmung (Konformität) des gelieferten Produktes mit den einschlägigen technischen Regeln der DIN 206-1 ausgewiesen wird. Anhand dieses Lieferscheins lassen sich auf den ersten Blick weitere einfache Kontrollen durchführen:

- Ist der Beton für die Baustelle vorgesehen?
- Entspricht die gelieferte Betonsorte der bestellten?
- Wann wurde der Beton hergestellt?

---

[7] DIN 1045-3:2012-03, Seite 15.
[8] DAfStb-Richtlinie für Beton mit verlängerter Verarbeitbarkeitszeit (verzögerter Beton).
[9] Zement-Merkblatt B 5 10.2014: Überwachen von Beton auf Baustellen, Hrsg. Verein Deutscher Zementwerke e. V., siehe www.beton.org (22.11.2024) und www.vdz-online.de (22.11.2024).

TÜV Rheinland LGA Bautechnik GmbH
Baustoffe und Betontechnologie

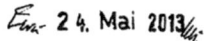

Meldung Baustelle mit Beton der
Überwachungsklasse 2 bzw. 3

Firma	Rechnungsanschrift
BAM Deutschland AG Mönchenhaldenstraße 26 70191 Stuttgart	BAM Deutschland AG Mönchenhaldenstraße 26 70191 Stuttgart

Tel: 0711/ 25007-175   Fax: -290   e-mail: k.bloch@bam-deutschland.de

Überwachung von Beton der Überwachungsklasse				☒ Ü 2 oder				☐ Ü 3 nach DIN 1045-3			
Überwachungsvertrag mit der TÜV Rheinland LGA Bautechnik GmbH vom 09.11.2009 (BBBT 0941042)											
1.	Baustelle (vollständigge Adresse/ Tel.-Nr./ und ggf. Anfahrtsskizze als Anlage):			DA.0295 Neubau EKZ Glacis Galerie Neu-Ulm Bahnhofstraße 89231 Neu-Ulm							
2.	Name des Bauleiters (Tel.-Nr.) und des stellv. Bauleiters (Tel.-Nr.)			Hr. D. Bensch - Tel. 0172/ 8100583 Hr. H. Geßlein - Tel. 0172/ 3400289							
3.	Ständige Betonprüfstelle:			Ing.-Büro Körner Stuttgarter Straße 171 70806 Kornwestheim							
4.	Leiter der Betonprüfstelle (Tel.-Nr.): Datum und Ort der Bescheinigung über den Nachweis der erweiterten betontechnologischen Kentnisse:			Fr. Renate Körner - Tel. 07154/ 808278-0 Stuttgart, den 06.02.1987							
5.	Angaben zur Festlegung der vorgesehenen Betone nach DIN EN 206-1 und DIN 1045-2: **s. Anlage**										
	Festigkeits- klasse	Menge m³		Expositions- und Feuchtigkeitsklassen							Bes. Beton- Eigenschaft
			XC	XD	XS	XF	XA	XM	W		
	Transportbeton	42.900			Beton nach Eigenschaft						ÜK 2
6.	Sortenverzeichnis liegt als Anlage bei			☒ ja ☐ wird nachgereicht ☐ ist auf der Baustelle							
7.	Nur bei abweichenden Prüfalter von 28 Tagen ausfüllen: Eine technische Erfordernis liegt vor:			☒ ja ☐ Qulitätssicherungsplan (in der Anlage)							
8.	Voraussichtlicher Betonier-Beginn/ -Ende:			von 06/2013 bis 03/2014							
9.	Zuständige Bauaufsichtsbehörde:			Stadt Neu-Ulm Stabstelle Justitiarat und Bauordnung Augsburger Straße 15 89231 Neu-Ulm							
Stuttgart, den 24.05.2013				**BAM Deutschland AG** Mönchenhaldenstr. 26 · Tel. 0711 25007-0 **70191 Stuttgart** i.A. Bloch (Ort, Datum, Firmenstempel, Unterschrift)							

Bestätigung der Überwachungsstelle:

Bearbeitungs-Nr.: **1 3 0 6 0 3 8 2**
Würzburg, den **2 4. Mai 2013**

TÜV Rheinland LGA Bautechnik GmbH
Dreikronenstraße 31 • 97082 Würzburg
Tel: 0931 801004-78 • Fax: -48 • Mobil: 0171 8638899
E-Mail: stefan.klinger@de.tuv.com • http://www.tuv.com

TÜV Rheinland LGA Bautechnik GmbH
Baustoffe und Betontechnologie
i.A.

Bei abweichendem Prüfalter:
☐ alle Bedingungen sind erfüllt (technische Erfordernis/ QS-Plan)
☒ technische Erfordernis ☒ liegt vor ☐ nicht nachgewiesen
☒ Qualitätssicherungsplan ☒ fehlt ☒ nicht vollständig

Abb. 3.7 Anmeldeformular zur Betonüberwachung
(Mit freundlicher Genehmigung der GÜB und der BAM Deutschland AG, jetzt: ZECH Hochbau AG)

Abb. 3.8 Lieferschein für Transportbeton
(Mit freundlicher Genehmigung der BAM Deutschland AG, jetzt: ZECH Hochbau AG)

Betonstahl

Die rechtzeitige Lieferung von Betonstahl ist bei allen Baustellen, bei denen Beton für Stahlbeton verarbeitet wird, von zentraler Bedeutung. In der Regel wird der Betonstahl einbaufertig geschnitten und gebogen auf die Baustelle geliefert. In der Betonstahlliste (siehe Abb. 3.9) werden die einzelnen Stahlpositionen mit Gewicht aufgeführt, während im Lieferschein (siehe Abb. 3.10) das Stahlgewicht pro Durchmesser sowie das Gesamtgewicht genannt sind.[10] Der Betonstahl ist entsprechend den Vorgaben der Bewehrungspläne einzubauen. Da die Randbedingungen für den Einbau des Betonstahls von Projekt zu Projekt variieren, sollte die kaufmännische Abteilung beim Einkauf des Betonstahls stets durch die fachliche Kompetenz der jeweiligen Bauleitung unterstützt werden.

Sonstige Baustoffe

Neben dem Beton und dem Betonstahl benötigen Baustellen in aller Regel noch eine Vielzahl weiterer Baustoffe. Als wichtigste sonstige Baustoffe seien genannt:

- Mauersteine z. B.
  - Mauerziegel nach DIN 105 und nicht nach DIN genormte,
  - Kalksandsteine nach DIN 106 und nicht nach DIN genormte,
  - Beton- und Beton-Hohlblocksteine,
  - Porenbetonsteine,
  - Blähtonsteine,
- Betonwaren (Betonrohre, Betonrandsteine und Betonpflaster),
- Stahleinbauteile (z. B. standardisierte Befestigungsschienen, aber auch individuell für die Baustelle vom Schlosser hergestellte Stahleinbauteile) einschließlich Baustahl,
- Kunststoffeinbauteile (z. B. Leerrohre für Elektro-Installationen),
- Stahl- und Gussrohre sowie Dichtungselemente für Rohrdurchdringungen,
- Dämm- und Abdichtungsmaterial einschließlich Folien,
- Treppenläufe, Lichtschächte, Türen, Tore, Fenster, Abdeck- und Öffnungsklappen etc. sowie
- Betonwerksteine und Natursteine.

Die Anforderungen an die jeweils zu verwendenden Baustoffe ergeben sich dabei aus dem Bauvertrag und hier in aller Regel aus den zur Ausführung freigegebenen Plänen, dem Leistungsverzeichnis, den Allgemeinen Technischen Vertragsbestimmungen (ATV) und ggf. sonst geltenden vertraglichen Vorgaben. Der Bauunternehmer hat sicherzustellen, dass diese Anforderungen eingehalten werden. Ungeachtet konkreter vertraglicher Festlegungen ist der Unternehmer verpflichtet nur solche Stoffe zum Einsatz zu bringen, die den allgemein anerkannten Regeln der Technik entsprechen und für die vorgesehene Verwendung sowohl geeignet als auch zugelassen sind (s. dazu Abschn. 2.6.1).

---

[10] Der in den Abbildungen angegebene Lieferant „Baustahlservice Blumenstock GmbH" liefert hier Betonstahl, wie die Betonstahlliste und der Lieferschein im Einzelnen angeben.

BAM Deutschland AG

Moenchenhaldenstrasse 26
70191 Stuttgart

Auftrag-Nr. : 990959
Baustelle : SAP 4500268311 GLACIS Galerie BA 2 +
Baustellennummer : 220005/00019
Bestellung : 17.07.2014
Versandart : Anlieferung
Bearbeiter : Homberger

Lieferanschrift:
GLACIS Galerie BA 2/3 Projekt Nr. DA0295; Bahnhofstraße gegenüber Parkhaus; Neu Ulm

Stahlliste
Nr. 990959

Lieferdatum
23.07.2014

Seite: 1

Anlieferung generell mit Seilen IIII Pakete nicht über 2 to II
Fahrer benötigt Helm / Warnweste / Sicherheitsschuhe
Herr Colesen -> 0151-66717212

Pos.	Menge	Artikel-Nr.	Länge	(x Breite)	Form	Gewicht
Betonstahl bearbeitet						
Plan:	02_0401_A_R/Balken					
Bauteil:	De. Fahrbahn					
Betonstahl						
1	315 Stk	14 mm Betonstahl IV	10,750 m		1	4.097,363 kg
2	315 Stk	12 mm Betonstahl IV	10,750 m		1	3.006,990 kg
3	79 Stk	10 mm Betonstahl IV	8,350 m		1	407,004 kg
4	283 Stk	10 mm Betonstahl IV	6,720 m		1	1.173,386 kg
5	40 Stk	12 mm Betonstahl IV	12,000 m		921	426,240 kg
6	80 Stk	12 mm Betonstahl IV	12,000 m		921	852,480 kg
7	80 Stk	12 mm Betonstahl IV	12,000 m		921	852,480 kg
8	592 Stk	12 mm Betonstahl IV	12,000 m		1	6.308,352 kg
9	40 Stk	12 mm Betonstahl IV	4,200 m		921	149,184 kg
10	40 Stk	12 mm Betonstahl IV	7,000 m		921	248,640 kg
11	40 Stk	12 mm Betonstahl IV	8,460 m		921	300,499 kg
12	40 Stk	12 mm Betonstahl IV	6,760 m		921	240,115 kg
13	40 Stk	12 mm Betonstahl IV	5,500 m		921	195,360 kg
21	3.984 Stk	08 mm Betonstahl IV	0,880 m		130	1.384,838 kg
Gesamtgewicht Plan 02_0401_A_R						19.642,931 kg
Summe:						19.642,931 kg
Größte Länge Position: 02_0401_A_R 8			12,000 m	14 Pos	Gesamt:	19.642,931 kg

ALLE BETONSTÄHLE UND BETONSTAHLMATTEN SIND GÜTEÜBERWACHT NACH DIN 488

Telefon- und Faxnr. unsere NL Aalen 07361/490440-0, Fax 490440-50 III

Andreas-Stihl-Str 9,
71336 Waiblingen-Neustadt
Postfach 8129, 71319 Waiblingen
Telefon 0 71 51/9 89 02-0
Fax Verkauf 0 71 51/9 89 02-51
E-Mail: buero@blumenstock-wn.de
Internet: www.blumenstock-wn.de

Filiale Hüttlingen
Robert-Bosch-Str. 7
73460 Hüttlingen
Telefon 0 73 61/49 04 40-0
Fax 0 73 61/49 04 40-50
E-Mail: buero@blumenstock-aa.de
Internet: www.blumenstock-aa.de

Ust.-IdNr.: DE 811618995
Steuer-Nr. 90491/12592
Handelsregister Stuttgart HRB 263711
Geschäftsführer:
Eberhard Blumenstock, Esslingen

Commerzbank AG Waiblingen
IBAN: DE63 6008 0000 0341 2210 00, BIC: DRESDEFF600
Kreissparkasse Waiblingen
IBAN: DE92 6025 0010 0000 1147 07, BIC: SOLADES1WBI
Volksbank Stuttgart eG
IBAN: DE91 6009 0100 0001 4000 02, BIC: VOBADESS
Postbank Stuttgart
IBAN: DE34 6001 0070 0009 4447 07, BIV: PBNKDEFF

Abb. 3.9 Betonstahlliste
(Mit freundlicher Genehmigung der BAM Deutschland AG, jetzt: ZECH Hochbau AG)

Abb. 3.10 Lieferschein für Betonstahl
(Mit freundlicher Genehmigung der BAM Deutschland AG, jetzt: ZECH Hochbau AG.)

Bis auf Ausnahmen (z. B. Brückenwiderlager) kann der Einkauf die Baustoffe selbst bestellen, sofern die Bauleitung die geforderten technischen Spezifikationen und ggf. den Hersteller, die Produktkennung, die benötigte Menge und den einzuhaltenden Liefertermin benennt.

Abb. 3.11 zeigt ein Beispiel für eine Materialanforderungsliste (Bestellschein), worin die Bauleitung die zu beschaffenden Baustoffe auflistet. Bei Bauelementen, die speziell für die Baustelle angefertigt werden und für die häufig noch zahlreiche technische Details festgelegt werden müssen, wird es regelmäßig sinnvoll sein, wenn die Bauleitung bei den Einkaufsgesprächen mit anwesend ist.

Hingewiesen sei an dieser Stelle auf den Unterschied zwischen dem Materialeinkauf und dem Materialabruf. Durch den Materialeinkauf wird ein Kaufvertrag geschlossen, in dem in aller Regel neben dem Preis auch die terminlichen Lieferkonditionen vereinbart werden. Die tatsächliche Lieferung auf die Baustelle erfolgt jedoch erst, wenn der Abruf des qua Kaufvertrag bereitgestellten Materials erfolgt. Im Rahmen dieses Materialabrufs werden dann in aller Regel konkrete Festlegungen zur Lieferabfolge sowie zu den jeweiligen Lieferterminen und Liefermengen getroffen.

3.1.1.4 Nachunternehmer

Bei der Abwicklung der meisten Baumaßnahmen ist es üblich, dass der bauausführende Unternehmer für seine Leistungserstellung nicht allein eigene Produktionsfaktoren (Personal, Geräte) einsetzt, sondern daneben auch Nachunternehmer, auch Subunternehmer genannt, einbindet. Gründe hierfür sind vielfältig:

- Die eigene verfügbare Kapazität des Bauunternehmens reicht nicht aus, um die Baumaßnahme abzuwickeln.
- Durch das eigene Unternehmen kann die Leistung zwar prinzipiell erstellt werden, jedoch nur unter wirtschaftlichen Nachteilen.
- Das eigene Unternehmen ist auf die Erstellung des betreffenden Leistungsteils nicht eingerichtet.

Die Einbindung der Nachunternehmer in die Auftragsausführung des Bauunternehmens erfolgt vor diesem Hintergrund in aller Regel über Werkverträge, in denen die vom Nachunternehmer geforderte Leistung nach Art und Umfang einschließlich der bei der Ausführung geltenden Rahmenbedingungen beschrieben wird. Beispielhaft zu nennen sind insoweit:

- Nutzung von Elementen der Baustelleneinrichtung (Hebezeuge, Container etc.),
- Zusammenarbeit mit anderen Subunternehmern und mögliche gegenseitige Behinderungen,
- Logistik (Materialanlieferung/Lagerung/Transporte).

Die Bauleitung sollte aus diesem Grund stets umfassend in den Einkauf von Nachunternehmerleistungen eingebunden werden. Hinsichtlich des Managements der Nachunternehmer wird auf Abschn. 3.3.1 verwiesen.

3.1 Bauprozess und Ressourceneinsatz

Lagerplatz
Turbinenstraße 45 * 70499 Stuttgart (Weilimdorf)
Telefon (0711) 839926 - 0 * Telefax (0711) 839926 - 26

Bestellschein Nr.:

		Projekt	**Glacis-Galerie, Neu-Ulm**
☐	Einkauf	Empfänger	**Herr Maier**
☐	Lagerplatz	Besteller	Herr Schulze
☐		Liefertermin	05.08.2022

Menge	Mengen-einheit	genaue Bezeichnung Type / Qualität / Abmessung	Bemerkungen
432	m²	Dämmplatten aus Polystyrol-Extruderschaum (XPS)	
		mit Stufenfalz	
		Maße: 1250 x 600 x 50 mm	
		WLG 035	
		Entladung: Bahnhofstraße 29, 89231 Neu-Ulm	

Neu-Ulm, 02.08.2022
Ort / Datum

Preisstellung	
Tage / Skonto	
Verpackung	
sonst. Bemerkungen	

Unterschrift

Original: Besteller, Kopie: Lagerplatz Stuttgart / Einkauf

Abb. 3.11 Bestellschein
(Mit freundlicher Genehmigung der BAM Deutschland AG, jetzt: ZECH Hochbau AG)

3.1.1.5 Sonstige Ressourcen

Weitere Ressourcen betreffen insbesondere die Bereitstellung der erforderlichen liquiden (Geld-)Mittel, um sämtliche im Zuge der Ausführung eines Bauauftrags fälligen Zahlungen leisten zu können – etwa für die Beschaffung von Bau-, Bauhilfs- und Betriebsstoffen, die Vergütung von Nachunternehmerleistungen oder die Zahlung von Gehältern, Löhnen und Gerätemieten. Ebenfalls muss der Bauunternehmer finanzielle Mittel einplanen, um ggf. Vertraglich vereinbarte Sicherheiten stellen zu können. Detaillierte Ausführungen zu der insoweit erforderlichen Finanz- und Liquiditätsplanung finden sich in Abschn. 3.5.7.

3.1.2 Wetterbedingte Einflüsse

3.1.2.1 Wetterinformationen

Die Erstellung von Bauleistungen ist als sogenannte Baustellenproduktion stark wetterabhängig. Dies betrifft insbesondere den Erd- und Straßenbau, aber auch den Ingenieurbau sowie im Hochbau die Rohbauarbeiten und die Herstellung der Gebäudehülle. Je nach Witterung und Wetterlage ist deshalb über den Jahresverlauf mit Einschränkungen oder Ausfallzeiten der Bauproduktion zu rechnen. Im Fokus der Betrachtungen stehen insoweit vor allem winterbedingte Einflüsse aus Frost- und Eistagen oder jahreszeitlich bedingte Hochwasser. Mit zunehmender Veränderung des Klimas sind seit einiger Zeit aber auch Beeinträchtigungen der Bauausführung durch Sturm, Starkregenereignisse oder sommerliche Hitzeperioden zu beachten.

Bauunternehmen müssen die zu erwartenden Witterungsbedingungen deshalb schon bei ihrer Fertigungsplanung berücksichtigen; die Bauleitung muss sich bei der Vorbereitung kritischer Arbeiten (z. B. Einbau von Beton) rechtzeitig über die Wettervorhersage informieren. Gegebenenfalls sind notwendige Maßnahmen zu ergreifen, um die ausgeführten Leistungen (z. B. durch Betonnachbehandlung) vor wetterbedingten Schäden zu schützen oder die Arbeiten auch bei widrigen Wetterbedingungen (z. B. durch Wetterschutz) überhaupt möglich zu machen. Die Bauleitung sollte deshalb zu jedem Zeitpunkt belastbare Prognosen von Wetterdiensten zur Verfügung haben.

3.1.2.2 Winterbau

Besonders herausfordernd gestaltet sich das Erstellen von Bauwerken im Winter, da Kälte, Schnee und Eis das Bauen entweder stark behindern oder eine fachgerechte Ausführung nicht mehr zulassen.

Der Erd- und Straßenbau wird besonders stark durch niedrige Temperaturen beeinträchtigt. Bei Temperaturen unter 0 °C müssen in der Regel die Arbeiten eingestellt werden. Wie in Band 2 Abschn. 4.2 dargestellt, kann für die Fertigungsplanung im Erd- und Straßenbau oft nur mit 125 bis 135 Arbeitstagen pro Jahr, verteilt auf 8 Monate, gerechnet werden. Zu beachten ist auch, dass auf gefrorenem Boden keine Fundamente betoniert werden dürfen, da sich beim Auftauen des Bodens Setzungen ergeben würden. Daher kann in Perioden mit sehr kalter Witterung ggf. lediglich ein Voraushub von Baugruben durch-

3.1 Bauprozess und Ressourceneinsatz

geführt werden. Besondere Maßnahmen sind eventuell auch bei Betonierarbeiten zu ergreifen. So ist z. B. in der DIN EN 1045-3 festgelegt, dass Frischbeton eine Temperatur von +5 °C nicht unterschreiten darf. Somit sind bei starkem Frost Zuschlagstoffe und eventuell Wasser für den Frischbeton anzuwärmen und der eingebaute Beton ist vor Auskühlen mit Dämmmatten zu schützen. Außerdem kann es sinnvoll sein, eine Schalung, die zu großen Teilen aus Holz besteht, länger stehen zu lassen, da Holz wärmedämmend wirkt.

Kellerwände bzw. unterirdische Außenbauteile erhalten beispielsweise häufig eine bituminöse Beschichtung zur Abdichtung gegen Wasser im Baugrund. Solche Beschichtungen dürfen in der Regel nur bei Temperaturen von über +5 °C verarbeitet werden. Betonbodenplatten werden häufig mit einer Epoxidharz-Beschichtung versehen, um den Beton z. B. vor schädigenden Einflüssen zu schützen und um die Gebrauchstauglichkeit zu erhöhen. Nach den Produktdatenblättern und den Verarbeitungshinweisen vieler Hersteller muss während der Beschichtung eine Oberflächentemperatur des Betons von über +15 °C eingehalten werden. Manchmal ist sogar eine Lufttemperatur von über +18 °C gefordert.

Mauerwerk kann bei Temperaturen von < 0 °C nicht fachgerecht hergestellt werden, da ohne besondere Vorkehrungen davon auszugehen ist, dass sich Eiskristalle im Mörtel bilden und dieser daher nicht korrekt abbindet.

Auch für viele Ausbauarbeiten sind Temperaturen erforderlich, die im Winter nur mit einer Beheizung der entsprechenden Arbeitsbereiche erreicht werden. In den allgemein geltenden Regelwerken finden sich ggf. nur vereinzelt Hinweise auf einzuhaltende Mindesttemperaturen. Diese werden meistens in den technischen Produktinformationen oder in Verarbeitungshinweisen der Baustoffhersteller vorgegeben.

Ggf. finden sich auch entsprechende Festlegungen in den Allgemeinen Technischen Vertragsbedingungen (ATV) der VOB/C. So heißt es etwa in Abschn. 3.1.2 der DIN 18333 „Estricharbeiten": *„Bei ungeeigneten klimatischen Bedingungen, z. B. bei Temperaturen unter +5 °C, Zugluft, sind in Abstimmung mit dem Auftraggeber besondere Maßnahmen zu ergreifen …".*

In den Produktdatenblättern vieler Ausbau-Materialien werden meistens wesentlich höhere Temperaturen gefordert. So wird z. B. im Verlegehinweis eines Herstellers für Elastomerbodenbeläge festgelegt: *„Die Mindesttemperatur im Raum soll +15 °C betragen und die relative Luftfeuchtigkeit 75 % nicht überschreiten."* In einer Verlegeanleitung für Parkett findet sich die Vorgabe: *„Zur Akklimatisierung muss das Parkett mindestens 48 h im geschlossenen Folienpaket oder Karton im temperierten (18 °C bis 20 °C, 50 % bis 60 % Luftfeuchte) und zur Verlegung vorgesehenen Raum flach gelagert werden. Bei der Verlegung muss der Untergrund eine Temperatur von mindestens 18 °C haben."*

Generell sollte daher darauf geachtet werden, dass sämtliche temperatursensiblen Leistungen möglichst in solchen Jahreszeiten ausgeführt werden, in denen die geforderten Temperaturen sicher erreicht werden. Sofern dies nicht der Fall ist, sind die Arbeiten einzustellen oder es sind Schutzmaßnahmen zu ergreifen. Darunter fallen insbesondere temporäre Einhausungen und Winterbauheizungen.[11] Sofern hierzu im Vertrag keine anders-

---

[11] Schach/Otto: Baustelleneinrichtung, Seite 333.

lautenden Vereinbarungen getroffen sind, kann der Unternehmer für derartige Winterbau- bzw. Schutzmaßnahmen einen besonderen Vergütungsanspruch geltend machen. So wird z. B. in Abschn. 4.2.16 der DIN 18299 für Bauarbeiten jeder Art geregelt, dass *„zusätzliche Maßnahmen für die Weiterarbeit bei Frost und Schnee"* Besondere Leistungen darstellen, *„soweit sie dem Auftragnehmer nicht ohnehin obliegen."*

3.2 Rechtliche Aufgaben

In diesem Abschnitt werden diejenigen Aufgaben beschrieben, die sich bei der Ausführung von Bauaufträgen in vertragsrechtlicher Hinsicht ergeben. Der zur Erfüllung dieser Aufgaben erforderliche Aufwand richtet sich im Einzelnen stark danach, welchen Umfang die jeweiligen Bauleistungen haben. Außerdem ist von Belang, ob die Leistungserbringung für ein einzelnes Gewerk oder für eine gesamthaft zu erstellende Baumaßnahme erfolgt. Darüber hinaus sind auch das Marktsegment (z. B. Straßenbau, allgemeiner Hochbau, Wasserbau, Erdbau oder Tunnelbau) und der Bauwerks- bzw. Immobilientyp (z. B. Bürogebäude, Klinik, Schule, Kino, Stadion oder Wohngebäude) von Bedeutung.

Darüber hinaus ist festzustellen, dass sämtliche aufgeführten Aufgaben der Bauleitung miteinander zusammenhängen und sich teilweise bedingen. Die singuläre Betrachtung der einzelnen Aufgaben, wie nachfolgend vorgenommen, dient insoweit zur Erleichterung des Verständnisses. Die Praxis ist gleichwohl dadurch charakterisiert, dass alle Aufgaben mehr oder weniger miteinander verwoben sind.

Die mit dem Vertragsrecht zusammenhängenden Aufgaben werden manchmal dem leitenden Management (z. B. der Oberbauleitung) zugewiesen. Die Autoren sehen jedoch die mit dem Vertragsrecht verbundenen Aufgaben generell als relevant für sämtliche Ebenen der Bauleitung an. Im Fokus stehen hierbei die Aufgaben des sogenannten Vertragsmanagements.

3.2.1 Vertragsmanagement

Unter dem Begriff Vertragsmanagement werden jene Maßnahmen verstanden, welche die Bauleitung zur Einhaltung aller mit Abschluss eines Bauvertrags übernommenen (Leistungs-)Verpflichtungen wie auch zur Durchsetzung der im Vertrag geregelten Ansprüche (z. B. Vergütung) treffen muss. Grundlage der weiteren Betrachtungen soll ein Bauvertrag sein, bei dem die Vergabe- und Vertragsordnung für Bauleistungen, Teil B (VOB/B) rechtskräftig vereinbart wurde. Damit sind automatisch auch die „Allgemeinen Technischen Vertragsbedingungen (ATV) für Bauleistungen" vereinbart, die in der VOB Teil C enthalten sind. Grundlage des Vertragsmanagements ist das im Vertrag vorgegebene Leistungs- und Vergütungssoll.[12]

---

[12] Berner/Kochendörfer/Schach: Grundlagen der Baubetriebslehre, Band 2, Kap. 3 und Band 3, Abschn. 2.4.

3.2 Rechtliche Aufgaben

Für die Bauleistungserstellung relevant sind in diesem Zusammenhang insbesondere die vertraglichen Informations- bzw. Anzeigepflichten des Bauunternehmens. Im Gegenzug treffen auch den Auftraggeber spezifische Mitwirkungspflichten, die dem Unternehmer eine ordnungsgemäße und störungsfreie Erbringung der geschuldeten Bauleistung ermöglichen sollen. Bei den vertraglichen Verpflichtungen der Parteien wird insoweit unterschieden zwischen:

- Hauptpflichten (Hauptleistungspflichten) und
- Nebenpflichten (Nebenleistungspflichten oder Obliegenheiten).[13]

Unter den Hauptpflichten werden sogenannte Erstellungspflichten verstanden. Diese umfassen aufseiten des Bauunternehmers die mangelfreie Erstellung der geschuldeten Leistung, d. h. die Herbeiführung des Werkerfolgs. Die Hauptpflichten des Auftraggebers bestehen in der Abnahme der Bauleistung und der Entrichtung der vereinbarten Vergütung. Aus dem zwingend erforderlichen Zusammenwirken der Vertragsparteien ergeben sich wiederum besondere vertragliche Nebenpflichten. Diese werden auch als Ermöglichungspflichten bezeichnet. Gemeint sind damit allgemeine bauvertragliche Mitwirkungspflichten (z. B. die Bereitstellung des Baufeldes und der dazugehörigen Infrastruktur, Übergabe der Baugenehmigung,[14] Beistellung von Ausführungsunterlagen, Stoffen oder baulichen Vorleistungen, Entscheidung bei Bemusterung und Zustimmung bei Fabrikaten, sofern vertraglich gefordert).

Der Auftragnehmer seinerseits ist im Rahmen seiner Leistungserstellung zum Hinweis an den Auftraggeber verpflichtet, sobald Umstände oder Sachverhalte eine ordnungsgemäße Erbringung der Leistung gefährden oder die wirtschaftlichen Interessen des Auftraggebers berühren. Zu derartigen Hinweis- bzw. Warnpflichten des Unternehmers gegenüber dem Auftraggeber zählen nach VOB/B insbesondere:

- Ankündigung des Vergütungsanspruchs für eine im Vertrag nicht vorgesehene Leistung (§ 2 Abs. 6 VOB/B 2016) – siehe auch Abschn. 3.5.10.
- Anzeige der Ausführung von im Ausgangsvertrag nicht vereinbarten Leistungen, sofern diese für die Erfüllung des Vertrages notwendig werden, dem mutmaßlichen Willen des Auftragnehmers entsprechen und der Auftragnehmer für diese Leistungen einen Vergütungsanspruch geltend machen will (§ 2 Abs. 8 (2) VOB/B 2016).
- Hinweis auf entdeckte oder vermutete Mängel in den für die Ausführung übergebenen Unterlagen (§ 3 Abs. 3 VOB/B 2016) – siehe auch Abschn. 3.2.1.1.
- Mitteilung, wer als Vertreter des Auftragnehmers für die Leitung der Ausführung bestellt ist (§ 4 Abs. 1 Nr. 3 VOB/B 2016) – siehe auch Abschn. 2.2.2.5.

---

[13] Allgemeine Definition: Falls eine Obliegenheit nicht erfüllt wird, verhindert dies das Entstehen eines Vorteils für einen Betroffenen. Falls jedoch eine Hauptpflicht nicht erfüllt wird, führt dies zu einem Nachteil für den Betroffenen. Die Erfüllung einer Obliegenheit kann im Gegensatz zu einer vertraglichen Pflicht nicht eingeklagt werden.

[14] Glatte: Entwicklung betrieblicher Immobilien, S. 247.

- Anzeige von Bedenken des Auftragnehmers gegen die vorgesehene Art der Ausführung, gegen die Güte der vom Auftraggeber beigestellten Stoffe oder Bauteile oder gegen die (Vor-)Leistungen anderer Unternehmer (§ 4 Abs. 3 VOB/B 2016). Hierfür ist die Schriftform erforderlich – siehe auch Abschn. 3.2.1.1.
- Anzeige über den Beginn der Ausführung (§ 5 Abs. 2 VOB/B 2016).
- Schriftliche Anzeige einer Behinderung der Arbeiten durch den Auftraggeber (§ 6 Abs. 1 VOB/B 2016), sofern die hindernden Umstände und deren hindernde Wirkung für den Auftraggeber nicht offenkundig sind. Siehe hierzu auch Abschn. 3.2.1.2.
- Benachrichtigung über den Wegfall der hindernden Umstände (§ 6 Abs. 3 VOB/B 2016).
- Anzeige des Abnahmeverlangens (§ 12 Abs. 1 VOB/B 2016), insbesondere auch des Verlangens einer förmlichen Abnahme (§ 12 Abs. 4 VOB/B 2016) – siehe auch Abschn. 4.1.3.
- Anzeige der Ausführung von Stundenlohnarbeiten (§ 15 Abs. 3 VOB/B 2016).
- Erklärung eines Vorbehalts gegen die Schlusszahlung des Auftraggebers (§ 16 Abs. 3 (5) VOB/B 2016) – innerhalb von 28 Tagen nach Zugang der Mitteilung über die Schlusszahlung.
- Information über eine Leistungsänderung, sofern aufgrund dieser ein neuer Vertragspreis zu vereinbaren ist (§ 2 Abs. 5 VOB/B 2016) – siehe auch Abschn. 3.5.10. Bei dieser Regelung handelt es sich, im Gegensatz zu den vorstehend genannten, allerdings lediglich um eine Soll-Vorschrift

In vielen Fällen ist vorgeschrieben, dass die Information schriftlich erfolgen muss. Die Schriftform sichert Auftragnehmer und Auftraggeber gleichermaßen ab: Der Auftragnehmer kann sicher sein, dass der Auftraggeber die Information auch tatsächlich erhalten hat. Der Auftraggeber wird im Gegenzug die Relevanz der erhaltenen Information besser einschätzen können.[15] Auch vor diesem Hintergrund ist den Beteiligten eines Bauvertrags stets die Schriftform anzuraten.

Der notwendige Schriftverkehr des Auftragnehmers im Rahmen der Bauausführung beschränkt sich nicht allein auf den Schriftverkehr mit dem Auftraggeber. Weitere Rechtsverhältnisse bestehen i. d. R. zu Nachunternehmern (BGB- oder VOB-Werkvertrag, ggf. Dienstvertrag), zu Lieferanten (Kaufvertrag, ggf. Werkliefervertrag), zu Behörden und Ämtern. Falls sich mehrere Bauunternehmer gemeinsam verpflichtet haben, die Baustelle in Form einer Arbeitsgemeinschaft (ARGE) zu führen, ergibt sich hieraus auch die Notwendigkeit zu verschiedenen schriftlichen Vereinbarungen.[16,17]

Es würde den Umfang dieses Buches sprengen, wenn das Vertragsmanagement für sämtliche dieser Vertragsbeziehungen erläutert würde. Es ist jedoch Aufgabe der Bau-

---

[15] Eine allgemeine Klausel des Inhalts, dass sämtliche Vereinbarungen der Schriftform bedürfen, ist in der Regel unwirksam. Siehe Markus/Kaiser/Kapellmann: AGB-Handbuch Bauvertragsklauseln, Seite 122.

[16] Jagenburg/Schröder: Der ARGE-Vertrag.

[17] Burchhardt/Pfülb: Kommentar zum ARGE- und Dach-ARGE-Vertrag.

3.2 Rechtliche Aufgaben

leitung, darauf hinzuwirken, dass die notwendigen Schreiben rechtzeitig und ohne Formfehler verfasst werden. Innerhalb eines Unternehmens sollte klar geregelt sein, welche Person bzw. welche Organisationseinheit die Korrespondenz übernimmt. Im Allgemeinen wird festgelegt, dass kaufmännischer Schriftverkehr von der kaufmännischen Abteilung geführt wird. Gleiches gilt für den typischen Schriftverkehr der Personalabteilung.

Es ist mitunter kein leichtes Unterfangen, Schreiben so zu formulieren, dass diese auch die gewünschte Wirkung beim Empfänger entfalten, da häufig die einschlägige Rechtsprechung bei den Formulierungen zu beachten ist. Gegebenenfalls ist es daher sinnvoll, die Formulierung eines Schreibens mit juristischer Unterstützung vorzunehmen. Eine Hilfe sind ggf. auch Musterbriefe, die häufig unternehmensintern für häufig auftretende Erfordernisse (z. B. Anzeige von Behinderungen, Abnahmeverlangen) zur Verfügung gestellt werden oder in der Fachliteratur[18, 19, 20, 21, 22] veröffentlicht sind.

Beim Schriftverkehr stellt sich immer wieder die Frage, wer Schriftstücke rechtsverbindlich unterzeichnen kann. Zu unterscheiden ist dabei sicherlich zwischen Briefen und E-Mails sowie zwischen allgemeinen Informationen und solchen, die rechtlich und wirtschaftlich von Bedeutung sind. Generell kann und muss jeder Empfänger eines Schreibens, das auf einem Firmenbogen erstellt wurde, von der Rechtswirksamkeit dieses Schreibens ausgehen. Innerhalb eines Unternehmens ist daher durch interne Festlegungen zu regeln, welche Person bzw. welche Stelle für den Schriftverkehr im Einzelnen zuständig ist. In diesem Zusammenhang ist auch zu regeln, ob ein Schreiben nur von einer Person unterzeichnet werden darf oder ob das so genannte 4-Augen-Prinzip vorgeschrieben wird, nach dem Schreiben durch zwei Personen zu unterzeichnen sind. Falls zwei Personen unterschiedlichen Rangs ein Schreiben unterzeichnen, ist der links Unterzeichnende der Ranghöhere. Generell sollte unterhalb der Unterschrift der Name und möglichst auch die Funktion des Unterzeichnenden in Druckbuchstaben (auch Stempel möglich) aufgeführt sein. Letztlich ist noch zu klären, ob nur mit dem Namen oder mit einem Zusatz unterzeichnet werden darf. Geschäftsführer und Vorstände unterzeichnen nur mit ihrem Namen. Diese Personen müssen auf dem Briefbogen angegeben sein. Alle anderen Personen unterzeichnen mit einem Zusatz:

- „ppa." (per procura) für eine Person, deren Vertretungsvollmacht notariell ins Handelsregister eingetragen ist,
- „i. V." (in Vollmacht) für eine Person, die unternehmensintern bevollmächtigt wurde das Unternehmen im konkreten Erklärungssachverhalt nach außen zu vertreten,[23]
- i. A. (im Auftrag) für alle Personen, die weder Vorstand oder Geschäftsführer sind noch Prokura oder Vollmacht haben.

---

[18] Birko: Schriftverkehr am Bau.
[19] Theißen: VOB/B Bauvertragsabwicklung anhand von Musterformularen.
[20] Heiermann/Linke/Kullack: VOB-Musterbriefe für den Auftragnehmer.
[21] Heiermann/Linke/Hilka: VOB-Musterbriefe für den Auftraggeber.
[22] Bauch/Bargstädt: Praxis-Handbuch Bauleiter.
[23] In behördlichem Schriftverkehr bedeutet i. V. auch „in Vertretung".

Ein besonderer Hinweis betrifft die Geltungskraft eines Baustellenprotokolls. Hierzu hat das Kammergericht Berlin[24] festgestellt, dass ein Protokoll hinsichtlich seines Inhalts grundsätzlich eine bestimmende Wirkung entfaltet, sofern die andere Seite nicht unverzüglich widerspricht. Das Kammergericht führt hierzu aus:

„Erhält der Auftragnehmer zeitnah zu einer Verhandlung das darüber erstellte Protokoll und ist aus diesem eine Abänderung des Vertrages zu erkennen, ist er in gleicher Weise verpflichtet, den Änderungen zu widersprechen, wie er es wäre, wenn er nach der Verhandlung ein kaufmännisches Bestätigungsschreiben über das Ergebnis der Vertragsverhandlung erhalten hätte. Er muss der Vereinbarung, die er oder sein Mitarbeiter getroffen hat, nach den zum kaufmännischen Bestätigungsschreiben entwickelten Grundsätzen unverzüglich widersprechen, um zu verhindern, dass sein Schweigen wie eine nachträgliche konkludente Genehmigung behandelt wird und die Vereinbarung mit diesem Inhalt zustande kommt."

Dies bedeutet, dass der Inhalt eines Baustellenprotokolls als „genehmigt" betrachtet wird, sofern diesem nicht unverzüglich widersprochen wird. Daraus resultieren besondere Prüfpflichten für das Bauleitungspersonal.

Auf zwei weitere Situationen, die bei der Bauabwicklung häufig auftreten, wird im Folgenden näher eingegangen:

- die Anzeige von Bedenken (siehe Abschn. 3.2.1.1) und
- die Anzeige von Behinderungen (siehe Abschn. 3.2.1.2).

3.2.1.1 Anzeigen von Bedenken

Die Anzeige von Bedenken regelt § 4 Abs. 3 VOB/B 2016. Dort heißt es:

„Hat der Auftragnehmer Bedenken gegen die vorgesehene Art der Ausführung (auch wegen der Sicherung gegen Unfallgefahren), gegen die Güte der vom Auftraggeber gelieferten Stoffe oder Bauteile oder gegen die Leistungen anderer Unternehmer, so hat er sie dem Auftraggeber unverzüglich – möglichst schon vor Beginn der Arbeiten – schriftlich mitzuteilen; der Auftraggeber bleibt jedoch für seine Angaben, Anordnungen oder Lieferungen verantwortlich."

Der Auftragnehmer hat mithin eine vertragliche Verpflichtung, den Auftraggeber auf drohende Mängel am Bauwerk hinzuweisen, um ihm die Möglichkeit zu geben, diese vor der weiteren Bauausführung zu beseitigen. Als Ausfluss dieser Hinweispflicht trifft den bauausführenden Unternehmer mithin eine Prüfpflicht, die verschiedene Bereiche umfasst:

- Bedenken gegen die vorgesehene Art der Ausführung
  Die Prüfpflicht bezieht sich auf die gesamte Planung des Auftraggebers, soweit diese den Leistungsbereich des Auftragnehmers betrifft. Die Planung muss den anerkannten Regeln der Technik (siehe Abschn. 2.6.1) entsprechen und dem Unternehmer eine mangelfreie Leistungserstellung, d. h. die Herbeiführung des Werkerfolgs, ermöglichen.

---

[24] KG Berlin, Urteil vom 18.09.2012 – 7 U 227/11 und BGH, Beschluss vom 11.10.2013 – VII ZR 301/12 (Nichtzulassungsbeschwerde zurückgewiesen).

- Bedenken wegen der Sicherung gegen Unfallgefahren
  Nach Inkrafttreten der Baustellenverordnung ist auch der Bauherr für Sicherheit und Gesundheitsschutz auf der Baustelle verantwortlich. Er hat insbesondere einen Sicherheits- und Gesundheitsschutzplan aufzustellen und fortzuschreiben sowie einen Baustellenkoordinator zu bestellen, sofern der Bauherr diese Aufgaben nicht selbst übernimmt. Liegt ein Sicherheits- und Gesundheitsschutzplan (SiGe-Plan) für die Baustelle nicht vor, sind generelle Bedenken zu Sicherheit und Gesundheitsschutz angebracht.[25, 26]
  Da der Auftraggeber nach § 4 Abs. 1 (1) VOB/B 2016 *„für die Aufrechterhaltung der allgemeinen Ordnung auf der Baustelle zu sorgen und das Zusammenwirken der verschiedenen Unternehmer zu regeln"* hat, obliegt ihm insbesondere auch die Koordinationsverantwortung dafür, dass Arbeitskräfte eines Unternehmers bei gleichzeitiger Tätigkeit mehrerer Unternehmer auf der Baustelle nicht durch die Tätigkeit eines anderen Unternehmers gefährdet werden.
- Bedenken gegen die Güte der vom Auftraggeber gelieferten Stoffe und Bauteile
  Der Auftragnehmer hat in der Konsequenz dieser Bedenkenanzeigeverpflichtung zu prüfen, ob die vom Auftraggeber gelieferten Stoffe und Bauteile den vertraglichen Festlegungen entsprechen oder, sofern konkrete Festlegungen nicht getroffen sind, den anerkannten Regeln der Technik entsprechen bzw. geeignet sind, den geschuldeten Werkerfolg herbeizuführen.

Auch der Baugrund ist als Stoff zu betrachten, der vom Auftraggeber geliefert wird. Insoweit hat der bauausführende Unternehmer Bedenken gegen die vorgesehene Art der Ausführung anzuzeigen, wenn er Folgendes feststellt:

- Unzureichende bautechnische Eignung
  Der Unternehmer hat beim Auftraggeber Bedenken anzumelden, wenn er den gelieferten Boden für die vorgesehene bautechnische Verwendung als ungeeignet einschätzt. Dies wird z. B. der Fall sein, wenn Boden nicht die für den Leistungszweck erforderliche Versickerungsfähigkeit oder Frostsicherheit aufweist.
- Nicht ausreichende Tragfähigkeit
  Der Tragwerksplaner führt die Berechnungen der Fundamentierung (Streifenfundamente, Flachgründungen oder Tiefgründungen) i. d. R. auf der Grundlage eines Baugrundgutachtens durch. Falls ein solches nicht vorliegt, wird er die zulässigen Bodenpressungen abschätzen. Bei der Bauwerkserstellung kann sich nun herausstellen, dass die Annahmen für die erlaubten Bodenpressungen zu hoch angesetzt waren. Gegebenenfalls ist die Tragfähigkeit des Baugrunds dann auf der Baustelle (in situ) mittels geeigneter Versuche zu ermitteln.

---

[25] Hellmeister/Jäger/Peter/Roth/Scheyk: Leitfaden für die Ausarbeitung eines Sicherheits- und Gesund-heitsschutzplanes.

[26] Hellmeister et al.: Praxisleitfaden zur Koordination nach Baustellenverordnung; Seite 37.

- Bodenkontaminationen
  Insbesondere bei Grundstücken, auf denen früher bereits ein Bauwerk stand, auf früheren Lagerplätzen oder auf anderweitig wirtschaftlich genutzten Flächen können Bodenkontaminationen vorliegen. Häufig auftretende Kontaminationen sind etwa:
  - Kohlenwasserstoffe (KW),
  - Polyzyklische aromatische Kohlenwasserstoffe (PAK),
  - Polychlorierte Biphenyle (PCB) und polychlorierte Terphenyle (PCT),
  - Schwermetalle und Schwermetallsalze (Blei, Cadmium, Chrom, Cyanide, Barium, Arsen, Antimon, Kupfer und Nickel).

  Kontaminationen können oft durch den typischen Geruch dieser Stoffe, durch eine Ölhaut auf Wasseroberflächen oder farbliche Veränderungen des Bodens erkannt werden. Falls Kontaminationen vermutet werden, ist die Arbeit sofort einzustellen und es sind die erforderlichen Maßnahmen zum Umwelt- und Arbeitsschutz zu treffen, ggf. unter Hinzuziehung der zuständigen Stellen. Die Zuständigkeiten sind in den Bundesländern unterschiedlich geregelt. Zu nennen sind in diesem Zusammenhang besonders Umweltämter, das Gewerbeaufsichtsamt, die Berufsgenossenschaft, das Wasserwirtschaftsamt und der Sicherheits- und Gesundheitsschutzkoordinator (SiGeKo) nach § 3 der Verordnung über Sicherheit und Gesundheitsschutz auf Baustellen (BaustellV). Dem Auftraggeber ist der Fund unmittelbar anzuzeigen, in der Regel in Verbindung mit einer Behinderungsanzeige. Als nächster Schritt sollte durch den Bauherrn oder in dessen Vertretung eine Laboranalyse veranlasst werden. Sobald diese vorliegt, kann ein Entsorgungsweg gesucht werden. In Frage kommen:
  - thermische Behandlung,
  - biologische Behandlung,
  - physikalisch/chemische Behandlung (z. B. Wäsche) und
  - Deponierung.

  Welcher Entsorgungsweg gewählt wird, hängt von der Art der Kontamination und vom Kontaminationsgrad ab. Sobald eine Genehmigung für die Entsorgung durch die zuständige Behörde vorliegt, kann der kontaminierte Boden ausgehoben und zur Entsorgung abtransportiert werden. Zu beachten ist, dass der Boden solange nicht von der Baustelle verbracht werden darf, bis der Entsorgungsweg genehmigt ist.

- Bedenken gegen die Leistungen anderer Unternehmer
  Diese Prüf- und Anzeigepflicht bezieht sich auf die Beschaffenheit von Vorleistungen, welche die Mängelfreiheit der vom Unternehmer zu erbringenden Leistung beeinträchtigen könnte. Der Auftragnehmer muss sich deshalb vergewissern, ob die Leistung der Vorunternehmer eine vertragsgemäße Grundlage für die ordnungsgemäße Ausführung seiner Vertragsleistung darstellt. Der Auftragnehmer kann sich insoweit und unabhängig von einer Überwachung der Bauausführung durch Dritte nicht „blind" auf die Ordnungsgemäßheit von Vorleistungen verlassen. Vielmehr ist er im Rahmen seiner Fachkunde und der daraus folgenden Erkennbarkeit von Mängeln bzw. Mangelrisiken zu einer eigenen Überprüfung verpflichtet.

3.2 Rechtliche Aufgaben

Abschließend wird nochmals darauf verwiesen, dass die in der VOB/B statuierten Bedenkenhinweise schriftlich vorzutragen sind (siehe Abschn. 3.2.1). Weist der Auftragnehmer nur mündlich auf Bedenken hin, so trifft den Auftragnehmer bei späteren Mängeln ggf. ein Mitverschulden. Die Bedenken sollten daher unverzüglich in einem separaten Schreiben inhaltlich zutreffend, fachgerecht, erschöpfend mitgeteilt werden, nachdem der Unternehmer Kenntnis von den zu den Bedenken führenden Sachverhalten erlangt hat. Der Auftraggeber soll auf diese Weise in die Lage versetzt werden, die Bedenken zu prüfen und vorhandene bzw. drohende Mängel abzustellen. Die Mitteilung sollte durch den Auftragnehmer oder dessen bevollmächtigten Vertreter und grundsätzlich an den Vertragspartner (den Auftraggeber) erfolgen. Planer bzw. Vorunternehmer erhalten ggf. eine Kopie des Bedenkenhinweises. Es sei jedoch darauf hingewiesen, dass die Rechtsprechung es als ausreichend erachtet hat, dass die Mitteilung an den Planer bzw. Vorunternehmer erfolgt, sofern sich dieser den Vorgang zu eigen macht und den Mangel korrigiert.

3.2.1.2 Anzeigen von Behinderungen

§ 6 VOB/B 2016 trifft Regelungen, die bei einer Behinderung und Unterbrechung der Ausführung zur Anwendung kommen. Unter Behinderungen sind dabei solche Einflüsse zu verstehen, die nicht in die Risikosphäre des Auftragnehmers fallen und zu einer Störung bzw. Verzögerung der vertragsgemäß geplanten Ausführung der geschuldeten Leistung führen. Neben einem hindernden Umstand muss im Fall einer Behinderung insoweit auch eine konkrete hindernde Auswirkung eingetreten sein. Als Behinderungsursachen kommen deshalb in Betracht:

- Umstand aus dem Risikobereich des Auftraggebers, wie z. B.:
  - nicht oder verspätet vorliegende öffentlich-rechtliche Genehmigungen (z. B.: Baugenehmigung)
  - fehlende oder verspätete Bereitstellung des Baufeldes
  - vom vertraglich festgelegten Soll abweichende Beschaffenheit des Baufelds
  - vom vertraglich festgelegten Soll abweichende Beschaffenheit des Baubestands, des Baugrunds oder bereits erbrachter Vorleistungen
  - durch Nachbaransprüche bedingter Baustopp
  - fehlende, unzureichende, unvollständige oder verspätete Übergabe der Ausführungsunterlagen,
  - Bauentwurfs- bzw. Planänderung durch den Auftraggeber
  - verspätete Bemusterung
  - nicht, unzureichend oder verspätet erbrachte Mitwirkungshandlungen des Auftraggebers
  - Anordnung vertraglich nicht vorgesehener Leistungen
  - Verschiebung von Ausführungsfristen
  - nicht oder nicht rechtzeitig erbrachte bauliche Vorleistungen
- Streik
  - eigene Arbeitskräfte streiken oder Aussperrung durch Berufsvertretung der Auftragnehmer
  - Zufahrt zur Baustelle wegen Streiks Dritter behindert

- Höhere Gewalt oder andere für den Auftragnehmer unvorhersehbare und objektiv unabwendbare Umstände wie z. B.
  - Jahrhunderthochwasser
  - extremer, nicht üblicher Winter
  - unverschuldeter schwerer Unfall.

Im Fall einer Behinderung oder Unterbrechung der Ausführung werden Ausführungsfristen verlängert (Abschn. 3.5.13). Voraussetzung dafür ist, dass der Auftragnehmer dem Auftraggeber die Behinderung ordnungsgemäß angezeigt hat. Zusätzlich zur Ausführungsfristverlängerung kann der Auftragnehmer Schadenersatz- oder Entschädigungsansprüche gegen den Auftraggeber geltend machen (Abschn. 3.5.13), sofern die hindernden Umstände von diesem zu vertreten sind.

Eine Behinderungsanzeige hat gemäß § 6 Abs. 1 VOB/B 2016 grundsätzlich schriftlich zu erfolgen. Sie ist insoweit auch dann wirksam, wenn die Anzeige in das Bautagebuch aufgenommen wird, die Informationsanforderungen erfüllt und dem Auftraggeber unverzüglich zur Kenntnis gegeben wird.[27] Behinderungsanzeigen sind auch dann als ordnungsgemäß anzusehen, falls diese im Rahmen von Baubesprechungen erfolgen, ins Protokoll aufgenommen werden und dem Auftraggeber das Protokoll mit explizitem Hinweis auf die Behinderung unverzüglich zugesandt wird.[28] Eine Behinderungsanzeige ist im Einzelfall entbehrlich, wenn sowohl die hindernden Umstände als auch die daraus resultierende hindernde Wirkung auf die Bauausführung für den Auftraggeber offenkundig ist, es also keiner weiteren Information durch den Auftragnehmer bedarf, damit der Auftraggeber die Behinderung vermeiden bzw. abstellen kann.

Gleichwohl wird dringend empfohlen, jede Behinderung jeweils separat schriftlich anzuzeigen. In einer solchen Behinderungsanzeige sind die konkret hindernden Umstände sowie die daraus resultierenden hindernden Auswirkungen auf den Bauablauf im Einzelnen nachvollziehbar darzulegen. Insbesondere darzulegen sind Auswirkungen auf die laufenden bzw. geplanten Arbeiten, auf die vorgesehenen Ausführungstermine sowie ggf. zu erwartende Kostenfolgen. Nicht erforderlich ist es jedoch, die infolge der Behinderung anfallenden Kosten bereits in der Höhe zu benennen. Die Anzeigepflicht besteht im Übrigen nicht erst dann, wenn die Behinderung eingetreten ist, sondern bereits dann, wenn eine Behinderung der Bauausführung für den Unternehmer konkret absehbar ist. Die Behinderungsanzeige hat unverzüglich zu erfolgen und muss an den Auftraggeber gerichtet werden. Eine Behinderungsanzeige an den objektüberwachenden Planer reicht gegebenenfalls aus, sofern es sich um eine Behinderung handelt, die dieser verursacht hat (z. B. verspätete Planlieferung) und wenn dieser den Behinderungsgrund prüft und unverzüglich und vollständig beseitigt.

---

[27] Kapellmann/Schiffers: Vergütung Nachträge und Behinderungsfolgen beim Bauvertrag, Band 1; Rdn. 1235.

[28] Kapellmann/Schiffers: Vergütung Nachträge und Behinderungsfolgen beim Bauvertrag, Band 1; Rdn. 1237.

Als Rechtsfolgen einer Behinderung oder einer Unterbrechung sind zu nennen:
- die Verlängerung der Ausführungsfrist (§ 6 Abs. 2 (1) VOB/B 2016),
- Ersatz des nachweislich entstandenen Schadens und des entgangenen Gewinns, aber nur bei Vorsatz oder grober Fahrlässigkeit (§ 6 Abs. 6 VOB/B 2016). Ansprüche auf Entschädigung nach § 642 BGB bleiben unberührt (siehe Abschn. 3.5.13).

Nach § 6 Abs. 4 VOB/B 2016 wird *„die Fristverlängerung nach der Dauer der Behinderung mit einem Zuschlag für die Wiederaufnahme der Arbeiten und in die etwaige Verschiebung in eine ungünstigere Jahreszeit berechnet"*. Falls mehrere Behinderungen gleichzeitig oder überlappend auftreten, wird sich die Verlängerung der Ausführungsfrist in aller Regel nicht identisch mit der zeitlichen Addition der einzelnen Behinderungsfolgen ergeben. Vielmehr kommt es darauf an, wie sich der sogenannte „kritische Weg" der Bauablaufvorgänge infolge der Behinderungsauswirkungen ergibt. Zu diesem Zweck ist ein sogenannter störungsmodifizierter Bauablaufplan (Abschn. 3.5.14) zu erstellen, in dem sämtliche Behinderungen, aber auch sämtliche Anpassungsdispositionen zur Minimierung der Behinderungsauswirkungen eingearbeitet werden.

Der Schaden ist nach höchstrichterlicher Rechtsprechung kausal und schlüssig darzulegen. Die Schadensermittlung erfolgt durch Vergleich der Vermögenslage bei planmäßigem Ablauf mit der, die durch die Behinderung entstanden ist. Die Differenz stellt den erstattungsfähigen Schaden dar (Differenzmethode). Zu beachten ist somit, dass eine Schadensermittlung nicht auf kalkulatorischen Ansätzen beruhen kann. Die Darlegungsanforderungen hinsichtlich der Kausalität sind erfüllt, wenn jeder einzelnen Behinderung der entstandene Schaden zugewiesen wird. Es wird dringend empfohlen, die Mehrkosten (Schaden), die sich aus den einzelnen Behinderungen ergeben, zu dokumentieren. Weitere Ausführungen zur Schadensermittlung und zur Ermittlung einer Entschädigung nach § 642 BGB finden sich unter Abschn. 3.5.13.

Abschließend wird noch auf § 6 Abs. 3 VOB/B 2016 verwiesen, in dem festgelegt ist, dass der Auftragnehmer alles zu tun hat, was ihm billigerweise zugemutet werden kann, um die Weiterführung der Arbeiten zu ermöglichen. Er ist damit verpflichtet, den möglichen Schaden zu minimieren. Sobald die hindernden Umstände entfallen sind, hat er die Arbeiten unverzüglich wiederaufzunehmen. Der Auftraggeber ist vom Wegfall der Behinderung und von der Wiederaufnahme der Arbeiten zu unterrichten.

3.2.1.3 Eigenmächtig erstellte Leistungen

Im Zusammenhang mit dem erforderlichen Vertragsmanagement sei noch auf § 2 Abs. 8 VOB/B 2016 verwiesen. Nach dieser Vorschrift gilt:

> *„(1) Leistungen, die der Auftragnehmer ohne Auftrag oder unter eigenmächtiger Abweichung vom Vertrag ausführt, werden nicht vergütet. Der Auftragnehmer hat sie auf Verlangen innerhalb einer angemessenen Frist zu beseitigen; sonst kann es auf seine Kosten geschehen. Er haftet außerdem für andere Schäden, die dem Auftraggeber hieraus entstehen.*
>
> *(2) Eine Vergütung steht dem Auftragnehmer jedoch zu, wenn der Auftraggeber solche Leistungen nachträglich anerkennt. Eine Vergütung steht ihm auch zu, wenn die Leistungen für die Erfüllung des Vertrags notwendig waren, dem mutmaßlichen Willen des Auftraggebers*

entsprachen und ihm unverzüglich angezeigt wurden. Soweit dem Auftragnehmer eine Vergütung zusteht, gelten die Berechnungsgrundlagen für geänderte oder zusätzliche Leistungen der Nummer 5 oder 6 entsprechend."

Verschiedentlich werden Leistungen auf Anordnung des Architekten bzw. Objektplaners ausgeführt, für die dieser jedoch nicht die rechtsgeschäftliche Vertretungsbefugnis des Auftraggebers hat. In diesem Fall steht dem Auftragnehmer ggf. die Möglichkeit offen, den Planer wegen des infolge der Anordnung entstandenen Schadens bzw. wirtschaftlichen Nachteils in Regress zu nehmen.

Generell ist dem Auftragnehmer jedoch dringend zu empfehlen, vom vertraglich geschuldeten Bausoll abweichende Leistungen (siehe Abschn. 2.4.1) nur dann zu erbringen, wenn er vom Auftraggeber hierzu zweifelsfrei beauftragt wurde.

3.2.2 Beweissicherungsverfahren

Beweissicherungsverfahren spielen im Baugeschehen eine wichtige Rolle, insbesondere im Vorfeld von Zivilprozessen oder aber auch als Maßnahme des Bauunternehmers, um sich gegen ungerechtfertigte Forderungen zu schützen. Der Begriff Beweissicherungsverfahren muss differenziert betrachtet werden, da hierunter zwei vollkommen unterschiedliche Verfahren subsumiert werden:

- Selbstständiges Beweisverfahren,
- Privatrechtliches Beweissicherungsverfahren eventuell unter Einbeziehung eines öffentlich bestellten Sachverständigen.

Unter einem selbstständigen Beweisverfahren (§§ 485 bis 494 ZPO) wird im deutschen Zivilprozessrecht ein gerichtliches Verfahren verstanden, das dem Hauptsacheverfahren vorgeschaltet werden kann, um z. B. in Fällen mit besonderer Eilbedürftigkeit eine Beweissicherung zu gewährleisten. Im selbstständigen Beweisverfahren wird durch das Gericht ein Gutachter bestellt, der in einem nachfolgenden Hauptsacheverfahren mit Beweiswirkung vortragen kann. Der Vortrag eines von einer Streitpartei hinzugezogenen (Partei-) Gutachters wird im Gegensatz hierzu lediglich als „qualifizierter Parteivortrag" gewertet. Selbstständige Beweisverfahren werden nicht selten von Auftraggebern angestrengt, um den Zustand einer Sache (z. B. eines vom Auftragnehmer erstellten Bauteils und ggf. darin enthaltener Mängel) zu dokumentieren. Das selbstständige Beweisverfahren erleichtert in dieser Funktion ggf. auch eine außergerichtliche Einigung der Parteien. Insofern dient es auch der Prozessökonomie.

Das privatrechtliche Beweissicherungsverfahren wird dagegen ohne Einschaltung eines Gerichtes durchgeführt. Es dient vorrangig der fachgerechten Dokumentation von baulichen Zuständen, insbesondere der Zufahrtsstraßen, der Gehwege und der Nachbarbebauung. Der Bauunternehmer ist nämlich der Gefahr ausgesetzt, dass er durch seine Bauaktivitäten die Nachbarbebauung schädigt. Hierfür haftet er. Insofern werden in dem privatrechtlichen Beweissicherungsverfahren bereits vor Baubeginn ggf. vorhandene Schäden an der Nachbarbebauung dokumentiert.

3.2 Rechtliche Aufgaben

Mit fachkundigen Nachbarn, wie z. B. Straßenbauämtern, Grünflächenämtern oder der Forstverwaltung kann die Beweissicherung in der Regel durch eine gemeinsame Begehung vorgenommen werden. Dabei sollte der Zustand der Nachbarbebauung oder der Bepflanzung in Bildmaterial (Fotos, Videoaufnahmen) dokumentiert werden.

Gegebenenfalls sind Risse, abgefallener Putz und andere Schäden in Skizzen festzuhalten. Diese Skizzen können vom Bauunternehmen bereits vor der gemeinsamen Begehung erstellt werden, sind jedoch in jedem Fall durch beide Parteien zu unterzeichnen. In Abb. 3.12 sind beispielhaft einige Bilder aus einer Beweissicherung dargestellt.

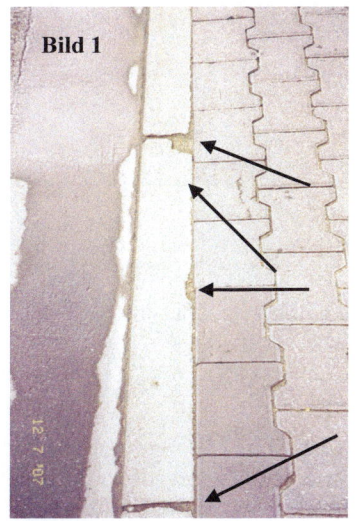

Abb. 3.12 Beweissicherung von öffentlichen Verkehrsflächen vor Baubeginn

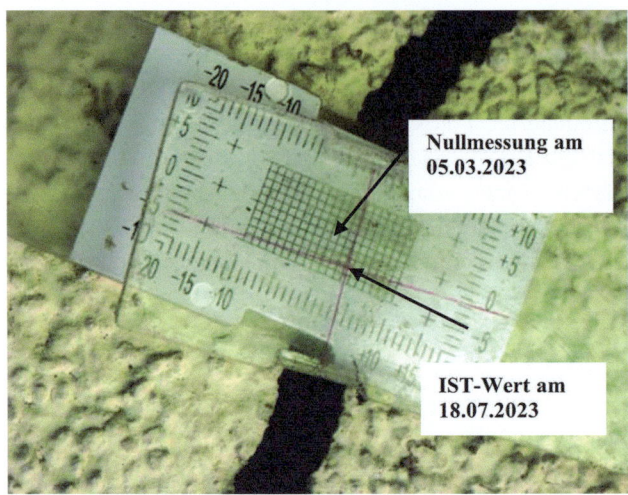

Abb. 3.13 Rissmonitor
(Hilfsmittel zur *Beweissicherung*)

Falls Risse an bestehenden Bauwerken festgestellt werden, sollten Gipsmarken angebracht werden. Alternativ kann die Veränderung von Rissen über einen Rissmonitor verfolgt werden. Dabei wird eine Markierung mit einem Millimeterraster auf der einen Seite des Risses befestigt und auf der anderen Seite ein Koordinatenkreuz auf einem transparenten Träger. In Abb. 3.13 ist die erste Messung (Nullmessung) am 05.03.2023 bei 0,0/0,0 angegeben. Am 18.07.2023 hatte sich der Riss um ca. 3 mm vergrößert und gleichzeitig ergab sich eine Verschiebung parallel zum Riss von ebenfalls ca. 3 mm.

Bei einer bestehenden Nachbarbebauung wird es häufig ratsam sein, einen öffentlich bestellten Sachverständigen mit der Durchführung eines privatrechtlichen Beweissicherungsverfahrens zu beauftragen.

3.3 Organisatorische Aufgaben

3.3.1 Management der Nachunternehmer

Größere Baumaßnahmen sind heute nicht zuletzt dadurch gekennzeichnet, dass auf den Baustellen zumeist eine Vielzahl von Nachunternehmern, auch Subunternehmer genannt, eingesetzt wird. Prinzipiell ist zwischen den beiden traditionell bekannten typischen Bauvertragskonstellationen zu unterscheiden:[29]

---

[29] In der jüngeren Vergangenheit haben sich zunehmend weitere Bauvertragstypen am Baumarkt etabliert. Besonders zu nennen sind kooperative Vertragsmodelle wie z. B. der Guaranteed Maximum Price-Vertrag (Garantierter Maximal-Preis-Vertrag, GMP), die unterschiedlichen Finanzierungs-

3.3 Organisatorische Aufgaben

- Der Bauherr folgt § 5 Abs. 2 VOB/A 2019, wonach Bauleistungen getrennt nach Fachgebieten als Fachlose zu vergeben sind. Innerhalb solcher Fachlose setzen die beauftragten Unternehmen jedoch häufig 'Spezial-Nachunternehmer, ein. Beispielsweise wird von einem Fliesenleger ein Nachunternehmer für die elastische Verfugung beauftragt oder von einem Sanitär- und Heizungsinstallateur ein Nachunternehmer für die Isolierung der Rohrleitungen. Die Vergütung dieser Nachunternehmer erfolgt in der Regel auf der Basis eines Einheitspreisvertrages.
- Der Bauherr lässt ein Bauwerk durch einen Generalunternehmer schlüsselfertig erstellen. Damit hat der Generalunternehmer die gesamte Leistung zu erstellen. Da er auf diese Leistungen im eigenen Betrieb nicht vollständig eingerichtet ist, wird er in der Regel einen großen Teil der Leistung, als Generalübernehmer die gesamte Leistung, durch Nachunternehmer erbringen lassen. Damit übernimmt er das Schnittstellen- und das Koordinationsrisiko. Die Vergütung ist meistens pauschal (Pauschalvertrag).

Hinsichtlich der Bindung von Nachunternehmern wird auf Abschn. 3.1.1.4 verwiesen. Nachfolgend werden typische Aufgaben und Herausforderungen beim Management von Nachunternehmern betrachtet. Generell gilt, dass ein umfassendes Managementsystem mit konkreten Prozessabläufen vorhanden sein sollte, welches sämtliche Aufgaben im Zusammenhang mit Nachunternehmerleistungen abdeckt – angefangen bei der Ausschreibung und Vergabe über die Führung der Nachunternehmer während der Leistungserbringung bis zur Abnahme und der Haftung für Mängel. In den meisten Unternehmen ist das Management von Nachunternehmern ein Teil des sogenannten Qualitätsmanagementsystems, das nach DIN EN ISO 9001 zertifiziert werden kann.

3.3.1.1 Schnittstellenrisiko

Um ein Bauwerk unter Einsatz von Nachunternehmern errichten zu können, ist es notwendig, die Gesamtleistung in so genannte Vergabeeinheiten aufzuteilen. In einer ersten Annäherung entsprechen die Vergabeeinheiten dabei einer Aufteilung der geforderten Leistung nach Fachgebieten oder Gewerbezweigen. So wird ein Generalunternehmer, der den Rohbau selbst erstellt, ggf. Nachunternehmer für die Putzarbeiten, für die Estricharbeiten etc. vorsehen.

Es wird sich aber bei den allermeisten Gewerken die Frage stellen, wie tief diese Untergliederung vorgenommen werden soll. So können die Estricharbeiten weiter aufgegliedert werden in Zementestrich, Anhydritestrich, Magnesiaestrich und Gussasphalt. Darüber hinaus sind Hohlraum- und Doppelböden zu betrachten. So kann es in einem speziellen Fall sinnvoll sein, sämtliche Arbeiten an ein Estrichverlegeunternehmen zu vergeben,

---

und Betreiberverträge, die meistens unter dem Begriff Public-Private-Partnership (PPP) oder Öffentlich-Privater-Partnerschafts-Vertrag (ÖPP) zusammengefasst werden, oder seit jüngstem auch sog. Mehrparteienverträge für sog. Projektallianzen oder Integrierte Projektabwicklung (IPA).

damit dieses dann innerhalb der Estricharbeiten die erforderlichen terminlichen und räumlichen Abstimmungen vornimmt. Es kann aber auch sinnvoll sein, bei Großbauvorhaben die Zementestricharbeiten in zwei Vergabeeinheiten aufzuteilen und getrennt zu vergeben, wenn der geforderte Leistungsumfang z. B. so groß ist, dass ein einzelnes Unternehmen die Leistung aus Kapazitätsgründen nicht in der vorgesehenen Zeit erbringen könnte. Gleichzeitig wird auf diese Weise eine Risikominimierung erreicht, da bei Ausfall eines Unternehmens nicht gleich sämtliche Estricharbeiten zum Erliegen kommen. Das „Merkblatt Schnittstellen Rohbau/Technische Gebäudeausrüstung" des DBV[30] zeigt an Hand eines Regelablaufplanes typische Schnittstellenprobleme auf.

Schnittstellen ergeben sich aber auch zwischen zwei Gewerken. So muss z. B. bei der Herstellung von Fassadenverkleidungen mit Naturstein genau geklärt werden, wer die Unterkonstruktion anbringt. Dies kann die Leistung des Rohbauunternehmers, des Fassadenbauers oder eines Dritten (Schlosser) sein. Probleme ergeben sich dann, wenn diese Leistungen bei keinem Nachunternehmer, oder aber auch, wenn dieselben bei zwei Nachunternehmern ausgeschrieben sind.

3.3.1.2 Koordinationsrisiko

Das zeitliche und räumliche Schnittstellenproblem wird als Koordinationsrisiko bezeichnet. Zeitlich sind die Nachunternehmer so einzusteuern, dass die Vorleistungen dann fertig sind, wenn der Nachunternehmer auf die Baustelle kommt. Ist ein Estrich z. B. noch nicht ausreichend trocken, kann mit den Bodenbelagsarbeiten nicht begonnen werden. Muss aber ein Nachunternehmer wegen nicht fertiger Vorleistung von der Baustelle wieder abziehen, so wird er höchst wahrscheinlich Behinderung anmelden. Damit wird unsicher, wann er mit der Leistungserstellung beginnt, da er sein Personal vermutlich auf anderen Baustellen einsetzen wird. Aus dieser Situation heraus werden häufig schwierige Verhandlungen mit dem Nachunternehmer notwendig, um diesen wieder zur Arbeitsaufnahme zu bewegen.

Falls der Baubeginn für einen Nachunternehmer zu spät vereinbart wird, führt dies jedoch insbesondere bei knappen Gesamtbauzeiten zu Behinderungen beim Gesamtbauablauf, mit der Folge, dass später durchzuführende Arbeiten unter hohem Zeitdruck mit hoher Kapazität und somit in der Regel unwirtschaftlich erstellt werden müssen.

Für die zeitliche Koordination der Arbeiten sowie der Nachunternehmer wird ein sogenannter Koordinationsterminplan erstellt. Dieser Terminplan enthält sämtliche vertraglich zu erbringenden Leistungen und umfasst den kompletten Ausführungszeitraum.[31]

Mit dem terminlichen Koordinationsrisiko ist das räumliche Koordinationsrisiko eng verbunden. Jedem Nachunternehmer sind ausreichende Arbeits- und Lagerflächen einschließlich

---

[30] Deutscher Beton- und Bautechnik-Verein e.V. (Hrsg.): Merkblatt Schnittstellen Rohbau/Technische Gebäudeausrüstung, Berlin 2006.
[31] Berner/Kochendörfer/Schach: Grundlagen der Baubetriebslehre, Band 2, Abschn. 5.3.3.

3.3 Organisatorische Aufgaben

geeigneter Transportwege zuzuweisen. Verschiedene Nachunternehmer können sich gegenseitig behindern, wenn diese gleichzeitig im selben Bauwerksbereich arbeiten. In verschiedenen Fällen ist diese Behinderung sogar mehr als offensichtlich, beispielsweise, wenn im gleichen Raum ein Fußboden verlegt und gleichzeitig die Wände gestrichen werden sollen. Insbesondere auch aus Gründen von Sicherheit und Gesundheitsschutz kann sich solch ein räumlicher Konflikt ergeben. Wird z. B. ein Fußboden mit lösemittelhaltigen Klebern verlegt, so können in benachbarten Räumen wegen der Explosionsgefahr keine Arbeiten mit offener Flamme durchgeführt werden. Aber auch Arbeiten verschiedener Gewerke übereinander können problematisch sein, wenn beispielsweise Dachdeckungsarbeiten (herabfallendes Material und Werkzeug) und die Verfüllung der Baugrube gleichzeitig erfolgen sollen.

Ein weiteres räumliches Koordinationsproblem betrifft die Zugänge und Transportwege (siehe Abschn. 3.4.3). Falls beispielsweise in einem Treppenhaus der Fußbodenbelag verlegt wird, sind Zugänge und Transportwege über andere Treppenhäuser oder Treppentürme sicherzustellen.

3.3.1.3 Vergabe von Nachunternehmerleistungen

Die Vergabe von Nachunternehmerleistungen ist sowohl unter inhaltlichen als auch unter terminlichen Aspekten zu betrachten. Der Ablauf beinhaltet folgende Teilschritte:

- Vergabeeinheiten definieren (z. B. Putz Wände außen).
- Ausschreibungsunterlagen mit allen erforderlichen Vertragsbestandteilen einschließlich Leistungsverzeichnis erstellen. Grundlage hierfür ist im Idealfall eine freigegebene Ausführungsplanung.
- Potenzielle Nachunternehmer festlegen (Adressen).
- Ausschreibungsunterlagen versenden. Häufig wird es sinnvoll sein, vorab telefonisch anzufragen, ob ein Interesse an der Abgabe eines Nachunternehmerangebots für die ausgeschriebene Leistung besteht.
- Preisspiegel erstellen, nachdem die Angebote eingegangen sind.
- Auswahl derjenigen möglichen Nachunternehmer, mit denen Auftragsverhandlungen geführt werden sollen.
- Ausgewählte Nachunternehmer zu Auftragsverhandlungen einladen.
- Auftragsverhandlungen führen.
- Auftragserteilung auf das wirtschaftlichste Angebot, Information der nicht berücksichtigten Unternehmer.

Dieser gesamte Ablauf ist terminlich so zu steuern, dass der Nachunternehmer so rechtzeitig gebunden wird, dass er mit seiner Arbeit auf der Baustelle termingerecht beginnen kann. Dabei sind abhängig vom Gewerk noch zu berücksichtigen:

- Dispositions- und Lieferzeiten für Rohstoffe und Bauteile (z. B. Stahlprofile, spezielle Glasscheiben etc.) und
- Zeiten für die Vorfertigung von Bauteilen (z. B. Fertigung von Fassadenelementen).

3.3.1.4 Vertragsunterlagen
Mit der Auftragserteilung werden die Vertragsunterlagen von beiden Parteien rechtsverbindlich vereinbart.

Zu den Vertragsinhalten gehören unter anderem der Vertragstext, die Leistungsbeschreibung, Planunterlagen, Verhandlungsprotokolle und einbezogener Schriftverkehr, eventuell vorhandene Genehmigungen und Gutachten sowie gegebenenfalls Mietverträge.[32] Darüber hinaus sind selbstverständlich gesetzliche Vorschriften, die einschlägigen technischen Regelwerke sowie die allgemein anerkannten Regeln der Technik zu beachten (vgl. Abschn. 2.4).

Um eine reibungslose kaufmännische Abwicklung des Vertrages zu ermöglichen, sollte der Nachunternehmer bereits bei Vertragsschluss einige weitere Unterlagen zur Verfügung stellen, z. B.:

- Freistellungsbescheinigung des Finanzamts zum Steuerabzug bei Bauleistungen gemäß § 48 b EStG,
- Unbedenklichkeitsbescheinigung der Berufsgenossenschaft der Bauwirtschaft (BG Bau),
- Unbedenklichkeitsbescheinigung der Krankenkasse,
- Unbedenklichkeitsbescheinigung der Sozialkassen der Bauwirtschaft (SOKA-BAU).

Eine Unbedenklichkeitsbescheinigung dient als Nachweis, dass ein Unternehmen Mitglied der jeweiligen Organisation ist und seinen Beitragsverpflichtungen bis zum Tag der Ausstellung der Bescheinigung nachgekommen ist. Lässt ein Auftraggeber sich diese Bescheinigungen aktuell vorlegen, kann er bei Zahlungsschwierigkeiten des Nachunternehmers während der Leistungserbringung vermeiden, selbst in Haftung genommen zu werden.

3.3.1.5 Führung und Steuerung der Nachunternehmer bei der Leistungserbringung
Die Bauleitung muss sicherstellen, dass die Nachunternehmerleistungen mängelfrei und termingerecht erbracht werden. Diese übergeordneten Ziele werden erreicht, indem die in Abschn. 2.3 beschriebenen Managementfunktionen wie Terminmanagement, Qualitätsmanagement, Risikomanagement, Vertragsmanagement einschließlich der in Abschn. 2.2.7 beschriebenen Instrumentarien über die gesamte Bauabwicklung konsequent zum Einsatz gebracht werden.

Ferner ist es sinnvoll, mit dem Nachunternehmer vertraglich zu vereinbaren, dass dieser eigene Bautagesberichte erstellt (siehe Abschn. 2.2.7.5). Diese sind Grundlage für die Bautagesberichte des Generalunternehmers. Außerdem wird hierdurch die notwendige Führung und Steuerung der Baustelle durch den Generalunternehmer wirkungsvoll unterstützt.

---

[32] Berner/Kochendörfer/Schach: Grundlagen der Baubetriebslehre, Band 2, Abschn. 3.

3.3 Organisatorische Aufgaben

3.3.1.6 Ersatzvornahme

Falls ein Nachunternehmervertrag vorzeitig gekündigt wird, muss der General- bzw. Hauptunternehmer einen neuen Nachunternehmer binden. Dieses Vorgehen wird als Ersatzvornahme bezeichnet.

Ersatzvornahmen können erforderlich werden, wenn ein Nachunternehmer mit seiner Leistung soweit in Verzug gerät, dass ein Festhalten an seiner Leistungserbringung nicht mehr zumutbar ist. Ein weiterer Fall für Ersatzvornahme ist dann gegeben, falls der Nachunternehmer Insolvenz beim Gericht angemeldet hat. Ein Nachunternehmer gerät automatisch in Verzug, wenn mit ihm vertraglich Zwischen- oder Endtermine (Kalenderdatum) vereinbart sind und er diese überschritten hat. Nach § 5 Abs. 4 VOB/B 2016 kann der Auftraggeber bei Nichteinhaltung vertraglich vereinbarter Fristen unter Aufrechterhaltung des Vertrages Schadenersatz nach § 6 Abs. 6 VOB/B 2016 verlangen oder dem Auftragnehmer eine angemessene Frist zur Vertragserfüllung setzen und erklären, dass er ihm nach fruchtlosem Ablauf der Frist den Vertrag entziehen werde (§ 8 Abs. 3 VOB/B 2016).

Bei der Bindung eines neuen Nachunternehmers sind hinsichtlich Wirtschaftlichkeit, Qualität und Termintreue generell die gleichen Rahmenbedingungen zu beachten wie bei bei der ursprünglichen Nachunternehmervergabe. In der Regel greift der Generalunternehmer zu diesem Zweck auf die früheren Ausschreibungsunterlagen zurück und wird bei den seinerzeit nicht zum Zuge gekommenen Bietern anfragen, ob diese für eine Leistungserbringung zur Verfügung stehen.

Durch eine Ersatzvornahme wird dem General- bzw. Hauptunternehmer in der Regel ein wirtschaftlicher Nachteil entstehen, da der neu gebundene Nachunternehmer ggf. nur zu höheren Preisen zur Verfügung steht und Mehrkosten infolge eines kündigungsbedingt gestörten Gesamtbauablaufs entstehen. Nach § 8 Abs. 3 VOB/B 2016 ist der General- bzw. Hauptunternehmer als Auftraggeber der Nachunternehmerleistung im Falle einer Vertragskündigung aus wichtigem Grund berechtigt, einen solchen Schaden beim gekündigten Nachunternehmer geltend zu machen. Zur Abdeckung der damit verbundenen Risiken dient – sofern vorhanden – eine Vertragserfüllungsbürgschaft (siehe Abschn. 3.5.2.3).

3.3.1.7 Vergütung von Nachunternehmern

Der Vergütungsanspruch der Nachunternehmer ergibt sich aus dem zwischen dem Hauptunternehmer und dem Nachunternehmer geschlossenen Bauvertrag. Ob ein Einheitspreis- oder ein Pauschalvertrag abgeschlossen wird, ist von vielen Kriterien abhängig, z. B. Risikoneigung der beiden Vertragspartner oder Detaillierung der Leistungsbeschreibung. Bei Pauschalverträgen wird in der Regel ein Zahlungsplan vereinbart (siehe Abschn. 3.5.6.9).

Nach Rechnungslegung durch den Nachunternehmer sollte die Rechnung möglichst schnell geprüft und das unbestrittene Guthaben kurzfristig angewiesen werden, damit der Nachunternehmer liquide bleibt. Dies ist die Voraussetzung dafür, dass der Nachunternehmer die von ihm geforderte Leistung ordnungsgemäß erbringen kann.

Bei der Zahlung muss der General- bzw. Hauptunternehmer als Auftraggeber des Nachunternehmers zwei weitere Punkte beachten.

Soweit der Nachunternehmer Bauleistungen erbringt, muss der General- bzw. Hauptunternehmer gemäß § 48 EStG eine sogenannte Bauabzugssteuer in Höhe von 15 % des Leistungswertes einbehalten und an das Finanzamt abführen. Hierdurch erhält der Nachunternehmer effektiv einen geringeren Geldbetrag ausbezahlt als der vertragliche Gegenwert der erbrachten Leistung. Diesen Abzug kann der Nachunternehmer vermeiden, indem er eine Freistellungsbescheinigung (siehe Abb. 3.14) nach § 48 b EStG vorlegt.

Zudem findet bei bestimmten Bauleistungen eine sogenannte Umkehr der Steuerschuldnerschaft statt. Das heißt, dass nicht der Nachunternehmer als Rechnungssteller, sondern der General- bzw. Hauptunternehmer als Leistungsempfänger Steuerschuldner der Umsatzsteuer (zurzeit 19 %) gemäß § 13 b Umsatzsteuergesetz (UStG) ist. In diesen Fällen erstellt der Nachunternehmer eine Rechnung ohne Umsatzsteuer und fügt auf der Rechnung den Satz „Steuerschuldner ist der Leistungsempfänger gem. § 13 b UStG" hinzu.

Zu den von dieser Regelung betroffenen „bestimmten Bauleistungen" gehören Werklieferungen und sonstige Leistungen, die der Herstellung, Instandsetzung, Instandhaltung, Änderung oder Beseitigung von Bauwerken dienen, mit Ausnahme von Planungs- und Überwachungsarbeiten.[33]

Als Nachweis für die Erbringung von „bestimmten Bauleistungen" kann die bereits erwähnte Freistellungsbescheinigung nach § 48 b EStG dienen. Kann der Nachunternehmer diese vorlegen, liegen bei seinen Leistungen automatisch Bauleistungen gemäß § 13 b UStG vor.

---

[33] Die Negativ-Abgrenzung der „bestimmten Bauleistung" umfasst: ausschließlich planerische Leistungen (z. B. von Tragwerksplanern, Architekten, Garten- und Innenarchitekten, Vermessungs-, Prüf- und Bauingenieuren); Labordienstleistungen (z. B. chemische Analyse von Baustoffen); reine Leistungen der Bauüberwachung; reine Leistungen zur Durchführung von Ausschreibungen und Vergaben; Materiallieferungen (z. B. durch Baustoffhändler oder Baumärkte), auch wenn der liefernde Unternehmer den Gegenstand der Lieferung im Auftrag des Leistungsempfängers herstellt, nicht aber selbst in ein Bauwerk einbaut; Anlieferung von Beton; Lieferung von Wasser und Energie; Bereitstellen von anderen Baugeräten; Aufstellen von Material- und Bürocontainern, mobilen Toilettenhäusern; Entsorgung von Baumaterialien (Schutt durch Abfuhrunternehmer); Aufstellen von Messeständen; Gerüstbau; Anlegen von Bepflanzungen und deren Pflege (z. B. Bäume, Gehölze, Blumen, Rasen) mit Ausnahme von Dachbegrünungen; die Arbeitnehmerüberlassung, auch wenn die überlassenen Arbeitnehmer für den Entleiher Bauleistungen erbringen; die bloße Reinigung von Räumlichkeiten oder Flächen, z. B. von Fenstern; Reparatur- und Wartungsarbeiten an Bauwerken oder Teilen von Bauwerken, wenn das (Netto-)Entgelt für den einzelnen Umsatz nicht mehr als 500 EUR beträgt.

3.3 Organisatorische Aufgaben

 FINANZAMT STUTTGART-KÖRPERSCHAFTEN

FA Stuttgart-Körperschaften · Postfach 106051 · 70049 Stuttgart

Stuttgart, 24.10.2013
Bearbeiterin:
Telefon:
Durchwahl:
Telefax:
Zimmer:
Steuernummer: 28   99
Länder-Nr.   FA-Nr.

Firma
BAM Deutschland AG
Möchhaldenstr. 26
70191 Stuttgart

(bei Antwort bitte angeben) SG: II/26

Sicherheits-Nummer:	28	99
	Länder-Nr.	FA-Nr.

Freistellungsbescheinigung zum Steuerabzug bei Bauleistungen gemäß § 48b Abs. 1 Satz 1 des Einkommensteuergesetzes (EStG)

Firma/Herrn/Frau
Firma/Vorname, Name   BAM Deutschland AG
Rechtsform   AG
Anschrift   Mönchhaldenstr. 26, 70191 Stuttgart

wird hiermit bestätigt, dass der Empfänger der Bauleistung (Leistungsempfänger) von der Pflicht zum Steuerabzug nach § 48 Abs. 1 EStG befreit ist.

Diese Bescheinigung gilt vom **01.01.2014** bis zum **31.12.2016**.

Wichtiger Hinweis:
Diese Bescheinigung ist dem Leistungsempfänger im Original auszuhändigen, wenn sie auf einen bestimmten Auftrag lautet. Ist die Bescheinigung für einen Zeitraum gültig, kann auch eine Kopie ausgehändigt werden. Das Original ist mit Dienstsiegel, Unterschrift und Sicherheitsnummer zu versehen. **Um eine Haftung für den Steuerabzug zu vermeiden, hat der Leistungsempfänger im Sinne des § 48 Abs. 1 Satz 1 EStG die Möglichkeit, die Richtigkeit der Freistellungsbescheinigung beim Bundeszentralamt für Steuern zu überprüfen. Das Bundeszentralamt für Steuern wird dem Leistungsempfänger im Wege einer elektronischen Abfrage Auskunft über die beim Bundeszentralamt für Steuern gespeicherten Freistellungsbescheinigungen erteilen (http://www.bzst.de).** Dazu sollen die Daten beim Bundeszentralamt für Steuern gespeichert und bei einer elektronischen Abfrage den Leistungsempfängern bekannt gegeben werden. Die Befreiung von der Pflicht zum Steuerabzug gilt für Zahlungen, die innerhalb des o.g. Gültigkeitszeitraumes und/oder für die o.g. Bauleistungen geleistet werden. Die Aufrechnung (Verrechnung) des Leistungsempfängers mit Gegenansprüchen gegenüber dem Leistenden steht einer Zahlung gleich.

Der Widerruf dieser Bescheinigung bleibt vorbehalten.

Mit freundlichen Grüßen

Sattler

S2-59 Freistellungsbescheinigung zum Steuerabzug bei Bauleistungen

Abb. 3.14 Freistellungsbescheinigung
(Mit freundlicher Genehmigung der BAM Deutschland AG, jetzt: ZECH Hochbau AG)

3.3.2 Rohbauleistungen als Lohnleistung

Auf Grund des insgesamt steigenden Kostendrucks sind Bauunternehmen in den letzten zwanzig Jahren verstärkt dazu übergegangen, Rohbauleistungen anstatt mit eigenem Personal als sogenannte „Lohnleistung" durch Rohbaunachunternehmer durchführen zu lassen. Hierzu stehen drei Varianten zur Wahl: Lohnleistung wird zum einen durch deutsche Bauunternehmungen, zum anderen durch Bauunternehmungen aus dem EU-Binnenmarkt angeboten. Beide Varianten sind hinsichtlich der geltenden rechtlichen Rahmenbedingungen unproblematisch.

Eine dritte Variante ist die Vergabe der Lohnleistung an Bauunternehmungen aus mittel- und osteuropäischen Staaten (MOE-Staaten), die nicht Mitglieder des EU-Binnenmarktes sind. Hierbei sind besondere rechtliche Aspekte zu beachten, die nachfolgend beschrieben werden.

3.3.2.1 Grundlagen der Vergaben

Die Vergabe von Lohnleistung durch einen deutschen Auftraggeber an ein Bauunternehmen aus Deutschland oder den Mitgliedsstaaten des EU-Binnenmarkts kann relativ einfach in Form eines Werkvertrages gemäß §§ 631 ff. BGB erfolgen. Die Beschäftigung solcher Werkvertragsunternehmen in Deutschland ist auf Grundlage der bestehenden Dienstleistungsfreiheit innerhalb der Europäischen Union geregelt und somit in der Vergabe/Vertragsgestaltung unkritisch. In beiden Fällen ist während der Leistungserbringung der Nachunternehmer auf die Einhaltung der Zahlungsverpflichtungen gegenüber Finanzamt und Sozialkassen sowie der Mindestlohnregelung im Baugewerbe zu achten. Sollte der Nachunternehmer diesen Verpflichtungen nicht nachkommen, so haftet der Haupt- bzw. Generalunternehmer als Auftraggeber des Nachunternehmers im Rahmen der sogenannten „Generalunternehmerhaftung" hierfür nach den geltenden gesetzlichen Bestimmungen (vgl. § 28e Abs. 3a bis Abs. 3e SGB IV sowie § 150 SGB VII).

Eine weitere Möglichkeit ist die Vergabe an ein Bauunternehmen aus mittel- und osteuropäischen Staaten (MOE-Staaten). Hierbei muss unterschieden werden zwischen Staaten, die schon seit längerem der EU angehören, sowie Staaten, die erst seit kurzem Teil der EU sind, und Staaten, die nicht Mitglied der EU sind. Viele osteuropäische Staaten, wie z. B. Polen, Ungarn, Tschechien, Rumänien und Bulgarien sind bereits seit langem Teil der EU und eröffnen ihren Unternehmen die Möglichkeit, ihre Leistungen innerhalb des EU-Binnenmarktes anzubieten. Die Vergabe von Lohnleistungen an Unternehmen aus solchen Staaten, die nicht oder erst seit kurzem in der EU sind, ist hingegen auf Grund gesetzlicher Restriktionen relativ aufwendig.

Maßgeblich sind hier die von der Bundesrepublik Deutschland mit verschiedenen MOE-Staaten und der Türkei geschlossenen Regierungsvereinbarungen über die Entsendung von Arbeitnehmern ausländischer Unternehmen für die Erbringung von Lohn-

3.3 Organisatorische Aufgaben

leistungen in Deutschland auf der Basis von Werkverträgen. Verboten ist hingegen die sogenannte Arbeitnehmerüberlassung, weshalb bei der Vergabe von Lohnleistungen an ausländische Unternehmen stets auf eine ordnungsgemäße werkvertragliche Gestaltung der Leistungsbeziehungen zu achten ist:

Abgrenzung Werkvertrag / Arbeitnehmerüberlassung	
Werkvertrag Grundsätzlich sind folgende Merkmale für einen Werkvertrag maßgebend: - Vereinbarung und Erstellung eines konkret bestimmten Werkergebnisses - eigenverantwortliche Organisation aller sich aus der Übernahmepflicht ergebenden Handlungen durch den Werkunternehmer - keine Einflussnahme durch den Auftraggeber auf Anzahl und Qualifikation der am Werkvertrag beteiligten Arbeitnehmer - Weisungsrecht des Auftragnehmers gegenüber seinen im Betrieb des Auftraggebers tätigen Arbeitnehmern - Tragen des Unternehmerrisikos durch den Auftragnehmer - ergebnisbezogene Vergütung	**Arbeitnehmerüberlassung** Arbeitnehmerüberlassung ist gegeben, wenn ein Arbeitnehmer von seinem Arbeitgeber (Verleiher) an einen Dritten (Entleiher) zur Arbeitsleistung überlassen wird. Sie erschöpft sich im bloßen zur Verfügung stellen von Arbeitskräften, die der Dritte nach eigenen betrieblichen Erfordernissen in seinem Betrieb einsetzt. Die Überlassung von ausländischen Arbeitnehmern ist verboten!

Aktuell bestehen die vorher angesprochenen Entsendungs- bzw. Beschäftigungsvereinbarungen mit folgenden Staaten:

- Bosnien und Herzegowina,
- Nordmazedonien,
- Serbien und
- Türkei.

Arbeitnehmer aus diesen Staaten können im Rahmen fest vereinbarter Kontingente (siehe Abschn. 3.3.2.3) zur Ausführung werkvertraglicher Leistungen zwischen ihrem Arbeitgeber und einem deutschen Auftraggeber für eine begrenzte Zeit in der Bundesrepublik Deutschland beschäftigt werden. Die Regierungsvereinbarungen regeln insoweit die Bedingungen, unter denen die ausländischen Arbeitnehmer von ihren Unternehmen in Deutschland eingesetzt werden können. Die Vereinbarungen setzen hierbei voraus, dass für die Leistungserbringung überwiegend Arbeitnehmer mit beruflicher Qualifikation (Fachkräfte) eingesetzt werden. Maßgeblich hierfür ist, dass die Art der auszuführenden Tätigkeit den Einsatz von Fachkräften erfordern muss. Hilfskräfte dürfen nur eingesetzt werden, soweit dies zur Ausführung der werkvertraglich vereinbarten Tätigkeiten erforderlich ist. Ohne nähere Prüfung wird insoweit ein Helferanteil von bis zu 10 % akzeptiert.[34]

Weiterhin sind beim Einsatz ausländischer Arbeitskräfte sogenannte „Mindestarbeitsbedingungen" sicherzustellen. Dies betrifft insbesondere die Einhaltung der Bestimmungen des Mindestlohngesetzes (MiLoG) sowie des Arbeitnehmer-Entsendegesetzes (AEntG). Das AEntG verpflichtet ausländische Unternehmen, ihren Beschäftigten für die Zeit der Entsendung die am jeweiligen Arbeitsort in Deutschland maßgeblichen allgemeinen bzw. tarifvertraglichen Arbeitsbedingungen zu gewähren. Für Bauleistungen bedeutet dies insbesondere die Zahlung des Mindestlohns einschließlich Überstundenzuschlägen, die Abführung von Urlaubskassenbeiträgen und die Gewährung der vorgeschriebenen Urlaubsbedingungen.[35] In aller Regel ist deshalb eine Arbeitszeiterfassung vorzunehmen und alle erforderlichen Unterlagen sind auf den Einsatzbaustellen für den Fall behördlicher Prüfungen bereitzuhalten.

Die o.g. Regelungen sollen zunächst die Ausbeutung von ausländischen „Billigarbeitskräften" verhindern. Die Entsenderegelungen dienen jedoch gleichermaßen auch dem Schutz inländischer Arbeitnehmer: Der Einsatz ausländischer Werkvertragsarbeitskräfte ist deshalb untersagt, wenn der Auftraggeber für sein in Deutschland beschäftigtes Personal bei der Bundesagentur für Arbeit Kurzarbeit angezeigt hat. Gleiches gilt, wenn der Auftraggeber in Deutschland Arbeitskräfte entlässt, Entlassungen beabsichtigt oder in der Region des beabsichtigten Werkvertrags innerhalb eines Jahres zuvor in erheblichem Umfang Arbeitskräfte entlassen hat.[36]

3.3.2.2 Vertragsgestaltung und Verfahrensregelungen

Um die Einhaltung der Bestimmungen überwachen zu können, müssen sämtliche Werkverträge durch die zuständigen Behörden des Entsendelandes (meist Wirtschaftsministerium) und in Deutschland durch die Bundesagentur für Arbeit genehmigt werden.

Die Gestaltung eines Werkvertrages mit einem MOE-Unternehmen entspricht in den Grundzügen dem Werkvertrag mit einem deutschen Unternehmen oder westeuropäischen einem Unternehmen aus dem EU-Binnenmarkt. Hinzu kommen jedoch noch weitere

---

[34] Bundesagentur für Arbeit (Hrsg.): Merkblatt 16: Beschäftigung ausländischer Arbeitnehmerinnen und Arbeitnehmer im Rahmen von Werkverträgen in Deutschland. Voraussetzungen/Zulassungsverfahren (Stand 04/2023), Abschn. 2.3.

[35] Bundesagentur für Arbeit (Hrsg.): Merkblatt 16: Beschäftigung ausländischer Arbeitnehmerinnen und Arbeitnehmer im Rahmen von Werkverträgen in Deutschland. Voraussetzungen/Zulassungsverfahren (Stand 04/2023), Abschn. 2.1.

[36] Bundesagentur für Arbeit (Hrsg.): Merkblatt 16: Beschäftigung ausländischer Arbeitnehmerinnen und Arbeitnehmer im Rahmen von Werkverträgen in Deutschland. Voraussetzungen/Zulassungsverfahren (Stand 04/2023), Abschn. 3.

3.3 Organisatorische Aufgaben

Unterlagen, die für die behördliche Genehmigung des Einsatzes entsandter Arbeitskräfte erforderlich werden. Benötigt werden im Regelfall:[37]

- Auftragsschreiben,
- Werkvertrag (Rahmenvertrag/Teilleistungsvertrag) im Original,
- vertragliches Leistungsverzeichnis/vertragliche Leistungsbeschreibung,
- Verhandlungsprotokoll ggf. mit Anlagen,
- Angebot des Auftragnehmers,
- Selbstauskunft mit ZVK-Nachweisen,
- Kontingentbestätigung,
- Personaleinsatzplan (bei wechselnder Personalstärke),
- namentliche Auflistung des einzusetzenden Personals inkl. Qualifikation und
- Vordruck „Selbstauskunft" bzw. „Selbstauskunft EU/EWR".

Aus dem Werkvertrag müssen die Merkmale entsprechend der Abgrenzung zwischen Werkvertrag und Arbeitnehmerüberlassung eindeutig hervorgehen.

Damit eine rechtzeitige Genehmigung erfolgen kann, sind die zur Entscheidung erforderlichen Unterlagen mindestens 4 Wochen vor dem beabsichtigten Ausführungsbeginn bei der zuständigen Behörde einzureichen; die Einreichung ist allerdings frühestens 3 Monate vor Ausführungsbeginn möglich. Die Leistungsvergabe an ausländische Werkvertragsunternehmer ist deshalb in der Projekt- bzw. Bauablaufplanung mit entsprechendem Genehmigungsvorlauf zu berücksichtigen

3.3.2.3 Quotierung/Kontingente
Quotierung

Um die Chancengleichheit kleiner und mittelständischer Bauunternehmungen gewährleisten zu können, wurden für die genannte Beschäftigung von Werkvertragsarbeitnehmern im Baubereich Obergrenzen, die Quotierung, festgelegt. Diese richtet sich nach der Anzahl derjenigen gewerblichen Arbeitnehmer des deutschen Auftraggebers, für die Beiträge zum Sozialkassenausgleichsverfahren gezahlt werden. Voraussetzung ist somit, dass es sich bei dem deutschen Auftraggeber um ein Unternehmen der Bauwirtschaft handelt und die Zugehörigkeit zu einer Zusatzversorgungskasse (ZVK) des Baugewerbes besteht. Diese Regelungen gelten daher auch für Unternehmen/Betriebe des Dachdeckerhandwerks, Gerüstbaugewerbes und des Garten-, Landschafts- und Sportplatzbaus.

---

[37] Bundesagentur für Arbeit (Hrsg.): Merkblatt 16: Beschäftigung ausländischer Arbeitnehmerinnen und Arbeitnehmer im Rahmen von Werkverträgen in Deutschland. Voraussetzungen/Zulassungsverfahren (Stand 04/2023), Abschn. 4.1.

Für Werkverträge mit in der Bundesrepublik Deutschland ansässigen Unternehmen, die	
bis zu 50 gewerbliche Arbeitnehmer beschäftigen, darf die Zustimmung für bis zu 15 Werkvertragsarbeitnehmern erteilt werden, wobei die Zahl der Werkvertrags-arbeitnehmer die Zahl der gewerblichen Arbeitnehmer des deutschen Betriebes nicht übersteigen darf.	mehr als 50 gewerbliche Arbeitnehmer beschäftigen, darf die Zustimmung für bis zu 30 % der gewerblichen Arbeitnehmer des deutschen Betriebs, höchstens 300 Werkvertragsarbeitnehmer, erteilt werden.

Abb. 3.15 Berechnungsvorgabe für die Quotenermittlung
(Bundesagentur für Arbeit (Hrsg.): Merkblatt 16: Beschäftigung ausländischer Arbeitnehmerinnen und Arbeitnehmer im Rahmen von Werkverträgen in Deutschland. Voraussetzungen/Zulassungsverfahren (Stand 04/2023), Abschn. 2.1.1)

Die Abgrenzung der Werkverträge über Bauleistungen/Betriebe des Baubereichs von den übrigen Wirtschaftsbereichen erfolgt in Anlehnung an die Baubetriebe-Verordnung in Verbindung mit dem Bundesrahmentarifvertrag für das Baugewerbe und dem Tarifvertrag über das Sozialkassenverfahren im Baugewerbe. Eine Zusammenfassung beinhaltet die so genannte Positivliste und Negativliste. Diese Listen geben wieder, welche aus dem Werkvertrag hervorgehenden Arbeiten quotierungspflichtig sind.

Die Festlegung der Quoten erfolgt einmal jährlich zu Beginn des Abrechnungszeitraumes mit Einreichung des ersten Werkvertrages. Dieser Abrechnungszeitraum läuft von Oktober eines Jahres bis September des Folgejahres. Die Quote, die dem deutschen Auftraggeber für einen Abrechnungszeitraum zur Verfügung stehen, wird gemäß Abb. 3.15 ermittelt. Der Nachweis der zur Verfügung stehenden Quote erfolgt im Rahmen des Genehmigungsprozesses des Werkvertrages durch Einreichung einer Selbstauskunft (Abb. 3.16) des deutschen Auftraggebers.

Zusammen mit den als Anlage eingereichten Nachweisen der Zusatzversorgungskasse des Baugewerbes (ZVK) erfolgt durch die Bundesagentur für Arbeit die Prüfung des Anspruches.

Kontingente[38]

Die zwischenstaatlichen Regierungsvereinbarungen beinhalten jeweils Höchstzahlen entsendungsfähiger Arbeitskräfte, die zum Oktober jedes Jahres an die Arbeitsmarktentwicklung in der Bundesrepublik Deutschland angepasst werden. Änderungen der Arbeitsmarktlage in Deutschland führen insoweit zu Verringerungen oder Erhöhungen der Kontingente, die als Jahresdurchschnittszahlen insgesamt nicht überschritten werden dürfen und behördlich überwacht werden. Sollte es im Laufe des Betrachtungszeitraumes zu einer Überschreitung der Kontingente kommen, führt dies zu einem Annahmestopp weiterer Werkverträge.

---

[38] Bundesagentur für Arbeit (Hrsg.): Merkblatt 16: Beschäftigung ausländischer Arbeitnehmerinnen und Arbeitnehmer im Rahmen von Werkverträgen in Deutschland. Voraussetzungen/Zulassungsverfahren (Stand 04/2023), Abschn. 2.5.

3.3 Organisatorische Aufgaben

Abb. 3.16 Formular Selbstauskunft

Die für das jeweilige Entsendeland errechneten Kontingente werden durch die als Kontingentvergabestellen zuständigen Ministerien der Entsendeländer nach festgelegten Vergabekriterien an die Bauunternehmen des jeweiligen Entsendelandes verteilt.

Sämtliche Arbeitnehmer, die zur Ausführung eines Werkvertrages beschäftigt werden, also auch Werkvertragsarbeitnehmer mit Führungs- oder Verwaltungstätigkeit im Rahmen des zu genehmigenden Werkvertrages, werden auf das Kontingent angerechnet.

3.3.2.4 Behördliche Überwachung

Die Behörden der Zollverwaltung in Form der „Finanzkontrolle Schwarzarbeit" sind für die Bekämpfung der Schwarzarbeit und illegalen Beschäftigung zuständig. Sie haben bei der Verfolgung von Straftaten und Ordnungswidrigkeiten die gleichen Befugnisse wie die Polizei. Ihre Kontrollen finden vorrangig auf der Baustelle statt. Mit erfolgter Zustimmung zum Werkvertrag durch die Bundesagentur für Arbeit ergeht eine Meldung an die jeweilige für das Bauvorhaben zuständige Finanzbehörde, welche dann bei Verdacht oder stichprobenartig Kontrollen auf der Baustelle vornimmt.

Das Gesetz zur Bekämpfung der Schwarzarbeit und illegalen Beschäftigung (SchwarzArbG) und das Arbeitnehmer-Entsendegesetz (AEntG) bilden hierzu die Grundlage für ihre Tätigkeiten. Dabei wird vorrangig auf die Einhaltung der sozialversicherungsrechtlichen Melde-, Beitrags- oder Aufzeichnungspflichten und auf die Einhaltung der Bedingungen aus dem AEntG bzw. der jeweilig geltenden Mindestlohnbestimmungen geachtet. Sollten vorgenannte Regelungen nicht erfüllt sein, besteht der Verdacht der illegalen Beschäftigung. Dies ist gegeben, wenn Ausländer nicht mit dem erforderlichen Aufenthaltstitel und zu ungünstigeren Arbeitsbedingungen als vergleichbare Arbeitnehmer beschäftigt werden, Arbeitnehmer einem Entleiher ohne die erforderliche Erlaubnis nach dem Arbeitnehmerüberlassungsgesetz gewerbsmäßig zur Arbeitsleistung überlassen werden oder die Arbeitsbedingungen nach Maßgabe des Arbeitnehmer-Entsendegesetzes nicht eingehalten werden.

Ausländische Auftragnehmer, welche ihre Arbeitnehmer untertariflich entlohnen oder ohne den erforderlichen Aufenthaltstitel entsenden bzw. unerlaubt überlassen, werden von der Durchführung künftiger Werkverträge ausgeschlossen. Das heißt, sie erhalten im Heimatland kein Kontingent und für die bei ihnen beschäftigten Arbeitnehmer keine Zustimmung zum Aufenthaltstitel zum Zwecke der Beschäftigung mehr.

3.3.3 Arbeitnehmerüberlassung in Bauunternehmen

Bei der Arbeitnehmerüberlassung, auch Leiharbeit oder Zeitarbeit genannt, stellt ein Arbeitgeber die Arbeitsleistung eines oder mehrerer seiner Arbeitnehmer einem Dritten gegen Entgelt zur Verfügung. Die Arbeitnehmerüberlassung wird in einem sogenannten Drei-Personen-Verhältnis abgewickelt, wie in Abb. 3.17 dargestellt ist.

3.3 Organisatorische Aufgaben

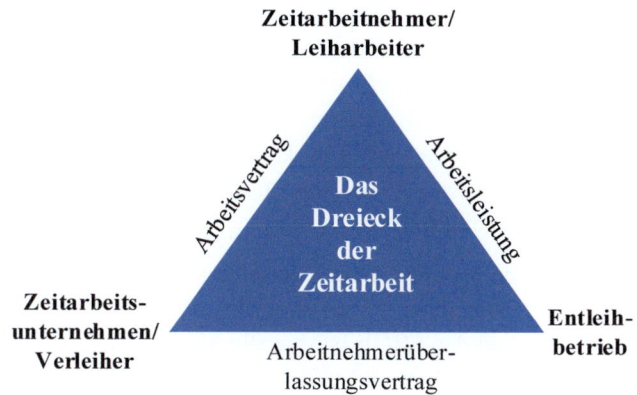

Abb. 3.17 Das Dreiecksverhältnis der Arbeitnehmerüberlassung (Bundesagentur für Arbeit, Zeitarbeit – Informationen für Arbeitnehmerinnen und Arbeitnehmer, Ausgabe 2007/2008)

Die Arbeitnehmerüberlassung ist in Deutschland im Arbeitnehmerüberlassungsgesetz (AÜG) geregelt.

Im Baugewerbe ist die Arbeitnehmerüberlassung für Tätigkeiten, die üblicherweise von **Arbeitern** verrichtet werden, gemäß § 1b AÜG grundsätzlich **unzulässig.** Unter dem Begriff des Baugewerbes werden in diesem Zusammenhang Betriebe des **Bauhauptgewerbes** zusammengefasst, also z. B. Tiefbau-, Maurer-, Dachdecker- oder Estrichbetriebe. Erlaubt ist eine Arbeitnehmerüberlassung hingegen im sogenannten Baunebengewerbe, zu dem beispielsweise Maler-, Trockenbau-, Heizungs- und Elektrobetriebe zählen. Das Verbot einer Arbeitnehmerüberlassung im Bauhauptgewerbe wurde erlassen, da in den 1980er-Jahren der Anteil an Leiharbeitern auf deutschen Baustellen stark anstieg, wobei ein Großteil der Arbeiter aus dem Ausland kam. Mit Hilfe des Verbotes sollten die illegale Beschäftigung am Bau bekämpft, die Sozialkassen des Baugewerbes gestärkt und eine mit dem Lohndumping einhergehende Wettbewerbsverzerrung verhindert werden.[39]

Von dem generellen Verbot der Arbeitnehmerüberlassung gibt es einige wenige Ausnahmen, die in § 1b AÜG aufgeführt werden. Demnach ist die Arbeitnehmerüberlassung in folgenden Fällen gestattet

- zwischen Betrieben des Baugewerbes und anderen Betrieben, wenn für diese Betriebe ein für allgemeinverbindlich erklärter Tarifvertrag besteht und dieser eine Arbeitnehmerüberlassung zulässt.
- zwischen Betrieben des Baugewerbes, wenn der verleihende Betrieb nachweislich seit mindestens drei Jahren von denselben Rahmen- und Sozialkassentarifverträgen oder von deren Allgemeinverbindlichkeit erfasst wird wie der entleihende Betrieb.

---

[39] Feldhaus: Leiharbeit in Deutschland und Großbritannien, 2013.

- Betriebe des Baugewerbes mit Geschäftssitz in einem anderen Mitgliedstaat des Europäischen Wirtschaftsraumes dürfen Arbeitnehmer überlassen, wenn die ausländischen Betriebe nicht von deutschen Rahmen- und Sozialkassentarifverträgen oder für allgemeinverbindlich erklärten Tarifverträgen erfasst werden, sie aber nachweislich seit mindestens drei Jahren überwiegend Tätigkeiten ausüben, die unter den Geltungsbereich derselben Rahmen- und Sozialkassentarifverträge fallen wie diejenigen, von denen der Betrieb des Entleihers erfasst wird.

Zudem liegt eine Arbeitnehmerüberlassung auch dann nicht vor, wenn Arbeitnehmer zu einer Arbeitsgemeinschaft (ARGE) abgeordnet werden. Dabei ist jedoch darauf zu achten, dass der Arbeitgeber Mitglied der ARGE ist, für alle Mitglieder der ARGE Tarifverträge desselben Wirtschaftszweiges gelten und alle Mitglieder durch den ARGE-Vertrag zur selbstständigen Erbringung von vertraglichen Leistungen im Rahmen der Herstellung des Bauwerkes verpflichtet sind.[40]

In der Baupraxis ist die Anwendung der Ausnahmen von dem generellen Verbot eher als problematisch anzusehen, da hierfür zahlreiche Voraussetzungen erfüllt werden müssen, unter anderem in Hinblick auf die rechtliche Ausgestaltung der Verträge. Verstöße gegen das Verbot haben sowohl zivil-, straf- als auch verwaltungsrechtliche Folgen und sind mit Geld- und teilweise auch Freiheitsstrafen belegt.[41]

3.4 Technische Aufgaben

3.4.1 Terminmanagement und Termincontrolling

Die Bauablaufplanung mittels Terminliste, Balkenplan, Weg-Zeit-Diagramm und die Netzplantechnik sind als Planungsinstrument in Band 2, Kap. 5 und 6[42] dieser Buchreihe ausführlich dargestellt.

Neben der Planung stellt die Einhaltung der Termine eine weitere Managementaufgabe bei der effizienten Bauabwicklung dar. Zu diesem Zweck ist ein Termincontrollingsystem einzurichten und umzusetzen. Durch eine regelmäßige Überwachung und Nachsteuerung ist sicherzustellen, dass alle vertraglich vereinbarten Termine eingehalten werden. Grundlage eines Termincontrollings ist die sogenannte Soll-0-Ablaufplanung (siehe auch Abschn. 2.4.1), in der die bauvertraglich geschuldete Leistungserstellung umgesetzt ist. Von Bedeutung sind folgende Punkte:

1. Klarheit der Projektstruktur (z. B. Bauteile ⇨ Bauabschnitte ⇨ Gewerke ⇨ Vorgänge),
2. Überprüfbarkeit der tatsächlichen Bauausführung (Fertigstellungsgrade sehr lang andauernder Vorgänge können ggf. nur unzureichend genau festgestellt werden),

---

[40] Brettschneider: Arbeitnehmerüberlassung in der Bauwirtschaft, 2. Auflage, 2015.
[41] Salzmann-Hennersdorf: Das Leiharbeitsverbot im Baugewerbe (§ 1b AÜG), 2003.
[42] Berner/Kochendörfer/Schach: Grundlagen der Baubetriebslehre, Band 2.

3.4 Technische Aufgaben

3. Eindeutigkeit der Anordnungsbeziehungen (technische/organisatorische Abhängigkeiten),
4. Beachtung vertraglicher Vorgaben (Ausführungsfristen, Zwischen- und Fertigstellungstermine, zulässige Arbeitszeiten),
5. Übersichtlichkeit der Darstellung.

Kommt es im Zuge der Auftragsdurchführung zu Störungen der vertraglich geschuldeten Leistung mit Auswirkungen auf die Bauausführung als solche, so ist die Bauablaufplanung unter Einarbeitung der entsprechenden Störungseinflüsse und -auswirkungen fortzuschreiben – die entsprechenden Planungen werden dann i. d. R. als "Soll-1-Terminplan", "Soll-2-Terminplan" usw. bezeichnet. Als ‚Störungen' kommen vor diesem Hintergrund folgende Tatbestände in Betracht:

- Änderungen des Bauentwurfs bzw. des vertraglichen Leistungsziels,
- Beauftragung zusätzlicher Leistungen,
- Mengenabweichungen,
- Behinderung oder Unterbrechung der Bauausführung und
- Eigenstörungen des Bauunternehmens.

Will der Auftragnehmer aus den Störungen Ansprüche auf Verlängerung der Ausführungsfristen und monetäre Kompensation von Mehraufwendungen – z. B. Vergütungs-, Schadenersatz- oder Entschädigungsansprüche – geltend machen, kann er die ordnungsgemäß fortgeschriebene Bauablaufplanung als Grundlage seiner Anspruchsermittlung verwenden.

Die Bauablaufplanung sollte in einem festen Rhythmus (z. B. 14-täglich) mit der tatsächlichen Situation auf der Baustelle verglichen werden. Der in Abschn. 2.3.2 dargestellte Regelkreis zeigt, dass die beim Soll-Ist-Vergleich festgestellten Abweichungen zu analysieren sind. Falls die Abweichungen als relevant erkannt werden, sind umgehend geeignete Gegenmaßnahmen einzuleiten, um den Bauablauf frühestmöglich wieder dem Soll-Ablauf anzupassen oder es ist ein neuer Soll-Plan zu erstellen, falls dies die Situation erlaubt. Dieser Prozess wird auch als Nachsteuerung bezeichnet.

Aufgrund der großen Zahl von Planungsdaten und des regelmäßigen Fortschreibungsbedarfs der Bauablaufplanung empfiehlt es sich, das Termincontrolling stets IT-gestützt mit Hilfe geeigneter Software durchzuführen.

Abb. 3.18 zeigt am Beispiel eines Vorgangs, wie die verfügbaren Informationen (Soll-0-, Soll-1-, Ist-Bauablauf, Abweichungen) mit einem Terminplanungsprogramm verdichtet und übersichtlich dargestellt werden können. In der Tabelle sind die Anfangs- und Endtermine von Soll-0 und Soll-1 sowie die Differenzen in Tagen zwischen Soll-1

Nr.	Vorgangsname	Anfang Ist	Ende Ist	Anfang Soll 1	Ende Soll 1	Soll A1 - Ist Anfang	Soll E1 - Ist Ende	Oktober 2022				
								KW 40	KW 41	KW 42	KW 43	KW 44
11	Decke TG	Di 11.10.22	Mi 19.10.22	Do 06.10.22	Do 13.10.22	- 3 Tage	- 4 Tage					

Soll 0
Soll 1
Ist

Abb. 3.18 Visualisierung von Informationen im Terminplan

und Soll-0 (A1-0 und E1-0) aufgelistet. Verwendet wurde hier die Software „Microsoft Project". Auch andere Terminplanungsprogramme erlauben vergleichbare Auswertungen und ähnliche Darstellungen.

In der zeichnerischen Darstellung ist der Soll-0-Balken als schwarzer Unterstrich dargestellt. Der schraffierte, obere Balkenteil zeigt den tatsächlichen Baufortschritt als Ist. Der breite Balken repräsentiert die Soll-1-Planung. Nachfolgend wird die Umsetzung des Termincontrollings anhand eines Praxisbeispiels schrittweise erläutert. Das Beispiel bezieht sich auf die Erstellung einer Tiefgarage bei einer größeren Baumaßnahme in einem Bereich, der Kontaminationen aufwies.

Schritt 1: Zieldefinition Soll-0-Bauablaufplan

Die Aufgabe bestand darin, die Tiefgarage am 19.11.2008 fertig zu stellen. Nebenbedingung war der vorherige Abbruch des kontaminierten Kellergebäudes, der aufgrund der einzuholenden Genehmigungen frühestens am 08.07.2008 beginnen und nach der Planung erst am 26.08.2008 abgeschlossen werden konnte.

Abb. 3.19 zeigt die Umsetzung der Zielvorgaben im Soll-0-Bauablaufplan.

Die Planung ist immer auf der Grundlage eines Netzplans (siehe Band 2, Kap. 6) vorzunehmen, da sich nur unter diesen Bedingungen die Auswirkungen einer Störung auf die nachfolgenden Vorgänge automatisch ermitteln lassen. Anfang und Ende der einzelnen Vorgänge sind ausgewiesen. Die Abhängigkeiten zwischen den gezeigten Vorgängen sind im Balkenplan dargestellt.

Schritt 2: Soll-Ist-Vergleich

Abb. 3.20 zeigt den Soll-Ist-Vergleich vom Dienstag, dem 02.09.2008.

Die Dekontaminations- und Abbrucharbeiten des Kellers (Vorgang 2) wurden termingerecht abgeschlossen. Im Vorgang 3 (Abbruch Nebengebäude) kam es zu Störungen, sodass dieser Vorgang statt 4 Arbeitstage (geplant 27.08.2008 bis 01.09.2008) insgesamt 6

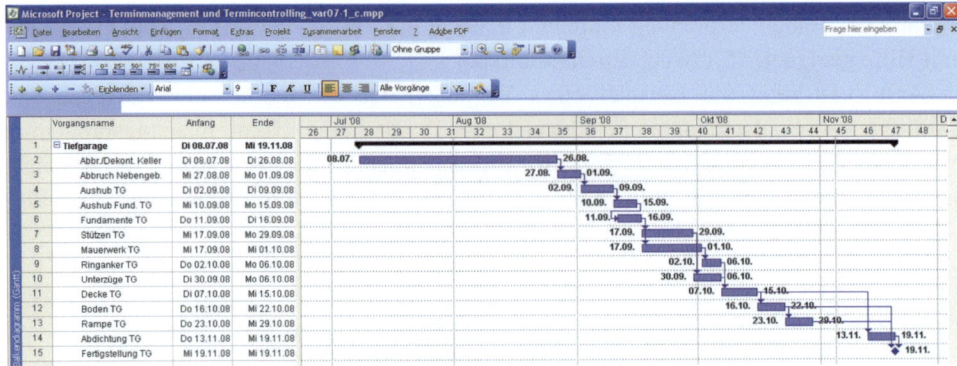

Abb. 3.19 Umsetzung der Zieldefinition im Soll-0-Bauablaufplan (Screenshots aus dem Programm Microsoft-Project®)

3.4 Technische Aufgaben

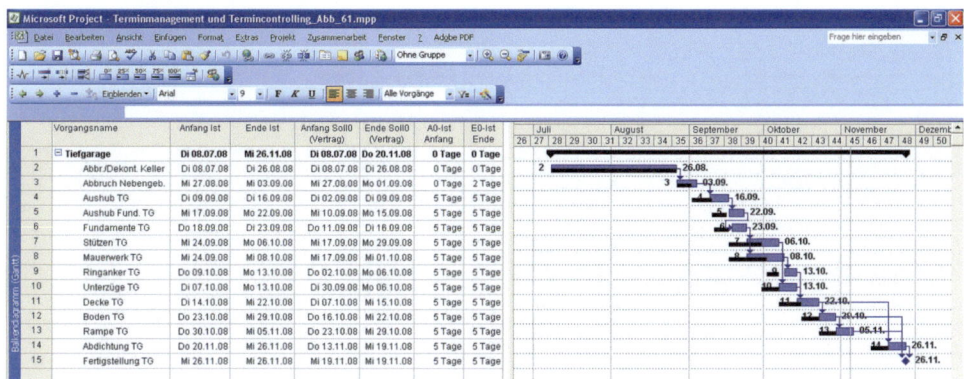

Abb. 3.20 Feststellung der Abweichungen im Soll-Ist-Vergleich

Arbeitstage (vom 27.08.2008 bis 03.09.2008) dauern würde. Aus Sicht des 02.09.2008 war bereits abzusehen, dass der Vorgang „Aushub TG" erst am Dienstag, dem 09.09.2008 beginnen kann. Der Aushub TG wird damit insgesamt 7 Kalendertage = 5 Arbeitstage (statt 09.09.2008 jetzt 16.09.2008) später fertig. Dieser Verzug wirkt sich auch auf die Gesamtmaßnahme aus, die nun statt dem 19.11.2008 erst am 26.11.2008 fertig gestellt würde. Die Dauern der Störungsauswirkungen sind in den Spalten „A0 – Ist Anfang" und „E0 – Ist Ende" dargestellt. Alle dem Vorgang 3 nachfolgenden Vorgänge sind im Beginn und im Ende somit um 5 Arbeitstage verzögert.

Schritt 3: Nachsteuerung

Da der Fertigstellungstermin unbedingt einzuhalten war, wurden verschiedene Maßnahmen festgelegt, die dazu führen, dass wieder der 19.11.2008 als Fertigstellungstermin für die abgedichtete Tiefgarage gesichert wird. Dies sind im Einzelnen:

- Vorgang 4 „Aushub TG": Höhere Arbeitsleistung (größerer Bagger): Dauer von 6 Arbeitstagen auf 5 Arbeitstage reduziert,
- Vorgang 8 „Mauerwerk TG": Höhere Arbeitsleistung (Überstunden) von 11 Arbeitstagen auf 9 Arbeitstage reduziert,
- Vorgang 10 „Unterzüge TG": Beginn noch während der Fertigstellung der letzten Stützen, daher Anordnungsbeziehung von EA = 0 auf EA = -2 geändert.
- Vorgang 11 „Decke TG": Höhere Arbeitsleistung (Überstunden) von 7 Arbeitstagen auf 6 Arbeitstage reduziert.
- Vorgang 14 „Abdichtung TG": Höhere Arbeitsleistung (Überstunden) von 5 Arbeitstagen auf 4 Arbeitstage reduziert.

Die insgesamt festgelegten Maßnahmen ergeben in der Summe eine Beschleunigung von 7 Arbeitstagen. Bedingt durch die verschiedenen Verknüpfungen im Netzplan (hier nicht weiter diskutiert) wirkt sich die höhere Arbeitsleistung des Vorgangs „Mauerwerk TG" jedoch nur auf den Vorgang „Unterzüge TG" aus, sodass insgesamt die gewünschte Beschleunigung von 5 Arbeitstagen erreicht wird.

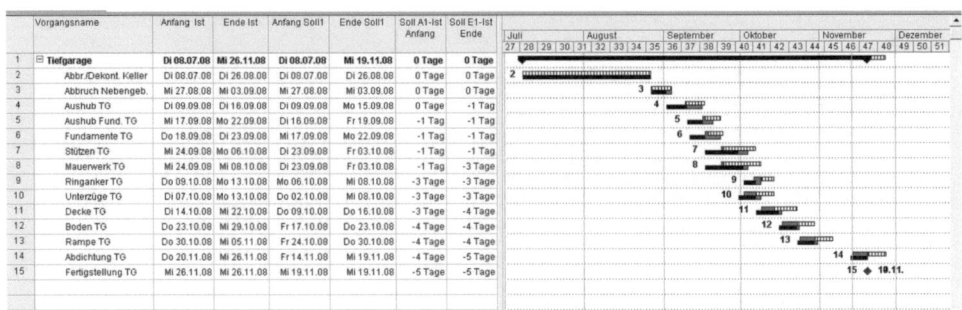

Abb. 3.21 Erfolgreiche Nachsteuerung anfänglicher Störungen

In Abb. 3.21 sind die festgelegten Maßnahmen eingearbeitet. Es wird deutlich, wie Abweichungen zuerst erkannt und in ihren Auswirkungen beurteilt werden können. Durch Festlegung von Maßnahmen können die Störungen wieder kompensiert werden. Erfolgsgrundlagen waren dabei die rechtzeitige Erkennung und Analyse der Soll-Ist-Differenz sowie die sofort eingeleiteten Gegenmaßnahmen. Auf die weiterführenden Maßnahmen, die durch Behinderungen angezeigt und in störungsmodifizierten Bauablaufplänen nachzuweisen sind, wird ausdrücklich hingewiesen (siehe Abschn. 3.5.14).

3.4.2 Sicherheitsmanagement

In Band 2[43] dieser Buchreihe sind im Kap. 9 die baubetrieblichen Planungsaufgaben für den Bereich Sicherheit, Gesundheitsschutz und Umweltschutz dargestellt. Aufgabe des Sicherheitsmanagements ist es, mögliche Gefährdungen der am Bau Beteiligten sowie Gefahren für Dritte zu vermeiden bzw. zu minimieren, soweit diese aus der Durchführung einer Baumaßnahme resultieren. Die Bauleitung steht hierfür nicht allein in einer moralischen Verpflichtung; sie trägt auch in rechtlicher Hinsicht eine besondere Verantwortung für eine sichere Baustellenorganisation und Bauausführung.

Primäre Aufgabe der Bauleitung ist insoweit die Organisation des Sicherheitsmanagements – die fachliche Aufgabenwahrnehmung wird dabei in aller Regel an entsprechend qualifiziertes Fachpersonal delegiert, z. B. an einen Koordinator für Sicherheit und Gesundheitsschutz (SiGeKo) und an Sicherheitsfachkräfte (SiFa). Den organisatorischen Rahmen für die fachspezifische Aufgabenerledigung bildet eine baustellenspezifische Planung des Sicherheitsmanagements, die regelmäßig aus einer Vielzahl von Einzelplänen und Maßnahmen besteht. Zu nennen sind hier etwa:

- Organisationsplan (Festlegung der Zuständigkeiten des Baustellenpersonals),
- Sicherheits- und Gesundheitsschutzplan nach BaustellV (SiGe-Plan),[44]

---

[43] Berner/Kochendörfer/Schach: Grundlagen der Baubetriebslehre, Band 2.
[44] Berner/Kochendörfer/Schach: Grundlagen der Baubetriebslehre, Band 2, Abschn. 9.4.4.

3.4 Technische Aufgaben

- Gefährdungsbeurteilung (siehe Band 2, Abschn. 9.3.1.2),
- Alarmierungsplan,
- Notfallpläne (Brand, Hochwasser, Evakuierung, Höhenrettung etc.),
- Unterweisungen der Mitarbeiter,
- Merkblätter zum Umgang mit Gefahrstoffen.

Unabhängig von den übergeordneten Aufgaben des Sicherheitsmanagements ist es gleichwohl individuelle Aufgabe aller auf einer Baustelle beschäftigten Personen, bei sämtlichen Tätigkeiten die Belange der Sicherheit und des Gesundheitsschutzes zu beachten.

Zur Beurteilung des Sicherheits- und Gesundheitsschutz-Niveaus auf Baustellen werden in aller Regel folgende Kennzahlen herangezogen:

- Unfallhäufigkeitsziffer Z_{UH}: Häufigkeit der Arbeitsunfälle je 1 Mio. geleisteter Lohnstunden

$$Z_{UH} = \frac{n_U \cdot 1.000.000}{n_{AS}}$$

mit:

n_U Anzahl der Unfälle im Betrachtungszeitraum und
n_{AS} Zahl der geleisteten Lohnstunden im Betrachtungszeitraum.

Die Unfallhäufigkeitsziffer für die Baubranche wird von der Berufsgenossenschaft der Bauwirtschaft jährlich veröffentlicht. Im Jahr 2020 ergab sich ein Wert von 36,98. Im Jahr 2000 war der Wert mit 58,71 noch deutlich schlechter.[45] Der Wert von 36,98 ist im Vergleich zu anderen Industriezweigen immer noch zu hoch. Anzustreben ist ein Wert von < 10.

Beispiel
Ein Bauunternehmen hat 150 Beschäftigte. Diese erbrachten im Betrachtungsjahr insgesamt 238.500 Lohnstunden. Insgesamt waren 4 Unfälle zu verzeichnen. Damit ergibt sich die Unfallhäufigkeitsziffer Z_{UH} zu:

$$Z_{UH} = \frac{4 \cdot 1.000.000}{238.500} = 16,8$$

- Unfallbelastungsziffer Z_{UB}: Unfallbedingte Ausfalltage je 1 Mio. geleisteter Lohnstunden

$$Z_{UB} = \frac{n_A \cdot 1.000.000}{n_{AS}}$$

mit: n_A Anzahl der Ausfalltage aufgrund von Unfällen

---

[45] Deutsche Gesetzliche Unfallversicherung: Geschäfts- und Rechnungsergebnisse der gewerblichen Berufsgenossenschaften und Unfallversicherungsträger der öffentlichen Hand 2013.

Durch die Unfallbelastungsziffer wird die Bedeutung des Sicherheitsmanagements zusätzlich belegt.

Beispiel
Durch die 4 Unfälle sollen insgesamt n_A = 20 Ausfalltage angefallen sein. Damit ergibt sich die Unfallbelastungsziffer Z_{UB} zu:

$$Z_{UB} = \frac{20 \cdot 1.000.000}{238.500} = 83,9$$

Die Kennziffern werden meistens vierteljährlich und jährlich ermittelt. Im internationalen Vergleich ist zu beachten, dass landesspezifisch die Definition dessen, was ein Unfall ist, differieren kann und dass durch Regelungen zur Lohnfortzahlung die Krankheitsdauer unterschiedlich betrachtet werden kann.

3.4.3 Logistik auf der Baustelle

Unter dem Begriff der Logistik werden im Kontext der Bauausführung alle Tätigkeiten zur zeitgerechten Bereitstellung der zur Herstellung einer Teilleistung erforderlichen Produktionsfaktoren verstanden. Besondere Beachtung erfährt dabei regelmäßig die Materiallogistik, d. h. die Bereitstellung der zur Bauausführung erforderlichen Baustoffe und Bauteile. Dabei spielt neben dem Materialfluss als solchem auch die Bereitstellung der erforderlichen Informationen über das erforderliche Material, die jeweils benötigte Menge sowie den Lager- und Einbauort eine zentrale Rolle.[46, 47, 48]

Grundlegende Prinzipien der Logistik wurden bereits im Abschn. 3.1 erläutert. Dabei ging es insbesondere darum, die rechtzeitige Anlieferung von Geräten und Baustoffen durch rechtzeitige Bedarfsanforderungen beim Einkauf sicherzustellen. Das Materialanforderungsformular (Bestellschein) (siehe Abb. 3.11) ist ein Hilfsmittel, um dem Einkauf die exakte technische Beschreibung (Artikelnummer), die benötigte Menge, den Liefertermin sowie die Lieferanschrift (Baustellenadresse) mitzuteilen. Vergleichbare Formulare finden sich auch für den Geräteabruf.

Besonders bei räumlich beengten Baumaßnahmen des Schlüsselfertigbaus stellt sich häufig heraus, dass mit dem Beschaffungsprozess auch die Logistik systematisch organisiert werden muss. Typisches Beispiel hierfür ist der Hochhausbau. Falls jeder Lieferant

---

[46] Schach/Schubert: Baulogistik als Wettbewerbsfaktor in: GS1 network – Das Magazin für Standards, Logistik, Supply- und Demand-Management, Ausgabe 3/2010, Seite 7–13.

[47] Schach/Schubert: Logistik im Bauwesen in: Wissenschaftliche Zeitschrift der Technischen Universität Dresden, Band 58/2009, Heft 1–2, Seite 59–63.

[48] Krauß: Die Baulogistik in der schlüsselfertigen Ausführung, Bauwerk Verlag, Berlin, 2005.

3.4 Technische Aufgaben

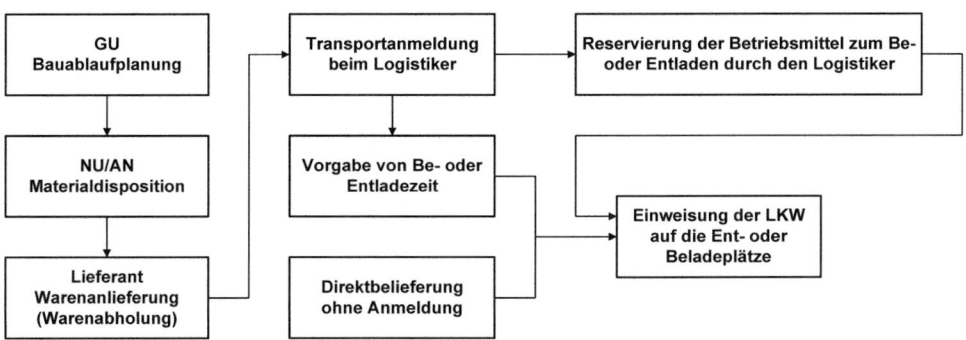

Abb. 3.22 Prozessdiagramm für die Logistik der LKW-Disposition

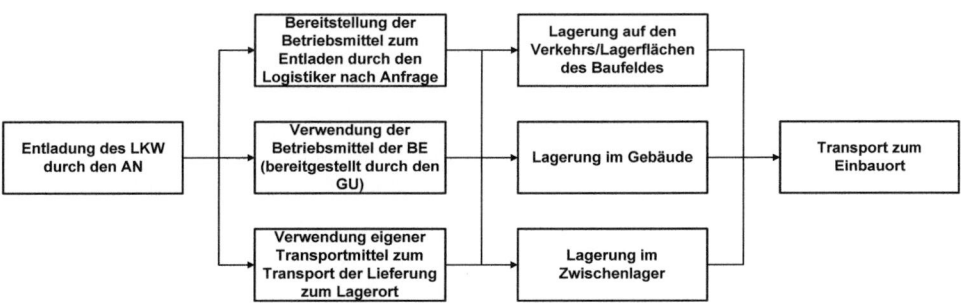

Abb. 3.23 Prozessdiagramm für den Transport auf der Baustelle

und jeder Subunternehmer nach seinem eigenen Gutdünken die Anlieferung von Geräten und insbesondere von Baustoffen vornehmen würde, ergäben sich besonders zum morgendlichen Arbeitsbeginn auf der Baustelle lange Staus, da i. d. R. nicht genügend Stellplätze für die LKW vorhanden sind. Aufzüge und Krane wären nicht in der Lage, zeitgerecht alle notwendigen Transporte durchzuführen. Um derartige Engpässe und daraus resultierende Störungen der Bauausführung zu vermeiden, werden sowohl der Warenan- und -abtransport als auch die Transportwege zum Einbauort im Zuge der baustellenspezifischen Logistikplanung über Prozessdiagramme strukturiert (Abb. 3.22 und 3.23).

Die Materiallogistik einer Baustelle muss sämtliche Güterbewegungen erfassen und steuern. Dies erfolgt in der Praxis durch eine zentrale Anmeldung aller geplanten An- und Abtransporte, die sodann in die Logistikplanung übernommen werden. Die Logistikplanung kann auch mithilfe von Online-Plattformen (z. B. Xitavis[49]) erfolgen. Im Ergebnis werden Zeitfenster (z. B. von 7:00 Uhr bis 8:00 Uhr) festgelegt, innerhalb derer die einzel-

---

[49] www.dataahead.de/baulogistik (22.11.2024).

WT	Datum	Anlieferer	geplante Ladezeit			Stellpl.	Kran				ALIMAK		Pumpe	Ist-Ladezeit			Fahrzeug Kennzeichen	Firma/Name Besteller	Lieferung
			von	bis	min		Autok	ohne	1	2	von	bis		von	bis	min			
Mo	06.05.2024	Spedition	06:00	07:00	60	3							x	05:50	06:40	50	SI-FS 318	Montex	Kältegeräte
		Bentler	07:00	08:00	60	3		x			07:00	08:00		06:55	07:30	35	FB-RS 338	Schild	Rohre
		Reinstädler	storno	storno	-	3		x						-	-	-	-	storno	storno
		GS-Metall	06:00	11:00	300	2		x						05:40	10:25	285	BZ-276AV	GS-Metall	3 x Paletten
		Kone	08:00	10:00	120	3				x				07:50	10:00	130	GI-UR 120	Kone	Aufzugsteile
		BAM	07:00	10:00	180	1			x					07:10	09:45	155	S-BA 3400	BAM	Bühnen
		Abresch	10:00	11:00	60	1		x						09:30	10:10	40	HP-U 601	BAM	Holz
		Bautec	10:00	13:00	180	2		x			10:30	13:30		10:45	13:35	170	GI-BB 280	Bautec	Gips/Konstruktion
		BAM	10:00	12:00	120	3		x						10:20	12:30	130	S-BA 431	BAM	Rücktransport

Abb. 3.24 Steuerung des Warenumschlags

nen Transporte durchgeführt werden können (Abb. 3.24). Meistens sind die Regeln hart: Falls der Transporteur sein Zeitfenster nicht nutzt, verliert er nicht nur das Recht auf Entladung, sondern muss sogar noch eine „Strafe" bezahlen. Beim Aufstellen eines solchen Systems sind Sonderregelungen vorzusehen, z. B. für Paketanlieferungen und unangemeldete Warenlieferungen. Gerade bei typischen Baustellen des Schlüsselfertigbaus ist es wichtig, dass die Logistikprozesse geplant werden.[50] Dazu gehört eine phasenorientierte Betrachtung sämtlicher Transportprozesse einschließlich der erforderlichen Lagerflächen auf der Baustelle.

3.4.4 Qualitätsmanagement

3.4.4.1 Begriffsdefinition

Die Einrichtung eines Qualitätsmanagements ist für die vertragsgerechte und wirtschaftliche Abwicklung eines Bauwerks von großer Bedeutung.[51] Die Aufgabe des Qualitätsmanagements ist sicherzustellen, dass die nach dem Bauvertrag geschuldete Beschaffenheit der herzustellenden Bauwerksteile und die vertraglich geforderten Produkt-, Material- und Oberflächenqualitäten im Zuge der Bauausführung tatsächlich erreicht werden.

Als organisatorischer Rahmen des Qualitätsmanagements und der darin angelegten Qualitätsüberwachung und -steuerung fungiert ein sogenanntes Qualitätsmanagementsystem.[52]

Die geforderte Qualität definiert sich in diesem Zusammenhang als Übereinstimmung einer Leistung mit den vertraglich vorgegebenen Anforderungen. Im Bauwesen ergeben sich diese im Grundsatz durch das Zusammenwirken der anerkannten Regeln der Technik

---

[50] Krauß: Die Baulogistik in der schlüsselfertigen Ausführung.
[51] Zu den Begrifflichkeiten Management und Controlling siehe Abschn. 2.3.
[52] Elsner: Qualitätsmanagement für Baubetriebe.

(siehe Abschn. 2.6.1) mit vertraglich vorgegebenen Regelwerken (z. B. Normen, Herstellerrichtlinien) sowie durch einzelvertraglich festgelegte Qualitätsvorgaben (z. B. Oberflächenbeschaffenheiten, Maßtoleranzen) im Bauvertrag.

Falls die nach dem Vertrag geschuldete Qualität nicht erreicht wird, ist die Leistung mangelhaft. Dann sind regelmäßig Nachbesserungen auf Kosten des Unternehmers notwendig; ggf. drohen dem Unternehmer weitere wirtschaftliche Einbußen aus Schadenersatzansprüchen bei Mangelfolgeschäden, Minderung der Vergütung oder gar eine Nichtabnahme der erstellten Leistung. Für den Fall, dass die geforderte Qualität übertroffen wird, wird der Bauherr dies gern annehmen, in der Regel aber keine zusätzliche Vergütung anbieten.

Qualität zeigt sich in vielen Fällen zuerst in der Oberflächenqualität der erstellten Bauteile, die sowohl durch das Erscheinungsbild des Materials als auch durch maßliche Unterschiede geprägt wird. Für Toleranzen – d. h. für zulässige maßliche Abweichungen – gelten u. a. die nachstehenden Normen:[53]

DIN 18202:2013-04	Toleranzen im Hochbau – Bauwerke
DIN 18203-1:1997-04	Toleranzen im Hochbau – Teil 1: Vorgefertigte Teile aus Beton, Stahlbeton und Spannbeton
DIN 18203-2:2006-08	Toleranzen im Hochbau – Teil 2: Vorgefertigte Teile aus Stahl
DIN 18203-3:2008-08	Toleranzen im Hochbau – Teil 3: Bauteile aus Holz- und Holzwerkstoffen

Darüber hinaus existieren spezifische Toleranzregelungen für Bauprodukte bzw. Bauelemente, beispielsweise für Mauersteine, Bretter, Bauplatten, Dämmstoffe usw. in speziellen Normen und Verarbeitungshinweisen. Die Toleranzen nach DIN 18202:2013-04 gelten jedoch baustoff- und produktunabhängig.

Zu beachten ist, dass die oben genannten Normen nicht dafür vorgesehen sind, die Qualität von Bauteilen und Oberflächen zu definieren. Es geht hier ausschließlich um Toleranzmaße, welche insbesondere das Zusammenwirken verschiedener Gewerke bei der Erstellung von Baukonstruktionen bzw. Bauteilen regeln soll.

Im Wege des Qualitätsmanagements sind somit Methoden und Verfahren vorzugeben, auf der Baustelle einzuführen und die Einhaltung zu kontrollieren, um sicherzustellen, dass die geforderten Qualitätsstandards eingehalten werden. Das Qualitätscontrolling versetzt die Bauleitung letztendlich in die Lage, die Baustelle qualitätskonform zu steuern.

In den folgenden Abschnitten sollen wichtige Randbedingungen hinsichtlich eines Qualitätsmanagements bei Beton (Abschn. 3.4.4.2), bei Sichtbeton (Abschn. 3.4.4.3) und bei Ausbaugewerken (Abschn. 3.4.4.4) dargelegt werden.

---

[53] Ertl: Toleranzen im Hochbau.

3.4.4.2 Betonqualität

Für die Überprüfung der maßgebenden Frisch- und Festbetoneigenschaften wird der Beton in drei Überwachungsklassen eingeteilt. Nach DIN 1045-3:2012-03 ergeben sich hieraus der Umfang und die Häufigkeiten der erforderlichen Prüfungen:

- In die Überwachungsklasse 1 gehören alle Betone der Druckfestigkeitsklassen $\leq$ C25/30, Leichtbetone der Rohdichteklassen D1,6 bis D2,0 $\leq$ LC25/28 und Betone mit Expositionsklasse XO, XC und XF1.
- In die Überwachungsklasse 2 gehören alle Betone der Druckfestigkeitsklassen $\geq$ C30/37 und $\leq$ C50/60, Leichtbetone der Rohdichteklassen D1,0 bis D1,4 $\leq$ LC25/28 und der Rohdichteklassen D1,6 bis D2,0 LC30/33 und LC35/38 und Betone mit Expositionsklasse XS, XD, XA, XM, XF2, XF3 und XF4.
- In die Überwachungsklasse 3 gehören alle Betone der Druckfestigkeitsklassen $\geq$ C55/67, Leichtbetone der Rohdichteklassen D1,0 bis D1,4 $\geq$ LC30/33 und der Rohdichteklassen D1,6 bis D2,0 $\geq$ LC40/44.

Bei sämtlichen Überwachungsklassen ist das Bauunternehmen für die Qualitätskontrolle in Form einer Eigenüberwachung verantwortlich. Das Unternehmen hat zu diesem Zweck eine eigene Betonprüfstelle zu betreiben oder eine ständige Betonprüfstelle (geregelt in Anhang NB der DIN 1045-3:2012-03) zu beauftragen. In den Überwachungsklassen 2 und 3 ist zusätzlich zur Qualitätskontrolle des Frischbetons auch der Einbauprozess durch eine anerkannte Überwachungsstelle (Anhang NC der DIN 1045-3:2012-03) fremd zu überwachen.

Als Überwachungsstellen anerkannt sind beispielsweise die Materialprüfungsanstalten (MPA), die Materialforschungs- und Prüfanstalten (MFPA) oder anerkannte, eingetragene Vereine wie beispielsweise die Gemeinschaft für Überwachung im Bauwesen e. V. (GÜB). Bei diesen Stellen ist der Einbau von Beton zur Überwachung anzumelden. Die Bestätigung der Überwachungsstelle ist dann in den Unterlagen auf der Baustelle abzulegen und parallel an die untere Bauaufsichtsbehörde weiterzuleiten.

Die Anzahl der Druckfestigkeitsprüfungen ist in der DIN 1045-3:2012-03 wie folgt geregelt:

Überwachungsklasse 2: 3 Proben je 300 m^3 oder je 3 Betoniertage,
Überwachungsklasse 3: 3 Proben je 50 m^3 oder je 1 Betoniertag.

Die Prüfverfahren, welche zur Anwendung kommen, sind in den Anhängen der DIN 1045-3:2012-03 festgelegt. Es wird unterschieden in die Kontrolle der Lieferscheine sowie in die Überprüfung der Konsistenz, der Frischbetonrohdichte, der Druckfestigkeit, des Luftporengehaltes und anderer Eigenschaften.

Hinsichtlich der Nachweisführung wird in der DIN 1045-3:2012-03 zwischen der eigenen Dokumentation des Bauunternehmens und der Dokumentation der Überwachungsstelle unterschieden. Zur Eigendokumentation wird im Bauunternehmen i. d. R. ein sogenanntes Betoniertagebuch geführt. Darin sind für die einzelnen Betoniervorgänge der Zeitpunkt und die Dauer, die Lufttemperatur und die Witterungsverhältnisse, die Art und

3.4 Technische Aufgaben

die Dauer der Nachbehandlung, die Frischbetontemperatur, das Lieferwerk, die Nummern der Lieferscheine des eingebauten Betons, die Betonsorte (nach Sortenverzeichnis) sowie die Ergebnisse der Prüfungen aus der Eigenüberwachung zu dokumentieren.

Hinsichtlich der Art der Betonnachbehandlung kommen folgende Verfahren zur Anwendung:

- Abdecken des betonierten Bauteils mit Folien, die an Kanten und Stößen gesichert sind;
- Belegen der Betonoberfläche mit wasserspeichernden Abdeckungen, die feucht gehalten werden;
- Aufbringen flüssiger Nachbehandlungsmittel (Curingmittel) auf die Betonoberfläche;
- kontinuierliches Besprühen mit Wasser oder Unterwasserlagerung (Fluten);
- Belassen des Bauteils in der Schalung;
- eine Kombination dieser Verfahren.

Einzelne der vorgenannten Verfahren, z. B. das Abdecken mit Folien, können mit wärmedämmenden Maßnahmen kombiniert werden. Die Mindestdauer der Nachbehandlung richtet sich nach der Expositionsklasse, der Oberflächentemperatur und der Festigkeitsentwicklung des Betons sowie den Witterungsbedingungen. Die Maßnahmen müssen unmittelbar nach dem Einbau des Betons eingeleitet werden.[54]

Die fremdüberwachende Stelle dokumentiert ihre Feststellungen in einem Überwachungsbericht. Darin enthalten sind unter anderem Angaben zum Bauunternehmen, zur Baustelle und zur Betonprüfstelle, außerdem Angaben über den eingebauten Beton, die Überwachungsklassen, Bewertungen zur Eigenüberwachung des Bauunternehmens und eine Gesamtbewertung. Werden durch die Überwachungsstelle Prüfungen durchgeführt, so sind Angaben über die Probenentnahme und die Ergebnisse der Prüfung ebenfalls in dem Überwachungsbericht festzuhalten.

3.4.4.3 Sichtbetonqualität

Der Begriff „Sichtbeton" besteht in der Bauwirtschaft als Oberbegriff für sichtbar bleibende Betonflächen. An das Aussehen von Sichtbeton werden besondere Anforderungen gestellt, da er als Gestaltungsmerkmal einen wesentlichen Einfluss auf den optischen Gesamteindruck eines Bauwerks hat.[55, 56, 57, 58] Der Begriff als solcher beschreibt jedoch noch keine Material- oder Oberflächenqualität. Sofern das Leistungsverzeichnis keine konkreten Vorgaben zur Sichtbetonqualität macht, müssen diese gegebenenfalls gesondert vereinbart werden.

---

[54] Zement-Merkblatt Betontechnik B 8, Verein Deutscher Zementwerke e. V.
[55] Fiala et. al.: Wegweiser Sichtbeton, Seite 18.
[56] Peck/Bose/Bosold: Technik des Sichtbetons, Verlag Bau + Technik, 2007.
[57] Pfeifer/Liebers/Brauneck: Sichtbeton, Technologie und Gestalt, Verlag Bau + Technik, 2006.
[58] Kramm/Schalk: Sichtbeton, Betrachtungen, Verlag Bau + Technik, 2007.

Sichtbetonklasse			Beispiel	Anforderungen an geschalte Sichtbetonflächen nach Klassen bezüglich					weitere Anforderungen	
				Textur	Porigkeit	Farbtongleichmäßigkeit	Ebenheit	Arbeits- und Schalhautfugen	Erprobungsfläche	Schalhautklasse
Sichtbeton mit	geringen Anforderungen	SB 1	Betonflächen mit geringen gestalterischen Anforderungen, z. B. Kellerwände oder Bereiche mit vorwiegend gewerblicher Nutzung							
	normalen Anforderungen	SB 2	Betonflächen mit normalen gestalterischen Anforderungen, z. B. Treppenhausräume, Stützwände			jeweils konkrete Vorgaben				
	besonderen Anforderungen	SB 3	Betonflächen mit hohen gestalterischen Anforderungen, z. B. Fassaden im Hochbau							
		SB 4	Betonflächen mit besonders hoher gestalterischer Bedeutung, repräsentative Bauteile im Hochbau							

Abb. 3.25 Sichtbetonklassen und deren Verknüpfung mit Anforderungen in Anlehnung an DBV-Merkblatt Sichtbeton

Eine in der Praxis bewährte Hilfestellung für die Definition von Sichtbetonqualitäten bietet das DBV-Merkblatt Sichtbeton.[59, 60] Darin werden vier Qualitätsstufen als sogenannte „Sichtbetonklassen" SB 1 bis SB 4 definiert, die mit spezifischen Qualitätsmerkmalen und daraus resultierenden Anforderungen an geschalte Sichtbetonflächen unterlegt sind (vgl. Abb. 3.25).

Die Klasse SB1 beschreibt Sichtbetonflächen mit geringen gestalterischen Anforderungen, wie sie beispielsweise bei Kellerwänden oder im Bereich vorwiegend gewerblicher Nutzung üblich sind. Die Klasse SB2 beschreibt Flächen mit normalen gestalterischen Anforderungen wie z. B. Treppenhausräume und Stützwände. Schließlich gibt es noch die Sichtbetonklassen SB3 und SB4, bei denen besondere Anforderungen an die Oberflächengestaltung bestehen. Für SB3 – Sichtbetonflächen mit hohen gestalterischen Anforderungen – werden Fassaden im Hochbau und für SB4 werden repräsentative Bauteile im Hochbau oder sonstige Betonflächen mit besonders hoher gestalterischer Bedeutung genannt.

Anforderungen werden für die einzelnen Sichtbetonklassen jeweils hinsichtlich der Kriterien Textur, Porigkeit, Farbtongleichmäßigkeit, Ebenheit, Arbeits- und Schalhautfugen, Erprobungsfläche und Schalhautklasse formuliert. Unabhängig von den konkret beschriebenen Anforderungen wird empfohlen, im Zuge der Bauausführung Musterflächen herzustellen und als Referenzmaßstab für die Flächenklassifizierung festzulegen.

---

[59] DBV-Merkblatt Sichtbeton.
[60] www.betonverein.de (22.11.2024).

3.4.4.4 Qualitätsrichtlinien und Normen

Auch unter einer stetigen Weiterentwicklung der Produktionstechnik von Baumaterialien und Bauteilen lassen sich produktions- bzw. chargenbedingte Abweichungen in der optischen Erscheinung, der Oberflächenbeschaffenheit oder in den Maßen nicht gänzlich ausschließen. Dies gilt insbesondere dort, wo natürliche Stoffe wie z. B. Holz, Ton oder Kies zur Verwendung kommen. Imperfektionen sind auch dort unvermeidlich, wo die Herstellungstechnik durch handwerkliche Verfahren geprägt ist. Zur Qualitätssicherung kommen in diesen Fällen Regelwerke von Normungsinstitutionen (z. B. DIN, ISO), Richtlinien von Verbänden oder Gütegemeinschaften, aber auch Herstellervorschriften zum Tragen.

Als Beispiele für Verbandsrichtlinien seien genannt:

- Konstruktionsvollholz – KVH®

Bei Konstruktionsvollholz handelt es sich um ein veredeltes Bauschnittholzerzeugnis. Durch gezielte Wahl des Einschnitts und durch technische Trocknung wird eine hohe Formstabilität erreicht und die Rissbildung vermindert. Zusätzliche gegenüber der DIN 4074-1 verschärfte Sortierkriterien tragen u. a. dazu bei, dass ein hohes Maß an Funktionstauglichkeit sowie hochwertige Oberflächen für die sichtbare Anwendung erreicht werden. Zwei Oberflächenqualitäten werden angeboten, egalisiert und gefast für den nicht sichtbaren Bereich (KVH®-NSi)[61, 62] sowie gehobelt und gefast für den sichtbaren Bereich (KVH®-Si).

- Fliesen

Ein spezifisches Qualitätsmerkmal bei der Verlegung von Fliesen, Naturwerkstein und anderen Platten stellen sogenannte Überzähne dar. Darunter werden Höhenunterschiede zwischen zwei benachbarten Platten verstanden. Bei Böden bringen solche Höhenunterschiede latente Stolpergefahr mit sich. Außerdem beeinträchtigen Höhenversätze das optische Erscheinungsbild von gefliesten Flächen. Der Fachverband Fliesen und Naturstein im Zentralverband des Deutschen Baugewerbes e. V. (ZDB)[63] veröffentlicht u. a. das Merkblatt „Höhendifferenzen in keramischen, Betonwerkstein- und Naturwerksteinbekleidungen und Belägen". Darin wird die handwerkliche Verlegetoleranz grundsätzlich mit 1,0 mm angegeben.

Nicht in jedem Fall repräsentieren solche Richtlinien die gewerbliche Verkehrssitte oder die allgemein anerkannten Regeln der Technik. Es empfiehlt sich deshalb, die Geltung der Richtlinien über entsprechende Verweise in der Leistungsbeschreibung individualvertraglich zu vereinbaren. Ggf. sind im Einzelfall auch die konkret vertraglich geforderten Qualitätsniveaus unter Einbezug der jeweils einschlägigen Richtlinien festzulegen.

---

[61] Konstruktionsvollholz (KVH)®, Duobalken®, Triobalken®, gemäß Holzbauhandbuch, Reihe 4, Teil 2, Folge 1; Hrsg.: Überwachungsgemeinschaft KVH Konstruktionsvollholz e. V. (4. Auflage, erschienen 08/2019).
[62] www.kvh.de (22.11.2024).
[63] wwwfachverband-fliesen.de (22.11.2024).

Dies soll am Beispiel der Verspachtelung von Gipsplatten erläutert werden. Im entsprechenden Merkblatt des Bundesverbandes der Gipsindustrie[64] werden vier verschiedene Qualitätsstufen unterschieden:

Q1: Für Oberflächen, an die keine optischen Anforderungen gestellt werden, ist eine Grundverspachtelung (Qualitätsstufe Q1) ausreichend. Diese beschränkt sich auf das Füllen der Stoßfugen zwischen den Gipsplatten und das Überziehen der sichtbaren Teile der Befestigungsmittel. Falls erforderlich, sind Bewehrungsstreifen einzuarbeiten. Überstehendes Spachtelmaterial (Nasen, Grate) ist abzustoßen. Werkzeugbedingte Abzeichnungen, Riefen oder Grate sind soweit zulässig, dass eine Bekleidung der Bauteiloberfläche mit Fliesen oder Platten erfolgen kann.

Q2: Die Verspachtelung nach Qualitätsstufe 2 (Q2) erfüllt die Anforderungen für mittel und grob strukturierte Wandbekleidungen (z. B. Rauhfasertapeten), das Aufbringen matter und füllender Anstriche (z. B. Dispersionsfarbanstriche) oder die Bekleidung mit geeigneten Oberputzen der Körnung >1 mm. Die Qualitätsstufe Q2 umfasst die Grundverspachtelung (Q1) und das Nachspachteln (Feinspachteln, Fnish) bis zum Erreichen eines stufenlosen Übergangs zur Plattenoberfläche. Dabei dürfen keine Bearbeitungsabstände oder Spachtelgrate sichtbar bleiben. Falls erforderlich, sind die verspachtelten Bereiche zu schleifen, werkzeugbedingte Abzeichnungen (v. a. im Streiflicht) sind jedoch zulässig.

Q3: Die Qualitätsstufe 3 (Q3) beschreibt eine Sonderverspachtelung für Flächen mit erhöhten Anforderungen hinsichtlich der Nutzung und der Ebenheitstoleranzen. Die Oberflächen eignen sich damit für fein strukturierte Wandbekleidungen, matte und nichtstrukturierte Beschichtungen (z. B. Anstriche) sowie für das Aufbringen von zugelassenen Oberputzen der Körnung >1 mm. Die Leistungen der Qualitätsstufe 3 umfassen hierbei die Standardverspachtelung (Q2) mit einem breiteren Ausspachteln der Fugen und ein scharfes Abziehen der restlichen Kartonoberfläche zum Porenverschluss mit Spachtelmaterial. Im Bedarfsfall sind die gespachtelten Flächen zu schleifen; im Streiflicht sichtbare Abzeichnungen sind bei einer Q3-Verspachtelung zulässig.

Q4: Die Qualitätsstufe 4 beschreibt die höchsten Anforderungen an Oberflächen und eignet sich für das nachträgliche Aufbringen glatter oder strukturierter Wandbekleidungen mit Glanz (z. B. Metall- oder Vinyltapeten), für Lasuren oder Anstriche bis zu mittlerem Glanz oder für eine Oberflächengestaltung mit Stuccolustro und anderen Glätttechniken. Zusätzlich zu einer Verspachtelung der Qualitätsstufe 3 wird dabei die gesamte Gipskartonoberfläche bis zu einer Stärke von 3 mm mit einer durchgehenden Spachtelschicht aus geeignetem Finish-Material überzogen. Im Streiflicht sichtbare Abzeichnungen sind bei einer Q4-Verspachtelung auf ein handwerklich unvermeidliches Minimum zu beschränken.

---

[64] Merkblatt 2, Hrsg.: Bundesverband der Gipsindustrie e. V. (Neuauflage 2011) www.gips.de (22.11.2024).

Die Qualitätsbeurteilung ist bei der Abnahme aus einem üblichen Betrachtungsabstand vorzunehmen. Dieser entspricht i. d. R. der Entfernung, aus der später die Wandfläche bei der Nutzung wahrgenommen wird.

Die bereits für die Qualitätsstufen Q1 bis Q4 angesprochene Betrachtung im Streiflicht erweist sich häufig als Konfliktquelle. So treten unter schräg stehendem Sonnenlicht oder bei künstlicher Beleuchtung, die unmittelbar vor der zu beurteilenden Fläche aufgestellt wird, Unebenheiten auf der zu beurteilenden Fläche durch Schattenwurf besonders deutlich hervor. Bei Sonnenlicht sind diese Effekte auf Putzflächen meist nur wenige Minuten (und nur an wenigen Tagen im Jahr) unter einer bestimmten Sonnenstellung sichtbar und verschwinden, sobald die Sonne höher steigt und das Licht diffuser einstrahlt. Eine Beurteilung der Oberflächen unter solch speziellen Bedingungen entspricht nicht der üblichen Situation. Mögliche Schatten unter diesen Bedingungen sind somit hinzunehmen, sofern nicht individualvertraglich höhere Anforderungen vereinbart wurden. Solche Regelungen kommen etwa in Betracht, wenn Streiflicht die übliche Beleuchtung darstellt – z. B. bei gerichteter Beleuchtung an repräsentativen Fassaden. In diesen Fällen ist zusätzlicher Aufwand und geeignetes Material erforderlich, um auch geringfügige Unebenheiten zu egalisieren.

3.4.5 Bemusterung

Anhand der Ausschreibungs- und Vertragsunterlagen ist zu prüfen, welche Materialen, Fabrikate, Konstruktionen und Systeme der Auftraggeber durch Bemusterung festzulegen und zur Bauausführung freizugeben vorsieht. Bemusterungen sind die Inaugenscheinnahme (ggf. vor Ort) der möglichen einzubauenden Objekte.

Die Bauleitung des Auftragnehmers hat in diesen Fällen Sorge dafür zu tragen, dass die vorgesehenen Bemusterungen im vertraglich vereinbarten Umfang und so rechtzeitig vorgenommen werden, dass aus dem Entscheidungs- und dem anschließenden Beschaffungsprozess der zur Ausführung bestimmten Materialien keine Bauverzögerungen entstehen. Zu diesem Zweck ist es empfehlenswert, unmittelbar nach Auftragserhalt einen „Bemusterungsterminplan" zu erstellen und mit dem Auftraggeber abzustimmen, aus welchem die jeweils vorzunehmenden Bemusterungen hervorgehen.

Bemusterungen können grundsätzlich unterschieden werden in:

- Materialbemusterung,
- System- bzw. Konstruktionsbemusterung und
- Raumbemusterung.

Materialbemusterungen betreffen i. d. R. nicht allein die Festlegung des Materials (z. B. Teppich, Fliesen, Anstriche/Beschichtungen) als solches, sondern insbesondere auch die zur Ausführung freizugebende Qualität, das farbliche Erscheinungsbild und ggf. das einzubauende Fabrikat mit konkreter Produktangabe. Von der Bemusterungsentscheidung ist ggf. jedoch nicht allein die konkrete Materialfestlegung betroffen; Folgewirkungen können sich durchaus auch für die Ausführung von Unterkonstruktionen (z. B. Konstruktionshöhen) oder erforderliche Übergänge zu angrenzenden Bauteilen ergeben. Bemusterungsentscheidungen können deshalb weitergehende Anpassungen nach sich ziehen, die in der Ausführungs- bzw. in der Werk- und Montageplanung zu berücksichtigen sind.

Umfasst die Materialbemusterung die Festlegung von Oberflächenqualitäten, beispielsweise für Sichtbetonflächen, so ergeben sich daraus regelmäßig besondere Anforderungen an die Schalung (z. B. Elementmaße und -ausrichtung, Ankerpunkte, Schalhaut) sowie an die Betonrezeptur (z. B. Sieblinie, Zementsorte, Beimischungen zur farblichen Gestaltung). Zur Vermeidung späterer Auseinandersetzungen empfiehlt es sich, insoweit nicht allein die Bauteilqualität zu „bemustern", sondern auch das jeweilige Herstellungsverfahren. In Fällen, für die keine eindeutigen oder ausreichenden Normen zur Definition von Oberflächenqualitäten und zu zulässigen Abweichungen oder Toleranzgrenzen existieren, ist die Herstellung und Bestimmung von sogenannten „Grenzmustern" hilfreich. Dabei muss sich die später zu erzielende Oberflächenqualität innerhalb der bemusterten Grenzgüten bewegen. Solche Grenzmuster müssen jedoch dann bis zur Abnahme der Leistung zu Dokumentations- und Nachweiszwecken erhalten bleiben.[65]

Unter System- bzw. Konstruktionsbemusterung wird die Vorstellung unterschiedlich beschaffener Bauteile bzw. Konstruktionen verstanden. Hierzu können beispielsweise komplette Fassadensysteme gehören, bei denen dann die Gliederung und der Aufbau von Fassaden hinsichtlich Materialart (Metall, Glas, Naturstein, Sonnenschutz, Blendschutz etc.) und Konstruktion (vorgehängte Fassade, Profilausbildung, farbliche Gestaltung etc.) bemustert werden. Neben funktionalen Anforderungen (z. B. Bedienbarkeit, Reinigungsfähigkeit) und technischen Aspekten (z. B. Ableitung von Wasser) liegt hierbei regelmäßig ein besonderes Augenmerk auf gestalterischen Fragen. Insbesondere bei Fassadenkonstruktionen kann die Bemusterung deshalb sogar Einfluss auf die Genehmigungsfähigkeit eines Bauvorhabens nehmen, sofern die Zustimmung eines Gestaltungsbeirats, der Denkmalschutzbehörde oder der Bauaufsicht erforderlich ist.

Systembemusterungen werden darüber hinaus ganz regelmäßig auch für die Objektmöblierung, Beleuchtungssysteme oder für raumlufttechnische Installationen, Wegeleitsysteme und andere nutzungsspezifische Einbauten vorgenommen. Gleiches gilt für die Objektausstattung von Sanitärräumen einschließlich der zugehörigen Armaturen.

Bei Büro- und Hotelbauten, im Wohnungsbau und bei vielen anderen Gebäudearten wird oftmals eine Raumbemusterung vorgenommen: Für die Nutzung besonders relevante (z. B. Büros) oder mehrfach zu erstellende Räume (z. B. Bäder, WCs) werden zum Zweck der Bemusterung als 1:1-Modell einschließlich des kompletten Ausbaus und der Möblierung gebaut. Solche Musterräume werden auch als „mock-up" (engl. für „Attrappe") bezeichnet. Dieser Begriff wurde aus der Luftfahrtindustrie übernommen, in der unter „mock-up" ein nicht flugfähiger Prototyp zu verstehen ist, der für Funktionstests oder zur Modellierung der Innenausstattung sowie für Messepräsentationen eingesetzt wird.

---

[65] Grenzmuster empfehlen sich insbesondere bei der Verwendung von Naturprodukten (Holz, Naturstein).

Die Entwicklung entsprechender IT-Tools ermöglicht heute verbreitet auch einen „virtuellen Modellbau". Diese digitalen Prototypen werden aus der CAD-Planung heraus entwickelt und ermöglichen es beispielsweise, den interessierten Nutzer, Mieter oder Käufer „seine" Räume mittels VR-Technologie[66] virtuell erkunden zu lassen und ihm dabei beispielsweise unterschiedliche Wirkungsweisen von Tageslicht, künstlicher Beleuchtung, Möblierung, Farbgestaltung etc. zu demonstrieren. Auf diese Weise kann einerseits der Aufwand für den Bau von Prototypen reduziert und andererseits die Anzahl möglicher Alternativen erhöht werden. VR-basierte Bemusterungen kommen deshalb insbesondere bei Programmherstellern aus dem System- und Fertighausbau zum Einsatz.

3.4.6 Mängelmanagement während der Bauausführung

Bei Bauverträgen handelt es sich im Allgemeinen um Werkverträge, bei denen der bauausführende Unternehmer den „Werkerfolg" einer mangelfreien Leistung schuldet. Während die mangelrechtlichen Regelungen im Hinblick auf die Abnahme des fertiggestellten Werks im BGB-Bauvertragsrecht sowie in der Vergabe- und Vertragsordnung für Bauleistungen (VOB/B) in ihrer Regelungssystematik identisch sind, enthält das VOB/B-Vertragsrecht im Gegensatz zum BGB-Bauvertragsrecht weitergehende Regelungen, die sich auf solche Mängel beziehen, die bereits während der Bauausführung erkannt werden. So legt § 4 Abs. 7 VOB/B 2016 fest:

> *„Leistungen, die schon während der Ausführung als mangelhaft oder vertragswidrig erkannt werden, hat der Auftragnehmer auf eigene Kosten durch mangelfreie zu ersetzen. Hat der Auftragnehmer den Mangel oder die Vertragswidrigkeit zu vertreten, so hat er auch den daraus entstehenden Schaden zu ersetzen. Kommt der Auftragnehmer der Pflicht zur Beseitigung des Mangels nicht nach, so kann ihm der Auftraggeber eine angemessene Frist zur Beseitigung des Mangels setzen und erklären, dass er ihm nach fruchtlosem Ablauf der Frist den Auftrag entziehe (§ 8 Abs. 3)."*

Beim Qualitätsmanagement ist deshalb zwischen Mängeln zu unterscheiden, die im Prozess der Bauausführung auftreten, und solchen Mängeln, die erst bei der Abnahme der fertiggestellten Leistung erkannt werden (vgl. dazu § 13 VOB/B 2016 mit näheren Ausführungen in Abschn. 5.2.6 dieses Buchs). Letztgenannte Mängel sind in ihrer Beseitigung im Allgemeinen nicht nur kosten- und zeitaufwändiger als eine Mangelbehebung während der Bauausführung; der Auftraggeber hat bei wesentlichen Mängeln auch das Recht, die Abnahme zu verweigern.

Die Verhinderung bzw. Beseitigung von Mängeln während der Bauerstellung durch ein effektives Qualitäts- bzw. Mängelmanagement liegt deshalb im originären ökonomischen Interesse aller Baubeteiligten und des ausführenden Unternehmers im Besonderen, da dieser bis zur erfolgreichen Abnahme darlegungs- und beweispflichtig für die Mangelfreiheit

---

[66] VR: virtual reality.

seiner Werkleistung ist. Die Implementierung eines Managementsystems zur Vermeidung bzw. zur unverzüglichen Behebung von Baumängeln ist mithin ein wesentlicher Bestandteil eines erfolgreichen technischen Baustellencontrollings und somit auch im Hinblick auf das auftrags- bzw. projektspezifische Risikomanagement unverzichtbar.

Unter dieser Maßgabe genügt es nicht, im Rahmen von Baustellenbegehungen oder „technischen Zwischenabnahmen" lediglich fertiggestellte Teilleistungen zu betrachten. Schon bei der Planung der Ausführung sind jene Prozessschritte zu identifizieren, die als besonders qualitätskritisch einzuschätzen bzw. mit besonderen Risiken des Entstehens von Mängeln behaftet sind. Die jeweils zu treffenden Maßnahmen werden sich deshalb in Abhängigkeit von der konkret auszuführenden Leistung und den bei der Ausführung anzutreffenden Baustellenbedingungen im Einzelfall unterscheiden.

Beispielhaft für diese Vorgehensweise seien nachfolgend wesentliche Prüfpunkte genannt, die beim Einbau eines schwimmenden Estrichs zu beachten sind:

- Vor Beginn der Leistung:
  - Sind die Planvorgaben eindeutig und fehlerfrei?
  - Ist der Rohfußboden für das Einbringen des schwimmenden Estrichs geeignet (Maße, Ebenheitstoleranzen, Verschmutzung etc.)?
  - Sind sonstige notwendige Vor- und Randbedingungen zur Ausführung der Estricharbeiten gegeben (Heizungsleitungen abgedrückt, elektrische Leitungen verlegt, Zugluft ausgeschlossen, Fenster eingebaut etc.)?
- Vor Beginn des Einbringens des Estrichs:
  - Sind die Randstreifen umlaufend korrekt gesetzt?
  - Ist die Dämmschicht korrekt eingelegt und ist diese mit Folie abgedeckt?
- Unmittelbar nach dem Einbringen des Estrichs:
  - Maßkontrollen (Höhenlage an mehreren Stellen, Ebenheit)!
  - Ist der Estrich abgedeckt?
  - Sichtkontrollen auf offensichtliche Mängel (Estrichentmischung)!
- Ggf. ist nach ausreichendem Erhärten eine technische Zwischenabnahme des Estrichs sinnvoll, bei der (vor der Erstellung darauf aufbauender Leistungsteile wie z. B. Fliesenbeläge) intern alle Abnahmekriterien auf ihre Einhaltung hin überprüft werden.

Die o. g. Anforderungen lassen sich – für jedes Gewerk gesondert – sachgerecht in Form von Checklisten und Formblättern darstellen, die sich als Werkzeug des Mängelmanagements in der Praxis bewährt haben. Die Qualität der Bauleistung kann auf dieser Grundlage durch das Bauleitungspersonal ausführungsbegleitend in einem quasi kontinuierlichen Prozess überprüft und dokumentiert wird. Beim Aufbau der Checklisten kann auf einschlägige Fachpublikationen[67] oder auf anwendungsfertige Werke zurückgegriffen werden, die bei verschiedenen Anbietern erhältlich sind oder im Bauunternehmen als Bestandteil des unternehmensinternen Qualitätsmanagements vorgehalten werden.

---

[67] Hankammer: Abnahme von Bauleistungen; Brinkmann et al.: Systematisierte Abnahme von Bauleistungen nach VOB.

3.4 Technische Aufgaben

Über die Bauausführung hinaus dient das Mängelmanagementsystem auch der Erfassung, Dokumentation und Verfolgung von Mängeln bei der Abnahme und über den anschließenden Mängelhaftungszeitraum. Bei Großprojekten werden deshalb IT-Tools verwendet, bei denen die Erfassung, Prüfung und Freimeldung der Mangelpunkte datenbankgestützt und ggf. modellbasiert unter Einbindung in BIM-Programme erfolgt. Eine Mehrbenutzerfähigkeit der Datenbank und die Einbindung von Mobile Computing (Smartphones und Tablet-Computer) beschleunigt die Abarbeitung der offenen Punkte, da der Informationsaustausch in Echtzeit erfolgen kann.

Für das Aufsetzen eines solchen Tools sind gleichwohl umfangreiche Vorbereitungsmaßnahmen erforderlich. So müssen zur eindeutigen Zuordnung der Mangelpunkte die einzelnen Räume in der Datenbank gemäß einem Raumbuch abgebildet werden. Ebenso sind in der Datenbank die einzelnen Bauteile, ggf. die konkrete Verortung und die Art der Mängel sowie der mängelbetroffene Leistungsteil (Gewerk) eindeutig zu definieren. Diese Klassifizierung ermöglicht eine automatisierte Mängelsuche und -filterung.

Die Vergabe von Schreib- und Leseberechtigungen gestattet den Einsatz des Systems über sämtliche Vertragsebenen vom Bauherrn über die ausführenden Bauunternehmen bis hin zu den für die Leistungserstellung eingesetzten Subunternehmern. Die Erfassung, Dokumentation und Verfolgung der einzelnen Mängelpunkte kann somit ohne Medienbrüche und Informationsverluste zeitnah in einem geschlossenen System erfolgen. Mithilfe von Schreib- und Leserechten lässt sich zudem sicherstellen, dass Mängel nur von berechtigten Personen abgemeldet werden können und dass keine Daten durch Löschung oder Veränderung der Mängelpunkte verloren gehen.

Die meisten IT-Tools ermöglichen zudem auch eine umfassende statistische Auswertung der Mängelpunkte nach Ort, Art und Leistungsteil (Gewerk). Bei kleineren Baustellen werden Mängellisten i. d. R. in Form von Tabellen geführt, die über den Verlauf des Bearbeitungsprozesses zwischen den einzelnen Baubeteiligten ausgetauscht werden.

3.4.7 Aufmaß

Als Aufmaß wird im Kontext der Bauleistungserstellung die Feststellung der vertragsgemäß erbrachten Bauleistung hinsichtlich des ausgeführten Leistungsumfangs bezeichnet. Aufmaße werden deshalb für sämtliche (Teil-)Leistungen eines Bauvertrags erforderlich, für die keine Pauschalvergütung geschuldet ist, sondern die – z. B. mit Einheitspreisen – entsprechend dem vertragsgemäß ausgeführten Leistungsumfang vergütet werden. Eng verbunden mit dem Aufmaß ist insoweit der Begriff der Mengenermittlung, wobei die Begriffe in der Fachliteratur bisweilen synonym verwendet werden. Während ein Aufmaß jedoch primär die geometrische Erfassung der ausgeführten Bauteile (z. B. Wände, Stützen, Decken) bzw. Baubehelfe (z. B. Baugruben, Gräben, Schalung, Rüstung) beinhaltet, dient die Mengenermittlung (vgl. nachfolgend in Abschn. 3.4.8) der Ermittlung des vertraglich abrechenbaren Leistungsumfangs und berücksichtigt neben der Geometrie insbesondere auch die vertraglich vereinbarten Abrechnungsregeln. Das Aufmaß bildet insoweit die Grundlage der Mengenermittlung (vgl. Abb. 3.26).

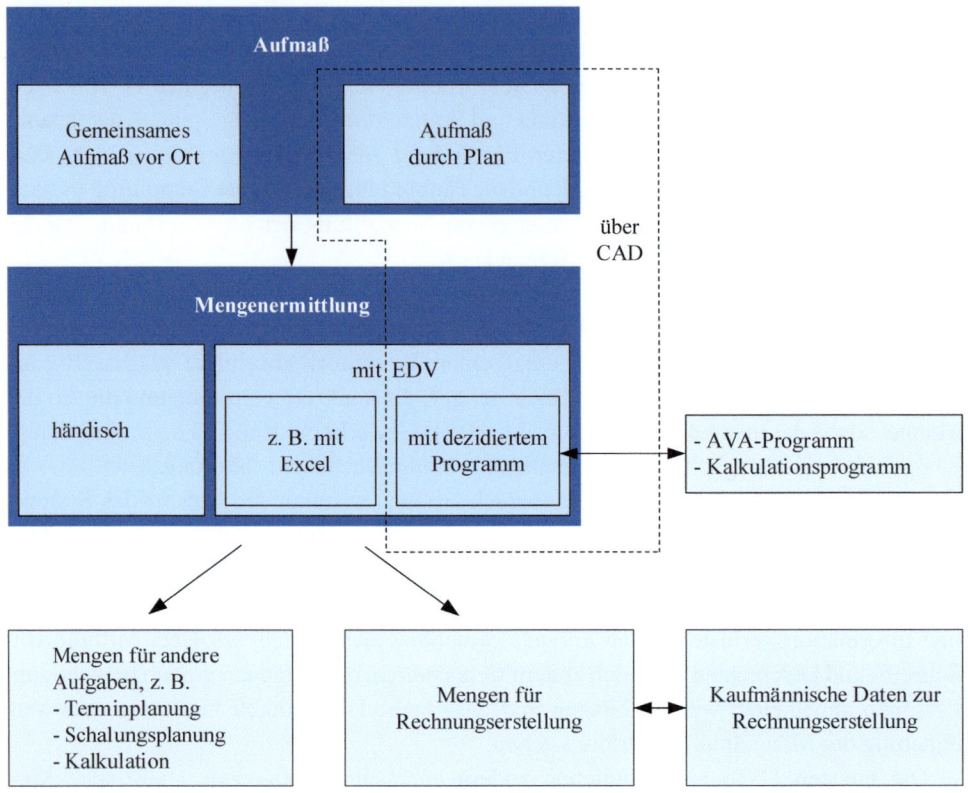

Abb. 3.26 Aufmaß, Mengenermittlung und nachfolgende Aufgaben

Mit der Erstellung eines Aufmaßes wird deshalb ein Urdokument der erbrachten Leistung geschaffen, auf das sich die nachfolgenden Arbeitsschritte der Bauabrechnung stützen. Generell ist zu unterscheiden zwischen „Aufmaß durch Plan", auch „Aufmaß nach Zeichnung" genannt (siehe Abschn. 3.4.7.1), und dem „gemeinsamen Aufmaß" der Leistung auf der Baustelle, häufig auch nur „Aufmaß" genannt (siehe Abschn. 3.4.7.2).

3.4.7.1 Aufmaß durch Plan/nach Zeichnungen

In der VOB/C, DIN 18299, Nr. 5 ist festgelegt: *„Die Leistung ist aus Zeichnungen zu ermitteln, soweit die ausgeführte Leistung diesen Zeichnungen entspricht. Sind solche Zeichnungen nicht vorhanden, ist die Leistung aufzumessen."*

Somit ist das Aufmaß nach Zeichnung (nach Plan) das Regelverfahren. Hierzu wird eine zur Ausführung freigegebene Zeichnung (Plan) verwendet und z. B. mit einem Stempel „Aufmaßplan", „Aufmaßzeichnung" oder einer vergleichbaren Bezeichnung eindeutig gekennzeichnet.

3.4 Technische Aufgaben

Sofern Änderungen der Bauausführung gegenüber dem freigegebenen Plan vorgenommen wurden, sind diese im Plan prüffähig zu vermerken. Zur besseren Prüfbarkeit des Aufmaßes und zur Erleichterung der Mengenermittlung können im Plan weiterhin folgende Eintragungen vorgenommen werden:

- Ergänzung bzw. Vervollständigung von Maßketten,
- Kennzeichnung von Bauteilen (z. B. W1, W2 etc. für Wandabschnitte oder A1, A2 etc. für Aussparungen), die in der Mengenermittlung wieder aufgegriffen werden,
- farbige Eintragungen, mit denen jene Bauteile markiert werden, die bereits abgerechnet sind. Bei umfangreichen Leistungen erleichtern solche Markierungen die Nachverfolgung einer korrekten und vollständigen Abrechnung der ausgeführten Bauteile. So können z. B. Mauerwerkswände rot und Betonwände grün unterlegt werden, sobald die jeweiligen Bauteile erfasst sind.

Das Aufmaß durch Plan (Zeichnung) ist im Hochbau der Regelfall. Liegen – z. B. bei Bauleistungen kleinen Umfangs – keine oder keine hinreichend detaillierten Ausführungszeichnungen vor, fertigen Auftragnehmer nicht selten eigene Aufmaßskizzen der erstellten Bauteile an, auf deren Grundlage sodann die Mengenermittlung vorgenommen wird.

Für das Aufmaß sind üblicher Weise die Rohbaumaße heranzuziehen, nach denen im Regelfall auch die Ausführungspläne vermaßt werden. Für manche Ausbaugewerke weichen die Aufmaßregeln jedoch von diesem Grundsatz ab. So legt etwa die DIN 18363 als Allgemeine Technische Vertragsbedingung für Maler- und Lackierarbeiten – Beschichtungen fest:

„5.1.1 Der Ermittlung der Leistung – gleichgültig, ob sie nach Zeichnung oder nach Aufmaß erfolgt – sind die Maße der behandelten Flächen zugrunde zu legen."

Ein Aufmaß durch Plan/Zeichnung bedarf im Grundsatz keiner gemeinsamen Unterzeichnung durch die Vertragsparteien – in Zweifels- oder Streitfällen kann das Aufmaß von jeder Vertragsseite eigenständig überprüft und ggf. korrigiert werden. Besteht hingegen Einvernehmen über das Aufmaß, so kann dies durch beidseitige Gegenzeichnung der Parteien dokumentiert werden.

3.4.7.2 Gemeinsames Aufmaß

Mit einem gemeinsamen Aufmaß der Vertragsparteien, häufig auch nur als „Aufmaß" bezeichnet, sind solche Leistungen zeichnerisch/skizzenhaft zu erfassen, für die

- keine Zeichnungen vorhanden (siehe VOB/C, DIN 18299, Nr. 5) und
- die einer späteren Überprüfung durch den Baufortschritt entzogen sind.

Gemeinsame Aufmaße werden deshalb üblicherweise für folgende Zwecke vorgenommen:

- Aufnahme der Höhenlage des Urgeländes, bevor mit Erdarbeiten begonnen wird,
- Aufmaß von abzubrechenden Bauteilen an bestehenden Bauwerken,
- Aufnahme von zu beseitigenden Hindernissen im Baugrund sowie

- Erfassung von Bauteilen, die im weiteren Leistungsfortschritt überbaut oder hinterfüllt werden (z. B. Fundamente, Grundleitungen, Drainagen, Dämmungen und kapillarbrechende Schichten unter Bodenplatten, Flächenaufbauten im Verkehrswegebau, Drainagen).

Ein gemeinsames Aufmaß ist vor diesem Hintergrund insbesondere im Erd-, Straßen- und Tiefbau für eine zweifelsfreie Erfassung des Leistungsumfangs ganz regelmäßig erforderlich. Bei umfangreichen Leistungen kann das „gemeinsame Aufmaß" insoweit auch durch ein unabhängiges Vermessungsbüro durchgeführt werden, auf das sich die Vertragsparteien geeinigt haben.

Ungeachtet dieser organisatorischen Gestaltung beinhaltet das „gemeinsame Aufmaß" die geometrische Aufnahme – das (ggf. vermessungstechnisch gestützte) Aufmessen – der ausgeführten Bauleistung an Ort und Stelle einschließlich einer zumindest skizzenhaften Dokumentation in einem sogenannten Aufmaßblatt oder Aufmaßprotokoll, das i. d. R. von den am Aufmaß beteiligten Personen zu unterzeichnen ist. Nach Unterzeichnung erhält jede Vertragspartei eine Ausfertigung der Aufmaßunterlagen.

Abzugrenzen von einem Aufmaß des erstellten Leistungsumfangs sind sogenannte Bautenstandsdokumentationen. Diese werden regelmäßig bei Verträgen erforderlich, bei denen der ausführende Unternehmer in Abhängigkeit vom erreichten Bautenstand Abschlagszahlungen anfordern kann. Die Anforderungen an solche Bautenstandsdokumentationen bleiben jedoch meist hinter den für ein gemeinsames Aufmaß geltenden zurück. Dies gilt insbesondere dann, wenn Abschlagszahlungen an in sich abgeschlossene Leistungsteile (z. B. Fertigstellung der Baugrube, Fertigstellung des Rohbaus) geknüpft sind.

3.4.8 Mengenermittlung

Als Mengenermittlung, häufig auch Mengenberechnung, Massenermittlung oder Massenberechnung genannt, wird die rechnerische Auswertung des Aufmaßes bezeichnet. Diese wird erstellt mit dem Ziel, im Anschluss an die Bauausführung für jede erbrachte Teilleistung eines Bauvertrags die zugehörige Abrechnungsmenge (Rechnungsmenge) zu ermitteln. Bereits in der Angebotsphase werden Mengenermittlungen zudem für die Kalkulation bzw. Preisermittlung solcher Leistungen erforderlich, die mit einem Pauschalpreis und mithin unabhängig von der tatsächlich anfallenden Leistungsmenge vergütet werden sollen.

Darüber hinaus ist eine Mengenermittlung für verschiedene Aufgaben der Fertigungsplanung (Arbeitsvorbereitung) notwendig. In diesem Zusammenhang sind etwa Mengenermittlungen für die Schalungsplanung sowie Mengenermittlungen für die Bauablaufplanung (auszuführende Mengen pro Vorgang) zu nennen. In der Regel können die in den Verdingungsunterlagen ausgewiesenen oder zum Zweck der Kalkulation ermittelten Mengen nicht direkt für Zwecke der Fertigungsplanung weiterverwendet werden, weil dort weniger eine teilleistungsbezogene als vielmehr eine an fertigungstechnischen Gesichtspunkten orientierte Mengenermittlung (z. B. Mengen je Arbeitsabschnitt) benötigt wird.

3.4 Technische Aufgaben

Zudem sind die vertraglichen Abrechnungsbestimmungen, wie sie etwa in den Allgemeinen Technischen Vertragsbedingungen der VOB/C hinterlegt sind, für die Fertigungsplanung lediglich von geringer Relevanz.

Bei der Mengenermittlung werden die im Aufmaß erfassten Leistungen nicht in einem geometrischen Sinn exakt errechnet, sondern es wird von der erbrachten Leistung ein „Abrechnungsmodell" erstellt, das die bauvertraglich vereinbarten Abrechnungsregularien widerspiegelt. Nähere Erläuterungen hierzu finden sich nachfolgend in Abschn. 3.5.6.4.

Die qua Abrechnungsmodell vorgegebenen Längen, Flächen und Volumina sind somit grundsätzlich nach mathematisch genauen Formeln abzurechnen. Dies gilt insbesondere bei geometrisch einfach zu bestimmenden Körpern, wie z. B. Rechteck, Quader, Kegel- und Pyramidenstumpf, Ponton oder Rampe. Gegebenenfalls ist eine Fläche oder ein Rauminhalt in geeignete Teilkörper aufzuteilen. Näherungsformeln sind immer dann anzuwenden, wenn Körper abzurechnen sind, die nicht oder nur mit unvertretbar hohem Rechenaufwand mathematisch genau erfasst werden können.

Die Mengenermittlung ist prüffähig anzulegen. Die ermittelten Mengen und ihre Herleitung bzw. Berechnung müssen deshalb auf die im Aufmaß als Urdokument ausgewiesenen Daten eindeutig zurückzuführen und sämtliche Ermittlungsschritte müssen für den Empfänger der Mengenermittlung anhand des Aufmaßes nachvollziehbar sein. Falls Zwischenrechnungen in anderen Dokumenten vorgenommen werden, müssen diese unter entsprechendem Verweis der Mengenermittlung beigefügt werden. Falls bei Maßlinien im Abrechnungsplan nur die Einzelmaße angegeben sind, so empfiehlt es sich, die Maßketten durch die aufaddierten Werte zu ergänzen.

Die Nachvollziehbarkeit wird nicht zuletzt durch ein systematisches, stets gleiches Vorgehen bei der Aufstellung von Mengenermittlungen erleichtert:

- Festlegung eines Startpunkts (z. B. Punkt im Achsraster eines Plans, Bauwerkspunkt),
- Abfolge der Mengenerfassung (z. B. im Uhrzeigersinn, nach Bauwerksachsen, nach Bauwerksteilen),
- Übernahme der Bauteilbezeichnungen aus dem Aufmaß.

Bauteile sollten in der Mengenermittlung grundsätzlich einzeln mit eindeutiger Zuordnung zum Aufmaßplan bzw. zur Aufmaßskizze erfasst werden. Kommen gleiche Bauteile mehrfach vor (z. B. Stützen, Wände), so können diese identisch bezeichnet und in der Mengenermittlung mit ihrer Anzahl aufgenommen werden. Weiterhin ist es anzuraten, zunächst die sog. Brutto-Mengen der Bauteile zu erfassen und Abzüge für Öffnungen, Aussparungen, Unterbrechungen etc. in einem gesonderten Berechnungsblock vorzunehmen. Aus den Brutto-Mengen und den Abzügen ergibt sich dann die abrechnungsfähige Netto-Menge.

Welche Abzüge vorzunehmen sind und welche Öffnungen, Aussparungen, Unterbrechungen etc. zu übermessen sind, richtet sich im Einzelfall nach den vertraglich vereinbarten Abrechnungsregelungen. Verbreitet – jedoch nicht zwingend – werden insoweit für Bauverträge die Allgemeinen Technischen Vertragsbedingungen (ATV) der VOB/C mit den darin für die einzelnen Gewerke statuierten Abrechnungsvorschriften vereinbart. Ggf.

kommen jedoch auch abweichende bzw. ergänzende Bestimmungen für die Mengenermittlung zum Tragen. So regelt etwa das Vergabe- und Vertragshandbuch des Bundes (VHB)[68]: „Bei Aufmaß und Abrechnung sind Längen und Flächen auf zwei Stellen nach dem Komma, Rauminhalte und Gewichte auf drei Stellen nach dem Komma zu runden. Geldbeträge sind auf zwei Stellen nach dem Komma zu runden."

Generell ist zu unterscheiden zwischen einer Mengenermittlung von Hand (Abschn. 3.4.8.5) und einer solchen mit EDV (Abschn. 3.4.8.6). Da Oberflächen und Volumina für viele Baukörper insbesondere im Erdbau geometrisch oft schwierig exakt zu berechnen sind, kommen bei der Mengenermittlung häufig auch Näherungsverfahren zur Anwendung. Die wichtigsten dieser Verfahren werden nachfolgend kurz vorgestellt.

3.4.8.1 Flächenberechnung nach Gauß-Elling

Von besonderer Bedeutung bei der Berechnung von Flächen mit einer beliebigen Zahl von geraden Begrenzungslinien ist das Verfahren nach Gauß-Elling. Manuell kann dieses Verfahren einfach durchgeführt werden. Es ist aber auch Bestandteil der „Regelungen für die elektronische Bauabrechnung – REB" (siehe Abschn. 3.4.8.7): In der REB-VB 21.003 ist das Verfahren insbesondere zur Anwendung im Erdbau beschrieben.

Bei der manuellen Berechnung werden die Koordinaten der die Fläche begrenzenden Eckpunkte in einer Tabelle aufgelistet. Die ersten beiden Punkte müssen verfahrensbedingt am Ende der Tabelle wiederholt werden (siehe Abb. 3.27). Es ist darauf zu achten, dass die jeweils benachbarten Punkte nacheinander in die Tabelle eingegeben werden. Das Grundstück, auf das sich die Punkte beziehen, ist in Abb. 3.33 dargestellt.

Punkt Nr.	Koordinaten		$\Delta x_i = x_{i+1} - x_{i-1}$	$\Delta x_i \cdot y_i$
	x	y		
1	10,00	9,00		
2	42,00	9,00	42,00 - 10,00 = 32,00	32,00 · 9,00 = 288,00
3	42,00	29,00	26,00 - 42,00 = - 16,00	- 16,00 · 29,00 = - 464,00
4	26,00	29,00	26,00 - 42,00 = - 16,00	- 16,00 · 29,00 = - 464,00
5	26,00	21,00	10,00 - 26,00 = - 16,00	- 16,00 · 21,00 = - 336,00
6	10,00	21,00	10,00 - 26,00 = - 16,00	- 16,00 · 21,00 = - 336,00
1	10,00	9,00	42,00 - 10,00 = 32,00	32,00 · 9,00 = 288,00
2	42,00	9,00		
			$\sum \Delta x_i = 0,00$	$\|2A\| = \sum \Delta x_i \cdot y_i = - 1.024,00$
				$A_{unten}\ [m^2] = 512,00$

Abb. 3.27 Berechnung der Fläche einer Baugrubensohle nach Gauß-Elling

---

[68] Vergabe- und Vertragshandbuch für die Baumaßnahmen des Bundes (VHB), aktuell gilt das VHB 2017 mit Änderungsstand Februar 2019.

3.4 Technische Aufgaben

Nun wird für jede Zeile der x-Wert des vorhergehenden Punktes vom x-Wert des nachfolgenden Punktes abgezogen. Dabei bleiben die erste und letzte Zeile außen vor (in Abb. 3.27 grau angelegt). Zur Prüfung der Ergebnisse kann die Summe dieser Spalte berechnet werden, die sich zu Null ergeben muss.

Nun werden die Differenzen mit den y-Werten der gleichen Zeile multipliziert. Die Summe der letzten Spalte ergibt die Maßzahl des doppelten Flächeninhalts. In Abhängigkeit von der Punktreihenfolge kann dieses Zwischenergebnis auch negativ sein.

3.4.8.2 Exakte Volumenberechnung

Die Berechnung des Volumens von Erdkörpern oder eines Baugrubenaushubs ist nur in trivialen Fällen mit allgemein bekannten Formeln für geometrische Körper möglich. Ein Problem ergibt sich meistens dann, wenn die Form des Urgeländes keine parallele Ebene zur Baugrubensohle bildet. Nachfolgend werden die mathematisch genauen Berechnungsformeln für verschiedene Körper dargestellt:

Prismatoid

Das Prismatoid (Abb. 3.28) ist ein Polyeder mit parallelen Vielecken als Grund- und Deckfläche sowie Dreiecken und Trapezen als Seitenflächen.

Mit der Simpsonschen Formel lässt sich das Volumen eines Prismatoids exakt berechnen:

$$V = \frac{1}{6} \cdot h \cdot (A_o + 4 A_m + A_u)$$ (Formel 3.1)

Mit:

- h Höhe
- A_o Obere Begrenzungsfläche
- A_u Untere Begrenzungsfläche
- A_m Fläche in $\frac{h}{2}$

Die Formel wird auch als Keplersche Fassregel bezeichnet.

Abb. 3.28 Prismatoid

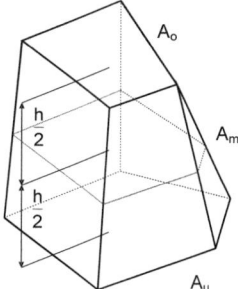

Pyramidenstumpf

Ein Pyramidenstumpf ist ein Sonderfall eines Prismatoids. Dabei haben die Grund- und Oberfläche die gleiche Anzahl von Kanten oder Ecken, die Grund- und Oberfläche sind unregelmäßig. Die Seitenflächen haben Trapezform (Abb. 3.29).

Das Volumen eines Pyramidenstumpfes ermittelt sich zu:

$$V = \frac{1}{3} \cdot h \cdot \left(A_o + \sqrt{A_o A_u} + A_u\right) \qquad \text{(Formel 3.2)}$$

Beispiel

$A_o = 200{,}00\,m^2;\ A_u = 350{,}00\,m^2;\ h = 3{,}50\,m$

$$V = \frac{1}{3} \cdot 3{,}50\,m \cdot \left(200{,}00\,m^2 + \sqrt{200{,}00\,m^2 \cdot 350{,}00\,m^2} + 350{,}00\,m^2\right) = 950{,}338\ m^3$$

Obelisk oder Ponton

Der Obelisk, auch als Ponton bezeichnet, ist wiederum ein Sonderfall eines Pyramidenstumpfes, bei dem die Grund- und Oberfläche Rechtecke bilden (Abb. 3.30).

Um die Volumenformel herzuleiten, kann ein Obelisk in bekannte Körper zerlegt werden. Naheliegend ist z. B. die Zerlegung des Obelisken in einen Quader, vier dreiseitige Prismen und vier Pyramiden. Das Volumen eines Obelisken ergibt sich dann zu:

$$V = \frac{h}{6} \cdot (2ab + 2cd + ab + bc) \qquad \text{(Formel 3.3)}$$

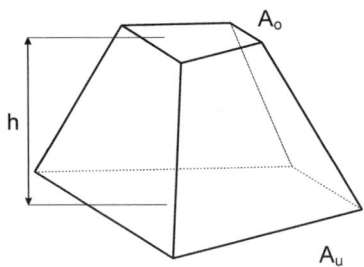

Abb. 3.29 Pyramidenstumpf

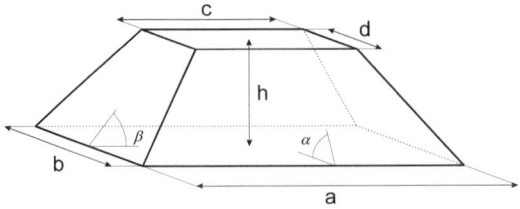

Abb. 3.30 Obelisk

3.4 Technische Aufgaben

Falls α = β ist, kann das Volumen mit den Bezeichnungen aus Abb. 3.30 mit folgender Formel berechnet werden.[69]

$$V = a \cdot b \cdot h - \frac{h^2}{\tan\alpha} \cdot \left(a + b - \frac{4 \cdot h}{3 \cdot \tan\alpha}\right) \quad \text{(Formel 3.4)}$$

Alternativ können auch die Formeln 3.5, 3.6 oder 3.7 verwendet werden:

$$V = c \cdot d \cdot h + h^2 \left(\frac{c}{\tan\alpha} + \frac{d}{\tan\alpha}\right) + \frac{4}{3} \cdot \frac{h^3}{(\tan\alpha)^2} \quad \text{(Formel 3.5)}$$

$$V = \frac{1}{6} \cdot h \cdot \left((2 \cdot a + c) \cdot b + (2 \cdot c + a) \cdot d\right) \quad \text{(Formel 3.6)}$$

oder umgewandelt:

$$V = \frac{1}{6} \cdot h \cdot \left(a \cdot b + (a+c) \cdot (b+d) + c \cdot d\right) \quad \text{(Formel 3.7)}$$

Dabei sind:

a und b die längeren Seitenlängen
c und d die kürzeren Seitenlängen
α der Böschungswinkel an den Seiten a und b.

Somit ist z. B. bei einem Böschungswinkel von α = 60° tan α = 1,73.

Beispiel

Mit $c = 20\,m$; $d = 15\,m$; $\alpha = 60°$; $h = 3,50\,m$; $\tan\alpha = 1,73$ (gerundet) ergibt sich:
$a = 20 + 2 \cdot 3,50 / 1,73 = 24,05\,m$
$b = 15 + 2 \cdot 3,50 / 1,73 = 19,05\,m$ und damit:
$A_o = 15,00 \cdot 20,00 = 300,00\,m^2$
$A_u = 19,05 \cdot 24,05 = 458,15\,m^2$

Damit errechnet sich das Volumen nach Formel 3.2 zu:

$$V = \frac{1}{3} \cdot 3,50 \cdot \left(300,00 + \sqrt{300,00 \cdot 458,15} + 458,15\right) = 1.317,033\,m^3$$

nach Formel 3.3 zu:

$$V = \frac{3,50}{6} \cdot (2 \cdot 24,05 \cdot 19,05 + 2 \cdot 20,00 \cdot 15,00 + 24,05 \cdot 15,00 + 19,05 \cdot 20,00) = 1.317,199\,m^3$$

nach Formel 3.4 zu:

---

[69] Schach/Otto: Baustelleneinrichtung, 4. Auflage, Seite 170.

$$V = 24{,}05 \cdot 19{,}05 \cdot 3{,}50 - \frac{3{,}50^2}{1{,}73} \cdot \left(24{,}05 + 19{,}05 - \frac{4 \cdot 3{,}50}{3 \cdot 1{,}73}\right) = 1.317{,}447\,m^3$$

nach Formel 3.5 zu:

$$V = 20{,}00 \cdot 15{,}00 \cdot 3{,}50 + 3{,}50^2 \cdot \left(\frac{20{,}00}{1{,}73} + \frac{15{,}00}{1{,}73}\right) + \frac{4}{3} \cdot \frac{3{,}50^3}{1{,}73^2} = 1.316{,}933\,m^3$$

nach Formel 3.6 zu:

$$V = \frac{1}{6} \cdot 3{,}50 \cdot \left((2 \cdot 24{,}05 + 20{,}00) \cdot 19{,}05 + (2 \cdot 20{,}00 + 24{,}05) \cdot 15{,}00\right) = 1.317{,}199\,m^3$$

und nach Formel 3.7 zu:

$$V = \frac{1}{6} \cdot 3{,}50 \cdot \left(24{,}05 \cdot 19{,}05 + (24{,}05 + 20{,}00) \cdot (19{,}05 + 15{,}00) + 20{,}00 \cdot 15{,}00\right)$$
$$= 1.317{,}199\,m^3$$

Die Unterschiede ergeben sich durch Rundungsungenauigkeiten.

Dreiseitiges Prisma

Das dreiseitige Prisma, dessen obere Seite durch eine zur Grundfläche nicht parallele Ebene abgeschnitten wird, hat für das Prismenverfahren (Abschn. 3.4.8.4) eine besondere Bedeutung (Abb. 3.31).

Das exakte Volumen ermittelt sich zu:

$$V = \frac{1}{3} \cdot (a + b + c) \cdot A \qquad \text{(Formel 3.8)}$$

mit a, b, c als den Längen der parallelen Kanten und der Grundfläche A.

3.4.8.3 Näherungsverfahren zur Volumenberechnung

Näherungsverfahren zur Berechnung von Baugruben oder Erdaufschüttungen werden notwendig, da Baugruben nur selten mit den in Abschn. 3.4.8.2 dargestellten Körpern übereinstimmen. In allen Fällen der oben dargestellten Körper wird nämlich gefordert, dass das Urgelände eben und parallel zur Baugrubensohle sein muss. In der Praxis werden Bau-

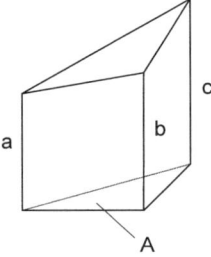

Abb. 3.31 Dreiseitiges Prisma

3.4 Technische Aufgaben

gruben deshalb häufig zu Pyramidenstümpfen oder Obelisken „umgeformt" und dann mit den nachfolgend aufgeführten Näherungsverfahren berechnet:

1. Näherungsverfahren: Simpsonsche Formel
Die Simpsonsche Formel ist in Abschn. 3.4.8.2 erläutert. Häufig wird die mittlere Fläche A_m durch eine weitere Näherungsformel ermittelt:

$$A_m = \left(\frac{\sqrt{A_o} + \sqrt{A_u}}{2} \right)^2 \qquad \text{(Formel 3.9)}$$

oder

$$A_m = \frac{A_o + A_u}{2} \qquad \text{(Formel 3.10)}$$

Formel 3.10 ist keine Näherungsformel, falls ein Pyramidenstumpf oder ein Obelisk berechnet wird.

2. Näherungsverfahren: Berechnung als Pyramidenstumpf
Siehe Formel 3.2 in Abschn. 3.4.8.2.

3. Näherungsverfahren:
Die Berechnung über

$$V = A_m \cdot h \qquad \text{(Formel 3.11)}$$

A_m siehe Formel 3.9 oder Formel 3.10.
Wegen der Genauigkeit der Näherungsverfahren wird auf Abschn. 3.4.8.10 verwiesen.
Bei lang gestreckten, gewundenen und unregelmäßig geformten Erdkörpern, wie sie z. B. im Erdbau bei Straßen typisch sind, werden die Mengen normalerweise mit Hilfe von Querprofilen ermittelt. Entsprechende Verfahren finden sich in den REB-VB 20 und 21, aber auch in der REB-VB 23.003 für die allgemeine Anwendung.

3.4.8.4 Mengenermittlung mit dem Prismenverfahren

Ein Verfahren zur Berechnung von Erdkörpern, das zu genauen Volumina führt, stellt das Prismenverfahren[70] dar. Das Verfahren ist mit einer geeigneten Software (für einfache Fälle auch mithilfe von Tabellenkalkulationssoftware wie etwa MS Excel® leicht programmierbar) relativ einfach anzuwenden und führt zu genauen Volumina und Oberflächen, sofern die Teilbegrenzungsflächen als eben akzeptiert werden. Selbstverständlich ist das Volumen auch noch von der Dichte der Punkte bei den Geländeaufnahmen abhängig.

---

[70] REB-VB 22.013.

Beim Prismenverfahren ergibt sich das Volumen der Baugrube durch die Differenz der Volumina zweier Körper, die eine gemeinsame Bezugsebene aufweisen. Das Volumen des ersten Körpers wird zwischen Urgelände und Bezugsebene, das Volumen des zweiten Körpers wird zwischen ausgehobenem Gelände und Bezugsebene ermittelt. Voraussetzung ist, dass beide Körper die gleichen Außenkanten aufweisen. Die Methode wird mittels eines kleinen Beispiels erläutert. Bei diesem Beispiel werden im Vorfeld die notwendigen Koordinaten realitätsnah mittels Hilfsrechnungen ermittelt:

Beispiel
Von einer Baugrube sind die Koordinaten der Sohle in Abb. 3.32 vorgegeben. Die Sohle ist in Abb. 3.33 dargestellt. Aus einer Geländeaufnahme sind außerdem die Eckpunkte des Grundstückes und zwei weitere Punkte im Gelände bekannt. Die Geländeoberfläche steigt nur in Richtung der x-Achse an.

Die Baugrube ist mit einem Winkel von 45° zu böschen. Damit das Baugrubenvolumen berechnet werden kann, sind zuerst mittels Hilfsberechnungen die Koordinaten aller Punkte der Baugrubenumgrenzung zu bestimmen. Durch die Böschungswinkel von 45° und die gegebenen Punkte der Baugrubensohle können alle fehlenden Punkte mit Hilfe von Geradengleichungen in geeigneten zweidimensionalen Betrachtungsebenen berechnet werden. Exemplarisch wird dies an den Punkten P_7 und P_8 (siehe Abb. 3.33) gezeigt. Zur Vereinfachung wird das rechtwinklige Koordinatensystem in die untere linke Ecke des Grundstücks gelegt (Abb. 3.34).

Schritt 1: Bestimmung x-Wert von P7
Teilschritt 1.1: Beschreibung des Geländes (G) parallel zur x-Achse.

Die allgemeine Geradengleichung bei zweidimensionaler Betrachtungsweise lautet

$$z = m \cdot x + n.$$

Dabei entspricht $m = \tan \alpha$. Betrachtet wird zuerst die Schnittebene A-A. Die Geländeneigung soll durch eine Gerade durch die Punkte P_A und P_B beschrieben werden, die als

Punkte	x	y	z
A	50,00	15,00	105,38
B	4,00	15,00	102,84
1	10,00	9,00	101,75
2	42,00	9,00	101,75
3	42,00	29,00	101,75
4	26,00	29,00	101,75
5	26,00	21,00	101,75
6	10,00	21,00	101,75

Abb. 3.32 Koordinaten vorgegebener Punkte der Baugrube

3.4 Technische Aufgaben

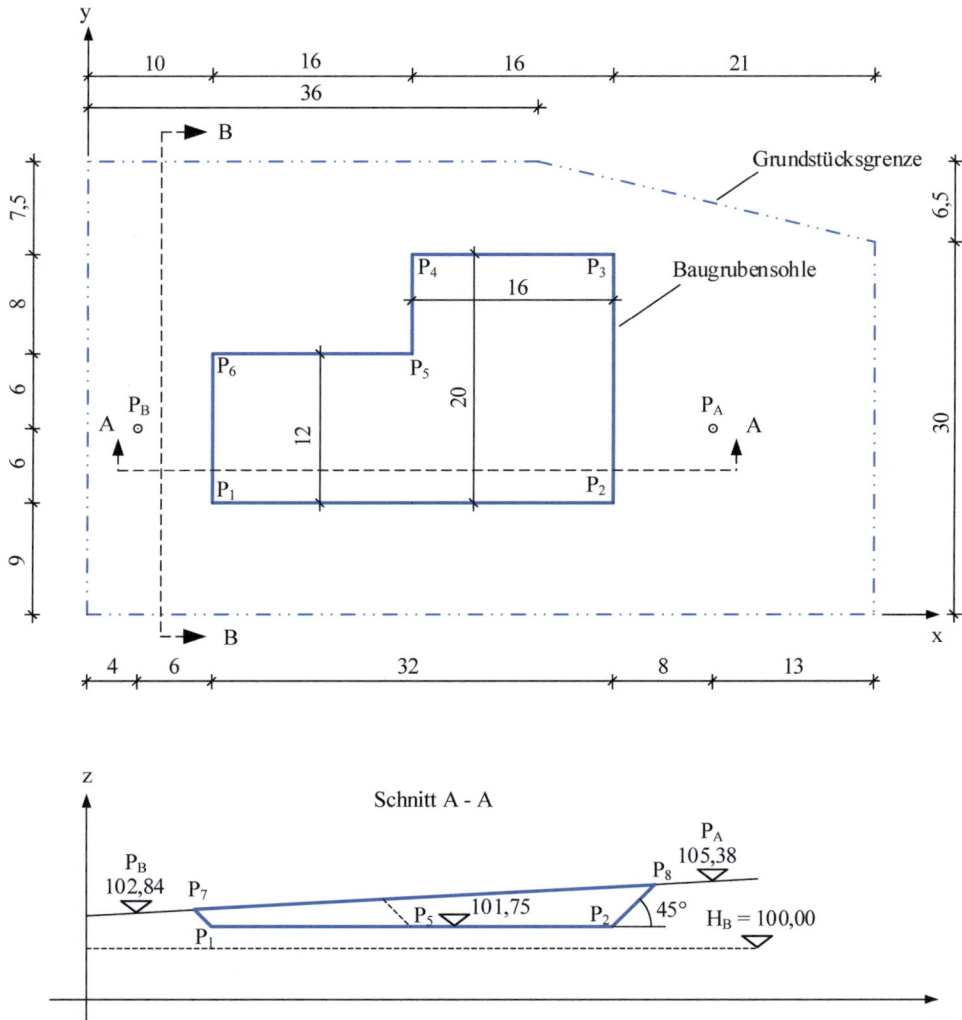

Abb. 3.33 Bemaßtes Baufeld mit zwei Höhenpunkten und den unteren Punkten der Baugrube

parallel zur x-z-Ebene angenommen wird (siehe Abb. 3.35). Ihre Koordinaten lauten P_A (50/105,38) und P_B (4/102,84).

$$\text{Aus } m = \frac{\Delta z}{\Delta x} \text{ ergibt sich } m \text{ zu}$$

$$m = \frac{105{,}38 - 102{,}84}{50 - 4} = 0{,}055.$$

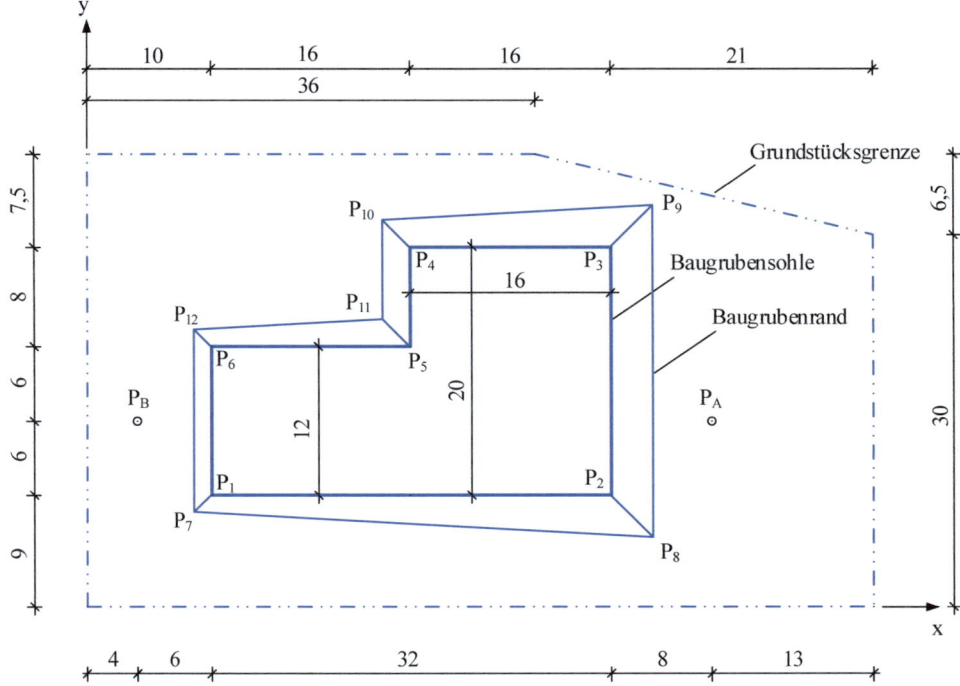

Abb. 3.34 Baugrube mit allen Punkten

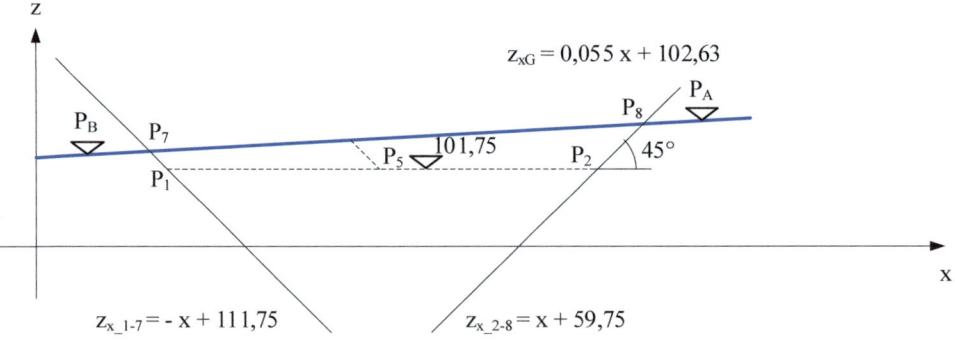

Abb. 3.35 Schnitt A-A – Lage der Geraden für die Berechnung von Punkt P_7 und Punkt P_8

Um n zu bestimmen, wird Punkt P_A in die Geradengleichung $z = m \cdot x + n$ eingesetzt:

$$105{,}38 = 0{,}055 \cdot 50 + n, \text{ damit ist } n = 102{,}63.$$

Die Geradengleichung zur Beschreibung des Geländes (G) parallel zur x-Achse (siehe Abb. 3.35) lautet daher:

$$z_{xG} = 0{,}055\,x + 102{,}63.$$

Teilschritt 1.2: Beschreibung der Baugrubenböschung parallel zur x-Achse:

Die nächste Gerade in dieser Betrachtungsebene soll die Böschungsneigung der Baugrube an Punkt 1 parallel zur Ebene der x-Achse wiedergeben. Aus dem Winkel 45° ergibt sich m zu tan 45° = 1, da die Gerade fallend verläuft, muss das Vorzeichen negativ sein. Durch Einsetzen der Koordinaten von Punkt 1 mit P_1 (10/101,75) bestimmt sich n zu:

$$101{,}75 = -1 \times 10 + n \rightarrow n = 111{,}75.$$

Gerade z_{x_1-7} (siehe Abb. 3.35) lautet also

$$z_{x\_1-7} = -x + 111{,}75.$$

Teilschritt 1.3: Bestimmung des x-Wertes von Punkt 7:

Der x-Wert von Punkt P_7 (x_7) der Baugrube (siehe Abb. 3.36) lässt sich als Schnittpunkt der Geraden z_{xG} und z_{x_1-7} berechnen:

$$z_{xG} = z_{x\_1-7}$$
$$0{,}055\,x + 102{,}63 = -x + 111{,}75$$
$$x_7 = 8{,}64$$

Schritt 2: Bestimmung z-Wert von P_7

Die Höhe des Punktes P_7 (z-Wert) berechnet sich nach Einsetzen des x-Wertes in eine der beiden Geradengleichungen, z. B. $z_7 = -8{,}64 + 111{,}75 = 103{,}11$.

Schritt 3: Bestimmung y-Wert von P_7

Es wird nun in die Schnittebene A-A (Abb. 3.33) gewechselt, um den y-Wert des Punktes P_7 zu bestimmen. Hierzu wird die Gerade z_{yG-7} ermittelt, die die Geländeoberfläche aus Sicht der Schnittebene B-B durch Punkt 7 wiedergibt. Da das Gelände in dieser Schnittebene eben ist, ist m = 0, n entspricht der Höhe des Punktes 7 aus der Betrachtung in der Ebene A-A. Somit ist

$$z_{yG-7} = 103{,}11.$$

Punkte	x	y	z	h über Sohle
A	50,00	15,00	105,38	3,63
B	4,00	15,00	102,84	1,09
1	10,00	9,00	101,75	0,00
2	42,00	9,00	101,75	0,00
3	42,00	29,00	101,75	0,00
4	26,00	29,00	101,75	0,00
5	26,00	21,00	101,75	0,00
6	10,00	21,00	101,75	0,00
7	8,64	7,64	103,11	1,36
8	45,38	5,62	105,13	3,38
9	45,38	32,38	105,13	3,38
10	23,81	31,19	103,94	2,19
11	23,81	23,19	103,94	2,19
12	8,64	22,36	103,11	1,36

Abb. 3.36 Koordinaten aller Punkte der Baugrube

In der Schnittebene B-B kann die Böschung der Baugrube durch eine Geradengleichung nachgebildet werden. Genau wie bei der Geraden z_{x_1-7} wird m mit -1 besetzt und n durch Einsetzen des Punktes P_1 (9/101,75) errechnet.

$$z_{y\_1-7} = -y + 110{,}75.$$

Durch Gleichsetzen von z_{yG-7} mit z_{y_1-7} lässt sich der y-Wert des Punktes P_7 ermitteln:

$$103{,}11 = -y + 110{,}75 \text{ mit } y = 7{,}64.$$

Zusammengefasst lauten die Koordinaten von Punkt 7: P_7 (8,64/7,64/103,11).

Schritt 4: Bestimmung der Koordinaten von P_8

Genauso erfolgt die Bestimmung von Punkt P_8. Er hat die Koordinaten

$$P_8(45{,}38 \,/\, 5{,}62 \,/\, 105{,}13).$$

Analog sind die übrigen Punkte zu berechnen. Die Ergebnisse sind in Abb. 3.36 eingetragen.

In Abb. 3.37 sind die Koordinatenpunkte des Grundstücks dargestellt. Die Grundstücksgrenzen sollen als gemeinsame Begrenzung für die Berechnung der zwei Volumen bezogen auf eine Bezugsfläche genutzt werden. Die Höhe der Bezugsebene wird mit $H_B = 100{,}00$ festgelegt.

Nachdem die Koordinaten aller Punkte nun bekannt sind, kann mit der eigentlichen Prismen-methode begonnen werden. Zunächst wird das Urgelände in Dreiecke unterteilt. Dabei sollten die Dreiecksseiten auf Bruchkanten im Gelände liegen und damit das Gelände so genau wie möglich nachbilden. Die Eckpunkte der Dreiecke sind zu nummerieren (Abb. 3.38).

Die Flächen der einzelnen Dreiecke wird mit dem Verfahren nach Gauß-Elling berechnet (Abschn. 3.4.8.1). Das Produkt aus der mittleren Höhe des Dreiecksprismas und der Fläche ergibt jeweils das Volumen eines Prismas (Abb. 3.39). Die Summe aller Prismen ist das Volumen zwischen dem Urgelände und der Bezugsebene.

Da nach dem Aushub mehr Punkte zu modellieren sind, ist die Aufteilung des Geländes zwangsweise kleinteiliger. Alle Punkte der Baugrube müssen Eckpunkte von Dreiecken werden. Ein Beispiel für eine Dreiecksmaschenbildung ist in Abb. 3.40 dargestellt.

Punkte	x	y	z	h über Sohle	h über H_B
13	0,00	0,00	102,63	0,88	2,63
14	36,00	0,00	104,61	2,86	4,61
15	63,00	0,00	106,10	4,35	6,10
16	63,00	30,00	106,10	4,35	6,10
17	36,00	36,50	104,61	2,86	4,61
18	0,00	36,50	102,63	0,88	2,63

Abb. 3.37 Koordinaten der Grundstücksgrenze

3.4 Technische Aufgaben

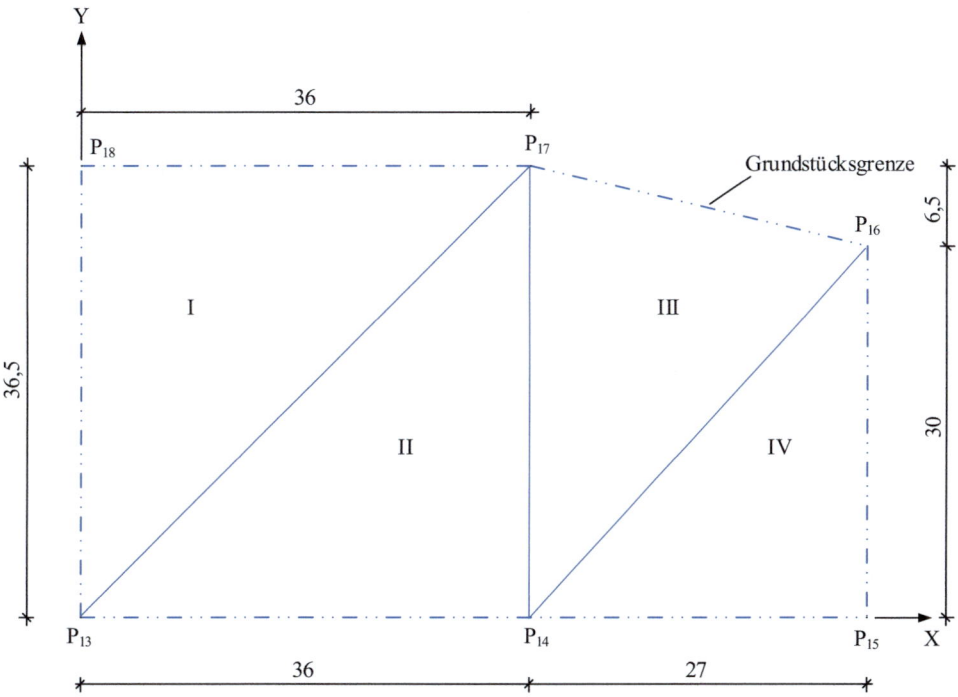

Abb. 3.38 Aufteilung des Urgeländes in Dreiecke

Dreieck	Punktnr.	Koordinaten			h über H_B	$\Delta x_i =$ $x_{i+1}-x_{i-1}$	$\Delta x_i \cdot y_i$	$A = \dfrac{\Sigma \Delta x_i \cdot y_i}{2}$ A [m²]	$V = \dfrac{1}{3} \cdot \Sigma h \cdot A$ V [m³]
		x	y	z					
I	13	0,00	0,00	102,63	2,63	-36,00	0,00		
	18	0,00	36,50	102,63	2,63	36,00	1.314,00	657,00	2.161,530
	17	36,00	36,50	104,61	4,61	0,00	0,00		
II	13	0,00	0,00	102,63	2,63	0,00	0,00		
	17	36,00	36,50	104,61	4,61	36,00	1.314,00	657,00	2.595,150
	14	36,00	0,00	104,61	4,61	-36,00	0,00		
III	14	36,00	0,00	104,61	4,61	-27,00	0,00		
	17	36,00	36,50	104,61	4,61	27,00	985,50	492,75	2.516,310
	16	63,00	30,00	106,10	6,10	0,00	0,00		
IV	14	36,00	0,00	104,61	4,61	0,00	0,00		
	16	63,00	30,00	106,10	6,10	27,00	810,00	405,00	2.269,350
	15	63,00	0,00	106,10	6,10	-27,00	0,00		
						A_{Gesamt} [m²] =		2.211,75	
						$V_{Urgelände - Bezugsebene}$ [m³] =			9.542,340

Abb. 3.39 Berechnung der Teilflächen nach Gauß-Elling und Berechnung der Volumina für das Urgelände bezogen auf die Bezugsebene

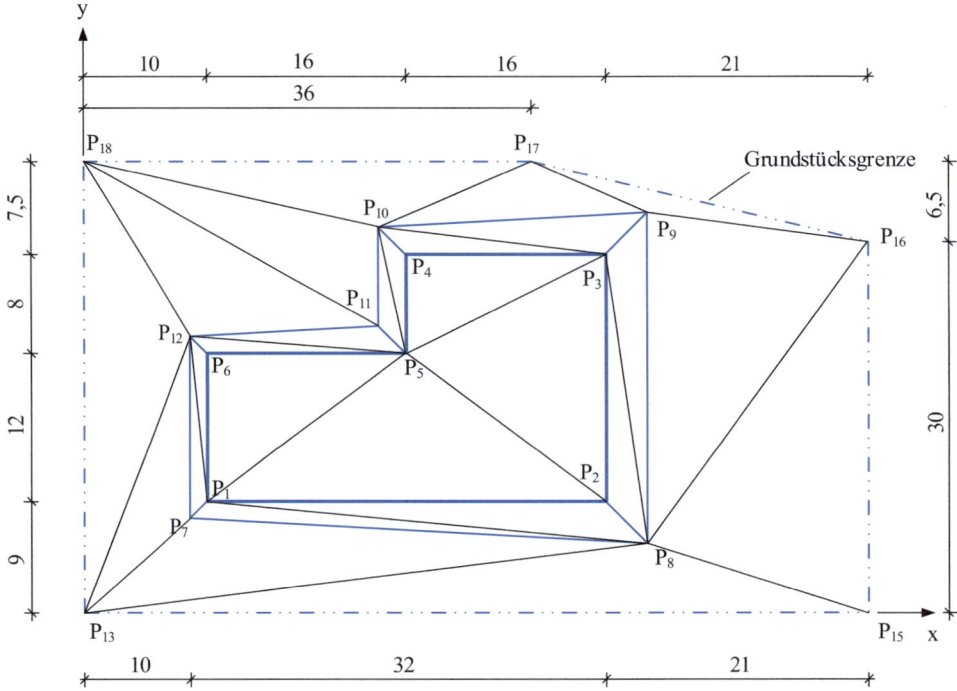

Abb. 3.40 Aufteilung der Baugrube und des Grundstückes in Dreiecke

Die Berechnung der Prismen erfolgt wie beim Urgelände in Bezug auf die Höhe $H_B = 100\,m\,\ddot{u}NN$ (Abb. 3.41). Die Differenz aus $V_{Urgelände-HB}$ und $V_{Baugrube-HB}$ ergibt das Volumen der Baugrube:

$$V_{Baugrube} = V_{Urgelände-Bezugsebene} - V_{Baugrube-Bezugsebene}$$
$$V_{Baugrube} = 9.542{,}340\,m^3 - 7.959{,}760\,m^3 = 1.582{,}580\,m^3$$

3.4.8.5 Händische Mengenermittlung im Hochbau

Die Mengenermittlung von Hand ist im Hochbau immer noch weit verbreitet, insbesondere bei kleineren Bauunternehmen und bei Abrechnungsaufgaben eines kleineren Leistungsumfangs. Sie ist transparent und leicht verständlich. Außer Papier und Taschenrechner werden keine weiteren Hilfsmittel benötigt. Regelmäßig werden Formblätter verwendet. Ein Beispiel ist in Abb. 3.42 dargestellt. Zu beachten ist, dass Auftraggeber häufig eigene Formblätter zur Verwendung bei der Abrechnung vorschreiben.

Organisatorisch ist es sinnvoll, vor Beginn der Abrechnung einen Abrechnungsordner anzulegen, in dem für jede Position ein Zwischenblatt und jeweils ein Abrechnungsformblatt vorgesehen ist. Dies erleichtert den Überblick. Da die Leistungen planweise erfasst werden, erscheinen auf einem Erfassungsblatt zuerst alle Leistungen, die auf dem ersten Plan erfasst wurden (z. B. Kellergeschoss), danach jene aus dem Erdgeschoss etc.

3.4 Technische Aufgaben

Dreieck	Punktnr.	Koordinaten			h über H_B	$\Delta x_i = x_{i+1} - x_{i-1}$	$\Delta x_i \cdot y_i$	$A = \dfrac{\Sigma \Delta x_i \cdot y_i}{2}$	$V = \dfrac{1}{3} \cdot h_m \cdot A$
		x	y	z				A [m²]	V [m³]
I	1	10,00	9,00	101,75	1,75	-16,00	-144,00		
	6	10,00	21,00	101,75	1,75	16,00	336,00	96,00	168,000
	5	26,00	21,00	101,75	1,75	0,00	0,00		
II	1	10,00	9,00	101,75	1,75	-16,00	-144,00		
	5	26,00	21,00	101,75	1,75	32,00	672,00	192,00	336,000
	2	42,00	9,00	101,75	1,75	-16,00	-144,00		
III	2	42,00	9,00	101,75	1,75	-16,00	-144,00		
	5	26,00	21,00	101,75	1,75	0,00	0,00	160,00	280,000
	3	42,00	29,00	101,75	1,75	16,00	464,00		
...									
XXV	13	0,00	0,00	102,63	2,63	-8,64	0,00		
	18	0,00	36,50	102,63	2,63	8,64	315,36	157,68	439,927
	12	8,64	22,36	103,11	3,11	0,00	0,00		
XXV	12	8,64	22,36	103,11	3,11	-23,81	-532,39		
	18	0,00	36,50	102,63	2,63	15,17	553,71	110,84	357,644
	11	23,81	23,19	103,94	3,94	8,64	200,36		
XXVII	11	23,81	23,19	103,94	3,94	-23,81	-552,15		
	18	0,00	36,50	102,63	2,63	0,00	0,00	95,24	333,657
	10	23,81	31,19	103,94	3,94	23,81	742,63		

A_{Gesamt} [m²] = 2.211,77

$V_{Gesamt, Baugrube}$ [m³] = 7.959,760

Abb. 3.41 Berechnung der Teilflächen nach Gauß-Elling und Berechnung der Volumina für das Gelände nach dem Aushub
(Auszug)

Lfd. Nr.	Raum Nr.	Stückzahl	Gegenstände der Massenberechnung	Länge [m]	Breite [m]	Fläche [m²]	Höhe [m]	Inhalt [m³]	Abzug

Abb. 3.42 Kopfzeile eines Formulars zur Mengenermittlung

Bei der Mengenermittlung per Hand wird oft als vorteilhaft angesehen, dass durch das Arbeiten auf Formblättern eine gute Übersichtlichkeit gegeben ist. Skizzen und Erläuterungen zur Verdeutlichung der Mengenermittlung können leicht eingefügt werden. Außerdem wird angeführt, dass die per Taschenrechner ermittelten Ergebnisse überschlägig kontrolliert werden können.

Als nachteilig ist anzusehen, dass Änderungen aufwendig sind und eine Weiterverarbeitung der Ergebnisse für die Rechnungslegung erst nach einer erneuten Datenerfassung möglich ist. Zumindest geübte Personen können mit der nachfolgend erläuterten Erfassung per EDV wesentlich schneller und wirtschaftlicher arbeiten.

3.4.8.6 Mengenermittlungmit Standardsoftware

Die Bauabrechnung ist i. d. R. mit einem hohen Arbeitsaufwand verbunden, da bei der Mengenberechnung und deren Bewertung mit den vertraglich vereinbarten Preisen (Fakturierung) zahlreiche Rechenoperationen auszuführen sind. Dies gilt insbesondere für Bauleistungen im Erdbau, da hier vermessungstechnisch ermittelte Aufmaße (siehe Abschn. 3.4.7.2) erforderlich sind. Um den Arbeitsaufwand zu senken, ist heute der Einsatz von IT-Programmen für die Bauabrechnung üblich.

Falls spezielle Software nicht zur Verfügung steht, bietet es sich an, Tabellenkalkulationsprogramme (z. B. MS Excel®) zur Mengenermittlung zu verwenden. Viele Unternehmen haben sich auf dieser Basis insbesondere durch die Programmierung von Makros ein Werkzeug geschaffen haben, um die Bauabrechnung effizient durchführen zu können. Dabei können Funktionen für komplizierte Berechnungen integriert sein, wie z. B. die Berechnung des Volumens von komplizierten Baugruben (vgl. dazu etwa das Prismenverfahren, Abschn. 3.4.8.4).

Drei gravierende Nachteile bei dieser Arbeitsweise müssen jedoch genannt werden:

- Umfangreiche Leistungsverzeichnisse haben eine große Anzahl von Positionen. Diese müssen in der Tabellenkalkulation händisch angelegt und es muss zumindest der Kurztext jeder Position eingegeben werden.
- Die Berechnungsergebnisse sind sehr schwer zu prüfen, falls die Berechnungsformeln nicht ausgegeben werden. Somit stellt sich nicht unberechtigt die Frage, ob eine mittels Tabellenkalkulationssoftware erstellte Mengenermittlung, die Anforderungen der Prüffähigkeit erfüllt.
- Die Ergebnisse der Mengenermittlung müssen bei der Fakturierung händisch übernommen werden.

3.4.8.7 REB-Verfahrensbeschreibungen

Aufgrund des hohen Aufwands für die Erstellung von Aufmaßen und Mengenermittlungen wurden bereits in den 1960er-Jahren erste EDV-Programme für die Durchführung der Berechnungen entwickelt. Dabei stellte sich früh heraus, dass eine Standardisierung in den Datenstrukturen und Berechnungsverfahren notwendig ist, um insbesondere den Datenaustausch und die Prüfung mit separaten Rechenläufen vornehmen zu können.

Unter der Leitung des damaligen Bundesministers für Verkehr und der Forschungsgesellschaft für Straßen- und Verkehrswesen[71] wurden daher zahlreiche Regelungen für die Elektronische Bauabrechnung (REB) erarbeitet. Heute werden die Verfahrensbeschreibungen (REV-VB und GAEB-VB) durch Arbeitskreise des Bundesministeriums für Umwelt, Naturschutz, Bau und Reaktorsicherheit und den GAEB aufgestellt. Programme, die diese Verfahrensbeschreibungen integrieren, werden von einer Vielzahl von Softwarehäusern[72] angeboten.

Aktuell (Stand 2023) sind die in Abb. 3.43 aufgeführten Verfahrensbeschreibungen (VB) genormt.[73]

Die aktuell geltenden REB-Verfahrensbeschreibungen konzentrieren sich ganz vorwiegend auf die Bauabrechnung im Erd- und Straßenbau. Weitere REB-VB existierten früher für den Ingenieurbau (REB-VB 25.003: Gewichtsberechnung von Betonstahl), den Kanalbau (REB-VB 27.003: Massen und Böschungsflächen von Grabenaushub) sowie für die Gebäudetechnik (REB-VB 29.004: Berechnung von Kanaloberflächen lüftungstechnischer Anlagen). Diese Verfahrensbeschreibungen wurden jedoch bereits vor geraumer Zeit zurückgezogen.

3.4.8.8 Allgemeine Mengenberechnung (REB-VB 23.003)

Die Verfahrensbeschreibung REB-VB 23.003 soll die Mengenermittlung für alle Positionen von beliebigen Baumaßnahmen ermöglichen.

Sie umfasst dabei auch alle Hilfs- und Nebenberechnungen. Die abzurechnenden Baukörper werden in einfache geometrische Figuren zerlegt, deren Abmessungen früher in Formblätter zur Dateneingabe einzutragen waren und heute bei interaktiven Programmen direkt am Bildschirm eingegeben werden können. Die Berechnung erfolgt für die am häufigsten vorkommenden geometrischen Figuren anhand von gespeicherten Formeln (siehe Auszug in Abb. 3.44) oder mit Hilfe frei wählbarer Rechenansätze (Formel 91), welche die mathematische Verknüpfung von beliebig vielen Zahlen erlauben.

Die elektronische Bauabrechnung wird umso wirtschaftlicher, je umfassender sie in einem Bauprojekt zum Einsatz gelangt. Wichtig ist, dass vor der Ausführung der vertraglichen Bauleistungen grundsätzliche Abrechnungsregelungen zwischen den Parteien vereinbart werden. Dies sind etwa:

- Festlegung der Leistungsteile, deren Mengen elektronisch berechnet werden sollen, Vereinbarung der jeweils zugrunde zu legenden REB-/GAEB-VB (Kennziffer, Bezeichnung, Ausgabedatum);
- Festlegung der Rechenprogramme, mit denen die Aufstellung der Mengenermittlung und eventuelle Prüfberechnungen durchgeführt werden;

---

[71] www.fgsv.de (22.11.2024).
[72] siehe z. B. beim Bundesverband Bausoftware e.V. unter www.bvbs.de (22.11.2024).
[73] www.reb-vb.de (22.11.2024).

REB-VB	GAEB-VB	Verfahrensbeschreibung
		REB-Verfahrensbeschreibungen: Abschnitt 20: Messwertaufbereitungen
REB 20.003		Querprofilbestimmungen durch Interpolation
REB 20.073		Bestimmung von Begrenzungslinien in Querprofilen
REB 20.103		Auswertung von Nivellements
REB 20.203		Auswertung von Tachymeteraufnahmen
REB 20.214		Auswertung elektrooptischer Tachymeteraufnahmen
REB 20.303		Terrestrische Querprofilaufnahme
REB 20.314		Auswertung elektrooptischer Querprofilaufnahme
	GAEB 20.404	Automatische Dreiecksvermaschung
		REB-Verfahrensbeschreibungen: Abschnitt 21: Erdmassenberechnungen aus Querprofilen
REB 21.003		Massenberechnung aus Querprofilen
REB 21.013		Massenberechnung zwischen Begrenzungslinien
	GAEB 21.014	Mengenberechnung aus Begrenzungen
REB 21.033		Oberflächenberechnung aus Querprofilen
		REB-Verfahrensbeschreibungen: Abschnitt 22: Besondere Erdmassenberechnungen
REB 22.013		Massen und Oberflächen aus Prismen
	GAEB 22.114	Ermittlung von Rauminhalten und Flächen aus Horizonten
		REB-Verfahrensbeschreibungen: Abschnitt 23: Allgemeine Abrechnungsverfahren
REB 23.003		Allgemeine Mengenberechnung, Formelkatalog Straßenbau
	GAEB 23.004	Allgemeine Mengenberechnungen
		REB-Verfahrensbeschreibungen: Abschnitt 25: Besondere Abrechnungsverfahren im Ingenieurbau
REB 25.003		Gewichtsberechnung von Bewehrungsstahl
		REB-Verfahrensbeschreibungen: Abschnitt 27: Besondere Abrechnungsverfahren im Kanalbau
REB 27.003		Massen und Böschungsflächen von Grabenaushub
		REB-Verfahrensbeschreibungen: Abschnitt 29: Besondere Abrechnungsverfahren in Ausbau- und Gebäudetechnik
REB 29.004		Berechnung von Kanaloberflächen lüftungstechnischer Anlagen

Abb. 3.43 REB- und GAEB-Verfahrensbeschreibungen

3.4 Technische Aufgaben

Figur	Skizze	Formeln	Nr.	Werte 1	2	3	4	5	Ergebnis
Dreieck		$\dfrac{a \cdot h}{2}$	01	a	h				Fläche
Prisma (Deckfläche = Grundfläche)		$\dfrac{a \cdot h \cdot H}{2}$	01	a	h	H			Rauminhalt
Dreieck		$\dfrac{a \cdot b \cdot \sin \alpha}{2}$	02	a	b	α			Fläche
Prisma		$\dfrac{a \cdot b \cdot \sin \alpha \cdot H}{2}$	02	a	b	α	H		Rauminhalt
Dreieck		$\sqrt{s \cdot (s-a) \cdot (s-b) \cdot (s-c)}$ $s = \dfrac{a+b+c}{2}$	03	a	b	c			Fläche
Prisma		$\sqrt{s \cdot (s-a) \cdot (s-b) \cdot (s-c)} \cdot H$	03	a	b	c	H		Rauminhalt
Rechteck		$a \cdot b$	04	a	b				Fläche
Quader		$a \cdot b \cdot H$	04	a	b	H			Rauminhalt
Trapez		$\dfrac{a+b}{2} \cdot h$	05	a	b	h			Fläche
Trapezprisma (parallel)		$\dfrac{a+b}{2} \cdot h \cdot H$	05	a	b	h	H		Rauminhalt
Masse zwischen 2 Flächen		$\dfrac{F_1+F_2}{2} \cdot L$	05	F_1	F_2	L			Rauminhalt

Abb. 3.44 Formelsammlung der Allgemeinen Mengenberechnung, REB-VB 23.003 (Auszug)

- Vereinbarungen zum Übermittlungsweg (CD, USB-Stick, E-Mail) und zu Datencodes (Datenart 11 (DA 11) oder XML), falls der Auftraggeber ein Doppel der Daten für seine Prüfberechnung fordert;
- Festlegung der Datenquellen (z. B. Ausführungszeichnungen, gemeinsame Aufmaße), die der Mengenberechnung zugrunde zu legen sind;
- vermessungstechnische Vorgaben wie z. B. fiktive Begrenzungen der abzurechnenden Baukörper, Lage der Begrenzungslinien und Aufteilung in Abrechnungsabschnitte;
- organisatorische bzw. terminliche Vorgaben für das Aufstellen und Prüfen der Abrechnung; Benennung der bei Auftraggeber und Auftragnehmer zuständigen Stellen und Bearbeiter.

3.4.8.9 Beispiel 1 für Mengenermittlung – Wände bei einem Einfamilienhaus

Für ein Einfamilienhaus ist für die Abrechnung des Titels 1.5 Mauerarbeiten die Mengenermittlung für das Erdgeschoss (siehe Abb. 3.45) durchzuführen.

In DIN 18330 – Mauerarbeiten, Kap. 5 – Abrechnungen ist festgelegt:

> *„5.2 Es werden abgezogen:*
> *5.2.1 Bei Abrechnung nach Flächenmaß [m²]: Öffnungen über 2,50 m² Einzelgröße …"*

Der Titel 1.5 Mauerarbeiten des Leistungsverzeichnisses enthält die in Abb. 3.46 aufgeführten Positionen:

Im Aufmaßplan wurden zum Zweck der Prüfbarkeit die Mauerabschnitte AW für Außenwände und IW für Innenwände gekennzeichnet. Die Mengenermittlung ist in Abb. 3.47 dargestellt.

3.4.8.10 Beispiel 2 für Mengenermittlung – Baugrube

In Abschn. 3.4.8.4 wurde das Volumen einer Baugrube mit nicht parallelen Sohl- und Urgeländeflächen mittels der Prismenmethode exakt berechnet. Zum Vergleich soll das Volumen dieser Baugrube (siehe Abb. 3.34) nun mit den in Abschn. 3.4.8.3 beschriebenen Näherungsverfahren ermittelt werden.

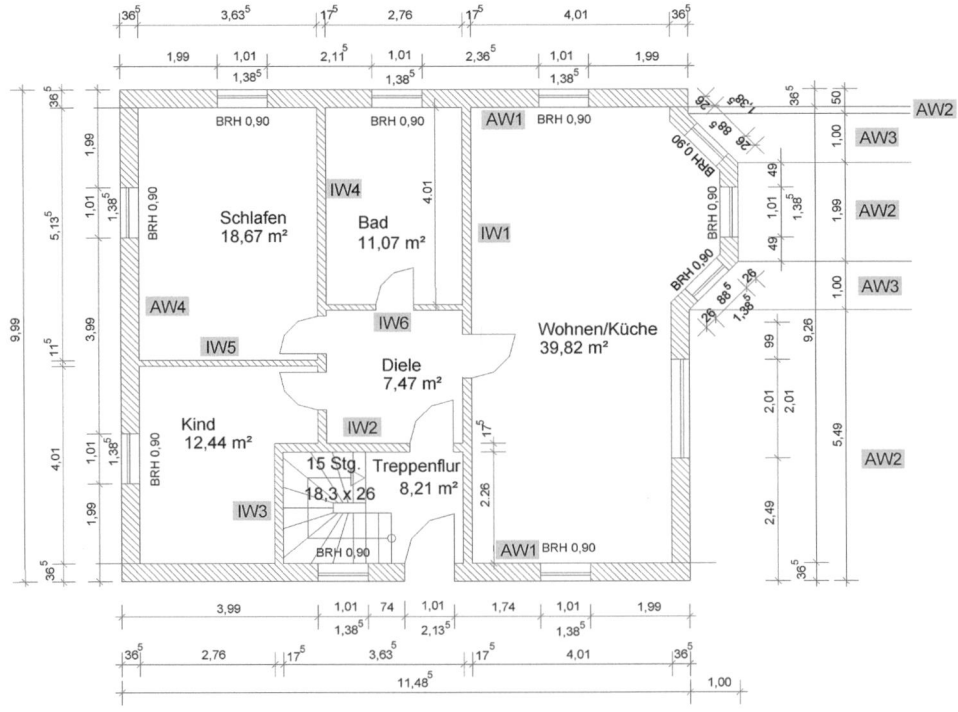

Abb. 3.45 Aufmaßplan – Grundriss EG Einfamilienhaus

Pos	Kurztext	
1.5.10	Mauerwerk Außenwände d = 36,5 cm; Höhe bis 2,50 m, Kalksandsteine: DIN 106 T1, KSL-12-1,4-3DF	.... m³
1.5.20	Mauerwerk Innenwände d = 17,5 cm; Höhe bis 2,50 m, Kalksandsteine: DIN 106 T1, KSL-12-1,4-3DF	.... m²
1.5.30	Mauerwerk Innenwände d = 11,5 cm; Höhe bis 2,50 m, Kalksandsteine: DIN 106 T1, KSL-12-1,4-3DF	.... m²
1.5.40	Zulageposition Herstellen von Öffnungen beim Aufmauern, als Fenster- und Türöffnungen, mit Fertigteilstürzen aus Stahlbeton, lichte Breite bis 1,01 m	.... Stck.
1.5.41	Zulageposition Herstellen von Öffnungen beim Aufmauern, als Fenster- und Türöffnungen, mit Fertigteilstürzen aus Stahlbeton, lichte Breite 1,01 m bis 2,01 m	.... Stck.

Abb. 3.46 Positionen für Titel 1.5 Mauerarbeiten

Die im Wege von Hilfsrechnungen ermittelten Koordinaten werden auch hier zur Berechnung der oberen und unteren Flächen benötigt.

Die Fläche der Baugrubensohle wurde bereits in Abschn. 3.4.8.1 zu A_{unten} = 512,00 m² ermittelt (siehe Abb. 3.27). Die obere Fläche der Baugrube beträgt 787,52 m² (siehe Abb. 3.48).

Um das Volumen der Baugrube zu bestimmen, muss nun noch die mittlere Höhe der Baugrube ermittelt werden. Diese wird über dem Flächenschwerpunkt der Baugrubensohle mit den Koordinaten (28/17,5/104,17) ermittelt.

Die mittlere Höhe ergibt sich somit zu h_m = 104,17 − 101,75 = 2,42 m.

Näherungsverfahren 1: Simpsonsche Formel

$$V = \frac{1}{6} \cdot h \cdot (A_o + 4A_m + A_u) \text{ mit } A_m \text{ näherungsweise } A_m = \left(\frac{\sqrt{A_o} + \sqrt{A_u}}{2}\right)^2$$

$$A_m = \left(\frac{\sqrt{787,52 m^2} + \sqrt{512,00 m^2}}{2}\right)^2 = 642,37 m^2$$

$$V = \frac{1}{6} \cdot 2,42 m \cdot (787,52 m^2 + 4 \cdot 642,37 m^2 + 512,00 m^2) = 1.560,497 m^3$$

Pos.	Bezeich-nung	Stück-zahl	Länge [m]	Breite [m]	Höhe [m]	Wert +/-	Gesamt
1.5.10	AW 1	2	11,485		2,50	57,43	
	AW 2		5,49 - 0,365 + 1,99 + 0,50 - 0,365		2,50	18,13	
	AW 3	2	0,885 + 2 · 0,26		2,50	7,03	
	AW 4	1	9,99 - 2 · 0,365		2,50	23,15	
	Fenster (Wohnen)	1	2,01		2,01	- 4,04	
							101,70
1.5.20	IW 1	1	9,99 - 2 · 0,365		2,50	23,15	
	IW 2	1	3,635 + 0,175		2,50	9,53	
	IW 3	1	2,26		2,50	5,65	
	IW 4	1	9,99 - 2 · 0,365 - 2,26 - 0,175		2,50	17,06	
							55,39
1.5.30	IW 5	1	3,635		2,50	9,09	
	IW 6	1	2,76		2,50	6,90	
							15,99
1.5.40	UZ 1 bis UZ 16						**16**
1.5.41	GUZ 1						**1**

Abb. 3.47 Mengenermittlung

Punkt Nr.	Koordinaten x	Koordinaten y	$\Delta x_i = x_{i+1} - x_{i-1}$	$\Delta x_i \cdot y_i$
7	8,64	7,64		
8	45,38	5,62	36,74	206,48
9	45,38	32,38	-21,57	-698,44
10	23,81	31,19	-21,57	-672,77
11	23,81	23,19	-15,17	-351,79
12	8,64	22,36	-15,17	-339,20
7	8,64	7,64	36,74	280,69
8	45,38	5,62		

$2A = \sum \Delta x_i \cdot y_i = -1.575,03$

$A_{oben} [m^2] = 787,52$

Abb. 3.48 Berechnung der oberen Fläche der Baugrube nach Gauß-Elling

3.4 Technische Aufgaben

zum Vergleich mit

$$A_m = \frac{A_o + A_u}{2} = \frac{787{,}52\,m^2 + 512{,}00\,m^2}{2} = 649{,}76\,m^2$$

$$V = \frac{1}{6} \cdot 2{,}42\,m \cdot \left(787{,}52\,m^2 + 4 \cdot 649{,}76\,m^2 + 512{,}00\,m^2\right) = 1.572{,}419\,m^3$$

Näherungsverfahren 2: Pyramidenstumpf

$$V = \frac{1}{3} \cdot h \cdot \left(A_o + \sqrt{A_o \cdot A_u} + A_u\right)$$

$$V = \frac{1}{3} \cdot 2{,}42\,m \cdot \left(787{,}52\,m^2 + \sqrt{787{,}52\,m^2 \cdot 512{,}00\,m^2} + 512{,}00\,m^2\right) = 1.560{,}503\,m^3$$

Näherungsverfahren 3: Über das Mittel der oberen und unteren Flächen

$$V = \frac{A_u + A_o}{2} \cdot h$$

$$V = \frac{512{,}00\,m^2 + 787{,}52\,m^2}{2} \cdot 2{,}42\,m = 1.572{,}419\,m^3$$

Vergleich der Ergebnisse

Mittels der Prismenmethode (siehe Abschn. 3.4.8.4) wurde das Volumen der Baugrube zu 1.582,580 m³ ermittelt. Dieser Wert ist exakt, sofern die Fehler durch Angleichung der natürlichen Oberfläche durch Ebenen vernachlässigt werden. Der Wert ist somit der Referenzwert.

Im Vergleich mit den Werten aus den Näherungsverfahren ergeben sich Mindermengen von 0,64 % und 1,40 % zum Ergebnis aus der Prismenmethode (Abb. 3.49). Die be-

Berechnung	V [m³]	Abweichung in [%]	[m³]
nach Prismenverfahren (genauer Wert)	1.582,580	Bezugswert	
mit Simpsonscher Formel mit $A_m = \left[\frac{\sqrt{A_o} + \sqrt{A_u}}{2}\right]^2$	1.560,497	- 1,40	- 22,083
mit Simpsonscher Formel mit $A_m = \frac{A_o + A_u}{2}$	1.572,419	- 0,64	- 10,161
als Pyramidenstumpf	1.560,503	- 1,40	- 22,077
über gemittelte Flächen	1.572,419	- 0,64	- 10,161

Abb. 3.49 Abweichung der Näherungsverfahren zur Prismenmethode

rechnungsbedingten Mindererlöse bei der Abrechnung können bei großen Kubaturen insoweit einen hohen absoluten Geldbetrag erreichen.

Das Prismenverfahren kann auf sämtliche Baugruben- und Geländeformen angewendet werden. Der Aufwand bei einer Handrechnung ist relativ groß. Schon mit erweiterten Grundkenntnissen in Tabellenkalkulationssoftware wie MS Excel® kann das Prismenverfahren leicht selbst programmiert werden. Darüber hinaus werden auf dem Markt geeignete IT-Anwendungen angeboten, die automatisch die Dreiecksvermaschung (Grundlage GAEB 20.404 – siehe Abschn. 3.4.8.7) vornehmen, sodass lediglich die Koordinaten einzugeben sind.

3.5 Wirtschaftliche Aufgaben

3.5.1 Methodische Ansätze zum Risikomanagement und -controlling

Eine wichtige Aufgabe im Bauprozess ist der richtige und verantwortungsvolle Umgang mit Risiken. Dabei beschreibt der Begriff „Risiko" die Möglichkeit einer positiven oder negativen Abweichung von festgelegten Zielen infolge unsicherer Entwicklungen oder Ereignisse.[74]

Unter einem operativen Projekt-Risikomanagement sind alle organisatorischen Maßnahmen zu verstehen, die dazu führen, dass ein funktionierendes Risikocontrolling auf der Baustelle installiert und umgesetzt wird. Dieses ist als integriertes Risikomanagement zu konzipieren.[75]

Folgende Zielsetzungen sind bei der Festlegung eines Risikomanagementsystems zu betrachten:

- Festlegung und Dokumentation von Risikopolitik, methodischem Vorgehen und Limitsystemen,
- Festlegung von Verantwortlichkeiten,
- Regelung der Berichterstattung,
- Einbindung der Mitarbeitenden und Festlegung der projektbezogenen Verantwortlichkeiten.

Teilaufgaben des Risikocontrollings sind:

- Risikoidentifikation,
- Risikobewertung,
- Risikoklassifizierung und
- Risikosteuerung.

---

[74] Tecklenburg: Risikomanagement bei der Akquisition von Großprojekten in der Bauwirtschaft.
[75] Spang: Integriertes Risikomanagement bei großen Bauprojekten – Vision und Realität. In Spang/Dayyari: Konzepte und Entwicklungen beim Risikomanagement komplexer Bauprojekte

3.5 Wirtschaftliche Aufgaben

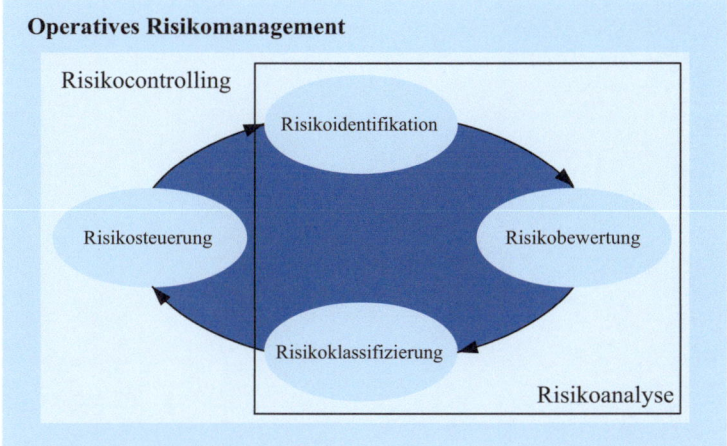

Abb. 3.50 Grundprinzipien des Risikomanagements

Das Projekt-Risikomanagement ist als systematischer, iterativer Prozess in Form eines kybernetischen Regelkreises zu verstehen[76] und stellt daher einen Controlling-Prozess dar (siehe Abb. 3.50 und 2.3.2).

3.5.1.1 Risikoidentifikation, Risikostrukturierung und Risikobewertung

Erste Aufgabe der Bau- und Projektplanung ist es, methodisch gestützt die offensichtlichen und verborgenen Risiken aufzuspüren und zu identifizieren. Einen einfachen methodischen Ansatz zur Risikoidentifikation stellen Checklisten dar, durch welche die Bauleitung auf mögliche Risiken hingewiesen wird. Die Risiken können unterteilt werden in rechtliche und technische Risiken. Abb. 3.51 zeigt einen Ausschnitt aus einer Risiko-Checkliste.

Beispiel für ein rechtliches Risiko sind spezielle Vereinbarungen zur Qualität mit dem Sanktionsinstrument von Vergütungsminderungen, falls die geschuldete Qualität nicht eingehalten wird. Andere typische rechtliche Risiken stellen z. B. individuelle Vereinbarungen wie Vertragsstrafen bei Nichteinhaltung von Zwischen- und Endterminen oder die individuelle Vereinbarung einer verlängerten Mängelhaftungsfrist dar.

Typische technische Risiken leiten sich hauptsächlich aus den Bauverfahren und den verwendeten Baustoffen ab. Als Beispiel könnte der Einsatz von veralteten, schlecht instand gehaltenen Geräten genannt werden mit der Folge, dass Qualitäten oder Termine bei Ausfall oder Störungen beim Gerät nicht eingehalten werden können. Weiter Beispiele sind vertraglich geschuldete Mehraufwendungen infolge Hochwasser oder Winterbau.

Andere Methoden, um Projektrisiken zu erkennen, orientieren sich an Brainstorming, Mind Mapping oder anderen vergleichbaren Verfahren. Grundlage dieser Methoden ist, dass Risiken bevorzugt in moderierten Gruppensitzungen identifiziert werden. Vorteilhaft bei diesen Methoden ist, dass in die Gruppe neben dem auf der Baustelle tätigen Bauleitungspersonal auch weitere Fachleute eingebunden werden können.

---

[76] Naumann: Kosten-Risiko-Analyse für Verkehrsinfrastrukturprojekte, S. 108.

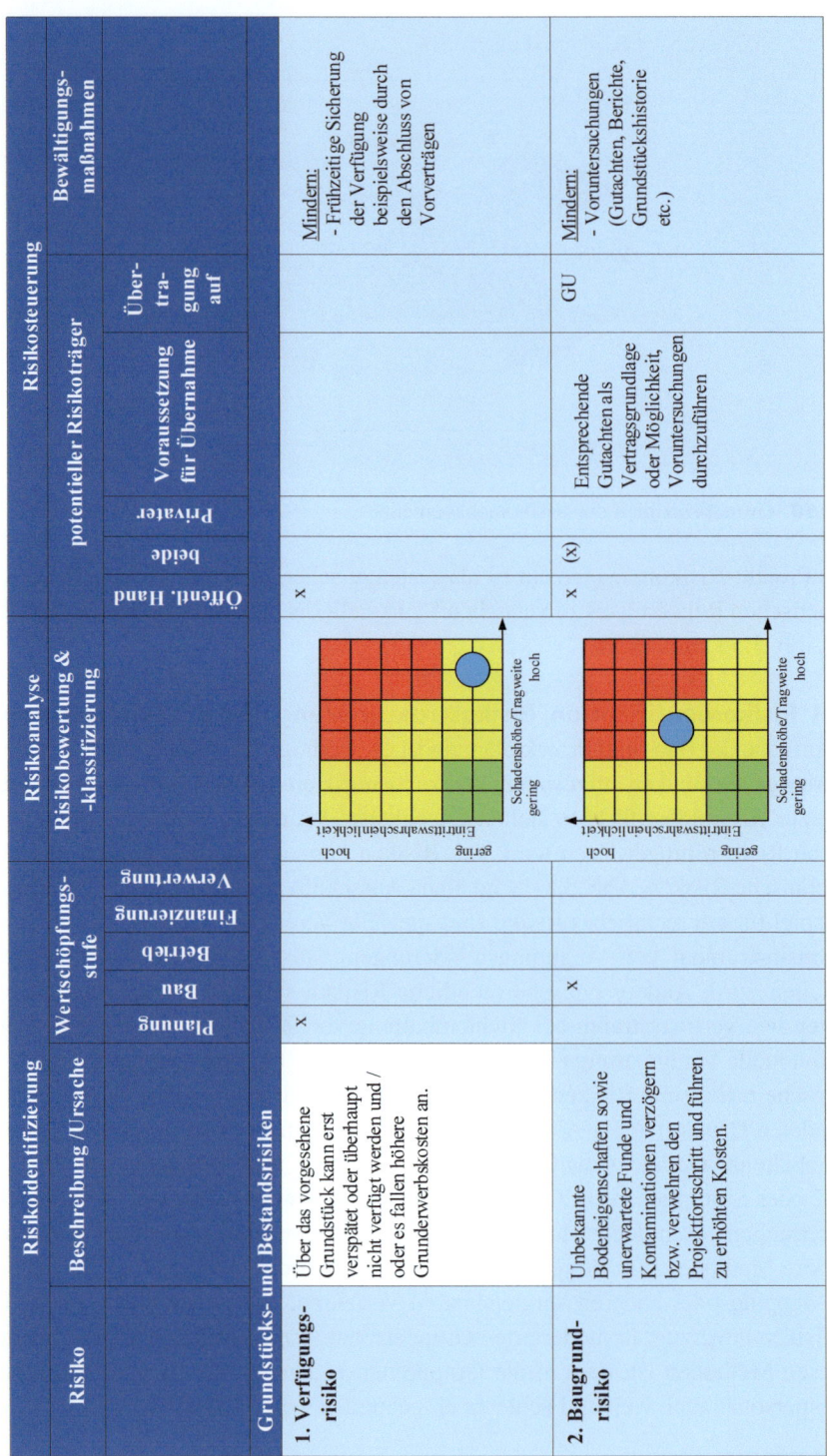

Abb. 3.51 Ausschnitt aus einer Risiko-Checkliste (Weigl: Risikobewertung bei PPP-Verträgen)

3.5 Wirtschaftliche Aufgaben

Eng verbunden mit der Risikoidentifikation ist die **Risikostrukturierung**. Ergebnis ist ein Katalog, in dem insbesondere auch nach Risikogruppen unterschieden wird. Mögliche Risikogruppen stellen z. B. dar: Art des Risikos (z. B. technisch, kaufmännisch, terminlich, höhere Gewalt), Ursache und Ursprung des Risikos (z. B. Auftraggeber, Auftragnehmer, Dritte), Risikoträger (z. B. Auftraggeber, Auftragnehmer, Versicherung, Nachunternehmer), Steuerungsmöglichkeit oder produktions- oder lebenszyklusorientiertes Risiko (z. B. Ausführungsrisiko, Gewährleistungsrisiko).

Erkannte Risiken müssen in einem weiteren Schritt bewertet werden (**Risikobewertung**, auch **Risikoquantifizierung** genannt). Zur Beurteilung der Kosten von möglichen Auswirkungen wird häufig das Produkt aus der Eintrittswahrscheinlichkeit $P(A)$ eines Risikos A und dem möglichen Schaden $I(A)$ herangezogen. Dieses Produkt wird als Risikopotenzial $R(A)$ bezeichnet.

Somit gilt:

$$R(A) = P(A) \cdot I(A)$$

Das Gesamtrisikopotenzial R_{ges} aus mehreren möglichen Ereignissen A_i ergibt sich aus der Summe der einzelnen $R(A_i)$.

Dieser relativ einfache Ansatz kann erweitert werden durch stochastische Risikoverteilungen mit einer niedrigsten und höchsten Schadensannahme. Grundlage ist eine mathematische Modellierung. Im Ergebnis berechnet sich der „realistische Höchstschaden", der sogenannten „Value-at-Risk". Dieser wird dann mit einer vorgegebenen Wahrscheinlichkeit (z. B. 90 % oder 95 %) nicht überschritten.[77]

Für eine korrekte Risikobewertung sind umfangreichen Kenntnisse im Baurecht erforderlich. So fällt z. B. das Baugrundrisiko im Regelfall in den Risikobereich des Auftraggebers. Dieses kann jedoch aus den vertraglichen Bedingungen heraus auf den Auftragnehmer übergehen. Falls keine unzulässige Bauvertragsklausel vorlag (siehe Abschn. 2.4.2) und sich das Baugrundrisiko realisiert, trägt dann der Auftragnehmer die Risikohaftung.[78]

3.5.1.2 Risikoklassifizierung und Risikoaggregation

Die **Risikoklassifizierung** stellt die Schnittstelle zwischen Risikobewertung und Risikosteuerung dar, indem eine Einstufung und Sortierung der Risiken nach der Behandlungsbedürftigkeit vorgenommen wird.[79, 80] Häufig angewendete Verfahren sind dabei die ABC- und Portfolioanalyse. Bei der ABC-Analyse werden die Risiken nach dem Risikopotenzial in drei Gruppen sortiert, die meistens 70 %, 20 % und 10 % des Gesamtrisikopotenzials ausmachen. Bei der qualitativen Portfolioanalyse werden die Risiken in der Regel neun

---

[77] Naumann: Kosten-Risiko-Analyse für Verkehrsinfrastrukturprojekte, S. 194.
[78] OLG Brandenburg, Urteil vom 16.07.2008 – 4 U 187/07.
[79] Schnorrenberg/Goebels: Risikomanagement bei Projekten.
[80] Fischer/Maronde/Schwiers: Das Auftragsrisiko im Griff, S. 30.

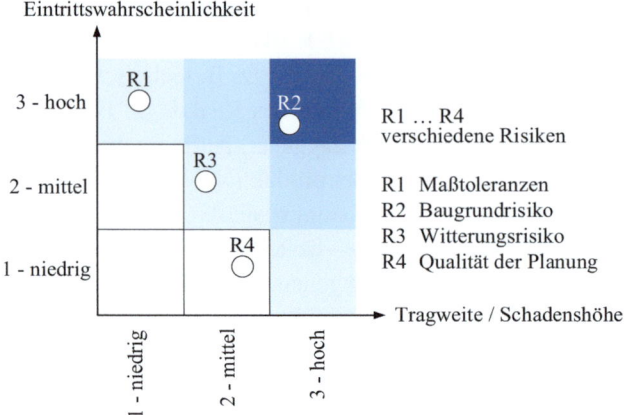

Abb. 3.52 Qualitatives Risikoportfolio

verschiedenen Bereichen zugeordnet, die sich aus der Eintrittswahrscheinlichkeit und der Tragweite/Schadenshöhe ergeben (siehe Abb. 3.52). Das Risiko R2 (Baugrundrisiko) ist im Beispiel infolge der hohen Eintrittswahrscheinlichkeit und großen Schadenshöhe hinsichtlich der daraus stehenden Kosten deutlich kritischer zu bewerten als das Risiko R4 (Qualität der Planung). Das Risiko R4 hat eine mittlere Schadenshöhe sowie eine niedrige Eintrittswahrscheinlichkeit.

Eine Aggregation aller Risiken ist über computergestützte Simulationen heute relativ leicht möglich.[81, 82, 83] Durch leistungsfähige PC mit Add-Ons zu MS Excel®, Crystal Ball[84] oder @Risk[85] lassen sich auch auf Baustellen die Gesamtrisikoverteilungen ermitteln.

3.5.1.3 Risikosteuerung

Als letzter Schritt erfolgt die Risikosteuerung. Alternativ wird dieser Schritt auch häufig als Risikobewältigung bezeichnet. Prinzipiell ist zu unterscheiden zwischen:

- Risikovermeidung: z. B. Wahl einer anderen Baumethode.
- Risikoverminderung: z. B. Einsatz eines neuen statt eines alten Gerätes, Einsatz von hoch qualifiziertem statt weniger qualifiziertem Personal oder Erarbeitung spezieller organisatorischer Maßnahmen.
- Risikoübertragung: Es ist zu prüfen, ob die Risiken entweder an den Auftraggeber, an Subunternehmer oder an Versicherungen übertragen werden können.

---

[81] Naumann: Kosten-Risiko-Analyse für Verkehrsstrukturprojekte.
[82] Gürtler: Stochastische Risikobetrachtungen bei PPP-Projekten.
[83] Nemuth: Risikomanagement bei internationalen Bauprojekten.
[84] www.crystalball.com (22.11.2024).
[85] www.palisade.com/risk/de (22.11.2024).

3.5 Wirtschaftliche Aufgaben

- Risikoübernahme: Gründe für die Risikoübernahme sind z. B. geringe Eintrittswahrscheinlichkeit, eine geringe Bedeutung aufgrund sehr geringer Auswirkungen oder fehlende Möglichkeiten für andere Maßnahmen zur Risikosteuerung.

Bei Baustellen ab einem bestimmten Schwellenwert oder bei Baustellen mit einem besonderen technischen Schwierigkeitsgrad empfiehlt es sich, ein Risikocontrolling einzurichten. Durch hierfür geschultes Personal kann z. B. ein monatlicher Risiko-Projektbericht erstellt werden.

3.5.2 Instrumente der Risikosteuerung

3.5.2.1 Risikosteuerung durch kaufmännische Instrumente

Für die am Bauprozess beteiligten Auftraggeber und Auftragnehmer bestehen einerseits jeweils interne Risiken, welche bereits durch das Eingehen des Bauvertrages und dem hieraus eigenen Handeln in der Bauabwicklung auftreten können. Dies betrifft z. B. beim Auftragnehmer die Risikoabschätzung und -übernahme, ob er seine in der Angebotsphase gegenüber dem Auftraggeber kalkulierten Kostenansätze für Nachunternehmerleistungen später am Markt auch erzielen oder die Terminvorgaben des Vertrages im späteren Bauablauf mit den Nachunternehmen der unterschiedlichsten Gewerke umsetzen kann. Diese Risiken sind für den jeweiligen Vertragspartner kalkulierbar oder durch sein Handeln auch steuerbar und gehören somit vollständig in seinen Verantwortungsbereich und zu seinem unternehmerischen Risiko.

Darüber hinaus wirkt auf den Bauprozess jedoch auch eine Vielzahl von möglichen Risiken ein, welche zum Teil außerhalb des jeweiligen direkten Einflussbereiches der Vertragspartner liegen. Dennoch kann sich auf Grund der Regelungen des Bauvertrages ergeben, dass die sich daraus ableitbaren wirtschaftlichen Nachteile unabhängig von der Verursachung zu Lasten eines der beiden Vertragspartner gehen oder seinem Verantwortungsbereich zugeordnet werden.

Genannt seien hier mögliche Sachschäden an der Bauleistung durch Dritte (z. B. Graffiti oder Diebstahl), fehlerhafte Planvorgaben oder Unfälle auf der Baustelle mit Personenschaden, aber auch die zwischenzeitlich eingetretene Zahlungsunfähigkeit eines Vertragspartners.

Solche Risiken können und müssen mit Unterzeichnung des Bauvertrages bzw. spätestens vor Beginn der Bauphase mittels Risikomanagement identifiziert und durch geeignete kaufmännische Instrumentarien im Rahmen der Risikosteuerung abgesichert werden.

Zu den effektiven betriebswirtschaftlichen Instrumenten einer Risikosteuerung gehören hierbei die Absicherungen durch externe Risikoübernahme (Versicherungen, siehe Abschn. 3.5.2.2) oder die Vereinbarung von Sicherheitsleistungen (Bürgschaften, siehe Abschn. 3.5.2.3).

3.5.2.2 Risikosteuerung durch Versicherungen

Im vorigen Abschnitt wurde als eine Möglichkeit der Risikosteuerung die Versicherung genannt.

Generell gehört die Risikosteuerung über Versicherungen zur Risikoverteilung „auf mehrere Schultern", da die versicherten Risiken zwar bei jedem Versicherungsnehmer eintreten könnten, aber es nicht zwangsläufig dazu kommt.

Im Versicherungswesen für den Baubereich findet sich eine Vielzahl von Angeboten zur Risikoübernahme, wobei grundsätzlich fast alle Risiken versicherbar sind, mit deren Eintritt unabhängig von der hierfür bestehenden Wahrscheinlichkeit der Bauablauf und/oder die Bauleistung gestört werden könnten.[86] Die Bandbreite erstreckt sich von der Versicherung einzelner Risiken bis hin zu vollständigen Versicherungspaketen, welche alle möglichen Risiken (so genannte All-Gefahren-Versicherungen) über die gesamte Lebensdauer des Projektes aus einer Hand versichern. Die Inanspruchnahme dieser Versicherungsleistungen ist demnach abhängig von den gegebenen Projektbesonderheiten und der sich daraus ergebenden Risikoidentifizierung mit den zugehörigen Eintrittswahrscheinlichkeiten sowie Gefährdungspotenzialen.

Generell ist der Versicherer dabei verpflichtet, den zugesagten Versicherungsschutz für den Versicherungsfall bereitzuhalten und im Schadensfall die vereinbarte Entschädigung zu bezahlen (Ausgleichs-, Befreiungsanspruch). Weiterhin ist der Versicherer von Haftpflichtansprüchen auch verpflichtet, den Versicherungsnehmer von unberechtigten Ansprüchen Dritter freizuhalten (Rechtsschutzanspruch).

Dem gegenüber muss der Versicherungsnehmer alles tun, um Schäden zu vermeiden und zu mindern (Schadensminderungspflicht) sowie dem Versicherer wahrheitsgemäß alle Auskünfte erteilen, welche zur Feststellung von Schadensursache, Schadensumfang und Schadenshöhe notwendig sind.

Unabhängig von der Angebotsvielfalt und den Besonderheiten des Bauprojektes lassen sich jedoch mehrere wichtige Versicherungsbausteine nennen, welche vor dem Beginn eines jeden Bauvorhabens zwingend abgeschlossen werden sollten:[87]

a) Bauleistungsversicherung
Eine wichtige Versicherung für Baustellen stellt die Bauleistungsversicherung dar. Diese wurde früher als Bauwesenversicherung bezeichnet. Sie kann vom Bauherrn oder vom Auftragnehmer abgeschlossen werden und unterscheidet sich in den meisten Fällen hinsichtlich der erfassten Risiken und Nebenbedingungen, wie den vereinbarten Selbstbehalten. Die Versicherungsprämie für die Bauleistungsversicherung beträgt zwischen 1,5 ‰ und 3,0 ‰ der Bauleistung oder höher, abhängig von der Versicherungssumme,

---

[86] Nicht versicherbar ist in Deutschland jedoch das Risiko aus mangelhafter Bauleistungserstellung und somit das Gewährleistungsrisiko. Im Ausland besteht hierfür jedoch teilweise Versicherungspflicht.
[87] Handschumacher: Immobilienrecht praxisnah.

dem Selbstbehalt pro Schadensfall, der Bausparte, der maximalen Einzelschadenssumme und der Häufigkeit der Deckung der Versicherungssumme p. a.

Für den Fall des Abschlusses durch den Bauherrn hat der Auftragnehmer in der Regel seine Bauleistungsversicherung innerhalb des bestehenden Rahmenvertrages durch den Abschluss einer Konditionen-Differenz-Versicherung als zusätzlichen Versicherungsschutz für die von der Bauherren-Bauleistungsversicherung nicht gedeckten Risiken bzw. Konditionsunterschiede zu tragen. Als zusätzliche Versicherungsgebühren fallen hierfür 0,3 ‰ bis 0,5 ‰ der Bauleistung an. Alternativ ist es möglich, dass die üblichen Risiken der einzelnen Auftragnehmer vollstän-dig durch die Bauleistungsversicherung des Bauherren übernommen werden. In diesem Fall ist keine ergänzende Bauleistungsversicherung durch die Auftragnehmer erforderlich. Die jeweiligen Versicherungsbedingungen sind im Einzelfall daher genau zu prüfen und die Folgen unter Beachtung der erwarteten Risiken zu bewerten.

Versichert ist bei der Bauleistungsversicherung die bereits erstellte Bauleistung auf der Baustelle gegen unvorhergesehen eintretende Beschädigungen oder Zerstörung während der Bauzeit bis zum Gefahrenübergang auf den Auftraggeber im Zuge seiner Abnahmehandlung gegen sog. Elementarschäden aus Naturkatastrophen, Sturmfluten, Orkane, Erdbeben oder Überschwemmungen, aber auch gegen Brandstiftungen und Explosionen. Darüber hinaus versichert sind z. B. Beschädigungen der Bauleistung, Diebstahl von fest mit dem Bauwerk verbundenen Bauteilen und Wasserschäden (Rohrbruch).

Grundsätzlich sind entgegen einer Einzelrisikoversicherung bei der Bauleistungsversicherung im ersten Schritt alle Risiken und somit alle Schadensursachen grundsätzlich versichert und müssen daher im zweiten Schritt durch die Aufführung als nicht gewollte Risikoübernahme ausdrücklich ausgeschlossen werden.

Nicht versichert sind üblicherweise Schäden durch normale Witterungseinflüsse, Feuer, Haftpflichtschäden, Vertragsstrafen, Schäden durch Kriegsereignisse und Schäden durch Atomenergie (siehe auch ABU-/ABN-Klauseln). Bei besonderer Vereinbarung können im Gegensatz dazu beispielsweise Brand, Blitzschlag, Explosion, Gewässerrisiken und Bauherrenrisiken wie etwa Baugrundgefahren und Planungsfehler mitversichert werden.

Wie der Name bereits ausdrückt, bezieht sich der Versicherungsschutz nur auf die bereits im vertraglichen Sinne erstellte Bauleistung einschließlich aller eingebauten oder fest mit dem Bauwerk verbundenen Bauteile und Baustoffe sowie eventuell notwendiger Hilfskonstruktionen. Nicht versichert sind üblicherweise die zur Baustellenausstattung gehörenden Baugeräte, Baustraßen, Materiallager, Schal- und Rüstmaterialien, Werkzeuge oder vorgefundene Altbausubstanz. Die den Schadensereignissen häufig vorlaufenden Sicherungsmaßnahmen, z. B. Beräumung der Baustelle vor Hochwasserereignissen, werden ebenfalls nicht versichert.

Daher übernimmt der Versicherer auch nur die Kosten, die für die Wiederherstellung des Zustands vor Schadenseintritt notwendig werden, jedoch nicht weitergehenden Schadensersatz zum Beispiel für die sich durch den Schadenseintritt womöglich ergebenden Folgekosten aus der verspäteten Fertigstellung und Nutzung, aus eingetretenem Vertragsstrafenanspruch oder aus Beschleunigungsmaßnahmen.

b) Haftpflichtversicherungen, insbesondere Betriebshaftpflicht
Voraussetzung für den Abschluss eines Bauvertrags ist im Allgemeinen der Nachweis einer Betriebshaftpflichtversicherung des Auftragnehmers. Die Betriebshaftpflichtversicherungsprämien werden unter den Allgemeinen Geschäftskosten kalkulatorisch berücksichtigt. Sie liegen in der Größenordnung von 0,25 % des Umsatzes.

Im Gegensatz zu den Bauleistungsversicherungen werden mit der Haftpflichtversicherung ausdrücklich nur die konkret im Versicherungsschein beschriebenen Einzelrisiken übernommen, d. h. alle nicht aufgeführten Risiken gehören automatisch nicht zum Deckungsumfang.

Gegenstand der Haftpflichtversicherung im Sinne von § 1 Allgemeine Haftpflichtbedingungen (AHB) ist der Versicherungsschutz des Versicherungsnehmers, falls wegen eines eingetretenen Schadensereignisses, der zu Personen- und/oder Sachschaden führte, dieser Versicherungsnehmer für diese Folgen aufgrund gesetzlicher Haftpflichtbestimmungen privatrechtlichen Inhaltes von einem Dritten auf Schadensersatz in Anspruch genommen wird.

Im Allgemeinen nicht erfasst von diesem Versicherungsschutz sind reine Vermögensschäden ohne vorherige Schädigung von Personen und Sachen, dem gegenüber sind jedoch Vermögensfolgeschäden versichert, die als Folge eines Personen- oder Sachschadens entstehen.

Nach Art und Umfang der Projektbeteiligten (betriebliches Tätigkeitsfeld) und den hieraus sich ergebenen Haftpflichtrisiken kann vorrangig nach

- Betriebshaftpflichtversicherung des Bauunternehmers,
- Architekten-/Planerhaftpflichtversicherung und
- Bauherrenhaftpflichtversicherung

unterschieden werden.

Wichtig ist dabei die richtige, umfassende Beschreibung der betrieblichen Tätigkeit im Versicherungsschein sowie die Nachmeldung neuer sich durch die Änderung oder Erweiterung der Tätigkeit ergebender Risiken, da ansonsten für nicht angegebene Risiken kein Versicherungsschutz besteht.

Weiterhin erstreckt sich der Versicherungsschutz auf sämtliches Personal des Versicherungsnehmers, das heißt auf alle Betriebsangehörigen, auch eventuell eingegliederte Freie Mitarbeiter, jedoch nicht auf Beschäftigte von Subunternehmen.

Werden noch einmal die Kernvoraussetzungen für das Inkrafttreten der Haftpflichtversicherung zusammengefasst, vor allem der gesetzliche Anspruch auf Schadensersatz eines Dritten gegenüber dem Versicherungsnehmer auf Grund eines zuvor eingetretenen Personen- und Sachschadens, so ergibt sich zwangsläufig für die Geltendmachung von Versicherungsleistungen, dass sowohl Eigenschaden sowie eigene Mangelbeseitigungskosten auf Grund mangelhafter Ausführung des Versicherungsnehmers als auch Vermögensschäden (Vertragsstrafe) gegenüber dem Bauherrn aus ungenügender Vertragserfüllung eindeutig nicht versichert sind.

3.5 Wirtschaftliche Aufgaben

Analog zu den Bauleistungsversicherungen ist es bei größeren Bauvorhaben nicht unüblich, dass der mit Planungsaufgaben beauftragte Bauunternehmer (Totalunter- und Totalübernehmer) für seinen Auftraggeber dessen Bauherrenhaftpflichtversicherung vertraglich zu stellen hat.

Seit dem Jahr 2004 sind innerhalb der allgemeinen Haftpflichtversicherungsbedingungen (AHB) etwaige Rechtsansprüche Dritter durch Schäden auf Grund von Umwelteinwirkungen auf Boden, Luft oder Wasser (einschließlich Gewässer) vollständig ausgeschlossen worden, sodass hier separate Versicherungsklauseln für die Planung (innerhalb der Architekten-/Planerhaftpflicht) als auch eigenständige Umwelthaftpflichtversicherungen bei der Ausführung von baulichen Anlagen (bei Bauunternehmen) abzuschließen sind.

c) Sonstige Versicherungen
Wie bereits eingangs angedeutet, gibt es neben den vorher genannten wichtigsten Grundversicherungen, welche den Versicherungsnehmer gegen das Risikopotenzial aus Gefahren außerhalb seines Unternehmens absichern soll, noch eine Vielzahl von weiteren möglichen Versicherungen, welche das Gefährdungspotenzial innerhalb seiner eigenen Tätigkeiten mindern sollen.

Hierzu seien als weitere typische Bauversicherungen genannt:

- Baugewährleistungsversicherung,
- Baugeräte-Versicherung, Maschinenbruchversicherung,
- Elektronik-Versicherung,
- Gebäudeversicherung, Feuerversicherung (Sach-Allgefahren-Versicherung),
- Einbruchdiebstahl-Versicherung,
- Dienstreisekaskoversicherung bei Auswärtsbeschäftigung,
- Haftpflichtversicherung für Planungsfehler und
- Haftpflichtversicherung für Gewässerschäden.

Bei Generalunternehmerverträgen übernimmt die Bauleistungs- und Betriebshaftpflichtversicherung des Generalunternehmers[88] die umfassende Abdeckung, sodass der Auftraggeber in der Regel in diesem Fall nur noch eine Bauherrenhaftpflichtversicherung abschließen sollte.

Es wird darauf verwiesen, dass auch auf den Bauherrn nicht unbeträchtliche Haftungsrisiken zukommen können, die sich durch die Bauherrenhaftpflichtversicherung abdecken lassen.

Projekte mit einer Vielzahl von Beteiligten, entsprechend zahlreichen Planungs-, Beratungs- und Ausführungsverträgen sowie den damit verbundenen Leistungs- und Haftungsschnittstellen sind u. a. auch dadurch gekennzeichnet, dass im Schadensfall die Klärung der Ursache – und damit die Zuordnung der Haftung – sehr schwierig werden kann. Außer-

---

[88] Bauunternehmer haben in der Regel durch ihre Globalversicherung über alle Bauvorhaben günstigere Versicherungskonditionen als Bauherrn, die Einzelprojekte versichern.

dem ist dabei darauf zu achten, dass möglichst einheitliche Deckungssummen vorliegen, um im Schadensfall nicht dem Risiko ausgesetzt zu sein, dass Schäden wegen einer vorliegenden so genannten „Unterdeckung" bei zu geringer Deckungssumme nicht vollständig reguliert werden.

Zur Vereinfachung bietet die Versicherungswirtschaft zwischenzeitlich kombinierte Versicherungen an, in denen beispielsweise für die Risikobereiche

- Bauherrenhaftpflichtversicherung,
- Planer-/Beraterhaftpflichtversicherung und
- Bauleistungsversicherung

ein zusammenfassender, in der Regel objektbezogener Versicherungsschutz gewährt wird. Üblicherweise wird ein solcher „komplexer" Versicherungsvertrag vom Auftraggeber (Bauherr) abgeschlossen. Die Versicherungsbedingungen und die Prämienhöhe werden den möglichen Auftragnehmern bereits mit den Ausschreibungsunterlagen mitgeteilt oder in die Vertragsentwürfe aufgenommen. Die Versicherungsprämie wird vom Versicherungsnehmer – beispielsweise vom Bauherrn – geleistet und den beteiligten Unternehmen und Büros anteilig weiterberechnet. Die Unternehmen und Planungsbüros müssen dann die Versicherungsprämien in ihren Angeboten zusätzlich einkalkulieren.

3.5.2.3 Risikosteuerung durch Sicherheitsleistungen (Bürgschaften)

Das generell bestehende Risiko für die Vertragsparteien, dass der jeweils andere Vertragspartner den vertraglichen Verpflichtungen nicht nachkommen will oder den Vertrag nicht einhalten kann, liegt größtenteils außerhalb des jeweiligen Einflussbereiches eines Vertragspartners.

Das Risiko der nicht termingerechten Fertigstellung oder Mangelhaftigkeit eines bereits vermieteten Bauobjektes oder das Risiko der Zahlungsunfähigkeit trotz erbrachter Vorleistungen stellen für den Auftraggeber bzw. den Auftragnehmer Hauptrisiken dar, welche bei Eintritt zu schwersten negativen wirtschaftlichen Folgen führen können und ein konsequentes Risikomanagement unabdingbar machen.

Neben der kaufmännischen Bonitäts- und technischen Referenzprüfung ist daher bereits in der Angebotsphase zu vereinbaren, mit welchen Absicherungen das Vertragsziel der vollständigen Leistungserstellung für den Auftraggeber mit dem Vertragsziel der vollständigen Bezahlung für den vorausleistenden Auftragnehmer sichergestellt werden kann, das heißt, welche Sicherheiten jeweils zu leisten sind. Dies erfolgt üblicherweise durch Bürgschaften, Einbehalt von Zahlungen oder die Hinterlegung von Geld.

Je nach zeitlichem Ablauf des Bauvertrages ergeben sich aus dem jeweilig aktuellen Sicherungsbedürfnis (Sicherungszweck) unterschiedliche Arten von Bürgschaften:

Während in der Angebotsphase der Auftraggeber sicherstellen möchte, dass der Zuschlagserhaltende sich auch an sein abgegebenes Angebot hält (Bieterbürgschaft), dienen nach Vertragsabschluss die Ausführungs- und Zahlungsbürgschaften der Absicherung der jeweils vertraglichen Verpflichtungen zur Bauausführung sowie nach erfolgter Abnahme des Bauwerkes die Gewährleistungsbürgschaft zur Sicherstellung der Ansprüche des Auftraggebers zur Mängelbeseitigung durch den Auftragnehmer.

3.5 Wirtschaftliche Aufgaben

Die rechtlichen Grundlagen für taugliche Sicherheiten finden sich in §§ 232 ff. BGB und wurden für die Belange des VOB-Werkvertragsrechts zur Sicherung der Anspruchsrechte des Auftraggebers fortgeschrieben.

So werden in § 17 VOB/B 2016 mögliche Sicherheitsleistungen durch Hinterlegung von Geld auf ein Sperrkonto, durch Einbehalt von Zahlungen oder durch Bürgschaftsstellung eines Kreditinstitutes genannt, wobei dem Sicherheitsleistenden ein Wahl- und Austauschrecht unter den Arten dieser Sicherheitsleistungen zusteht.

Die Bürgschaft ist ein Vertrag, durch den sich ein Dritter (der Bürge) gegenüber dem Gläubiger verpflichtet, für die Erfüllung der Verbindlichkeiten einzustehen. Jacob und Stuhr[89] nennen dabei zwei Grundformen:

- Bei der Ausfallbürgschaft ist der Bürge nur dann verpflichtet, den Gläubiger zu befriedigen, wenn der Gläubiger durch erfolglose Zwangsvollstreckung gegen das Vermögen des Schuldners nachweisen konnte, dass er einen Verlust erlitten hat.
- Bei der selbstschuldnerischen Bürgschaft verzichtet der Bürge auf das Recht der Einrede der Vorausklage, d. h. der Gläubiger kann vom Bürgen sofortige Zahlung verlangen, wenn der Schuldner seinen Verpflichtungen nicht nachkommt.

Im Gegensatz zum eigentlichen Bauvertrag zwischen Gläubiger und Schuldner handelt es sich hier um einen einseitig verpflichtenden Vertrag, das heißt, der Gläubiger wird nur berechtigt, der Bürge nur verpflichtet.

Die VOB/B verlangt innerhalb des Werkvertrages des Weiteren, dass diese Bürgschaftserklärung durch einen tauglichen Bürgen in schriftlicher Form zeitlich unbegrenzt sowie unter Verzicht auf die Einrede der Vorausklage (§ 771 BGB; selbstschuldnerisch) abzugeben ist, womit der Gläubiger ohne eine voraus erfolgte ergebnislose Klage bei Fälligkeit gegen den Schuldner bereits den Bürgen direkt in Anspruch nehmen kann.

Dieser Verzicht auf die Einrede der Vorausklage ist nicht zu verwechseln mit der Bürgschaft „auf erstes Anfordern", bei dem der Bürge viel weitergehender bereits bei erstem Anfordern des Gläubigers ohne Nachweisführung der Berechtigung für den Schuldner zahlen muss. Die frühere Verwendung einer Bürgschaftsklausel „auf erstes Anfordern" führte jedoch zu einer Benachteiligung des Schuldners/Bürgen gegenüber dem Gläubiger auf Grund drohenden Missbrauchs durch den Gläubiger und ist daher innerhalb der VOB (siehe § 17 Abs. 4) sowie in den Allgemeinen Geschäftsbedingungen (AGB) nicht wirksam. Der Verzicht auf die Einrede der Vorausklage bezieht sich somit nur auf das Verhältnis Gläubiger zu Schuldner, das heißt, der in Anspruch genommene Bürge kann sehr wohl für seine Zahlungsverpflichtung die Nachweisführung durch den Gläubiger (auch gerichtlich) auf Berechtigung verlangen.

---

[89] Jacob/Stuhr: Finanzierung und Bilanzierung in der Bauwirtschaft, S. 65.

a) Ausführungsbürgschaft
Die einfache Ausführungsbürgschaft dient dem Auftraggeber als Sicherungszweck zur Sicherstellung der vertraglichen Fertigstellung des Bauvorhabens durch den Auftragnehmer im Zeitraum zwischen Auftragserteilung und Abnahme. Erweitert wird dieser Sicherungszweck durch Vereinbarung einer Vertragserfüllungsbürgschaft, die sämtliche sich aus dem Vertrag ergebenden Erfüllungspflichten des Auftragnehmers mit einschließt, d. h. auch Ansprüche aus geänderten oder zusätzlichen Leistungen (§ 1 Abs. 3 und Abs. 4 VOB/B 2016 – Möglichkeit zur Anordnung bereits vorab mit der VOB/B vertraglich vereinbart), Ansprüche aus Verzug und Nichterfüllung (Schadensersatz) oder auf Rückforderung auf Grund von festgestellter Überzahlung. Anders als die Ausführungsbürgschaft deckt die Vertragserfüllungsbürgschaft somit auch Ansprüche nach Fertigstellung und Abnahme des Bauwerks mit ab, wie des Weiteren die Beibringung von Bestandsplänen, Wartungsverträgen sowie die Verpflichtung des Auftragnehmers zur Mängelbeseitigung.

b) Vertragserfüllungsbürgschaft
Während die klassische Ausführungsbürgschaft mit Erreichen des Sicherungszwecks bei Fertigstellung und Abnahme dem Bürgen zurückzugeben ist, verpflichtet die Vertragserfüllungsbürgschaft mit Rückgabe den Auftragnehmer zum Austausch von Sicherheiten für die nach Fertigstellung noch verbliebenen Vertragsansprüche (Mängelbeseitigung) in Form einer Gewährleistungsbürgschaft.

Wie ersichtlich, ist die Forderung der VOB nach einer unbefristeten Ausstellung aller Bürgschaftserklärungen zweckmäßig, da insbesondere durch Versäumnisse eines Vertragspartners, wie die zeitliche Verschiebung des Bauablaufs des Auftragnehmers oder die Verweigerung der Zahlungsverpflichtungen des Auftraggebers, das jeweilige Sicherungsbedürfnis für die andere Vertragsseite am höchsten ist und bei Ablauf der Bürgschaftsfrist diese Absicherung unwiderruflich verfallen würde. In Abb. 3.53 ist der Inhalt einer Vertragserfüllungsbürgschaft zwischen Generalunternehmer und Nachunternehmer dargestellt.

c) Gewährleistungsbürgschaften
Im Gegensatz zu der Ausführungs- und Vertragserfüllungsbürgschaft deckt die Gewährleistungsbürgschaft nur noch Ansprüche des Auftraggebers für Mangelansprüche nach der Abnahme (§ 13 Abs. 5 VOB/B 2016) ab. Nicht erfasst sind daher mangelhafte Ausführungen vor Abnahme (§ 4 Abs. 7 VOB/B 2016), welche einen Erfüllungsanspruch für eine mangelfreie Fertigstellung darstellen und somit mit der Abnahmeerklärung gesondert vorbehalten werden müssen sowie Ansprüche aus Vertragsstrafe für die ursprüngliche Fertigstellung des Bauvorhabens.

Somit sichert die Gewährleistungsbürgschaft die Ansprüche des Auftraggebers laut § 13 VOB/B 2016 auf Nachbesserung, Kostenvorschuss, Ersatz von Kosten, Minderung sowie Schadensersatz auf Grund von nicht beseitigten Mängeln. Hierbei ist aber zu beachten, dass mit Abnahme des Bauwerks die Beweislast für diese Mangelansprüche auf den Auftraggeber übergeht.

3.5 Wirtschaftliche Aufgaben

VERTRAGSERFÜLLUNGSBÜRGSCHAFT
und Bürgschaft zur Absicherung von Verbindlichkeiten gemäß § 14 AEntG

Die Firma **AN-Bau GmbH**

- als Auftragnehmer -

führt für

die Firma **AG-Bau GmbH**

- als Auftraggeber -

gemäß Nachunternehmervertrag vom:

Leistung:
am Bauvorhaben: aus.

Gemäß Nachunternehmervertrag hat der Auftragnehmer dem Auftraggeber eine Vertragserfüllungsbürgschaft in Höhe von 10 % der Nettoauftragssumme für die vertragsgemäße und fristgerechte Ausführung der dem Auftragnehmer übertragenen Leistungen, für Schadensersatz, für die Zahlung einer Vertragsstrafe und für die Erstattung von Überzahlungen zu stellen. In Höhe von 2 % der Nettoabrechnungssumme sichert diese Bürgschaft zugleich auch Ansprüche des Auftraggebers gegen den Auftragnehmer auf Freistellung von der Haftung des Auftraggebers nach § 14 AEntG.

Dies vorausgeschickt, übernehmen wir hiermit für den Auftragnehmer diese selbstschuldnerische Bürgschaft für die vorgenannten Sicherungszwecke bis zu einem

Höchstbetrag von €
(in Worten:)

unbefristet unter Verzicht auf die Einrede aus § 771 BGB und unwiderruflich, mit der Maßgabe, dass wir aus dieser Bürgschaft nur auf Zahlung von Geld in Anspruch genommen werden können. Auch wenn es zu Änderungen von Vertragsfristen oder sonstigen Vertragsinhalten zwischen den Parteien des Bauvertrages kommt, bleibt die Wirksamkeit dieser Bürgschaft davon unberührt.

Wir sind nicht berechtigt, uns durch Hinterlegung des Betrages zum Zwecke der Sicherheitsleistung von den Verpflichtungen aus dieser Bürgschaft zu befreien.

Die Ansprüche aus der Bürgschaft verjähren in keinem Fall früher als die gesicherte Forderung. Im Höchstfall gilt jedoch die Frist des § 202 Abs. 2 BGB. Die Verpflichtung aus dieser Bürgschaft erlischt mit der Rückgabe dieser Bürgschaftsurkunde.

Gerichtsstand ist Stuttgart.

Ort, Datum:

Bank:

Abb. 3.53 Beispiel einer Vertragserfüllungsbürgschaft
(Mit freundlicher Genehmigung der BAM Deutschland AG, jetzt: ZECH Hochbau AG)

Eine Rückgabe der Bürgschaftsurkunde hat nach Verjährung der Mangelansprüche unter Beachtung von zeitlicher Hemmung und Unterbrechung des Auftraggebers zu erfolgen, wobei für die Verjährung einer Bürgschaftsinanspruchnahme der Zeitpunkt der Mängelrüge, jedoch nicht ein späterer Zeitpunkt der Verwertung ausschlaggebend ist. In Abb. 3.54 ist der Inhalt einer Gewährleistungsbürgschaft dargestellt.

Die Bürgschaftssumme beträgt üblicherweise 3 % bis 5 % der vom Auftraggeber anerkannten Abrechnungssumme der Schlussrechnung. Für die Stellung der Bürgschaft hat der Auftragnehmer an den Bürgen (z. B. Bank oder Kreditversicherung) eine Avalgebühr zu bezahlen. Diese bewegt sich zwischen 1,5 % bis 4 % p. a. des Bürgschaftsbetrages. Nach § 17 Abs. 8 Nr. 2 VOB/B 2016 hat der Auftraggeber eine nicht verwertete Sicherheit für Mängelansprüche nach Ablauf von zwei Jahren zurückzugeben, sofern kein anderer Rückgabezeitpunkt vereinbart ist.

GEWÄHRLEISTUNGSBÜRGSCHAFT
und Bürgschaft zur Absicherung von Verbindlichkeiten gemäß § 14 AEntG

Die Firma　　AN-Bau GmbH

- als Auftragnehmer -

führt für

die Firma　　AG-Bau GmbH

- als Auftraggeber -

gemäß Nachunternehmervertrag vom:

Leistung:
am Bauvorhaben:　　　　　　　　aus.

Gemäß Nachunternehmervertrag hat der Auftragnehmer dem Auftraggeber eine Gewährleistungsbürgschaft in Höhe von 5 % der Nettoabrechnungssumme für die Haftung für Mängelansprüche und Schadenersatz zu stellen. In Höhe von 2 % der Nettoabrechnungssumme sichert die Bürgschaft zugleich auch Ansprüche des Auftraggebers gegen den Auftragnehmer auf Freistellung von der Haftung des Auftraggebers nach § 14 AEntG.

Dies vorausgeschickt, übernehmen wir hiermit für den Auftragnehmer diese selbstschuldnerische Bürgschaft für die vorgenannten Sicherungszwecke bis zu einem

Höchstbetrag von　　€

(in Worten:　　　　　　)

unbefristet unter Verzicht auf die Einrede aus § 771 BGB und unwiderruflich mit der Maßgabe, dass wir aus dieser Bürgschaft nur auf Zahlung von Geld in Anspruch genommen werden können.

Wir sind nicht berechtigt, uns durch Hinterlegung des Betrages zum Zwecke der Sicherheitsleistung von den Verpflichtungen aus dieser Bürgschaft zu befreien.

Die Ansprüche aus der Bürgschaft verjähren in keinem Fall früher als die gesicherte Forderung. Im Höchstfall gilt jedoch die Frist des § 202 Abs. 2 BGB. Die Verpflichtung aus dieser Bürgschaft erlischt mit der Rückgabe dieser Bürgschaftsurkunde.

Gerichtsstand ist Stuttgart.

Ort, Datum:
Bank:

Abb. 3.54 Beispiel einer Gewährleistungsbürgschaft
(Mit freundlicher Genehmigung der BAM Deutschland AG, jetzt: ZECH Hochbau AG)

d) Vorauszahlungsbürgschaft

Entgegen der üblichen Regelung der Vorleistungspflicht des Auftragnehmers, welche durch Abschlagszahlungen auf die erbrachten Leistungen zwar gemindert, aber nicht aufgehoben wird, sieht § 16 Abs. 2 VOB/B 2016 die notwendige Anrechnung von Vorauszahlungen vor. Somit besteht innerhalb des VOB/B-Vertrages die Möglichkeit, die Vorleistungspflicht durch Vereinbarung einer Vorauszahlung durch den Auftraggeber auf die nach Vertrag erst noch zu erbringende Leistung gegenüber dem Auftragnehmer zu tauschen.

Gemäß dem notwendigen Sicherungszweck dieser Zahlung des Auftraggebers ohne bereits erbrachten Gegenwert wird generell eine Vorauszahlungsbürgschaft vereinbart.

e) Zahlungsbürgschaft

Gegenüber dem Auftraggeber kann der Auftragnehmer auch eine Absicherung seiner gesamten Vergütungsansprüche aus der zu erbringenden bzw. erbrachten Leistung durch

Bürgschaftsstellung des Auftraggebers innerhalb des VOB/B-Vertrages vereinbaren, obwohl die Regelungen des § 17 VOB/B 2016 nur auf die Sicherung von Ansprüchen des Auftraggebers abzielen.

Diese Vergütungssicherheit (= Zahlungssicherheit) umfasst daher analog zur Vertragserfüllungsbürgschaft auch die entsprechende Fortschreibung der Vergütungsansprüche im Bauablauf für geänderte oder zusätzliche Leistungen gemäß den Vergütungsfolgen des § 2 VOB/B 2016.

Die Vereinbarung von VOB/B als Vertragsgrundlage bedeutet keine „automatische" Regelung für Sicherheitsleistungen im Einzelfall, sondern diese müssen nach § 17 Abs. 1 Nr. 1 „vereinbart" werden, das heißt, dass es hierzu ausdrücklich entsprechender vertraglicher Regelungen unter Beachtung der Bestimmungen von § 17 VOB/B 2016 bedarf.

Zur Absicherung seiner Forderungen gegenüber dem Auftraggeber hat der Auftragnehmer unabhängig von der VOB ein gesetzliches Sicherungsrecht nach § 650e BGB „Sicherungshypothek des Bauunternehmers":

„Der Unternehmer kann für seine Forderungen aus dem Vertrag die Einräumung einer Sicherungshypothek an dem Baugrundstück des Bestellers verlangen. Ist das Werk noch nicht voll-endet, so kann er die Einräumung der Sicherungshypothek für einen der geleisteten Arbeit entsprechenden Teil der Vergütung und für die in der Vergütung nicht inbegriffenen Auslagen verlangen."

Sollte der Besteller dem „Verlangen" des Auftragnehmers nicht nachkommen, so muss dieser den Rechtsweg beschreiten. Allerdings sollte vorher geprüft werden, ob der Besteller überhaupt Eigentümer des Grundstücks ist und mit welchen Sicherheiten das Baugrundstück bereits belastet ist, das heißt, welche Chancen auf Befriedigung seiner Forderungen der Unternehmer im „Ernstfall" überhaupt hätte.

Weitergehende Rechte für Auftragnehmer ergeben sich aus § 650f BGB „Bauhandwerkersicherung". Wegen der grundsätzlichen Bedeutung für Auftragnehmer wird der Text der gesetzlichen Regelungen nach § 650f BGB nachstehend auszugsweise wiedergegeben:

„(1) Der Unternehmer kann vom Besteller Sicherheit für die auch in Zusatzaufträgen vereinbarte und noch nicht gezahlte Vergütung einschließlich dazugehöriger Nebenforderungen, die mit 10 Prozent des zu sichernden Vergütungsanspruchs anzusetzen sind, verlangen. Satz 1 gilt in demselben Umfang auch für Ansprüche, die an die Stelle der Vergütung treten. Der Anspruch des Unternehmers auf Sicherheit wird nicht dadurch ausgeschlossen, dass der Besteller Erfüllung verlangen kann oder das Werk abgenommen hat. Ansprüche, mit denen der Besteller gegen den Anspruch des Unternehmers auf Vergütung aufrechnen kann, bleiben bei der Berechnung der Vergütung unberücksichtigt, es sei denn, sie sind unstreitig oder rechtskräftig festgestellt. Die Sicherheit ist auch dann als ausreichend anzusehen, wenn sich der Sicherungsgeber das Recht vorbehält, sein Versprechen im Falle einer wesentlichen Verschlechterung der Vermögensverhältnisse des Bestellers mit Wirkung für Vergütungsansprüche aus Bauleistungen zu widerrufen, die der Unternehmer bei Zugang der Widerrufserklärung noch nicht erbracht hat.

(2) Die Sicherheit kann auch durch eine Garantie oder ein sonstiges Zahlungsversprechen eines im Geltungsbereich dieses Gesetzes zum Geschäftsbetrieb befugten Kreditinstituts oder Kreditversicherers geleistet werden. Das Kreditinstitut oder der Kreditversicherer darf Zah-

lungen an den Unternehmer nur leisten, soweit der Besteller den Vergütungsanspruch des Unternehmers anerkennt oder durch vorläufig vollstreckbares Urteil zur Zahlung der Vergütung verurteilt worden ist und die Voraussetzungen vorliegen, unter denen die Zwangsvollstreckung begonnen werden darf.

(3) Der Unternehmer hat dem Besteller die üblichen Kosten der Sicherheitsleistung bis zu einem Höchstsatz von 2 Prozent für das Jahr zu erstatten. Dies gilt nicht, soweit eine Sicherheit wegen Einwendungen des Bestellers gegen den Vergütungsanspruch des Unternehmers aufrechterhalten werden muss und die Einwendungen sich als unbegründet erweisen.

(4) Soweit der Unternehmer für seinen Vergütungsanspruch eine Sicherheit nach Absatz 1 oder 2 erlangt hat, ist der Anspruch auf Einräumung einer Sicherungshypothek nach § 650e ausgeschlossen.

(5) Hat der Unternehmer dem Besteller erfolglos eine angemessene Frist zur Leistung der Sicherheit nach Absatz 1 bestimmt, so kann der Unternehmer die Leistung verweigern oder den Vertrag kündigen. Kündigt er den Vertrag, ist der Unternehmer berechtigt, die vereinbarte Vergütung zu verlangen; er muss sich jedoch dasjenige anrechnen lassen, was er infolge der Aufhebung des Vertrages an Aufwendungen erspart oder durch anderweitige Verwendung seiner Arbeitskraft erwirbt oder böswillig zu erwerben unterlässt. Es wird vermutet, dass danach dem Unternehmer 5 Prozent der auf den noch nicht erbrachten Teil der Werkleistung entfallenden vereinbarten Vergütung zustehen.

(6) Die Absätze 1 bis 5 finden keine Anwendung, wenn der Besteller
1. eine juristische Person des öffentlichen Rechts oder ein öffentlich-rechtliches Sondervermögen ist, über deren Vermögen ein Insolvenzverfahren unzulässig ist, oder
2. Verbraucher ist und es sich um einen Verbraucherbauvertrag nach § 650i oder um einen Bauträgervertrag nach § 650u handelt.
Satz 1 Nummer 2 gilt nicht bei Betreuung des Bauvorhabens durch einen zur Verfügung über die Finanzierungsmittel des Bestellers ermächtigten Baubetreuer.

(7) Eine von den Absätzen 1 bis 5 abweichende Vereinbarung ist unwirksam."

Hinsichtlich der Durchsetzung oder Absicherung von Forderungen auf diesem gesetzlichen Weg gelten ebenfalls die bereits vorher genannten Einschränkungen. Zu beachten ist, dass § 650f BGB nicht anwendbar ist, wenn der Besteller „*[...] eine juristische Person des öffentlichen Rechts [...] ist*" oder wenn der Besteller [...] *Verbraucher ist*.

f) Patronatserklärung/Konzernbürgschaft

Da durch die Wahlmöglichkeiten der Sicherungsarten nach VOB/B generell eine Ablösung eines Zahlungseinbehaltes durch eine Bürgschaftsstellung zur Erhöhung der Liquidität immer von Vorteil ist, entstehen dennoch für den Auftragnehmer finanzielle Belastungen und Dispositionseinschränkungen durch Stellung von Bürgschaften. So muss der Bürgschaftszins abgeführt sowie der Bürgschaftsrahmen mit finanziellen Sicherheiten gegenüber dem Bürgen hinterlegt werden. Andernfalls rechnen die bürgenden Kreditinstitute die Bürgschaftsbeträge gegen die bestehende Kreditlinie des Auftragnehmers.

Eine kostengünstigere und einfachere Form der Sicherungszusage der Vertragsparteien ist die Patronatserklärung, häufig auch als Konzernbürgschaft bezeichnet, welche jedoch keiner gesetzlichen Regelung unterliegt, sondern sich vielmehr aus der Rechtspraxis entwickelt hat.

Die Patronatserklärung umfasst vielmehr als Sammelbegriff eine Vielzahl von mehr oder weniger verbindlichen Erklärungen einer Muttergesellschaft gegenüber einem Dritten, in den ein bestimmtes Verhalten der Muttergesellschaft in Bezug zur geschuldeten Leistungsfähigkeit der Tochtergesellschaft in Aussicht gestellt oder versprochen wird.

3.5 Wirtschaftliche Aufgaben

Hinsichtlich der Verbindlichkeit dieser Zusage wird zwischen „weichen" und „harten" Patronatserklärungen unterschieden:

„Weiche" Erklärungen beinhalten lediglich Klauseln hinsichtlich zustimmender Kenntnisnahme, Vertrauens- und Informationszusagen, allgemeiner Kapitalausstattungsklauseln und begründen somit keinen Rechtsanspruch des Dritten gegenüber der Muttergesellschaft.

Demgegenüber verpflichtet sich bei einer „harten" Patronatserklärung die Muttergesellschaft zur Einflussnahme und Ausstattung der Tochtergesellschaft mit ausreichend finanziellen Mitteln zur Vertragsabwicklung (Liquiditätsausstattungspflicht/Verlustübernahmepflicht) und begründet somit eine rechtsgeschäftliche Verpflichtung gegenüber dem Dritten.

Die Patronatserklärung als besondere, atypische Form einer Sicherheitsleistung wird innerhalb des Bauwesens insbesondere bei Abwicklung des eigentlichen Vertragsverhältnisses durch Immobiliengesellschaften/Auslandsbaugesellschaften (Tochtergesellschaften) im Auftrag der dahinter stehenden größeren Konzerngesellschaft (Muttergesellschaft) eingesetzt.

Von weiterer Bedeutung ist die Absicherung durch Patronatserklärung sowohl zwischen den einzelnen Gesellschaftern innerhalb einer Bau-Arbeitsgemeinschaft (Arge). Hintergrund für diese Absicherungsform besteht zum einen in dem sehr großen Sicherungsbedarf zwischen den Arge-Gesellschaften auf Grund der gesamtschuldnerischen Haftung des einzelnen Gesellschafters für alle anderen Gesellschafter innerhalb der Arge gegenüber Dritten sowie in der Rechtsform als eigenständige Gesellschaft des bürgerlichen Rechtes, welche eine Bürgschaftsstellung auf Grund fehlender Sicherheiten innerhalb der Gesellschaft sehr erschwert.

3.5.3 Leistungsmeldung

3.5.3.1 Grundlegende Anmerkungen zur Leistungsmeldung

„Jeder Kaufmann[90] *ist verpflichtet, Bücher zu führen und in diesen seine Handelsgeschäfte und die Lage seines Vermögens nach den Grundsätzen ordnungsmäßiger Buchführung ersichtlich zu machen. […]"* So wird durch § 238 des Handelsgesetzbuches (HGB) in der Regel auch jeder Bauunternehmer verpflichtet, eine „ordentliche Buchführung" einzurichten.

---

[90] Gemäß § 1, Abs. 1 HGB zählt als Kaufmann, wer ein Handelsgewerbe betreibt. Für das Betreiben eines solchen Handelsgewerbes gelten folgende zwei Voraussetzungen: a) Es muss ein Gewerbebetrieb im handelsrechtlichen Sinne vorliegen. Das bedeutet, die wirtschaftliche Tätigkeit geschieht auf eigene Rechnung, eigene Verantwortung und auf Dauer mit der Absicht der Gewinnerzielung. b) Der Gewerbebetrieb muss einen in kaufmännischer Weise eingerichteten Geschäftsbetrieb erfordern. Gemäß geltendem Recht besteht folglich auch für Unternehmer oder Handwerker die Vermutung der Kaufmannseigenschaft. Diese Kaufmannvermutung kann jedoch im Einzelfall durchaus durch den betreffenden Unternehmer oder Handwerker widerlegt werden. Dies würde z. B. dann gelten, wenn ein Einmannbetrieb als Kleingewerbetreibender keinen kaufmännisch eingerichteten Geschäftsbetrieb hat. Ungeachtet des Vorgenannten ist in diesem Zusammenhang wichtig, dass Architekten, Sonderfachleute als auch Ärzte, Anwälte und Steuerberater keine Kaufleute sind. Dies begründet sich darin, dass der Gesetzgeber davon ausgeht, dass freischaffende Berufsgruppen dem Allgemeinwohl dienen und nicht in erster Linie der Absicht der Gewinnerzielung.

Mit der Buchführung, als Bestandteil des „betrieblichen Rechnungswesens" bezeichnet, verfolgen Bauunternehmen mehrere Ziele und Aufgaben:

- Im Rahmen der Unternehmensrechnung wird eine Bestandsrechnung (Bilanz) erstellt, um zu einem Stichtag Herkunft und Einsatz des Vermögens darzustellen und um durch eine Erfolgsrechnung (Gewinn- und Verlustrechnung – GuV) die Aufwendungen und Erträge innerhalb einer Periode zur Ermittlung des Unternehmensergebnisses (Gewinn oder Verlust) darzustellen. Damit wird auch die Grundlage für die Besteuerung des Unternehmens gegeben.
- Aufstellen eines Jahres-Betriebsabschlusses zur Vorlage bei den Unternehmensinhabern, Gesellschaftern oder Banken.
- Erstellung monatlicher Übersichten zur Steuerung des Unternehmens (Liquidität, Umsatz, Gewinn/Verlust; monatliche Auswertung der Baustellen).
- Lohnbuchhaltung zur Ermittlung der auszuzahlenden Löhne und Gehälter einschließlich der Beträge, die pflichtmäßig oder freiwillig an Krankenkassen, an die Deutsche Rentenversicherung und sonstige Kassen, Versicherungen, Berufsgenossenschaft etc. zu zahlen sind.
- Anlagenbuchhaltung für mobile und immobile Anlagen.
- Darüber hinaus werden eine Vielzahl von unternehmensinternen Auswertungen erstellt, wie z. B. Auswertungen zu Kostenarten, Kostenträgern und Kostenstellen aber auch verschiedene Statistiken. Alle diese Auswertungen können in Planungsrechnungen eingehen.
- Das betriebliche Rechnungswesen wird auch die grundlegenden Werte für die Bauauftragsrechnung (Angebotskalkulation) ermitteln, z. B., um regelmäßig die anzusetzenden Zuschläge für die Allgemeinen Geschäftskosten überprüfen zu können.

Weitere Informationen und eine Gliederung des Betrieblichen Rechnungswesens finden sich in Band 1.[91]

Betriebswirtschaftlich wird unter der Leistung das in geldwerten Einheiten bewertete (vertragskonforme und abnahmefähige) Ergebnis eines betrieblichen Erzeugungsprozesses verstanden. Im Bauwesen können dies z. B. gegenüber dem Auftraggeber abrechenbare Tonnen von Betonstahl, Kubikmeter Bodenaushub oder Quadratmeter Wandschalung sein. Voraussetzung für die Leistungsrechnung ist somit die Ermittlung und Auswertung von Mengen-, Zeit- und Qualitätsdaten. In der Leistungsrechnung wird als Teil des Betrieblichen Rechnungswesens der Wert des Produktionsprozesses, also der bewertete mengenmäßige Output, betrachtet. Damit stellt die Höhe der erbrachten Leistungen den Wert in Euro dar, der (später) dem Auftraggeber in Rechnung gestellt wird und für den daraufhin Erlöse erzielt werden.

---

[91] Berner/Kochendörfer/Schach: Grundlagen der Baubetriebslehre, Band 1, Kap. 5.

3.5 Wirtschaftliche Aufgaben

Die monetär ausgedrückte Leistung einer Baustelle zu einem Stichtag kann definiert werden als die vertraglich definierte Vergütung, welche sich bei Kündigung der Baustelle zum Stichtag ergeben würde. Dabei wird deutlich, dass eine tatsächlich auf der Baustelle erbrachte Leistung, die aber nicht vertragskonform ist, eventuell mit 0,00 € zu bewerten ist, gegebenenfalls sogar mit einem negativen Betrag, falls die Leistung rückgebaut werden muss. Schwierig ist dabei die Bewertung der Baustelleneinrichtung. Da die Baustelleneinrichtung zur Leistungserstellung benötigt wird, stellt auch diese eine Leistung dar. Die Bewertung der Baustelleneinrichtung ist insbesondere dann schwierig, wenn hierfür im Leistungsverzeichnis keine Positionen vorgesehen sind und die Kosten der Baustelleneinrichtung Bestandteil der Umlage sind.

In den vergangenen Dekaden hat die Leistungsrechnung eine zunehmende Bedeutung erfahren. Mit ihr werden wichtige Informationen für Führungsstellen bereitgestellt, um das Unternehmen, eine Niederlassung oder eine Baustelle führen zu können. Die Leistungsrechnung stellt eine wichtige Grundlage für alle Planungsrechnungen und Kontrollaufgaben dar.

Besondere Bedeutung hat die Leistungsrechnung in Verbindung mit der Kostenrechnung. In der Kostenrechnung werden alle Kosten erfasst und gespeichert. Sie können dann nach verschiedenen Kriterien ausgewertet werden. Von besonderer Bedeutung sind dabei die Kostenartenrechnung,[92] die Kostenstellenrechnung[93] und die Kostenträgerrechnung.[94]

Werden die Leistungsrechnung und die Kostenrechnung zusammengeführt, ergibt sich die „Kosten- und Leistungsrechnung" („KLR"). Wenn die Kosten von der Leistung abgezogen werden, ergibt sich das Ergebnis. Daher wird die Kosten- und Leistungsrechnung auch häufig als Ergebnis- oder Erfolgsrechnung im Rahmen des internen Rechnungswesens bezeichnet.

Eine Kosten- und Leistungsrechnung wird für die einzelnen Kostenstellen durchgeführt. Werden die Ergebnisse aller Kostenstellen addiert, berechnet sich das Ergebnis der Niederlassung oder der gesamten Unternehmung. Da die Kosten- und Leistungsrechnung große Bedeutung zur Steuerung des Unternehmens hat, wird diese in der Regel monatlich durchgeführt. Diese Rechnungen werden dann als kurzfristige oder monatliche Ergebnisrechnung bezeichnet. Damit wird monatlich das Ergebnis, also zum Stichtag (letzter Tag des Monats = Monatsultimo) der Gewinn oder Verlust einer Baustelle, errechnet.

Der Prozesslauf von der Leistungsermittlung über die Leistungsmeldung, die Leistungsrechnung bis zur kurzfristigen Ergebnisrechnung ist prinzipiell in Abb. 3.55 dargestellt.

---

[92] Berner/Kochendörfer/Schach: Grundlagen der Baubetriebslehre, Band 1, Abschn. 5.4.2 und Band 2, Kap. 12.

[93] Nach der KLR-Bau werden im Baubetrieb die Kostenstellen in Verwaltungskostenstellen, Hilfs- (z. B. Bauhof) und Verrechnungskostenstellen und Baustellen untergliedert.

[94] Kostenträgerrechnung entspricht nach der KLR-Bau der Kostenstellenrechnung. Bei Fertigteilwerken werden durch die Kostenträgerrechnung die Kosten den einzelnen Aufträgen zugewiesen.

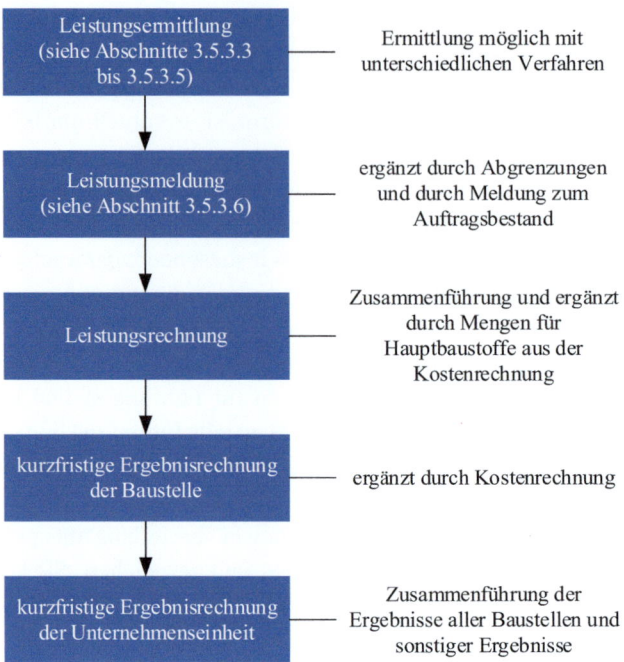

Abb. 3.55 Schritte zur kurzfristigen Ergebnisrechnung

Der gesamte Prozess wird in Abschn. 3.5.3.6 noch vertiefend erläutert. Da vielfältige Abstimmungen notwendig sind, liegt die kurzfristige Ergebnisrechnung in den meisten Bauunternehmen erst zwischen dem 15. und dem 20. Tag des Folgemonats vor.

3.5.3.2 Methodischer Ansatz und Ermittlung der Leistungsmengen

Die Leistungsermittlung erfolgt stichtagsbezogen prinzipiell über „meldefähige und messbare Positionen". Diese werden dann mit Verrechnungssätzen multipliziert. Damit ergibt sich die Leistung der einzelnen Position. Werden alle Positionen einer Baustelle addiert, ergibt sich die Leistung der Baustelle. Werden die Leistungen aller Baustellen einer Niederlassung oder Bauunternehmung addiert, ergibt sich die Gesamtleistung dieser Niederlassung bzw. Bauunternehmung.

Meldefähige Positionen sind insbesondere:

- Positionen des vertraglichen Leistungsverzeichnisses (LV) beim Einheitspreisvertrag (siehe Abschn. 3.5.3.3),
- Positionen eines unternehmensintern erstellten LV, z. B. bei einem Pauschalpreisvertrag auf der Basis einer funktionalen Leistungsbeschreibung (siehe Abschn. 3.5.3.4) oder
- ggf. Vorgänge aus der Terminplanung (siehe Abschn. 3.5.3.5), sofern die Leistung nicht über ein vertragliches oder internes LV gemeldet werden kann.

3.5 Wirtschaftliche Aufgaben

Generell müssen daher als Grundlage einer Leistungsermittlung geleistete Mengen erfasst werden. Dies kann durch ein Messen vor Ort (z. B. Erdmassen im Straßenbau), eine Berechnung anhand von Zeichnungen (rechnerisches Aufmaß), durch Wiegen (z. B. Lieferungen von Sand) oder durch Festlegen eines Fertigstellungsgrades (fundiertes Schätzen) erfolgen.

In den meisten Unternehmen wird monatlich eine kurzfristige Ergebnisrechnung erstellt. Stichtag ist dann immer der Monatsultimo. Zu diesem Tag muss die Bauleitung die auf ihrer Baustelle erbrachte Leistung ermitteln und an die übergeordnete Unternehmenseinheit melden („Leistungsmeldung"). Dabei wird die Leistungsmenge (LE-Menge) für alle Positionen bestimmt. Falls als meldefähige Positionen diejenigen des Leistungsverzeichnisses gewählt werden, entsprechen die zu ermittelnden Mengen in der Regel den Rechnungsmengen (RE-Mengen).

An dieser Stelle soll noch erwähnt werden, dass die Leistungsmeldung die Basis für spezielle weiterführende Auswertungen darstellt. Als Beispiel wird der Stunden-Soll-Ist-Vergleich (siehe Abschn. 3.5.5) genannt. Hier werden die geleisteten Mengen der einzelnen Positionen dazu benutzt, die Soll-Stunden zu berechnen.

Ein Hinweis auf methodisch falsche Ansätze zur Leistungsermittlung sei noch erlaubt: Teilweise findet sich in der Praxis eine Methode zur Leistungsermittlung über Kennzahlen (z. B. Umsatz je Lohnstunde). Eine solche Kennzahl wird z. B. aus der beauftragten Gesamtbauleistung und den kalkulierten Lohnstunden ermittelt. Die Leistungsermittlung erfolgt dann durch Multiplikation der geleisteten Lohnstunden mit der Kennzahl. Dieses Vorgehen ist methodisch vollkommen ungeeignet, da durch einen höheren Stundenaufwand vermeintlich die Leistung steigt. Üblicherweise korreliert die Anzahl der geleisteten Lohnstunden jedoch nicht linear mit der insgesamt erbrachten Bauleistung. Als Beispiel dafür sind Nachunternehmerleistungen genannt, bei denen aus Sicht eines Generalunternehmers Bauleistungen erbracht werden, ohne dass eigene Lohnstunden anfallen

3.5.3.3 Leistungsermittlung über Einheitspreise

Die KLR-Bau[95] bezeichnet die Leistungsermittlung über die Einheitspreise eines Leistungsverzeichnisses als Normalfall. Prinzipiell gleicht das Verfahren einer Rechnungsstellung, indem die geleisteten Mengen (LE-Mengen) mit den vertraglich vereinbarten Einheitspreisen multipliziert werden.

Die Bauleitung muss in der Regel monatlich Abschlagsrechnungen (siehe Abschn. 3.5.6) erstellen. Als Stichtag sollte der Monatsultimo gewählt werden, da dann der Stichtag für die Abschlagsrechnung und die Leistungsmeldung identisch ist. Die Rechnungsbeträge pro Position ergeben sich aus:

$$Rechnungsmenge\,(RE\text{-}Menge) \cdot Einheitspreis$$

---

[95] KLR-Bau, Seite 107.

Der Gesamtrechnungsbetrag berechnet sich aus der Summe der einzelnen Positionsbeträge.

Die Ermittlung der Baustellenleistung ist methodisch mit der Ermittlung des monatlich anzufordernden Abschlagbetrages[96] identisch, sofern auf den Abschlagsbetrag keine Sicherungseinbehalte des Auftraggebers vorzunehmen sind. Die Leistung pro Position ergibt sich aus:

$$Leistungsmenge(LE\text{-}Menge) \cdot Einheitspreis$$

Die Gesamtleistung der Baustelle berechnet sich aus der Summe der einzelnen Positionsbeträge.

In der Praxis werden bis auf wenige Positionen die Rechnungsmengen und die Leistungsmengen identisch sein. Somit gilt:

$$RE\text{-}Menge = LE\text{-}Menge$$

Die beiden Mengen sind jedoch dann nicht identisch, wenn es zum Beispiel aus vertraglichen Gründen notwendig wird, einzelne Leistungen zurückzustellen, weil zum Beispiel zusätzliche Leistungen erbracht wurden, die formal noch nicht beauftragt sind (in diesem Fall gilt: LE-Menge > RE-Menge). Teilweise werden auch Leistungen, die erst während des Rechnungslaufes erbracht werden, bereits in die Abschlagsrechnung mit aufgenommen (in diesem Fall gilt: RE-Menge > LE-Menge). Zum Beispiel ist eine Geschossdecke aus Stahlbeton zum Monatsultimo voll eingeschalt und bewehrt. Die Betonage erfolgt jedoch erst Anfang des Folgemonats. In diesem Fall wird häufig die Decke bei der Abschlagsrechnung schon als vollständig hergestellt angesetzt, da zum Zeitpunkt der Rechnungsprüfung die Leistung erbracht ist. Abweichungen zwischen der ermittelten Rechnungssumme und der Leistung, sogenannte Abgrenzungen, kann die Bauleitung entweder durch pauschale Korrekturen in der Endsumme oder durch spezifische Korrekturen bei einzelnen Positionen vornehmen.

Insbesondere bei der EDV-gestützten Ermittlung der Mengen ist die spezifische Korrektur bei einzelnen Positionen einfach vorzunehmen. Die heute eingesetzten baubetrieblichen EDV-Programme erlauben, dass zusätzlich zur Rechnungsmenge (RE-Menge) für jede Position eine Leistungsmenge (LE-Menge) eingegeben werden kann bzw. diese als Voreinstellung automatisch dupliziert wird. Für jeden Stichtag werden fortlaufend beide Mengen abgespeichert. Somit ergeben sich theoretisch bei zum Beispiel 1.000 Positionen über eine Bauzeit von 10 Monaten insgesamt $2 \cdot 10 \cdot 1.000 = 20.000$ Mengenansätze für LE- und RE-Mengen.

Bei genauer Betrachtung dieser Methode wird aber auch deutlich, dass damit gewisse Probleme bei der Leistungsermittlung verbunden sein können. Insbesondere die Berücksichtigung der Baustelleneinrichtung soll exemplarisch erläutert werden;

---

[96] Die anzufordernde Abschlagszahlung ergibt sich aus der gesamten in Rechnung gestellten Leistung abzüglich der erhaltenen Abschlagszahlungen (siehe Abschn. 3.5.6.3 und 3.5.6.8).

3.5 Wirtschaftliche Aufgaben

Es wird davon ausgegangen, dass der Auftraggeber im Leistungsverzeichnis keine separaten Positionen für die Baustelleneinrichtung vorgesehen hat. Ist nun zum Stichtag die Baustelle gerade eingerichtet, so ergibt sich nach dieser Methode der Ermittlung der Leistung über die Einheitspreise eine Bauleistung von 0,00 €. Tatsächlich wurde aber bereits eine Leistung erbracht, da die Einrichtung notwendig war und somit auch bei einer hypothetisch angesetzten Kündigung der Baustelle durch den Auftraggeber vergütungspflichtig wäre.

3.5.3.4 Leistungsermittlung über die Kosten der Teilleistungen

Die KLR-Bau sieht als zweite Methode zur Ermittlung der Leistung „die Bewertung der geleisteten Mengen mit den Soll-Herstellkosten + Soll-Spanne der Arbeitskalkulation" vor.[97] Damit wird nach der KLR-Bau eine gleichmäßige Ergebnisbeurteilung der Baustelle ermöglicht. Diese Methode setzt aber eine Arbeitskalkulation voraus, die bei Massenänderungen, Nachträgen oder anderen Änderungen in den Ansätzen der Arbeitskalkulation kontinuierlich fortgeschrieben werden muss.

Dieses Verfahren ist somit in der Regel dem Verfahren der Leistungsermittlung über die Einheitspreise vorzuziehen, ist jedoch an zusätzliche Voraussetzungen gebunden. Insbesondere wird die Leistung in der Anfangsphase der Bauprojektabwicklung realitätsnäher wiedergegeben.

Es wird jedoch darauf hingewiesen, dass auch diese Methode mit Augenmaß zu betrachten ist, falls sich in einzelnen Positionen durch nachträgliche Änderungen der Einzelkosten der Teilleistungen (EKT) größere Änderungen ergeben haben. Als Beispiel wird die Situation zu Beginn einer Baustelle betrachtet. Haben sich durch einen nachträglich erkannten Kalkulationsirrtum die EKT bei den Erdarbeiten z. B. dadurch stark erhöht (z. B. von 10,- €/m³ auf 30,- €/m³), weil in der Angebotskalkulation die Deponiekosten falsch angesetzt wurden, so reduziert sich gleichzeitig der mittlere Deckungsbeitrag, der in der KLR-Bau als „Soll-Spanne der Arbeitskalkulation" bezeichnet wird (z. B. von 17 % auf 12 %). Die Leistungsermittlung führt nun in dieser frühen Bauphase zu einer höheren Leistung. Falls in dem Beispiel 10.000 m³ ausgehoben wurden, ergibt sich eine Leistung von 10.000 m³ · 30,00 €/m³ · 1,12 = 336.000,00 €.

Wäre der Kalkulationsfehler nicht erkannt worden, würde sich nur eine Leistung von 10.000 m³ · 10,00 €/m³ · 1,17 = 117.000,00 € ergeben.

An dieser Stelle wird auf eine weitere Problematik hingewiesen, die insbesondere im Schlüsselfertigbau auftritt. Die Vergütung wird dort in der Regel pauschaliert und es wird ein Zahlungsplan vereinbart. Somit besteht keine Notwendigkeit mehr, monatlich die Rechnungsmengen für die Anforderung von Abschlagszahlungen zu ermitteln. Damit ist die Ermittlung der Leistungsmengen eine zusätzliche Aufgabe, die zudem besonders mühsam und zeitaufwendig ist, da die Leistungsverzeichnisse im Schlüsselfertigbau häufig mehrere tausend Positionen umfassen. Zudem ist es häufig kaum möglich, die geleisteten

---

[97] KLR-Bau, Seite 107.

Mengen einzelner Positionen zum Stichtag festzustellen. Als Beispiel werden die Längen verlegter Kabel oder Leitungen genannt.

Folglich ist es besonders im Schlüsselfertigbau erforderlich, „gröbere" oder andere meldefähige Positionen zu verwenden. Hierfür bieten sich z. B. ganze Gewerke (Titelsummen) an, die dann in ihrer Fertigstellung pauschal mit x %, also mit ihrem Fertigstellungsgrad, bewertet werden. Ein weiterer methodischer Ansatz wird nachfolgend beschrieben.

3.5.3.5 Leistungsermittlung über Vorgänge der Terminplanung

Besonders im Schlüsselfertigbau ist die Leistungsermittlung, wie bereits erläutert, über die beiden zuvor beschriebenen Verfahren kritisch zu bewerten. Daher werden andere „meldefähige Positionen" gesucht, über die die Leistungsermittlung möglich ist. Bevorzugt werden solche, die in anderen Prozessen bereits benötigt wurden. Da im Rahmen des Termincontrollings meistens 14-tägig oder monatlich der Fertigstellungsgrad der Vorgänge der Terminplanung festgestellt wird, bietet es sich an, über diese Fertigstellungsgrade der einzelnen Vorgänge auch die Leistung zu ermitteln. Voraussetzung dafür ist die eindeutige, vollständige Zuordnung der Bauleistung zu Vorgängen der Terminplanung. Möglich ist dies beispielsweise, wenn Terminplanungsprogramme (siehe Band 2, Abschn. 5.4 und Kap. 10) eine Ressourcenplanung anbieten. Auch Erlöse können im Programm rechnerisch wie Ressourcen verarbeitet werden. Falls somit jedem Vorgang die damit verbundene Vergütung (Erlös) zugewiesen wird, kann über das Terminplanungsprogramm nach Eingabe der stichtagsbezogenen Fertigstellungsgrade sehr einfach die Gesamtleistung einer Baustelle ermittelt werden.

Mit einem gewissen einmaligen Aufwand ist die Zuweisung der Vergütung zu jedem Vorgang verbunden. Hierfür werden jedoch von verschiedenen Programmanbietern Schnittstellen zwischen Programmen zur Terminplanung und zur Kalkulation (AVA-Programme)[98] angeboten, um in einem ersten Schritt die Vergütung der Positionen des Leistungsverzeichnisses ganz oder prozentual den Vorgängen der Terminplanung zuweisen zu können. In Abb. 3.56 wird das Vorgehen beispielhaft dargestellt. Im oberen linken Fenster sind die Vorgänge der Terminplanung dargestellt, Vorgang 001.001.002.004 „Mauerwerksarbeiten" ist aktiviert. Im mittleren unteren Fenster wird dieser Vorgang grafisch in einem dreidimensionalen Modell dargestellt. Direkt darüber ist die Gliederungsstruktur des Leistungsverzeichnisses geöffnet. Im unteren linken Bildteil wird aufgeführt, welche Positionen des Leistungsverzeichnisses mit welcher Teilmenge dem Terminvorgang zugewiesen sind. In diesem Fall sind es die Positionen 1.1.10, 1.1.20 sowie eine Position aus einem Nachtrag. Des Weiteren ist es möglich, Positionen den Vorgängen nicht nur in absoluten Mengen, sondern auch prozentual zuzuweisen. Im rechten Fenster werden die Eigenschaften des Vorgangs, die Berechnung der Dauer sowie Mengen, Lohnstunden, Kosten und Erlöse dargestellt.

---

[98] Programme für Ausschreibung, Vergabe und Abrechnung.

3.5 Wirtschaftliche Aufgaben

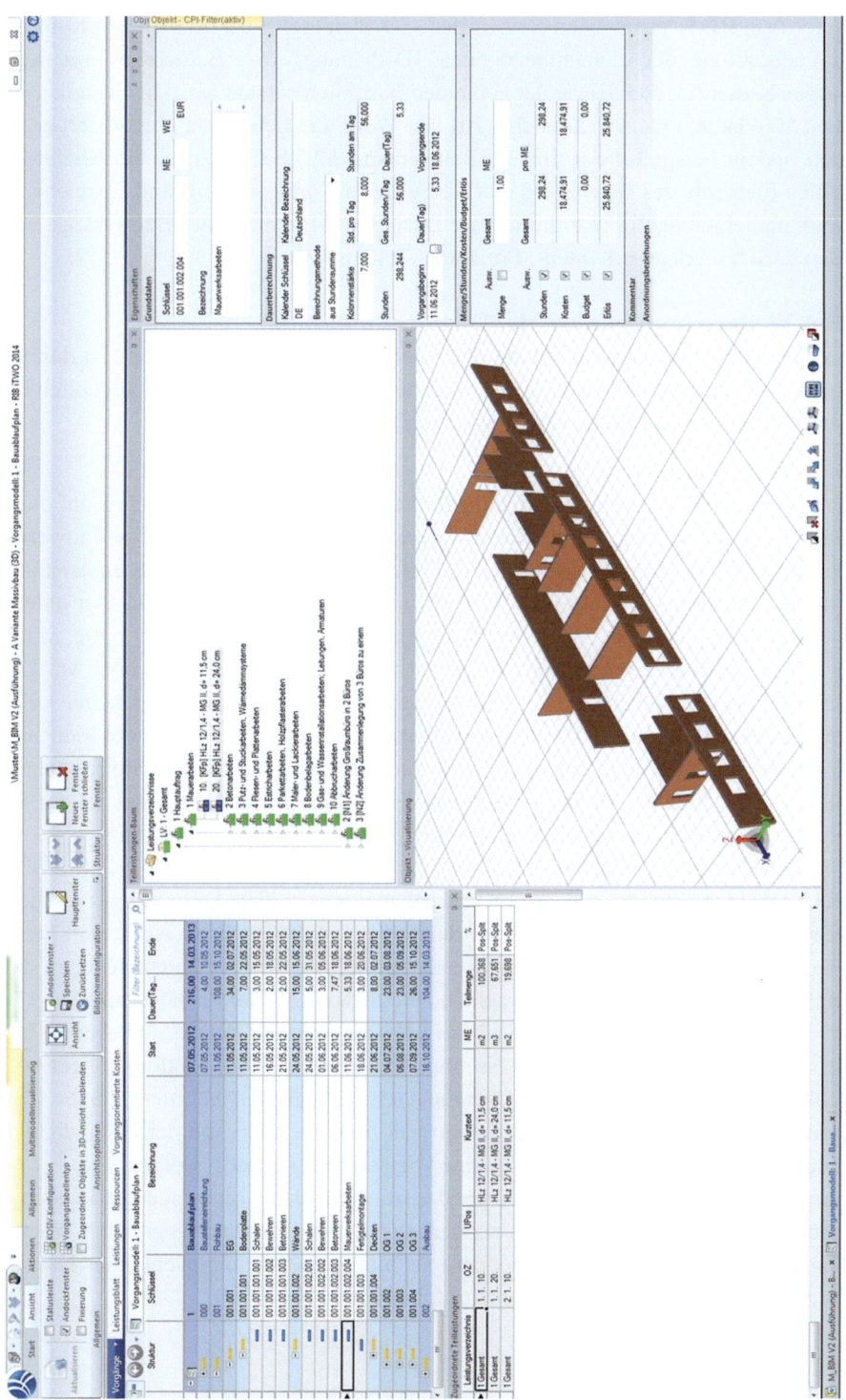

Abb. 3.56 Positionszuordnung zu den Vorgängen einer Terminplanung (Mit freundlicher Genehmigung der RIB Software AG (www.rib-software.de))

Unter dem BIM-spezifischen Begriff der „5D-Planung" wird im gleichen Kontext die Zusammenführung der elementbezogenen 3D-Planung eines Bauwerkes mit den zugehörigen Kosten/Erlösen sowie der geplanten Bauzeiten verstanden. Auf Grundlage einer solchen 5D-Planung kann in ähnlicher Art und Weise die Leistung automatisiert ermittelt werden, indem beispielsweise im 3D-Bauwerksmodell die bis zu einem Stichtag hergestellten Elemente des Bauwerkes markiert werden. Voraussetzung sind ausreichend detaillierte und eineindeutig interpretierbare Bezüge der Elemente der Bauwerksgeometrie mit den dazu hinterlegten Kosten-, Preis- und Zeitansätzen.

3.5.3.6 Weitere Angaben bei der Leistungsmeldung

Die rechnerische Leistungsermittlung über die „meldefähigen Positionen" ist durch eine Vielzahl weiterer Angaben zu ergänzen, welche die Baustellenleistung maßgeblich beeinflussen können. Als Beispiele werden genannt:[99]

- Materiallieferungen:
Falls kurz vor Monatsultimo (Stichtag der Leistungsmeldung) Materialien auf die Baustelle geliefert werden, diese aber noch nicht eingebaut (fest mit dem Bauwerk verbunden) sind, wird durch diese Materiallieferung keine abrechenbare Bauleistung begründet. Insoweit wäre dies nicht kritisch und weiter zu verfolgen. Da aber unterstellt werden muss, dass ebenfalls vor Monatsultimo die Rechnung über die Materiallieferung im Unternehmen eingegangen ist, wird diese der Baustelle noch vor Ultimo belastet. Dementsprechend werden Kosten verbucht, denen jedoch keine Leistung gegenübersteht. Somit sind in der Leistungsmeldung jene Materialien mit Mengen auszuweisen, die noch nicht eingebaut sind, damit die Kosten für diese Stoffe separat geführt werden können. Dieser Prozess wird als Abgrenzung bezeichnet. In der Praxis werden in der Regel nur hohe Beträge bei den Materialkosten abgegrenzt.
- Nachunternehmerleistungen:
Bei Nachunternehmerleistungen ergeben sich meistens größere Differenzen zwischen den gebuchten Kosten und der tatsächlich durch die Nachunternehmer erbrachten Leistung. Die Ursache hierfür ist im Ablauf der Rechnungsstellung der Nachunternehmer zu suchen. In vielen Fällen sind die Nachunternehmer relativ säumig in der Rechnungsstellung. Somit ist eine Leistung auf der Baustelle erbracht, die zugehörigen Kosten sind aber noch nicht gebucht. Andererseits gibt es auch Nachunternehmer, die in ihren Anforderungen auf Abschlagszahlung relativ „großzügig" sind und schon Zahlungen anfordern, für die sie noch keine Leistung erbracht haben. In diesem Fall muss entweder mit der zuständigen Bauleitung die Rechnung korrigiert oder eine Vorauszahlung gebucht werden.
Somit ist es erforderlich, dass in der Leistungsmeldung nicht nur die Leistung der Nachunternehmer ermittelt wird, sondern die Kosten hierfür abgegrenzt werden. Die Ermittlung der Kosten ist insbesondere auch unter Beachtung eventueller Nachtragsforderungen der Nachunternehmer sorgfältig vorzunehmen.

---

[99] Paul: Steuerung der Bauausführung, S. 55.

- Minderungen wegen Preisnachlässen:
  Auftragnehmer geben zum TeiDie Auftragnehmer geben zum Teil auf ihr Angebot Nachlässe oder Skonti. Die Nachlässe können dabei den gesamten Auftrag, einzelne Titel oder aber auch nur einzelne Positionen betreffen. Korrekt wäre es, diese Nachlässe in der Auftragskalkulation zu berücksichtigen, sodass die Leistung bereits unter Berücksichtigung der Nachlässe ermittelt wird.

  Skonti spielen eine Sonderrolle. Vertraglich kann vereinbart werden, dass unter Einhaltung eines Zahlungszieles ein Abzug von der Rechnung vorgenommen werden kann. Zur rechtskräftigen Vereinbarung eines Skontos sind die Zahlungsfrist (zum Beispiel 10 Werktage nach Rechnungseingang beim AG) und der prozentuale Abzugsbetrag (z. B. 2 % des Netto-Rechnungsbetrages) anzugeben. Skonti werden in der Betriebsbuchhaltung als „neutrale Erträge" auf ein spezielles Konto und somit außerhalb der Baustelle gebucht. Um aber die Bauleitung an den positiven und negativen Erträgen, die bei Berücksichtigung von Skonti entstehen, am Baustellenergebnis zu beteiligen, werden bei vielen Bauunternehmen Skonti auch auf ein Konto der Baustelle gebucht. Insoweit sind diese besonders zu melden, falls davon ausgegangen werden muss, dass der Auftraggeber ein eventuell gewährtes Skonto in Anspruch nimmt.
- Minderungen wegen Übernahme von Leistungen durch den Auftraggeber:
  Nach § 2 Abs. 4 VOB/B 2016 ist der Auftraggeber berechtigt, ausbedungene Leistungen des Auftragnehmers selbst zu übernehmen. Dies betrifft auch die Lieferung von Bau-, Hilfs- und Betriebsstoffen. In einem solchen Fall sind die erwarteten Rechnungskürzungen in der Leistungsmeldung auszuweisen.
- Minderung wegen zu erwartender Rechnungskürzungen:
  Falls mit Rechnungskürzungen, z. B. wegen einer Vertragsstrafe aus Terminüberschreitungen oder wegen einer Minderung der Vergütung wegen Qualitätsmängeln, zu rechnen ist, so sind diese ebenfalls zu melden.
- Rückstellungen:
  Rückstellungen für bereits zu erwartende Mängelbeseitigungsarbeiten sind zu bilden.
- Preisanpassungen infolge Lohn-/Materialgleitklauseln:
  Eine Veränderung der Leistung aus vertraglich vereinbarten Gleitklauseln für Lohn und/oder Materialkosten ist zu berücksichtigen.

Ergänzt werden diese Angaben zur Leistung meistens durch Informationen zum Auftragsbestand bzw. Auftragsvolumen. Streng genommen ist dies kein Bestandteil einer Leistungsmeldung. Es ist jedoch für die Steuerung des Unternehmens wichtig, über den aktuellen Auftragsbestand genau informiert zu sein. Der Auftragsbestand berechnet sich stichtagsbezogen aus der Differenz zwischen dem Auftragsvolumen, einschließlich Nachträge, abzüglich der bis zum Stichtag erbrachten Leistung. Das Auftragsvolumen kann sich projektbezogen aus folgenden Gründen ändern:

- Beauftragung von Nachträgen wegen geänderter (§ 2 Abs. 5 VOB/B 2016) oder zusätzlicher Leistungen (§ 2 Abs. 6 VOB/B 2016);

- Aufträge Dritter, die im Rahmen der Baumaßnahme abgewickelt werden. Denkbar ist z. B. der Auftrag der Kommune für Arbeiten an der Kanalisation im Zusammenhang mit dem Anschluss der Entwässerungsleitung oder ein Auftrag eines Grundstücknachbarn, gleichzeitig mit den Asphaltarbeiten für den Hauptauftrag auch seine Hofflächen zu asphaltieren.

Gegebenenfalls sind auch Reduktionen im Auftragsbestand zu melden, beispielsweise infolge einer (Teil-)Kündigung von Vertragsleistungen oder geringeren Ausführungsmengen im Vergleich zu den im Leistungsverzeichnis ausgewiesenen Mengen (LE-Menge < LV-Menge).

Neben der Information zum Auftragsbestand werden oft noch weitere Angaben in der Leistungsmeldung abgefordert, wie:

- Termin des erwarteten Bauendes,
- bereits in Rechnung gestellte Beträge, obwohl diese Angaben in der Buchhaltung bei der Kreditorenrechnung vorhanden sein müssten.

Besondere Bedeutung hat die Meldung zum Ende des Geschäftsjahres, da diese unmittelbar in den Unternehmens-Jahresabschluss (Bilanz, Gewinn- und Verlustrechnung) eingeht. Diese wird dann meistens ergänzt durch eine Inventur, bei der die lagernden Materialien und der Gerätebestand genau erfasst werden. Methodisch ändert sich bei der Leistungsmeldung zum Jahresabschluss nichts. Da die kurzfristige Ergebnisrechnung insbesondere wegen der Abgrenzungen und Rückstellungen einen nicht unerheblichen internen Aufwand bewirkt, sind manche Bauunternehmen dazu übergegangen, für die Quartalsberichte mit einem höheren Aufwand die kurzfristige Ergebnisrechnung zu erstellen. Teilweise werden dafür dann andere Formulare verwendet als für die restlichen Monate. Abb. 3.57 zeigt ein Formular zur Leistungsmeldung. Diese Formulare werden heutzutage zumeist nicht mehr händisch ausgefüllt. In der Regel besitzen die Unternehmen spezielle EDV-Programme, sogenannte ERP-Programme (Enterprise-Resource-Planning-Programme) hierfür. Das Prinzip ist jedoch dasselbe.

3.5.4 Kosten-Soll-Ist-Vergleich, Kostencontrolling und Kostenmanagement

Das Kostencontrolling soll im Rahmen des Kostenmanagements die Gewinnerzielung des Unternehmens unterstützen. Dazu werden die erwarteten Erlöse den erwarteten Kosten gegen-übergestellt, einerseits stichtagsbezogen während der Bauzeit, anderseits auch prognostizierend zum Bauende. Konkret wird geprüft, ob von dem Baustellenerlös, abzüglich der Kosten für Teilleistungen, der Baustellengemeinkosten sowie der Allgemeinen Geschäftskosten noch ein Gewinn verbleibt. Nur durch die Erwirtschaftung von Gewinn ist ein Unternehmen langfristig in der Lage am Markt zu bestehen (siehe hierzu auch Band 1).[100]

---

[100] Berner/Kochendörfer/Schach: Grundlagen der Baubetriebslehre, Band 1, Abschn. 5.8.

3.5 Wirtschaftliche Aufgaben

Leistungsmeldung

zum *30/04/14*

1. Auftragsinformation
- Baustelle: *EKZ Groß Heringsdorf*
- Bauleiter: *T. Hoffmann*
- Voraussichtliches Bauende: *Mai 2014*
- Technische Projektnummer: *7/31001*
- Kaufm. Auftragsnummer: *74 55 382*

Alle Beträge ohne MwSt.

2. Auftragsentwicklung (Aufträge schriftlich oder mündlich erteilt)
- 2.1 Auftragswert bis Ende des Vormonats: 3.897.000,00 EUR
- 2.2 Auftragszugang/-abgang im Berichtsmonat
  - Lieferungen und Leistungen an Dritte: EUR
  - Auftragsmehrungen oder -minderungen: EUR
  - EUR
  - EUR ▶ EUR
- 2.3 Auftragswert am Ende des Berichtsmonats: 3.897.000,00 EUR

3. Leistungsstand (unbestrittene Vertragsleistungen)
- 3.1 Leistungsberechnung per EDV: ja ☐ *Rohbau / Ausbau* nein ☒ 3.897.000,00 EUR
- 3.2 Leistungen, die nicht per EDV erfaßt sind:
  - Leistungen für Vertragsarbeiten: EUR
  - Leistungen bei Zusatzaufträgen: EUR
  - Leistungen bei Tagelohnarbeiten: 10.000,00 EUR
  - Leistungen für Dritte: 3.000,00 EUR
  - Erbrachte, nachträgliche Leistungen: EUR
  - Erwartete Leistungsabstriche: EUR
  - 13.000,00 EUR ▶ 13.000,00 EUR
- 3.3 Gesamtleistung zum Stichtag: 3.910.000,00 EUR
- 3.4 Sonstige Leistungsbereiche
  - für sonstige Leistungen: EUR
  - für nicht genehmigte Nachträge *2 % Skonto*: 78.200,00 EUR
  - 78.200,00 EUR ▶ 78.200,00 EUR
- 3.5 Zu buchende Leistung: 3.831.800,00 EUR

4. Lagerndes Material Anlage beiliegend ja ☐ nein ☒ EUR

5. Rückstellungen für noch zu erbringende Restarbeiten: 30.000,00 EUR

6. Verbuchung von Subunternehmerleistungen
- 6.1 Anlage „Subunternehmerleistungen (Rohbau)" ja ☐ nein ☒
- 6.2 Anlage „Subunternehmerleistungen (Ausbau)" ja ☐ nein ☒

Bemerkungen

| *06/05/14* | *Hoffmann* | *06/05/14* | *Schmidt* |
| Datum | Bauleiter | Datum | Oberbauleiter |

Abb. 3.57 Formular für die Leistungsmeldung

Hinsichtlich der Begriffe Management, Controlling, Kontrolle und Soll-Ist-Vergleich wird auf Abschn. 2.3 verwiesen. Somit stellt das Kostenmanagement eine Aufgabe der Bauleitung dar, die Kosten einer Baustelle im Sinne des Controllings zu planen, zu überwachen und zu steuern.

Das Kostenmanagement überschneidet sich mit Zuständigkeiten der kaufmännischen Abteilungen. Es ist somit unternehmensintern abzustimmen, welche Aufgaben von welcher Abteilung übernommen werden und welche Unterlagen erstellt werden. In vielen Unternehmen werden die Aufgaben des Kostencontrollings in gemeinsamen Besprechungen von technischen und kaufmännischen Bereichen abgearbeitet.

Das Kostencontrolling ist ein Teil der Kosten- und Leistungsrechnung (KLR) und basiert auf Soll-Kosten, die aus der Bauauftragskalkulation stammen, und auf Ist-Kosten, die in der Baubetriebsrechnung erfasst wurden.[101] Ergänzt wird das Zahlenwerk mit Prognosen und Einschätzungen zu entstehenden Kosten, welche die Bauleitung auf Basis ihrer Kenntnisse über den Bauablauf hat.

Generell kann das Kostencontrolling über verschiedene Bereiche durchgeführt werden:

- Kostencontrolling für eine oder mehrere Kostenarten. Typisch hierfür ist ein Kostencontrolling der Lohnkosten (Anzahl Lohnstunden und Mittellohn) sowie der Hauptbaustoffe, wie Beton und Stahl (Menge, Zeitpunkt der Verarbeitung, Kostenentwicklung).
- Für Nachunternehmer, insbesondere im Schlüsselfertigbau.
- Für die Baustellengemeinkosten, da auch hier häufig Kostenüberschreitungen auftreten und
- für das Gesamtprojekt.

Ein einheitliches, unternehmensweit identisches Kostencontrolling über alle Baustellen wird in der Regel als wenig sinnvoll angesehen. Für jede Baustelle sollte im Rahmen der Projektorganisation (siehe Abschn. 2.2.5) daher geregelt werden, welche Bereiche des Kostencontrollings umgesetzt werden.

Als Problem beim Kosten-Soll-Ist-Vergleich wird häufig angesehen, dass je nach der gewünschten Aussage verschiedene Vergleiche möglich sind. Z. B. können folgende Vergabegewinne/-verluste bei Nachunternehmern ermittelt werden:

- Vergabegewinn/-verlust I: Ansatz der Auftragskalkulation – Auftragssumme;
- Vergabegewinn/-verlust II: Ansatz der Auftragskalkulation – Geschätzte Abrechnungssumme;
- Vergabegewinn/-verlust III: Geplantes Budget für den Nachunternehmer – Geschätzte Abrechnungssumme.

---

[101] Berner/Kochendörfer/Schach: Grundlagen der Baubetriebslehre, Band 1, Kap. 5.

3.5 Wirtschaftliche Aufgaben

Subunternehmen, Nachtragsbezeichnung	eingegangen am	eingereichte Nachtragssumme	voraussichtliche Nachtragssumme	verhandelt am	endverhandelte Nachtragssumme	an Bauherrn Weiterverrechnung möglich	Nachtragsnummer an Bauherrn	Nachtragssumme an Bauherrn
		[EUR]	[EUR]		[EUR]	Ja / Nein		[EUR]
1	2	3	4	5	6	7	8	9

Abb. 3.58 Kostencontrolling – Modul Nachunternehmernachträge

In der praktischen Umsetzung des Kostencontrollings hat es sich als nützlich herausgestellt, das Kostencontrolling in verschiedene Module zu unterteilen:[102]

- Modul Soll-Ist-Vergleich mit den Unterbereichen Auftrag, Nachunternehmervergabe und Leistungsermittlung,
- Modul Nachunternehmernachträge,
- Modul Nachträge an Bauherrn,
- Modul Gemeinkostenentwicklung,
- Modul Leistungen an Dritte und
- Modul Baustellenergebnis.

In Abb. 3.58 ist ein Beispiel für das Modul Nachunternehmernachträge und in Abb. 3.59 ein Beispiel für das Modul Gemeinkostenentwicklung dargestellt.

3.5.5 Stunden-Soll-Ist-Vergleich

3.5.5.1 Grundlegende Anmerkungen zum Stunden-Soll-Ist-Vergleich

Ein Stunden-Soll-Ist-Vergleich geht von der Überlegung aus, dass durch den Verbrauch an Lohnstunden das Baustellenergebnis besonders beeinflusst wird. Grund ist der vielmals hohe Anteil der Lohnkosten an den Gesamtkosten einer Baumaßnahme. Da bei lohnintensiven Baustellen der Lohnanteil 50 % der Gesamtkosten und mehr betragen kann, muss der Stundenverbrauch besonders intensiv kontrolliert werden, um eine Baustelle mit Gewinn abschließen zu können. Die Materialkosten sind auf der Baustelle, nachdem der Einkauf erfolgt ist, kaum beeinflussbar, da der Materialverbrauch durch den Bauentwurf vorgegeben wird und die Materialverluste (z. B. durch Verschnitt oder Bruch) in der Regel

---

[102] Schach/Sperling: Baukosten, Seite 775.

Bezeichnung	Auftragskalkulation	1. Arbeitskalkulation	Fortschreibung	Ist-Kosten zum Stichtag	geschätzte Restvergabe inkl. Nachträge	voraussichtliche Gesamt-Ist-Kosten	Leistung gegen Bauherrn	Leistung SUB zum Monatsende
	[EUR]	[EUR]	[EUR]	[EUR]	[EUR]	[EUR]	[EUR]	[EUR]
1	2	3	4	5	6	7 = 5 + 6	8	9
Lohnkosten								
Nachunternehmer								
Gutachter								
Baureinigung								
Gebühren								
Versicherungen								
Stoffkosten								
Geräte								
Transporte								
Betriebsstoffkosten								
Unterkunftskosten								
Fuhrpark								
Büromaterial								
Büromiete								
Reisekosten								
Spesen/Bewirtung								
Bauhof-Umlage								
Gewährleistungsumlage								
AGK								
Summen								

Abb. 3.59 Kostencontrolling – Modul Gemeinkostenentwicklung

relativ gering sind. Auch die Gerätekosten sowie Schalungs- und Gerüstkosten lassen sich schwer beeinflussen, da die Gerätemieten intern feststehen. Selbstverständlich ist darauf zu achten, dass sowohl die Geräte als auch Schalung und Rüstung rechtzeitig frei gemeldet und damit Mietzeiten reduziert werden.

Methodisch erfolgt das Controlling der Lohnkosten vor allem durch den Stunden-Soll-Ist-Vergleich. Er stellt eine systematische Kontrollmaßnahme dar (siehe Abschn. 2.3.3), die den Verbrauch von Lohnstunden der gewerblichen Arbeiter betrifft. Jede geleistete Arbeitsstunde führt zwangsweise zu Lohnkosten. Somit besteht das Ziel eines Lohnstunden-Soll-Ist-Vergleichs darin, in einer tabellarischen Gegenüberstellung die zum Zeitpunkt der Auswertung (Stichtag) geplanten Lohnstunden (Soll-Lohnstunden), bezogen auf die erbrachte Leistung, den tatsächlich verbrauchten Lohnstunden (Ist-Lohnstunden) gegenüberzustellen. Falls die geplanten (kalkulierten) Lohnstunden mit dem kalkulierten Mittellohn multipliziert und das Ergebnis den tatsächlichen Lohnkosten gegenübergestellt werden, ergibt sich ein Lohnkosten-Soll-Ist-Vergleich. Die tatsächlichen Lohnkosten

(Ist-Lohnkosten) ergeben sich durch Multiplikation der tatsächlich verbrauchten Lohnstunden (Ist-Lohnstunden) mit dem tatsächlichen Mittellohn (Ist-Mittellohn), gleichermaßen auch aus den bis zu einem Stichtag in der Finanzbuchhaltung gebuchten Lohnkosten.

Zum Stunden-Soll-Ist-Vergleich sind mehrere grundlegende Anmerkungen zu machen. Prinzipiell werden in einem Stunden-Soll-Ist-Vergleich die tatsächlich verbrauchten Stunden (Ist-Stunden) erfasst und diese den hierfür geplanten Stunden gegenübergestellt. Eine Einflussnahme oder Steuerung von künftig anfallenden Stunden ist somit definitionsgemäß nicht Teil eines Stunden-Soll-Ist-Vergleichs. Es muss jedoch unterstellt werden, dass, falls ein Stundenmehrverbrauch erkannt wird, auch die Frage gestellt wird, ob nicht Steuerungsmaßnahmen ergriffen werden, um den Stundenverbrauch künftig zu reduzieren.

Es stellt sich somit zwangsweise die Frage, auf welchen Baustellen ein Stunden-Soll-Ist-Vergleich durchgeführt werden soll. Besonders geeignet sind hierfür lohnintensive Baustellen, das heißt Baustellen, die wenig mechanisiert sind. Auszuschließen sind darüber hinaus Baustellen, auf denen kein oder sehr wenig eigenes Personal eingesetzt wird, wie z. B. Baustellen des Schlüsselfertigbaus. Da heute viele Baustellen hoch mechanisiert sind, hat die Bedeutung des Stunden-Soll-Ist-Vergleichs folglich stark abgenommen.

Ein Stunden-Soll-Ist-Vergleich wird bei laufender Baumaßnahme und nicht nach abgeschlossener Baustelle durchgeführt. In diesem Fall wäre es eine Maßnahme der Nachkalkulation (siehe Abschn. 3.5.18). Somit sind zu dem Zeitpunkt, zu dem ein Stunden-Soll-Ist-Vergleich durchgeführt werden soll, zuerst die Soll-Stunden zu ermitteln.

Grundlage hierfür ist die Leistungsmeldung (siehe Abschn. 3.5.3). Beim Stunden-Soll-Ist-Vergleich wird im Allgemeinen davon ausgegangen, dass ein Einheitspreisvertrag vorliegt und die erbrachte Leistung auf die Positionen des LV bezogen ermittelt wird. Somit kann bei einer traditionellen manuellen Kalkulation, bei der es keine Differenzierung der kalkulierten Stunden gibt, nur die Gesamtsumme der Soll-Stunden ermittelt werden. Eine solche Summenauswertung entspricht aber nicht den Erwartungen, da eine differenzierte Betrachtung nach Tätigkeiten durchgeführt werden soll.

Es muss somit eine Untergliederung der Stunden nach typischen Tätigkeiten vorgenommen werden. Bei Nutzung von EDV-Programmen für die Kalkulation bietet sich hierfür grundsätzlich die Kostenartenstruktur an. Es muss jedoch festgestellt werden, dass die Kostenartenstruktur im Lohnbereich meistens nach kaufmännischen Kriterien gegliedert wird.

Bei der Strukturierung der Soll-Stunden muss sich jedoch auch an den Randbedingungen zur Erfassung der Ist-Stunden und der gewünschten Art der Auswertung (sehr detailliert oder mehr in übergeordneten Gruppen) orientiert werden. Dies erfolgt, indem unabhängig zur Lohn-Kostenarten-Strukturierung eine andere Struktur, mit der Bezeichnung Bauarbeitsschlüssel (BAS), eingeführt wird.

3.5.5.2 Bauarbeitsschlüssel (BAS)

Nachdem im vorigen Abschnitt grundlegende Anmerkungen zur Notwendigkeit des Bauarbeitsschlüssels gemacht wurden, sollen nunmehr Prinzipien zu dessen Aufbau diskutiert werden. Generell ist festzustellen, dass in den Unternehmen, in denen Stunden-Soll-Ist-

0	Baustelleneinrichtung und Randarbeiten
1	Transport- und Umschlagsarbeiten, Stundenlohn und Gerätebedienung
2	Erd-, Entwässerungs- und Abbrucharbeiten
3	Schal- und Rüstarbeiten
4	Beton- und Stahlbetonarbeiten
5	Maurer- und Putzarbeiten
6	Straßenunterbau- und Deckenarbeiten
7	Straßenbauarbeiten und Nebenanlagen [...]

Abb. 3.60 Tätigkeitsbereiche eines Bauarbeitsschlüssels

Vergleiche durchgeführt werden, ein Standard-Bauarbeitsschlüssel eingeführt ist.[103] Dieser kann dann bei Erfordernis projektspezifisch angepasst werden.

Beim Bauarbeitsschlüssel handelt es sich um einen hierarchisch auf der Dezimalklassifikation aufgebauten Schlüssel, der in der Regel auf maximal vier Stellen begrenzt ist. Dieser Schlüssel beschreibt bestimmte bauspezifische Tätigkeiten.

Bereits Anfang der 1960er-Jahre wurde von dem IfA-Arbeitskreis Hochbau und Straßenbau ein BAS-Schlüssel zur allgemeinen Anwendung empfohlen.[104] Die Grundstruktur teilt alle Arbeiten in Tätigkeitsbereiche ein (siehe Abb. 3.60). Darauf aufgebaute modifizierte Strukturen werden auch heute noch zur Anwendung empfohlen.[105, 106, 107]

Die weitere Unterteilung in Arbeitsschritte unterscheidet sich jedoch. So wird z. B. der vom Zentralverband des Baugewerbes herausgegebene BAS im Tätigkeitsbereich 3 „Schal- und Rüstarbeiten" in die in Abb. 3.61 dargestellten Arbeitsschritte untergliedert.

Eine weitere Untergliederung kann in Unter-Arbeitsschritte vorgenommen werden. So könnte z. B. der Arbeitsschritt 34: „Schwierige Konstruktionen, Zusatzarbeiten und Sonderschalungen ein- und ausschalen" aufgeteilt werden in:

331 Gesimse
332 Gekrümmte Wände, Stützmauern und Pfeiler
333 ....

Die 4. Stelle (z. B. 331.1) ist vorgesehen, damit eine weitere Untergliederung nach innerbetrieblicher Festlegung vorgenommen werden kann. Insbesondere kann eine projektspezifische Gliederung, z. B. nach Geschossen, sinnvoll sein.

---

[103] Keil/Martinsen/Vahland/Fricke: Kostenrechnung für Bauingenieure, S. 253.
[104] Bauarbeitsschlüssel für das Baugewerbe B.A.S., IfA-Formblattverlag, Stuttgart 1963.
[105] BAUORG Unternehmer-Handbuch für Bauorganisation und Baubetriebsführung, Seite V/8.
[106] Hoffmann: Zahlentafeln des Baubetriebs, Seite 715.
[107] Gralla: Baubetriebstafeln, Seite 5.23.

3.5 Wirtschaftliche Aufgaben

3	**Schal- und Rüstarbeiten**
30	Fundamente und Wände einschalen, ausrichten, abstützen bzw. abspannen, ausschalen
31	Decken, Balkonplatten und Podeste einschalen, ausrichten, abstützen bzw. abspannen, ausschalen
32	Stützen, Balken, Unterzüge, Stürze, Ringanker einschalen, ausrichten, abstützen bzw. abspannen, ausschalen
33	Treppen einschalen, ausrichten, abstützen bzw. abspannen, ausschalen
34	Schwierige Konstruktionen, Zusatzarbeiten und Sonderschalungen ein- und ausschalen
35	Leichte Gerüste herstellen, auf- und abbauen, entnageln, stapeln, aufladen (Leiter-, Schutz- und Fanggerüste)
36	Schwere Gerüste herstellen, auf- und abbauen, entnageln, stapeln, aufladen (Arbeitsgerüste)
37	Lehr- und Sondergerüste herstellen, auf- und abbauen, entnageln, stapeln, aufladen
38	... (frei zur individuellen Belegung)
39	... (frei zur individuellen Belegung)

Abb. 3.61 Arbeitsschritte des Tätigkeitsbereichs „3 Schal- und Rüstarbeiten"

Jedem Unternehmen ist es freigestellt, einen eigenen Bauarbeitsschlüssel aufzubauen, da dieser nur zu internen Kontrollzwecken verwendet wird. Generell muss jedoch festgestellt werden, dass je detaillierter ein Bauarbeitsschlüssel aufgebaut ist, desto umfangreicher die Abgrenzungsprobleme auf der Baustelle werden.

Die Schwierigkeiten bei der Abgrenzung sollen beispielhaft beim oben dargestellten Bauarbeitsschlüssel gezeigt werden. So gibt es sowohl bei der Zuweisung der Soll-Stunden, später aber auch bei der Erfassung der Ist-Stunden Schwierigkeiten, wenn, wie heute üblich, eine Decke mit Unterzug gleichzeitig geschalt und betoniert wird. Dann ist es oft unklar, welcher Stundenanteil der Tätigkeit „31 Decken ..." und welcher der Tätigkeit „32 ... Unterzüge ..." zugewiesen wird. Zuordnungsprobleme ergeben sich auch, wenn Gitterträgerfertigplatten als verlorene Schalung verwendet werden. Soll dann das Verlegen der Gitterträgerfertigplatten der Tätigkeit „31 Decken ..." oder der ebenfalls vorgegebenen Tätigkeit „45 Fertigteile verlegen einschließlich der erforderlichen Abstützungen und Vermörtelungen" zugeordnet werden? Erfahrungsgemäß versuchen die Poliere auch möglichst große Ist-Stundenanteile auf die Gruppe „1 Baustelleneinrichtungs- und Randarbeiten" zu schreiben. Damit wird der Zeitaufwand bei den produktiven Tätigkeiten reduziert. Der Polier zeichnet sich dann durch eine vermeintlich erfolgreiche Baustellensteuerung aus.

Je differenzierter ein Bauarbeitsschlüssel gestaltet ist, desto mehr Abgrenzungsprobleme dieser Art treten auf. Die Reduktion auf eine geringe Zahl an Tätigkeiten im Bauarbeitsschlüssel (wenige BAS-Nummern) ist jedoch auch nicht empfehlenswert, da dann die notwendige Differenzierung bei der Beurteilung von Verlustquellen nicht mehr möglich ist.

An dieser Stelle soll noch auf die Nutzung des Bauarbeitsschlüssels in anderen Zusammenhängen hingewiesen werden.

- Die auf dem Markt angebotene baubetriebliche Standardsoftware für die Kalkulation und die Baustellensteuerung integriert BAS-Auswertungen. Somit kann bereits bei der Kalkulation eine Auswertung nach den BAS-Soll-Stunden implementiert werden. Eine zusätzliche Eingabe der BAS-Nummern ist nicht notwendig, wenn generell mit Abrufpositionen kalkuliert wird, die mit BAS-Nummern versehen sind. Eine solche Auswertung kann wertvolle Hinweise bei der Beurteilung der Kalkulation und später im Rahmen der Fertigungsplanung, z. B. bei der Festlegung von Vorgangsdauern bei der Terminplanung geben.
- Für die Ressourcenplanung der Lohnstunden können BAS-Auswertungen sehr hilfreich sein, insbesondere für Kontrollzwecke.

Somit sollte die Integration des Bauarbeitsschlüssels in die Kalkulation auch unter diesen Anwendungsmöglichkeiten betrachtet werden.

3.5.5.3 Beispiel zum Stunden-Soll-Ist-Vergleich

In Abb. 3.62 ist eine Position 3.130 mit zugeordneten BAS-Nummern dargestellt (siehe Spalte „BAS").

Dabei wurde die BAS-Nummer S340 für die Tätigkeit „Schalung Stützen" und die BAS-Nummer S540 für „Betonieren Stützen" verwendet. Die Kennung „S" ist programmspezifisch und legt fest, dass es sich um Leistungstätigkeiten im Gegensatz zu Tätigkeiten handelt, die in eine Stundenumlage eingehen. Solche umzulegende Tätigkeiten sind z. B. Kranbedienung, Betonkosmetik und Baureinigung.

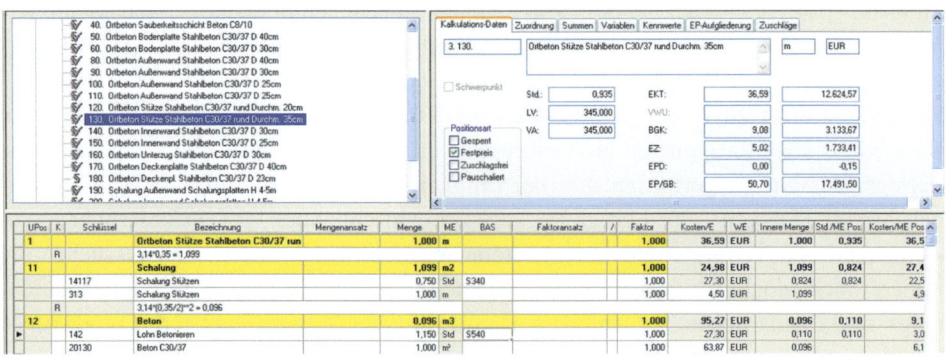

Abb. 3.62 Position mit BAS-Nummern

3.5 Wirtschaftliche Aufgaben

Nachdem BAS-Nummern allen Ansätzen mit der Kostenart „1 Lohn" zugewiesen wurden, kann eine Auswertung nach BAS-Nummern über das Gesamtprojekt durchgeführt werden. Diese ist in Abb. 3.63 dargestellt und führt für das Gesamtprojekt zu insgesamt 19.234,6 h, aufgeteilt nach den einzelnen Tätigkeiten. Die Werte für die BAS-Nummer S340 ergeben sich aus den Positionen 3.120 und 3.130, jeweils mit den Unterposition U1 und U11. Aus Abb. 3.62 kann entnommen werden, dass bei der Position 3.130 pro Meter Stützenlänge 1,099 m^2 Schalung benötigt werden. Somit ergibt sich insgesamt eine zu schalende Fläche von (1,099 h/m^2 · 345 m^2 =) 379,155 m^2. Bei einem Aufwandswert von 0,75 h/m^2 ergibt sich ein Gesamtaufwand (0,75 Lh/m^2 · 379,155 m^2 =) 284,366 Lh für das Schalen der Stützen (Soll-Lohnstunden). Dieser Wert findet sich in Abb. 3.63.

Auf der Baustelle wird der Stundenverbrauch nach den BAS-Nummern erfasst. Zum 30.04.2014 ergeben sich für den Zeitraum April 2014 die in Abb. 3.64 dargestellten Ist-Stunden. Unter der BAS-Nummer S340 sind 45,00 h angefallen. Für die Durchführung eines Stunden-Soll-Ist-Vergleichs müssen die Ist-Stunden im BAS-Auswertungsprogramm und die erbrachte Leistung als Leistungsmenge (LE-Menge) unter jeder Position erfasst werden. Hierfür stehen spezielle Erfassungsmodule zur Verfügung, in denen tabellarisch alle Positionen aufgeführt sind.

Projekt: Kalkulation:	Regenklärbecken Arbeitskalkulation	BAS - Auswertung			Mit VA-Menge Mit Sonderpositionen
BAS-Nr.	**BAS-Bezeichnung**	**VA-Menge**	**ME**	**Faktor**	**Summe Std**
S310	**Schalung Fundamente/Bodenplatte**				
1	BE, Erdarbeiten, Stahlbeton				
3.220.	Schalung Bodenplatte	98,300	m²		
U1	Schalung Bodenplatte	98,300	m²		
14107	Lohn Baufacharbeiter	98,300	m²	1,20	117,960
S310	**Schalen Fundamente/Bodenplatte**	**98,300**	**m²**		**117,960**
S330	**Schalen Wände**				
1	BE, Erdarbeiten, Stahlbeton				
3.190.	Schalung Außenwand Schalungsplatten H 4-5m	4.708,000	m²		
U1	Schalung Außenwand Schalungsplatten	4.708,000	m²		
14111	Lohn Baufacharbeiter	2.824,800	m²	0,60	1.694,880
3.200.	Schalung Innenwand Schalungsplatten H 4-5m	4.504,000	m²		
U1	Schalung Innenwand Schalungsplatten	4.504,000	m²		
14111	Lohn Baufacharbeiter	2.702,400	m²	0,60	1.621,440
S330	**Schalen Wände**	**5.526,400**	**m²**		**3.316,320**
S340	**Schalen Stützen**				
1	BE, Erdarbeiten, Stahlbeton				
3.120.	Ortbeton Stütze Stahlbeton C30/37 rund Durchm. 20 cm	335,000	m		
U1	Ortbeton Stütze Stahlbeton C30/37 rund Durchm. 20 cm	335,000	m		
U11	Schalung	210,380	m²		
14117	Lohn Baufacharbeiter	210,380	m²	0,85	178,823
3.130.	Ortbeton Stütze Stahlbeton C30/37 rund Durchm. 35 cm	345,000	m		
U1	Ortbeton Stütze Stahlbeton C30/37 rund Durchm. 35 cm	345,000	m		
U11	Schalung	379,155	m²		
14117	Lohn Baufacharbeiter	379,155	m²	0,75	284,366
S340	**Schalen Stütze**	**589,535**	**m²**		**463,189**
⋮					⋮
Gesamt					**19.234,581**

Abb. 3.63 Auswertung Soll-Lohnstunden für Gesamtprojekt nach BAS

Liste der erfassten Ist-Stunden

Projekt: Regenklärbecken

Auswertungszeitraum: 01.04.2014 - 30.04.2014

BAS-Nr.	BAS-Bezeichnung	Datum	Stunden	Ort	Kolonne
S310	Schalen Fundamente/Bodenplatte	30.04.2014	0,00		
S330	Schalen Wände	30.04.2014	528,50		
S340	Schalen Stützen	30.04.2014	45,00		
S370	Schalen Decken	30.04.2014	631,00		
S400	Bewehren	30.04.2014	0,00		
S510	Betonieren Fundament/Bodenplatte	30.04.2014	178,50		
...			...		
Summe der Ist-Stunden:			**2378,50**		

Abb. 3.64 Ist-Lohnstundenverbrauch im April 2014

Stunden Soll/Ist Vergleich

Projekt: Regenklärbecken
Kalkulation: Arbeitskalkulation

Auswertungszeitraum: 01.04.2014 - 30.04.2014

					bis Stichtag (30.04.2014)			im Berichtszeitraum			
BAS	Bezeichnung	VA-Menge	ME		LE-Menge	Soll-Std	Ist-Std	LE-Menge	Soll-Std	Ist-Std	Diff-Std
L	Leistungs-BAS										
S300	Schalen										
S310	Schalen Fundamente/Bodenplatte	98,300	m²		98,00	117,60	131,00	0,00	0,00	0,00	0,0
S330	Schalen Wände	5526,400	m²		1055,00	633,00	641,25	892,00	535,20	528,50	6,7
S340	Schalen Stützen	589,535	m²		52,00	41,60	41,00	38,00	30,40	45,00	-14,6
S300	Schalen					792,20	813,25		565,60	573,50	-7,9
...						...	...		...	...	...
Gesamt						**4759,43**	**4931,75**			**2.378,50**	

Abb. 3.65 Stunden-Soll-Ist-Vergleich zum Stichtag 30.04.2014

Danach kann eine stichtagsbezogene Stunden-Soll-Ist-Auswertung durchgeführt werden. Eine Auswertung für den Zeitraum Baubeginn bis Ende April 2014 sowie für den Monat April 2014 ist in Abb. 3.65 wiedergegeben. In den Gesamtsummen sind nunmehr bezogen auf die bis zum 30.04.2014 geleisteten Mengen insgesamt 4.797,43 Lh Soll-Stunden vorgegeben. Dem stehen 4.931,75 Lh als Ist gegenüber. Im Detail kann nachvollzogen werden, wie sich die Summen zusammensetzten. So waren für das Schalen Wände (S330) 633,00 Soll-Stunden vorgesehen, verbraucht wurden aber 641,25 Lh. Im Berichtszeitraum April 2014 betrug das Soll 535,20 Lh, das Ist 528,50 Lh.

Wie bereits in Abschn. 3.5.5.1 dargelegt, geht der Stunden-Soll-Ist-Vergleich von der Überlegung aus, dass durch die Gegenüberstellung von geplanten Soll-Stunden und den verbrauchten Ist-Stunden Informationen bereitgestellt werden, um gegebenenfalls steuernd eingreifen zu können. Die Steuerung selbst ist jedoch nicht methodischer Bestandteil des Soll-Ist-Vergleiches.

In der Praxis zeigt sich, dass der Stunden-Soll-Ist-Vergleich sehr sensibel auf unterschiedliche Zuordnungen beim Soll und beim Ist reagiert. Die sich ergebenden Abweichungen spiegeln häufig weniger tatsächliche Stundenmehr- oder -minderverbräuche wider. Daher ist die Beurteilung der Auswertungen nur dann möglich, wenn der Erfasser der Ist-Stunden den baubetrieblichen Fertigungsablauf und die Überlegungen und Vorgaben der Arbeitskalkulation (Soll-Stunden) fachspezifisch vergleichen und bewerten kann.

Unabhängig davon, ob der Soll-Ist-Stundenvergleich positiv oder negativ ausfällt, wird sich in vielen Fällen die Erkenntnis einstellen, dass allein die Beschäftigung mit den Stundenverbräuchen in der Bauleitung, bei den Polieren und Vorarbeitern zu einer erhöhten Aufmerksamkeit hinsichtlich von Stundenverbräuchen führt.

3.5.6 Anforderung von Abschlagszahlungen (Abschlagsrechnungen)

3.5.6.1 Einführung

Jeder Auftragsabwicklung liegt das Grundprinzip des Werkvertrags nach § 631 BGB zu Grunde: der Auftragnehmer erstellt ein Werk und der Auftraggeber vergütet hierfür den Auftragnehmer. Der Auftragnehmer erhält jedoch seine Vergütung nur, falls er seine Forderung in Form einer Rechnung geltend macht.

Die Rechnungsstellung unterliegt beim Bauvertrag verschiedenen Besonderheiten. So gibt es verschiedene Rechnungsarten (siehe Abschn. 3.5.6.3). Darüber hinaus sind beim Prozess der Rechnungsstellung die nachfolgend aufgeführten Teilprozesse zu beachten:

- Aufmaß (siehe Abschn. 3.5.6.4),
- Mengenermittlung (siehe Abschn. 3.4.8) und
- Bewertung der Mengen mit den vertraglich vereinbarten Preisen (siehe Abschn. 3.5.6.6) und Zusammenfassen zur Rechnung (siehe Abschn. 3.5.6.7).

Grundlegend zu unterscheiden sind die während der Bauabwicklung zu erstellenden „Anforderungen auf Abschlagszahlung", die umgangssprachlich „Abschlagsrechnungen" genannt werden, und die Schlussrechnung (siehe Abschn. 4.2). Der Begriff „Abschlagsrechnung" soll auch nachfolgend verwendet werden.

Abschlagsrechnungen können während der Bauabwicklung vom Unternehmer jederzeit gestellt werden. Dieses Recht ergab sich beim VOB/B-Vertrag schon immer aus § 16 Abs. 1. Häufig ist jedoch individual vertraglich festgelegt, dass diese höchstens in monatlichen Zeitabschnitten gestellt werden können.

Im BGB war ursprünglich das Recht auf Abschlagszahlungen beim Werkvertrag nicht vorgesehen. Damit übernahm der Auftragnehmer umfängliche Risiken. Um seine Verpflichtung zur Vorfinanzierung der Bauleistung auf ein verträgliches Maß zu begrenzen, wurde durch das Gesetz zur Beschleunigung fälliger Zahlungen, das zum 1. Mai 2000 in Kraft trat, der § 632a neu eingeführt. Dieser gab dem Auftragnehmer das Recht, „für in sich geschlossene Teile des Werkes" Abschlagszahlungen zu verlangen. Damit wurden jedoch die angestrebten Ziele nicht erreicht, sodass durch das Forderungssicherungsgesetz, das zum 1. Januar 2009 in Kraft trat, der § 632a neu formuliert wurde. Die Begrenzung „auf in sich geschlossene Teile des Werkes" ist entfallen. Damit entspricht in der praktischen Umsetzung das BGB hinsichtlich Abschlagszahlungen nunmehr weitgehend der VOB/B, Abschlagszahlungen können gemäß § 632a BGB in Höhe des Wertes der vom Unternehmer erbrachten und nach dem Vertrag geschuldeten Leistungen verlangt werden.

3.5.6.2 Abrechnungsgrundlagen

Die Abrechnung erfolgt auf der Grundlage des BGB und weiterführend des Bauvertrages. Dieser besteht bei einem VOB-Vertrag in der Regel neben dem eigentlichen Vertrag aus:

1. den bei Vertragsverhandlungen getroffenen besonderen Vereinbarungen (u. a. gemäß Verhandlungsprotokoll),
2. der Leistungsbeschreibung mit Leistungsverzeichnis (u. a. einschließlich Baubeschreibung und Plänen),
3. den Besonderen Vertragsbedingungen (BVB),
4. den Zusätzlichen Vertragsbedingungen (ZVB),
5. den Zusätzlichen Technischen Vertragsbedingungen (ZTV),
6. den Allgemeinen Technischen Vertragsbedingungen für Bauleistungen (ATV, VOB/C) und
7. den Allgemeinen Vertragsbedingungen für die Ausführung von Bauleistungen (AVB, VOB/B).

Alle genannten Vertragsbestandteile können inhaltliche Regelungen zur Art und Weise der auf die Rechnungslegung festlegen. So kann z. B. bei den Vertragsverhandlungen vereinbart worden sein, dass bestimmte Leistungen ohne besondere Vergütung erbracht werden. In der Leistungsbeschreibung können andere Regeln zur Mengenermittlung aufgenommen sein, als sich diese üblicherweise aus der VOB/C ergeben. Maßgebend ist immer die speziellere Regelung.

3.5.6.3 Rechnungsarten

Prinzipiell ist zwischen Abschlagszahlungen und der Schlusszahlung zu unterscheiden. Voraussetzung für eine Abschlagszahlung ist in der Regel, dass der Auftragnehmer eine „Anforderung auf eine Abschlagszahlung" gestellt hat. Diese wird allgemein auch „Abschlagsrechnung" genannt, obwohl dies im rechtlichen Sinn keine „Rechnung" ist. Formell kann bei einem Werkvertrag die Vergütung nur nach Leistungserbringung und nur durch eine Rechnung, die (Schluss-)Rechnung, eingefordert werden.

Bei der Rechnungsstellung von Bauleistungen wird somit unterschieden zwischen:

a) Anforderungen auf Abschlagszahlungen (Abschlagsrechnung),
b) Schlussrechnung (detaillierte Erläuterungen zur Schlussrechnung siehe Abschn. 4.2) und
c) Teilschlussrechnung.

Zu a) Anforderungen auf Abschlagszahlungen („Abschlagsrechnung")

Mit der Neufassung des BGB zum 1. Mai 2000 wurde im § 632a BGB das Recht auf Abschlagszahlungen beim Werkvertrag eingeführt. Damit sollte erreicht werden, dass der Unternehmer keine vollständige Vorfinanzierung zu erbringen hat. Verbunden war dies jedoch mit der Einschränkung, dass die Forderungen nur für „in sich abgeschlossene Teile des Werks" gestellt werden konnten. Mit Inkrafttreten des „Gesetzes zur Sicherung von Werkunternehmeransprüchen und zur verbesserten Durchsetzung von Forderungen" (Forderungssicherungsgesetz) zum 01.01.2009 wurde diese kaum verständliche Einschränkung aufgehoben. Voraussetzung für den Anspruch auf Abschlagszahlung ist nur noch eine prüfbare Abrechnung. Somit werden BGB- und VOB-Verträge in diesem Bereich angeglichen.

3.5 Wirtschaftliche Aufgaben

Im § 16 Abs. 1 VOB/B 2016 war das Recht der Auftragnehmer auf Abschlagszahlungen schon immer verankert. Sie sind auf Antrag in der Höhe des Wertes der jeweils nachgewiesenen vertragsgemäßen Leistungen einschließlich des ausgewiesenen, darauf entfallenden Umsatzsteuerbetrages zu gewähren.

Abschlagsrechnungen werden während der Bauausführung in bestimmten Zeitabständen (meist monatlich) aufgestellt. Der Betrag der Abschlagsrechnung ergibt sich aus der bis zum Stichtag erbrachten Leistungen abzüglich der Leistungen, die bis zum Stichtag der Vorperiode abgerechnet worden sind (siehe Abb. 3.66). Bereits in Rechnung gestellte, jedoch nicht bezahlte Forderungen werden als „offene Zahlungen" ausgewiesen.

TOP-Bau AG
Augustusweg 38-44
68164 Mannheim

Kraus Bauträger- und Immobilien-GmbH
Heinrichsweg 17 B
91341 Röttenbach

06.06.2014

<u>8. Abschlagsrechnung</u>

Rechnungs-Nr.: 7055385-630   138   (Bitte bei Bezahlung angeben)
Auftrags-Nr.:   I31432
Baumaßnahme: Neubau einer Speditions- und Logistikanlage, Röttenbach

Unser Zeichen: Herr Weber
Telefon: 0123/456789   Fax: 0123/456799

Stichtag 30.05.2014

	Netto €	%	Mwst. €	Brutto €
Leistungen	3.374.150,93			
ENDSUMME	3.374.150,93	19,00	641.088,68	4.015.239,61
abz. erh. Zahlungen	2.669.008,96	19,00	507.111,70	3.176.120,66
abz. off. Zahlungen	499.238,83	19,00	94.855,38	594.094,21
Zahlungsanforderung	205.903,14	19,00	39.121,60	245.024,74

Abb. 3.66 Beispiel eines Rechnungsdeckblattes

Ermittlungen zur Höhe von Abschlagszahlungen sind weder der Höhe noch der Menge nach für die Schlussrechnung bindend. Die Abschlagszahlung hat keinen Einfluss auf die Haftung und Gewährleistung, sie gilt auch nicht als Abnahme der Bauleistungen, die „in Rechnung" gestellt werden. Durch die Abschlagszahlung wird die Zwischenfinanzierung des Bauvorhabens bis zur Inbetriebnahme weitgehend vom Auftraggeber übernommen.

Die Abschlagsrechnungen sind durchlaufend zu nummerieren. Anforderungen auf Abschlagszahlungen werden entweder entsprechend eines vertraglich vereinbarten Zahlungsplanes gestellt oder über nachgewiesene „Rechnungsmengen" für die Leistungspositionen.

Die Mengenangaben in den Abschlagsrechnungen können entweder überschlägig ermittelt oder geschätzt werden. In diesen Fällen wird der Bauherr häufig Abzüge vornehmen, um den Auftragnehmer nicht zu überzahlen.

Bevorzugt werden die Mengen auch für die Abschlagsrechnungen nach den Regelungen der VOB/C ermittelt. Damit können diese dann unmittelbar in die Schlussrechnung übernommen werden.

In Abschn. 3.5.6.8 finden sich detaillierte Hinweise zum Aufstellen der „Abschlagsrechnungen".

Zu b) Schlussrechnung

In der Schlussrechnung nach § 14 Abs. 3 VOB/B 2016 wird die gesamte, bei der Ausführung des Bauwerks erbrachte und zu vergütende Leistung erfasst. Es sind also auch die bereits in den Abschlagszahlungen erfassten Leistungen aufzustellen. Sie ist nach Fertigstellung der Leistung einzureichen, und zwar innerhalb der in § 14 Abs. 3 VOB/B 2016 genannten Fristen. Weitere Erläuterungen zur Schlussrechnung siehe unter Abschn. 4.2.

Zu c) Teilschlussrechnung

Soll die schon während der Bauausführung erbrachte Bauleistung endgültig abgerechnet werden, erfolgt dies üblicherweise über Teilschlussrechnungen. Nach § 16 Abs. 4 VOB/B 2016 setzt die Stellung einer Teilschlussrechnung voraus, dass es sich um „in sich abgeschlossene Teile der Leistung" handelt. Ein typischer Fall hierfür ist z. B. dass drei separate Gebäude gemeinsam beauftragt werden, die Gebäude aber in der Reihenfolge der Fertigstellung getrennt abgerechnet werden. Weitere Voraussetzung für die Teilschlusszahlung ist die erfolgte Teilabnahme im Sinne von § 12 Abs. 2 VOB/B 2016. Die Schlussrechnung muss dann nicht sämtliche bei der Bauausführung erbrachten Leistungen enthalten, sie kann sich auf die restlichen und noch nicht berechneten Bauleistungen beschränken. Durch das System der Teilschlussrechnungen können Meinungsdifferenzen zwischen den Vertragspartnern früher erkannt und beseitigt werden.

3.5.6.4 Abrechnungsvorschriften

Die Ermittlung der jeweiligen abzurechnenden Mengen könnte physikalisch exakt vorgenommen werden. Dies würde jedoch häufig zu einem überproportional großen Messund Rechenaufwand führen. Aus diesem Grund ist es sinnvoll, sich auf Regeln zu einigen, die den Abrechnungsaufwand reduzieren. Solche Regelungen finden sich unter anderem

3.5 Wirtschaftliche Aufgaben

in der VOB/C, den „Allgemeinen Technischen Vertragsbedingungen für Bauleistungen (ATV)". So wird z. B. bei der Ermittlung der Abrechnungsmenge eines Betonfundamentes das im Beton enthaltene Volumen des Bewehrungsstahls nicht abgezogen. Jeweils im Abschn. 5 „Abrechnung" legt die VOB/C für insgesamt 64 Bereiche (vergleichbar mit Gewerken) diese Abrechnungsregeln fest.

Die oben aufgeführte Regel ist in DIN 18331 (2019) vorgegeben und lautet:

> *5.1.3.1 Verdrängte Betonmengen durch die Bewehrung, z. B. Betonstabstähle, Profilstähle, Spannbetonbewehrung mit Zubehör, Ankerschienen und Formteile und Fugenbänder sowie einbetonierte Pfahlköpfe, Walzprofile und Spundwände werden nicht abgezogen."*

Typisch sind weiterhin Regelungen zum Übermessen. Beispielhaft werden nachfolgend Auszüge aus den Abrechnungsvorschriften für Betonarbeiten wiedergegeben (VOB/C, DIN 18331 (2019), Abschn. 5):

> *5.1.3.2 [Übermessen werden:] Bei Abrechnung nach Raummaß Aussparungen, Kassetten, Hohlkörper und dergleichen ≤ 0,5 m³ Einzelgröße, jedoch Schlitze, Kanäle, Profilierungen und dergleichen ≤ 0,1 m³ je m Länge […].*
> *5.1.3.3 [Übermessen werden:] Bei Abrechnung nach Flächenmaß Aussparungen ≤ 2,5 m² Einzelgröße […], Fugen, eingebaute Dämmstoffschichten und dergleichen."*

Wie in Abb. 3.67 dargestellt, werden somit bei unterschiedlich großen Türen und Fenstern die Wandschalungen abgezogen oder übermessen, unabhängig davon, ob diese Schalungen ausgeführt wurden oder nicht.

Als weiteres Beispiel werden Abrechnungsregeln für Erdarbeiten nach VOB/C, DIN 18300 (2019), Abschn. 5 wiedergegeben:

> *5.2.1 Bei der Mengenermittlung sind die üblichen Näherungsverfahren zulässig.*
> *5.2.5 Liegen keine Vorgaben vor, gilt für abgeböschte Baugruben und Gräben für die Ermittlung der Maße des Böschungsraumes ein Böschungswinkel von 45°, bei feinkörnigen Böden mit mindestens steifer Konsistenz von 60° und bei Feld von 80°. Erforderliche Bermen sind bei der Ermittlung des Böschungsraumes zu berücksichtigen.*

Öffnung	Mengenermittlung bei Beton- und Stahlbetonarbeiten – m² Schalung	
	wird abgezogen	wird übermessen
Tür 2,01 m · 2,135 m = 4,29 m²	✓	
Tür 1,01 m · 2,135 m = 2,16 m²		✓
Fenster 1,385 m · 2,26 m = 3,13 m²	✓	

Abb. 3.67 Abrechnungsmengen und Übermessungsregeln für Schalung nach VOB/C, DIN 18331 (2019)

5.2.8 Die Breite der Grabensohle ergibt sich aus der Mindestbreite von Gräben für Entwässerungskanäle und Entwässerungsleitungen nach DIN EN 1610 […] und von sonstigen Gräben nach DIN 4124 jeweils zuzüglich der erforderlichen Maße für Schalungs- und Verbaukonstruktionen."

Eine große Hilfe bei der Interpretation dieser Regelungen stellen die VOB im Bild[108, 109] sowie VOB/C-Kommentare[110, 111] dar.

3.5.6.5 Abrechnungseinheiten

Generell sind bei der Abrechnung die im Leistungsverzeichnis der Ausschreibung vorgegebenen Abrechnungseinheiten zu verwenden.

Regelungen hierfür ergeben sich aus den „Allgemeinen Regelungen für Bauarbeiten jeder Art" (ATV DIN 18299 (2019)), wie beispielsweise

„0.5 Abrechnungseinheiten:
Im Leistungsverzeichnis sind die Abrechnungseinheiten für die Teilleistungen (Positionen) gemäß Abschnitt 0.5 der jeweiligen ATV anzugeben."

Die darin vorgenommenen Regelungen sind als Anweisung an den Auftraggeber zu verstehen und nicht als vertragliche Abrechnungsregel. So werden in der jeweiligen Norm Abrechnungseinheiten angegeben, die für bestimmte Bauteile anzuwenden sind. Z. B. ist für Betonarbeiten nach Abschnitt 0.5 der ATV DIN 18331 (2019) geregelt:

„Im Leistungsverzeichnis sind die Abrechnungseinheiten wie folgt vorzusehen:
0.5.1 Raummaß (m^3), getrennt nach Bauart und Maßen, für

- *massige Bauteile, z. B. Fundamente, Stützmauern, Widerlager, Füll- und Überbeton,*
- *Brückenüberbauten, Pfeiler.*

0.5.2 Flächenmaß (m^2), getrennt nach Bauart und Maßen, für

- *Sauberkeitsschichten,*
- *Wände, Silo- und Behälterwände, wandartige Träger, Brüstungen, Attiken, Fundament- und Bodenplatten, Decken,*
- *Auskragungen und Balkone,*
- *Fertigteile,*
- *Treppenlaufplatten mit oder ohne Stufen, Treppenpodestplatten*
- *Herstellen von Aussparungen und Profilierungen,*
- *Schließen von Aussparungen,*
- *Dämmstoff-, Trenn- und Schutzschichten,*
- *Abdeckungen,*

---

[108] Damerau/Tauterat/Nolte: VOB im Bild. Hochbau- und Ausbauarbeiten, Abrechnung nach der VOB 2016, 23. Auflage, Rudolf Müller, 2020.

[109] Damerau/Tauterat/Poppinga/Holl: VOB im Bild. Tiefbau- und Erdarbeiten, Abrechnung nach der VOB 2016, 23. Auflage, Rudolf Müller, 2020.

[110] Bielefeld: Kommentar zur VOB/C, 19. Auflage, Springer Vieweg, 2020.

[111] Englert/Katzenbach/Motzke: Beck'scher VOB-Kommentar: VOB Teil C.

3.5 Wirtschaftliche Aufgaben

- *besondere Ausführungen von Betonflächen, z. B. Anforderungen an die Schalung, nachträgliche Bearbeitung,*
- *Schalung,*
- *Schutzmaßnahmen der Schalung bzw. Betonoberfläche.*

0.5.3 Längenmaß (m), getrennt nach Bauart und Maßen, für

- *Stützen, Pfeilervorlagen, Balken, Fenster- und Türstürze, Unter- und Überzüge,*
- *Auskragungen*
- *Fertigteile,*
- *Stufen,*
- *Herstellen von Schlitzen, Kanälen, Profilierungen,*
- *Schließen von Schlitzen und Kanälen,*
- *Herstellen von Fugen einschließlich Einbauen von Fugenbändern, Fugenblechen, Verpressschläuchen, Fugenfüllungen,*
- *Betonpfähle,*
- *Umwehrungen,*
- *Schalung für Decken-, Wand- und Plattenränder, Schlitze, Kanäle, Profilierungen."*

3.5.6.6 Vergütungsanspruch für Teilleistungen

Die Vergütung für erbrachte Leistungen ergibt sich beim Einheitspreisvertrag aus der Multiplikation der ermittelten Menge (siehe Abschn. 3.4.8) sowie aus dem vertraglich vereinbarten Einheitspreis. Aus der Summe der Vergütungsansprüche aller Positionen ergibt sich der Gesamtanspruch. Hinweise zur formal richtigen Aufstellung der Rechnung werden in Abschn. 3.5.6.7 gegeben. Somit gilt:

$$M \cdot P = V$$

mit
M: ermittelte Menge [Einheit] z. B: m^2
P: vertraglich vereinbarter Einheitspreis je Mengeneinheit [€/Einheit] z. B. €/m^2
V: Vergütung [€].

Ist zum Beispiel für die Erstellung einer Wand aus Ziegelmauerwerk ein Einheitspreis von 59,34 €/m^2 vereinbart und wurden hiervon 125,68 m^2 erstellt, so ergibt sich hieraus eine Vergütung von 59,34 €/m^2 · 125,68 m^2 = 7.457,85 €. Bei Pauschalverträgen ist nur eine pauschale mengenunabhängige Vergütung [€] für die Gesamtleistung vereinbart (siehe Abschn. 3.5.6.9).

3.5.6.7 Aufstellung von Anforderungen auf Abschlagszahlungen (Abschlagsrechnungen)

Wesentliche Bestimmungen zur Form der Abrechnung, zum Vorgehen bei der Aufstellung und zu den Fristen sind in § 14 VOB/B 2016 festgelegt. Der Auftragnehmer hat die Rechnung (Abschlagsrechnungen und Schlussrechnung) übersichtlich aufzustellen, sodass die Leistung prüfbar ist. Die Reihenfolge der Positionen ist einzuhalten und der Text der Positionen zu verwenden. Ein Kurztext wird akzeptiert. Änderungen und Ergänzungen des Vertrages, so genannte Nachtragspositionen, sind in der Rechnung gesondert aufzuführen.

Die zum Nachweis der Leistung erforderlichen Mengenberechnungen (Massenberechnungen) (siehe Abschn. 3.4.8), Zeichnungen und andere Belege (Aufmaße (siehe Abschn. 3.4.7), Stundenlohnberichte) sind beizufügen. Je nach vertraglicher Vereinbarung sind auch Materiallieferscheine, Transportbelege oder Qualitätsnachweise beizufügen. Bei Abschlagsrechnungen wird häufig auf exakte Nachweise verzichtet. Die Rechnungsunterlagen bestehen somit prinzipiell aus folgenden Teilen:

- Rechnung,
- Mengenermittlung,
- Aufmaße und gemeinsame Feststellungen (Urdokumente) sowie
- sonstige Nachweise (Lieferscheine etc.).

Die Rechnung selbst untergliedert sich üblicherweise in folgende Teile:

- Deckblatt (siehe Abb. 3.66),
- Zusammenstellung der erhaltenen und offenen Abschlagszahlungen (siehe Abb. 3.68),
- titelweise Zusammenstellung der Abrechnung nach Positionen (siehe Abb. 3.69),
- Zusammenstellung der Titel.

An das Deckblatt, insbesondere einer Schlussrechnung, sind formale und rechtliche Bedingungen geknüpft. So muss dieses enthalten:

- Adresse des Rechnungsstellers,
- Steuernummer des Rechnungsstellers und evtl. Umsatz-ID-Nummer,
- Rechnungsdatum,
- Adresse des Rechnungsempfängers,
- Bezeichnung „Abschlagsrechnung", „Rechnung" oder „Schlussrechnung",
- Rechnungsnummer,
- Bezeichnung der Baumaßnahme sowie eventuell Projektnummer und Buchungsnummer des Auftraggebers,
- Betrag netto [€],
- Mehrwertsteuersatz (zurzeit 19 %),[112, 113, 114]

---

[112] In der Regel haben alle Bauunternehmen Mehrwertsteuer auszuweisen und diese abzuführen, da nur Kleinunternehmer vom Ausweis der Mehrwertsteuer befreit sind. Als Kleinunternehmer gelten Unternehmer, deren Umsatz im vorangegangenen Jahr einen Betrag von 22.000 € nicht überstiegen hat und deren Umsatz im laufenden Jahr 50.000 € nicht übersteigt (Stand 02/2022). Um Rückfragen zu vermeiden, sollten Kleinunternehmer auf der Rechnung angeben, dass sie gemäß § 19 Abs. 1 UStG keine Umsatzsteuer ausweisen.

[113] Für „bestimmte Bauleistungen", die ein Bauunternehmer für einen anderen Bauunternehmer (z. B. Generalunternehmer) ausführt, geht nach § 13b Umsatzsteuergesetz (UStG) die Steuerpflicht auf den Leistungsempfänger über. Siehe Abschn. 3.3.1.7

[114] Auf Rechnungsbeträge, die sich aus einer verlängerten Bauzeit, z. B. für verlängertes Vorhalten der Baustelleneinrichtung und für die Baustellengemeinkosten ergibt, darf nach einem Urteil des Bundesgerichtshofes vom 24.01.2008 (VII ZR 280/05) keine Mehrwertsteuer erhoben werden.

3.5 Wirtschaftliche Aufgaben

Neubau einer Speditions- und Logistikanlage, Röttenbach				Datum:	16.06.2022
8. Abschlagsrechnung		Re-Nr. 7055385-630 138		Stichtag:	30.05.2022
AZ-Nr.	Rechnungs-Nr. Text	Netto €	Datum/Text	MwSt. €	Brutto €
	Aufstellung der erhaltenen und offenen Zahlungen:				
1	7055385-01	399.691,28	11.10.2021 19,00	75.941,34	475.632,62
2	7055385-02	929.317,68	19.11.2021 19,00	176.570,36	1.105.888,04
3	7055385-03	860.869,57	21.12.2021 19,00	163.565,22	1.024.434,79
4	7055385-04	226.086,96	28.03.2022 19,00	42.956,52	269.043,48
5	7055385-05	79.130,43	20.05.2022 19,00	15.034,78	94.165,21
6	7055385-06	173.913,04	23.05.2022 19,00	33.043,48	206.956,52
7	7055385-07	499.238,83	Zahlung noch nicht eingegangen 19,00	94.855,38	594.094,21
Summe erhaltener Zahlungen		2.669.008,96		507.111,70	3.176.120,66
Summe offener Zahlungen		499.238,83		94.855,38	594.094,21

Abb. 3.68 Beispiel für Zusammenstellung erhaltener und offener Abschlagszahlungen

- Mehrwertsteuerbetrag [€] und
- Betrag brutto [€].
- Falls auf das Projekt Abschlagszahlungen geleistet wurden, sind diese sowie offene Beträge in netto, zugehörige Mehrwertsteuerbeträge und die Bruttobeträge anzugeben.
- Nachlass, soweit dieser vereinbart ist.
- Falls Zahlungsbedingungen (Skonti) vertraglich vereinbart sind, wird empfohlen, diese anzugeben.
- Ebenso wird empfohlen, mindestens eine Bankverbindung auf dem Deckblatt zu benennen.

Die Mengenermittlung (siehe Abschn. 3.4.8) einer Schlussrechnung kann schon bei kleineren Baumaßnahmen mehrere hundert Seiten umfassen, bei Großprojekten sind mehrere Ordner nicht ungewöhnlich. Dazu kommen die Aufmaße, Lieferscheine und weitere Nachweise, sofern diese vertraglich gefordert sind.

| Neubau einer Speditions- und Logistikanlage, Röttenbach | | | | | Datum: | 16.06.2022 |
8. Abschlagsrechnung			Re-Nr. 7055385-630 138		Stichtag:	30.05.2022
			Re-Menge	AE	Einh.-Preis €	Gesamtpreis €
1	2		ERDARBEITEN			
1	2	3	12,75	m³	20,98	267,50
			Rohrgrabenaushub, Bkl. 3 - 6, bis 1,25 m mit Wiederverfüllung			
1	2	5	804,90	m³	20,98	16.886,80
			Fundamentaushub, Bkl. 3 - 3, seitl. lagern Streifenfundamente mit Hinterfüllung			
1	2	6	76,34	m³	25,01	1.909,26
			Fundamentaushub, Bkl. 3 - 3, seitl. lagern Einzelfundamente mit Hinterfüllung			
1	2	10	12,75	m³	44,29	564,70
			Rohrgräben mit Liefermaterial verfüllen			
1	2	12	2.425,00	m³	4,69	11.373,25
			Hallenauffüllung mit seitl. gelag. Material			
1	2	13	3.566,10	m²	6,45	23.001,35
			Frostschutzschicht für den Hallenboden MB 0/32 d = 20 cm			
1	2	13 1	4.961,10	m²	6,45	31.999,10
			Frostschutzschicht unter Verladeboxen			
1	2	15	4.151,48	m²	0,53	2.200,28
			Feinplanum der Frostschutzschicht			
1	2		ERDARBEITEN			88.202,24

Abb. 3.69 Beispiel für Zusammenstellung der Abrechnung nach Positionen

Ein Problem ergibt sich häufig bei den monatlichen Abschlagsrechnungen, da diese kumulativ aufzustellen sind. Dies bedeutet, dass sich für die 1. Zahlungsanforderung der Rechnungsbetrag R_1 ergibt aus:

$$R_1 = \sum_{i=1}^{n} M_{i,1} \cdot P_i$$

Dabei ist:
i   Anzahl der Positionen
$M_{i,1}$ Ermittelte Menge für die Position i zum Stichtag der 1. Zahlungsanforderung
P_i Einheitspreis für die Position i

3.5 Wirtschaftliche Aufgaben

Für die 2. Zahlungsanforderung R_2 folgt nun:

$$R_2 = \sum_{i=1}^{n} \left(M_{i,1} + M_{i,2} \right) \cdot P_i$$

mit

$M_{i,2}$ Menge, der Position i, die zwischen dem Stichtag für die erste und zweite „Abschlagsrechnung" erbracht wurde.

Für die „Abschlagsrechnung j = m" ergibt sich der Rechnungsbetrag R_m somit zu:

$$R_m = \sum_{i=1}^{n} \sum_{j=1}^{n} M_{i,j} \cdot P_i$$

Damit wird der Umfang der Mengenermittlung von Abschlagsrechnung zu Abschlagsrechnung immer umfangreicher. In der Praxis hat sich daher ergeben, dass bei Abschlagsrechnungen für jede Position i ein Vortrag $V_{i,m-1}$ aus der Abschlagsrechnung m – 1 gebildet wird und dann nur noch die Mengenermittlung zwischen dem zu m – 1 zugehörigen Stichtag und dem Stichtag zur Abrechnung m aufgeführt wird. Damit wird:

$$R_m = \sum_{i=1}^{n} \left(V_{i,m-1} + M_{i,m} \right) \cdot P_i$$

Programme zur Mengenermittlung auf der Grundlage der REB unterstützen dieses Verfahren. Mit Hilfe einer speziellen Programmfunktion können alle Berechnungsschritte zur Ermittlung der Mengen $M_{i,j}$ für jede Zeitscheibe in einer eigenen Datei zwischengespeichert werden. Gleichzeitig wird der Vortrag $V_{i,m-2}$ zum Vortrag $V_{i,m-1}$ abgeändert. Zur Erstellung der Schlussrechnung können dann alle Vorträge gelöscht und alle Dateien der einzelnen Zeitscheiben in einer Gesamtdatei zusammengespielt werden. Somit kann in der Schlussrechnung nochmals die gesamte Mengenermittlung wiedergeben werden.

Komfortable Programme zur Bauabrechnung erlauben das Erstellen der Rechnung unmittelbar im Anschluss an die Mengenberechnung. Hierzu werden die ermittelten Mengen unmittelbar in das Programm zur Rechnungsstellung übergeben. Die Gliederungsstruktur, Bezeichnung der Titel, die Kurztexte der Positionen sowie die vereinbarten Einheitspreise werden aus dem Auftrags-LV übernommen. Zusätzlich sind Datenübertragungen aus den Betriebsbuchhaltungsprogrammen notwendig, z. B. für die Rechnungsnummer sowie für offene und erhaltene Abschlagszahlungen. Zu beachten ist zusätzlich, dass die Abschlagszahlungen verwaltet werden müssen. Es ist sicherzustellen, dass eine eindeutige und klare Definition der innerbetrieblichen Schnittstellen zwischen kaufmännischen Abteilungen und der Bauleitung gegeben ist.

3.5.6.8 Zahlung von Forderungen auf Abschlagszahlungen (Abschlagsrechnungen)

Die Zahlung von Forderungen auf Abschlagszahlungen (Abschlagsrechnungen) richtet sich nach § 16 Abs. 1 Nr. 3 VOB/B 2016: *Ansprüche auf Abschlagszahlungen werden binnen 21 Tagen nach Zugang der Aufstellung fällig.*

Daneben ist § 16 Abs. 5 VOB/B 2016 von Bedeutung:

> *(1) Alle Zahlungen sind aufs äußerste zu beschleunigen.*
> *(2) Nicht vereinbarte Skontoabzüge sind unzulässig.*
> *(3) Zahlt der Auftraggeber bei Fälligkeit nicht, so kann ihm der Auftragnehmer eine angemessene Nachfrist setzen. Zahlt er auch innerhalb der Nachfrist nicht, so hat der Auftragnehmer vom Ende der Nachfrist an Anspruch auf Zinsen in Höhe der in § 288 Absatz 2 BGB angegebenen Zinssätze, wenn er nicht einen höheren Verzugsschaden nachweist. Der Auftraggeber kommt jedoch, ohne dass es einer Nachfristsetzung bedarf, spätestens 30 Tage nach Zugang der Rechnung oder der Aufstellung bei Abschlagszahlungen in Zahlungsverzug, wenn der Auftragnehmer seine vertraglichen und gesetzlichen Verpflichtungen erfüllt und den fälligen Entgeltbetrag nicht rechtzeitig erhalten hat, es sei denn, der Auftraggeber ist für den Zahlungsverzug nicht verantwortlich. Die Frist verlängert sich auf höchstens 60 Tage, wenn sie aufgrund der besonderen Natur oder Merkmale der Vereinbarung sachlich gerechtfertigt ist und ausdrücklich vereinbart wurde.*
> *(4) Der Auftragnehmer darf die Arbeiten bei Zahlungsverzug bis zur Zahlung einstellen, sofern eine dem Auftraggeber zuvor gesetzte angemessene Frist erfolglos verstrichen ist."*

Vertraglich ist in Bauverträgen zum Teil geregelt, dass von den Abschlagszahlungen beispielsweise 5 % einbehalten werden, um mögliche Mangelbeseitigungsansprüche und andere Risiken (z. B. Vertragserfüllung und Ausführung von geänderten Leistungen) abzusichern. Diese Einbehalte können durch eine Bürgschaft ersetzt werden (z. B. Vertragserfüllungsbürgschaft). Damit entfällt eine solche Kürzung des Rechnungsbetrages.

Nach § 16 Abs. 5 Nr. 3 VOB/B 2016 führt die Fälligkeit automatisch zu einem Zahlungsverzug. Nach Ablauf einer zuvor gesetzten angemessenen Frist hat der Auftragnehmer das Recht, die Arbeiten einzustellen. Als angemessen kann eine Frist von 7 Tagen angesehen werden.

Sobald Zahlungsverzug eingetreten ist, kann der Auftragnehmer Verzugszinsen geltend machen. § 288 Abs. 2 BGB bestimmt diese für das Jahr zu neun Prozentpunkten über dem Basiszinssatz bei Rechtsgeschäften, an denen ein Verbraucher nicht beteiligt ist. Die Deutsche Bundesbank berechnet den Basiszinssatz. Er verändert sich zum 1. Januar und 1. Juli eines jeden Jahres. Der Basiszinssatz betrug seit dem 1. Juli 2016 −0,88 % (Stand 01/2022).[115] Somit betrug der Zinssatz für die Berechnung einer Forderung aus Zahlungsverzug seit dem 01.07.2016 (−0,88 % + 9 % =) 8,12 %.

Hinsichtlich der Berechnung der Zinstage aus dem ersten und letzten Tag des Verzuges wird auf den Zinsrechner http://basiszinssatz.de/zinsrechner/ verwiesen.

Die Frage, ob die Mehrwertsteuer ebenfalls bei der Zinsberechnung anzusetzen ist, hängt davon ab, ob der Gläubiger der Soll-Besteuerung (Umsatzsteuer ist abzuführen, auch wenn diese noch nicht vereinnahmt wurde) oder der Ist-Besteuerung (Umsatzsteuer ist erst abzuführen, nachdem diese vereinnahmt wurde) unterliegt. Die Umsatzgrenze, ab der die Soll-Besteuerung der gesetzliche Regelfall ist, beträgt 600.000,- € Umsatz pro Jahr (Stand 02/2022). Somit dürfte für die meisten Bauunternehmen als Basis bei der Zinsberechnung der Bruttobetrag anzusetzen sein.

---

[115] Siehe www.basiszinssatz.de (07.01.2022).

3.5 Wirtschaftliche Aufgaben

Bei der Zahlung von Rechnungen für Bauleistungen (es bestehen verschiedene Ausnahmen) sind zudem zwei weitere Punkte zu beachten, die in Abschn. 3.3.1.7 bereits näher beschrieben wurden:

- Abzug der sogenannten Bauabzugsteuer in Höhe von 15 % des Leistungswerts gem. § 48 EstG und
- Umkehr der Umsatzsteuerschuldnerschaft gemäß § 13 b UStG.

3.5.6.9 Abrechnung bei Pauschalverträgen

In den Abschn. 3.4.7, 3.4.8, sowie 3.5.6.4, 3.5.6.5, 3.5.6.6 und 3.5.6.7 wurde dargelegt, welcher Aufwand mit der Rechnungslegung bei Einheitspreisverträgen verbunden ist. Dieser Aufwand entfällt bei Pauschalverträgen weitgehend, da ein Aufmaß und eine Mengenermittlung im traditionellen Sinne nicht notwendig sind. Da der Aufwand für die Erstellung eines Aufmaßes sowie die zugehörige Mengenermittlung mit 1 % bis 3 % der zugehörigen Bausumme anzusetzen ist, ergeben sich beim Pauschalvertrag hieraus offensichtliche Einsparungspotenziale. Unabhängig davon ist auch bei Pauschalverträgen die Gewährung von Abschlagszahlungen möglich. Prinzipiell gibt es verschiedene Möglichkeiten, die Abschlagssummen zu bestimmen. Prinzipiell gibt es verschiedene Möglichkeiten, die Abschlagssummen zu bestimmen:

- Zu festen Zeitpunkten, in der Regel zum Monatsende, werden auf der Basis einer gemeinsamen Feststellung die erbrachten Leistungen ermittelt. Dabei werden meistens prozentuale Fertigstellungsgrade für Bauteile ermittelt. Die Bauteilleistungen ergeben sich dann durch die Multiplikation mit vorab festgelegten Bauteilwerten.
- Mit Abschluss des Bauvertrags wird bereits ein Zahlungsplan vereinbart (Abb. 3.70).

Die Zahlungspläne können unterschiedlich aufgebaut sein:

- Es sind nur Termine und Zahlungsbeträge angegeben (ggf. Überzahlung des Unternehmers bei Leistungsverzug möglich);
- es sind nur Leistungen (Ereignisse) und Zahlungsbeträge angegeben (ggf. Rückhaltung von Zahlungen bei nicht 100 %iger Fertigstellung einer Leistung) oder
- Kombination von definiertem Zeitpunkt und Ereignis (1. Zahlung 15.03.2024, falls Baugrubenverbau fertig gestellt ist), Beispiel siehe Abb. 3.70.

Zahlungsplan für Baustelle Top-Center Dresden		
Datum laut Terminplan	**Ereignis**	**Betrag ohne MwSt.**
15.03.2024	Fertigstellung Baugrubenverbau	250.000,00 €
29.04.2024	Fertigstellung Bodenplatte	130.000,00 €
28.06.2024	Fertigstellung Decke über EG	180.000,00 €
31.07.2024	Fertigteile montiert	215.000,00 €

Abb. 3.70 Beispiel für einen Zahlungsplan

Da der Bauherr sich gegen Überzahlung absichern und der Unternehmer Abschlagszahlungen sichern will, ist häufig vertraglich festgelegt, dass – vergleichbar zu einem gemeinsamen Aufmaß – gemeinsam festgestellt werden muss, ob die Zahlungsvoraussetzungen gegeben sind.

Die Methoden, die angewandt werden, um Zahlungspläne aufzustellen, werden in Abschn. 3.5.7.4 erläutert.

3.5.7 Finanz- und Liquiditätsplanung

3.5.7.1 Motivation

Zur erfolgreichen Durchführung von unternehmerischen Aktivitäten ist darauf zu achten, dass die Zahlungsfähigkeit des Unternehmens dauerhaft sichergestellt ist. Hierbei sind sowohl bei steigendem als auch bei sinkendem Auftragsbestand geeignete Maßnahmen zur Erhaltung der Liquidität zu treffen. Bei steigendem Auftragsbestand kann es beispielsweise durch erhöhte Vorfinanzierungen zu Liquiditätsengpässen kommen. Bei zurückgehendem Auftragsbestand wiederum können Liquiditätsprobleme auftreten, falls die Fixkosten nicht schnell genug reduziert werden können. Zahlreiche Unternehmensinsolvenzen in der Bauwirtschaft lagen in einer vorübergehenden Unterliquidität begründet.

Durch die neuen europäischen bankenaufsichtsrechtlichen Vorschriften (Basel III)[116] wurden neue verschärfte Richtlinien für die Kreditvergabe durch die Banken geschaffen. Diese erfordern unter anderem neben einer höheren Eigenkapitalunterlegung der Bank auch eine Risikobetrachtung, die über die Bonität des Kreditnehmers entscheiden soll.[117] In diese Risikobetrachtung mit einbezogen ist auch die Finanzplanung des Kreditnehmers. Ist bei entsprechender Eigenkapitaldeckung eine solche Planung für das Kreditinstitut nachvollziehbar, so werden in der Regel die Kreditkonditionen günstiger ausfallen, als wenn keine Finanzplanung oder nur eine eher zufallsgesteuerte Betrachtung durchgeführt wird.

Die Finanzplanung gehört deshalb zu den wichtigsten Teilaufgaben der Unternehmenssicherung und hat die Aufgabe, die erforderliche kurz-, mittel- und langfristige Zahlungsfähigkeit sicherzustellen.

Die Finanzplanung ist in verschiedenen Stufen durchzuführen. Ein langfristiger Finanzplan, auch Kapitalbindungsplan genannt, umfasst Zeiträume zwischen vier und zehn Jahren und beinhaltet Strategien und Vorstellungen der obersten Führungsebene über die langfristige Kapitalbindung und Kapitalherkunft. Langfristig gebundene Mittel sind durch Eigenkapital und/oder langfristig verfügbares Fremdkapital zu finanzieren. Ein mittelfristiger Finanzplan leitet sich aus dem übergeordneten strategischen Finanzplan ab und

---

[116] Die internationale Rahmenvereinbarung „Messung, Standards und Überwachung in Bezug auf das Liquiditätsrisiko" wurde 2010 in Basel durch den Ausschuss für Bankenaufsicht verabschiedet. National wird diese Vereinbarung durch das CRD IV-Umsetzungsgesetz (Capital Requirements Directive), das seit Juli 2013 in Kraft ist, umgesetzt.
[117] Jacob/Stuhr: Finanzierung und Bilanzierung in der Bauwirtschaft, S. 10 ff.

3.5 Wirtschaftliche Aufgaben

umfasst einen Zeitraum von einem bis vier Jahren. Hier wird untersucht, ob mittelfristig die erforderlichen Mittel für die geplanten Ausgaben erwirtschaftet werden können. Die besondere Aussagekraft erhält jedoch der baubetriebliche Finanzplan erst durch seine Einteilung in Teilperioden in der mittel- und kurzfristigen Finanzplanung. Der kurzfristige Finanzplan, auch Liquiditätsplan genannt, hat die Aufgabe, jederzeit die erforderliche Zahlungsfähigkeit zu sichern. Hier werden, je nach dem vom Unternehmen abzuwickelnden Finanzvolumen, quartalsmäßige, monatliche, dekadenbezogene (10 Tage) oder sogar tägliche Finanzpläne erstellt. Der Detaillierungsgrad und die Genauigkeit bei der Finanzplanung nehmen mit der Länge der betrachteten Periode ab.

In der Bauwirtschaft ist der Finanzplanung deshalb ein so großer Stellenwert zuzuweisen, weil bei den einzelnen Aufträgen in der Regel ein großer Zeitraum zwischen den Zahlungsströmen der Aus- und Einzahlungen liegt. Die Leistung ist durch das Unternehmen weit vor dem dazugehörigen Zahlungseingang zu erbringen. Die Konsequenz ist die Notwendigkeit der Vorfinanzierung der Bauleistungen. Um dieser Problematik entgegenzuwirken, wurden in § 16 Abs. 1 VOB/B 2016 Abschlagszahlungen definiert. Vergleichbare Regelungen gibt es seit dem 01. Januar 2009 auch im BGB (siehe Abschn. 3.5.6.1). Damit kann der Auftragnehmer unabhängig von der Vertragsart Abschlagszahlungen in regelmäßigen Zeitabständen vor Fertigstellung der Gesamtleistung verlangen.

Die Erfahrung zeigt, dass trotzdem während der gesamten Bauzeit eine Vorfinanzierung erforderlich ist (siehe Abb. 3.71). Der hinterlegte Bereich zeigt den vorzufinanzierenden Betrag an. In der Praxis zeigt sich, dass die Schlussrechnung wegen strittiger Punkte

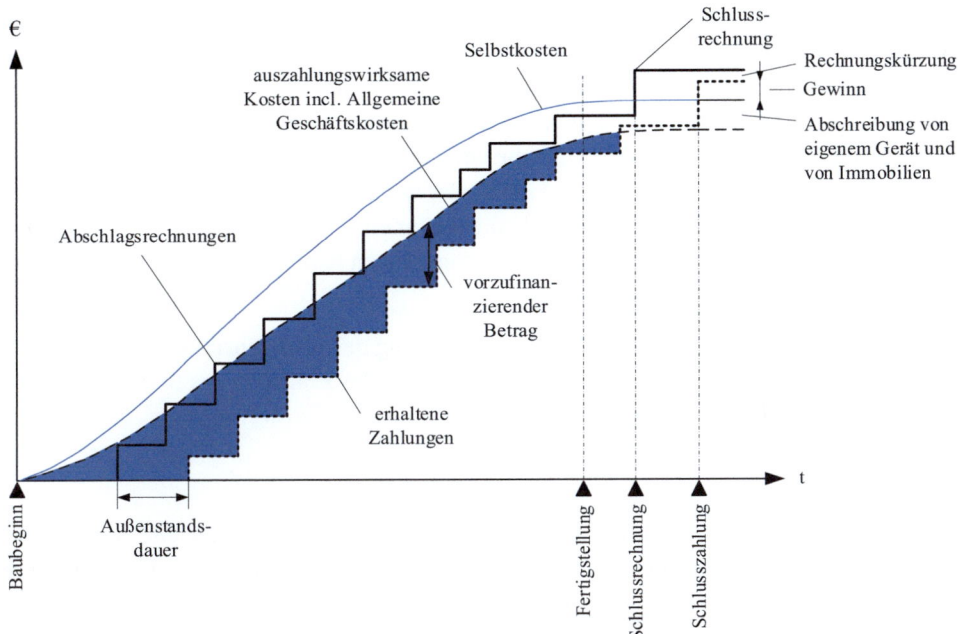

Abb. 3.71 Verlauf der Zahlungsströme in einem Projekt

(z. B. nur mit unvertretbarem Aufwand zu beseitigende Mängel) gekürzt wird. Der Gewinn kann erst zum Ende der Baumaßnahme realisiert werden. Er entsteht aus der Differenz zwischen dem Betrag der Schlusszahlung und den Selbstkosten. Die Abschreibung von eigenem Gerät und von Immobilien wird über die auszahlungswirksamen Kosten einschließlich den Allgemeinen Geschäftskosten realisiert. Zusätzlich sind vom Auftragnehmer in der Regel noch Sicherheiten, z. B. in Form von Bürgschaften zu erbringen, welche den Kreditrahmen schmälern und damit die Möglichkeit der Kreditaufnahme zur kurzfristigen Liquiditätsherstellung negativ beeinflussen.

Verschärfend kommt hinzu, dass eine Unsicherheit hinsichtlich des Zeitpunkts der Zahlungseingänge besteht. Es ist nicht absehbar, wie schnell trotz vorgegebener Zahlungsfristen z. B. eine Abschlagszahlung beglichen wird, weil möglicherweise abgerechnete Teilleistungen der Menge oder der Sache nach umstritten sind. Im äußersten Fall ist die Vergütung auf dem Rechtsweg einzuklagen, was je nach Komplexität des Falls mehrere Jahre in Anspruch nehmen kann.

Neben der eher projektbezogenen Liquiditätsplanung ist gleichzeitig eine Finanz- und Liquiditätsplanung über das gesamte Unternehmen hinweg durchzuführen. Da im Normalfall mehrere Projekte gleichzeitig bearbeitet werden, diese sich jedoch in unterschiedlichen Stadien befinden, werden sich die Effekte der einzelnen Projekte überlagern. Zusätzlich sind hierbei mittel- und langfristige unternehmensinterne Ausgaben, z. B. in Investitionen, zu berücksichtigen.

Die Aufrechterhaltung der 100 %igen Liquidität ist unter allen Umständen sicher zu stellen. Aus diesem Grund ist es zum einen entscheidend, die Höhe des voraussichtlichen Bedarfs an liquiden Mitteln abzuschätzen und zum anderen die über den abgeschätzten Bedarf hinausgehenden erforderlichen Mittel anderweitig kurzfristig beschaffen zu können. Um hier einen wirtschaftlich gesunden Mittelweg zu finden, werden z. B. 80 % des voraussichtlichen Bedarfs durch liquide Mittel (z. B. Bar- und Bankguthaben) vorgehalten, während die restlichen 20 % eher unwahrscheinlich benötigten Mittel durch kurzfristig liquidierbare Vermögensanteile (z. B. Aktien oder Wechsel) oder über kurzfristige Kredite (Lieferantenkredit, Kontokorrentkredit) bedient werden.

Die Ziele der Finanz- und Liquiditätsplanung können dabei nach Wöhe[118] zusammengefasst werden:

- Verhinderung von Unterliquidität und Minimierung des Insolvenzrisikos,
- Verhinderung von Überliquidität und Minimierung des Zinsverlustes sowie
- Auffindung bzw. Sicherung der kostenminimalen Finanzierungsvariante.

3.5.7.2 Sicherheitsleistungen und Finanzplanung

In der Bauwirtschaft ist es üblich, dass Sicherheiten für unterschiedliche Sicherungszwecke geleistet werden müssen (siehe Abschn. 3.5.2.3). Hierzu zählen beispielsweise Sicherheiten hinsichtlich der Vertragserfüllung, der Erfüllung von Gewährleistungsver-

---

[118] Wöhe: Einführung in die Allgemeine Betriebswirtschaftslehre, S. 534.

pflichtungen oder zur Absicherung von Vorauszahlungen. Das bedeutet z. B., dass der Auftragnehmer eine Sicherheit dafür leistet, dass er auch tatsächlich den Auftrag vollständig erfüllt. Ähnlich wird auch nach Abnahme der Bauleistung für die Dauer der Gewährleistung eine Sicherheitsleistung verlangt, falls Gewährleistungsmängel auftreten und das ausführende Unternehmen nicht (mehr) in der Lage ist, diese Mängel zu beheben. Diese Sicherheiten können durch die Hinterlegung einer bestimmten Summe, z. B. 5 % der Auftragssumme, erbracht werden.

Wenn ein Bauunternehmen mehrere dieser Sicherheitsleistungen gleichzeitig erbringen müsste, beispielsweise während der langen Laufzeit der Gewährleistung, so würde dies die Liquidität und damit den finanziellen Handlungsspielraum enorm einschränken. Aus diesem Grund ist es üblich, solche Sicherheiten als so genannte Personensicherheiten zu erbringen. Dies sind Haftungszusagen Dritter, z. B. Bürgschaften oder Garantien, welche meist durch Banken erbracht werden. Diese werden auch als Avalkredit bezeichnet.

Bei der Bürgschaft handelt es sich generell um einen Vertrag zur Zahlung durch den Bürgen an den Gläubiger bei Ausfall oder Nichtleistung durch den Schuldner.

Eine Garantie ist ein abstraktes und unwiderrufliches Leistungs-/Zahlungsversprechen. Garantien sind im Gegensatz zu Bürgschaften gesetzlich nicht geregelt und rechtlich von einem zugrunde liegenden Zahlungsversprechen losgelöst.[119]

Als Gegenleistung für die Bürgschaft zahlt der Schuldner an den Bürgen die so genannte Avalprovision, die im Allgemeinen zwischen 1,0 % und 2,5 % der Bürgschaftssumme pro Jahr liegt. Der Avalkredit hat bei der Sicherheitsleistung für den Schuldner den Vorteil, dass er keine die Liquidität belastenden Beträge hinterlegen muss. Allerdings ist zu beachten, dass der Avalkredit den Kreditrahmen des Schuldners trotzdem einschränkt, obwohl der Bürge in den meisten Fällen gar nicht eintreten muss. Diese Einschränkung wirkt sich wiederum negativ auf die Finanzplanung und die Möglichkeiten zur weiteren Kreditbeschaffung aus.

Aus diesem Grund müssen die Schuldner konsequent darauf achten, nicht mehr benötigte Bürgschaften, z. B. nach Ablauf der Gewährleistungsfrist, abzulösen oder aber die Bürgschaften den aktuellen Anforderungen anzupassen. Dies kann z. B. nach Abnahme der Bauleistung erfolgen, wenn die Vertragserfüllungsbürgschaft in Höhe von 10 % der Auftragssumme gegen eine Gewährleistungsbürgschaft in Höhe von nur noch 5 % der Schlussrechnungssumme ausgetauscht wird.

3.5.7.3 Liquiditätsplanung

Die projektbezogene Liquiditätsplanung als kurzfristige Finanzplanung umfasst den gesamten Zeitraum einer Auftragsabwicklung bis hin zum Ablauf der Gewährleistungsfrist. Wegen der zeitlichen Differenz zwischen Leistungserstellung und Leistungsabrechnung müssen ab einer bestimmten Auftragsgröße die Zahlungsströme auf Auftragsebene ge-

---

[119] Grill/Perczinsky: Wirtschaftslehre des Kreditwesens, S. 386 f.

plant und mit dem Baufortschritt entsprechend überwacht werden. Für jeden Bauauftrag sollte eine Übersicht mit der Auftragssumme, Zahlungsbedingungen und relevanten Daten des Bauablaufes für die Leistungsmeldungen, Abschlags-, Voraus- und Schlusszahlungen und Sicherheitseinbehalte in der Bauakte angelegt werden. Ausgangspunkt der projektbezogenen Planung der Zahlungen einer Baustelle sind die zeitverteilten Leistungszahlen gemäß der Arbeitskalkulation. Die voraussichtlichen auszahlungswirksamen Selbstkosten können mit Hilfe eines Bauablaufplans im Zeitverlauf aufgezeigt und dadurch in ihrer voraussichtlichen Zahlungsfälligkeit erfasst werden. Es werden den erwarteten Einzahlungen durch Abschlags- oder Schlusszahlungen die voraussichtlich fälligen auftragsbezogenen Auszahlungen für Löhne und Gehälter, Zahlungen an Lieferanten, Nachunternehmer, Gerätemieten oder Leasingraten usw. gegenübergestellt (siehe Abb. 3.71). Die Auszahlungen können durch die Vereinbarung von längerfristigen Zahlungszielen mit den Lieferanten und Nachunternehmern zeitlich gestreckt werden. Allerdings lassen sich bei kurzfristigen Zahlungszielen für die Bauunternehmung günstigere Einkaufs- oder Nachunternehmerpreise erzielen. Daher ist hier das Zahlungsziel in Verbindung mit den Einkaufspreisen zu sehen.

Für die unternehmensbezogene Liquiditätsplanung sind die projektbezogenen Daten zusammenzufassen und um weitere Finanzdaten, die das Gesamtunternehmen betreffen, zu ergänzen. Hierzu zählen z. B. die Kontostände und verfügbare Kreditreserven auf der Einzahlungsseite sowie Umsatz-, Einkommen-, Körperschafts- sowie Gewerbesteuer, Darlehenstilgungen, Versicherungen, Zahlungen an Argen sowie Privatentnahmen auf der Auszahlungsseite. In der Unternehmensfinanzplanung wird eine Vorschau über sämtliche Einnahmen und Ausgaben durchgeführt. Sie ist in der Regel als gleitender Zwölf-Monatsplan ausgelegt, d. h. nach Ablauf eines Monats wird die Planung um einen weiteren 13. Monat erweitert.

Der Finanzplan muss die finanziellen Ergebnisse und Auswirkungen der Teilpläne Leistungs-, Umsatz-, Personal-, Investitions- sowie Beschaffungs- und Gewinnplanung kennen und aufnehmen. Er steht somit in einem starken Abhängigkeitsverhältnis von der Planung aller Unternehmensbereiche, z. B. Sparten, Argen, Hilfsbetriebe usw. Die Unternehmensleitung hat die Aufgabe, alle Teilpläne zu einem gemeinsamen, gesamtunternehmensbezogenen und abgestimmten Finanzplan zusammenzufassen.

Der Finanzplan ist stets an die individuellen Erfordernisse des Bauunternehmens anzupassen. Er gliedert sich grundsätzlich in die Teile (siehe Abb. 3.72):

- Zahlungsmittel-Anfangsbestand,
- Einnahmen,
- Ausgaben,
- Saldo aus Einnahmen und Ausgaben und
- Zahlungsmittel-Endbestand.

Aus Gründen der Planung und Kontrolle werden Plan- und Ist-Werte erfasst. Schwankungen in den Auszahlungen und Einzahlungen müssen durch den Zahlungsmittelanfangsbestand ausgeglichen werden. Bei länger anhaltendem Auszahlungsüber-

3.5 Wirtschaftliche Aufgaben

Finanzplan ab April (Beträge in T €)	April Plan	April Ist	Mai Plan	Mai Ist	Juni Plan	Juni Ist
A. Zahlungsmittelanfangsbestand						
1. Guthaben Konten und Kassen	1.225	1.063	135		679	
2. Festgeldkonten	600	600	600		600	
3. Kreditlimit (nicht beansprucht)	2.500	2.500	2.500		2.500	
Summe A	4.325	4.163	3.235		3.779	
B. Einnahmen						
1. Vorauszahlungen	250	0	0		0	
2. Abschlags- /Schlusszahlungen	4.250	4.329	5.250		4.750	
3. Zahlungen von Argen	0	100	0		0	
4. Zahlungen aus Beteiligungen	0	0	250		0	
5. Zinserträge	35	29	44		15	
Summe B	4.535	4.458	5.544		4.765	
C. Verfügbare Mittel (A + B)	**8.860**	**8.621**	**8.779**		**8.544**	
D. Ausgaben						
1. Lohn/Gehalt/Sozialvers./Lohnsteuer	2.118	2.164	2.400		2.400	
2. Steuern und Abgaben (Gewerbe-, Umsatz-, Körperschaftssteuer)	625	645	750		790	
3. Zahlungen an Lieferanten	1.275	1.103	1.300		1.400	
4. Zahlungen an Subunternehmer	125	290	200		400	
5. Investitionen, Leasingraten	750	715	175		400	
6. Mieten	175	175	175		175	
7. Kredittilgungen, Kreditzinsen	294	294	0		0	
8. Zahlungen an Argen	175	0	0		0	
9. Zahlungen an Beteiligungen	0	0	0		125	
10. Entnahmen	125	0	0		0	
Summe D	5.662	5.386	5.000		5.690	
E. Überschuss/Unterdeckung (B - D)	**-1.127**	**-928**	**544**		**-925**	
F. Zahlungsmittelbestand						
1. Guthaben Konten und Kassen	98	135	679		54	
2. Festgeldkonten	600	600	600		300	
3. Kreditlimit (nicht beansprucht)	2.500	2.500	2.500		2.500	
Summe F (C - Summe D)	3.198	3.235	3.779		2.854	

Abb. 3.72 Finanzplanung einer Bauunternehmung

hang sind Maßnahmen einer langfristigen Finanzierung zu ergreifen. Dazu wird ein Finanzierungsplan erstellt. Er weist aus, wie die Finanzierung aller Unternehmensaktivitäten erfolgt, ob das eigene Aufkommen an finanziellen Mitteln ausreicht oder ob und in welchem Umfang für welche Zeiträume Fremd- oder Eigenkapital zu beschaffen ist, wobei ein bestimmter Eigenkapitalbestand Voraussetzung für die Geschäftstätigkeit eines Unternehmens ist. In Bauunternehmen werden die Einzelheiten der Finanzierung sehr stark durch die Ertragskraft und Länge der Bauzeit der einzelnen Aufträge und die geplanten Investitionsvorhaben bestimmt, wobei dem Betrieb auf unterschiedliche Art und Weise Kapital zugeführt werden kann (z. B. durch Einlagen der Gesellschafter oder durch einen periodenbezogenen Überschuss aus unternehmerischer Tätigkeit („Gewinn")).

3.5.7.4 Innerbetriebliche Zahlungsplanung

In Abschn. 3.5.6.9 wurde der Zahlungsplan erläutert, der Grundlage der Abschlagszahlungen bei Pauschalverträgen ist. Ein vergleichbarer Plan muss innerbetrieblich unmittelbar nach Auftragserteilung erstellt werden, um eine Liquiditätsplanung durchführen zu können. Verbunden sind damit häufig taktische Überlegungen, um in frühen Bauphasen relativ hohe Zahlungen vom Auftraggeber zu erhalten. Damit wird sichergestellt, dass die Vorfinanzierung durch den Auftragnehmer reduziert wird. Die Grundlagen dafür werden bereits in der Kalkulationsphase gelegt (z. B. Baupreisbildung für LV-Positionen, die in sehr frühen Projektphasen abgerechnet werden, wie „Einrichtung der Baustelle" oder „Ausführungsplanung").

Die einfachste Methode, Zahlungspläne aufzustellen, basiert auf empirischen Erkenntnissen, indem prozentuale Leistungswerte für Bauteile festgelegt werden. Diese können sich an früheren Zahlungsplänen orientieren. Diese Methode findet sich häufig beim Schlüsselfertigbau von Ein- und Mehrfamilienhäusern.

Falls dem Auftraggeber ein „prüfbarer" Zahlungsplan vorzulegen ist, ist als Grundlage eine Terminplanung erforderlich. In Band 2, Abschn. 10.2 ist dargestellt, wie eine Personalgang- und eine Personalsummenkurve mit Hilfe eines Balkenplans erstellt werden kann. Falls der Arbeitskräftebedarf durch Leistungswerte (entspricht der Vergütung oder alternativ den Kosten, multipliziert mit einem mittleren Deckungsbeitrag) ersetzt wird, kann eine Leistungsgang- oder eine Leistungssummenkurve ermittelt werden. Terminplanungsprogramme haben in der Regel integrierte Programmmodule zur Ressourcenermittlung, sodass solch eine Berechnung sehr schnell vorgenommen werden kann. Als Ergebnis der Berechnung ergibt sich eine Kurve, die den Selbstkosten oder den auszahlungswirksamen Kosten (einschließlich den Allgemeinen Geschäftskosten) in Abb. 3.71 entspricht.

Damit besteht die Aufgabe bei der Ermittlung eines Zahlungsplanes hauptsächlich darin, den Leistungswert aller Vorgänge im Terminplan zu ermitteln. Aus dem Leistungsverzeichnis können die Leistungswerte aller Positionen sowie die Gruppenstufen (Titel etc.) abgelesen werden. Wegen der unterschiedlichen Zielsetzungen ist leider die Struktur des Leistungsverzeichnisses (mit Positionen) und der Terminplanung (mit Vorgängen) in weiten Bereichen nicht kongruent. Es finden sich folgende Situationen:

- Genau einer Position des LV ist genau ein Vorgang der Bauablaufplanung zuordenbar (Idealfall, findet sich z. B. häufig bei der Baustelleneinrichtung).
- Mehreren Positionen des LV ist genau ein Vorgang der Bauablaufplanung zuordenbar (günstiger Fall, z. B. mehrere Positionen Erdaushub sind dem Vorgang „Ausheben der Baugrube" zuzuordnen).
- Nur eine Position des LV ist mehreren Vorgängen der Bauablaufplanung zuordenbar (Beispiel findet sich selten).
- Mehrere Positionen des LV sind mehreren Vorgängen der Bauablaufplanung zuzuordnen. Dies ist der übliche Fall. Ein Beispiel für eine Zuordnung ist in Abb. 3.73 dargestellt. Dabei wurde davon ausgegangen, dass von den 400 m^2 Schalung für Decken 200 m^2 Schalung für die Decke über dem EG anfällt.

3.5 Wirtschaftliche Aufgaben

Aus dem Leistungsverzeichnis ergibt sich:				
Pos.	Menge/Einheit	Text	EP [€]	GP [€]
1.5	100 t	Bewehrungsstahl	1.050,-	105.000,-
1.6	400 m²	Schalung Decke	48,-	19.200,-
1.7	150 m³	Beton C20/25 in Decke d = 20 cm einbauen	138,-	20.700,-
Für die Bauablaufplanung wird folgende Rechnung erforderlich:				
Nr.	Vorgangsbezeichnung	Zwischenrechnung		GP [€]
15	Decke über EG	Interne Mengenermittlung: 200 m²		
		Schalung: 200 m² · 48,- €/m²		9.600,-
		Bewehrungsstahl: 200 m² · 0,2 m · 0,1 t/m³ = 4 t 4 t · 1.050,- €/m³		4.200,-
		Beton: 200 m² · 0,2 m = 40 m³ 40 m³ · 138,- €/m³		5.520,-
		Summe		19.320,-

Abb. 3.73 Ermittlung der einem Vorgang zugeordneten Leistung

Wegen dieses Aufwandes wird sich in vielen Fällen mit näherungsweisen Ermittlungen der den Vorgängen zugewiesenen Leistungswerte zufrieden gegeben. Diese näherungsweisen Ermittlungen werden durch verschiedene Auswertungen aus den Kalkulationsprogrammen unterstützt, wie beispielsweise:

- Auswertungen nach Titeln,
- Auswertungen nach Vergabeeinheiten,
- Auswertungen nach Kostenarten,
- Auswertungen nach Bauarbeitsschlüssel (BAS).

Falls ein Zahlungsplan auf der Basis einer Grobablaufplanung erstellt werden muss, führt auch eine Aufteilung der Angebotssumme mit Hilfe von Kennzahlen in vielen Fällen zu akzeptablen Ergebnissen. Solche Kennzahlen sind z. B.: m³ BRI, m² GF, m³ Beton oder m² Schalung.

3.5.8 Grundlagen zum Nachtragsmanagement

Der Begriff „Nachtrag", im englischen „claim", ist in der Baubranche wohl allen dort Tätigen geläufig. Der Begriff leitet sich aus der nachträglichen Anpassung eines bestehenden Vertrags an neu eingetretene Sachverhalte her, die in diesem Nachtrag zum bestehenden Vertrag dokumentiert werden. Ein Nachtrag stellt nach dem in der Bauwirtschaft herrschenden Verständnis zuvorderst ein Angebot oder einen Antrag (Forderung) auf monetäre

Kompensation von Aufwendungen dar, die beim bauausführenden Unternehmen infolge von Leistungsmodifikationen oder Störungen der vertragsgemäßen Leistungserbringung anfallen und vom Auftraggeber zu vertreten sind. Gegenstand eines Nachtrags können darüber hinaus auch Forderungen des Auftragnehmers nach einer Verlängerung der vertraglich vereinbarten Ausführungsfristen zum Ausgleich eingetretener Erschwernisse der Bauausführung bzw. Erweiterungen des geforderten Leistungsumfangs sein. Als Ursachen für Nachträge kommen deshalb insbesondere in Betracht:[120]

- Änderung des als Werkerfolg vertraglich vereinbarten Leistungsziels durch den Auftraggeber (§ 650b Abs. 1 Nr. 1 BGB), z. B. in Form einer Änderung des Bauentwurfs (§ 1 Abs. 3 VOB/B 2016),
- Modifikation der Bauausführung zur Sicherstellung des Werkerfolgs (§ 650b Abs. 1 Nr. 2 BGB), z. B. durch Änderung des Bauverfahrens oder durch Maßnahmen gegen unplanmäßige Einwirkungen (z. B. Wassereintritt in Baugruben, Auffinden unbekannter Leitungen),
- Anpassung oder Unterbrechung der Bauausführung infolge von störenden Einwirkungen – sog. „Behinderungen" (§ 6 VOB/B 2016).

Auslöser für einen Nachtrag ist vor diesem Hintergrund nicht selten eine sog. „Anordnung", d. h. ein explizit ändernder Eingriff des Auftraggebers in das vertraglich vereinbarte Leistungssoll. Sehr häufig resultieren Nachträge jedoch quasi als "Nebenwirkungen" aus der täglichen Projektarbeit, z. B. aus der Aufnahme planerischer Entscheidungen des Bauherrn in die Ausführungszeichnungen und deren Übermittlung und Ausführungsfreigabe an den Bauunternehmer. Weicht die insoweit freigegebene Planung vom vereinbarten Leistungssoll ab, so ergibt sich daraus ggf. eine der o.g. Nachtragsursachen.

In vielen Fällen herrscht zwischen den Bauvertragsparteien jedoch Dissens über die Frage, ob es sich bei einer Planungs- bzw. Ausführungsvorgabe des Auftraggebers um eine Konkretisierung oder um eine Änderung der vertraglich vereinbarten Leistung handelt. Nachträge sind deshalb in der Praxis häufig mit streitigen Auseinandersetzungen der Parteien über die Berechtigung der geltend gemachten Forderungen dem Grunde und der Höhe nach verbunden.

Dies gilt insbesondere auch in den Fällen, in denen der Auftragnehmer eine Nachtragsforderung damit begründet, der Auftraggeber als „Co-Produzent" der Bauleistungserstellung habe die ihm obliegenden Mitwirkungshandlungen nicht oder nicht ordnungsgemäß erbracht – etwa die rechtzeitige Übergabe nötiger Ausführungsunterlagen (§ 3 Abs. 1 VOB/B 2016), die Koordination des Zusammenwirkens der auf der Baustelle eingesetzten Unternehmer oder die Herbeiführung der erforderlichen Genehmigungen (§ 4 Abs. 1 Nr. 1 VOB/B 2016).

Die bislang genannten Fälle haben es gemeinsam, dass sich der Auftraggeber die nachtragsauslösenden Umstände zurechnen lassen muss und deshalb in monetärer Hinsicht einstandspflichtig für die daraus resultierenden Folgen wird: Je nach Lage des Falls sind

---

[120] Reister: Nachträge beim Bauvertrag, 3. Auflage, S. 225.

3.5 Wirtschaftliche Aufgaben

hierbei Vergütungs-, Entschädigungs- oder Schadenersatzansprüche des bauausführenden Unternehmers zu unterscheiden.

Anders verhält es sich bei Umständen oder Ereignissen, die weder vom Auftraggeber, noch vom Auftragnehmer zu vertreten sind. Hierzu gehören z. B. außergewöhnliche Witterungseinflüsse, Streik, Aussperrung und höhere Gewalt. In derartigen Fällen erfolgt regelmäßig allein eine Verlängerung der Ausführungsfristen, während die monetären Folgewirkungen von jeder Partei selbst zu tragen sind.

Das Nachtragsmanagement ist in seiner Natur durch eine latente Konfliktsituation der Parteien bestimmt:

Das Bestreben des bauausführenden Unternehmens liegt naturgemäß in einem positiven wirtschaftlichen Ergebnis der Leistungserstellung. Kommt es insoweit zu Störungen der Bauausführung oder zu Modifikationen der geforderten Leistung, so wird sich das Bauunternehmen schon deshalb zur Stellung von Nachträgen veranlasst sehen, um das ausgangsvertragliche Äquivalenzgefüge (Synallagma) aus Leistung und Vergütung wiederherzustellen. Ggf. bieten Nachträge dem Auftragnehmer auch eine willkommene Gelegenheit, sein wirtschaftliches Baustellenergebnis im Wege einer Durchsetzung „guter" Preise aufzubessern. Die Stellung und Durchsetzung von Nachträgen liegt deshalb grundsätzlich im Interesse jedes Bauunternehmens.

Auftraggeber sehen sich bei Nachträgen aus diesem Grunde in aller Regel mit monetären Mehrforderungen der Auftragnehmer konfrontiert, die das veranschlagte Projektbudget, ggf. die Finanzierung und im Extremfall auch die Wirtschaftlichkeit eines Bauvorhabens gefährden können. Das primäre Interesse der Bauauftraggeber liegt mithin in der Abwehr gestellter Nachtragsforderungen.

Vor diesem Hintergrund umfasst das Nachtragsmanagement aufseiten des Bauunternehmens die Festlegung und Implementierung von Verfahren und Prozessen einschließlich der Zuweisung von personellen Verantwortlichkeiten, die betriebsintern sicherstellen, dass Nachtragspotenziale erkannt und durch Stellung bzw. Durchsetzung von Nachträgen auch genutzt werden (siehe Abschn. 3.5.9). Generell sind unter dem Begriff Nachtrag – wie oben schon angedeutet – unterschiedliche Fallkonstellationen zu betrachten:

a) Nachtrag aufgrund von Leistungsmodifikationen

Als Anspruchsgrundlagen für eine Anpassung (i. d. R. Erhöhung) der Vergütung sind im VOB/B-Bauvertrag zu unterscheiden: Eine Leistungsmodifikation liegt im Bauvertrag unmittelbar dann vor, wenn der Auftraggeber eine Änderung des vereinbarten Werkerfolgs (§ 650b Abs. 1 Nr. 1 BGB) und mithin des vertraglichen Leistungsziels vornimmt. Korrespondierend dazu findet sich im VOB/B-Vertrag das Rechtsinstitut der Änderung des Bauentwurfs (§ 1 Abs. 3 VOB/B 2016). Ebenso ist eine Leistungsmodifikation dann gegeben, wenn sich die Änderung lediglich auf die Ausführungsweise der Leistung bezieht, während der Werkerfolg als vertragliches Leistungsziel bestehen bleibt (§ 650b Abs. 1 Nr. 2 BGB). Auch im VOB/B-Vertrag ist der Auftraggeber insoweit befugt, notwendige Anordnungen zur Erreichung des angestrebten Werkerfolgs zu treffen (§ 4 Abs. 1 Nr. 3 VOB/B 2016). Typische Fälle solcher – gegenüber einer Änderung des Bauentwurfs – „anderen Anordnung" sind unerwartete Ereignisse oder unplanmäßige Einwirkungen bei der

Ausführung von Arbeiten im Baubestand oder bei Arbeiten im Baugrund. Die Allgemeinen Technischen Vertragsbedingungen (ATV) der VOB/C enthalten in DIN 18299 ff. insoweit eine Vielzahl von Regelungen für entsprechende Situationen. Exemplarisch seien genannt:

- Umgang mit angetroffenen Schadstoffen in Böden, Gewässern oder Bauteilen (DIN 18299, Abschn. 3.3),
- Sicherung gefährdeter baulicher Anlagen (DIN 18300, Abschn. 3.1.3, ebenso etwa DIN 18301, Abschn. 3.4.4, und DIN 18308, Abschn. 3.1.3),
- Auffinden unvermuteter Hohlräume oder Hindernisse im Baugrund (DIN 18300, Abschn. 3.1.6, analog auch DIN 18301, Abschn. 3.4.2, DIN 18308, Abschn. 3.1.5, und weitere),
- vermutetes Auffinden von Kampfmitteln (DIN 18300, Abschn. 3.1.6),
- Schäden aus unerwartbaren Witterungsereignissen (DIN 18300, Abschn. 3.2.3),
- Nichterreichung der vorgegebenen Verdichtungsanforderungen von Bodenmaterial (DIN 18300, Abschn. 3.4.2),
- Gefahr von Böschungsrutschungen und -erosionen (DIN 18300, Abschn. 3.5.2),
- Möglichkeit des Auftreibens von Boden (DIN 18301, Abschn. 3.2.4),
- Außergewöhnliche Erscheinungen wie z. B. Bodenverfärbungen, Gasvorkommen im Boden (DIN 18301, Abschn. 3.3.3),
- Nichterreichen der Zielgrößen bei Düsenstrahlarbeiten (DIN 18321, Abschn. 3.2.2),
- Erkennbarkeit von Gefahren für die Standsicherheit baulicher Anlagen (DIN 18321, Abschn. 3.2.3) oder
- Nichterreichen vorgegebener Oberflächenbeschaffenheit bei Betonsanierungsarbeiten (DIN 18349, Abschn. 3.2.1 und 3.6.1).

Rechtsfolge einer Änderung des Leistungsziels bzw. einer Änderung der Ausführungsweise ist jeweils die Vereinbarung (§ 650b Abs. 1 BGB) bzw. Anordnung (§ 650b Abs. 2 BGB; §§ 1 Abs. 3, 4. Abs. 1 Nr. 3 VOB/B 2016) einer „neuen", modifizierten Vertragsleistung. Zur Wiederherstellung des vertraglichen Äquivalenzgefüges ist neben der geschuldeten Leistung auch die Vergütung des ausführenden Unternehmers entsprechend anzupassen: Der Auftragnehmer hat im VOB-Bauvertrag insoweit Anspruch auf besondere Vergütung, wenn eine im Ausgangsvertrag nicht vereinbarte Leistung gefordert wird (§ 2 Abs. 6 Nr. 1 VOB/B 2016). Die Vergütung bestimmt sich dabei nach den Grundlagen der Preisermittlung für die ausgangsvertragliche Leistung und den besonderen Kosten der geforderten Leistung. Ändern sich hingegen aufgrund einer Änderung des Bauentwurfs oder infolge einer anderen Anordnung die Grundlagen des Preises für eine bereits im Ausgangsvertrag vorgesehene Leistung, so ist ein neuer Preis unter Berücksichtigung der Mehr- oder Minderkosten zu vereinbaren (§ 2 Abs. 5 VOB/B 2016).

Die analog für den BGB-Bauvertrag geltenden Regelungen sehen eine einvernehmlich von den Parteien herbeizuführende Vereinbarung über die Mehr- oder Mindervergütung vor. Im Fall einer vom Auftraggeber angeordneten Leistungsmodifikation (§ 650b Abs. 2 BGB) ist die Höhe des Vergütungsanspruchs nach den tatsächlich erforderlichen Kosten mit angemessenen Zuschlägen für allgemeine Geschäftskosten, Wagnis und Gewinn zu ermitteln.

Diese Grundsätze der Vergütungsanpassung gelten im BGB- und im VOB-Bauvertrag jeweils auch dann, wenn die Leistungsmodifikation darin besteht, dass der Auftraggeber Teilleistungen des Auftraggebers aus dem Vertrag herausnimmt (§ 648 BGB; § 8 Abs. 1 VOB/B 2016) oder selbst erbringt – z. B. Lieferung von Baustoffen und Bauteilen (§ 2 Abs. 4 VOB/B 2016).

Ein Vergütungsanspruch nach den oben beschriebenen Grundsätzen steht dem Auftragnehmer ebenfalls dann zu, wenn der Auftraggeber zunächst auftragslos bzw. in Abweichung vom Vertrag erbrachte Leistungen nachträglich anerkennt. Gleiches gilt, wenn die Leistungen zur Erreichung des Leistungsziels bzw. Werkerfolgs notwendig waren, dem mutmaßlichen Willen des Auftraggebers entsprachen und ihm unverzüglich angezeigt worden sind (§ 2 Abs. 8 VOB/B 2016).

b) Nachtrag aufgrund von Mengenabweichungen

Als weit überwiegende Vertragsart dominiert in der bauausführenden Wirtschaft seit jeher der Einheitspreisvertrag. Der Vergütungsanspruch für die geschuldeten Teilleistungen wird hierbei auf der Basis vertraglich vereinbarter Preise je Mengeneinheit der Leistung – sog. Einheitspreise – unter Multiplikation mit der vertragsgemäß erbrachten Leistungsmenge ermittelt. Die ausgeführten Teilleistungsmengen weichen dabei nicht selten von den im vertraglichen Leistungsverzeichnis ausgewiesenen (LV-)Mengen ab. Solche Abweichungen können etwa aus Mengenermittlungsfehlern resultieren, sie entstehen darüber hinaus aber insbesondere auch dort, wo die Mengen im Vorfeld der Ausführung nur grob abgeschätzt werden können. Dies ist regelmäßig bei Erdarbeiten oder bei Umbau- und Sanierungsarbeiten der Fall, Baugrund- und Bestandserkundungen aus technischen Gründen zumeist nur stichprobenhaft Aufschluss über die örtlichen Verhältnisse geben können.

Abweichungen zwischen den Ausführungs- und den LV-Mengen bringen bei einer Abrechnung mit den ausgangsvertraglich vereinbarten Einheitspreisen regelmäßig den Nebeneffekt einer „Preisverzerrung" mit sich:

- Bei einer Überschreitung der LV-Mengen kommt es zu Kostenüberdeckungen,
- Unterschreitungen der LV-Mengen führen zu Kostenunterdeckungen.

Die Ursache für diese Effekte liegt darin, dass die für einen Auftrag anfallenden Baustellengemeinkosten (BGK) wie auch die im Rahmen des Bauauftrags zu erwirtschaftenden Deckungsbeiträge für Allgemeine Geschäftskosten (AGK) vom Unternehmer bei der Bildung der Einheitspreise anhand der LV-Mengen auf die einzelnen Teilleistungen umgelegt werden (Umlagekalkulation). Eine vollständige BGK- und AGK-Deckung wird deshalb erst erzielt, sobald die Ausführungsmenge die LV-Menge erreicht. Bleibt die Ausführungsmenge hinter der LV-Menge zurück, entsteht ein Deckungsfehlbetrag für BGK und AGK. Übersteigt die Ausführungsmenge hingegen die LV-Menge, so erlöst der Unternehmer einen Deckungsüberschuss.

Während das BGB-Bauvertragsrecht für derartige Fälle kein Korrektiv bereithält, sieht § 2 Abs. 3 VOB/B 2016 bei Abweichungen der Ausführungsmenge gegenüber der LV-Menge einer Teilleistung von > 10 % eine Vergütungsanpassung auf Verlangen vor:

Für die über 10 % hinausgehende Überschreitung des vertraglichen Mengenansatzes ist in diesem Fall ein neuer Preis unter Berücksichtigung der Mehr- oder Minderkosten zu vereinbaren (§ 2 Abs. 3 Nr. 2 VOB/B 2016).

Bei einer über 10 % hinausgehenden Unterschreitung der LV-Menge ist der Einheitspreis für die ausgeführte Menge der betroffenen Teilleistung zu erhöhen (§ 2 Abs. 3 Nr. 3 VOB/B 2016). Weiterhin regelt die Vorschrift: *„Die Erhöhung des Einheitspreises soll im Wesentlichen dem Mehrbetrag entsprechen, der sich durch Verteilung der Baustelleneinrichtungs- und Baustellengemeinkosten und der Allgemeinen Geschäftskosten auf die verringerte Menge ergibt."*

In der Vertragspraxis sind häufig Mengenverschiebungen zwischen einzelnen LV-Positionen zu beobachten. Für manche Teilleistungen stehen dann Mengenüberschreitungen zu Buche, während bei anderen Mengenunterschreitungen zu verzeichnen sind.

Alternativ zu einer „teilleistungsscharfen" Preisanpassung eröffnet die VOB/B deshalb die Möglichkeit eines „Ausgleichs in anderer Weise" (§ 2 Abs. 3 Nr. 3 VOB/B 2016). Zu diesem Zweck sind dann die entstehenden Kostenunter- und Kostenüberdeckungen für die geschuldete Gesamtleistung bei der Schlussrechnung des Bauauftrags zu saldieren und abzugelten.

c) Nachtrag aufgrund von Bauablaufstörungen

Eine weitere Gruppe von Nachtragsfällen liegt vor, wenn der Auftragnehmer in der Ausführung behindert wird oder die Ausführung unterbrochen werden muss (siehe Abschn. 3.2.1.2). In diesen Fällen kann der Auftragnehmer einen wirtschaftlichen Schaden erleiden, den er gegenüber dem Auftraggeber geltend machen kann. Alternativ kann der Auftragnehmer Entschädigung nach § 642 BGB fordern.

Die Berechnung der Nachträge wegen Schadenersatz/Entschädigung unterscheidet sich methodisch von der Ermittlung eines Vergütungsanspruchs (Preisanpassung). Die Schadenermittlung wird in Abschn. 3.5.15, die Entschädigung wird in Abschn. 3.5.16 näher betrachtet. In Abb. 3.74 wird ein genereller Überblick zu den unterschiedlichen Vorgehensweisen gegeben. Auf die Unterschiede insbesondere bei der Basis der Ermittlung aber auch bei Gewinn- und Wagnisaufschlag und bei der Berechnung der Umsatzsteuer wird hingewiesen.

3.5.9 Prozess der Nachtragsstellung

Das Nachtragsmanagement in Bauunternehmen in Richtung des Auftraggebers bzw. Bauherrn die Aufgabe, Ressourcen (Personal) und Prozesse bereitzustellen für die Identifizierung, die Erarbeitung und Einreichung erforderlicher Nachträge sowie für die Herbeiführung der erforderlichen Nachtragsvereinbarungen. Häufig wird hierbei ein Zusammenwirken der Bau- und Projektleitung mit spezialisierten Fachleuten sinnvoll oder sogar geboten sein. Größere Unternehmen etwa beschäftigen regelmäßig eigene Spezialisten oder unterhalten ganze Abteilungen, die sich schwerpunktmäßig mit den Aufgaben des

3.5 Wirtschaftliche Aufgaben

Begriff	Rechtsgrundlage beim Bauvertrag	Basis für die Ermittlung	Aufschlag für Gewinn und Wagnis	Umsatzsteuer	Berücksichtigung von ersparten Aufwendungen
Vergütung	§ 632 BGB oder § 2 VOB/B	„Urkalkulation", „gewerbliche Verkehrssitte" (§ 2 Nr. 1 VOB/B), „übliche Vergütung" (§ 632 (2) BGB)	ja		nein
Schadenersatz	§ 281 BGB in Verbindung mit § 636 BGB oder § 6 Abs. 6 VOB/B	Differenzmethode aus Gegenüberstellung von zwei Vermögenslagen	ja bei grober Fahrlässigkeit oder Vorsatz, sonst nein	nein	entfällt
Entschädigung	§ 642 BGB	„Urkalkulation", „gewerbliche Verkehrs-Sitte" (§ 2 Nr. 1 VOB/B), „übliche Vergütung" (§ 632 (2) BGB)	strittig	ja	ja

Abb. 3.74 Unterschiede bei Nachträgen wegen Vergütungsansprüchen, Schadenersatz oder Entschädigung

Nachtragsmanagements beschäftigen. Je nach Verfügbarkeit unternehmensinterner Ressourcen und nach Lage des Einzelfalls wird ggf. auch externe Expertise hinzugezogen, um eine ordnungsgemäße und rechtssichere Darlegung und Durchsetzung geltend gemachter Nachtragsforderungen sicherzustellen. Dies gilt insbesondere dort, wo zwischen den Bauvertragsparteien Dissens über die Berechtigung eines Nachtrags dem Grunde oder der Höhe nach herrscht. Neben fundierter baujuristischer Begleitung bedarf es beim Nachtragsmanagement in der Regel einer qualifizierten baubetrieblichen Unterstützung, um z. B. die zeitlichen Auswirkungen von Bauablaufstörungen (störungsmodifizierter Bauablaufplan siehe hierzu Abschn. 3.5.14) zu ermitteln.

Der Prozess der Nachtragsbearbeitung lässt sich in folgende Teilschritte untergliedern:

Schritt 1: Möglichen Nachtrag erkennen und dokumentieren
Der Auftragnehmer muss zunächst jene Situationen erkennen, die potenziell zu Nachträgen führen. Dabei sollte unverzüglich die Nachtragsursache und die daraus abzuleitende materielle Rechtsfolge bestimmt werden.

Problemlos gestaltet sich dies in aller Regel, wenn der Auftraggeber eine Anordnung trifft, aus der eine Änderung des Leistungsziels – z. B. eine Änderung des Bauentwurfs (§ 1 Abs. 3 VOB/B 2016) – oder eine Änderung der Ausführungsweise (§ 4 Abs. 1 Nr. 3 VOB/B 2016) eindeutig hervorgehen. Gleiches gilt, wenn der Auftraggeber im BGB-Bauvertrag explizit ein entsprechendes Änderungsbegehren (§ 650b Abs. 1 BGB) äußert oder in Textform eine Änderungsanordnung trifft (§ 650b Abs. 2 BGB).

Insbesondere im VOB-Vertragsrecht sind vertragsändernde Anordnungen jedoch nicht an besondere Formerfordernisse geknüpft. Einer Anordnung kommt es deshalb bereits gleich, wenn der Auftraggeber z. B. eine Bauentwurfsänderung lediglich durch die Übergabe und Ausführungsfreigabe geänderter Pläne kommuniziert oder aber im Zuge einer Bemusterung Konstruktions- oder Materialfestlegungen trifft, die vom ausgangsvertraglich vereinbarten Leistungssoll abweichen. Nicht selten erwächst die auslösende Vertragsänderung auch rein faktisch, z. B. aus Umstellungen des Bauablaufs bei Vor- und Parallelunternehmern, aus Eingriffen in die Bau- bzw. Baustellenlogistik oder aus unplanmäßigen Abweichungen der tatsächlichen (Ist-)Beschaffenheit des Baugrunds oder des Baubestands von der vertraglich vereinbarten (Soll-)Beschaffenheit. In derartigen Fällen ist es am Unternehmer, die Leistungsänderung und den damit verbundenen Anspruch auf Anpassung der Vergütung und ggf. Verlängerung der Ausführungsfristen selbstständig zu erkennen und gegenüber dem Auftraggeber geltend zu machen.

Handelt es sich um eine mögliche Nachtragsforderung nach § 2 Abs. 5 VOB/B 2016, so sind zur vertraglichen Anspruchssicherung unmittelbar keine Handlungen erforderlich. Fordert der Auftraggeber jedoch eine im Ausgangsvertrag nicht vorgesehene Leistung (§ 2 Abs. 6 VOB/B 2016), so muss der Auftragnehmer seinen Anspruch auf besondere Vergütung i. d. R. dem Auftraggeber ankündigen, bevor er mit der Ausführung der Leistung beginnt. Eine noch striktere Vorgehensweise sieht § 6 Abs. 1 VOB/B 2016 bei Behinderungen vor. Es heißt dort: *Glaubt sich der Auftragnehmer in der ordnungsgemäßen Ausführung der Leistung behindert, so hat er es dem Auftraggeber unverzüglich schriftlich anzuzeigen.*

Versäumt der Unternehmer die Wahrnehmung dieser Informations- bzw. Hinweispflichten, droht ihm der Verlust seines Anspruchs auf monetäre und ggf. bauzeitliche Vertragsanpassung.

Der Auftragnehmer muss insoweit sicherstellen, dass er möglichst sämtliche auftretenden Nachtragssachverhalte systematisch erfasst und die Voraussetzungen für die Geltendmachung der daraus erwachsenden Anspruchsfolgen einhält.

Schritt 2: Prüfen, ob ein Nachtrag dem Grunde nach gestellt werden kann
Es empfiehlt sich, mittels einer Vertragsanalyse zu prüfen, ob der Nachtrag „dem Grunde nach" genehmigungsfähig ist. Es ist z. B. möglich, dass eine Leistung, die üblicherweise als Besondere Leistung (vgl. dazu Abschn. 4.2 der ATV – d. h. sämtliche Gewerkenormen der VOB/C) anzusehen ist und dann eine nachtragsfähige Leistung darstellt, im konkreten Bauvertrag ohne besonderen Vergütungsanspruch als Nebenleistung geschuldet ist.

Eine typische Besondere Leistung ist z. B. bei Zimmer- und Holzbauarbeiten (DIN 18334) das *„Auf- und Abbauen sowie Vorhalten der Gerüste, deren Arbeitsbühnen höher als 2 m über Gelände oder Fußboden liegen."*

Individualvertraglich könnte nun im Rahmen der Auftragsverhandlungen über die notwendigen Gerüste diskutiert worden sein. Dabei könnte festgelegt worden sein, dass im speziellen Fall die Gerüstkosten in die Leistungspreise einzurechnen waren. In einem solchen Fall wäre die Gestellung des Gerüstes keine nachtragsfähige Leistung. Zu beachten ist jedoch, dass solche Vereinbarungen i. d. R. nicht durch formularmäßig verwendete Vorbemerkungen zum LV rechtswirksam vorgegeben werden können, sondern stets individualvertraglich zu vereinbaren sind.

3.5 Wirtschaftliche Aufgaben

Schritt 3: Darlegung und ggf. Leistungsbeschreibung des Nachtrags
Wie bereits erwähnt, bergen Nachträge aufgrund der zumeist damit einhergehenden Baukostenerhöhung nicht selten Konfliktpotenzial. Es empfiehlt sich deshalb, zu jedem Nachtrag eine konkrete, für den Auftraggeber prüf- und nachvollziehbare schriftliche Begründung einzureichen, aus welcher der nachtragsauslösende Sachverhalt und die konkrete vertragliche Anspruchsgrundlage hervorgehen.

Die zur Erstellung eines konkreten Nachtragsangebots erforderliche Planung obliegt grundsätzlich der Vertragsseite, die auch für die Planung des Bauwerks verantwortlich ist (§ 650b Abs. 1 BGB) – die ausgangsvertraglich geregelte Planungsverantwortung der Parteien bleibt damit auch für Nachträge bestehen. Dies schließt ggf. auch die Erstellung der Leistungsbeschreibung des Nachtrags ein. Zu Kalkulationszwecken wird es im Allgemeinen anzuraten sein, für jeden Nachtrag ein Nachtrags-LV anzulegen – ggf. ist hierbei zum Vertrags-LV ein eigener Titel „Nachträge" hinzuzufügen. Jeder einzelne Nachtrag wird dann als Untertitel mit entsprechenden Leistungspositionen vorgesehen, wie z. B.: „Nachtrag 001: Stützenquerschnitt rund, Durchmesser 60 cm".

Besondere Darlegungsanforderungen treffen den Auftragnehmer, wenn Leistungsmodifikationen mit Auswirkungen auf den vertragsgemäß geplanten Bauablauf verbunden sind oder wenn eine Nachtragsforderung ausschließlich aus einer Behinderung oder Unterbrechung der Bauausführung resultiert: Der ausführende Unternehmer muss dann nicht allein die Störungssachverhalte im Sinne der hindernden Umstände aufzeigen, sondern auch die konkret kausalen Auswirkungen auf die geplante Leistungserstellung. Zu diesem Zweck hat er in aller Regel eine bauablaufbezogene Darstellung vorzunehmen (siehe Abschn. 3.5.14).

Schritt 4: Ermitteln und Begründen der Nachtragshöhe
Dieser Schritt umfasst die konkrete Ermittlung der geforderten monetären Vertragsanpassung der Höhe nach sowie die Begründung der hierfür herangezogenen Ermittlungsansätze. Zu beachten ist, dass jeder Nachtrag nicht allein dem Grunde nach, sondern auch hinsichtlich der Höhe prüfbar darzulegen ist. Bei der Berechnung der Nachtragshöhe ist hierbei zwischen folgenden Ansprüchen zu differenzieren, da diese sich sowohl in ihren Berechnungsgrundlagen als auch in der Ermittlungssystematik der monetären Nachtragshöhe unterscheiden:

- Vergütung gem. §§ 650b Abs. 1, 650c Abs. 1 BGB bzw. § 2 Abs. 3 bis Abs. 8 VOB/B 2016,
- Entschädigung gem. § 642 BGB oder
- Schadenersatz gem. § 6 Abs. 6 VOB/B 2016 bzw. § 249 BGB.

Bei Vergütungsansprüchen richtet sich die Preisermittlung nach den im konkreten Einzelfall geltenden Bestimmungen:

Im BGB-Bauvertrag sind die „tatsächlich erforderlichen Kosten" mit angemessenen Zuschlägen für allgemeine Geschäftskosten, Wagnis und Gewinn anzusetzen (§ 650c Abs. 1 BGB), sofern sich die Parteien nicht anderweitig auf einen neuen Preis verständigen können. Stehen keine Anhaltspunkte entgegen, kann der ausführende Unternehmer zur Preisermittlung hierbei auf die Ansätze einer vereinbarungsgemäß hinterlegten Vertragskalkulation zurückgreifen (§ 650c Abs. 2 BGB).

Diese Methode einer Preisfortschreibung aus der Vertragskalkulation heraus war nach lang herrschender Rechtsauffassung auch bei VOB-Bauverträgen anzuwenden (siehe Abschn. 3.5.10 und 3.5.11). Das Primat der Preisfortschreibung steht jedoch bereits seit geraumer Zeit aufgrund der damit verbundenen Anreize für eine spekulative Preisbildung im Ausgangsvertrag in der Kritik, und auch aus dem Wortlaut der einschlägigen VOB/B-Regelungen lässt sich eine Verpflichtung zur Preisfortschreibung nicht entnehmen. Eine wachsende Zahl obergerichtlicher Entscheidungen kommt deshalb zu dem Ergebnis, dass Nachträge auch im VOB-Vertrag auf Basis der tatsächlich erforderlichen Kosten zu vergüten sind.[121]

Für die Fallgruppe von Mengenabweichungen (§ 2 Abs. 3 VOB/B 2016) hat der Bundesgerichtshof (BGH) bereits höchstrichterlich entschieden, dass die Preisanpassung nicht anhand der Vertragskalkulation, sondern unter Zugrundelegung der tatsächlich erforderlichen Kosten vorzunehmen ist.[122]

Fachlich anspruchsvoller ist im Allgemeinen eine Schadenermittlung oder die Ermittlung einer Entschädigung auf Grund eines gestörten Bauablaufs (siehe Abschn. 3.5.13 ff.). Hierzu ist oftmals nicht allein die Mitwirkung durch die Betriebsbuchhaltung hilfreich, sondern gegebenenfalls auch juristische und baubetriebliche Unterstützung.

Schritt 5: Einreichen des Nachtrags
Die Einreichung einer Nachtragsforderung steht zunächst im Interesse des Auftragnehmers, ist sie doch unabdingbare Voraussetzung für die Nachtragsprüfung, -vereinbarung und die Bezahlung der Nachtragsleistung. Auch der Auftraggeber kann jedoch ein Nachtragsangebot verlangen, wenn er auf dieser Grundlage über eine vorgesehene Leistungsmodifikation entscheiden will. Explizit geregelt ist dies für den BGB-Bauvertrag (§ 650b Abs. 1 BGB): Hiernach ist der ausführende Unternehmer auf entsprechende Aufforderung durch den Bauherrn zur Erstellung eines Nachtragsangebots verpflichtet. Eine Ausnahme von diesem Grundsatz gilt nur, sofern dem Auftragnehmer die Ausführung der Nachtragsleistung unzumutbar ist.

Das Interesse des Auftraggebers an einer möglichst frühzeitigen Einreichung des Nachtragsangebots wird überdies auch dann bestehen, wenn er die betreffende Leistungsmodifikation bereits angeordnet hat. In Kenntnis der nachtragsbedingten Kostenauswirkungen auf das Bauvorhaben kann er ggf. mit planerischen Maßnahmen reagieren oder zumindest seine Finanzierung an die absehbaren Kostenentwicklungen anpassen. Beides ist insbesondere von Belang, wenn mit dem Nachtrag bei unverändertem Leistungsziel aus-

---
[121] Vgl. hierzu etwa KG, Urteil vom 10.07.2018 – 21 U 30/17; OLG Düsseldorf, Urteil vom 19.12.2019 – 5 U 52/19; OLG Brandenburg, Urteil vom 22.04.2020 – 11 U 153/18; OLG Frankfurt, Urteil vom 21.09.2020 – 29 U 171/19.
[122] BGH, Urteil vom 08.08.2019 – VII ZR 34/18.

3.5 Wirtschaftliche Aufgaben

schließlich Mehraufwendungen des Unternehmers für eine Änderung der Ausführungsweise geltend gemacht werden. Frühzeitig eingereichte Nachträge eröffnen mithin wichtige Handlungsspielräume für eine wirtschaftlich erfolgreiche Projektrealisierung.

Schritt 6: Vereinbarung des Nachtrags erreichen
Die Vereinbarung eines Nachtrages ist häufig mit Verhandlungen verbunden, bei denen im ersten Schritt der Nachtrag dem „Grunde nach" beauftragt und danach die Ermittlung der „Höhe nach" geprüft, verhandelt und schließlich mit dem im Prüf- und Verhandlungsweg erzielten Ergebnis vereinbart wird.

In der Praxis wird kaum ein Bauvertrag ohne Nachträge vollzogen – insbesondere bei größeren, langlaufenden und ggf. technisch und organisatorisch anspruchsvollen Bauvorhaben fällt regelmäßig eine Vielzahl von Nachträgen an. Im Rahmen des Nachtragsmanagements sollte deshalb der Bearbeitungs- und ggf. Verhandlungsstand der einzelnen Nachträge in einem tabellarischen Verzeichnis dokumentiert und verfolgt werden (vgl. Abb. 3.75). Zu diesem Zweck erhält jeder Nachtrag eine fortlaufende Nummer; zusätzlich werden die die wesentlichen Informationen über den Nachtrag in das Nachtragsverzeichnis aufgenommen. Dort kann auch die Auftragssumme fortgeschrieben werden. Dabei ist zwischen bereits beauftragten bzw. vereinbarten Nachträgen (gesicherte Auftragssumme) und erwarteten Nachtragsbeauftragungen (prognostizierte Auftragssumme) zu unterscheiden.

Die bisherigen Ausführungen zum Nachtragsmanagement beziehen sich auf die Geltendmachung von Nachtragsforderungen des ausführenden Unternehmers gegenüber seinem Auftraggeber. Gegenstand des Nachtragsmanagements sind daneben jedoch auch solche Nachträge, die von Subunternehmern an das bauausführende Unternehmen gerichtet werden. Auch solche Nachträge sind zeitnah zu prüfen, ggf. zu verhandeln und ggf. zu beauftragen. In diesem Zusammenhang ist abzuklären, ob und inwieweit eine Nachtragsforderung jeweils an den Hauptauftraggeber „durchgestellt" bzw. auch diesem gegenüber geltend gemacht werden kann. Zu beachten ist dabei, dass das Vertragsverhältnis zwischen Hauptauftraggeber und Hauptauftragnehmer andere Regelungen enthalten kann als der Vertrag zwischen Hauptauftragnehmer und Subunternehmer. In diesem Fall können umfangreiche Anpassungen oder Neuberechnungen erforderlich werden.

Nr.	Bezeichnung	Grund	Info an Auftraggeber	eingereicht am €	genehmigt am €
1	Zusätzliche Schächte für Entwässerungsleitungen	§ 2 Abs. 5	-		
2	Decke UG	fehlende Pläne	Behinderungsanzeige Nr. 1 am 04.03.2022	02.05.2022 15.184,35	
3	Stützmauer	§ 2 Abs. 6	Ankündigung 17.03.2022		

Abb. 3.75 Übersicht Nachträge

3.5.10 Nachträge infolge von Leistungsmodifikationen

Leistungsmodifikationen sind im Bauvertrag – wie bereits beschrieben – dann gegeben, wenn der Auftraggeber entweder das Leistungsziel ändert (§ 1 Abs. 3 VOB/B 2016 bzw. § 650b Abs. 1 Nr. 1 BGB) oder aber eine Änderung der Ausführungsweise verlangt, ohne dass das Leistungsziel als solches eine Änderung erfährt (z. B. § 4 Abs. 1 Nr. 3 VOB/B 2016 bzw. § 650b Abs. 1 Nr. 2 BGB).

Beide Fallkonstellationen können dazu führen, dass sich die Grundlagen des Preises für im Vertrag vorgesehene Teilleistungen ändern. Ebenfalls kommt es – insbesondere bei Änderungen des Bauentwurfs – nicht selten vor, dass infolge der Änderung Leistungen erforderlich werden, die im Vertrag bis dahin nicht vorgesehen sind. Im VOB-Bauvertrag gelten die Rechtsfolgeregelungen zur Preisanpassung gemäß § 2 Abs. 5 und 6 VOB/B 2016 deshalb – entgegen weit verbreiteter Auffassung – nebeneinander. Sie unterscheiden sich ohnehin lediglich im Hinblick auf die Ankündigung des Vergütungsanspruchs, die der ausführende Unternehmer bei zusätzlich erforderlichen Leistungen gegenüber dem Auftraggeber grundsätzlich vorzunehmen hat.

Zum Zweck der Vergütungsermittlung für die qua Änderung geforderte „neue" Leistung sind für jede Leistungsmodifikation vor diesem Hintergrund zunächst folgende Punkte zu klären:

- entfallende Teilleistungen (§ 8 Abs. 1 VOB/B 2016),
- neu hinzukommende Teilleistungen (§ 2 Abs. 6 VOB/B 2016),
- Teilleistungen mit geänderten Preisgrundlagen (§ 2 Abs. 5 VOB/B 2016).

Eine zusätzliche Leistung im Sinne von § 2 Abs. 6 VOB/B 2016 ist nur dann gegeben, wenn die jeweilige Leistung noch überhaupt nicht vom Vertrag umfasst ist. Ist die Leistung hingegen – auch nur in ihrer grundlegenden bautechnischen Funktionalität – bereits im Vertrag enthalten und wird diese infolge der Änderung nur anders aus ursprünglich vorgesehen ausgeführt, so ist der Anwendungsfall von § 2 Abs. 5 VOB/B 2016 eröffnet. Zur Veranschaulichung seien hier folgende Beispiele genannt:

- Eine Stütze ist im Vertrags-LV mit dem Querschnitt Ø 35 cm ausgewiesen. Die Abrechnung erfolgt pro laufenden Meter. Im Ergebnis der finalen Tragwerksplanung muss die Stütze jedoch im Querschnitt Ø 40 cm erstellt werden. Die Planungsänderung hat zur Folge, dass sich der Stützenquerschnitt als Grundlage des vereinbarten Preises verändert (§ 2 Abs. 5 VOB/B 2016). Es ist deshalb ein neuer Preis zu vereinbaren.
- Statt die genannte Stütze im Querschnitt zu vergrößern, könnte auch vorgegeben werden, dass die Stütze statt mit dem ursprünglich vorgesehenen Beton C 30/37 jetzt in C 35/45 hergestellt wird. Hier gilt analog zum zuvor beschriebenen Fall: Die Anpassung der Betonsorte ist ändert die Grundlagen des Preises der Stütze und es ist ein neuer Preis unter Berücksichtigung der Mehr- oder Minderkosten zu vereinbaren (§ 2 Abs. 5 VOB/B 2016).

3.5 Wirtschaftliche Aufgaben

- Im Ausgangsvertrag ist vorgesehen, dass eine Kalksandstein-Mauerwerkswand (d = 17,5 cm) hergestellt und von einem Folgeunternehmer verputzt werden soll. Im Zuge der Bauausführung ordnet der Auftraggeber jedoch an, dass die Mauerwerkswand aus Tonziegeln (d = 24 cm) und in Sichtmauerwerk zu errichten sei. Auch bei dieser Anordnung ändern sich die Preisgrundlagen für die bereits im Vertrag vorgesehene Leistung zur Erstellung einer Mauerwerkswand, und zwar im Einzelnen durch die Änderung des Steinmaterials, der Wanddicke und der Oberflächenqualität (§ 2 Abs. 5 VOB/B 2016).
- Die Positionierung sowie die Abmessungen von Fenstern und Türen werden geändert. Infolgedessen ist eine Änderung der Stürze zur Überdeckung der Öffnungen erforderlich. Auch hier gilt: Die Leistung „Stürze" ist bereits im Vertrag enthalten, sie wird infolge der Bauentwurfsänderung nur anders als vorgesehen ausgeführt (§ 2 Abs. 5 VOB/B 2016).

Als Anwendungsfälle des § 2 Abs. 6 VOB/B 2016 für im Vertrag nicht vorgesehene Leistungen können beispielhaft folgende Situationen genannt werden:

- Der Auftraggeber eines Einfamilienhauses entschließt sich, vom Rohbauunternehmer zusätzlich eine Stützmauer im Bereich der Außenanlagen errichten zu lassen. Der Unternehmer, der bislang für die Außenanlagen keine Vertragsleistungen zu erbringen hat, kann insoweit eine besondere Vergütung gem. § 2 Abs. 6 VOB/B 2016 verlangen.
- Der gleiche Auftraggeber fordert noch den Bau eines Schwimmbades. Eventuell kommen Positionen zur Ausführung, die bereits im Auftrag vereinbart wurden. Dies könnte z. B. die Wände und die Bodenplatte betreffen. Andere Leistungen, etwa die Beckenrinnen, werden als zusätzliche Leistungen gem. § 2 Abs. 6 VOB/B 2016 erforderlich.
- Aufgrund von Änderungen des Bauentwurfs verschieben sich die Ausführungsfristen mit der Folge, dass der Unternehmer Teile seiner Leistung in den Wintermonaten erbringen muss. Hierfür sind Witterungsschutzmaßnahmen erforderlich, die im Ausgangsvertrag nicht vorgesehen waren und nun als zusätzliche Leistung gem. § 2 Abs. 6 VOB/B 2016 zu vergüten sind.

Die zuvor genannten Fälle betreffen ausschließlich den Anwendungsbereich der VOB/B. Im BGB-Bauvertragsrecht ist die Unterscheidung zwischen geänderten Preisgrundlagen und zusätzlichen Leistungen nicht erforderlich, denn die Rechtsfolgen eines Änderungsbegehrens nach § 650b Abs. 1 BGB gestalten sich jeweils identisch.

Hinsichtlich der Vergütung sehen sowohl das BGB-Bauvertragsrecht (§ 650b Abs. 1 BGB) als auch der VOB-Vertrag (§ 2 Abs. 5 und 6 VOB/B 2016) den Vereinbarungsweg vor. Die Parteien sind insoweit in der Preisfindung grundsätzlich frei. Nur folgerichtig dominiert auch in der Praxis die Vergütungsanpassung im Verhandlungsweg.

Kommt keine freie Preisvereinbarung zustande, so gilt – sowohl im BGB- wie auch im VOB/B-Vertrag – der Grundsatz, dass die Höhe des Vergütungsanspruchs nach den tatsächlich erforderlichen Kosten zuzüglich angemessener Zuschläge für allgemeine Geschäftskosten, Wagnis und Gewinn zu ermitteln ist.

Den Parteien bleibt es unbenommen, sich abweichend davon auf eine andere Berechnungsmethodik der Vergütung von Nachträgen zu verständigen. Sie können beispielsweise die Fortschreibung des Vertragskalkulation vereinbaren. Diese Vorgehensweise ist – zumal für Streitfälle – auch heute noch eine vielfach gelebte Praxis und wird von manchen Auftraggebern etwa als Bestandteil ihrer Allgemeinen Geschäftsbedingungen vorgeschrieben.

Die Verfahrensweise entspricht dabei einer Vorkalkulation mit vorberechneten Zuschlägen (siehe Band 1, Abschn. 6.4). Dabei sind die Kalkulationsansätze auf der Basis der Vertragskalkulation zu wählen. Viele Auftraggeber, insbesondere öffentliche Auftraggeber, verlangen daher, dass mit dem Angebot die Kalkulation in einem verschlossenen oder versiegelten Umschlag mit abgegeben wird. Vergütungsrelevante Bestandteile der Vertragskalkulation sind für Nachträge insbesondere:

- Zuschlagsätze auf die einzelnen Kostenarten,
- Aufwands- und Leistungswerte,
- Verrechnungssätze für Lohn, Material und Geräte.

Unterstellt man, dass sämtliche Kosten- bzw. Preisansätze einer neu zu kalkulierenden Teilleistung bereits in der Vertragskalkulation vorhanden sind, so müssen nur jene Preiselemente angepasst werden, deren Ermittlungsgrundlagen sich geändert haben.

Beispiel
Für die oben genannte Stütze Ø 35 cm soll eine Nachtragsposition mit einem Stützenquerschnitt Ø 40 cm kalkuliert werden. In der Vertragskalkulation ist die in Abb. 3.76 gezeigte Position hinterlegt. Dabei ergab sich ein Einheitspreis von 54,09 €/m.

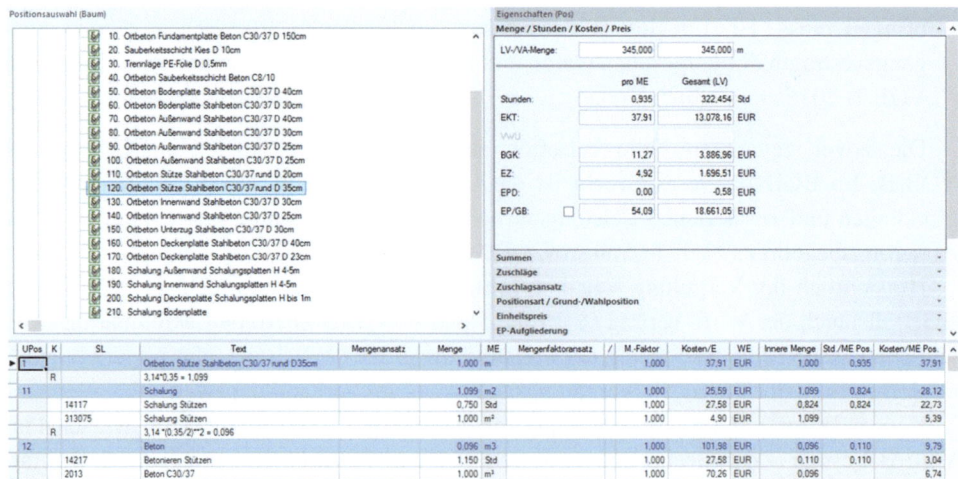

Abb. 3.76 EDV-Kalkulation einer Stütze Ø 35 cm
(Screenshots der betriebswirtschaftlichen Berechnungen aus dem Programm ARRIBA®bauen der RIB Software AG (www.rib-software.com))

3.5 Wirtschaftliche Aufgaben

Im vorliegenden Fall müssen für die Ermittlung des Einheitspreises der Stütze mit Ø 40 cm nur die Mengenansätze für Schalung und Beton geändert werden. Die Abwicklung der Schalung betrug $2 \cdot \pi \cdot r = 2 \cdot \pi \cdot 0{,}175 = 1{,}099 \; m^2/m$.

Zu ändern ist dieser Ansatz auf $2 \cdot \pi \cdot 0{,}200 = 1{,}256 \; m^2/m$. *Vergleichbar erhöht sich der Ansatz für den Betonverbrauch (pro Meter Stützenlänge) von:*

$$\pi \cdot (0{,}35/2)^2 \; m^2/m \cdot 1m = 0{,}096 m^3/m \; \text{auf} \; \pi \cdot (0{,}40/2)^2 \; m^2/m \cdot 1m = 0{,}126 m^3/m.$$

Alle anderen Kalkulationsansätze einschließlich der Zuschlagssätze bleiben unverändert.

In Abb. 3.77 ist die Nachtragsposition mit den geänderten Ansätzen gezeigt. Der Einheitspreis ergibt sich zu 64,19 €/m.

Sofern der Nachtrag für die Stütze mit dem höherwertigen Beton zu kalkulieren ist, sind wiederum die Ansätze aus der Vertragskalkulation anzusetzen. Es soll nun unterstellt werden, dass in der Vertragskalkulation auch in anderen Positionen kein Beton C 35/45 ausgeschrieben war. In diesem Fall ist das „Niveau" der Vertragskalkulation zu übernehmen. Dies kann z. B. dadurch ermittelt werden, indem zum Vergleich der Beton C 30/37 herangezogen wird. Der angesetzte Verrechnungssatz in Höhe von 70,26 €/m³ entspricht z. B. 92,5 % der Preisliste des Transportbetonwerkes, das die Baustelle beliefert. In der Preisliste ist der C 35/45 mit 81,28 €/m³ angegeben. Somit ist in der Kalkulation $0{,}925 \cdot 81{,}28 = 75{,}18 \; €/m^3$ *anzusetzen. Aus Abb. 3.78 ist zu entnehmen, dass sich ein Nachtragspreis von 54,77 €/m ergibt. Die Preisdifferenz zur ausgeschriebenen Position beträgt somit:*

$$54{,}77 \; € / m - 54{,}09 \; € / m = 0{,}68 \; € / m.$$

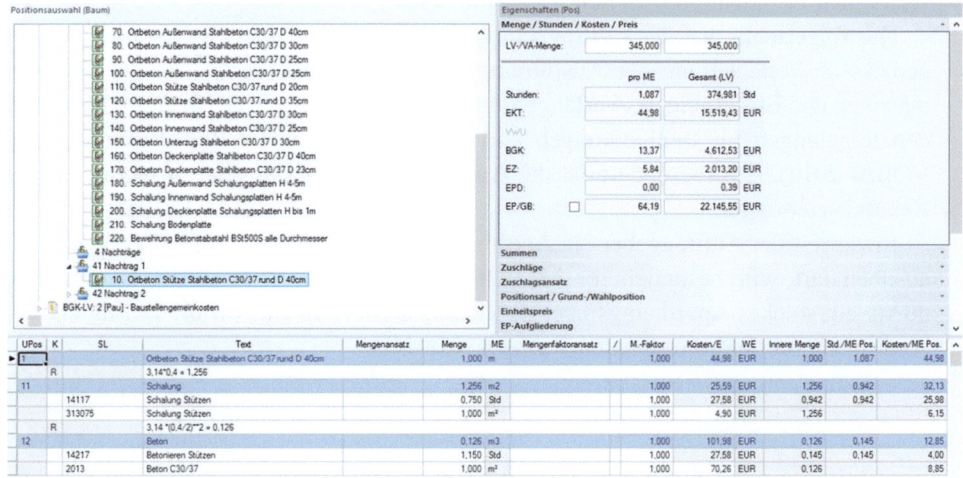

Abb. 3.77 Nachtragsposition einer Stütze Ø 40 cm

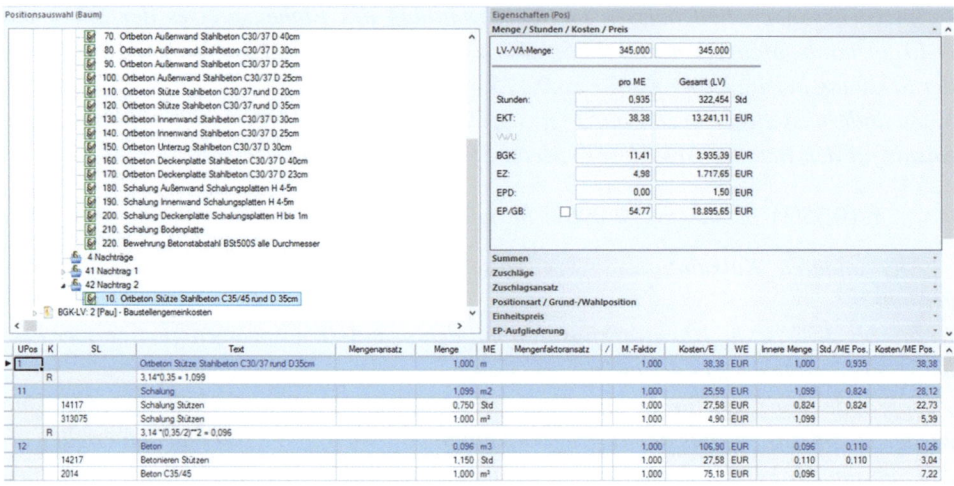

Abb. 3.78 Nachtragsposition einer Stütze Ø 35 cm mit C 35/45

Im Zusammenhang mit Nachträgen infolge von Leistungsmodifikationen sei an dieser Stelle auf folgende Besonderheiten hingewiesen:

- **Auswirkungen auf die Ausführungsfristen**
Leistungsmodifikationen haben schon in der Natur der Sache den Effekt einer „Störung" des vom Unternehmer vorgesehenen Bauablaufs, denn die ausgangsvertraglich geschuldete Leistung als Grundlage der Bauablaufplanung erfährt eine – ggf. umfangreiche – Änderung. Zwangsläufig muss der Auftragnehmer seinen Bauablauf an die modifizierte Leistung anpassen. Je nach Art und Umfang der Leistungsmodifikation kann sich dabei herausstellen, dass die Vertragsleistung nicht innerhalb der ausgangsvertraglich vereinbarten Fristen fertigzustellen ist.

Nur folgerichtig hat der Auftragnehmer in solchen Fällen einen Anspruch auf angemessene Verlängerung der Ausführungsfristen. Die Anforderung an die Geltendmachung und Ermittlung des Verlängerungsanspruchs gestalten sich insoweit analog zu den Regelungen für Behinderungen und Unterbrechungen der Bauausführung (§ 6 VOB/B 2016).[123] Insbesondere ist der Anspruch dem Auftraggeber unverzüglich zur Kenntnis zu bringen.

Inwieweit der Auftraggeber ein Anordnungsrecht zum Bauablauf bzw. zur Bauzeit ausüben darf, wird besonders für den VOB-Vertrag kontrovers diskutiert. Eine Grenze dürfte ein solches Anordnungsrecht in jedem Fall dort finden, wo die Befolgung der Anordnung für den Auftragnehmer unzumutbar ist.

---

[123] Vgl. dazu etwa OLG Nürnberg, Urteil vom 13.10.1999 – 4 U 1683/99; OLG Frankfurt, Urteil vom 09.03.2023 – 15 U 295/21.

Nach herrschender Meinung kann der bauausführende Unternehmer zudem nicht qua Anordnung zu einer Beschleunigung der Bauausführung verpflichtet werden, z. B. durch Ausweitung der Wochenarbeitszeit oder durch Einsatz zusätzlicher Produktionskapazitäten. Gleichwohl steht es den Parteien frei, sich einvernehmlich – und i. d. R. gegen besondere Vergütung – auf Beschleunigungsmaßnahmen zu verständigen.

- **Einsatz von Subunternehmern**
Bauaufträge werden durch die Auftragnehmer heutzutage in aller Regel unter Einbindung von Subunternehmern abgewickelt. Neben Kostenvorteilen und Kapazitätsgründen ist dies vor allem dem Umstand geschuldet, dass der Betrieb des Hauptauftragnehmers auf die Eigenerbringung mancher Leistungsteile nicht eingerichtet ist. Ein einprägsames Beispiel für diese Konstellation ist der Schlüsselfertigbau, bei dem die Ausbau- und Gebäudetechnikgewerke durch den gesamtverantwortlichen Hauptauftragnehmer zumeist an Subunternehmer vergeben werden.

Kommt es im Verlauf der Bauausführung zu Leistungsmodifikationen, sind hiervon ganz regelmäßig auch solche Leistungsteile betroffen, die durch Subunternehmer erbracht werden. Der Hauptauftragnehmer muss die Leistungsmodifikation insoweit an seinen Subunternehmer „durchstellen" und die daraus erwachsenden Vergütungs- und ggf. Bauzeitfolgen sowohl im Vertragsverhältnis zu seinem Auftraggeber als auch zu seinem Subunternehmer bewältigen. Der Hauptunternehmer wird deshalb bestrebt sein, die Leistungspflichten in beide Richtungen deckungsgleich zu gestalten. Gelingt dies nicht, so muss im Rahmen des Nachtragsmanagements jeweils eine gesonderte Betrachtung der Leistungsmodifikation vorgenommen werden. Es gelten bei dieser Einzelbetrachtung dann die im jeweiligen Vertrag maßgeblichen Regelungen.

- **Umgang mit Gewinnen und Verlusten**
Für die Vergütungsermittlung von Nachträgen wird regelmäßig postuliert: „Guter Preis bleibt guter Preis, schlechter Preis bleibt schlechter Preis!"

Lange hat die Praxis dies dahingehend interpretiert, dass bei Leistungsmodifikationen überauskömmliche Kalkulationsansätze („Gewinne") aus der Vertragskalkulation ebenso fortzuschreiben seien wie unauskömmliche Ansätze („Verluste"). Die Folge einer solchen Preisfortschreibung ist im Extremfall eine Potenzierung unternehmerischer Gewinne oder Verluste und damit eine nachträgliche Verzerrung oder gar Auflösung des im Auftragswettbewerb ermittelten Preisniveaus für die Gesamtleistung. Für die negativ betroffene Vertragsseite liegt darin nur folgerichtig eine unerwünschte „Nebenwirkung" von Leistungsmodifikationen. Unter marktwirtschaftlichen Gesichtspunkten ist die gelebte Praxis der Preisfortschreibung wegen der damit ggf. einhergehenden Wettbewerbsverzerrung äußerst kritisch zu sehen. Mehr noch: Sie stellt förmlich eine Einladung zu spekulativer Angebotspreisbildung dar und ist damit eine häufige Konfliktquelle bei der Bauprojektdurchführung.

Die Parteien sollten vor diesem Hintergrund sorgsam abwägen, im Vertrag die Methodik der Preisfortschreibung zur Vergütungsermittlung bei Nachträgen zu vereinbaren oder auf eine andere Lösung zurückzugreifen.

Das Prinzip des „guten" und „schlechten" Preises kann unter ökonomischen Erwägungen nicht schrankenlos gelten, sondern das Ergebnis des Auftragswettbewerbs muss erhalten bleiben: Bei einer Leistungsmodifikation sind die Parteien wirtschaftlich so zu stellen, als wenn der Ausgangsvertrag ohne Änderung erfüllt worden wäre.

Für die Vergütungsermittlung bei Nachträgen bedeutet dies, dass dem ausführenden Unternehmer ein nach dem Ausgangsvertrag zugefallener Gewinn aus überauskömmlichen Kalkulationsansätzen – betragsmäßig – ebenso erhalten bleiben muss wie ein aus dem Ausgangsvertrag – betragsmäßig – erwachsender Verlust aus wirtschaftlich unauskömmlichen Preisen. Der jeweilige Gewinn- und Verlustbetrag ist deshalb im Zuge der Leistungsmodifikation zu ermitteln und bei der Neufestlegung des Preises mit in Ansatz zu bringen.

Die gesetzliche Regelung einer Vergütung von Nachträgen auf Basis der tatsächlich erforderlichen Kosten schafft hierfür einen sachgerechten Rahmen:

Für die Preisermittlung sind hier sowohl die ausgangsvertraglich vorgesehene als auch die geänderte Leistung nach einem einheitlichen Kalkulationssystem und auf Basis solcher Kalkulationsansätze zu betrachten, die sich bei einer wirtschaftlichen Betriebsführung des Auftragnehmers in den „tatsächlich erforderlichen Kosten" der Leistung niederschlagen. Aus der so zu ermittelnden Kostendifferenz ist dann – ggf. unter Ansatz angemessener Zuschläge für allgemeine Geschäftskosten, Wagnis und Gewinn – die Mehr- oder Mindervergütung zu berechnen.

Selbstverständlich kann der Auftragnehmer zur Darlegung der tatsächlich erforderlichen Kosten auf seine Vertragskalkulation zurückgreifen. Dies gilt insbesondere auch, wenn diese Vertragskalkulation als „Urkalkulation" vereinbarungsgemäß beim Auftraggeber hinterlegt wurde (§ 650c Abs. 2 BGB). Es gilt dann die Vermutung, dass die auf Basis der Vertragskalkulation ermittelte Vergütung den gesetzlichen Grundsätzen entspricht. Dem Auftraggeber bleibt es unbenommen, diese Vermutung zu widerlegen.

- **Umgang mit funktionaler Leistungsbeschreibung**
Basiert ein Bauvertrag auf einer funktionalen Leistungsbeschreibung mit einem sog. Leistungsprogramm, dann stellt sich ggf. die Frage nach der erforderlichen Detaillierung der Preisermittlung eines Nachtrags.

In diesem Fall kommt es schlichtweg darauf an, ob die Parteien besondere Vereinbarungen für die Preisermittlung getroffen haben: Hat der Auftragnehmer seine Vertragskalkulation fortzuschreiben, so wird er sein Nachtragsangebot ggf. auf Basis eines von ihm zu Kalkulationszwecken erstellten Leistungsverzeichnisses zu erstellen haben, wenn ein solches auch schon Grundlage der ausgangsvertraglichen Preisermittlung war.

Ist der Nachtragspreis auf Grundlage der tatsächlich erforderlichen Kosten zu ermitteln, ist der Auftragnehmer hinsichtlich der Darstellungstiefe seiner Preisermittlung freier – er muss jedoch die Prüffähigkeit sicherstellen. Diese Anforderung entfällt naturgemäß, wenn sich die Parteien die Vergütungsanpassung frei aushandeln.

- **Umsatzsteuer**
Die im Rahmen von Nachträgen ausgeführten Leistungen stehen den ausgangsvertraglichen Leistungen vergütungs- und steuerrechtlich gleich. Auch auf die Nachtragsvergütung ist deshalb Umsatzsteuer zu entrichten.

3.5.11 Nachträge infolge von Mengenabweichungen

Mengenänderungen können bei Einheitspreis- und bei Pauschalverträgen auftreten. Regelungen hierzu finden sich für Einheitspreisverträge in § 2 Abs. 3 VOB/B 2016, für Pauschalverträge kommt § 2 Abs. 7 Nr. 1 VOB/B 2016 zur Anwendung.

Bei Einheitspreisverträgen kommt es in der Baupraxis häufig zu Abweichungen zwischen den ausgeschriebenen (LV-Mengen) und den abgerechneten Mengen (RE-Mengen). Solche Diskrepanzen treten besonders in folgenden Fällen auf:

- Fehler bei der Mengenermittlung durch den Ausschreibenden oder überschlägige Ermittlungen, die im Zuge der Bauausführung zu Mengenabweichungen führen, oder
- Planungsänderungen zwischen dem Zeitpunkt der Mengenermittlung und dem Zeitpunkt des Bauvertragsschlusses mit der Folge, dass die ursprünglich für das Leistungsverzeichnis ermittelten Mengen unzutreffend sind.

Mengenabweichungen resultieren mithin nicht aus Leistungsmodifikationen, sondern sie ergeben sich als quasi „unbeabsichtigte" Effekte aus der Ausführungsvorbereitung, ohne dass die vertraglich geschuldete Leistung als solche eine Änderung erfährt. Die Regelungen des § 2 Abs. 3 VOB/B 2016 sind folglich nur auf solche Mengenabweichungen anzuwenden, die nicht im Zusammenhang mit Änderungen des Bauentwurfs (§ 1 Abs. 3 VOB/B 2016) oder anderen Anordnungen (§ 4 Abs. 1 Nr. 3 VOB/B 2016) stehen. Das Regelungsmotiv ergibt sich primär aus folgendem Umstand:

Mengenabweichungen haben zur Folge, dass sich die in den Einheitspreisen enthaltenen Deckungsbeiträge für Baustellengemeinkosten (BGK), für Allgemeine Geschäftskosten (AGK) sowie für Gewinn (G) entweder erhöhen (bei Mehrmengen) oder vermindern (bei Mengenminderungen). Somit würde sich je nach Situation entweder für den Auftragnehmer oder den Auftraggeber ein ungerechtfertigter Vor- oder Nachteil aus einer Über- oder Unterdeckung der kalkulatorischen Kostenansätze ergeben. Zentrale Zielstellung der Regelung aus § 2 Abs. 3 VOB/B 2016 ist es, diese Unter- bzw. Überdeckungsfolgen von Mengenabweichungen auf ein zumutbares Maß zu beschränken.

In § 2 Abs. 3 VOB/B 2016 wird insoweit eine „Erheblichkeitsgrenze" von 10 v. H. bestimmt, innerhalb derer der vertraglich festgelegte Einheitspreis bei Abweichungen von der LV-Menge weiterhin Gültigkeit besitzt.

Den Fall einer Mengenerhöhung regelt § 2 Abs. 3 Nr. 2 VOB/B 2016 wie folgt: *„Für die über 10 v. H. hinausgehende Überschreitung des Mengenansatzes ist auf Verlangen ein neuer Preis unter Berücksichtigung der Mehr- oder Minderkosten zu vereinbaren."*

Der Fall der Mengenminderung wird in § 2 Abs. 3 Nr. 3 VOB/B 2016 betrachtet: *„Bei einer über 10 v. H. hinausgehenden Unterschreitung des Mengenansatzes ist auf Verlangen der Einheitspreis für die tatsächlich ausgeführten Mengen der Leistung oder Teilleistung zu erhöhen, soweit der Auftragnehmer nicht durch Erhöhung der Mengen bei anderen Ordnungszahlen (Positionen) oder in anderer Weise einen Ausgleich erhält. Die Erhöhung des Einheitspreises soll im Wesentlichen dem Mehrbetrag entsprechen, der sich durch Verteilung der Baustelleneinrichtungs- und Baustellengemeinkosten und der All-*

gemeinen Geschäftskosten auf die verringerte Menge ergibt. Die Umsatzsteuer wird entsprechend dem neuen Preis vergütet."

Nach neuer Rechtsprechung geht der Preisanpassungsanspruch jedoch über einen reinen Deckungsausgleich hinaus. In einer Grundsatzentscheidung aus dem Jahr 2019 hat der BGH klargestellt, dass bei Mengenabweichungen gem. § 2 Abs. 3 VOB/B 2016 auf Verlangen ein neuer Preis unter Zugrundelegung der tatsächlich erforderlichen Kosten zu vereinbaren ist.[124] Konkret bedeutet dies:

Ergeben sich infolge von Abweichungen der vertragsgemäß ausgeführten Mengen von der LV-Mengen Auswirkungen auf die Einzelkosten einer Teilleistung – etwa durch Produktivitätsveränderungen beim Einsatz von Geräten und Personal oder durch sonstige Skaleneffekte (z. B. Mengenrabatte), so sind diese bei der Neufestlegung des Preises zu berücksichtigen.

Eine Anpassung der Einzelkosten erfolgt jedoch nicht, wenn sich die Parteien im Vertrag ausdrücklich auf eine Fortschreibung der ausgangsvertraglichen Kalkulationsansätze verständigt haben. Diese Praxis ist nicht allein für Leistungsmodifikationen, sondern auch für Mengenabweichungen derzeit noch weit verbreitet.

Bei **Mengenmehrungen von größer 10 %** sind die ausgeführten Mengen einer Leistungsposition auf Verlangen zu zwei unterschiedlichen Preisen zu vergüten:

- die ursprüngliche (LV-)Menge zuzüglich 10 % wird mit dem ausgangsvertraglich vereinbarten Einheitspreis vergütet;
- die über 110 % der LV-Menge hinausgehende Ausführungsmenge ist nach dem neu zu vereinbarenden Preis zu vergüten.

Der Auftraggeber wird in der Regel einen neuen (reduzierten) Preis verlangen, da die mit dem Einheitspreis abzugeltenden Baustellengemeinkosten (BGK) sowie Allgemeinen Geschäftskosten (AGK) bereits beim Erreichen der LV-Mengen vollständig gedeckt sind. Ein weiterer Deckungsbeitrag für BGK und AGK ist deshalb in dem neu zu vereinbarenden Preis nicht mehr anzusetzen. Ein entsprechendes Beispiel der Vergütungsanpassung bei Mengenmehrungen findet sich in Abschn. 3.5.11.1.

Der Unternehmer hingegen wird nur in relativ seltenen Fällen bei Mengenüberschreitungen einen neu zu vereinbarenden (erhöhten) Einheitspreis verlangen. Dies ist z. B. dann der Fall, wenn zwar die im Vertrags-LV ausgewiesene Menge Erdaushub auf die vorgesehene Deponie verbracht werden kann, die Mehrmengen jedoch anderweitig verwertet oder entsorgt werden müssen. Erhöhte Transport- und Deponiekosten können den Unternehmer dann zu einer Erhöhung des Einheitspreises berechtigen.

In bestimmten Fällen können Mengenüberschreitungen auch zu zusätzlichen Baustellengemeinkosten führen. Dies gilt etwa dann, wenn sich die Ausführungsdauer der Gesamtleistung infolge der Mengenmehrung verlängert. Nur in Sonderfällen werden diese zusätzlichen Baustellengemeinkosten jedoch so hoch sein, dass sich deshalb der Einheitspreis erhöht.

---

[124] BGH, Urteil v. 08.08.2019 – VII ZR 34/18.

Bei **Mengenminderungen von mehr als 10 %** ist auf Verlangen ebenfalls ein neuer Preis zu ermitteln. Dieser gilt dann für die volle vertragsgemäß ausgeführte Menge der betroffenen Teilleistung.

Im Regelfall wird sich der Einheitspreis erhöhen, da die vom Unternehmer kalkulierten Deckungsbeträge für BGK, AGK sowie W und G auf die gegenüber der Vertragskalkulation verringerte Menge zu verteilen (umzulegen) sind. Weitere Kosten- und damit Preiserhöhungen können bei verringerter Ausführungsmenge etwa aus dem Wegfall von Rabattierungen für Baustoffe, aus der Neuverteilung einmaliger Kosten (z. B. Gerätean- und Abtransport) oder aus verminderter Produktivität der eingesetzten Produktionsfaktoren ergeben. Ein entsprechendes Berechnungsbeispiel für die Vergütungsanpassung bei Mengenminderungen findet sich nachfolgend in Abschn. 3.5.11.2.

Der § 2 Abs. 3 Nr. 3 VOB/B 2016 bestimmt, dass eine Erhöhung des Einheitspreises wegen Mengenunterschreitung bei einer Position dann ausscheidet, wenn der Auftragnehmer durch Erhöhung der Mengen bei anderen Positionen oder in anderer Weise einen Ausgleich (**Gemeinkostenausgleich**) erhält. Mit dieser Regelung hat die VOB/B im Blick, dass der Auftragnehmer im Rahmen eines Bauauftrags die infolge von Mengenminderungen von Teilleistungen entstehenden Fehlbeträge für BGK, AGK und G nicht allein durch Mengenmehrungen anderer Leistungsteile ausgleichen kann, sondern darüber hinaus auch durch z. B. die Erbringung geänderter oder zusätzlicher Leistungen. Die Regelungsintention der VOB/B liegt hier ganz offenbar darin, sämtliche im Rahmen eines Bauauftrags und damit für den vom Auftraggeber geforderten Werkerfolg zu erbringenden Teilleistungen gesamtheitlich zu betrachten. Dies ist schlüssig und konsequent, denn die Preisbildung und damit die bauvertragliche Geschäftserwartung des Auftragnehmers stellt nicht auf einzelne Teilleistungen, sondern – und insbesondere im Hinblick auf die Deckungsbeiträge für BGK, AGK und G – stets auf den Gesamtauftrag ab.

Im Regelfall ist aus diesem Grund nach Fertigstellung eine Saldierungs- bzw. Ausgleichsberechnung über sämtliche ausgeführten Teilleistungen vorzunehmen.[125]

Hierbei ist eine Kompensation der in Folge von Mengenminderungen entstandenen Unterdeckung nicht nur durch eine Überdeckung aus der Vergütung von Mengenmehrungen zu berücksichtigen. Vielmehr sind sämtliche zur Erreichung des vertraglichen Leistungsziels erbrachte Leistungen in die Ausgleichsberechnung einzubeziehen, aus denen der Auftragnehmer kalkulatorische Deckungsbeiträge für BGK, AGK und G erwirtschaftet. In den Gesamtausgleich nach § 2 Abs. 3 Nr. 3 VOB/B 2016 fließen deshalb folgende Teilleistungen ein:

(1) Sämtliche (Normal-)Positionen des Vertragsleistungsverzeichnisses. Dies gilt auch dann, wenn die betreffenden Teilleistungen nicht zur Ausführung gelangt sind (sog. „Nullmengen").
(2) Sämtliche ausgeführten Alternativ- bzw. Wahlpositionen. Die zugehörigen Grundpositionen (bzw. deren anteilige Mengen) sind im Gegenzug aus der Ausgleichsberechnung auszuklammern.

---

[125] Vgl. OLG Karlsruhe, Urteil vom 24.03.2011 – 9 U 94/10.

(3) Ausgeführte Eventualpositionen, falls für diese im Ausgangsvertrag eine LV-Menge ausgewiesen ist.
(4) Nachtragspositionen für Leistungsmodifikationen (zusätzliche und geänderte Leistungen) infolge von Änderungen des Bauentwurfs (§ 1 Abs. 3 VOB/B 2016) und infolge anderer Anordnungen (§ 4 Abs. 1 Nr. 3 VOB/B 2016).
(5) Nachträge aufgrund von Behinderungen und Unterbrechung der Ausführung.

Echte Zusatzaufträge werden bei einer Ausgleichsberechnung hingegen selbst dann nicht berücksichtigt, wenn sie in einem engen zeitlichen Zusammenhang mit dem zu betrachtenden Bauvertrag stehen.[126]

Während das Instrument der Preisanpassung auf der Teilleistungsebene an eine Mengenänderung von > 10 % geknüpft ist, werden in eine Ausgleichsberechnung sämtliche Teilleistungen einbezogen – mithin auch solche, bei denen die Mengenabweichungen die Erheblichkeitsschwelle von 10 % nicht übersteigen. Das Resultat einer Ausgleichsberechnung ist insoweit „genauer" und eliminiert auch die wirtschaftlichen Vor- bzw. Nachteile, die sich für die Parteien innerhalb des „Toleranzkorridors" einer positionsbezogenen Einzelbetrachtung ergeben.

Ob im Vorfeld für den Gesamtauftrag bereits eine Preisanpassung für einzelne Teilleistungen stattgefunden hat, ist für das Ergebnis einer Ausgleichsberechnung gleichwohl ohne Belang: Aus denjenigen Teilleistungen, bei denen Deckungsfehlbeträge oder Überdeckungen bereits im Wege der Preisanpassung korrigiert wurden, ergibt sich auch in der Ausgleichsberechnung zwangsläufig keine weitere Auswirkung. Die in § 2 Abs. 3 Nr. 3 VOB/B 2016 angelegte Konzeption eines Ausgleichs „in anderer Weise" trägt damit sowohl bei einer Preisfortschreibung als auch bei einer Ermittlung der Preise auf Basis tatsächlich erforderlicher Kosten (Abb. 3.79).

Im Wortlaut von § 2 Abs. 3 VOB/B 2016 ist nicht geregelt, welche Vergütungsbestandteile im Einzelnen die in die Ausgleichsberechnung eingehen. Aus dem Regelungskontext und beim Blick auf die baubetriebliche Preisbildungssystematik erschließt sich jedoch schnell, dass es in der Ausgleichsberechnung allein um solche Kosten- und Preisbestandteile gehen kann, die aus der gesamtauftragsbezogenen Geschäftserwartung des Unternehmers herrühren und die insoweit nicht durch einzelne Teilleistungen verursacht werden. Zu betrachten sind mithin die Deckungsbeiträge für Baustellengemeinkosten (BGK), für Allgemeine Geschäftskosten (AGK) sowie für Wagnis und Gewinn (W und G). Technische und kalkulatorische Einzelheiten zur Ausgleichsberechnung finden sich bei Kapellmann/Schiffers.[127]

Für den Anwendungsfall eines Pauschalvertrags ist in § 2 Abs. 7 Nr. 1 VOB/B 2016 geregelt: „Weicht [...] die ausgeführte Leistung von der vertraglich vorgesehenen Leistung

---

[126] Vgl. hierzu Herig: Praxiskommentar zur VOB, Teile A, B und C, § 2 B, Rdn. 78; Jansen: Beck'scher VOB-Kommentar, Teil B, 3. Auflage, § 2 Abs. 3, Rdn. 54; Kapellmann/Messerschmidt: Kommentar zur VOB, Teile A und B, 4. Auflage, § 2 VOB/B, Rdn. 158; Kapellmann/Schiffers: Bd. 1, 6. Auflage, Rdn. 553; Ingenstau/Korbion: VOB-Kommentar, 18. Auflage, § 2 Abs. 3 VOB/B, Rdn. 37.
[127] Vgl. Kapellmann/Schiffers: Bd. 1, 6. Auflage, Rdn. 624 ff., 633 ff., 641 ff.

3.5 Wirtschaftliche Aufgaben

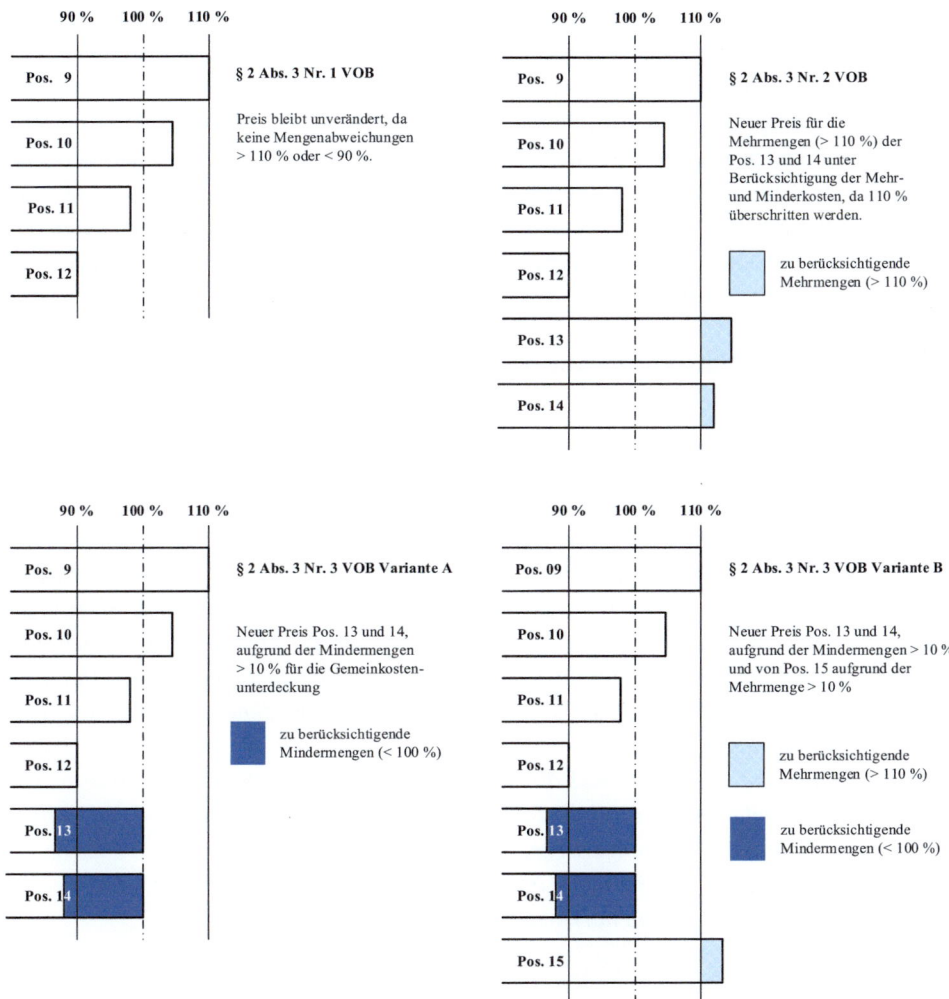

Abb. 3.79 Gegenüberstellung Mehr- und Mindermengen nach § 2 Abs. 3 VOB/B 2016

so erheblich ab, dass ein Festhalten an der Pauschalsumme nicht zumutbar ist (§ 313 BGB), so ist auf Verlangen ein Ausgleich unter Berücksichtigung der Mehr- und Minderkosten zu gewähren."

In einem Urteil kommt das OLG Düsseldorf[128] zu dem Befund, dass eine Anpassung erst zustande komme, wenn die Mehr- oder Minderleistungen 20 % der Gesamtsumme übersteigen. Der BGH[129] hat diese Grenze in der Revision als starren Wert abgelehnt. Die 20 % seien allenfalls ein Orientierungswert.

---

[128] OLG Düsseldorf, Urteil vom 22.12.1994 Az. 302/93.
[129] BGH, Urteil vom 30.06.2011 Az. VII ZR 13/10.

Zu beachten sei auch, wie die Pauschale zustande gekommen ist. Wird ein Pauschalpreis aus einem differenzierten Leistungsverzeichnis entwickelt, werden die Mengenansätze und der Gesamtpreis pauschaliert (Detail-Pauschalvertrag). Wenn zwischen der Gesamtbauleistung und dem Pauschalpreis ein unverträgliches Missverhältnis besteht, kommt eine Preisanpassung in Betracht. Diese Grenze ist bei 20 % bezogen auf den pauschalierten Preis überschritten. Als Bezug kommt nicht der Preis zum Ansatz, der sich vor der Pauschalierung über die Teilleistungen ergeben hat. Leistungen, die in dem detaillierten Leistungsverzeichnis nicht enthalten waren, die vom Auftraggeber aber gefordert werden, sind zusätzlich zu vergüten.

3.5.11.1 Beispiel: Vergütungsanpassung bei Mehrmengen

Das Beispiel geht davon aus, dass für das Schalen der Wände bei einem Hochbau 3.200 m² ausgeschrieben wurden. Tatsächlich wurden aber 3.820 m² ausgeführt. Der Auftraggeber verlangt eine Änderung des Einheitspreises gemäß § 2 Abs. 3 Nr. 2 VOB/B 2016. Ein Ausgleich durch Mindermengen in anderen Teilleistungen ist nicht gegeben. Hiernach gilt, dass die Reduktion des Einheitspreises im Wesentlichen dem Betrag entsprechen soll, der sich aus der Verteilung der Gemeinkosten auf die erhöhte Menge ergibt. Der Deckungsbeitrag beinhaltet kalkulatorische Ansätze für Baustellengemeinkosten (BGK), Allgemeine Geschäftskosten (AGK) sowie Wagnis und Gewinn (W und G). Dem Auftragnehmer steht bis zur 110 %-Menge eine Vergütung zum vertraglichen Einheitspreis zu. Der Anteil für die Baustellengemeinkosten (BGK) ist für die darüber hinaus gehende Menge aus dem Umlagebetrag herauszurechnen.

Die Parteien sind sich einig, dass die Vertragskalkulation des Auftragnehmers die tatsächlich erforderlichen Kosten widerspiegelt. Die Kalkulation wird deshalb als Grundlage der Vergütungsanpassung herangezogen.

Von der Mengenänderung betroffen ist die Position 3.45 „Schalen Wände". Der vereinbarte Einheitspreis wird gemäß nachstehendem Kalkulationsauszug ermittelt.

				Kostenarten ohne Zuschläge je Einheit		
Pos. Nr.	Kurztext Einzelkostenentwicklung	LV-Menge	Lohn [h]	SoKo [EUR]	Geräte [EUR]	Fremdl. [EUR]
3.45	Schalen Wände	3.200 m²	0.70	6.80		

Folgende Ansätze liegen der Kalkulation zu Grunde. Der angesetzte Mittellohn betrug 27,58 €/Lh, der Kalkulationslohn 51,31 €/Lh.

Alle Kostenarten wurden mit denselben Verrechnungssätzen für AGK, ein Wagnis W und G zur Bestimmung der Angebotssumme beaufschlagt. Im Umlagebetrag sind ausweislich des Kalkulationsschlussblatts enthalten:

- *Allgemeine Geschäftskosten (8 % der Angebotssumme)*
- *Wagnis (2 % der Angebotssumme)*
- *Gewinn (4 % der Angebotssumme)*

3.5 Wirtschaftliche Aufgaben

Bei der Umlageberechnung wurden

• SoKo mit	12 %
• Geräte mit	12 %
• Fremdleistungen mit	10 %

beaufschlagt.

1. Ermittlung des Einheitspreises

$$\begin{aligned}
\text{Lohn:} \quad & 0{,}7\,Lh/m^2 \cdot 51{,}31\,€/Lh & = 35{,}92\,€/m^2 \\
\text{Soko:} \quad & 6{,}80\,€/m^2 \cdot 1{,}12 & = 7{,}62\,€/m^2 \\ \hline
\text{EP} & & = 43{,}54\,€/m^2
\end{aligned}$$

2. Ermittlung der Einzelkosten der Teilleistung (EKT)

$$\begin{aligned}
\text{Lohn:} \quad & 0{,}7\,Lh/m^2 \cdot 27{,}58\,€/Lh & = 19{,}31\,€/m^2 \\
\text{Soko:} \quad & & = 6{,}80\,€/m^2 \\ \hline
\text{EKT} & & = 26{,}11\,€/m^2
\end{aligned}$$

3. Ermittlung des Umlagebetrags

Einheitspreis:	$43{,}54\,€/m^2$
abzgl. Einzelkosten der Teilleistungen:	$-26{,}11\,€/m^2$
Umlagebetrag	$17{,}43\,€/m^2$

4. Aufteilung des Umlagebetrags auf BKG und AGK + W und G

Die Aufteilung erfolgt, indem aus dem Umlagebetrag die Zuschläge für AGK, W und G abgezogen werden.

Der prozentuale Einheitspreisanteil für AGK (8 %), G (2 % + 4 %) beträgt 14 %

Daraus ermittelt sich der absolute Anteil für AGK, Baustellen-Risiko (Wagnis) und G wie folgt:

$$0{,}14 \cdot 43{,}54\,€/m^2 = 6{,}10\,€/m^2$$

Der absolute Anteil für BGK beträgt somit:

$$17{,}43\,€/m^2 - 6{,}10\,€/m^2 = 11{,}33\,€/m^2$$

5. Einheitspreis für Menge über 110 %

Der Einheitspreis für die Menge über 110 % wird nun aus den um den BGK-Anteil verminderten Herstellkosten (=EKT) und dem Zuschlag für AGK und G ermittelt, der zu diesem Zweck auf die Herstellkosten (hier: =EKT) zu beziehen ist:

$$\frac{14 \cdot 100}{100 - 14} = 16{,}28\,\%$$

$EP\ neu = EKT\ zzgl.\ AGK + W + G$:

$$26{,}11\ \text{€}/m^2 \cdot (1 + 16{,}28\ \%) = 30{,}36\ \text{€}/m^2$$

6. Berechnung des Vergütungsanspruchs

LV-Menge	$3.200{,}00\ m^2$
110%-Menge $1{,}1 \cdot 3.200 =$	$3.520{,}00\ m^2$
ausgeführte Menge	$3.820{,}00\ m^2$
Menge über 110%	$300{,}00\ m^2$

Der Vergütungsanspruch errechnet sich zu:

$3.520{,}00\ m^2 \cdot 43{,}54\ \text{€}/m^2$	$= 153.260{,}80\ \text{€}$
$300{,}00\ m^2 \cdot 30{,}36\ \text{€}/m^2$	$=\ \ \ 9.108{,}00\ \text{€}$
gesamt	$162.368{,}80\ \text{€}$

3.5.11.2 Beispiel: Vergütungsanpassung bei Mindermengen

Dieses Beispiel geht davon aus, dass für das Schalen der Decken bei einem Hochbau eine LV-Menge von 2.500 m² angesetzt ist. Tatsächlich wurden aber nur 1.834,45 m² ausgeführt. Der Auftragnehmer verlangt eine Änderung des Einheitspreises gemäß § 2 Abs. 3 Nr. 3 VOB/B 2016. Ein Ausgleich durch Mehrmengen in anderen Teilleistungen ist nicht gegeben. Hiernach gilt, dass die Erhöhung des Einheitspreises im Wesentlichen dem Mehrbetrag entsprechen soll, der sich aus der Verteilung der Gemeinkosten auf die verringerte Menge ergibt. Der Deckungsbeitrag umfasst kalkulatorische Ansätze für Baustellengemeinkosten (BGK), Allgemeine Geschäftskosten (AGK) sowie Wagnis (W) und Gewinn (G).

Die Parteien sind sich einig, dass die Vertragskalkulation des Auftragnehmers die tatsächlich erforderlichen Kosten widerspiegelt. Die Kalkulation wird deshalb als Grundlage der Vergütungsanpassung herangezogen.

Von der Mengenminderung betroffen ist die Position 3.23 „Schalen Decke". Der vereinbarte Einheitspreis wird gemäß nachstehendem Kalkulationsauszug ermittelt.

				Kostenarten ohne Zuschläge je Einheit		
Pos. Nr.	Kurztext Einzelkostenentwicklung	LV-Menge	Lohn [h]	SoKo [EUR]	Geräte [EUR]	Fremdl. [EUR]
3.23	Schalen Decke	2.500 m²	0.65	7.10		

Alle Kostenarten wurden mit denselben Verrechnungssätzen für AGK, W und G zur Bestimmung der Angebotssumme beaufschlagt. Im Umlagebetrag ausweislich des Kalkulationsschlussblatts enthalten:

- *Allgemeine Geschäftskosten* (8 % der Angebotssumme)
- *Wagnis* (2 % der Angebotssumme)
- *Gewinn* (4 % der Angebotssumme)

3.5 Wirtschaftliche Aufgaben

Es ergab sich auf der Basis eines Mittellohns von 27,58 €/Lh ein Kalkulationslohn von 51,31 €/Lh. Es gelten insoweit die Ansätze aus dem vorigen Beispiel!

1. Ermittlung des Einheitspreises

$$\text{Lohn} \quad 0{,}65\,Lh/m^2 \cdot 51{,}31\,\text{€}/Lh = 33{,}35\,\text{€}/m^2$$
$$\text{Soko} \quad 7{,}10\,\text{€}/m^2 \cdot 1{,}12 = 7{,}95\,\text{€}/m^2$$
$$\text{Einheitspreis:} = 41{,}30\,\text{€}/m^2$$

2. Ermittlung der Einzelkosten der Teilleistung (EKT)

$$\text{Lohn:} \quad 0{,}65\,Lh/m^2 \cdot 27{,}58\,\text{€}/Lh = 17{,}93\,\text{€}/m^2$$
$$\text{SoKo:} = 7{,}10\,\text{€}/m^2$$
$$\text{Einzelkosten der Teilleistungen:} = 25{,}03\,\text{€}/m^2$$

3. Ermittlung des Umlagebetrags

Einheitspreis:	$41{,}30\,\text{€}/m^2$
abzügl. Einzelkosten der Teilleistungen:	$-25{,}03\,\text{€}/m^2$
Umlagebetrag	$16{,}27\,\text{€}/m^2$

4. Ermittlung des Vergütungsanspruches

Der gesamte Umlagebetrag von 16,27 €/m² geht für die nicht ausgeführte Menge in die Berechnung des Vergütungsanspruchs ein. Bezugspunkt ist insoweit die LV-Menge!

LV-Menge	$2.500{,}00\,m^2$
ausgeführte Menge	$1.834{,}45\,m^2$
Mindermenge	$665{,}55\,m^2$
Vergütung für ausgeführte Menge: $1.834{,}45\,m^2 \cdot 41{,}30\,\text{€}/m^2$	$= 75.762{,}79\,\text{€}$
Zusätzlicher Vergütungsanspruch: $665{,}55\,m^2 \cdot 16{,}27\,\text{€}/m^2$	$= 10.828{,}50\,\text{€}$
Gesamtvergütung:	$86.591{,}29\,\text{€}$

Ein neuer Einheitspreis (für die tatsächlich abgerechnete Menge) kann damit wie folgt ermittelt werden:

$$86.951{,}29\,\text{€}/1.834{,}45\,m^2 = 47{,}20\,\text{€}/m^2.$$

3.5.11.3 Beispiel: Ausgleichsberechnung bei Mehr- und Mindermengen

Im vorliegenden Fall wird davon ausgegangen, dass die in den vorigen Beispielen dargestellten Mehr- und Mindermengen in den beiden Positionen innerhalb desselben Auftrags vorliegen. Vereinfachend wird weiter angenommen, dass in der Ausgleichsberechnung keine weiteren Teilleistungen zu berücksichtigen sind.

Abweichend von der positionsweisen Preisanpassung ist bei der Ausgleichsberechnung zu beachten, dass die einzubeziehenden Teilleistungen jeweils mit ihren tatsächlich ausgeführten Mengen anzusetzen sind. Methodisch gilt:

Aus der Mengenminderung der Pos. 3.23 (Schalen Decken) entsteht dem Auftragnehmer eine Unterdeckung der Preisanteile für BGK, AGK sowie W und G; die Mengenmehrung in Pos. 3.45 (Schalen Wände) wiederum führt zu einer entsprechenden Überdeckung. Deshalb ist unter Saldierung der Über- und Unterdeckungen – sofern erforderlich – ein Deckungsausgleich herbeizuführen.

Zu diesem Zweck sind die zu betrachtenden Teilleistungen mit ihren jeweiligen Ausführungs- und LV-Mengen und den vereinbarten Einheitspreisen anzusetzen. Auch die Einheitspreisbestandteile werden für die Teilleistungen aus den beiden vorigen Beispielen übernommen!

1. Einheitspreise (EP) und Deckungsanteile für BGK sowie AGK + W + G

Siehe dazu die entsprechenden Rechengänge der vorigen Beispiele:

2. Ermittlung der Mengenabweichung

Pos.	Leistung	EP	Anteil BGK	Anteil AGK + W + G
3.23	Schalen Decke	41,30 €/m²	10,49 €/m²	5,78 €/m²
3.45	Schalen Wände	43,54 €/m²	11,33 €/m²	6,10 €/m²

Ermittlung der Mengenabweichung (Δ-Menge) aus Subtraktion der LV-Menge von der Ausführungsmenge:

3. Ermittlung und Saldierung der Deckungsbeträge für BGK sowie AGK + W + G

Pos.	Leistung	LV-Menge	Ausführungsmenge	Δ-Menge
3.23	Schalen Decke	2.500,00 m²	1.834,45 m²	−665,55 m²
3.45	Schalen Wände	3.200,00 m²	3.820,00 m²	620,00 m²

Ermittlung des jeweiligen Deckungsfehl- bzw. Überdeckungsbetrags durch Multiplikation der Δ-Menge mit dem jeweiligen Deckungsanteil aus dem EP, und zwar gesondert für BGK sowie AGK + W + G, mit anschließender Saldierung:

4. Ermittlung des Ausgleichsbetrags

Pos.	Leistung	Δ-Menge	BGK-Δ	AGK + W + G -Δ
3.23	Schalen Decke	−665,55 m²	−6.981,62 €	−3.846,88 €
3.45	Schalen Wände	620,00 m²	7.024,00 €	3.782,00 €
		Summe (Saldo)	42,98 €	−64,88 €

3.5 Wirtschaftliche Aufgaben

Im Zuge der Saldierung festgestellte Unterdeckungsbeträge sind dem Auftragnehmer zu erstatten. Steht eine BGK-Überdeckung zu Buche, so ist diese dem Auftraggeber zu erstatten. Ein positiver Deckungssaldo für AGK + W + G wiederum verbleibt beim Auftragnehmer.

Im hier zu betrachtenden Beispiel ergibt sich per Saldo eine Unterdeckung von AGK + W + G in Höhe von 64,88 €, die durch die BGK-Überdeckung in Höhe von 42,98 € nur teilweise ausgeglichen wird. In der Summe ergibt sich daraus folgender Ausgleichsanspruch des Auftragnehmers:

$$-64{,}88\,€ + 42{,}98\,€ = -21{,}90\,€$$

Dem ausführenden Unternehmer ist zum Saldenausgleich von AGK + W + G somit ein Ausgleichsbetrag von 21,90 € zu erstatten.

3.5.12 Lohn- und Stoffpreisgleitklauseln

Preise beim Einheitspreisvertrag sind Festpreise und damit über die Laufzeit des Vertrags unveränderlich. Der Auftragnehmer hat daher bei seiner Kalkulation alle voraussichtlich während der Ausführungsfrist auftretenden Preiserhöhungen bei der Erstellung des Angebotes abzuschätzen und in seine Preise einzurechnen. Er übernimmt insoweit vollständig das Kostenrisiko.

Um unangemessene Benachteiligungen sowohl des Auftraggebers als auch des Auftragnehmers zu vermeiden, ist in § 9 Abs. 9 VOB/A 2019 die Möglichkeit der Änderung der Vergütung vorgesehen: *„Sind wesentliche Änderungen der Preisermittlungsgrundlagen zu erwarten, deren Eintritt oder Ausmaß ungewiss ist, so kann eine angemessene Änderung der Vergütung in den Verdingungsunterlagen vorgesehen werden. Die Einzelheiten der Preisänderung sind festzulegen."*

Preisgleitklauseln können z. B. als Lohngleitklauseln oder als Stoffpreisgleitklauseln vereinbart werden. Für Aufträge der öffentlichen Hand wurden die Einzelheiten der Preisänderungen in den Vergabehandbüchern festgelegt.[130, 131] Exemplarisch sei an dieser Stelle das Prinzip einer Lohngleitklausel vorgestellt. Diese gestaltet sich nach dem Vergabe- und Vertragshandbuch für die Baumaßnahmen des Bundes (VHB) wie folgt:

$$f = \frac{L \cdot 10}{A \cdot L_T}\,[‰/\text{ct}]$$

---

[130] Vergabe- und Vertragshandbuch für die Baumaßnahmen des Bundes (VHB 2017), Ausgabe 2017, Stand Juni 2023, Formblätter 224, 225 und 228.

[131] Handbuch für die Vergabe und Ausführung von Bauleistungen im Straßen- und Brückenbau (HVA B-StB), Ausgabe 2023, Stand Mai 2023, Vordrucke 131, 141, und 142.

mit:

f	Änderungssatz [‰/ct]
L	Kalkulierte Lohnkosten [€]
A	Angebotssumme ohne Umsatzsteuer [€]
L_T	Maßgebender Lohn [ct] (z. B. für das Bauhauptgewerbe: Gesamttarifstundenlohn (GTL) der Lohngruppe 4 am Sitz der Vergabestelle).[132]

Dagegen setzt Schumann[133] methodisch richtig nicht nur die kalkulierten Lohnkosten an, sondern den gesamten Personalkostenanteil an der Bauleistung. Diese setzt sich aus den Lohn- und Gehaltskosten sowie den Lohnzusatzkosten der Baustellenbeschäftigten zusammen. Damit ändert sich die Berechnung des Änderungssatzes zu:

$$f = \frac{(L + Z_L + G + Z_G) \cdot 10}{A \cdot L_T} [\text{‰/ct}]$$

mit:

Z_L und Z_G	Zusatzkosten [€] für Lohn und Gehalt und
G	Gehaltskostenanteil [€] an der Bauleistung

Anleitungen zur Berechnung des Änderungssatzes finden sich in der einschlägigen Literatur zur Kalkulation von Baupreisen[134] oder im Vergabe- und Vertragshandbuch für die Baumaßnahmen des Bundes (VHB).

Stoffgleitklauseln sind in ihrer Systematik vergleichbar zur Lohngleitklausel aufgebaut.

Zu beachten ist, dass neben dem Änderungssatz zumeist eine Bagatell- und eine Selbstbeteiligungsklausel vereinbart wird. Diese beträgt bei der Lohngleitklausel in der Regel 0,5 % der Abrechnungssumme und wird von der über den Änderungssatz ermittelten Erhöhung der Vergütung in Abzug gebracht. Bei Stoffgleitklauseln wird als Bagatellgrenze nach dem VHB 2 % der Abrechnungssumme und als Selbsteinbehalt 10 % der Mehr- oder Minderaufwendungen, mindestens aber die Höhe der Bagatellgrenze festgelegt.

Falls eine Lohn- oder Stoffpreisgleitklausel in einem Bauvertrag vereinbart ist, muss die Bauleitung beachten, dass zum Stichtag der Anwendung der Klausel immer ein Zwischenaufmaß vorgenommen werden muss.

---

[132] für das Bauhauptgewerbe (West).

ab 01.10.2020 bis 31.10.2021:	21,06 €/h
ab 01.11.2021 bis 30.03.2022:	21,48 €/h
ab 01.04.2022 bis 31.03.2023:	21,96 €/h
ab 01.04.2023:	22,40 €/h

[133] Schumann: Das Abrechnungsbuch, Seite 13.
[134] Drees/Paul: Kalkulation von Baupreisen, Seite 278 ff.

Beispiel zur Anwendung der Lohngleitklausel

Angebotssumme des Auftragnehmers ohne Umsatzsteuer: 1.734.245,45 €
Auftragserteilung: 18.07.2021
Angebotener Änderungssatz: 0,2978‰

Maßgebender Gesamttarifstundenlohn, laut Tarifvertrag

Lohnperiode vom 01.10.2020 *bis* 31.10.2021 (13 *Monate*)	2106 *ct*
Lohnperiode vom 01.11.2021 *bis* 31.03.2022 (5 *Monate*)	2148 *ct*
Lohnperiode vom 01.04.2022 *bis* 31.03.2023 (12 *Monate*)	2196 *ct*

Damit ergeben sich folgende Lohnerhöhungen

ab 01.11.2021: 2148 *ct* − 2106 *ct* = 42 *ct*
ab 01.04.2022: 2196 *ct* − 2106 *ct* = 90 *ct*

Ermittelte Leistungserbringung:

vom 18.07.2021 (*Auftragserteilung*) *bis* 31.10.2021	167.879,78 €
vom 01.11.2021 *bis* 31.03.2022	559.689,87 €
vom 01.04.2022 *bis* 27.01.2023 (*Abnahme*)	1.165.567,81 €
Abrechnungssumme incl. Nachträgen	1.893.137,46 €

Vergütungsanspruch aus Änderungssatz:

Lohnperiode vom 01.10.2020 *bis* 31.10.2021 (13 *Monate*)	0,00 €
Lohnperiode vom 01.11.2021 *bis* 31.03.2022 (5 *Monate*)	
559.689,87 € · 42 *ct* · 0,2978‰/*ct* =	7.000,38 €
Lohnperiode vom 01.04.2022 *bis* 31.03.2023 (12 *Monate*)	
1.165.567,81 € · 90 *ct* · 0,2978‰/*ct* =	31.239,55 €
	38.239,93 €

Abzüglich Bagatell- und Selbstbeteiligung:

1.893.137,46 € · 0,5% =	9.465,69 €
Vergütungsanspruch aus Lohngleitung ohne Umsatzsteuer	28.774,24 €
Vergütung aus erbrachten Leistungen (*netto*)	1.893.137,46 €
Vergütungsanspruch aus Lohngleitung (*netto*)	28.774,24 €
Vergütungsanspruch gesamt (*netto*)	1.921.911,70 €
Umsatzsteuer (19%)	365.163,22 €
Vergütungsanspruch gesamt (*brutto*)	2.287.074,92 €

3.5.13 Auswirkungen von Behinderung und Unterbrechung der Bauausführung

Nachträge wegen Behinderung und Unterbrechung der Bauausführung nach § 6 VOB/B 2016 werden regelmäßig als „Nachträge wegen Bauablaufstörungen" bezeichnet. Darin kommt zum Ausdruck, dass sich eine Behinderung oder Unterbrechung stets als Störung des vertragsgemäß geplanten Bauablaufs auswirkt und dass hieraus dem Auftragnehmer ein Nachteil entstanden ist, der durch den Nachtrag zum bestehenden Bauvertrag ausgeglichen werden soll.

Typische Bauablaufstörungen sind in Abschn. 3.2.1.2 dargestellt. Kennzeichen einer Bauablaufstörung ist, dass sich an dem herbeizuführenden Werkerfolg, d. h. am Leistungs- bzw. Bauinhalt, nichts ändert. Allein die (Bau-)Umstände, unter denen das Werk zu erstellen ist, erfahren infolge der Störung eine Veränderung.

Eine Bauablaufstörung kann aus Sicht des Auftragnehmers auf den Bauablauf negative Einflüsse in folgenden Formen haben:

- die Leistungserbringung muss zeitlich angepasst werden (z. B. Verschiebung der geplanten Arbeiten auf einen späteren Zeitpunkt),
- eingesetzte Ressourcen müssen quantitativ angepasst werden (z. B. notwendige Änderung der Personal- und Gerätekapazität) und
- die Störung hat eine intensitätsmäßige Wirkung (z. B. geringere Leistung durch eine verminderte Auslastung von Personal und Geräten oder durch Verschiebung in eine schlechtere Jahreszeit).

Sieht sich der Auftragnehmer in der vertragsgemäßen Erbringung seiner Leistungen gestört bzw. behindert, so hat er dies dem Auftraggeber grundsätzlich unverzüglich schriftlich mittels einer sog. Behinderungsanzeige kundzutun (§ 6 Abs. 1 VOB/B 2016). In der Behinderungsanzeige muss der Unternehmer sowohl den Störungstatbestand darlegen als auch dessen hindernde Wirkungen auf den Bauablauf. Er muss dem Auftraggeber deshalb konkret anzeigen, welche Arbeiten aufgrund der Störung nicht oder nicht wie vorgesehen ausgeführt werden können. Der Auftraggeber soll gewarnt und es soll ihm die Möglichkeit eröffnet werden, die Behinderung abzustellen.[135] Eine solche Anzeige ist nur dann entbehrlich, wenn sowohl der Störungstatbestand als auch dessen hindernde Wirkung für den Auftraggeber offenkundig sind (§ 6 Abs. 1 VOB/B 2016).

Grundlage der Nachtragsberechnung ist § 6 Abs. 6 VOB/B 2016. Dort ist festgelegt:

„Sind die hindernden von einem Vertragsteil zu vertreten, so hat der andere Teil Anspruch auf Ersatz des nachweislich entstandenen Schadens, des entgangenen Gewinns aber nur bei Vorsatz oder grober Fahrlässigkeit. Im Übrigen bleibt der Anspruch des Auftragnehmers auf angemessene Entschädigung nach § 642 BGB unberührt, sofern die Anzeige nach Absatz 1 Satz 1 erfolgt oder wenn die Offenkundigkeit nach Absatz 1 Satz 2 gegeben ist."

---

[135] BGH, Urteil v. 21.10.1999 – VII ZR 185/98.

3.5 Wirtschaftliche Aufgaben

Nach dem Wortlaut der Regelung ist folglich zwischen Schadenersatz und Entschädigung zu unterscheiden:

- **Schadenersatz**
  Ein Schaden bemisst sich grundsätzlich nach der infolge des schädigenden Ereignisses eingetretenen Vermögensveränderung – d. h. einer Vermögensminderung bzw. einer ausgebliebenen Vermögensmehrung (siehe Abschn. 3.5.15). Im Wege des Schadenersatzes wird dieser Vermögensnachteil durch eine Geldzahlung ausgeglichen.
- **Entschädigung**
  Eine Entschädigung im Sinne des § 642 BGB ist eine Leistung, die von einer Vertragspartei als Geldleistung an die andere Vertragsseite zum Ausgleich der infolge nicht bzw. nicht ordnungsgemäß erbrachter Mitwirkungshandlungen erlittenen Nachteile erfolgt (siehe Abschn. 3.5.16).

Der von einer Behinderung oder Unterbrechung betroffene Unternehmer hat insoweit die Wahlfreiheit, ob er den entstandenen Schaden ersetzt haben will oder ob er eine Entschädigung fordert.

Zur Durchsetzung eines Schadenersatz- bzw. Entschädigungsanspruchs muss der vom Unternehmer gestellte Nachtrag folgende Darlegungs- und Beweisanforderungen erfüllen:

- Jeder Störungstatbestand und seine hindernde Auswirkung auf den Bauablauf sind im Einzelnen kausal nachzuweisen. Der Unternehmer hat insoweit konkret darzulegen und nachzuweisen, über welchen Zeitraum ein Störungstatbestand vorlag.[136] Ebenso hat er nachzuweisen, welche konkreten Arbeiten infolge der Störung nicht bzw. nicht wie vertragsgemäß geplant ausgeführt werden konnten. Hierbei ist für jede eingetretene bzw. geltend gemachte Störung eine gesonderte Betrachtung vorzunehmen – die sog. „haftungsbegründende Kausalität" ist durch den Unternehmer mithin für jeden Einzelfall konkret darzulegen und nachzuweisen.[137]
- Zur Geltendmachung des infolge einer Bauablaufstörung – d. h. Behinderung oder Unterbrechung – eingetretenen Schadens genügt hingegen eine nachvollziehbare, schlüssige Darlegung.[138] Dies betrifft sowohl die Frage, welcher Ausführungsfristverlängerungsanspruch sich aus (ggf. mehreren) Bauablaufstörungen insgesamt ergibt, als auch die Ermittlung eines monetären Kompensationsanspruchs, sei es ein Schadenersatz- oder ein Entschädigungsanspruch. Der Unternehmer muss hierfür also nicht „Beweis" im engeren Sinne erbringen, sondern seinen Anspruch lediglich plausibel und glaubhaft dartun. Er kann zu diesem Zweck z. B. auf einen unter konkreter Berücksichtigung der eingetretenen Störungen fortgeschriebenen Bauablaufplan (sog. störungsmodifizierter Bauablaufplan) oder auf prognostische Kostenermittlungen (z. B. seine Vertrags- oder Arbeitskalkulation) zurückgreifen.

---

[136] BGH, Urteil v. 24.02.2005 – VII ZR 225/03.
[137] BGH, Urteil v. 24.02.2005 – VII ZR 141/03, sowie BGH, Urteil v. 21.03.2002 – VII ZR 224/00.
[138] BGH, Urteil v. 24.02.2005 – VII ZR 225/03.

Grundsätzlich setzen die o. g. Anforderungen an den Anspruchsnachweis eine umfassende Dokumentation der Bauausführung voraus: Der Nachweis der terminlichen und auch der kostenmäßigen Auswirkungen von Störungen ist in der Regel nur mit einer bauablaufbezogenen Darstellung[139] – d. h. der Ausarbeitung eines störungsmodifizierten Bauablaufplans – möglich.

3.5.14 Störungsmodifizierter Bauablaufplan

§ 6 Abs. 2 Nr. 1 VOB/B 2016 regelt im Wortlaut:

„Ausführungsfristen werden verlängert, soweit die Behinderung verursacht ist:

a) *durch einen Umstand aus dem Risikobereich des Auftraggebers,*
b) *durch Streik oder eine von der Berufsvertretung der Arbeitgeber angeordnete Aussperrung im Betrieb des Auftragnehmers oder in einem unmittelbar für ihn arbeitenden Betrieb,*
c) *durch höhere Gewalt oder andere für den Arbeitnehmer unabwendbare Umstände.“*

Die Umstände aus dem Risikobereich des Auftraggebers sind im Einzelnen nicht beschrieben; sie entsprechen jedoch weitgehend den Behinderungstatbeständen, die in Abschn. 3.2.1.2 aufgeführt sind. Aufgabe der störungsmodifizierten Bauablaufplanung ist der Nachweis bzw. die schlüssige Darlegung zu der Frage, welche konkreten Auswirkungen Störungen (Behinderungen) auf den vertragsgemäß geplanten Bauablauf verursacht haben. Im Sinne der o. g. Darlegungs- und Beweisanforderungen bedarf es hierzu für jede einzelne Störung einer gesonderten Betrachtung.[140] Gleichwohl ist eine (schrittweise und chronologische) Zusammenführung in einem störungsmodifizierten Gesamtbauablaufplan in aller Regel erforderlich, um – sofern mehrere Störungen eingetreten sind – den konkreten Ausführungsfristverlängerungsanspruch des Unternehmers zu ermitteln.

Besteht infolge von Behinderungen oder Unterbrechungen der Bauausführung ein solcher Anspruch auf Ausführungsfristverlängerung, so sind damit im Regelfall auch wirtschaftliche Einbußen des bauausführenden Unternehmers verbunden: Er wird seine Produktionsfaktoren (Personal, Geräte) ggf. infolge der eingetretenen Störungen des Bauablaufs nur unter Produktivitätsverlusten oder mit temporären Produktionsausfällen („Brachzeiten" bzw. „Leerlauf") einsetzen können und ggf. gezwungen sein, diese länger zur Durchführung des Auftrags vorzuhalten als bei Vertragsabschluss geplant.

Die Vorlage eines störungsmodifizierten Bauablaufplans ist in diesen Fällen eine wesentliche Voraussetzung, um die wirtschaftlichen Einbußen und damit den Schadenersatz- bzw. Entschädigungsanspruch der Höhe nach ermitteln zu können. Wegen der Forderung, dass die Auswirkung jeder Behinderung bauablaufbezogen nachzuweisen bzw.

---

[139] BGH, Urteil v. 21.03.2002 – VII ZR 224/00, sowie KG, Urteil v. 19.04.2011 – 21 U 55/07.
[140] BGH, Urteil v. 24.02.2005 – VII ZR 141/03, sowie BGH, Urteil v. 21.03.2002 – VII ZR 224/00.

3.5 Wirtschaftliche Aufgaben

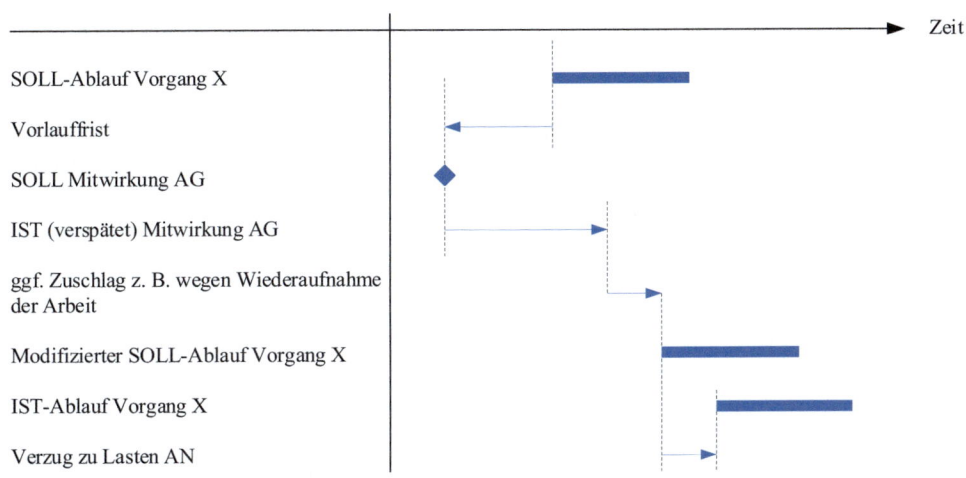

Abb. 3.80 Auswirkungen von auftraggeberseitig zu vertretenden Störungen

darzulegen ist, werden ausgehend vom Vertragsterminplan (Terminplan Soll 0) sowohl die Störungen (Behinderungen) wie die sich hieraus ergebenden Auswirkungen auf den Bauablauf dargestellt.

An einem typischen Fall, dies könnte eine verspätet Planlieferung sein, soll das Vorgehen dem Grunde nach beschrieben werden (siehe Abb. 3.80).

Im Bauvertrag sollte zwischen den Parteien vereinbart werden, mit welcher Frist vor der Ausführung die jeweils erforderlichen Pläne (z. B. Schal- und Bewehrungspläne) zu übergeben sind (Vorlauffrist), um dem Auftragnehmer die erforderlichen Dispositionen (z. B. Abruf der Bewehrung beim Lieferanten, Detailplanung des Fertigungsablaufs) zu ermöglichen. Hieraus ergibt sich der Soll-Termin für die Mitwirkung des Auftraggebers.

Falls der Auftraggeber die Pläne verspätet übergibt, wird sich der Ausführungsbeginn der betroffenen Arbeiten auf der Baustelle verzögern. Der störungsbedingt fortzuschreibende (Soll-)Ausführungsbeginn ermittelt sich gemäß § 6 Abs. 4 VOB/B 2016 aus der „*Dauer der Behinderung mit einem Zuschlag für die Wiederaufnahme der Arbeiten und die etwaige Verschiebung in eine ungünstigere Jahreszeit*" berechnet wird. Falls die tatsächliche (Ist-)Ausführung sich über diesen Termin hinaus verschiebt, geht die Differenz zu Lasten des Auftragnehmers. Zu beachten ist jedoch auch, dass nach § 6 Abs. 3 VOB/B 2016 „*der Auftragnehmer [...] alles zu tun [hat], was ihm billigerweise zugemutet werden kann, um die Weiterführung der Arbeiten zu ermöglichen*". Es ist deshalb in jedem Einzelfall zu prüfen, ob und ggf. welche Anpassungsdispositionen – z. B. das Vorziehen anderer Arbeiten – dem Unternehmer zuzumuten waren. Diese sind bei der Ermittlung des störungsmodifizierten Soll-Bauablaufs ebenfalls zu berücksichtigen.

Besondere Bedeutung hat die Auswirkung einer Störung auf die Gesamtfertigstellung der vertraglich geschuldeten Leistung. Falls der auftraggeberseitig gestörte Vorgang auf dem kritischen Weg liegt, wirkt sich die Störung unmittelbar auf den Endtermin der

Gesamtleistung aus. Diese Auswirkung hat sich somit der Auftraggeber selbst zuzurechnen. Falls der Vorgang jedoch nicht auf dem kritischen Weg liegt, so liegen Puffer vor. Ein freier Puffer (siehe Band 2, Abschn. 6.3.7.2) kann und muss dabei zur Kompensation von Behinderungen genutzt werden, da der weitere Ablauf der Leistungserstellung durch die Nutzung dieses Puffers in keiner Weise beeinträchtigt wird. Einen etwaig vorhandenen Gesamtpuffer (siehe Band 2, Abschn. 6.3.7.1) muss der Auftragnehmer jedoch nicht zur Störungskompensation an den Auftraggeber „abgeben", da ihm dieser als Zeitreserve zum Ausgleich terminlicher Produktionsrisiken (z. B. Auswirkungen von üblichen Schlechtwetterphasen) zur Verfügung steht.[141]

Es empfiehlt sich, die vertragliche Soll-Bauablaufplanung im Rahmen des Termincontrollings (siehe Abschn. 3.4.1) in regelmäßigen Abständen (z. B. 14-tägig) fortzuschreiben. Hierbei sind vom Unternehmer eigeninitiativ vorgenommene Modifikationen der Bauablaufplanung ebenso zu berücksichtigen wie Anpassungen, die aufgrund von Leistungsänderungen oder zusätzlichen Leistungen auf Veranlassung des Auftraggebers erforderlich werden.

Kommt es zu Behinderungen oder Unterbrechungen der Bauausführung, so sind in die fortzuschreibende Soll-Bauablaufplanung auch die jeweiligen Störungsauswirkungen aufzunehmen – aus der Fortschreibung ergibt sich dann die störungsmodifizierte Bauablaufplanung. Zu diesem Zweck wird für die Störungen jeweils ein einzelner Vorgang eingeführt, der durch Abhängigkeitsbeziehungen (Anordnungsbeziehungen) mit den von der Störung betroffenen Vorgängen des Bauablaufs verknüpft wird. Die Länge des Vorgangs ermittelt sich jeweils aus dem Zeitpunkt der Anzeige (siehe § 6 Abs. 1 VOB/B 2016) bzw. des faktischen Eintretens und des Wegfalls der hindernden Wirkung (siehe § 6 Abs. 3 VOB/B 2016) des Behinderungstatbestands, gegebenenfalls mit einem Zuschlag für die Wiederaufnahme der Arbeit. Verschieben sich Arbeiten behinderungsbedingt in eine ungünstigere Jahreszeit, so ist die Vorgangsdauer der betroffenen Arbeiten angemessen zu verlängern.

Da eine tatsächlich hindernde Wirkung auf den Bauablauf erst dann eintreten kann, wenn der Unternehmer seinerseits die Voraussetzungen für die Durchführung der störungsbetroffenen Arbeiten geschaffen hat (z. B. rechtzeitige Fertigstellung von Vorleistungen, Verfügbarkeit der erforderlichen Geräte- und Personalkapazität), sind in den fortgeschriebenen Soll-Bauablauf auch solche Einwirkungen aufzunehmen, die sich der Auftragnehmer als „Eigenstörungen" selbst zuzurechnen hat. Ein anspruchsbegründender Behinderungstatbestand ist deshalb erst gegeben, sobald keine internen Hinderungsgründe beim Unternehmer entgegenstehen. Die Beurteilung des Eintrittszeitpunkts einer Behinderung ist deshalb stets anhand der tatsächlichen Baustellensituation bzw. des tatsächlichen Bauablaufs vorzunehmen.

---

[141] Kapellmann/Schiffers: Vergütung Nachträge und Behinderung beim Bauvertrag, Band 1, Rdn. 1262 ff.

3.5 Wirtschaftliche Aufgaben

Zur Berücksichtigung der Störungsauswirkungen darf sich der Auftragnehmer in aller Regel nicht auf eine rein „methodische" Fortschreibung des Bauablaufs beschränken; er muss vielmehr die von ihm gemäß § 6 Abs. 3 VOB/B 2016 getroffenen bzw. die ihm zumutbaren Anpassungsdispositionen zur Störungskompensation in die Bauablaufplanung einarbeiten. Ein ordnungsgemäßer Anspruchsnachweis stellt sich deshalb in der Praxis regelmäßig als fachlich herausfordernd dar.

Die im Ergebnis der vorgenannten Einflussgrößen fortgeschriebene Planung definiert schließlich die Soll-Vorgabe für die weitere Bauausführung – solange, bis ggf. weitere Anpassungen erforderlich werden.

3.5.15 Schadenermittlung

Grundlage der Schadenermittlung ist die Differenztheorie.[142, 143] Danach ergibt sich der Schaden aus der Differenz zweier Vermögenslagen, nämlich derjenigen, die nach Eintritt des den Schaden verursachenden Ereignisses tatsächlich eingetreten ist und jener Vermögenslage, die unter Ausschaltung des den Schaden verursachenden Ereignisses vorhanden gewesen wäre:

> tatsächlich infolge der Behinderung eingetretene Vermögenssituation
> ./. hypothetische Vermögenssituation, die ohne Behinderung eingetreten wäre
> = Schaden

Vermögenslagen lassen sich anhand von Rechnungen, Buchungs-, Verbrauchsbelegen und sonstigen Unterlagen direkt aus der Betriebs- bzw. Unternehmensbuchhaltung ermitteln und dokumentieren. Gefordert ist hierbei zunächst die Ermittlung der aufgrund eines schädigenden Ereignisses tatsächlich angefallenen Kosten bzw. Aufwendungen, bei der weniger die Bezifferung die Herausforderung darstellt als vielmehr der erforderliche Kausalitätsnachweis.

Anders verhält es sich bei der Ermittlung derjenigen Vermögenslage, die hypothetisch ohne das Schadenereignis entstanden wäre. Hierzu ist in aller Regel eine aufwändige Darlegung sowohl des Grunds als auch der Höhe hypothetischer Kosten bzw. Aufwendungen vorzunehmen. Zwei Möglichkeiten bieten sich an:

- Ermittlung der tatsächlich eingetretenen Vermögenssituation, z. B. über eine Nachkalkulation und von dieser ausgehend eine Rückrechnung unter Annahme einer ungestörten Bauausführung. Der Aufwand hierfür ist häufig recht hoch und die Methodik bietet regelmäßig Raum für Einwendungen Sind im Zuge des Bauauftrags gleichartige

---

[142] Reister: Nachträge beim Bauvertrag, S. 572.
[143] Kapellmann/Schiffers: Vergütung Nachträge und Behinderung beim Bauvertrag, Band 1; Rdn. 1419.

Arbeiten sowohl ungestört als auch unter Einfluss von Störungen ausgeführt worden (z. B. bei Taktarbeit), so lässt sich der Schaden ggf. im Wege einer Gegenüberstellung der Kosten für die ungestörten und die gestörten Leistungsteile ermitteln.
- Der einfachere Weg zur Schadenermittlung dürfte der Rückgriff auf die Arbeitskalkulation des ausführenden Unternehmers sein, sofern eine solche erstellt und gepflegt wurde. Ausgangspunkt ist die Vermutung, dass die Arbeitskalkulation die hypothetische Situation ohne Behinderung zutreffend darstellt. Grundlage hierfür ist wiederum eine Rentabilitätsvermutung dahingehend, dass der Auftragnehmer in seiner Arbeitskalkulation realistisch erwartbare Kosten als Sollvorgaben für seine eigene Baustellensteuerung angesetzt hat.

Die Genauigkeit einer Schadenermittlung steht und fällt mit der Qualität des vorhandenen Datenmaterials. Können sich die Parteien nicht auf eine Schadenssumme verständigen, ist im Rahmen eines Klageverfahrens nach der Zivilprozessordnung auch eine Schätzung des Schadens möglich (§ 287 ZPO).

Verschiedentlich wurden auch andere Methoden zur Schadenermittlung vorgeschlagen. Eine dieser Methoden ist die Äquivalenzmethode, bei der eine abstrakte Schadenermittlung vorgenommen wird, die aber vom Bundesgerichtshof nicht anerkannt wurde.[144] Bei dieser Methode wird der Endtermin dadurch errechnet, indem alle Planlieferverzögerungen zu einer direkten Verschiebung der davon betroffenen Vorgänge führen und danach sich dadurch ergebende technische Ablauffehler korrigiert werden. Letztendlich wird dabei nicht berücksichtigt, dass keineswegs jede Planlieferverzögerung zu einer Bauzeitverzögerung führen muss. Anders ausgedrückt wird die Auswirkung eines schadenverursachenden Ereignisses nicht kausal nachgewiesen.[145]

Nachfolgend wird exemplarisch gezeigt, wie Schadenermittlungen für verschiedene Fälle vorgenommen werden können:

- Schaden aus erhöhten Lohnkosten (Abschn. 3.5.15.1);
- Schaden aus Minderleistung des gewerblichen Baustellenpersonals (Abschn. 3.5.15.2);
- Schaden aus sonstigem Personalaufwand (Abschn. 3.5.15.3);
- Schaden aus Stoffpreiserhöhungen (Abschn. 3.5.15.4);
- Schaden aus verlängerter Gerätevorhaltung (Abschn. 3.5.15.5);
- Schaden aus erhöhten Baustellengemeinkosten (Abschn. 3.5.15.6);
- Schaden aus Unterdeckung Allgemeiner Geschäftskosten (Abschn. 3.5.15.7).

Weiterhin dargestellt wird die Behandlung von Gewinn (Abschn. 3.5.15.8), Wagnis (Abschn. 3.5.15.9) bei der Schadenermittlung sowie die umsatzsteuerliche Behandlung eines Schadens (Abschn. 3.5.15.10).

---

[144] BauR 1987, 347 oder ZfBR 1986, 30.
[145] Kapellmann/Schiffers: Vergütung Nachträge und Behinderung beim Bauvertrag, Band 1; Rdn. 1502.

3.5.15.1 Schadenermittlung wegen erhöhter Lohnkosten

Ein Schaden aus erhöhten Lohnkosten entsteht, falls Löhne, bedingt durch eine Störung im Bauablauf, vermehrt zu Zeitpunkten anfallen, in denen Lohnerhöhungen eingetreten sind. Die Abb. 3.81 zeigt für eine Baustelle den geplanten Anfall des Personaleinsatzes und der daraus resultierenden Lohnstunden (Lh) nach der Arbeitskalkulation (Bausoll 0). Insgesamt war mit 14.530 Lh kalkuliert worden. Die Kalkulation soll in der Lohnperiode 01.06.2022 bis 30.04.2023 durchgeführt worden sein. Vereinfacht wird der Mittellohn von 28,50 €/Lh aus dem Ecklohn von 17,07 €/Lh und mit einem Sozialkostenzuschlag von 66,94 %[146] ermittelt. Ab 01.05.2023 wird mit einer Lohnerhöhung von 2,0 % gerechnet. Der Mittellohn beträgt somit 28,50 · 1,02 = 29,07 €/Lh.

Summe der Lohnstunden Januar bis April:

$$760 + 1.310 + 2.120 + 2.480 = 6.670 \text{ Lh}$$

Summe der Lohnstunden Mai bis September:

$$2.000 + 1.780 + 2.130 + 1.280 + 670 = 7.860 \text{ Lh}$$

Die Summe der Soll-Lohnstunden beträgt: 6.670 + 7.860 = 14.530 Lh
Damit ergaben sich kalkulierte Lohnkosten zu:

$$6.670 \text{ Lh} \cdot 28{,}50 \text{ €/Lh} + 7.860 \text{ Lh} \cdot 29{,}07 \text{ €/Lh} = 418.585{,}20 \text{ €}.$$

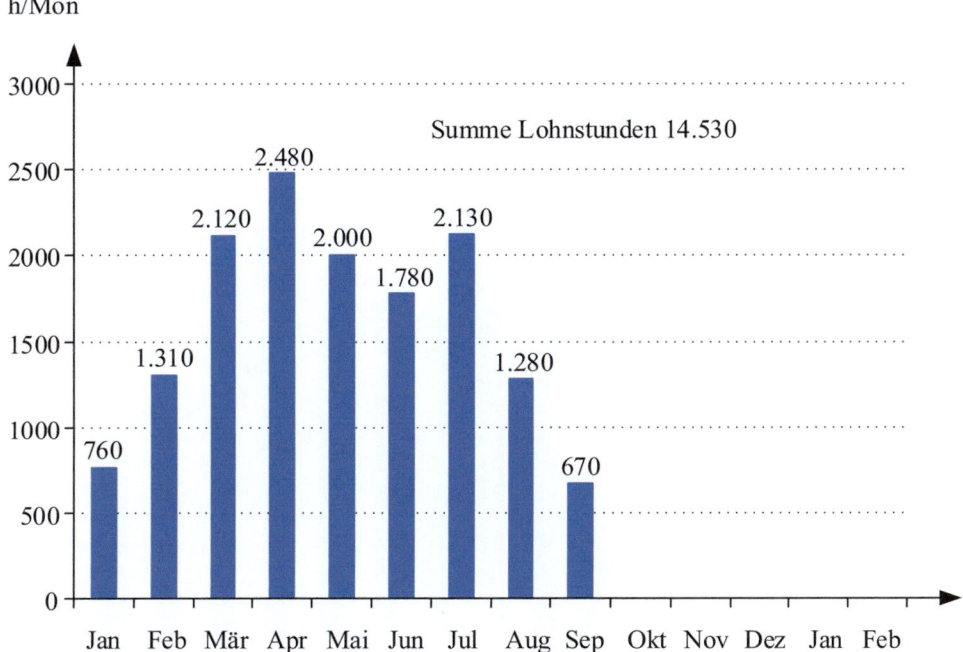

Abb. 3.81 Soll-Lohnstundenanfall nach Arbeitskalkulation

---

[146] siehe Band 1, Abschn. 5.5.2.

Der „mittlere" Mittellohn in der Kalkulation betrug daher

$$418.585{,}20€/14.530 \text{ Lh} = 28{,}81€/\text{Lh}.$$

Die Baustelle war durch verschiedene Behinderungen gekennzeichnet, die der Auftraggeber zu vertreten hatte. Für alle schadensverursachenden Ereignisse ist differenziert der Einfluss auf die Lohnstunden nachgewiesen worden (Verschiebungen und Produktivitätsverluste). Behinderungen, die der Unternehmer selbst verursacht hat (z. B. verzögerte Bauleistung wegen verspäteter Lieferung von Fertigteilen), wurden eliminiert.

In Abb. 3.82 ist der Lohnstundenverlauf aufgezeigt, wie er sich kausal aus den vom Auftraggeber zu vertretenden Störungen des Bauablaufs ergibt. Der Anfall der Lohnstunden kann ermittelt werden aus:

- der „normalen" Lohnbuchhaltung,
- gesonderten Lohnstundenberichten getrennt nach einzelnen Bauabschnitten oder Kolonnentagesberichten (siehe 2.2.7.8) und
- BAS-Aufzeichnungen (siehe 3.5.5.2).

Aufgeteilt in die beiden Lohnperioden ergeben sich folgende Ist-Stunden:
Lohnperiode I: Summe der Stunden März und April:

$$1.050 + 1.540 = 2.590 \text{ Lh}$$

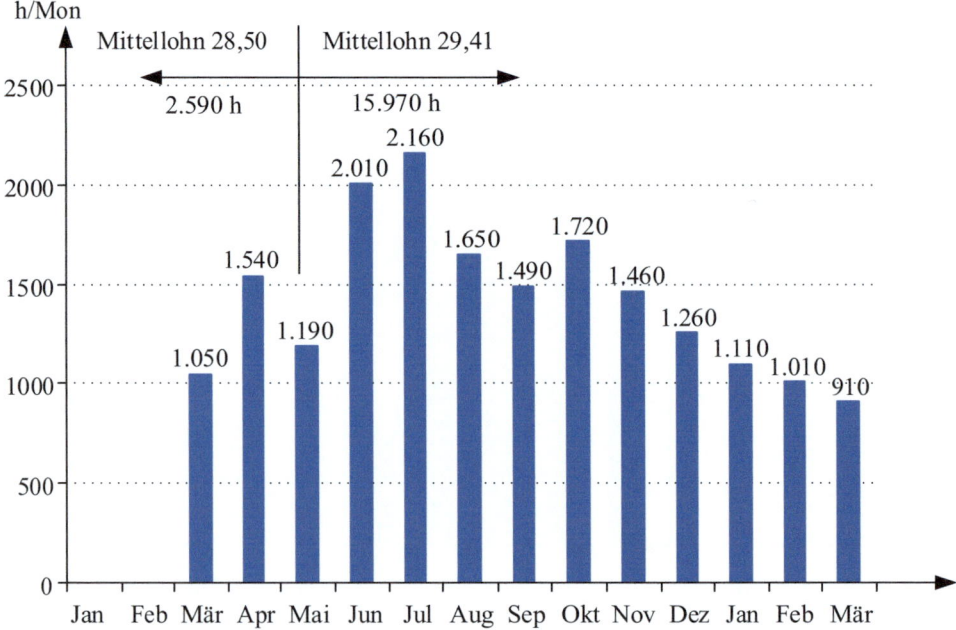

Abb. 3.82 Lohnstundenanfall infolge der durch den Auftraggeber zu vertretenden Bauablaufstörungen

3.5 Wirtschaftliche Aufgaben

Lohnperiode II: Summe der Stunden Mai bis März des Folgejahres:

$1.190 + 2.010 + 2.160 + 1.650 + 1.490 + 1.720 + 1.460 + 1.260 + 1.110 + 1.010 + 910 = 15.970\,\text{Lh}$

Die Summe der Ist-Stunden beträgt: 2.590 + 15.970 = 18.560 Lh.

Zum 1. Mai 2023 haben sich die Löhne tatsächlich um 3,20 % erhöht. Damit ergibt sich statt der angenommenen 29,07 €/Lh ein Mittellohn von 28,50 · 1,032 = 29,41 €/Lh. Insgesamt ergeben sich nach diesem Lohnstundenanfall Kosten in Höhe von:

$2.590\,\text{Lh} \cdot 28,50\,\text{€}/\text{Lh} + 15.970\,\text{Lh} \cdot 29,41\,\text{€}/\text{Lh} = 543.492,70\,\text{€}.$

Die Differenz in Höhe von 543.492,70 € – 418.585,20 € = 124.907,50 € stellt jedoch nicht den Schaden dar, da in der Regel ein großer Teil der zusätzlichen Lohnkosten über Nachträge z. B. nach § 2 Abs. 5 und Abs. 6 VOB/B 2016 vergütet wird.

Die Schadenermittlung ergibt sich über die Differenz des tatsächlichen Stundenlohnsatzes und des kalkulierten Stundensatzes. Diese beträgt 29,41 €/h – 29,07 €/Lh = 0,34 €/Lh. Die monatlich vorzunehmende Berechnung ist in Abb. 3.83 dargestellt. Zu beachten ist, dass sich der Unternehmer die Fehlkalkulation aus der falsch angenommenen Lohnsteigerung (2 %) und der tatsächlichen (3,2 %) anrechnen lassen muss, jedoch nur für die kalkulierten Stunden. Der unmittelbare Schaden beläuft sich auf 2.757,40 €.

Es stellt sich nunmehr die Frage, inwieweit Baustellengemeinkosten, Allgemeine Geschäftskosten, Wagnis und Gewinn sowie Umsatzsteuer noch diesen Kosten zuzurechnen sind. Hierzu wird auf die Abschn. 3.5.15.6, 3.5.15.7, 3.5.15.8, 3.5.15.9 und 3.5.15.10 verwiesen.

3.5.15.2 Schadenermittlung wegen Minderleistung des gewerblichen Baustellenpersonals

In der vorhergehenden Berechnung wurde allein derjenige Schadenanteil ermittelt, der daraus resultiert, dass dem Unternehmer infolge einer störungsbedingten Verschiebung von Arbeiten in einen späteren Zeitraum wegen zwischenzeitlicher Lohnsteigerungen erhöhte Kosten entstanden sind.

Die tatsächlich angefallene Lohnstundensumme enthält jedoch auch solche Lohnaufwendungen, die sich kausal aus störungsbedingt eingetretenen Minderleistungen (d. h. Produktivitätsverlusten) des gewerblichen Baustellenpersonals ergeben. In der Fachliteratur[147] werden folgende Ursachen für Minderleistungen genannt:

a) Minderleistungen aus Witterungsgründen,[148]
b) Minderleistungen aus dem Verlust des Einarbeitungseffektes,
c) Minderleistungen durch häufiges Umsetzen des Arbeitsplatzes,
d) Minderleistungen aus Änderungen der optimalen Abschnittsgröße,

---

[147] Vgl. dazu etwa Vygen/Schubert/Lang: Bauverzögerungen und Leistungsänderung, Seite 466 ff.
[148] Der Deutsche Wetterdienst bietet unter dem Stichwort Schlechtwettertage (www.dwd.de) (22.11.2024) einen kostenpflichtigen Dienst zur Bestimmung von Schlechtwettertagen für das Baugewerbe an.

Monat	Stunden geplant	Stunden störungs-modifiziert	Stunden-differenz	kalkulierter Stundenlohnsatz	kalkulierte Lohnkosten	tatsächlicher Stundensatz	tatsächliche Lohnkosten	Stundenlohn-differenzen	Schaden
	[h]	[h]	[h]	[€/h]	[€]	[€/h]	[€]	[€/h]	[€]
(1)	(2)	(3)	(4 = 3-2)	(5)	(6 = 2·5)	(7)	(8 = 3·7)	(9 = 7-5)	(10 = 4·9)
Januar	760		-760	28,50	21.660,00	28,50	0,00	0	0,00
Februar	1310		-1310	28,50	37.335,00	28,50	0,00	0	0,00
März	2120	1050	-1070	28,50	60.420,00	28,50	29.925,00	0	0,00
April	2480	1540	-940	28,50	70.680,00	28,50	43.890,00	0	0,00
Mai	2000	1190	-810	29,07	58.140,00	29,41	34.997,90	0,34	-275,40
Juni	1780	2010	230	29,07	51.744,60	29,41	59.114,10	0,34	78,20
Juli	2130	2160	30	29,07	61.919,10	29,41	63.525,60	0,34	10,20
August	1280	1650	370	29,07	37.209,60	29,41	48.526,50	0,34	125,80
Sept.	670	1490	820	29,07	19.476,90	29,41	43.820,90	0,34	278,80
Okt.		1720	1720	29,07	0,00	29,41	50.585,20	0,34	584,80
Nov.		1460	1460	29,07	0,00	29,41	42.938,60	0,34	496,40
Dez.		1260	1260	29,07	0,00	29,41	37.056,60	0,34	428,40
Januar		1110	1110	29,07	0,00	29,41	32.645,10	0,34	377,40
Februar		1010	1010	29,07	0,00	29,41	29.704,10	0,34	343,40
März		910	910	29,07	0,00	29,41	26763,10	0,34	309,40
Summe	14.530	18.560	4.030		418.585,20		543.492,70		2.757,40

Abb. 3.83 Tabellarische Ermittlung des Schadens

e) Minderleistungen wegen nicht optimaler Kolonnenbesetzung,
f) Minderleistungen bei einem nicht kontinuierlichen Arbeitsfluss,
g) Zusatz- und Minderleistungen bei Stilllegung und Wiederaufnahme der Bauarbeiten.

Die Minderleistungen sollten in den Stunden- bzw. Bautagesberichten oder in anderen Unterlagen kausal dokumentiert werden. Geeignet sind hierfür auch Stundenerfassungen mit einem Bauarbeitsschlüssel (BAS) (siehe Abschn. 3.5.5.2). Dabei sollte stets der Ort (Bauabschnitt, Bauteil, Arbeitsabschnitt) dokumentiert werden, an dem die Tätigkeiten durchgeführt wurden. Die Abschätzung der Minderleistungsverlustzeiten sollte möglichst durch eine baubetrieblich fundierte Vergleichsbetrachtung der Kosten bei (ggf. hypothetisch) ungestörten Arbeitsbedingungen mit denjenigen Kosten erfolgen, die sich infolge der gestörten Baustellensituation ergeben. Zum Zweck einer groben Schätzung kann zunächst auch auf Minderleistungskennzahlen zurückgegriffen werden, die in der einschlägigen Fachliteratur veröffentlicht sind:

Schubert hat beispielsweise solche Kennzahlen in Tabellenform aufbereitet. So werden in Vygen, Schubert, Lang z. B. witterungsbedingte Minderleistungen für Schalarbeiten zwischen 4 % und 30 % gegenüber der Normalleistung genannt, abhängig vom Witterungsschutz des Arbeitsorts und von den im Einzelnen herrschenden Temperaturen. Als weiteres Beispiel sei die Minderleistung aus einer Änderung der optimalen Abschnittsgröße angeführt: Bei einer Halbierung der Arbeitsabschnittsgröße und einer damit einhergehenden Verdoppelung der Abschnittszahl führt dies laut Schubert im Mittel zu einer Erhöhung des Lohnstundenaufwands von 7,9 %.

In schwierigen Fällen kann eine Verlustquellenforschung nach REFA mit Messungen und Auswertungen am jeweiligen Projekt die tatsächlichen Minderleistungen belegen.

Beispiel

In der Arbeitskalkulation war für das Mauern von 345 m² Mauerwerk ein Aufwandswert von 1,1 Lh/m² angesetzt. Die Rentabilitätsvermutung unterstellt nun, dass dieser Wert die hypothetisch eingetretene Vermögenssituation vorgibt. Vorgesehen waren 4 Maurer, welche die Arbeiten in 12 Arbeitstagen ausführen sollten.

$$345\ m^2 \cdot 1{,}1\ Lh\,/\,m^2 = 379{,}50\ Lh$$
$$379{,}50\ Lh\,/\,(4\ Arb. \cdot 8\ Lh\,/\,Arb. - d) = 11{,}9\ d$$

Bedingt durch Behinderungen müssen die Mauerarbeiten nun, anders als im Ausgangsvertrag vorgesehen, im Winter durchgeführt werden. Dadurch sinkt die Arbeitsleistung. Aus den Stundenaufzeichnungen kann entnommen werden, dass die 345 m² Mauerwerk in 427 Lh erstellt wurden. Dadurch ergibt sich nun eine störungsmodifizierte Bauzeit von

$$427\ Lh \cdot 12\ d\,/\,379{,}5\ Lh = 13{,}5\ d.$$

Der Produktivitätsverlust kann mit 427 Lh / 379,5 Lh = 1,13 (13 %) angegeben werden. Alternativ kann über die Minderleistungskennzahl der Produktivitätsverlust ermittelt werden. In Vygen, Schubert, Lang wird dieser zwischen 8 % und 12 % bei Teilschutz und zwischen 16 % und 22 % bei einem Arbeitsplatz im Freien angegeben.

Bei einem Mittellohn in Höhe von 28,50 €/Lh errechnet sich ein Schaden in Höhe von:

$$(427\ Lh - 379{,}5\ Lh) \cdot 28{,}50\ €/Lh = 1.353{,}75\ €.$$

Für eventuell notwendige Plausibilitätsnachweise können weitere Dokumentationsmittel sehr hilfreich sein. Zu erwähnen sind insbesondere folgende:

- Bautagebuch,
- Fotos,
- Schriftverkehr,
- Wetterdaten der Baustelle.

Auch hier stellt sich die Frage, inwieweit über die Lohnkosten hinaus auch Baustellengemeinkosten, Allgemeine Geschäftskosten, Wagnis und Gewinn sowie Umsatzsteuer bei der Schadenermittlung anzusetzen sind. Insoweit wird auf die Abschnitte 3.5.15.6, 3.5.15.7, 3.5.15.8, 3.5.15.9 und 3.5.15.10 verwiesen.

3.5.15.3 Schadenermittlung wegen sonstigem Personalaufwand

Der Schaden aus sonstigem Personalaufwand ergibt sich insbesondere aus zusätzlichem und verlängertem Einsatz von Kranführern, Polieren und Bauleitungspersonal. Der Zeitansatz für den Mehraufwand ergibt sich in der Regel aus der Differenz zwischen dem störungsmodifiziert fortgeschriebenen Bauablaufplan und dem ausgangsvertraglich vorgesehenen Bauablaufplan (Soll-0-Bauablauf).

Beispiel

Der Kranführer Maier war nach dem ausgangsvertraglich geplanten Bauende, dem 15.07, noch bis zum 23.08. im Einsatz. Dabei sind laut Personalabrechnung 232 Lohnstunden angefallen. Die Vergütung für diesen Zeitraum ergibt sich direkt aus der Personalabrechnung oder zu:

Arbeitstage zwischen 15.07. *und* 23.08.: $\quad 27\ d$

Normalarbeitszeit: $\quad 27\ d \cdot 8\ Lh/d = 216\ Lh$

Überstunden: $\quad 232\ Lh - 216\ Lh = 16\ Lh$

Schaden bei dem Lohn für den Kranfahrer in Höhe 18,47 €/Lh zuzgl. 66,94 % Sozialkosten, somit von 30,83 €/Lh und einem ausgezahlten Überstundenzuschlag von 25 %:

$$232\ Lh \cdot 30{,}83\ €/Lh + 16\ Lh \cdot 0{,}25 \cdot 30{,}83\ €/Lh = 7.275{,}88\ €.$$

Inwieweit Baustellengemeinkosten, Allgemeine Geschäftskosten, Wagnis und Gewinn sowie Umsatzsteuer bei der Schadenermittlung anzusetzen sind, wird in den Abschn. 3.5.15.6, 3.5.15.7, 3.5.15.8, 3.5.15.9 und 3.5.15.10 erläutert.

3.5.15.4 Schadenermittlung wegen Stoffpreiserhöhungen

Stoffpreiserhöhungen müssen selbstverständlich ebenso wie erhöhte Lohnkosten stets auf den Zeitraum bezogen werden, in dem die Stoffpreissteigerungen wirksam geworden sind. Es ist deshalb vom Unternehmer darzulegen, über welchen Zeitraum bzw. für welchen Teil der verwendeten Stoffe (Baustoffe, Bauhilfsstoffe, Betriebsstoffe) ihm ggf. tatsächlich höhere Kosten entstanden sind, als dies bei vertragsgemäßer Bauausführung der Fall gewesen wäre:

Zum Nachweis der stoff- und mengenbezogen angefallenen Mehrkosten wird der Unternehmer im Regelfall Lieferantenverträge, -rechnungen und Zahlungsbelege vorlegen, aus denen die Preiserhöhungen im Einzelnen hervorgehen. Hat der Auftragnehmer die betroffenen Stoffe erst nach der Preiserhöhung eingekauft, so kann er den Nachweis der Preissteigerung ggf. unter Rückgriff auf Preislisten des Baustoffhandels führen oder sich zum Nachweis auf Preisindizes der statistischen Ämter beziehen. Ggf. ist es auch

3.5 Wirtschaftliche Aufgaben

denkbar, die in der Arbeitskalkulation ausgewiesenen Stoffkosten wegen der Rentabilitätsvermutung als hypothetische Kosten einer ungestörten Bauausführung anzusetzen.

Zum Nachweis der mengenmäßigen Verschiebungen des Stoffeinsatzes müssen schließlich die Ganglinien des ausgangsvertraglich geplanten und des störungsmodifizierten Stoffeinsatzes tabellarisch erfasst und gegenübergestellt werden. Die ausgangsvertraglich geplanten Mengenverbräuche lassen sich am besten dadurch ermitteln, indem im Bauablaufplan (Soll-0) eine Ressourcenauswertung durchgeführt wird. Dabei wird jedem Vorgang die anteilige Bau-, Bauhilfs- und Betriebsstoffmenge zugewiesen.

Beispiel

Aus der Arbeitskalkulation ergibt sich ein Betonverbrauch der Festigkeit C 20/25 von insgesamt 1.376 m³, der sich, wie in Abb. 3.84 dargestellt, auf die geplante Bauzeit verteilt.

Bedingt durch Änderungen im Bausoll und auftraggeberseitig zu vertretende Störungen ergibt sich der in Abb. 3.85 dargestellte Betonverbrauch.

Zum 1. Juli wurden die Betonpreise um 3,5 % erhöht (siehe Abb. 3.86).

Der Schaden aus der Betonpreiserhöhung ergibt sich somit wie folgt:

$$84{,}87€/m^3 - 82{,}00€/m^3 = 2{,}87€/m^3.$$

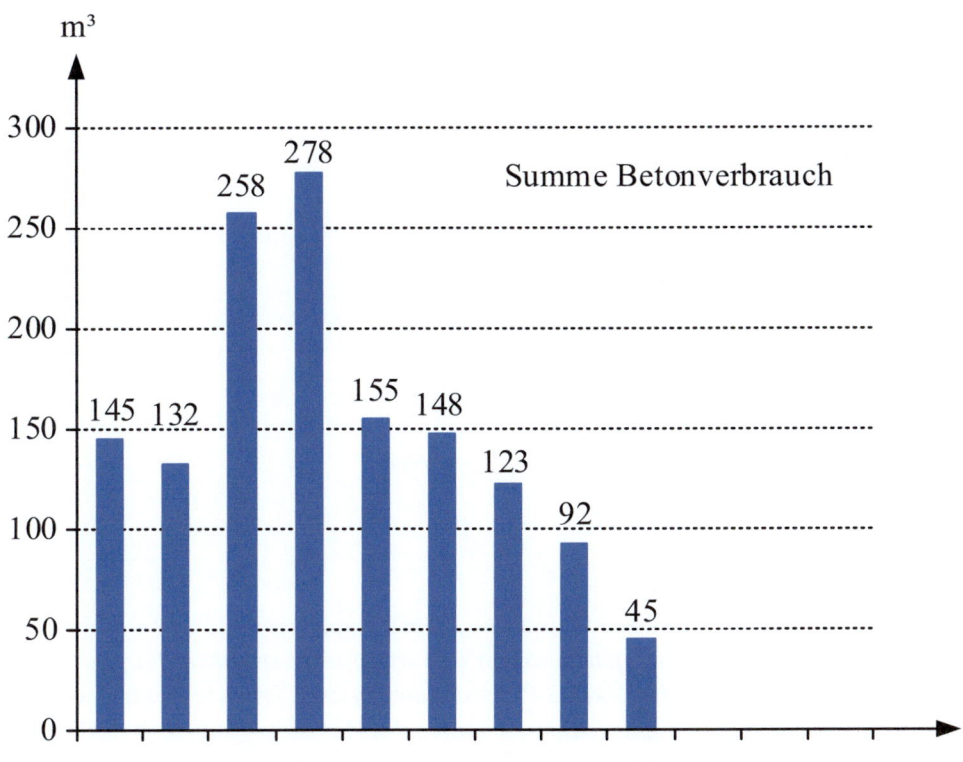

Abb. 3.84 Planmäßiger Betonverbrauch C 20/25 nach Arbeitskalkulation

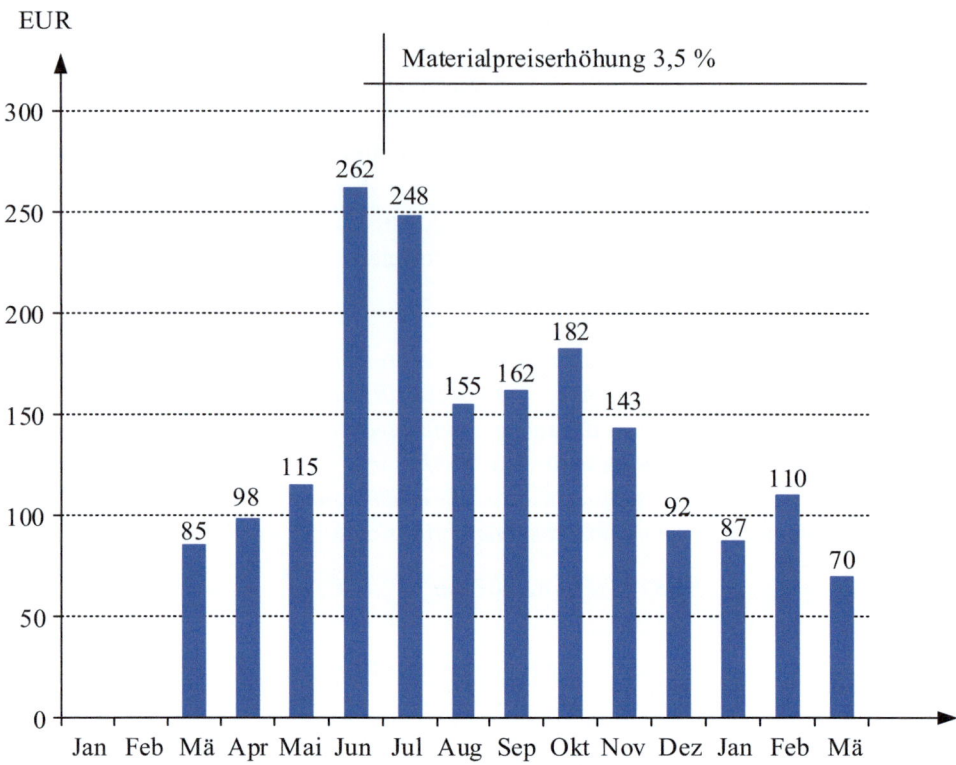

Abb. 3.85 Tatsächlicher Betonverbrauch

	Angaben aus der Kalkulation	Angaben in der Preisliste des Transportbetonwerkes
Ansatz in der Arbeitskalkulation	82,- €/m³	89,50 €/m³
Erhöhung	3,5 %	3,5 %
Neuer Wert	84,87 €/m³	92,63 €/m³

Abb. 3.86 Struktur der Betonkosten

In den Monaten Juli, August und September war ein Verbrauch von 123 + 92 + 45 = 260 m³ Beton geplant. Eine Stoffpreisgleitklausel ist im Vertrag nicht enthalten. Für die Menge von 260 m³ Beton kann deshalb keine Preiserhöhung geltend gemacht werden, weil der Unternehmer über die vertragliche Bauzeit hinweg das Preissteigerungsrisiko trägt.

3.5 Wirtschaftliche Aufgaben

Der tatsächliche Betonverbrauch ab Juli ergibt sich jedoch zu 1.249 m³. Hiervon sind die ausgangsvertraglich für diesen Zeitraum geplanten 260 m³ Beton abzuziehen. Anzusetzen für die Schadenermittlung sind somit: 1.249 m³ − 260 m³ = 989 m³.
Der Schaden ermittelt sich somit zu: 989 m³ · 2,87 €/m³ = 2.838,43 €.

Zur Frage des Ansatzes von Baustellengemeinkosten, Allgemeinen Geschäftskosten, Wagnis und Gewinn sowie Umsatzsteuer bei der Schadenermittlung wird wiederum auf die Abschnitte 3.5.15.6, 3.5.15.7, 3.5.15.8, 3.5.15.9 und 3.5.15.10 verwiesen.

3.5.15.5 Schadenermittlung wegen verlängerter Gerätevorhaltung

Der Schaden aus einer verlängerten Vorhaltung von Leistungsgeräten ist differenziert zu betrachten. Systemschalung, Rüstmaterial und Systemverbaue sind hierbei wie Geräte zu behandeln.

Mietgeräte

Die Schadenermittlung bei angemieteten Geräten ist relativ einfach. Sie ergibt sich aus den Mietkosten für die verlängerte Mietzeit, da sich diese Kosten als konkreter Schaden darstellen. Zum Schadennachweis kann der Auftragnehmer insoweit die entsprechenden Mietrechnungen samt Zahlungs- bzw. Buchungsbelegen einreichen.

Eigengeräte

Falls einer Baustelle unternehmenseigene Geräte zur Verfügung gestellt werden, so werden diese im Regelfall mit unternehmensinternen Sätzen für Abschreibung, Verzinsung des eingesetzten Kapitals sowie Reparatur (A + V + R) belastet – es wird insoweit auch von internen Gerätemietsätzen gesprochen. Zusätzlich sind von der Baustelle die Kosten für An- und Abtransport zu tragen. Die Sätze für A + V + R werden nach der Baugeräteliste (BGL)[149] ermittelt (siehe Band 1, Abschn. 5.5.6). Aus Sicht der Baustelle stellt sich der Schaden aufgrund der internen Verrechnungspraxis genauso dar wie beim Einsatz fremdgemieteter Geräte. Mit Blick auf das Unternehmen kann diese Sicht jedoch kritisch hinterfragt werden. Schadenermittlung So lässt sich etwa argumentieren, dass ein Gerät, welches auf einer Baustelle ohne Ausweitung des ausgangsvertraglich geplanten Arbeitsumfangs lediglich länger vorgehalten wird, für das Unternehmen keinen wirtschaftlichen Schaden auslöst, wenn es bei ungestörter Bauausführung frühzeitiger freigemeldet und auf dem Bauhof des Unternehmens "abgestellt" worden wäre. Eine solche Betrachtung ist jedoch nur dann sachgerecht, wenn das Gerät im verlängerten Vorhaltezeitraum nicht produktiv bei einem Parallel- oder Folgeauftrag eingesetzt werden kann.

Die oben skizzierten Sichtweisen bilden insoweit die Extremwerte des in der Praxis anzutreffenden Fallspektrums. Insbesondere die Betrachtung etwaiger Alternativeinsätze von Geräten erfordert regelmäßig einen hohen Aufwand und scheitert oft an einer unzureichenden Datenlage. Verschiedene Autoren haben deshalb unterschiedliche

---

[149] Baugeräteliste (BGL) 2020: Bauverlag, Gütersloh.

Berechnungsmethoden zur Ermittlung bzw. Plausibilisierung von Schäden aus verlängerter Gerätevorhaltung entwickelt.

Weit bekannt ist etwa der Ansatz von Dähne:[150, 151]

Ausgangspunkt der Berechnung ist hierbei der Zeitwert des Gerätes. Dieser kann über den „Mittleren Neuwert" aus der Baugeräteliste und dem Erzeugerpreisindex für Baumaschinen ermittelt werden.

Für einen Hydraulikbagger (D.1.05.0080) ermittelt sich der mittlere Neuwert zu:[152]

Grundgerät	D.1.05.0080	150.000,00 €
…	D.1.05.0080-AG	15.000,00 €
…	D.1.05.0080-AH	12.000,00 €
…	D.1.05.0080-AM	3.000,00 €
Mittlerer Neuwert Gerät		180.000,00 €

Die 180.000,00 € sind laut BGL 2020 auf der Datenbasis 2020 ermittelt.

Erzeugerpreisindex[153] 115,1 % · 1,011 = 116,4%
Mittlerer Neuwert 180.000,00 · 116,4 % = 209.520,00 €

Schaden aus Abschreibung
Die kalkulatorisch erforderliche Abschreibung resultiert zum Großteil aus der einsatzabhängigen Abnutzung eines Gerätes und zu einem kleineren Teil aus einsatzunabhängigen Einflüssen aus Witterung und technischer Überalterung. Die Einflüsse aus Witterung und technischer Überalterung sind deshalb bei einer behinderungsbedingt (beschäftigungslos) verlängerten Gerätevorhaltung als Schaden anzuerkennen. Hieraus leitet Dähne einen Ansatz von 35 % bis 40 % des kalkulatorischen Abschreibungsbetrags ab.

Vorhaltemonate nach BGL: $v = 60$
monatlicher Abschreibungssatz $(a = 100 / v)$ 1,67 %

Schaden aus Abschreibung pro Monat:

unterer Wert : $0{,}35 \cdot 1{,}67\,\% \cdot 209.520{,}00\,€ = 1.224{,}64\,€$
oberer Wert : $0{,}40 \cdot 1{,}67\,\% \cdot 209.520{,}00\,€ = 1.399{,}59\,€$
mittlerer Wert : $(1.224{,}64\,€ + 1.399{,}59\,€) / 2 = 1.312{,}12\,€$

---

[150] Dähne: BauR 1978, 429 ff.
[151] Drees/Krauß/Berthold: Kalkulation von Baupreisen, 13. Auflage, Seite 252.
[152] Berner/Kochendörfer/Schach: Grundlagen der Baubetriebslehre, Band 1, Abschn. 5.5.6. Die Werte entstammen der BGL 2020. Diese sind auf der Preisbasis 2020 angegeben.
[153] Statistisches Bundesamt: Erzeugerpreisindex GP19-28-02 „Maschinen für die Bauwirtschaft" Stand 2023 = 115,1 % (Basis 2021 = 100 %) sowie Stand 2020 = 98,9 %, woraus sich ein Verkettungsfaktor von 1,011 ergibt.

3.5 Wirtschaftliche Aufgaben

Schaden aus Kapitalverzinsung

Kapitalverzinsung ist nach Dähne nicht anzusetzen, da Zinsen auf Kapital in diesem Zusammenhang als Gewinn und nicht als Kosten zu betrachten sind.

Schaden aus Reparatur

Dähne geht von einem auf 2/3 des Ansatzes aus der BGL reduzierten Reparaturaufwand aus.

Reparaturkostenansatz lt. BGL: 1,6 %
Schaden aus Reparatur pro Monat:

$$2/3 \cdot 1{,}6\,\% \cdot 209.520{,}00\,€ = 2.234{,}88\,€$$

Schaden gesamt

Der Gesamtschaden für verlängerte Vorhaltung ergibt sich somit (unter Ansatz des mittleren Schadens aus der Abschreibung) zu:

$$1.312{,}12\,€ + 2.234{,}88\,€ = 3.547{,}00\,€.$$

Im Vergleich ergab sich für Abschreibung, Verzinsung und Reparatur laut BGL ein Wert von:

$$(1{,}67\,\% + 0{,}33\,\% + 1{,}60\,\%) \cdot 209.520{,}00\,€ = 7.542{,}72\,€.$$

Damit entspricht der Schaden ca. 47 % des vollen BGL-Satzes für die Gerätevorhaltung.

Kapellmann/Schiffers betrachten die Vorhalte- und Reparaturkosten der Geräte wesentlich differenzierter in Abhängigkeit von Stillstandszeiten (SZ) und restlichen verlängerten Vorhaltezeiten (RZ) sowie in Abhängigkeit von den Angaben in der Kalkulation.[154]

Die Baugeräteliste (BGL) wiederum schlägt für die Behandlung von Stillliegezeiten – ungeachtet der Verursachung bzw. Veranlassung – folgende Regelung vor:

- Für die ersten 10 Kalendertage die volle Abschreibung und Verzinsung (A+ V) sowie die vollen Reparaturkosten (R),
- ab dem 11. Kalendertag 75 % der Abschreibung und Verzinsung (A + V) und 10 % der Reparaturkosten (R).[155]

Die Parteien haben insoweit die Auswahl aus einem ganzen Spektrum unterschiedlicher Ansätze für die Schadenermittlung aus störungsbedingt verlängerter Gerätevorhaltung. Welche Herangehensweise die tatsächliche Schadenssituation am besten widerspiegelt, ist insoweit für jeden Einzelfall gesondert zu betrachten.

---

[154] Kapellmann/Schiffers: Vergütung Nachträge und Behinderung beim Bauvertrag, Band 1; Rdn. 1544.
[155] Baugeräteliste (BGL) 2020, Abschn. 8.4.

Hinsichtlich der Behandlung von Baustellengemeinkosten, Allgemeinen Geschäftskosten, Wagnis und Gewinn sowie der Umsatzsteuer bei der Schadenermittlung wird weiterhin auf die Abschn. 3.5.15.6, 3.5.15.7, 3.5.15.8, 3.5.15.9 und 3.5.15.10 verwiesen.

3.5.15.6 Schadenermittlung wegen erhöhter Baustellengemeinkosten

Ein Schaden aus zusätzlich anfallenden bzw. gegenüber der ausgangsvertraglichen Planung erhöhten Baustellengemeinkosten tritt bei Behinderungen, die sich in einem verlangsamten Bauablauf, Baustillstand oder Bauzeitverlängerungen auswirken, fast unweigerlich ein.

Aus der Verlängerung des Zeitraums für die Auftragsdurchführung resultieren in aller Regel verlängerte Vorhaltezeiten von Geräten der Baustelleneinrichtung sowie ein verlängert erforderlicher Einsatz des Bauleitungspersonals. Die Berechnung des Schadens erfolgt wie in den Abschn. 3.5.15.4 und 3.5.15.5 dargelegt. Somit wird z. B. nachgewiesen, dass infolge einer Störung eine verlängerte Vorhaltung eines Baustellencontainers um 5 Kalendertage erforderlich ist. Nach Abschn. 3.5.15.5 kann auf dieser Basis der Schaden (d. h. die Mehrkosten) für den um 5 Kalendertage verlängerten Vorhaltezeitraum ermittelt werden.

Methodisch identisch kann auch der Schaden nachgewiesen werden, der sich aus einer behinderungsbedingt verlängerten Bindung des Bauleitungspersonals ergibt. Hier sollte besonderer Wert auf die Dokumentation gelegt werden. Vergleichbare Betrachtungen sind für sämtliche Baustellengemeinkosten anzustellen, so z. B. für Mieten, Versicherungen, Betriebsstoffkosten, Kleingeräte und Werkzeug etc.

Bei der Schadenermittlung erfolgt insoweit stets eine eigenständige Ermittlung der konkret infolge des schädigenden Ereignisses angefallenen BGK. Die in der Vertragskalkulation verwendeten Gemeinkostenzuschläge sind insoweit ohne jeden Belang und spielen bei der Ermittlung erhöhter Baustellengemeinkosten keine Rolle.[156]

Zu beachten ist jedoch, dass gegebenenfalls Vergütungsansprüche nach § 2 VOB/B parallel zu Schadenersatzansprüchen bestehen. Es ist deshalb zu prüfen, ob und inwieweit bereits Teile der gegenüber der ausgangsvertraglichen Leistung anfallenden Baustellengemeinkosten bereits durch die Vergütung für sonstige Nachträge gedeckt sind.

3.5.15.7 Schadenermittlung wegen Unterdeckung Allgemeiner Geschäftskosten

Zunächst ist festzustellen, dass Allgemeine Geschäftskosten (siehe Band 1, Abschn. 5.7) als Kosten für die Aufrechterhaltung der Betriebsbereitschaft eines Unternehmens im Allgemeinen zeitabhängig anfallen, und zwar unabhängig von der Frage, ob ein Bauablauf behindert oder nicht behindert ist. Allgemeine Geschäftskosten können einem Auftrag in

---

[156] Kapellmann/Schiffers: Vergütung Nachträge und Behinderung beim Bauvertrag, Band 1; Rdn. 1425.

ihrer Entstehung nicht kausal zugeordnet werden. Somit ist klar, dass die Allgemeinen Geschäftskosten zwar Kosten eines Unternehmens sind, die jedoch nicht kausal einer Baustelle zugeordnet werden können.

Diese Überlegungen führen gleichwohl nicht dazu, die Beaufschlagung behinderungsbedingter Kosten mit dem vorgesehenen Zuschlag für Allgemeine Geschäftskosten abzulehnen.[157, 158] Zu begründen ist dies mit der Rentabilitätsvermutung, die davon ausgeht, dass die Allgemeinen Geschäftskosten nur dadurch gedeckt werden können, indem die Kosten der unmittelbar auf der Baustelle eingesetzten Produktionsfaktoren mit einem Deckungszuschlag versehen werden.

Diese Vorgehensweise wurde durch das OLG Düsseldorf bestätigt.[159]

Falls somit in der Vertragskalkulation ein Zuschlag für Allgemeine Geschäftskosten in Höhe von 9 % der Angebotssumme angesetzt war, kann der unmittelbar ermittelte Schaden mit $9 \cdot 100 / 100 - 9 = 9{,}89\,\%$ zur Deckung des Schadens bei Allgemeinen Geschäftskosten bezuschlagt werden.

3.5.15.8 Behandlung von Gewinn bei der Schadenermittlung

Die Behandlung von Gewinn richtet sich im VOB-Bauvertrag nach § 6 Abs. 6 VOB/B 2016. Danach hat der Auftragnehmer bei einer Behinderung aus der Risikosphäre des Auftragnehmers nur dann Anspruch auf Ersatz des entgangenen Gewinns, sofern die hindernden Umstände durch den Auftraggeber vorsätzlich oder grob fahrlässig hervorgerufen wurden. § 6 Abs. 6 VOB/B 2016 fungiert damit als haftungsbegrenzende Regelung.

Als Gewinn ist insoweit der Vermögensüberschuss zu verstehen, den der Auftragnehmer bei ungestörter Leistungserstellung erzielt hätte. Ganz regelmäßig ist hierbei nicht primär der Gewinnansatz aus der Vertragskalkulation anzusprechen, sondern insbesondere auch solche Überschüsse, die sich aus einer Unterschreitung der in den Vertragspreisen enthaltenen Kostenansätze ergeben, etwa in Form von Vergabegewinnen bei Subunternehmer- bzw. Lieferantenaufträgen oder infolge des effizienzoptimierten Einsatzes eigener Produktionsfaktoren. Sämtliche aus einer ungestörten Auftragsdurchführung zu erzielenden Gewinnbeiträge bleiben dem Auftragnehmer jedoch bei der Schadenermittlung betragsmäßig erhalten, weil sie bei der Betrachtung der hypothetischen Vermögenslage aus ungestörter Situation miterfasst werden. Dem Auftragnehmer entgehen folglich keine Gewinnanteile aus dem störungsbetroffenen Auftrag.

Andererseits bleibt dem Unternehmer jedoch die Geltendmachung weiterer Vermögensüberschüsse verwehrt, die ihm z. B. dadurch entgehen, dass er weitere Aufträge infolge der im störungsbetroffenen Bauauftrag länger gebundenen Produktionsfaktoren (Personal, Geräte) nicht annehmen kann. Nach dieser Maßgabe ist auch ein kalkulatorischer Gewinnzuschlag auf die ermittelte Schadenssumme im VOB-Bauvertrag unzulässig.

---

[157] Kapellmann/Schiffers: Vergütung Nachträge und Behinderung beim Bauvertrag, Band 1; Rdn. 1430.

[158] Reister: Nachträge beim Bauvertrag, S. 590.

[159] BauR 1988, 487, 490 (Revision vom BGH nicht angenommen).

Anders verhält es sich jedoch im BGB-Bauvertrag – hier gilt mit § 252 BGB folgende Regelung:

„Der zu ersetzende Schaden umfasst auch den entgangenen Gewinn. Als entgangen gilt der Gewinn, welcher nach dem gewöhnlichen Lauf der Dinge oder nach den besonderen Umständen, insbesondere nach den getroffenen Anstalten und Vorkehrungen, mit Wahrscheinlichkeit erwartet werden konnte."

In diesem Fall muss der geschädigte Unternehmer diejenigen Sachverhalte schlüssig darlegen, aus denen bei gewöhnlichem Lauf der Dinge oder nach Lage des konkreten Einzelfalls mit Wahrscheinlichkeit der von ihm beanspruchte Gewinn erwartet werden konnte.

3.5.15.9 Behandlung von Wagnis bei der Schadenermittlung

Das qua Auftragskalkulation als Bestandteil der Vertragspreise ausgewiesene Wagnis bezieht sich auf das sog. Allgemeine Unternehmenswagnis, welches grundsätzlich unabhängig von der Art der betrieblichen Leistungserstellung besteht und sich im Fall des Nichteintritts als Gewinnbeitrag realisiert. Nur folgerichtig werden Wagnis und Gewinn (WuG) in der Bauauftragsrechnung bislang verbreitet gemeinsam betrachtet.[160]

Zur Behandlung des Allgemeinen Unternehmenswagnisses gelten mithin dieselben Überlegungen wie zur Behandlung von Gewinn: Im VOB-Vertrag kommt ein Wagniszuschlag auf die ermittelte Schadenssumme nicht in Betracht, da der Auftragnehmer seine kalkulatorische Deckungserwartung des Allgemeinen Unternehmenswagnisses für den Auftrag ungeachtet des Schadensausgleichs realisiert.

Soweit der Auftragnehmer geltend macht, dass er aufgrund von Behinderungen durch den Auftraggeber daran gehindert gewesen sei, Folgeaufträge anzunehmen und aus diesen zusätzliche Erlöse zur Deckung des Allgemeinen Unternehmenswagnisses zu erzielen, so gelten auch hier analoge Regelungen wie für entgangenen Gewinn – im VOB-Vertrag besteht hierfür nur dann ein Ausgleichsanspruch, sofern der Auftraggeber die Behinderung vorsätzlich oder grob fahrlässig herbeigeführt hat.[161] Beim BGB-Bauvertrag hingegen gelten die Bestimmungen aus § 252 BGB.

3.5.15.10 Umsatzsteuer bei Schadenersatzansprüchen

Ein Schadensersatzanspruch ist in der Schlussrechnung geltend zu machen. Hinsichtlich Fälligkeit und Verjährung gelten dieselben Regelungen wie bei Vergütungsansprüchen.

Ein Schadenersatz gemäß § 6 Abs. 6 VOB/B 2016 ist jedoch nicht als Gegenleistung für eine vom Auftragnehmer erbrachte Vertragsleistung anzusehen – die Leistung des Auf-

---

[160] In der KLR Bau wird das Allgemeine Unternehmenswagnis aus diesem Grunde seit 2016 nicht mehr gesondert ausgewiesen: Statt des Begriffs „Wagnis und Gewinn" (WuG) wird in der KLR Bau nun allein der Begriff „Gewinn" (G) verwendet. Vgl. dazu: Hauptverband der Deutschen Bauindustrie e.V.; Zentralverband Deutsches Baugewerbe e.V. (Hrsg.): KLR Bau – Kosten- und Leistungsrechnung der Bauunternehmen, 8. Auflage, S. 40.

[161] Reister: Nachträge beim Bauvertrag, S. 590.

tragnehmers ist der Werkerfolg. Dieser Werkerfolg erfährt durch Behinderungen, die Ansprüche nach § 6 Abs. 6 VOB/B 2016 auslösen können, im Ergebnis jedoch keine Veränderung. Somit bleibt auch die Vergütung als Bemessungsgrundlage für die Umsatzsteuer unverändert. Auf einen Schadenersatz nach § 6 Abs. 6 VOB/B 2016 kommt somit die Umsatzsteuer nicht zur Anrechnung.[162]

3.5.16 Entschädigung nach § 642 BGB

Alternativ zur Geltendmachung von Schadenersatzforderungen kommt im Fall von Bauablaufstörungen, die durch den Auftraggeber verursacht sind, regelmäßig ein Entschädigungsanspruch in Betracht. Hintergrund dafür ist die Tatsache, dass der Auftraggeber in aller Regel als „Co-Produzent" durch erforderliche Mitwirkungshandlungen (z. B. Bereitstellung des Baugrundstücks, Übergabe von Ausführungszeichnungen) in die vertragliche Leistungserstellung eingebunden ist. § 642 BGB regelt insoweit:

> „(1) Ist bei der Herstellung des Werkes eine Handlung des Bestellers erforderlich, so kann der Unternehmer, wenn der Besteller durch Unterlassen der Handlung in Verzug der Annahme kommt, eine angemessene Entschädigung verlangen.
> (2) Die Höhe der Entschädigung bestimmt sich einerseits nach der Dauer des Verzugs und der Höhe der vereinbarten Vergütung, andererseits nach demjenigen, was der Unternehmer infolge des Verzugs an Aufwendungen erspart oder durch anderweitige Verwendung seiner Arbeitskraft erwerben kann."

Damit ist in § 642 (2) BGB ein Bezug auf die „vereinbarte Vergütung" (vereinbarter Preis) gegeben. Ein Entschädigungsanspruch stellt somit gleichsam eine Sonderform der Vergütung dar und ist deshalb hinsichtlich der monetären Anspruchsermittlung analog zu behandeln. Ein Entschädigungsanspruch ist deshalb unabhängig von der störungsbedingt tatsächlichen Entwicklung der Vermögenslage der geschädigten Vertragspartei und unabhängig von etwaig zusätzlichen Ausgaben zu behandeln.[163] Für die Ermittlung des Entschädigungsanspruchs der Höhe nach kann der Auftragnehmer sich insoweit auf seine Vertragskalkulation stützen.[164, 165]

Nach höchstrichterlicher Rechtsprechung ist die Geltendmachung eines Entschädigungsanspruchs auch im Fall eines Behinderungstatbestands gemäß § 6 Abs. 6 VOB/B möglich. Der Auftragnehmer hat insoweit die Wahl, bei Bauablaufstörungen einen

---

[162] BGH, Urteil vom 24.01.2008 – VII ZR 280/05.
[163] Kapellmann/Schiffers: Vergütung Nachträge und Behinderung beim Bauvertrag, Band 1; Rdn. 1649.
[164] Kapellmann/Schiffers: Vergütung Nachträge und Behinderung beim Bauvertrag, Band 1; Rdn. 1648 ff.
[165] Ingenstau/Korbion/Kratzenberg/Leupertz: VOB – Teile A und B Kommentar, § 6 Abs. 6, Rdn. 58.

Schadenersatz- oder einen Entschädigungsanspruch geltend zu machen. Diese Wahlfreiheit gilt jedoch nur dann, wenn die Bauablaufstörung bzw. Behinderung durch eine unterlassene bzw. verspätet erbrachte Mitwirkungshandlung des Auftraggebers verursacht und der Auftraggeber damit in den Verzug der Entgegennahme (Annahmeverzug) der vom Bauunternehmer zu erbringenden Leistung geraten ist.

Anders als im Fall eines Schadenersatzes berücksichtigt der Entschädigungsanspruch gemäß § 642 BGB lediglich diejenigen Mehrkosten, die im Zeitraum des Annahmeverzugs anfallen. Mehrkosten, die zwar aufgrund des Annahmeverzugs als solchem, aber erst nach dessen Beendigung anfallen, sind deshalb vom Entschädigungsanspruch nicht erfasst.[166]

Eine Besonderheit der Entschädigungsregelung gemäß § 642 BGB liegt darin, dass es hierbei im Gegensatz zu einem Schadenersatzfall nach § 6 Abs. 6 VOB/B 2016 nicht auf das Verschulden des Auftraggebers ankommt. Ein Entschädigungsanspruch ist deshalb z. B. auch dann gegeben, wenn ein vom Auftraggeber beauftragter Dritter eine erforderliche Vorleistung nicht rechtzeitig erbringt. Der Auftraggeber muss sich diesen Umstand zurechnen lassen, da der Vorunternehmer rechtlich als Erfüllungsgehilfe des Auftraggebers betrachtet wird.

Zu beachten ist jedoch, dass die Auswirkungen der einzelnen Störungssachverhalte auch bei Anwendung des § 642 BGB mit einer bauablaufbezogenen Darstellung[167] und somit in der Regel gesondert in störungsmodifizierten Bauablaufplänen zu belegen sind. Die den einzelnen Störungssachverhalt stützenden Unterlagen wie Behinderungsanzeigen, Schriftverkehr, Auszüge aus dem Bautagebuch oder Feststellungen über den Bautenstand sollten wie im Falle eines Nachweises nach § 6 Abs. 6 VOB/B 2016 jeweils zugeordnet und in den Anspruchsnachweis einbezogen werden.

Vertieft zu betrachten ist, wie Ansätze für Baustellengemeinkosten, Allgemeine Geschäftskosten sowie Wagnis und Gewinn bei der Entschädigungsermittlung anzusetzen sind:

a. Baustellengemeinkosten (BGK)

Ein Anspruch auf Entschädigung besteht für solche Baustellengemeinkosten, die konkret aufgrund einer Behinderung anfallen. Hier steht die Kausalität der Kostenverursachung im Zentrum der Betrachtung: Der Auftragnehmer hat auch im Entschädigungsfall Anspruch auf einen dem Grunde nach vollständigen Ausgleich störungsbedingter Mehraufwendungen. Im Gegensatz zur Schadensermittlung hat er den Anspruch der Höhe nach jedoch aus der vertraglich vereinbarten Vergütung heraus zu ermitteln.

Eine pauschale Fortschreibung der ausgangsvertraglichen Zuschlagssätze auf die Einzelkosten der störungsbetroffenen Teilleistungen wäre insoweit zwar naheliegend, würde jedoch den Anspruch einer störungskausalen Kostenbetrachtung deutlich verfehlen.

---

[166] BGH, Urteil vom 26.10.2017 – VII ZR 16/17.
[167] KG, Urteil vom 19.04.2011 – 21 U 55/07.

3.5 Wirtschaftliche Aufgaben

Sachgerecht und methodisch richtig ist es stattdessen, sämtliche von der entschädigungsauslösenden Störung betroffenen Produktionsfaktoren im Einzelnen zu betrachten, den ausgangsvertraglich in den Baustellengemeinkosten abgebildeten Teil der Produktionsfaktoren bei der Entschädigungsermittlung analog zu den Einzelkosten der Teilleistungen zu behandeln und die störungsbedingten Mehrkosten im Detail zu ermitteln. Zu diesem Zweck sind die Kostenansätze der Vertragskalkulation heranzuziehen, wie sie i. d. R. aus der „internen" BGK-Erfassung des Auftragnehmers hervorgehen (z. B. gemäß BGK-LV).

Der insoweit als Entschädigungsanspruch für „erhöhte BGK" ermittelte Betrag ist bei der Anspruchsgeltendmachung im Einzelnen ausweisen.

Eine Berücksichtigung der BGK durch Fortschreibung der Einzelkosten-Zuschlagssätze aus der Vertragskalkulation kommt deshalb nicht in Betracht.

b. Allgemeine Geschäftskosten (AGK)

Nach ganz herrschender Meinung hat der Auftragnehmer im Entschädigungsfall Anspruch auf Berücksichtigung eines Deckungsanteils für Allgemeine Geschäftskosten.[168] Die Höhe des Deckungsanteils ist analog zum AGK-Deckungsanteil in den Vertragspreisen zu wählen. Insoweit sind also die AGK-Zuschlagssätze aus der Vertragskalkulation zu übernehmen. Siehe hierzu auch Band 1, Abschn. 5.7.[169]

c. Wagnis und Gewinn (WuG)

Strittig wird diskutiert, inwieweit bei der Entschädigungsermittlung ein Wagnis- und Gewinnanteil anzusetzen ist.[170, 171] Der Bundesgerichtshof[172] hat hierzu in einem Grundsatzurteil entschieden, dass Wagnis und Gewinn nicht zu berücksichtigen ist. Kapellmann/Schiffers argumentieren jedoch, dass Wagnis vergleichbar zum Gewinn angesetzt werden könne, da an die „Höhe der vereinbarten Vergütung" anzuknüpfen sei und der Unternehmer aufgrund der Bereitstellung seiner Produktionsfaktoren und seines Kapitals Anspruch auf Unternehmerlohn habe.[173] Dieses Argument ist unter baubetriebswirtschaftlichen Überlegungen nicht völlig von der Hand zu weisen. Im folgenden Berechnungsbeispiel für den Entschädigungsfall wird Wagnis und Gewinn deshalb mitberücksichtigt. Derzeit ist diese Herangehensweise jedoch nicht durch die Rechtsprechung gedeckt.

Neben den o. g. Maßgaben für die Behandlung von BGK, AGK und WuG ist bei der Entschädigungsermittlung in methodischer Hinsicht zu beachten, dass sich der Auftragnehmer alles das auf den Entschädigungsanspruch anrechnen lassen muss, was er infolge

---

[168] Ingenstau/Korbion/Kratzenberg/Leupertz: VOB – Teile A und B Kommentar, § 6 Abs. 6, Rdn. 60.
[169] Berner/Kochendörfer/Schach: Grundlage der Baubetriebslehre, Band 1.
[170] Ingenstau/Korbion/Kratzenberg/Leupertz: VOB – Teile A und B Kommentar, § 6 Abs. 6, Rdn. 58 und Rdn. 60.
[171] Roquette/Viering/Leupertz: Handbuch Bauzeit, Rdn. 769 ff.
[172] BGH, VII ZR 185/98.
[173] Kapellmann/Schiffers: Vergütung Nachträge und Behinderung beim Bauvertrag, Band 1; Rdn. 1650.

des Annahmeverzugs an Aufwendungen erspart, durch anderweitige Verwendung seiner Produktionsfaktoren erwirbt oder aber zu erwerben böswillig unterlässt.

Nachfolgend sollen die identischen Sachverhalte wie in Abschn. 3.15 – in diesem Fall jedoch mit der monetären Anspruchsberechnung als Entschädigung – betrachtet werden. Hierbei wird unterstellt, dass eine Vertragskalkulation des Unternehmers vorliegt und dass die Kalkulation über die Angebotsendsumme erfolgt ist.

3.5.16.1 Entschädigung wegen erhöhter Lohn- und Gehaltskosten

Die Entschädigung ist dadurch begründet, dass Arbeiten infolge der vom Auftraggeber zu vertretenden Behinderung zum Teil in einer späteren Lohnperiode zu erbringen waren. Der Entschädigungsanspruch berechnet sich der Höhe nach unter Zugrundelegung der Lohnansätze aus der Vertragskalkulation (siehe Abschn. 3.5.15.1).

Danach waren 6.670 Lohnstunden (Lh) in der Lohnperiode I mit einem Mittellohn von 28,50 €/Lh und 7.860 Lh in der Lohnperiode II mit einem Mittellohn von 29,07 €/Lh kalkuliert. Im Ergebnis resultierte daraus eine Lohnkostensumme in der Gesamthöhe von 418.585,20 €.

Bedingt durch die Störung fielen jedoch in der Lohnperiode I lediglich 2.590 Lh mit dem Mittellohn von 28,50 €/Lh sowie in Lohnperiode II 15.970 Lh mit einem Mittellohn an, der sich infolge von Tariflohnsteigerungen tatsächlich um 3,20 % erhöhte. In der Lohnperiode II betrug der Mittellohn somit 28,50 €/Lh · 1,032 = 29,41 €/Lh (siehe Abschn. 3.5.15.1).

Die ursprünglich kalkulierten 14.530 Lh haben sich störungsbedingt zudem auf insgesamt 18.560 Lh und somit um 4.030 Lh erhöht.

Für die Berechnung des Entschädigungsanspruchs infolge der Lohnerhöhung ist es erforderlich, dass genau analysiert wird, aufgrund welcher Ursachen sich die Lohnstundenerhöhungen ergeben haben.

Hierzu wird folgende Verteilung unterstellt:

	Summen	davon in Lohnperiode I	davon in Lohnperiode II
Mehrstunden wegen Vergütungsansprüchen aus § 2 Abs. 5 und Abs. 6 VOB/B	3.510 h	60 h	3.450 h
Stundenmehraufwand wegen Minderleistung	520 h	500 h	20 h
Summe	4.030 h	560 h	3.470 h

Die störungsbedingt tatsächlich entstandenen Lohnkosten errechnen sich wie folgt:

Lohnperiode I   2.590 Lh·28,50 € / Lh =   73.815,00 €
Lohnperiode II 15.970 Lh·29,41 € / Lh = 469.677,70 €
Ist-Lohnsumme   543.492,70 €

3.5 Wirtschaftliche Aufgaben

Bereits im Rahmen von anderen Nachträgen vergütete Lohnkosten ergaben sich aus geänderten Leistungen (§ 2 Abs. 5 VOB/B 2016) sowie zusätzlichen Leistungen (§ 2 Abs. 6 VOB/B 2016) zu: 60 Lh · 28,50 €/Lh + 3.450 Lh · 29,07 €/Lh = 102.001,50 €

und für die Entschädigung aus Minderleistung zu:

$$500 \text{ Lh} \cdot 28,50 \text{ €/Lh} + 20 \text{ Lh} \cdot 29,07 \text{ €/Lh} = 14.831,40 \text{ €},$$

in der Summe somit: 102.001,50 € + 14.831,40 € = 116.832,90 €.

Von den tatsächlich angefallenen Lohnkosten in Höhe von 543.492,70 € sind daher 116.832,90 € abzuziehen, um die Lohnkosten für die ausgangsvertragliche Leistung zu erhalten – mit störungsbedingter Neuverteilung auf die Lohnperioden I und II:

$$543.492,70 \text{ €} - 116.832,90 \text{ €} = 426.659,80 \text{ €}.$$

Der vorläufige Entschädigungsanspruch errechnet sich, indem von den bereinigten Ist-Lohnkosten die ursprünglich kalkulierten Lohnkosten abgezogen werden:

$$426.659,80 \text{ €} - 418.585,20 \text{ €} = 8.074,60 \text{ €}.$$

Der endgültige Entschädigungsanspruch aus der Verlagerung der Leistung in eine andere Lohnperiode ist zu ermitteln, indem auf diesen Betrag noch Allgemeine Geschäftskosten (Abschn. 3.5.16.6), Wagnis und Gewinn (Abschn. 3.5.16.7) und Umsatzsteuer (Abschn. 3.5.16.8) angesetzt werden.

3.5.16.2 Entschädigung wegen Minderleistung der gewerblichen Arbeitnehmer

Die in Abschn. 3.5.15.2 aufgeführten Gründe für Minderleistungen kommen für das hier besprochene Beispiel ebenso zum Ansatz; sie werden jedoch auf kalkulatorischer Basis ermittelt.

Wie oben unterstellt, sollen Minderleistungen in der Lohnperiode I mit 500 Lh und in Lohnperiode II mit 20 Lh als Folge von Behinderungen angefallen und nachgewiesen sein. Somit besteht für diesen behinderungsbedingten Stundenmehraufwand ein Entschädigungsanspruch.

Dieser ermittelt sich zu:

	in Lohnperiode I	in Lohnperiode II	Summen
Stundenmehraufwand wegen Minderleistung	500 h	20 h	520 h
Mittellohn	28,50 €/h	29,41 €/h	
vorläufiger Vergütungsanspruch	14.250,00 €	588,20 €	14.838,20 €

Der vorläufige Entschädigungsanspruch beträgt somit 14.838,20 €.

Der endgültige Entschädigungsanspruch aus der Minderleistung der gewerblichen Arbeitnehmer ergibt sich, indem auf diesen Betrag noch Allgemeine Geschäftskosten (Abschn. 3.5.16.6), Wagnis und Gewinn (Abschn. 3.5.16.7) und Umsatzsteuer (Abschn. 3.5.16.8) angesetzt werden.

3.5.16.3 Entschädigung wegen sonstigem erhöhtem Personalaufwand

Wie in Abschn. 3.5.15.3 soll unterstellt werden, dass insgesamt 232 Lh sonstiger erhöhter Personalaufwand angefallen sind, davon 16 Lh als Überstunden. Sind diese bereits in den Minderleistungsstunden in Abschn. 3.5.16.2 enthalten, so ergibt sich kein weitergehender Anspruch. Sind diese jedoch zusätzlich zu den Minderleistungsstunden angefallen, so berechnet sich der Entschädigungsanspruch methodisch analog zu Abschn. 3.5.16.2. Falls die Stunden in verschiedenen Lohnperioden angefallen sind, so sind diese entsprechend der jeweils angefallenen Periodensumme aufzuteilen.

Der endgültige Entschädigungsanspruch ergibt sich, indem noch Allgemeine Geschäftskosten (Abschn. 3.5.16.6), Wagnis und Gewinn (Abschn. 3.5.16.7) und Umsatzsteuer (Abschn. 3.5.16.8) angesetzt werden.

3.5.16.4 Entschädigung wegen Stoffpreiserhöhungen

Die Berechnung basiert auf den Ansätzen in Abschn. 3.5.15.4. Dort wurde ein Schaden in Höhe von 2.838,43 € ermittelt. Diese Summe ergibt sich infolge der vom Auftraggeber zu vertretenden Verzögerung des Betoneinbaus und einer zwischenzeitlichen Betonpreiserhöhung von 3,5 %.

Der endgültige Entschädigungsanspruch wegen Stoffpreiserhöhungen ergibt sich, indem noch Allgemeine Geschäftskosten (Abschn. 3.5.16.6), Wagnis und Gewinn (Abschn. 3.5.16.7) und Umsatzsteuer (Abschn. 3.5.16.8) angesetzt werden.

3.5.16.5 Entschädigung wegen verlängerter Gerätevorhaltung

Eine störungsbedingte verlängerte Vorhaltung von Baugeräten ist typisch für eine verlängerte Vorhaltung der Baustelleneinrichtung und betrifft somit zeitabhängige Elemente der Gemeinkosten der Baustelle (Band 1, Abschn. 5.6.3). Zu nennen sind insbesondere alle Vorhaltegeräte wie Krane oder Container, aber auch Schal- und Rüstmaterial. Grundlage der Entschädigungsermittlung für Baugeräte ist stets die Vertragskalkulation.

Mietgeräte

Sind die Geräte in der Vertragskalkulation mit Mietsätzen von Mietgeräteanbietern angesetzt, so ist auf dieser Basis auch die Entschädigung für verlängerte Gerätevorhaltung zu ermitteln.

Beispiel

Der Mietsatz für ein Gerät ist in der Vertragskalkulation mit 5.200,00 € pro Monat angesetzt. Das Gerät muss wegen Störungen im Bauablauf, die der Auftraggeber zu vertreten hat, 10 Kalendertage länger angemietet werden. Der Entschädigungsanspruch errechnet sich zu:

$$5.200,00 \, \text{€}/Mon \cdot 10 \, KT / 30 \, KT / Mon = 1.733,33 \, \text{€}$$

Die tatsächlichen Mietkosten sind, anders als beim Schadenersatz, für die Berechnung der Entschädigung unbedeutend.

Eigengeräte

Eigengeräte des Auftragnehmers werden in der Vertragskalkulation in der Regel auf der Grundlage der Baugeräteliste (BGL) mit Monatssätzen für Abschreibung, Verzinsung des eingesetzten Kapitals und Reparaturkosten erfasst.

Bei dem beispielhaft in Abschn. 3.5.15.5 betrachteten Hydraulikbagger war ein mittlerer Neuwert von 209.520,00 € angesetzt. Angenommen wird, dass in der Vertragskalkulation ein Kostenniveau von 80 % des mittleren Abschreibungssatzes nach BGL, 80 % bei der Kapitalverzinsung sowie 90 % bei den Reparaturkosten angesetzt wurde.

Damit ergibt sich:

$$
\begin{aligned}
\text{Abschreibung:} &\quad 209.520,00\,€ \cdot 1,67\% \cdot 0,80 &= 2.799,19\,€ \\
\text{Verzinsung:} &\quad 209.520,00\,€ \cdot 0,33\% \cdot 0,80 &= 553,13\,€ \\
\text{Reparatur:} &\quad 209.520,00\,€ \cdot 1,60\% \cdot 0,90 &= \underline{3.017,09\,€} \\
\text{in der Summe:} &\quad &6.369,41\,€
\end{aligned}
$$

Auch dieses Gerät soll für unser Beispiel störungsbedingt 10 Kalendertage länger vorzuhalten gewesen sein. Die Entschädigung errechnet sich zu:

$$6.369,41\,€/\text{Mon} \cdot 10\,\text{KT}/30\,\text{KT}/\text{Mon} = 2.123,14\,€.$$

Der endgültige Entschädigungsanspruch wegen verlängerter Gerätevorhaltung ergibt sich, indem noch Allgemeine Geschäftskosten (Abschn. 3.5.16.6), Wagnis und Gewinn (Abschn. 3.5.16.7) und Umsatzsteuer (Abschn. 3.5.16.8) angesetzt werden.

3.5.16.6 Entschädigung wegen erhöhter Baustellengemeinkosten

Wie in Abschn. 3.5.16 ausgeführt, ist die Entschädigung für die vom Auftraggeber verursachten erhöhten Baustellengemeinkosten auf der Grundlage der Vertragskalkulation getrennt nach den Auswirkungen fortzuschreiben.

Dies betrifft insbesondere die zeitabhängigen Baustellengemeinkosten, wie sie etwa aus einer verlängerten Vorhaltung der Geräte der Baustelleneinrichtung oder einem verlängerten Einsatz des Bauleitungspersonals resultieren.

In Einzelfällen ist es auch möglich, dass zeitunabhängige Baustellengemeinkosten zu einer Entschädigung führen. Denkbar ist z. B., dass ein Kran infolge einer Behinderung ab- und neu aufgebaut werden muss.

Die Berechnung erfolgt analog zu den Ausführungen in den Abschn. 3.5.16.1, 3.5.16.2, 3.5.16.3, 3.5.16.4 und 3.5.16.5.

3.5.16.7 Entschädigung wegen Unterdeckung Allgemeiner Geschäftskosten

Nach herrschender Meinung sind die in der Störung (Wartezeit) entstehenden direkten Kosten mit einem Zuschlag für die Deckung der im Unternehmen anfallenden Allgemeinen Geschäftskosten zu versehen.

In der unterstellten Vertragskalkulation (Band 1, Abschn. 6.3) wurden für die Allgemeinen Geschäftskosten auf die Kostenarten Lohn, Sonstige Kosten (Soko) und Gerätekosten jeweils 10,00 % und auf Fremdleistungen 7,00 % als Zuschlag angesetzt. Diese

Kalkulationsansätze sind bei der Entschädigungsermittlung zu übernehmen. Bei methodischer Fortschreibung der vertraglichen Preisermittlung müssen auch die Ansätze für (Wagnis und) Gewinn in Höhe von 4 % bei den Kostenarten Lohn, Soko und Geräten sowie in Höhe von 3 % bei Fremdleistungen berücksichtigt werden (vgl. Abschn. 3.5.16.8).

Somit werden die ermittelten Kostenartensummen bei Lohn, Soko und Geräten mit

$$10{,}00 \cdot 100 / \left(100 - \left(10\% + 4\%\right)\right) = 11{,}63\,\%$$

und Fremdleistungen mit

$$7{,}00 \cdot 100 / \left(100 - \left(7\,\% + 3\,\%\right)\right) = 7{,}78\,\%$$

bezuschlagt.

Beispielhaft soll hierzu der bereits betrachtete Entschädigungsanspruch für zusätzliche Lohnkosten aufgegriffen werden (Abschn. 3.5.16.1). Die Entschädigung für Lohnkosten betrug 8.074,60 €. Somit errechnet sich die Entschädigung für die Allgemeinen Geschäftskosten aus der Lohnentschädigung zu:

$$8.074{,}60\,\text{€} \cdot 11{,}63\,\% = 939{,}08\,\text{€}.$$

3.5.16.8 Behandlung von Wagnis und Gewinn bei der Entschädigung

Es wird auf die Ausführungen in Abschn. 3.5.16 verwiesen.

In der unterstellten Vertragskalkulation (Band 1, Abschn. 6.3) wurden für (Wagnis und) Gewinn auf Lohn, Soko und Geräte 4 % und auf Fremdleistungen 3 % angesetzt. Diese Werte sind zu übernehmen. Auch in diesem Fall werden die anzusetzenden Prozentsätze in Fortschreibung der Kalkulationsmethodik ermittelt:

$$4{,}00 \cdot 100 / \left(100 - \left(10\,\% + 4\,\%\right)\right) = 4{,}65\,\%$$

für Entschädigungen für (Wagnis und) Gewinn aus Lohn, Soko und Geräten und zu

$$3{,}00 \cdot 100 / \left(100 - \left(7\% + 3\,\%\right)\right) = 3{,}33\,\%$$

für Entschädigungen aus Fremdleistungen.

Im Fall der Entschädigung für Lohnmehrkosten in Höhe von 8.074,60 € ergibt sich somit eine Anspruchssumme zur Deckung von (Wagnis und) Gewinn in Höhe von:

$$8.074{,}60\,\text{€} \cdot 4{,}65\,\% = 375{,}47\,\text{€}.$$

Die Entschädigung für einen Mehraufwand im Lohn beträgt somit insgesamt:

Entschädigung für zusätzlichen Lohnaufwand	8.074,60 €
Entschädigung für Allgemeine Geschäftskosten	939,08 €
Entschädigung für (Wagnis und) Gewinn	375,47 €
Entschädigung gesamt	9.389,15 €

3.5.16.9 Umsatzsteuer bei Entschädigung

Ein Entschädigungsanspruch ist in der Schlussrechnung geltend zu machen und wird mit ihr fällig. Hinsichtlich der Verjährung gelten dieselben Regelungen wie bei Vergütungsforderungen. Der Entschädigungsanspruch unterliegt als Sonderform der Vergütung zudem der Umsatzsteuerpflicht.[174]

3.5.17 Vergleich Schaden und Entschädigung

Häufig stellt sich in der Praxis die Frage, inwieweit der Nachweis eines Schadens oder die Ermittlung eines Entschädigungsanspruchs für den Auftraggeber bzw. den Auftragnehmer einfacher oder vorteilhafter ist.

Zuerst ist festzustellen, dass die Anspruchsvoraussetzungen zumindest aus Sicht des Auftragnehmers in beiden Fällen vergleichbar sind:

- Es ist – in der Regel anhand einer bauablaufbezogenen Darstellung – nachzuweisen, dass es zu einer tatsächlichen Behinderung des Auftragnehmers in der Ausführung gekommen und dass diese durch den Auftraggeber zu vertreten ist (Kausalität).
- Der Auftragnehmer hat seinem Vertragspartner unverzüglich und schriftlich die Behinderung angezeigt und ihn auf die Auswirkung der Behinderung hingewiesen. Nur bei Offenkundigkeit kann darauf verzichtet werden (Anzeigepflicht).
- Der Schadenersatz oder die Entschädigungsforderung ergeben sich der Höhe nach aus den durch die angezeigten Behinderungen ableitbaren Mehraufwendungen. Dies ist schlüssig darzulegen.
- Voraussetzung für Schadenersatz oder Entschädigung ist die uneingeschränkte Leistungsbereitschaft des Unternehmers während der Zeitspanne der Behinderung.

Hinsichtlich der monetären Ermittlung eines Schadens bzw. der Entschädigungshöhe kann unterstellt werden, dass dem Unternehmer eine Entschädigungsberechnung in der Regel einfacher fällt. Hintergrund ist die Art der Nachweisführung der Höhe nach: Kostennachweise auf Basis der Vertragskalkulation sind in der Regel mit deutlich weniger Aufwand verbunden als Nachweise auf Basis der Ist-Kosten. Letztgenannte sind nur durch (Teil-)Offenlegung der Buchungssätze aus der Finanzbuchhaltung möglich. Ob hingegen bei gleicher Ausgangslage der nachgewiesene Schaden oder die Entschädigung höher ausfällt, ist vom Einzelfall abhängig (Auskömmlichkeit der in der Vertragskalkulation ausgewiesenen Kostenansätze) und kann nicht pauschal beurteilt werden. Es bedarf deshalb insbesondere aufseiten des Unternehmers einer situativen Abwägung, welcher Weg letztlich erfolgversprechender einzuschätzen ist.

---

[174] Kapellmann/Schiffers: Vergütung Nachträge und Behinderung beim Bauvertrag, Band 1; Rdn. 1650.

3.5.18 Nachkalkulation

Die Nachkalkulation wurde bereits in Band 1, Abschn. 5.2.1.6 als Verfahren vorgestellt, um unternehmensintern Erkenntnisse aus der Bauabwicklung zu gewinnen. Von besonderer Bedeutung ist dabei die Lohnstundennachkalkulation nach den REFA-Methoden[175] und die kaufmännische Nachkalkulation.

Der Begriff Nachkalkulation bezieht sich dabei immer auf die Erfassung des tatsächlich vorgenommenen Ressourcen- bzw. Produktionsfaktoreinsatzes (Ist-Mengen und Ist-Kosten). Die Betrachtungen unterscheiden sich somit von der Angebotskalkulation, der Auftrags- oder Vertragskalkulation sowie von der Nachtragskalkulation. Bei all diesen Kalkulationen handelt es sich um Vor- oder Planungskalkulationen, mit denen Soll-Werte vorgegeben werden. Bei der Nachkalkulation werden hingegen entweder ausschließlich Ist-Werte ermittelt oder ermittelte Ist-Werte früheren Soll-Werten gegenüber gestellt.

3.5.18.1 Ermittlung von Stundenaufwandswerten

Mit der Ermittlung des Lohnstundeneinsatzes können drei Ziele verfolgt werden:

- Die ermittelten Stunden-Ist-Werte dienen dazu, Informationen über den aktuellen Lohnstundenverbrauch auf der Baustelle zu erhalten. Besonders wichtig ist, Erkenntnisse über Verlust- und Nebenstunden, sogenannte „unproduktive Stunden", zu erhalten, um diese durch geeignete Gegensteuerungsmaßnahmen reduzieren oder ganz vermeiden zu können.
- Falls zusätzlich zu den Ist-Lohnstunden die erbrachten Leistungen erfasst werden, können Aufwandswerte ermittelt werden. Diese Aufwandswerte sind wichtige Ausgangswerte für zukünftige Angebotskalkulationen.
- Im Fall von Störungen bzw. Behinderungen seitens des Auftraggebers bietet die Nachkalkulation eine gute Unterstützung zur Abschätzung des störungsbedingten Lohnstundenmehraufwands.

Erfassung aus Lohnberichten

Die einfachste Methode zur Ermittlung von Ist-Stunden stellt die Auswertung der Lohnmeldezettel (siehe Abb. 3.15) dar. Falls die von den Mitarbeitern geleisteten Lohnstunden bestimmten Arbeiten zugewiesen werden können, lassen sich mehr oder weniger genaue Auswertungen erstellen. Dies kann noch verfeinert werden, indem die Stundenerfassung täglich nach Tätigkeiten gemäß einem Bauarbeitsschlüssel (siehe Abschn. 3.5.5.2) durchgeführt wird. Generell ist diese Methode im Vergleich zu den nachfolgend erläuterten Einzelzeit-, Fortschrittszeit- und Multimomentaufnahmen weniger genau. Insbesondere wird es nicht möglich sein, nach den verschiedenen Zeitarten zu unterscheiden.

---

[175] www.refa.de (22.11.2024).

3.5 Wirtschaftliche Aufgaben

Im Allgemeinen setzen sich die Zeitverbräuche folgendermaßen zusammen:

$$
\begin{aligned}
&\text{Tätigkeitszeit} \quad t_t \\
&\underline{+\text{Wartezeit} \quad t_w} \\
&= \text{Grundzeit} \quad t_g \\
&+\text{Verteilzeit} \quad t_v \\
&\underline{+\text{Erholungszeit} \quad t_{er}} \\
&= \text{Richtzeit} \quad t_{ges}
\end{aligned}
$$

Wartezeit fällt bedingt durch die Organisation des Arbeitsablaufs und bei Gruppenarbeit an. Bei der Verteilzeit ist zwischen sachlichen Verteilzeiten (z. B. Plan lesen, Abstimmung mit Polier) und persönlichen Verteilzeiten (z. B. Gespräch mit Bauleitung wegen Urlaubsantrag) zu unterscheiden. Die Erholungszeit fällt beispielsweise zur Überwindung arbeitsbedingter Ermüdungen an.

Einzelzeit- und Fortschrittszeitaufnahme

Die einfachsten Methoden, um die Stunden differenziert nach den verschiedenen Stundenarten zu erfassen, sind die Einzelzeit- und die Fortschrittszeitaufnahme. Dabei wird ein Arbeiter kontinuierlich beobachtet und fortwährend erfasst, welche Tätigkeiten er verrichtet. Als Hilfsmittel werden eine normale Uhr, eine Stoppuhr oder ein DV-gestütztes Erfassungsgerät benötigt. Beispieldaten für die Messungen sind in Abb. 3.87 dargestellt.

Der Nachteil dieser Methoden ist, dass nur ein oder wenige Arbeiter von einer Erfassungsperson sorgfältig verfolgt werden können. Somit ist der Erfassungsaufwand relativ hoch.

Systematische Multimomentaufnahme

Unter dem Begriff Multimomentaufnahme werden verschiedene Stichprobenverfahren zusammengefasst, welche über statistische Auswertungen zu Zeitdaten führen. Die Verfahren wurden durch den im Jahre 1924 gegründeten „Reichsausschuss für Arbeitszeit-

Nummer der Notierung	0	1	2	3	4	5	6	7
Art der Tätigkeit		Schalen	Plan lesen	Schalmaterial suchen	Rauchen	Messen	Schalen	Plan lesen
Einzelzeitmessung [min:s]		4:10	2:15	5:40	2:55	2:05	5:25	1:00
Fortschrittszeitmessung [h:min:s]	9:28:15	9:32:25	9:34:40	9:40:20	9:43:15	9:45:20	9:50:45	9:51:45

Abb. 3.87 Erfassungsblatt für Einzelzeit- und Fortschrittszeitaufnahme

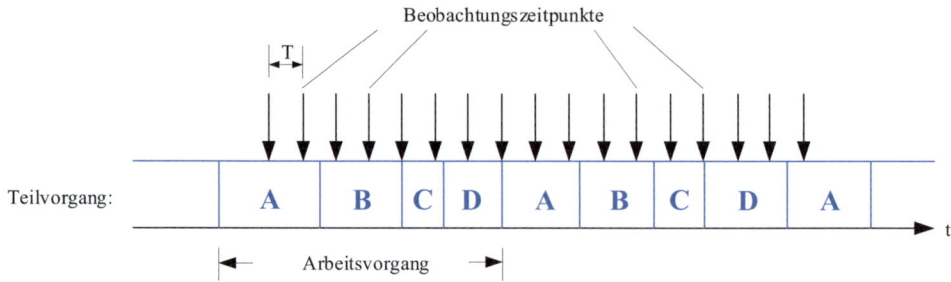

Abb. 3.88 Systematische Multimomentaufnahme

ermittlung" kurz REFA (heute: REFA – Verband für Arbeitsgestaltung, Betriebsorganisation und Unternehmensentwicklung)[176] systematisch erarbeitet. Die systematische Multimomentaufnahme stellt eine Sonderform der Multimomentaufnahme dar. Hierbei werden die Stichproben (Zeitaufnahmen) nicht mit zufälligen Intervallen wie bei Multimomentaufnahmen sondern mit gleichen Beobachtungsintervallen durchgeführt. Dies hat den Vorteil, dass durch die gleich langen Intervalldauern genauere Aussagen über die tatsächlichen Zeitdauern gemacht werden können. Das Prinzip der systematischen Multimomentaufnahme wird in Abb. 3.88 verdeutlicht.

Bei der Aufnahme wird z. B. in 3-Minuten-Intervallen jeder Teilvorgang, der durch einen Mitarbeiter ausgeführt wird, erfasst. Hiermit ist es möglich, innerhalb von einem halben Arbeitstag eine oder mehrere Arbeitskolonnen mit insgesamt bis zu circa 10 Personen aufgegliedert in Teilvorgängen zu erfassen. Die anschließende statistische Auswertung führt zu aussagekräftigen Ergebnissen und zu eventuellen Schwachstellen und Verlustquellen bei den ausgeführten Arbeiten auf der Baustelle.[177]

3.5.18.2 Kaufmännische Nachkalkulation

Unter einer kaufmännischen Nachkalkulation wird in der Regel eine spezielle Art eines Kosten-Soll-Ist-Vergleichs verstanden. Der übliche Kosten-Soll-Ist-Vergleich ist in Abschn. 3.5.4 dargestellt.

Die Aufgabe der kaufmännischen Nachkalkulation ist vergleichbar zur Stundennachkalkulation:

- Während der Baudurchführung sollen Erkenntnisse über den Kostenanfall in speziellen Bereichen gewonnen werden, um gezielte Steuerungsmaßnahmen ergreifen zu können. Ein typisches Beispiel sind die Entsorgungskosten. Diese werden genau analysiert und zwar nicht nur der Höhe nach. Es werden zusätzlich die Abfallarten und die Ent-

---

[176] www.refa.de (22.11.2024).
[177] Berner: Verlustquellenforschung im Ingenieurbau, Bauverlag, 1983.

sorgungswege erfasst. Regelmäßige Analysen dieser Daten führen eventuell dazu, dass bestimmte Abfälle vermieden werden. Insbesondere können die Informationen wertvoll sein, um Abfalltrennungen einzuführen und andere Entsorgungswege zu suchen.
- Nach Abschluss der Baustelle sollen Erkenntnisse über die tatsächlichen Kosten bei einzelnen Kostenarten gewonnen werden, um für nachfolgende Angebotskalkulationen Kalkulationswerte zu erhalten. Typisch wäre z. B. die Frage, wie hoch die tatsächlichen Kosten für die Lieferung und das Pumpen von Beton waren. Dabei werden dann auf der Basis der zahlreichen Rechnungen auch Kosten für Wartezeiten, Winterzuschlag, Nachlieferungen, Mindermengenlieferungen, Verlustmengen oder Betonpumpen detailliert zusammengestellt, um die tatsächlichen Kostensätze ermitteln zu können.

Literatur

B

Bauarbeitsschlüssel für das Baugewerbe B.A.S., IfA-Formblattverlag, Stuttgart 1963
Bauch, U; Bargstädt, H.-J.: Praxis-Handbuch Bauleiter, 3. Auflage, RM Rudolf Müller, Köln, 2023
Baugeräteliste (BGL) 2020: Bauverlag, Gütersloh, 2020
BAUORG Unternehmer-Handbuch für Bauorganisation und Baubetriebsführung, Berlin, Warlich Druck und Verlagsgesellschaft mbH, Meckenheim, 1998
Berner, F.; Kochendörfer, B.; Schach, R.: Grundlagen der Baubetriebslehre, Band 1, Baubetriebswirtschaft, 3. Aufl., Springer Vieweg, Wiesbaden, 2020
Berner, F.; Kochendörfer, B.; Schach, R.; Jünger, C.; Otto, J.; Sundermeier, M.: Grundlagen der Baubetriebslehre, Band 2, 3. Aufl., Springer Vieweg, Wiesbaden 2022
Berner, F.: Randarbeiten auf Baustellen, in Baumaschine und Bautechnik, Heft 1, 1982
Berner, F.: Verlustquellenforschung im Ingenieurbau, Bauverlag, 1983
Birko, L.: Schriftverkehr am Bau, 3. Aufl., Bau-Verlag, Wiesbaden und Berlin, 2001
Burchhardt, H.-P.; Pfülb, W.: Kommentar zum ARGE- und Dach-ARGE-Vertrag, 4. Auflage. 2005

D

Damerau, H.; Tauterat, A.; Franz, R; Nolte, J.: VOB im Bild. Hochbau- und Ausbauarbeiten, Abrechnung nach der VOB 2016, RM Rudolf Müller Medien GmbH & Co. KG, 2018
Damerau, H.; Tauterat, A.; Franz, R.: VOB im Bild. Tiefbau- und Erdarbeiten, Abrechnung nach der VOB 2016, RM Rudolf Müller Medien GmbH & Co. KG
Dähne: BauR 1978, 429 ff.
Deutscher Beton- und Bautechnik-Verein e.V. (Hrsg.): Merkblatt Schnittstellen Rohbau/Technische Gebäudeausrüstung, Berlin 2006
Drees, G.; Krauß, S; Berthold, C.: Kalkulation von Baupreisen, 13. Auflage, Beuth Verlag, 2019

E

Englert, K.; Katzenbach, R.; Motzke, G.: Beck'scher VOB-Kommentar: VOB Teil C; Beuth, 2021

F

Feldhaus, H.: Leiharbeit in Deutschland und Großbritannien. Eine rechtsvergleichende Analyse zur Umsetzung der Richtlinie 2008/104/EG, Dissertation an der Universität Köln, Logos Verlag Berlin, 2013

Fiala, H.; Ogniwek, D.; Fuchs, R.; Schuon, H.: Wegweiser Sichtbeton. Handbuch zur Herstel-lung von Sichtbeton, Bauverlag, Gütersloh, 2007

Fischer, P.; Maronde, M.; Schwiers, J. A.: Das Auftragsrisiko im Griff, Friedrich Vieweg & Sohn Verlag | GWV Fachverlage GmbH, Wiesbaden, 2007

Fröhlich, P.; Bielefeld, B. (Hrsg.): Kommentar zur VOB/C, 17. Auflage; Springer Vieweg Ver-lag, Wiesbaden, 2013

G

Glatte, T.: Entwicklung betrieblicher Immobilien, Springer Vieweg Verlag, Wiesbaden, 2014

Gralle, M. (Hrsg.): Baubetriebstafeln, Reguvis, Köln, 2020

Grill, W.; Grill, H.; Perczynski, H.: Wirtschaftslehre des Kreditwesens, 47. Auflage, Bildungsverlag EINS, Troisdorf, 2013

H

Handschumacher, J.: Immobilienrecht praxisnah, Springer Vieweg Verlag, 2. Auflage, Wiesbaden, 2019

Heiermann, W.; Linke, L.; Kullack, A.: VOB-Musterbriefe für den Auftragnehmer, 11. Aufla-ge, Springer Vieweg Verlag, Wiesbaden, 2014

Heiermann, W.; Linke, L., Hilka, M.: VOB Musterbriefe für den Auftraggeber, 8. Auflage, Springer Vieweg Verlag, Wiesbaden, 2013

Hellmeister, G.; Jäger, M.; Peter, W.; Roth, W. Scheyk, Ch.: Leitfaden für die Ausarbeitung eines Sicherheits- und Gesundheitsschutzplans (SiGe-Plan) nach BaustellV, Schriftenreihe V.S.G.K., Band 4, Wuppertal, 2012

Hellmeister, G.; Jäger, M.; Krüger, B.; Peter, W.; Säger, B.; Schröder, F.; Theel, M.: Leitfaden zur Koordination nach BaustellV in der Ausführungsphase, Schriftenreihe V.S.G.K., Band 6, Wuppertal, 2012 Schriftenreihe V.S.G.K., Band 4, Wuppertal, 2014

Hoffmann, M.; Krause, Th. (Hrsg.): Zahlentafeln für den Baubetrieb, 8. Auflage, Vie-weg+Teubner Verlag, Wiesbaden, 2011

I

Ingenstau, H.; Korbion, H.; Kratzenberg, R. (Hrsg.); Leupertz, St. (Hrsg.): VOB Teile A und B: Kommentar, 18. Auflage, Werner Verlag, Köln, 2012

J

Jacob, D., Stuhr, C.: Finanzierung und Bilanzierung in der Bauwirtschaft, 2. Auflage, Springer Vieweg Verlag, Wiesbaden, 2013

Jagenburg, I.; Schröder, C.: Der ARGE-Vertrag, 2. Auflage, Werner Verlag, Köln, 2008

K

Kapellmann, K.; Schiffers, K.-H.: Vergütung, Nachträge und Behinderungsfolgen beim Bauvertrag, 5. Auflage, Werner Verlag, Köln, 2011

Keil, W.; Martinsen, U.; Vahland, R.; Fricke, G.: Kostenrechnung für Bauingenieure, 12. Aufla-ge, Werner Verlag, Köln, 2012

Krauß, S.: Die Baulogistik in der schlüsselfertigen Ausführung, Bauwerk Verlag, Berlin, 2005

Kramm, R.; Schalk, T.: Sichtbeton, Betrachtungen, Ausgewählte Architektur in Deutschland, Verlag Bau+Technik, 2007

M

Markus, J.; Kaiser, S.; Kapellmann, S.: AGB-Handbuch Bauvertragsklauseln, 4. Auflage, Werner Verlag, Köln, 2014

N

Naumann, R.: Kosten-Risiko-Analyse für Verkehrsinfrastrukturprojekte, Expert-Verlag, Renningen, 2007

P

Paul, W.: Steuerung der Bauausführung, expert Verlag, 1998

Peck, M.; Bose, T.; Bosold, D.: Technik des Sichtbetons, Verlag Bau+Technik, 2007

Pfeifer, G.; Liebers, A., Brauneck, P.: Sichtbeton, Technologie und Gestalt, Verlag Bau+Technik, 2006

R

Reister, D.: Nachträge beim Bauvertrag, 3. Auflage, Werner Verlag, 2014

Roquette, A. J.; Viering, M.; Leupertz, S.: Handbuch Bauzeit, 4. Auflage, Wolters Kluwer, 2021

S

Schach, R.; Otto, J.: Baustelleneinrichtung. Grundlagen – Planung – Praxishinweise – Vorschriften und Regeln, 4. Auflage, Springer Vieweg, 2022

Salzmann-Hennersdorf, M.: Das Leiharbeitsverbot im Baugewerbe (§1b AÜG). Recht und Praxis der illegalen Arbeitnehmerüberlassung im Baubereich unter Berücksichtigung der Rege-lungen des Arbeitnehmerentsendegesetzes, Dissertation an der Universität Kiel, Tectum Verlag Marburg, 2003

Schach, R.; Schubert, N.: Baulogistik als Wettbewerbsfaktor in: GS1 network – Das Magazin für Standards, Logistik, Supply- und Demand-Management, Ausgabe 3/2010

Schach/Schubert: Logistik im Bauwesen in: Wissenschaftliche Zeitschrift der Technischen Universität Dresden, Band 58/2009, Heft 1–2

Schnorrenberg, U.; Goebels, G.: Risikomanagement in Projekten, Methoden und praktische Anwendung, Softcover-Reprint der ersten Auflage 1997, Verlag Vieweg+Teubner, Braun-schweig/Wiesbaden, 2012

Schach, R.; Sperling, W.: Baukosten. Kostensteuerung in Planung und Ausführung, Springer, Berlin und Heidelberg, 2001

Schumann, H.: Das Abrechnungsbuch für Bauarbeiten jeder Art, Werner-Verlag, Düsseldorf, 1996

T

Theißen, R.: VOB/B – Bauvertragsabwicklung anhand von Musterformularen, Fraunhofer IRB Verlag, Stuttgart und Bundesanzeiger Verlag, Köln, 2007

V

Vygen, K.; Joussen, E.; Schubert, E.; Lang, A.: Bauverzögerung und Leistungsänderung, 6. Auflage, Werner Verlag, Köln, 2011

W

Wöhe, G.: Einführung in die allgemeine Betriebswirtschaftslehre; 25. Auflage, Vahlen Verlag, München, 2013

Fertigstellungsphase 4

4.1 Abnahme

Der Begriff „Abnahme" wird bei der Bauabwicklung immer im Sinne einer Prüfung und einer Anerkennung oder Nichtanerkennung einer Leistung verstanden, jedoch in unterschiedlichem Zusammenhang. Daher wird nachfolgend die Abnahme unter vier verschiedenen Sichtweisen dargelegt:

- Unternehmensinterne Abnahmen nach QM-Plan (siehe Abschn. 4.1.1),
- Technische Abnahmen (siehe Abschn. 4.1.2),
- Privatrechtliche Abnahmen (siehe Abschn. 4.1.3) und
- Öffentlich-rechtliche Abnahmen (siehe Abschn. 4.1.4).

4.1.1 Unternehmensinterne Abnahmen nach QM-Plan

Im Baugeschehen gibt es eine Vielzahl von Abnahmen, die im öffentlich-rechtlichen und privatrechtlichen Sinn keinerlei Bedeutung haben. Zu nennen sind insbesondere all jene internen Abnahmen, die sich ein Unternehmen im Rahmen eines eigenen Qualitätsmanagement-Systems, dokumentiert beispielsweise in einem Qualitätsmanagement-Plan (QM-Plan), selbst auferlegt, um ein möglichst mängelfreies Werk zu erstellen und gleichzeitig Ziele wie Arbeitssicherheit, Zuverlässigkeit, Technologieführerschaft und Kundenorientierung sicherzustellen. Inwieweit sich diese Verpflichtungen aus einer Zertifizierung nach DIN ISO 9000 ff. (Normen zum Qualitätsmanagement und zur Qualitätssicherung) oder aus einem internen Managementsystem ergeben, ist hier von sekundärer Bedeutung. Als Beispiel für interne Abnahmen auf der Baustelle wurde bereits in Abschn. 2.2.7.16 auf interne Protokolle zur Qualitätssicherung hingewiesen. Dabei werden sowohl organisatorische Fragen, wie zum Beispiel die gerätetechnische und personelle Vorbereitung der eigentlichen Betonierarbeiten, aber auch der Zustand der Schalung, die korrekte Bewehrungslage, die korrekte Betonsorte oder die Nachbehandlung angesprochen.

Zu nennen sind aber auch die umfangreichen baurechtlichen Verpflichtungen zur Eigen- und Fremdüberwachung, insbesondere die Eigen- und Fremdüberwachung beim Einbau von Beton nach DIN EN 13670/DIN 1045-3 oder von geeignetem Frostschutzmaterial im Straßenbau (siehe Abschn. 3.1.1.3).

4.1.2 Technische Abnahmen

Durch technische Abnahmen wird nachgewiesen, dass die baulichen Anlagen, insbesondere auch im technischen Sinn, gebrauchsfähig sind. Daher spielen technische Abnahmen insbesondere im Schlüsselfertigbau eine große Rolle. Zu beachten ist, dass technische Abnahmen keine privatrechtlichen Abnahmen im Zusammenhang mit einem Werkvertrag darstellen (siehe Abschn. 4.1.3), sondern dass durch die Bescheinigung der Abnahmen erklärt wird, dass die Anlagen unter anderem sicher betrieben werden können oder aus technischer Sicht die vertraglich geschuldete Beschaffenheit aufweisen. Hintergrund ist die Tatsache, dass technische Abnahmen oft fachlich anspruchsvoll, zeitintensiv und aufwändig durchzuführen sind (z. B. Prüfung der Funktionsfähigkeit von Klimaanlagen, Sicherheitsanlagen oder Aufzügen). Häufig werden technische Abnahmen im Sinne von Zustandsfeststellungen auch bei Bauleistungen durchgeführt, die infolge nachlaufender Arbeiten überbaut und nicht mehr zugänglich sind (z. B. Abdichtung von Kellerwänden vor deren Anfüllung mit Boden oder Grundleitungen in Bodenplatten vor dem Betonieren). Falls die technischen Abnahmen zum Zeitpunkt der werkvertraglichen Abnahme nicht vorliegen, besteht die Gefahr, dass der Auftraggeber die privatrechtliche Abnahme verweigert.

In Abb. 4.1 sind typische technische Abnahmen aufgeführt und Verantwortliche, die diese Abnahmen durchführen.

Zu beachten ist, dass die Abnahmen in der Regel fachtechnisch oder vertraglich geprüfte und freigegebene Planungen voraussetzen. Des Weiteren müssen insbesondere die notwendigen Zertifikate und Zulassungen für die verwendeten Bauelemente vorgelegt werden. Außerdem ist zu beachten, dass die technischen Abnahmen rechtzeitig beantragt werden, da häufig bei den durchführenden Stellen nicht unbeträchtliche Vorlauf-, Vorbereitungs- und Prüfzeiten einzuhalten sind.

4.1.3 Privatrechtliche Abnahmen

4.1.3.1 Einordnung, Rechtsfolgen und Arten

Mit dem Abschluss eines Bauvertrags wird dem Bauunternehmer die Möglichkeit eröffnet, Bauleistungen zu erbringen, hierfür eine Vergütung zu erhalten und schließlich Deckungsbeiträge und Gewinn zu erzielen. Voraussetzung für die Zahlung der Vergütung

4.1 Abnahme

Technische Abnahme	Abnahmeorganisation/-stelle
Rohbauabnahme gemäß Bauschein	Bauaufsichtsbehörde
Lage der Bewehrung	Bauaufsichtsbehörde oder Prüfingenieure
Aufzugs- und Förderanlagen	Sachverständige, Sachverständigenorganisation (TÜV, Dekra)
Abnahme für Sonderanlagen (z. B. Ölbehälter, Rückhaltewannen)	Sachverständige, Sachverständigenorganisation (TÜV, Dekra)
Elektroanschluss	Energieversorgungsunternehmen oder zugelassene Elektrounternehmen
Schornstein- und Heizungsanlage	Bezirksschornsteinfeger
Gebrauchsabnahme gemäß Bauschein	Bauaufsichtsbehörde
Feuerlöschanlagen, Brandmeldeanlagen, Rauch- und Wärmeabzugsanlagen, Bauteile mit Brandschutzfunktion (F30, F60, F90)	Bezirksschornsteinfeger, Feuerwehr, Brandschutzdirektion
Komplextrennwand	Gebäudebrandversicherung sowie Brandschadensversicherung
Gesamtbaumaßnahme und Teile davon	Nutzervertreter, Unfallkassen (z. B. Schulbehörde, gesetzliche Unfallversicherung bei Schulen)

Abb. 4.1 Typische technische Abnahmen mit öffentlich-rechtlicher oder privatrechtlicher Wirkung

ist eine grundsätzliche Billigung der erbrachten Leistung durch den Auftraggeber. Dieser Vorgang wird beim Werkvertrag (§ 631 BGB) als „Abnahme" (§ 640 BGB) bezeichnet. Die Abnahme ist daher ein zentraler Teil der Bauvertragsabwicklung, denn mit der Abnahme endet die Phase der Leistungserfüllung durch den Auftragnehmer. Die Abnahme und damit die Entgegennahme des vom Auftragnehmer erbrachten Werkes zählt zu den vertraglichen Hauptpflichten des Auftraggebers.

Voraussetzung für eine Abnahme ist in der Regel die mangelfrei erbrachte Bauleistung. Dem Begriff des Mangels bzw. der Mangelfreiheit kommt daher eine große Bedeutung zu. Ein Mangel ist dann vorhanden, wenn die ausgeführte Bauleistung (Ist-Leistung) von der vertraglich geschuldeten Beschaffenheit (Soll-Leistung) abweicht. Im BGB wird in § 633 der Sach- und Rechtsmangel definiert. Die VOB/B 2016 definiert den Mangel in § 13. Weiterführende Informationen dazu finden sich in nachfolgend aufgeführten Abschnitten:

- Definition des Begriffes Mangel nach BGB und VOB/B (siehe Abschn. 5.2.1.1),
- Mangelarten (siehe Abschn. 5.2.1.2),
- Verjährung von Mängelansprüchen (siehe Abschn. 5.2.2),
- Rechtsfolgen nach VOB/B bei Mängeln vor der Abnahme (siehe Abschn. 5.2.4) sowie
- Rechtsfolgen nach BGB und VOB/B bei Mängeln nach der Abnahme (siehe Abschn. 5.2.5).

Die Abnahme setzt sich aus zwei Wesenselementen zusammen, zum einen aus der physischen Entgegennahme und zum anderen aus der Anerkennung des Werkes als in der Hauptsache vertragsgemäße Erfüllung.

Rechtsfolgen der Abnahme

Mit der Abnahme ist eine Reihe von Rechtsfolgen verbunden, die insbesondere für die Bereiche der Gefahrtragung, der Beweislast und der Haftung von ausschlaggebender Bedeutung sind:

- Mit der Abnahme ist die Voraussetzung für die Fälligkeit der Vergütung und die Stellung der Schlussrechnung gegeben (§ 641 Abs. 1 BGB).
- Mit der Abnahme endet die Leistungserbringungspflicht des Auftragnehmers, gleichzeitig auch der Erfüllungsanspruch des Auftraggebers.
- Mit der Abnahme tritt eine Umkehr der Beweislast ein. Bis zur Abnahme muss der Auftragnehmer die Mängelfreiheit beweisen, danach muss der Auftraggeber die Verantwortung eines Unternehmers für einen Mangel beweisen. Ausgenommen sind jedoch jene Mängel, die bei der Abnahme ausdrücklich vorbehalten wurden.
- Ansprüche aus Mängeln, die dem Auftraggeber zum Zeitpunkt der Abnahme bekannt sind, muss sich der Auftraggeber bei der Abnahme vorbehalten, um seine Rechte auf Mängelbeseitigung und Minderung nicht zu verlieren.
- Mit der Abnahme beginnt die Verjährungsfrist für die Gewährleistung (§ 634a Abs. 2 BGB und § 13 Abs. 4 VOB/B 2016).
- Mit der Abnahme entfällt die Schutzpflicht des AN für die von ihm erbrachten Bauleistungen vor Beschädigung, Diebstahl und Untergang (§ 4 Abs. 5 VOB/B 2016).
- Mit der Abnahme geht die von dem Werk ausgehende Gefahr vom Auftragnehmer auf den Auftraggeber über (§§ 644, 645 BGB und § 12 Abs. 6 VOB/B 2016; „Gefahrenübergang", beispielsweise infolge umherfliegender Teile des Bauwerkes bei Sturmereignissen).
- Eine bei der Abnahme nicht vorbehaltene Vertragsstrafe kann danach nicht mehr geltend gemacht werden (§ 640 Abs. 2 BGB und § 11 Abs. 4 VOB/B 2016). Gleiches gilt für andere Ansprüche des Auftraggebers, beispielsweise Mängelansprüche.
- Nach rechtswirksam erteilter Abnahme kann der zugehörige Bauvertrag nicht mehr gekündigt werden.

Arten der Abnahme

Grundsätzlich wird im BGB und der VOB/B zwischen drei unterschiedlichen Arten der Abnahme unterschieden:

- förmliche Abnahme (gemeinsam durchgeführte, schriftlich protokollierte Abnahme, vgl. Abschn. 4.1.3.3),
- fiktive Abnahme (unabhängig vom wirklichen Willen des AG eintretende Abnahme, vgl. Abschnitte 4.1.3.2 und 4.1.3.3) sowie
- stillschweigende (konkludente) Abnahme (durch ein Verhalten des AG, aus dem dessen Billigung der Leistung als im Wesentlichen als vertragskonform abgeleitet werden kann, z. B. durch Nutzung und vorbehaltlose Zahlung der Schlussrechnung; siehe Abschn. 4.1.3.2).

4.1.3.2 Abnahme nach dem BGB

Falls ein Bauvertrag nicht unter Einbeziehung der VOB/B abgeschlossen wurde, regelt sich die Abnahme nach dem BGB wie folgt:

„**§ 640 Abnahme**
(1) Der Besteller ist verpflichtet, das vertragsmäßig hergestellte Werk abzunehmen, sofern nicht nach der Beschaffenheit des Werkes die Abnahme ausgeschlossen ist. Wegen unwesentlicher Mängel kann die Abnahme nicht verweigert werden.

(2) Als abgenommen gilt ein Werk auch, wenn der Unternehmer dem Besteller nach Fertigstellung des Werks eine angemessene Frist zur Abnahme gesetzt hat und der Besteller die Abnahme nicht innerhalb dieser Frist unter Angabe mindestens eines Mangels verweigert hat. Ist der Besteller ein Verbraucher, so treten die Rechtsfolgen des Satzes 1 nur dann ein, wenn der Unternehmer den Besteller zusammen mit der Aufforderung zur Abnahme auf die Folgen einer nicht erklärten oder ohne Angabe von Mängeln verweigerten Abnahme hingewiesen hat; der Hinweis muss in Textform erfolgen.

(3) Nimmt der Besteller ein mangelhaftes Werk gemäß Absatz 1 Satz 1 ab, obschon er den Mangel kennt, so stehen ihm die in § 634 Nr. 1 bis 3 bezeichneten Rechte nur zu, wenn er sich seine Rechte wegen des Mangels bei der Abnahme vorbehält."

Hinsichtlich der Definition des Mangels und der Gewährleistung wird auf § 633 BGB und § 13 VOB/B 2016 verwiesen (siehe hierzu Abschn. 5.2.1).

Im Zusammenhang mit der Abnahme sind nach BGB noch von Bedeutung:

- § 634 „Rechte des Bestellers bei Mängeln" (siehe Abschn. 5.2.5),
- § 634a „Verjährung der Mängelansprüche" (siehe Abschn. 5.2.2),
- § 635 „Nacherfüllung",
- § 636 „Besondere Bestimmungen für Rücktritt und Schadenersatz",
- § 637 „Selbstvornahme" sowie
- § 638 „Minderung".

Fiktive Abnahme
Explizit wird auf § 640 Abs. 2 BGB aufmerksam gemacht, wonach eine Abnahme erreicht wird, wenn der Unternehmer dem Besteller die Fertigstellung des Werkes anzeigt (Fertigstellungsanzeige), die Abnahme des Werkes fordert (Abnahmeverlangen) und die dazu gesetzte Frist ohne Reaktion des Auftraggebers verstrichen ist. Diese Art der Abnahme wird als fiktive Abnahme bezeichnet, da diese unabhängig vom wirklichen Willen des AG eintritt.

Konkludente Abnahme
Eine stillschweigende (konkludente) Abnahme wird durch schlüssiges Handeln des Bestellers beim BGB-Vertrag erreicht. Dies kann beispielsweise dadurch erfolgen, dass nach mehreren Baustellenbesuchen eine Einigung über die Höhe der Schlussrechnung erfolgt und diese bezahlt wird oder das Bauwerk genutzt wird.

4.1.3.3 Abnahme nach der VOB/B
Die VOB kennt zwei Arten der Abnahme, die förmliche Abnahme (§ 12 Abs. 4 VOB/B 2016) und die fiktive Abnahme (§ 12 Abs. 5 VOB/B 2016). Die förmliche Abnahme ist eine tatsächliche Abnahme und stellt eine ausdrücklich erklärte Abnahme nach § 640 BGB dar.

Förmliche Abnahme
Eine förmliche Abnahme ist nach § 12 Abs. 1 VOB/B 2016 innerhalb von 12 Werktagen zu gewähren, sobald der Auftragnehmer diese beantragt. In der Praxis wird gewöhnlich vorab ein Abnahmetermin gemeinsam abgestimmt, der dann vom Auftragnehmer unter Nennung des Abnahmebegehrens schriftlich bestätigt wird. Das Abnahmebegehren ist formfrei, kann somit auch mündlich erfolgen.

Die Abnahme kann nur bei wesentlichen Mängeln verweigert werden (§ 12 Abs. 2 VOB/B 2016). Ein wesentlicher Mangel ergibt sich insbesondere, wenn die Nutzung der baulichen Anlage wegen eines oder einer Vielzahl von Mängeln nicht möglich oder unzumutbar ist. Dies wäre zum Beispiel der Fall, wenn bei einem schlüsselfertig zu erstellendem Wohnhaus die Wasserver- oder -entsorgung noch nicht funktionsfähig ist. Kleinere, insbesondere auch optische Mängel stellen regelmäßig keinen wesentlichen Mangel dar.

Eine förmliche Abnahme wird im Regelfall in Anwesenheit des Auftraggebers und des Auftragnehmers durchgeführt, indem beide Vertragsparteien die bauliche Anlage begehen und eventuell vorhandene Mängel aufnehmen. Nach § 12 Abs. 4 (2) VOB/B 2016 kann die förmliche Abnahme aber auch in Abwesenheit des Auftragnehmers stattfinden, wenn der Termin vereinbart war oder der Auftraggeber mit genügender Frist dazu eingeladen hatte. Jede Vertragspartei kann auf ihre Kosten Sachverständige hinzuziehen. Der Auftraggeber wird in der Praxis häufig durch seinen bauleitenden Architekten begleitet. Es muss darauf hingewiesen werden, dass der Architekt durch seine üblichen Vollmachten nicht zur Abnahme berechtigt ist.

Nach § 12 Abs. 4 (1) VOB/B 2016 ist der Befund in gemeinsamer Verhandlung schriftlich niederzulegen. Abb. 4.2 und 4.3 zeigen ein typisches Abnahmeformular. Insbesondere die erkennbaren Mängel sind mit einem Vorbehalt zu Gewährleistungsansprüchen aufzunehmen. Falls der Vorbehalt auf die eventuelle Geltendmachung einer Vertragsstrafe nicht erfolgt, ist diese verwirkt. Das Protokoll sollte von beiden Vertragsparteien unterschrieben werden.

Normalerweise wird der gesamte im Bauvertrag geregelte Leistungsumfang abgenommen. Häufig sind davon unbedeutende Restarbeiten oder andere in sich abgeschlossene Teile (§ 12 Abs. 2 VOB/B 2016) der Leistung ausgenommen und sogenannte

4.1 Abnahme

Bauherr
Projekt

Abnahmeerklärung gem. § 12 VOB/B

Auftraggeber	Bauvorhaben
Straße	Straße
PLZ Ort	PLZ Ort
Auftragnehmer	Bauwerk-vertrag vom
Straße	
PLZ Ort	

Schlußabnahme folgender Leistungen:

Teilschlußabnahme folgender Leistungen:

Die Abnahme wird gefordert vom ☐ Auftraggeber ☐ Objektüberwacher ☐ Auftragnehmer

Folgende Mängel werden übereinstimmend festgestellt:
(ggf. Anlage)

Diese Mängel sind zu beseitigen bis:

Folgende Mängel werden vom Auftraggeber geltend gemacht, jedoch vom Auftragnehmer nicht anerkannt:
(ggf. Anlage)

Stellungnahme des/der vom Auftragnehmer/Auftraggeber hinzugezogenen Sachverständigen:

Einwendungen des Auftragnehmers:
(ggf. Anlage)

Abb. 4.2 Beispiel eines Abnahmeformulars – Seite 1 von 2

```
┌─────────────────────────────────────────────────────────────────────────────┐
│ Folgende noch nicht vollständig ausgeführte Arbeiten sind Restarbeiten:     │
│ (ggf. Anlage)                                                                │
│                                                                              │
│                                                                              │
│                                                                              │
│                                                                              │
│                                                                              │
│ Die Restarbeiten sind fertigzustellen bis: ..........                        │
│ 1. Einweisung des Bedienungs- und Wartungspersonals:                         │
│    Die Einweisung hat stattgefunden/wird stattfinden in Übereinstimmung mit  │
│    den vertraglichen Vereinbarungen während der folgenden Zeitspanne(n): ... │
│                                                                              │
│                                                                              │
│ 2. Technische Unterlagen gemäß techn. Handbuch wie: Betriebsvorschriften,    │
│    Broschüren und Druckschriften, Bestandspläne, Funktionsbeschreibungen,    │
│    Gerätelisten, Instandhaltungsanweisungen und Ersatzteillisten wurden /    │
│    nicht / bis auf                                                           │
│                                                                              │
│                                                              ...abgegeben.   │
│ Die Abnahme wird hiermit durchgeführt / abgelehnt.  Gewährleistungsbeginn: □□│
│ Der Auftraggeber behält sich alle Schadensersatzansprüche vor, insbesondere  │
│ für die oben genannten, vom Auftragnehmer nicht anerkannten Mängel.          │
│ Vereinbarter Fertigstellungstermin: ........                  □□□□□□         │
│ Tatsächlicher Fertigstellungstermin: ........                 □□□□□□         │
│   □ Der Auftraggeber behält sich eine Vertragsstrafe wegen verspäteter       │
│     Fertigstellung vor.                                                      │
│                                                                              │
│   Unterschrift des Auftragnehmers          Unterschrift des Auftraggebers    │
└─────────────────────────────────────────────────────────────────────────────┘
```

Abb. 4.3 Beispiel eines Abnahmeformulars – Seite 2 von 2

Teilabnahmen möglich. In sich abgeschlossene Leistungen wären zum Beispiel gegeben, wenn ein Auftraggeber den Neubau von mehreren Gebäuden in Auftrag gibt, diese aber terminlich versetzt fertig gestellt werden. In diesem Fall können die einzelnen Gebäude getrennt abgenommen werden.

Die in § 14 Abs. 2 VOB/B 2016 genannten gemeinsamen Feststellungen (gemeinsames Aufmaß) sind häufig im Sinne von „technischen Abnahmen" zu behandeln (siehe Abschn. 4.1.2). Typisch hierfür sind Leistungen, die später nicht mehr zugänglich sind und für die sich der Auftraggeber vom Auftragnehmer die ordnungsgemäße Erstellung erklären lässt. Diese „technischen Abnahmen" sind jedoch keine „Abnahmen von in sich geschlossenen Teilen" (Teilabnahme) entsprechend § 12 Abs. 2 VOB/B 2016 und führen daher nicht zu den Rechtswirkungen einer Abnahme.

Abbrucharbeiten als Bauleistungen erfordern im Zusammenhang mit der Abnahme eine besondere Dokumentation (Aufmaß, Fotodokumentation usw.), da diese Leistungen nach erfolgter Ausführung nur noch bedingt nachvollziehbar sind.

Fiktive Abnahme
Die beim VOB-Vertrag vorgesehene fiktive Abnahme kommt zum Tragen, wenn keine der Parteien eine förmliche Abnahme verlangt. Unter folgenden Bedingungen tritt die fiktive Abnahme ein:

- 12 Werktage nach einer schriftlichen Fertigstellungsmitteilung des Auftragnehmers (§ 12 Abs. 5 Nr. 1 VOB/B 2016);
- 6 Werktage nach Beginn der Benutzung durch den Auftraggeber. Eine Benutzung von Teilen einer baulichen Anlage zur Weiterführung der Arbeiten gilt nicht als Abnahme (§ 12 Abs. 5 Nr. 2 VOB/B 2016).

Die fiktive Abnahme im Sinne des § 12 Abs. 5 VOB/B 2016 stellt keine stillschweigende Abnahme dar.

4.1.3.4 Abnahme von Nachunternehmerleistungen
Falls ein schlüsselfertiges Bauwerk errichtet wird, werden einzelne Teile der Bauleistung an Nachunternehmer (Subunternehmer) vergeben. Aber auch im konventionellen Rohbau sowie im Erd- und Straßenbau können Leistungen weiter vergeben werden, um zum Beispiel technisch anspruchsvolle Teilleistungen durch spezialisierte Unternehmen erstellen zu lassen oder aus Gründen der Kapazitätsauslastung.

Durch einen Nachunternehmervertrag werden privatrechtliche Beziehungen aufgebaut. Nach deutschem Recht sind die Vertragsbeziehungen zwischen Bauherr und Generalunternehmer[1] und zwischen Generalunternehmer und Nachunternehmer in keinem Zusammenhang zu sehen. Damit muss der Generalunternehmer die Leistungen aller Nachunternehmer einzeln abnehmen. Gewöhnlich wird eine förmliche Abnahme vertraglich festgelegt. Da der Generalunternehmer jedoch gegenüber seinem Auftraggeber für die Qualität der Nachunternehmerleistungen einstehen muss und sich hieraus nicht unbeträchtliche Gewährleistungsansprüche ergeben können, ist der Generalunternehmer gut beraten, gewerkespezifisch detaillierte technische Abnahmeprozeduren mit seinen Nachunternehmern zu vereinbaren.

---
[1] Der Begriff Generalunternehmer wird hier zusammenfassend auch für Generalübernehmer, Totalunternehmer und Totalübernehmer verwendet.

Auf zwei Schnittstellenrisiken wird hingewiesen, die der beauftragende Generalunternehmer im Zusammenhang mit Nachunternehmerleistungen zu tragen hat:

- Im Regelfall beträgt die Gewährleistungsdauer sowohl beim Generalunternehmer als auch beim Nachunternehmer nach § 13 Abs. 4. Nr. 1 VOB/B 2016 für Bauwerke 4 Jahre. Da der Nachunternehmer die Abnahme seiner Leistung unmittelbar nach der Leistungserbringung beantragt, der Generalunternehmer die Abnahme jedoch erst nach der Fertigstellung der Gesamtleistung zu einem späteren Zeitpunkt erhält, muss der Generalunternehmer zum Ende seiner Gewährleistungsfrist für die Leistungen des Nachunternehmers gewähren, obwohl dessen Gewährleistungsfrist bereits abgelaufen ist.
- Mit der Abnahme der Leistung erklärt der Generalunternehmer, dass die Leistung des Nachunternehmers frei von Sachmängeln ist. Falls sich jedoch bei der späteren Abnahme des Gesamtbauwerkes durch den Auftraggeber des Generalunternehmers herausstellt, dass die Leistung doch nicht frei von Sachmängeln war, so muss der Generalunternehmer in der Regel den Mangel auf eigene Kosten beseitigen. Es sei denn, es wird mit den Nachunternehmern vereinbart, das erst mit der GU-Abnahme die Fristen zu laufen beginnen.

4.1.4 Öffentlich-rechtliche Abnahmen

Als öffentlich-rechtliche Abnahmen werden Überprüfungen und Abnahmen durch die örtlich zuständige Bauaufsichtsbehörde bezeichnet. Einzelheiten hierzu sind in den jeweiligen Bauordnungen der Bundesländer geregelt. An Hand der Bauordnung von Berlin (BauO Bln, Stand 2020) sollen die wichtigsten Vorschriften exemplarisch erläutert werden.

Zunächst wird vorausgesetzt, dass die Baugenehmigung zum Baubeginn vorgelegen hat und dieser der Bauaufsichtsbehörde mindestens eine Woche vor Baubeginn angezeigt worden ist – Baubeginnsanzeige (§ 72 Abs. 1 BauO Bln). Grundsätzlich überwacht die Bauaufsichtsbehörde nach § 82 Abs. 2 BauO Bln die Bauausführung bei baulichen Anlagen hinsichtlich der von ihr geprüften Standsicherheitsnachweise sowie der Brandschutznachweise. Dazu gehört beispielsweise die Abnahme der Bewehrung in statisch nachzuweisenden Stahlbetonbauteilen, d. h., mit dem Betonieren darf erst begonnen werden, wenn die Bewehrung von der Bauaufsichtsbehörde oder einem von ihr beauftragten Prüfingenieur freigegeben worden ist.

Die Bauaufsichtsbehörde kann ferner verlangen, dass ihr der Beginn und die Beendigung bestimmter Bauarbeiten angezeigt werden. Die Bauarbeiten dürfen erst fortgesetzt werden, wenn die Bauaufsichtsbehörde der Fortführung der Bauarbeiten zugestimmt hat (§ 83 Abs. 1 BauO Bln). Dies kann nach Maßgabe des Einzelfalls beispielsweise die Freigabe des Beginns von Gründungsarbeiten nach Herstellung der Baugrube oder die Abnahme der Bewehrung (s. o.) oder die Überprüfung der Tragkonstruktion vor Beginn der Ausbauarbeiten (sog. Rohbauabnahme) sein.

Für die Aufnahme der Nutzung, die sog. „Gebrauchsabnahme", gelten nach § 83 Abs. 2 BauO Bln u. a. folgende Regelungen:

> *„(2) Die Bauherrin oder der Bauherr hat die beabsichtigte Aufnahme der Nutzung einer nicht verfahrensfreien baulichen Anlage mindestens zwei Wochen vorher der Bauaufsichtsbehörde anzuzeigen. […] Eine bauliche Anlage darf erst benutzt werden, wenn sie selbst, Zufahrtswege, Wasserversorgungs- und Abwasserentsorgungs- sowie Gemeinschaftsanlagen in dem erforderlichen Umfang sicher benutzbar sind, nicht jedoch vor dem in Satz 1 bezeichneten Zeitpunkt.*
> *(3) Feuerstätten dürfen erst in Betrieb genommen werden, wenn die bevollmächtigte Bezirksschornsteinfegerin oder der bevollmächtigte Bezirksschornsteinfeger die Tauglichkeit und die sichere Benutzbarkeit der Abgasanlagen bescheinigt hat; Verbrennungsmotoren und Blockheizkraftwerke dürfen erst dann in Betrieb genommen werden, wenn sie oder er die Tauglichkeit und sichere Benutzbarkeit der Leitungen zur Abführung von Verbrennungsgasen bescheinigt hat."*

Ein Verstoß gegen die Bestimmungen der Bauordnung wird – ungeachtet möglicher Straftatbestände bei Schadens-/Unglücksfällen – als Ordnungswidrigkeit geahndet und kann Geldbußen bis zu 500.000 EUR zur Folge haben (§ 85 BauO Bln).

Sowohl für Auftraggeber/Bauherren als auch für Generalunternehmer gilt die Empfehlung, bauordnungsrechtlich relevante Abnahmen rechtzeitig zu beantragen und durchzuführen. Wenn die notwendigen oder geforderten Abnahmebescheinigungen – u. a. auch für Sicherheits-, Brandschutz- und Förderanlagen – nicht vorliegen, dürfen bauliche Anlagen nicht in Betrieb oder Nutzung genommen werden. Außerdem ist zu empfehlen, die öffentlich-rechtlichen Abnahmen vor der privatrechtlichen Abnahme nach BGB oder VOB durchzuführen, damit festgestellte Mängel oder Restarbeiten noch rechtzeitig bei den betreffenden Firmen oder Nachunternehmern gerügt werden können.

4.2 Rechnung/Schlussrechnung

4.2.1 Rechnungsstellung

In Abschn. 3.5.6 (besonders Abschn. 3.5.6.7) wurden die Anforderungen auf Abschlagszahlungen („Abschlagsrechnungen") und in Abschn. 3.4.8 die Mengenermittlung erläutert. Die dort gemachten Ausführungen gelten voll umfänglich auch für die Rechnung/Schlussrechnung.

Formell ist bei Werkverträgen die Vergütung für die Leistung erst bei Abnahme und damit am Ende der Leistungserbringung fällig (§ 641 Abs. 1 BGB). Die Vergütungsforderung wird in Form einer Rechnung geltend gemacht. Da diese (eine) Rechnung am Ende eines Bauvorhabens gestellt wird, nennt man diese „Schlussrechnung". Davon unberührt ist die Gewährung von Abschlagszahlungen vor Abnahme in Abhängigkeit der erbrachten Leistungen (§ 632a BGB, § 16 Abs. 1 VOB/B 2016. In der Schlussrechnung wird die gesamte Leistung abgerechnet und die bis dahin erhaltenen Abschlagszahlungen abge-

Vertragliche Ausführungsfrist	Frist für Einreichung der Schlussrechnung nach Abnahme
≤ 3 Monate	12 Werktage
3 Monate bis ≤ 6 Monate	18 Werktage
6 Monate bis ≤ 9 Monate	24 Werktage
9 Monate bis ≤ 12 Monate	30 Werktage
12 Monate bis ≤ 18 Monate	42 Werktage
18 Monate bis ≤ 24 Monate	54 Werktage

Abb. 4.4 Fristen für die Einreichung der Schlussrechnung

zogen. Bestandteil der Schlussrechnung ist die Mengenermittlung (Abschn. 3.4.8) für alle erbrachten Leistungen einschließlich der zugehörigen Aufmaße (Abschn. 3.4.7).

Voraussetzung für das Stellen einer Schlussrechnung ist die Abnahme (Abschn. 4.1). Nach § 14 Abs. 3 VOB/B 2016 *„[muss] die Schlussrechnung bei einer Leistung mit einer vertraglichen Ausführungsfrist von höchstens 3 Monaten spätestens 12 Werktage nach Fertigstellung eingereicht werden, wenn nichts anderes vereinbart ist; diese Frist wird um je 6 Werktage für je weitere 3 Monate Ausführungsfrist verlängert."*

In Abb. 4.4 sind die Dauern angegeben, die sich für typische Ausführungsfristen ergeben.

In § 14 Abs. 4 VOB/B 2016 wird weiter festgelegt, dass, nachdem ein Auftraggeber eine angemessene Frist gesetzt hat, er die Schlussrechnung selbst auf Kosten des Auftragnehmers aufstellen kann.

Ein privater Auftraggeber wird im Allgemeinen kein gesteigertes Interesse daran haben, dass ihm die Schlussrechnung zügig nach Abnahme vorgelegt wird, da er Zinsvorteile hat, je später er die Schlussrechnung erhält. Die Regelungen der VOB/B sind jedoch verständlich, wenn bedacht wird, dass bei öffentlichen Auftraggebern durch das kameralistische System bereitgestellte Mittel in der Regel verfallen, falls diese nicht innerhalb des Verfügungszeitraumes ausgegeben werden.

Jeder Auftraggeber sollte sicherstellen, dass er selbst die Schlussrechnung erstellt. Falls ein Dritter diese erstellt, so ist diese sorgfältig zu prüfen, da nicht ausgeschlossen werden kann, dass einzelne Teilleistungen nicht in der Schlussrechnung aufgenommen sind. Der Aufwand, eine Schlussrechnung einschließlich der Mengenermittlungen zu erstellen, kann beträchtlich sein, sodass in der Regel nur dann innerhalb einer angemessenen Frist die Schlussrechnung erstellt werden kann, wenn für die Anforderungen auf Abschlagszahlungen („Abschlagsrechnungen") (Abschn. 3.5.6) ein weiterverwertbares Aufmaß (Abschn. 3.4.7) und eine verwertbare Mengenermittlung (Abschn. 3.4.8) erstellt wird. Weiterverwertbar soll dabei ausdrücken, dass Aufmaß und Mengenermittlung jenen Bedingungen genügt, die für die Schlussrechnung gefordert werden.

Hinsichtlich der Form einer Schlussrechnung gelten die gleichen Bedingungen wie bei „Abschlagsrechnungen" (Abschn. 3.5.6.7), d. h. sie sind insbesondere übersichtlich aufzustellen, sodass die Rechnung prüfbar ist.

4.2.2 Zahlung

Die mit der Schlussrechnung verbundene Schlusszahlung des Auftraggebers nach § 16 Abs. 3 VOB/B 2016 hat bindenden Charakter und ist als solche zu kennzeichnen. Voraussetzung für eine Schlusszahlung ist neben der Abnahme grundsätzlich das Vorliegen der Schlussrechnung, mit deren Zugang die Zahlungsfrist beginnt. Es genügt dabei in der Regel für eine rechtzeitige (fristgerechte) Zahlung, dass der Schuldner (Auftraggeber) seiner Bank den Überweisungsauftrag erteilt hat (§ 269 BGB) und dass auf seinem Konto entsprechende Deckung vorhanden ist.

Bevor eine Bauleistung in Form der Schlussrechnung endgültig abgerechnet wird, werden in der Regel meistens in monatlichem Rhythmus für die noch nicht vollendeten Leistungen Abschlagszahlungen angefordert (Abschn. 3.5.6). Die Abschlagszahlungen werden innerhalb von 21 Tagen nach Zugang der prüffähigen Aufstellung fällig (§ 16 Abs. 1 Nr. 3 VOB/B 2016).

Der Anspruch auf Schlusszahlung wird spätestens innerhalb von 30 Tagen fällig. Die Frist kann aber auf 60 Tage verlängert werden, falls dies auf Grund der besonderen Natur oder der Merkmale der Vereinbarung sachlich gerechtfertigt ist und ausdrücklich vereinbart wurde (§ 16 Abs. 3 Nr. 1 VOB/B 2016). *„Die Zahlung ist aufs Äußerste zu beschleunigen"* (§ 16 Abs. 5 Nr. 1 VOB/B 2016). Das bedeutet, dass unstrittige Leistungen unmittelbar zu bezahlen sind.

„Der Auftraggeber kommt [...], ohne dass es einer Nachfrist bedarf, spätestens 30 Tage nach Zugang der Rechnung oder der Aufstellung bei Abschlagszahlungen in Zahlungsverzug, [...]." Die Frist kann bis auf 60 Tage nach Vereinbarung verlängert sein (§ 16 Abs. 5 Nr. 3 VOB/B 2016).

Mit Zahlungsverzug kann der Auftragnehmer die Arbeiten einstellen, nachdem er eine angemessene Frist gesetzt hat (§ 16 Abs. 5 Nr. 4 VOB/B 2016). Außerdem kann der Auftragnehmer Zinsen in Höhe des in § 288 Absatz 2 BGB angegebenen Zinssatzes geltend machen oder einen höheren Verzugsschaden geltend machen (siehe § 16 Abs. 5 Nr. 3 VOB/B 2016 und Abschn. 3.5.6.8). Die Regelungen, die bei der Ermittlung von Verzugszinsen bei Zahlungsverzug gelten, sind in Abschn. 3.5.6.8 aufgeführt. Dort wird auch auf die Bauabzugssteuer verwiesen. Die vorbehaltlose Annahme der Schlusszahlung schließt Nachforderungen aus, wenn der Auftraggeber über die Schlusszahlung schriftlich unterrichtet und auf die Ausschlusswirkung hingewiesen hat (§ 16 Abs. 3 Nr. 2 VOB/B 2016). Auch früher gestellte, aber unerledigte Forderungen sind ausgeschlossen, wenn sie nicht nochmals vorbehalten werden. Ein Vorbehalt ist innerhalb von 28 Tagen zu erklären. Innerhalb weiterer 28 Tage ist eine Rechnung über die vorbehaltenen Forderungen einzureichen oder, falls die Einhaltung dieser Frist nicht möglich ist, der Vorbehalt eingehend zu begründen. Die Ausschlussfristen gelten nicht für ein Verlangen nach Richtigstellung der Schlussrechnung und -zahlung wegen Aufmaß-, Rechen- und Übertragungsfehlern (§§ 16 Abs. 3 Nr. 4 bis 6 VOB/B 2016).

Da insbesondere bei größeren Bauvorhaben oft Meinungsverschiedenheiten zwischen Auftraggeber und Auftragnehmer über außervertragliche Leistungen oder neu festzusetzende Preise bestehen (siehe Abschn. 3.5.10 ff.), finden sich regelmäßig Bauvorhaben, bei denen es mehrere Jahre dauert, bis die Abrechnung durch die Schlusszahlung abgeschlossen wird.

Falls eine Sicherheitsleistung für die Gewährleistung vereinbart wurde (siehe Abschn. 3.5.2.3) so wird der festgelegte Gewährleistungsbetrag in der Regel von der Schlusszahlung einbehalten. Nach § 17 Abs. 2 VOB/B 2016 kann jedoch der Auftragnehmer durch Stellung einer Gewährleistungsbürgschaft den einbehaltenen Betrag frei bekommen.

In Anlage 10 HOAI 2021ist in der Leistungsphase 8 im Leistungsbild Gebäude und Innenräume als Grundleistung für den Objektplaner (Architekten) festgelegt: *Rechnungsprüfung einschließlich Prüfen der Aufmaße der bauausführenden Unternehmen.* Somit prüft der Planer (Architekt) in der Regel die Abschlags- und Schlussrechnungen des Auftragnehmers. Bei einer kooperativen Vertragsabwicklung werden die vorgenommenen Korrekturen dem Bauleiter durch den Architekten erläutert. Bei differierenden Ansichten muss versucht werden, dass gegebenenfalls unter Einbeziehung des Auftraggebers und der Geschäftsführung des Auftragnehmers ein Kompromiss gefunden wird. Die geprüfte Rechnung mit den Prüfeintragungen einschließlich der Korrekturen im Aufmaß sollten durch den Auftraggeber mit einer Buchungsanzeige dem Auftragnehmer übergeben werden. Die Buchungsanzeige dient dem Auftragnehmer als Beleg, um den gekürzten Betrag aus seiner Buchhaltung auszubuchen. Es sei erwähnt, dass der Objektplaner und der Auftraggeber die Prozesse so planen sollen, dass diese Prüfung innerhalb der oben genannten 30 Tage erfolgt.

Wenn keine gütliche Einigung zwischen Auftragnehmer und Auftraggeber über die Höhe der Schlusszahlung erreicht wird, kann der Auftragnehmer den Rechtsweg einschlagen (Verfahren vor staatlichen Gerichten) und den offenen Betrag einklagen oder Einigung über außergerichtliche Streitbeilegungsverfahren erzielen.

Bei öffentlichen Aufträgen liegt es nahe, zunächst den behördeninternen Weg zur Klärung von Meinungsverschiedenheiten nach § 18 Abs. 2 VOB/B 2016 zu beschreiten.

Da Differenzen aus Behinderungen und unterschiedliche Ansichten zur Bauqualität für Aufmaße, Mengenermittlungen und sich daraus ergebende Rechnungen, Nachträge und nicht rechtzeitige Zahlungen ein sehr hohes Konfliktpotenzial bergen, werden in vielen Fällen die Gerichte angerufen. An dieser Stelle soll daher auf die Ausführungen in Band 1, Kapitel 10 zur Konfliktlösung nach Vertragsabschluss verwiesen werden. Dort finden sich Ausführungen zur Mediation, zur Schlichtung, zur Adjunktion sowie zum Schiedsgerichts- und -gutachterverfahren.

4.3 Abschlussgespräch

Neben den traditionellen Produktionsfaktoren Kapital, Arbeit und Boden ist im heutigen innovationsorientierten Kommunikationszeitalter allgemein anerkannt, dass das im Unternehmen verfügbare Wissen für den Erfolg eines Unternehmens von zentraler Bedeutung

4.3 Abschlussgespräch

ist. Daraus ergibt sich, dass das Wissensmanagement eine strategische Aufgabe darstellt. Durch das Wissensmanagement soll methodisch sichergestellt werden, dass Daten, Informationen und Fähigkeiten in der Unternehmensorganisation und bei den beschäftigten Personen verfügbar sind, um die unternehmerischen Aufgaben zu erreichen.[2]

Bauunternehmen zeichnen sich dadurch aus, dass Bauprojekte abgewickelt werden, die als Unikate unterschiedlich sind, an jeweils anderen Orten errichtet werden, unterschiedliche Nutzungen aufweisen und von unterschiedlichen Planern konzipiert werden. Trotz oder gerade wegen dieser Unterschiede zwischen den einzelnen Projekten ist es wichtig, dass positive und negative Erfahrungen von den abgeschlossenen Projekten auf neue Projekte übertragen werden.

Ein informationstechnischer Ansatz des Wissensmanagements geht davon aus, dass durch Datennetzwerke und Informationsdatenbanken Wissen im Unternehmen verfügbar ist. Relativ einfach ist über solch ein System der Zugriff auf Gesetze, Verordnungen, Normen, Regelwerke, Standard-Excel-Tabellen und Formbriefe (kodifizierbares oder explizites Wissen) und einfachere Programme und Apps sicherzustellen. In den vergangenen Jahren wurde in zahlreichen Unternehmen versucht, über Wissensdatenbanken auch impliziertes Wissen zur Verfügung zu stellen. Dieses implizierte Wissen, häufig auch als Expertenwissen bezeichnet, zeichnet sich durch hohe Komplexität mit eher geringer Gültigkeitsdauer aus, sodass es sich kaum eignet, in relativ statischen Strukturen gespeichert zu werden.

Daraus ist zu folgern, dass den Experten die Gelegenheit gegeben werden sollte, sich im direkten Gespräch auszutauschen. Besonders geeignet scheint hier ein institutionell festgelegtes Projekt-Abschlussgespräch. Dieses ist somit durch die Unternehmensleitung zu veranlassen und kann zeitnah nach der Abnahme stattfinden. Zu diesem Zeitpunkt sind die wichtigsten Projektbeteiligten noch verfügbar. Außerdem ist das unmittelbare Projektwissen noch sehr frisch. Die Gesprächsführung kann zum Beispiel durch den Oberbauleiter erfolgen. Mit Einladung zu dem Gespräch sollte auch eine klare Zeitbegrenzung vorgegeben werden.

Teilnehmer des Projektabschlussgesprächs, einfach auch nur als Abschlussgespräch oder Schlussgespräch bezeichnet, sollten zumindest jene Personen sein, die auch am Startgespräch (siehe Abschn. 2.1) beteiligt sein sollten: Geschäftsführung/Niederlassungsleitung, Oberbauleitung, Projektleitung, Bauleitung, Kalkulation, Fertigungsplanung, Nachtragsmanagement, Buchhaltung/Controlling, konstruktives Büro und im Fall von Schlüsselfertigbau auch die dadurch integrierten Abteilungen.

Das Abschlussgespräch sollte einen offenen, nicht strukturierten Teil aufweisen, der unter der Überschrift läuft: „Was war gut, was war schlecht." In diesem Teil sollten auch offene Kritik und Lob ausgesprochen sowie positive und negative Erfahrungen ausgetauscht werden. Das Gespräch kann folgende Aspekte betreffen:

---

[2] Rathswohl: Entwicklung eines Modells zur Implementierung eines Wissensmanagement-Systems; Kassel University Press.

- Baupreisbildung, Umgang mit Risiken,
- Bauverfahren, Geräteeinsatz,
- Zusammenarbeit mit Bauherr und Planern,
- Zusammenarbeit mit Institutionen und Behörden,
- Terminplanung/Termincontrolling,
- Aufmaß/Mengenermittlung/Abrechnung,
- Materialbestellung,
- Personal, Qualifikationen,
- Unfälle, Sicherheit, Umweltschutz,
- Lieferanten/Nachunternehmer.

Falls das Gespräch kurz nach der Abnahme stattfindet, ist das Projekt noch nicht abgeschlossen. Damit empfiehlt es sich, folgende Punkte in einem strukturierten Teil anzusprechen:

- Mängelbeseitigung und Restarbeiten,
- Räumung der Baustelle (Baustelleneinrichtung, Abfall, Baustraßen, Tore/Zäune usw.),
- Herstellung des Urzustandes auf dem Baufeld,
- Verwertung werthaltiger Restmaterialien (andere Baustelle, Verkauf, Bauhof usw.),
- Freimelden von Geräten und Maschinen (inkl. Verlustmeldungen),
- Abnahme, Schlussrechnung und Bürgschaften von Nachunterleistungen,
- Mengenermittlung und Stellung der Schlussrechnung zum Auftraggeber,
- Übergabedokumentation einschl. Revisionspläne,
- eigene Schlussdokumentation,
- Rückbau und Abmeldungen von Medien (z. B. Strom, Telekommunikation, Wasser),
- Fertigstellungsanzeige gegenüber Behörden und Dritten (z. B. Straßenverkehrsbehörden, Feuerwehr),
- Einholung von Freistellungserklärungen von Grundstückseigentümer und Auftraggeber (Abnahme des Baufeldes),
- Gewährleistungsmanagement,
- Nachkalkulation,
- Kaufmännischer Projektabschluss, Ermittlung Gewinn/Verlust und Deckungsbeitrag, Umwandlung der Vertragserfüllungs- in die Gewährleistungsbürgschaft für den Auftraggeber.

Generell sollte ein Protokoll, zumindest ein Ergebnisprotokoll des Schlussgesprächs angefertigt werden.

4.4 Dokumentation

4.4.1 Interne Dokumentation und Archivierung

Die Anforderungen an eine qualifizierte und umfassende Dokumentation des Baugeschehens werden gewöhnlich im Qualitätsmanagementsystem des Unternehmens festgeschrieben. Die langfristige Ablage der Dokumente in speziellen organisatorischen und/oder räumlichen Bereichen wird als Archivierung bezeichnet. Die Dokumentation und Archivierung hat zwei Ziele:

- Rechtliche Verpflichtungen nach dem Handelsgesetzbuch: Nach § 257 HGB ist jeder Kaufmann verpflichtet, alle empfangenen und abgesendeten Handelsbriefe und alle Buchungsbelege geordnet aufzubewahren. Diese Unterlagen sind mindestens sechs Jahre aufzubewahren, beginnend mit dem Ende des Kalenderjahres. Unter einem Handelsbrief wird ein Schriftstück verstanden, das der Vorbereitung, Durchführung und dem Abschluss oder der Rückgängigmachung eines Geschäfts dient. Zwischen Briefpost, Telefax-Nachrichten oder E-Mails wird nicht unterschieden.
- Alle Unterlagen, die keine Handelsbriefe darstellen, könnten nach Projektende entsorgt werden. Sehr viele Bauunternehmen bewahren jedoch praktisch alle Projektunterlagen über relativ lange Zeiträume über die rechtlichen Fristen hinaus auf, um zum Beispiel bei späteren Um- und Erweiterungsbauten Wettbewerbsvorteile zu haben.

Aufbewahrungspflichten ergeben sich aus dem Handels- und Steuerrecht. Nach dem § 257 Handelsgesetzbuch (HGB) sind Handelsbücher, Inventare, Jahresabschlüsse etc., empfangene und Wiedergaben abgesandter Handelsbriefe sowie Belege für Buchungen aufzubewahren. Nach § 147 Abgabenordnung (AO) sind zusätzlich sonstige Unterlagen aufzubewahren, soweit sie für die Besteuerung notwendig sind. Die Aufbewahrungspflicht beginnt mit dem Ablauf des Kalenderjahres, in dem die Unterlagen erstellt, zugesandt oder letztmalig geändert worden sind. Die Aufbewahrungsfristen betragen 6 oder 10 Jahre. Für etliche Dokumente im Bauwesen gelten nach dem Urheberrecht und wegen Herausgabeansprüchen nach § 197 BGB auch Fristen von 30 Jahren. Zu unterscheiden sind:

- Aufbewahrung im Original,
- Aufbewahrung mit der Möglichkeit der originalgetreuen bildlichen Wiedergabe (Microfilm, gescannt),
- Aufbewahrung mit der Möglichkeit der inhaltlichen Wiedergabe (Dateien) und
- Aufbewahrung steuerlich relevanter originär digitaler Unterlagen in maschinell auswertbarer Form.

Gesetzliche Aufbewahrungsfristen für typische Baudokumente sind der Abb. 4.5 zu entnehmen. Unternehmensintern ist festzulegen, ob über die gesetzlichen Aufbewahrungsfristen hinaus Dokumente aufbewahrt werden. Dies betrifft zum Beispiel die Bau- und Fertigungspläne für die Bauabwicklung.

Dokumentenart	Gesetzliche Aufbewahrungsfrist	Art der Aufbewahrung	Bemerkung
Angebotsunterlagen mit Auftragsfolge	6 Jahre	bildlich	soweit empfangene Handelsbriefe
Angebotsunterlagen mit Auftragsfolge	6 Jahre	inhaltlich	soweit abgesandte Handelsbriefe
Angebotsunterlagen ohne Auftragsfolge	0 Jahre	-	
Auftrags- und Bestellunterlagen	6 Jahre	bildlich	
Abrechnung der Arbeitsgemeinschaft	10 Jahre	inhaltlich	soweit Bilanzunterlage
Abrechnung der Arbeitsgemeinschaft	10 Jahre	bildlich	soweit Buchungsbeleg
Baubeschreibung	6 Jahre	bildlich	
Baugenehmigung, Baupläne	6 Jahre	bildlich	
Bau- und Fertigungspläne für Bauabwicklung	0 Jahre	-	
Baurechnungen	10 Jahre	bildlich	
Unterlagen über abgeschlossene Bauvorhaben	10 Jahre	inhaltlich	soweit Inventare
Unterlagen über abgeschlossene Bauvorhaben	6 Jahre	bildlich	soweit empfangene Handelsbriefe
Unterlagen über abgeschlossene Bauvorhaben	6 Jahre	inhaltlich	soweit abgesandte Handelsbriefe
Unterlagen über abgeschlossene Bauvorhaben	10 Jahre	bildlich	soweit Buchungsbelege
Behördliche Anweisungen, Bescheinigungen, Genehmigungen	6 Jahre	bildlich	
Bilanz	10 Jahre	Original	
E-Mail mit Handelsbriefinhalt	6 Jahre	inhaltlich	
Kalkulation und Kalkulationsunterlagen	6 Jahre	bildlich	soweit handels- oder steuerrechtlich bedeutsam
Mietverträge	10 Jahre	bildlich	nach Vertragsende
Stundenzettel	10 Jahre	bildlich	soweit Lohnbelege
Quittungen	10 Jahre	bildlich	soweit Buchungsbelege
Rechnungen	10 Jahre	bildlich	
Verträge und Vertragsunterlagen	6 Jahre	bildlich	nach Vertragsende, soweit handels- oder steuerrechtlich relevant

Abb. 4.5 Gesetzliche Aufbewahrungsfristen für Baudokumente

4.4 Dokumentation

In Abschn. 2.2.7.14 wurde der Aufbau einer Projektordnerstruktur erläutert. Beim Aufbau dieser Struktur soll bereits auf die langfristige Dokumentation geachtet werden. So soll es gegebenenfalls möglich sein, jene Teile der Projektdokumentation leicht herauszunehmen, die nicht archiviert werden sollen. Diese Auswahl ist jedoch unter dem Gesichtspunkt vorzunehmen, dass eventuell noch nach Jahren Beweise in strittigen Punkten zu erbringen sind.

Falls die Projektordner in Papierform doppelt geführt wurden, kann der kopierte Satz vor der Dokumentation entsorgt werden.

Selbstverständlich nimmt die Dokumentation in Papierform in Projektordnern für alle bearbeiteten Projekte im Laufe der Jahre beträchtlichen Platz ein. Es ist daher zu überlegen, ob bereits während der Projektbearbeitung alle Unterlagen gescannt werden. Die Ablage von gescannten Dateien wird durch Dokumentenmanagementsysteme unterstützt, in die auch Unternehmensprozesse integriert sein können. Zu beachten ist auch, dass in solchen Systemen die Datensicherheit und dauerhafte Speicherung gewährleistet ist sowie auch ortsunabhängig über das Internet ein Zugriff auf die Daten möglich ist. Bei einem webbasierten Datenaustausch mittels Common Data Environment (CDE) ist die langfristige Zugänglichkeit sicherzustellen.

Zu beachten ist auch, dass programmspezifische Dateien häufig bereits nach wenigen Jahren nicht mehr gelesen oder bearbeitet werden können, da die Pflege von Programmen eingestellt werden oder da neue Programmversionen auf den Markt kommen, die nicht mehr abwärtskompatibel sind. Alte Dateien müssen dann konvertiert werden, bevor diese mit aktuellen Programmen gelesen und bearbeitet werden können. Schon viele Bauunternehmen und Auftraggeber waren unangenehm überrascht, dass eine vermeintlich perfekte und zukunftssichere Projektdokumentation bereits nach wenigen Jahren aus den genannten Gründen nicht mehr gelesen werden konnte.

Hinzuweisen ist auch auf die Bedeutung einer Fotodokumentation. Die Bauleitung sollte systematisch eine Fotodokumentation unter verschiedenen Gesichtspunkten anlegen:

- Regelmäßige (tägliche) Aufnahme der gesamten Baustelle, möglichst von einem benachbarten, höheren Gebäude, zur Ergänzung des Bautagebuchs.
- Fotodokumentation wichtiger Mängel. Hier ist besonders darauf zu achten, dass nachträglich eindeutig der Ort des Mangels rekonstruiert werden kann. Es wird daher empfohlen, noch am Tag, an dem die Fotos aufgenommen wurden, diese in einem Bildverwaltungssystem abzulegen und mit den notwendigen Angaben zu ergänzen.
- Fotodokumentation durch professionellen Fotografen, um Bildmaterial für spätere Firmenbroschüren zur Verfügung zu haben. Bei diesen Fotos ist besonders auf Sauberkeit der Baustelle und Einhaltung der Vorschriften für Sicherheit und Gesundheitsschutz zu achten (zum Beispiel: Absturzsicherungen überall angebracht und alle gewerblichen Personen sowie Führungspersonal mit Schutzausrüstung wie Helm und Warnweste).

- Bei größeren Baustellen ist es nicht unüblich, so genannte Lifecams einzurichten. Häufig werden diese auf Wunsch des Bauherrn installiert. Zu klären ist, in welchem zeitlichen Abstand die Aufnahmen erfolgen. Nicht unüblich sind Abstände von etwa 10 s bis 1 min. Wichtig ist auch die Sicherung der Filme, damit diese gegebenenfalls später zu Beweiszwecken verwendet werden können.

4.4.2 Übergabedokumentation

Im Werkvertrag nach BGB und im VOB-Vertrag gibt es keine Vorgaben zur Dokumentation. Daher ist in der Regel in den zusätzlichen Vertragsbedingungen vorgesehen, dass der Auftragnehmer eine Übergabedokumentation oder eine Bestandsdokumentation zu erstellen hat. Häufig ist sogar geregelt, dass diese bei der Abnahme vorzulegen ist. Jedoch fehlen in den meisten Verträgen weitere Hinweise zur Strukturierung und zum Inhalt dieser Dokumentation.

Unter einer Bestandsdokumentation wird meistens ein Plansatz verstanden, der die gebaute Ist-Situation dokumentiert. Häufig wird hierfür auch der Begriff Revisionszeichnung oder Bestandspläne verwendet. Falls die Werkplanung baulich ohne Änderungen umgesetzt wurde, ist somit die Werkplanung mit der Bestandsdokumentation identisch. Werden jedoch während der Erstellung des Bauwerks auch Anordnungen des Bauherrn vor Ort gegeben, so kann sich die Planung teilweise deutlich vom gebauten Ist unterscheiden. Dies betrifft meistens weniger den Rohbau als die Technische Gebäudeausrüstung, also Elektro, Heizung, Lüftung und Sanitär.

Beim Schlüsselfertigbau ist zu erwarten, dass alle Gerätehandbücher sowie die Betriebs- und Wartungsanleitungen im Rahmen der Dokumentation übergeben werden.

Nicht selten wird vertraglich vereinbart, dass die Übergabe der Dokumentation vom Auftragnehmer an den Auftraggeber Voraussetzung für die Abnahme der Gesamtbauleistung ist. Mit dieser auftraggeberfreundlichen Klausel soll eine kurzfristige und zeitnahe Übergabe der Abschlussdokumentation am Ende eines Bauvorhabens sichergestellt werden. Die Missachtung derartiger Klauseln führt beim Auftragnehmer teilweise zu „überraschenden Momenten" im Vorfeld des Abnahmeverlangens.

Neben der analogen Übergabe der Dokumentation in Papierform ist auch die Übergabe von Daten, Dokumenten und Plänen in digitaler Form im pdf-/dwg-Format oder in Form von Datenbanken sowie als BIM-Modell möglich, aus dem die geometrischen Daten (3D), ergänzt durch herstellungsspezifische Informationen (Lieferscheine, Abnahmedaten, technische Eigenschaften, Herstellerinformationen usw.) entnommen werden können. Dabei

4.4 Dokumentation

ist besonders auf die digitale Lesbarkeit der Informationen (Schnittstellen), die inhaltsrichtige Interpretation der Daten sowie die Weiterverarbeitbarkeit in Systemen des Auftraggebers (CAFM-/ERP-Systeme) zu achten.

4.4.2.1 Struktur der Übergabedokumentation

Nur in seltenen Fällen gibt der Auftraggeber konkret vor, wie die Übergabedokumentation zu gliedern ist. In noch weniger Fällen werden auch Vorgaben zum Inhalt der Übergabedokumentation vorgegeben. Der Aufbau einer Gliederung für eine Übergabedokumentation stellt sich als Quadratur des Kreises dar, da diese nach verschiedenen Kriterien erfolgen kann. Als Möglichkeiten der Gliederung bietet sich an:

- Klassifikation nach Leistungsbereichen (Gewerken), z. B. nach den Allgemeinen Technischen Vertragsbedingungen für Bauleistungen (VOB/C) oder nach dem Standardleistungsbuch.
- Klassifikation nach der Lage, ortsorientiert: Liegenschaft, Gebäude, Geschoss, Raum, Raumbereich.
- Klassifikation nach Bauteilen/Anlagen, z. B. Rohbau, Fassade, Dach, Heizung etc. (meist identisch mit der Gliederung nach den jeweils ausführenden Firmen).
- Klassifikation nach (elektronischen) Datenformaten, z. B. Fotos, tabellarische Übersichten.

Die Erstellung einer Projektdokumentation kann sehr aufwendig sein, insbesondere wenn die Dokumentationsvorgabe eine raumbezogene und keine gewerkeorientierte Gliederung fordert.

Der Auftraggeber benötigt die Dokumentation hauptsächlich beim Facility Management, um das Gebäude zu betreiben (siehe Abschn. 4.4.2.3).

4.4.2.2 Inhalt der Übergabedokumentation

Wie bereits festgestellt, werden nur in sehr wenigen Bauverträgen konkrete Vorgaben zum Inhalt der Übergabedokumentation gemacht. Der Auftragnehmer muss sich somit eine Gliederungsstruktur selbst erarbeiten. Ob eine ausführliche oder eine gestraffte Gliederungsstruktur geeigneter ist, muss anhand der spezifischen Bedingungen des Projektes entschieden werden. In Abb. 4.6 und 4.7 sind für die bauvorbereitenden Maßnahmen, Baukonstruktion und Freianlagen sowie für die Technische Gebäudeausrüstung und nutzerspezifische Ausstattung je eine ausführlichere und eine straffere Gliederung dargestellt.

Vorschlag für eine ausführliche Strukturierung	Vorschlag für eine gestraffte Strukturierung
1. Unternehmer- und Lieferantenangaben 2. Zulassungen und Zeugnisse 3. Nachweise für Baustoffe und Materialien 4. Genehmigungen 5. Pläne und Zeichnungen 6. Garantieerklärungen 7. Erklärungen über fachgerechte Ausführung 8. Funktionsbescheinigungen 9. Pflegeanleitungen 10. Prüfbescheinigungen 11. Protokolle 12. Gewährleistungsbescheinigungen 13. Merkblätter 14. Entsorgungsnachweise 15. Sonstiges	1. Vertragliche Dokumente 2. Hersteller- und Materialnachweise 3. Bedienungs-, Wartungs- und Revisionsanweisungen 4. Protokolle, Aufnahmen, Nachweise 5. Pläne und Zeichnungen 6. Genehmigungen, Zulassungen 7. Gutachten 8. Berechnungen, Auswertungen 9. Sonstiges

Abb. 4.6 Vorschläge zur Strukturierung von Übergabedokumentationen für Bauvorbereitende Maßnahmen, Baukonstruktionen und Freianlagen

Vorschlag für eine ausführliche Strukturierung	Vorschlag für eine gestraffte Strukturierung
1. A: Dokumentationsbeschreibende Dokumente 2. B: Managementdokumente 3. C: Vertragliche und nicht-technische Dokumente 4. D: Dokumente mit allgemeiner technischer Information 5. E: Dokumente für technische Anforderungen und Auslegung 6. F: Funktionsbeschreibende Dokumente 7. L: Ortsbezogene Dokumente 8. M: Verbindungsbeschreibende Dokumente 9. P: Produktlisten 10. Q: Qualitätsmanagementdokumente; sicherheitsbeschreibende Dokumente 11. T: Dokumente zur Beschreibung geometrischer Formen 12. W: Betriebliche Protokolle und Aufzeichnungen	1. Bauvertragliche Regelungen 2. Anlagenbeschreibungen 3. Funktionsschemata 4. Berechnungen und Messergebnisse 5. Unterlagen zur Wartung und Bedienung 6. Technische Prüfbescheinigungen und Protokolle

Abb. 4.7 Vorschläge zur Strukturierung von Übergabedokumentationen für die Technische Gebäudeausrüstung und Nutzerspezifische Ausstattung

4.4 Dokumentation

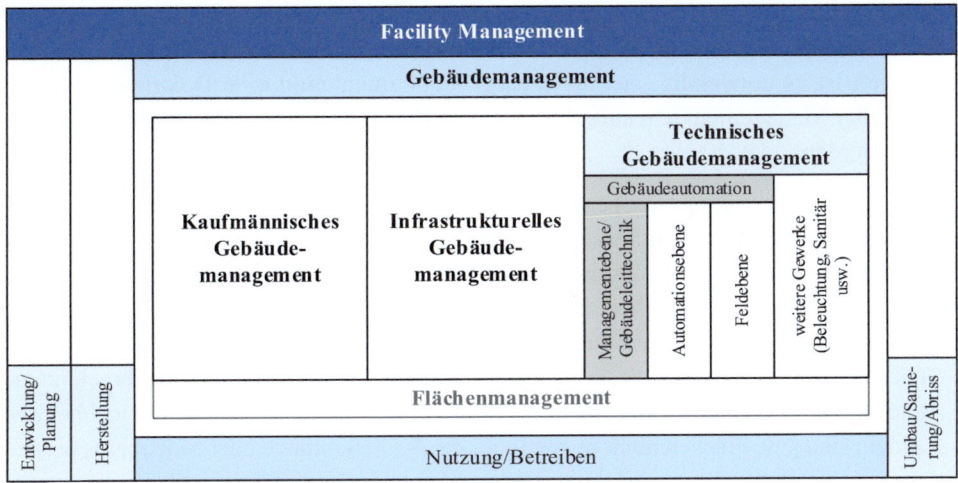

Abb. 4.8 Begriffliche Zusammenhänge beim Facility Management

4.4.2.3 Dokumentation für das Facility Management

Der Begriff des Facility Management (FM) mit Untergliederungen kann der Abb. 4.8 entnommen werden.[3,4,5] Das Facility Management ist idealerweise bereits im Planungsprozess eingebunden, um sicherzustellen, dass das Gebäude später wirtschaftlich betrieben werden kann. In der Realität wird es jedoch häufig erst kurz vor Beginn der Übergabe des Gebäudes eingebunden.

Dokumentationen für das Facility Management können nach verschiedenen Kriterien gegliedert werden:

- Klassifikation nach Leistungsbereichen: z. B. nach DIN 32736 Gebäudemanagement – Begriffe und Leistungen oder nach AHO-Heft 16 – Leistungsbild Facility Management Consulting;
- Klassifikation objektorientiert/produktbezogen nach Bauteilen und Anlageteilen;
- Klassifikation funktionsorientiert nach Kriterien der Prozessführung in der Betriebsphase technischer Anlagen;
- Klassifikation nach Datenarten gemäß GEFMA 400:[6] Bestandsdaten, Zustandsdaten, Verbrauchsdaten, Auftragsdaten (z. B. Ausschreibungen), Work-flow-Daten, kaufmännischen Daten.

---

[3] Schach/Kabitzsch/Höschele/Otto: Integriertes Facility Management.
[4] Otto: Wissensintensives Facility Management.
[5] Hirschner/Hahr/Kleinschrot: Facility Management im Hochbau.
[6] GEFMA 400: Computer Aided Facility Management CAFM – Begriffsbestimmungen, Leistungsmerkmale, 03/2021.

Zu beachten ist, dass vom Auftragnehmer der Bauleistungen nur ansatzweise eine Dokumentation für Zwecke des Facility Managements erstellt werden kann. Im Allgemeinen ist es notwendig, aus der Übergabedokumentation eine Dokumentation für das Facility Management neu aufzubereiten. An Beispielen für das Reinigen soll dies erläutert werden:

- Für die Ausschreibung von Fensterreinigungsarbeiten werden zu reinigende Fensterflächen und die Meter von Fensterrahmen benötigt. Beide Angaben liegen während der Bauphase nicht vor und sind somit auch nicht Bestandteil der Übergabedokumentation.
- Für Fußbodenreinigungsarbeiten werden die zu reinigenden Fußbodenflächen benötigt. Diese entsprechen nicht den Raumgrundrissflächen nach DIN 277 oder Abrechnungsflächen zum Beispiel für die Bodenbelagsarbeiten. Erstens werden die Abrechnungsflächen zum Beispiel für die Bodenbelagsarbeiten nach Rohbaumaßen berechnet und zudem sind jene Flächen nicht zu reinigen, die durch Schränke oder Sideboards permanent abgedeckt sind.

Somit ist zu beachten, dass in der Regel vom Auftragnehmer der Bauleistungen – auch wenn es sich um ein schlüsselfertig zu erstellendes Gebäude handelt – keine vollständige Dokumentation für das Facility Management erstellt werden kann.

Literatur

A

GEFMA 400 Computer Aided Facility Management CAFM, 03/2021

B

Hirschner, J.; Hahr, H.; Kleinschrot, K.: Facility Management im Hochbau, Springer Vieweg Verlag, Wiesbaden, 2013

C

Otto, J: Wissensintensives Facility Management, Expert-Verlag, Renningen, 2006

D

Rathswohl, St: Entwicklung eines Modells zur Implementierung eines Wissensmanagement-Systems; Kassel University Press, 2014

F

Schach, R.; Kabitzsch, K.; Höschele, V.; Otto, J. et al.: Integriertes Facility Management, Expert Verlag, Renningen, 2005

Gewährleistungsphase 5

5.1 Verpflichtung nach BGB und VOB

Durch den Abschluss eines Bauvertrages ergeben sich sowohl für den Auftraggeber (nach BGB: Besteller) als auch für den Auftragnehmer (nach BGB: Unternehmer) Haupt- und Nebenpflichten (siehe Abschn. 3.2.1). Eine der Hauptpflichten des Auftraggebers stellt die Abnahme des fertigen Bauwerks bzw. des fertiggestellten, in sich abgeschlossenen Leistungsteils dar. Im Abschn. 4.1.3 sind die Rechtsfolgen der Abnahme dargestellt.

Der Auftraggeber wird die Abnahme nur aussprechen, falls der Auftragnehmer ein im Wesentlichen mangelfreies Werk erstellt hat. Die Forderung nach einem mangelfreien Werk wird von der Rechtsprechung konsequent bestätigt. Der Auftragnehmer gewährleistet diese Mangelfreiheit. Das Einstehen für diese Mangelfreiheit wird deshalb auch „Gewährleistung" genannt. Die Mangelfreiheit bezieht sich dabei nicht nur auf den Zeitpunkt der Abnahme, sondern betrifft darüber hinaus auch die in § 634a BGB sowie § 13 Abs. 4 VOB/B 2016 genannten Zeiträume danach (siehe hierzu Abschn. 5.2.2).

Von der Gewährleistung ist die Garantie (§ 443 BGB) abzugrenzen, die häufig von Bauzulieferern im Sinne eines selbstständigen Garantieversprechens abgegeben werden. Mit einem solchen Garantieversprechen übernehmen die Hersteller als freiwillige Leistung eine verschuldensunabhängige Haftung für die ordnungsgemäße Beschaffenheit der von ihnen gelieferten Baumaterialien und Bauprodukte. Als Beispiel sind etwa Dachfolien zu nennen, auf die häufig eine Haltbarkeitsgarantie für die Dauer von 10 Jahren gegeben wird. Vereinzelt werden von Baustoff- bzw. Bauprodukthersteller sogar Garantieversprechen mit einer 40-jährigen Laufzeit angeboten.

5.2 Mängel- und Gewährleistungsmanagement

5.2.1 Definition des Begriffes Mangel

5.2.1.1 Der Mangel-Begriff nach BGB und VOB/B

Die Definition eines Mangels ergibt sich gemäß § 633 BGB „Sach- und Rechtsmängel" wie folgt:

> *„(1) Der Unternehmer hat dem Besteller das Werk frei von Sach- und Rechtsmängeln zu verschaffen.*
> *(2) Das Werk ist frei von Sachmängeln, wenn es die vereinbarte Beschaffenheit hat. Soweit die Beschaffenheit nicht vereinbart ist, ist das Werk frei von Sachmängeln,*
> *1. wenn es sich für die nach dem Vertrag vorausgesetzte, sonst*
> *2. für die gewöhnliche Verwendung eignet und eine Beschaffenheit aufweist, die bei Werken der gleichen Art üblich ist und die der Besteller nach der Art des Werkes erwarten kann.*
> *Einem Sachmangel steht es gleich, wenn der Unternehmer ein anderes als das bestellte Werk oder das Werk in zu geringer Menge herstellt.*
> *(3) Das Werk ist frei von Rechtsmängeln, wenn Dritte in Bezug auf das Werk keine oder nur die im Vertrag übernommenen Rechte gegen den Besteller geltend machen können."*

In der VOB/B 2016 ist der Mangelbegriff in § 13 Abs. 1 definiert:

> *„(1) Der Auftragnehmer hat dem Auftraggeber seine Leistung zum Zeitpunkt der Abnahme frei von Sachmängeln zu verschaffen. Die Leistung ist zur Zeit der Abnahme frei von Sachmängeln, wenn sie die vereinbarte Beschaffenheit hat und den anerkannten Regeln der Technik entspricht. Ist die Beschaffenheit nicht vereinbart, so ist die Leistung zur Zeit der Abnahme frei von Sachmängeln,*
> *1. wenn sie sich für die nach dem Vertrag vorausgesetzte, sonst*
> *2. für die gewöhnliche Verwendung eignet und eine Beschaffenheit aufweist, die bei Werken der gleichen Art üblich ist und die der Auftraggeber nach der Art der Leistung erwarten kann."*

Demnach liegt ein Mangel vor allem immer dann vor, wenn die ausgeführte Bauleistung (Ist-Zustand) von der vertraglich vereinbarten Beschaffenheit (Soll-Zustand) abweicht. Ist die Beschaffenheit im Vertrag nicht vereinbart, gilt eine Bauleistung als mangelhaft, wenn sie sich nicht für die aus dem Vertrag ableitbaren Verwendung eignet. Insofern wird nicht nur auf die ausschließliche Leistungserbringung, sondern vielmehr auf die Herbeiführung eines Werkerfolges abgestellt. Im Vergleich zwischen der VOB/B und dem BGB ist insbesondere festzustellen, dass in diesem Kontext in der VOB/B zusätzlich die „anerkannten Regeln der Technik" erwähnt werden (siehe Abschn. 2.6.1).

5.2 Mängel- und Gewährleistungsmanagement

5.2.1.2 Mangelarten

In der Baupraxis werden verschiedene Mangelarten unterschieden:

- Wesentlicher Mangel
  In § 12 Abs. 3 VOB/B 2016 ist festgelegt, dass *"wegen wesentlicher Mängel [...] die Abnahme bis zur Beseitigung verweigert werden [kann]."* Ein wesentlicher Mangel ist in der Regel anzunehmen, wenn die Gebrauchsfähigkeit des hergestellten Werkes erheblich beeinträchtigt ist. Abzugrenzen ist davon der unwesentliche Mangel. Weitere Angaben hierzu siehe unter Abschn. 4.1.3.3.
- Qualitäts-, Planungs- und Ausschreibungsmangel
  Leistungen werden vom Auftraggeber häufig als mangelhaft bezeichnet, weil die vom Auftragnehmer erbrachte Leistung nicht den „erwarteten" Qualitätsansprüchen entspricht. Der Auftragnehmer weist den Mangel jedoch häufig mit dem Argument zurück, dass vom Auftraggeber wegen einer mehrdeutigen, mangelhaften oder unzureichenden Ausschreibung oder Planung ein lediglich vermeintlicher Mangel gerügt wird und die erbrachte Leistung dem Qualitätsniveau des Bauvertrages entspricht. Dabei sind zwei Sachverhalte zu unterscheiden:
  - Mangel wegen qualitativer Minderleistung
    In Abschn. 3.4.4 wurden das Qualitätsmanagement und das Qualitätscontrolling behandelt. Es ist außerordentlich wichtig, dass rechtzeitig festgestellt wird, in welcher Qualität die Leistung vertraglich geschuldet ist (z. B. Oberflächenrauhigkeit, Farbeinheitlichkeit, Maßtoleranzen, erwartete Funktionalität). Es wird darauf hingewiesen, dass dahingehend teilweise eine Grauzone vorhanden ist, da, von wenigen Ausnahmen abgesehen, beispielsweise im Standardleistungsbuch unterschiedliche Qualitätsniveaus nicht beschrieben werden. Die qualitativen Erwartungshaltungen von Auftraggeber und Auftragnehmer differieren daher häufig. Eine Ausnahme stellt Sichtbeton (siehe Abschn. 3.4.4.3) dar.
  - Mangel wegen fehlender Leistung
    Teilweise werden Leistungsmängel gerügt, bei denen der Auftraggeber davon ausgeht, dass bestimmte Leistungsteile vom Auftragnehmer vertraglich geschuldet sind, er diese aber nicht erbracht habe. Der Auftragnehmer sieht diese Leistungen im Gegensatz dazu nicht seinem Leistungsumfang zugehörig. Zu nennen sind in diesem Zusammenhang beispielsweise die in der jeweiligen DIN-Norm der VOB/C unter Abschn. 4.2 aufgeführten „Besonderen Leistungen": zum Beispiel bei der DIN 18356 Parkett- und Holzpflasterarbeiten die Nummer 4.2.13 *„Schließen und Abdecken von Fugen [...]."* oder bei der DIN 18380 Heizanlagen und zentrale Wassererwärmungsanlagen die Nummer 4.2.3 *„Besondere Maßnahmen zur Schalldämmung und Schwingungsdämpfung von Anlagenteilen gegen den Baukörper."* In solchen Fällen sollte der Auftragnehmer den Auftraggeber rechtzeitig darauf hinweisen, dass derartige Leistungen als „Besondere Leistungen" gegebenenfalls nicht Vertragsbestandteil sind. Ergänzend sollten dahingehend Bedenken angemeldet werden (siehe Abschn. 3.2.1.1).

- Optischer Mangel
  Optische Mängel können sich wegen Farbabweichungen, Strukturabweichungen, unzureichender Oberflächenbeschaffenheit oder nicht ausreichender Passgenauigkeit ergeben. Eine Abgrenzung zu den vorher genannten Qualitätsmängeln ist häufig nicht gegeben.
- Technischer Mangel
  Ein technischer Mangel ist anzunehmen, falls vertraglich vereinbarte technische Standards, technische Regelwerke, die anerkannten Regeln der Technik oder individualvertraglich vereinbarte technische Regeln oder Beschaffenheiten nicht eingehalten wurden oder Abweichungen von den Herstellervorschriften vorliegen.
- Mangel auf Grund von Abweichungen vom Vertrag
  Es gibt vielfältige Gründe, warum ein Mangel vorliegen kann, der auf Abweichungen von den vertraglichen Vereinbarungen zurückzuführen ist. Dies können zum Beispiel die bereits erwähnten Mängel wegen Abweichungen von der vereinbarten Qualität sein. Hierzu zählen auch Maßabweichungen, indem zum Beispiel eine ansonsten mangelfreie Wand um 10 cm aus der Achse versetzt gebaut wurde.
- Arglistig verschwiegener Mangel
  Verschweigt der Auftragnehmer bei der Abnahme einen Mangel, der ihm aber nachweislich bekannt ist, so handelt es sich im juristischen Sinne um einen arglistig verschwiegenen Mangel. Solch ein Mangel liegt zum Beispiel vor, wenn der Auftragnehmer vorsätzlich minderwertige Baumaterialien verwendet. Gemäß §§ 634a, 199 BGB beträgt der Zeitraum der Mängelhaftung bei arglistig verschwiegenen Mängeln zehn Jahre von ihrer Entstehung an (§ 199 Abs. 3 Nr. 1 BGB) bzw. 30 Jahre von der Begehung der Handlung, der Pflichtverletzung oder dem Ereignis an, welches auslösend für den Schaden ist. Zu beachten ist jedoch, dass vom Auftraggeber gerichtsverwertbar der Nachweis zu erbringen ist, dass der Auftragnehmer Kenntnis vom Mangel hatte.
- Versteckter Mangel
  Häufig wird von einem versteckten Mangel gesprochen. Juristisch gibt es jedoch einen solchen Mangel nicht. Umgangssprachlich wird von einem versteckten Mangel ausgegangen, wenn dieser bei erster Prüfung nicht offensichtlich erkennbar ist sondern erst zu einem späteren Zeitpunkt, also im Nachhinein, durch einen neuen Erkenntnisstand oder den Wegfall von „verdeckenden" Umständen erkennbar ist.

Von mangelhaft ausgeführten Leistungen sind sogenannte „Restleistungen" abzugrenzen. Restleistungen sind vertraglich geschuldete (restliche) Leistungen, die zu einem bestimmten Zeitpunkt, z. B. bei Abnahme, noch nicht ausgeführt wurden. In der Praxis werden die Begriffe „Mangel" und „Restleistung" oft nicht korrekt voneinander abgegrenzt.

Inwieweit ein Mangel tatsächlich vorliegt, ist häufig Grund für lange und strittig geführte Diskussionen zwischen Auftraggeber und Auftragnehmer. Gegebenenfalls muss durch einen möglichst gemeinsam beauftragten (privaten) Gutachter versucht werden, eine Lösung herbeizuführen. Falls dies nicht möglich ist, kann durch ein „selbständiges

5.2 Mängel- und Gewährleistungsmanagement

Beweisverfahren" (siehe Abschn. 3.2.2) festgestellt werden, welche Partei Recht hat. In diesem Fall wird durch das Gericht ein Gutachter bestellt und mit der Mangelfeststellung beauftragt.

5.2.2 Verjährung der Mängelansprüche

Die Verjährung von Mängelansprüchen ist in § 634a BGB geregelt. Danach verjähren die Mängelansprüche *„in fünf Jahren bei einem Bauwerk und einem Werk, dessen Erfolg in der Erbringung von Planungs- oder Überwachungsleistungen [...] besteht"*.

Die VOB/B 2016 regelt dagegen in § 13 Abs. 4:

> *„(1) Ist für Mängelansprüche keine Verjährungsfrist im Vertrag vereinbart, so beträgt sie für Bauwerke 4 Jahre, für andere Werke, deren Erfolg in der Herstellung, Wartung oder Veränderung einer Sache besteht, und für die vom Feuer berührten Teile von Feuerungsanlagen 2 Jahre. Abweichend von Satz 1 beträgt die Verjährungsfrist für feuerberührte und abgasdämmende Teile von industriellen Feuerungsanlagen 1 Jahr.*
>
> *(2) Ist für Teile von maschinellen und elektrotechnischen/elektronischen Anlagen, bei denen die Wartung Einfluss auf Sicherheit und Funktionsfähigkeit hat, nichts anderes vereinbart, beträgt für diese Anlagenteile die Verjährungsfrist für Mängelansprüche abweichend von Abs. 1 zwei Jahre, wenn der Auftraggeber sich dafür entschieden hat, dem Auftragnehmer die Wartung für die Dauer der Verjährungsfrist nicht zu übertragen; dies gilt auch, wenn für weitere Leistungen eine andere Verjährungsfrist vereinbart ist."*

Beispiel Berechnung Verjährungsfrist für Gewährleistungsansprüche für Bauleistungen:

Abnahme der Bauleistung:	15.08.2020, 10.00 Uhr
Beginn der Gewährleistung:	16.08.2020, 00.00 Uhr
Verjährung der Gewährleistung gemäß § 634a BGB:	5 Jahre, also am 15.08.2025, 24.00 Uhr
Verjährung der Gewährleistung gemäß § 13 VOB:	4 Jahre, also am 15.08.2024, 24.00 Uhr

Die Verjährungsfrist beginnt grundsätzlich mit der Abnahme. Aufgrund zahlreicher gesetzlicher Vorschriften kann es zu einer so genannten Hemmung der Verjährung kommen. Eine Verjährungshemmung hat zur Folge, dass der Zeitraum, während dem die Verjährung gehemmt war, nicht in die Verjährungsfrist eingerechnet wird. So ist die Verjährung beispielsweise gehemmt, wenn zwischen Auftraggeber und Auftragnehmer Verhandlungen über einen Anspruch (also z. B. zur Frage, ob ein Mangel an der Leistung des Auftragnehmers vorliegt oder nicht) geführt werden. Auch die Einleitung gerichtlicher Schritte zur Durchsetzung von Mängelhaftungsansprüchen führt zur Hemmung der Verjährung.

Für bestimmte Bauteile, bei denen erfahrungsgemäß Mängel erst nach längerer Zeit auftreten, können auch in den Allgemeinen Geschäftsbedingungen längere Verjährungsfristen festgelegt werden. So ist die Klausel „Die Verjährungsfrist für Mängelansprüche beträgt bei Arbeiten am Flachdach 10 Jahre" nach einem BGH-Urteil wirksam.[1]

5.2.3 Beweislast

Wie bereits bei den Wirkungen der Abnahme dargestellt (siehe Abschn. 4.1.3.1), tritt mit der Abnahme eine Umkehr der Beweislast ein. So muss der Auftragnehmer für den Fall einer Verweigerung der Abnahme etwa darlegen und beweisen, dass das von ihm erstellte Werk frei von wesentlichen Mängeln ist. Nach erfolgter Abnahme hat im Gegensatz dazu der Auftraggeber zu beweisen, dass ein Mangel vorliegt.

Bei Einzelvergaben der Gewerke kann es für Auftraggeber aufgrund der technisch eng miteinander verwobenen einzelnen Leistungsteile ggf. schwierig werden, die Ursache eines Mangels eindeutig zu erkennen und einem konkreten Auftragnehmer zuzuordnen. Ursache einer durchfeuchteten Wand kann zum Beispiel ein undichtes Dach, eine undichte Trinkwasserleitung, eine undichte Heizwasserleitung, eine verstopfte Abwasserleitung oder ein bauphysikalisches Problem sein. Bei der Vergabe an einen Generalunternehmer hat der Auftraggeber im Gegensatz zur Einzelvergabe der Gewerke in der Regel nur einen Ansprechpartner. Durch eine Generalunternehmervergabe erfolgt somit eine Risikoverlagerung im Zusammenhang mit der Beweislast bei Mängeln vom Auftraggeber hin zum Auftragnehmer.

5.2.4 Rechtsfolgen nach VOB/B bei Mängeln vor der Abnahme

Haben die Parteien die Geltung der VOB für ihren Bauvertrag vereinbart, so ergeben sich die Rechtsfolgen bei Mängeln, die bereits während der Bauzeit erkannt werden, aus § 4 Abs. 7 VOB/B 2016:

> *„Leistungen, die schon während der Ausführung als mangelhaft oder vertragswidrig erkannt werden, hat der Auftragnehmer auf eigene Kosten durch mangelfreie zu ersetzen. Hat der Auftragnehmer den Mangel oder die Vertragswidrigkeit zu vertreten, so hat er auch den daraus entstehenden Schaden zu ersetzen. Kommt der Auftragnehmer der Pflicht zur Beseitigung des Mangels nicht nach, so kann ihm der Auftraggeber eine angemessene Frist zur Beseitigung des Mangels setzen und erklären, dass er ihm nach fruchtlosem Ablauf der Frist den Auftrag entziehe (§ 8 Absatz 3)."*

§ 8 Abs. 3 VOB/B 2016 bestimmt in diesem Zusammenhang:

> *„1. Der Auftraggeber kann den Vertrag kündigen, wenn in den Fällen des § 4 Absätze 7 und 8 Nummer 1 und des § 5 Absatz 4 die gesetzte Frist fruchtlos abgelaufen ist (Entziehung*

---

[1] Markus/Kaiser/Kapellmann: AGB-Handbuch Bauvertragsklauseln, Seite 487.

5.2 Mängel- und Gewährleistungsmanagement

des Auftrags). Die Entziehung des Auftrags kann auf einen in sich abgeschlossenen Teil der vertraglichen Leistung beschränkt werden.

2. *Nach der Entziehung des Auftrags ist der Auftraggeber berechtigt, den noch nicht vollendeten Teil der Leistung zu Lasten des Auftragnehmers durch einen Dritten ausführen zu lassen, doch bleiben seine Ansprüche auf Ersatz des etwa entstehenden weiteren Schadens bestehen. Er ist auch berechtigt, auf die weitere Ausführung zu verzichten und Schadensersatz wegen Nichterfüllung zu verlangen, wenn die Ausführung aus den Gründen, die zur Entziehung des Auftrags geführt haben, für ihn kein Interesse mehr hat."*

Der Auftragnehmer sollte daher alle Maßnahmen ergreifen, die Bauleistung mangelfrei zu erstellen und dem Auftraggeber keinen Vorwand für eine Kündigung zu geben, da diese häufig mit nur schwer überschaubaren Folgen verbunden ist.

5.2.5 Rechtsfolgen nach BGB und VOB/B bei Mängeln nach der Abnahme

In Abhängigkeit der Bauvertragsart, BGB- oder VOB/B-Vertrag, ergeben sich unterschiedliche Rechtsfolgen bei Mängeln, die nach Abnahme erkannt wurden. Falls ein BGB-Bauvertrag vorliegt, hat der Auftraggeber nach § 634 BGB „Rechte des Bestellers bei Mängeln" verschiedene Wahlmöglichkeiten im Umgang mit den Mängeln:

„Ist das Werk mangelhaft, kann der Besteller, wenn die Voraussetzungen der folgenden Vorschriften vorliegen und soweit nicht ein anderes bestimmt ist,

1. *nach § 635 Nacherfüllung verlangen,*
2. *nach § 637 den Mangel selbst beseitigen und Ersatz der erforderlichen Aufwendungen verlangen,*
3. *nach den §§ 636, 323 und 326 Abs. 5 von dem Vertrag zurücktreten oder nach § 638 die Vergütung mindern und*
4. *nach den §§ 636, 280, 281, 283 und 311a Schadensersatz oder nach § 284 Ersatz der vergeblichen Aufwendungen verlangen."*

In der Regel wird der Auftraggeber gemäß § 635 BGB die Nacherfüllung verlangen. Dies ist auch in § 13 Abs. 5 VOB/B 2016 vorgesehen:

„1. Der Auftragnehmer ist verpflichtet, alle während der Verjährungsfrist hervortretenden Mängel, die auf vertragswidrige Leistung zurückzuführen sind, auf seine Kosten zu beseitigen, wenn es der Auftraggeber vor Ablauf der Frist schriftlich verlangt. Der Anspruch auf Beseitigung der gerügten Mängel verjährt in 2 Jahren, gerechnet vom Zugang des schriftlichen Verlangens an, jedoch nicht vor Ablauf der Regelfristen nach Absatz 4 oder der an ihrer Stelle vereinbarten Frist. Nach Abnahme der Mängelbeseitigungsleistung beginnt für diese Leistung eine Verjährungsfrist von 2 Jahren neu, die jedoch nicht vor Ablauf der Regelfristen nach Absatz 4 oder der an ihrer Stelle vereinbarten Frist endet.

2. Kommt der Auftragnehmer der Aufforderung zur Mängelbeseitigung in einer vom Auftraggeber gesetzten angemessenen Frist nicht nach, so kann der Auftraggeber die Mängel auf Kosten des Auftragnehmers beseitigen lassen."

§ 13 Abs. 6 VOB/B 2016 schreibt vor: „*Ist die Beseitigung des Mangels für den Auftraggeber unzumutbar oder ist sie unmöglich oder würde sie einen unverhältnismäßig hohen Aufwand erfordern und wird sie deshalb vom Auftragnehmer verweigert, so kann der Auftraggeber durch Erklärung gegenüber dem Auftragnehmer die Vergütung mindern (§ 638 BGB).*"

Außerhalb des Geltungsbereiches der VOB gilt mit Inkrafttreten des „Gesetzes zur Sicherung von Werkunternehmeransprüchen und zur verbesserten Durchsetzung von Forderungen" (Forderungssicherungsgesetz) zum 01.01.2009, zuletzt geändert am 23.10.2008, dass der Auftraggeber bei wesentlichen Mängeln überhaupt keine Zahlung leisten muss. Bei geringfügigen Mängeln steht ihm ein Zurückbehaltungsrecht zu, und zwar „in der Regel" in der Höhe des Doppelten der voraussichtlichen Mängelbeseitigungskosten („Druckzuschlag", vgl. dazu auch § 641 Abs. 3 BGB).

Falls die Nacherfüllung nur zu einem Teilerfolg geführt hat, so steht dem Auftraggeber für den technischen, den merkantilen und den betrieblichen Minderwert ein Schadenersatz zu. Dieser steht dem Auftraggeber auch zu, falls die Mängelbeseitigung objektiv unmöglich, für den Unternehmer mit einem unverhältnismäßig hohen Aufwand verbunden ist oder dem Auftraggeber nicht zuzumuten ist.[2]

Unverhältnismäßig ist die Mängelbeseitigung in der Regel bei geringfügigen Schönheitsfehlern, bei denen die Gebrauchsfähigkeit des Bauwerks nahezu unbeeinträchtigt ist und die nur mit erheblichem Aufwand beseitigt werden können, wie beispielsweise bei Kratzern an der Verglasung oder Unebenheiten im Putz außerhalb der Maßtoleranzen. Im Rahmen der Mängelbeseitigung kann es notwendig sein, Leistungen zu erbringen, die notwendig gewesen wären, falls die Sache von vornherein richtig geplant und ausgeführt worden wäre. Diese damit verbundenen Kosten werden „Sowieso-Kosten" genannt und sind nicht Bestandteil der Schadenskosten.

5.2.6 Mangelverfolgung

Die verschiedenen Rechtsfolgen sowie die teilweise zahlreichen Mängel, die von Auftraggebern gerügt werden, machen es erforderlich, dass insbesondere im Schlüsselfertigbau ein strukturiertes System zur Mangelverfolgung (Mangelmanagement) eingerichtet wird. Dieses sollte durch EDV-Programme unterstützt werden, im einfachsten Fall durch die Verwendung eines Tabellenkalkulationsprogramms, um jederzeit einen aktuellen Überblick über die Abarbeitung der Mängel zu haben. Die Arbeit und die aktuelle Übersicht auf der Baustelle kann ebenso durch den Einsatz von internetbasierten Softwarelösungen auf

---

[2] Hankammer: Abnahme von Bauleistungen, Seite 60.

5.2 Mängel- und Gewährleistungsmanagement

Smartphones gerade bei der Mangelverfolgung stark unterstützt werden. Nachfolgend werden die wichtigsten Prozessschritte bei der Mangelverfolgung erläutert:

Mangelerfassung
Alle durch den Auftraggeber gemeldeten Mängel sollten in einer Mangelübersichtsliste mit mindestens den folgenden Angaben erfasst werden:

- Fortlaufende Nummer,
- Verweis auf Dokument, in dem der Auftraggeber den Mangel gemeldet hat,
- Kurzbeschreibung,
- Ort (Geschoss, Raum etc.),
- Datum der Mangelmeldung.

Mangelfeststellung und Mangelbewertung
Nachdem der Mangel gemeldet wurde, ist vor Ort eine Mangelbeurteilung vorzunehmen (siehe Abschn. 5.2.1.2). Gegebenenfalls liegt kein Mangel vor, da die gerügte Leistung gar nicht geschuldet wurde. Ein vom Auftragnehmer nicht zu beseitigender Mangel liegt z. B. auch vor, falls die Leistung von einem anderen Unternehmer erbracht wurde, nach der Abnahme beschädigt wurde oder ein Schaden wegen nicht ordnungsgemäßer Bedienung bzw. unsachgemäßer Beanspruchung oder fehlender Wartung aufgetreten ist. Falls der Mangel vom Auftragnehmer zu vertreten ist, sollte bereits vor Ort festgelegt werden, wie die Mangelbeseitigung erfolgt. In schwierigen Fällen sind Schritte festzulegen, wie das Mangelbeseitigungskonzept erarbeitet wird. Falls die Leistung von Nachunternehmern erbracht wurde, ist dies festzustellen.

Festlegung der Maßnahmen zur Mangelbehebung
Nachdem der Mangel als zu beheben bewertet wurde, ist konkret festzulegen, von wem, wie und innerhalb welcher Frist der Mangel zu beheben ist. Bei Leistungen, die mit eigenem gewerblichem Personal erbracht wurden, wird in der Regel der Mangel in Eigenleistung behoben. Falls das Unternehmen fachlich dazu nicht in der Lage ist, wird ein Nachunternehmer beauftragt. Dies kann auch der Fall sein, falls das eigene Personal auf anderen Baustellen gebunden oder die Anfahrt zur Baustelle zu aufwändig ist. Falls die mangelhafte Leistung durch Nachunternehmer erbracht wurde, ist die Mangelmeldung an diese weiterzuleiten und diese sind aufzufordern, den Mangel zu beheben.

Information über geplante Mangelbehebung an Auftraggeber
In der Regel wird der Auftraggeber darüber informiert, dass der Mangel behoben wird. Da das Bauwerk in der Regel in Benutzung und deshalb nicht mehr frei zugänglich ist, ist mit dem Auftraggeber oder dem Nutzer die Zugänglichkeit abzustimmen.

Mangel beheben
Nach den zuvor erläuterten Schritten kann schließlich der Mangel behoben werden. Selbstverständlich ist durch geeignete organisatorische Maßnahmen zu verfolgen, ob und wie der Mangel behoben wird.

Information über erfolgte Mangelbehebung an den Auftraggeber und Abnahme
Nachdem der Mangel behoben ist, ist der Auftraggeber unverzüglich hierüber zu informieren und eine Abnahme der Mangelbeseitigungsmaßnahme zu verlangen.[3] Die Hemmungswirkung endet gemäß § 13 Abs. 5 (1) Satz 3 VOB/B 2016 erst mit der Abnahme der Mängelbeseitigungsmaßnahmen. Es handelt sich hier um eine gesonderte Abnahme im Gewährleistungsstadium, die ausdrücklich, schriftlich oder stillschweigend erklärt werden kann. Dies gilt auch, wenn für die Beendigung der Vertragserfüllung ausdrücklich eine besondere Form der Abnahme vorgesehen ist. Mit der Abnahme der Mängelbehebung beginnt die vier- bzw. fünfjährige Gewährleistungsfrist für den behobenen Mangel zu laufen.

Alle Schritte sollten sorgfältig dokumentiert werden, um keine Missverständnisse aufkommen zu lassen bzw. um eine spätere Nachweisführung bei Unklarheiten zu ermöglichen.

5.3 Wartungsarbeiten

Der traditionelle Bauvertrag beinhaltet keine Wartungsarbeiten an der abgenommenen baulichen Anlage. Bei bestimmten Gewerken ist es jedoch sinnvoll, Wartungs- und Pflegearbeiten im Bauvertrag mit zu vereinbaren. Dies betrifft insbesondere alle beweglichen Teile einer baulichen Anlage, elektrische Anlagenteile sowie Pflanzungen. In manchen Fällen bieten Bausystem- oder Anlagenhersteller auch eine Haltbarkeitsgarantie an, sofern mit ihnen ein Wartungsvertrag für die eingebauten Systeme oder Anlagen geschlossen wird. Folgende Beispiele werden in diesem Zusammenhang genannt:

- Anwuchsgarantie bei Vereinbarung eines Pflegevertrags bei Pflanzen.
- Garantie oder eine verlängerte Gewährleistung bei Abschluss eines Wartungsvertrages bei Anlagen der Technischen Gebäudeausrüstung (z. B. Heizungs- und Klimaanlage).
- Garantie oder verlängerte Gewährleistung bei Fassadenelementen oder beweglichen Anlagen (z. B. Fenster, Türanlagen, Aufzügen, Rolltreppen).

---

[3] Siehe auch BGH, Urteil vom 25.09.2008 – VII ZR 32/07. Wichtig ist auch der Hinweis des BGH, dass in der Durchführung der Mängelbeseitigungsmaßnahmen nicht nur ein Hemmungstatbestand, sondern auch ein Unterbrechungstatbestand liegen kann, dann nämlich, wenn der Auftragnehmer in Erfüllung seiner Mängelbeseitigungspflicht die **Maßnahme durchführt**. Dann liegt nämlich eine **Anerkenntnis** vor, welche zu einem Neubeginn der vollen Verjährungsfrist (4 oder 5 Jahre) führt.

- Garantie oder verlängerte Gewährleistung bei Dächern und Dachabdichtung bei Abschluss eines Wartungsvertrages, verbunden mit einer regelmäßigen Inspektion und Reinigung des Daches.

Beim Abschluss eines Bauvertrages sollte der Auftraggeber auf die Möglichkeit von Wartungs- und Pflegeverträgen hingewiesen werden, da hierdurch Diskussionen verhindert werden, ob gemeldete Mängel auf vernachlässigte Wartung und Pflege zurückzuführen sind. Außerdem sichert ein langjähriger Wartungsvertrag dem Unternehmen einen regelmäßigen Cashflow. Darüber hinaus können die Wartungsarbeiten mit einer gewissen Flexibilität durchgeführt werden, sodass hierdurch die Personalauslastung verstetigt werden kann.

Literatur

A

Hankammer, G.: Abnahme von Bauleistungen, 4. Aufl, Rudolf-Müller-Verlag, Köln, 2013

B

Markus, J.; Kaiser, S.; Kapellmann, S.: AGB-Handbuch Bauvertragsklauseln, 4. Aufl, Werner Verlag, Köln 2014

Stichwortverzeichnis

A
ASP (Application Service Providing) 40
ABC-Analyse 211
Abfall, gefährlicher 16
Abgrenzung 236
Ablage 54
Ablauforganisation 24
Ablaufsimulation 101
Abnahme 335, 359
    Aufzug 336
    Elektroanschluss 337
    fiktive 343
    Förderanlage 337
    förmliche 338, 340
    Heizungsanlage 337
    interne 57, 335
    konkludente 340
    nach BGB 339
    nach VOB 337
    Nachunternehmerleistungen 343
    öffentlich-rechtliche 344
    privatrechtliche 336
    Schornstein 337
    stillschweigende 340
    technische 92, 336
Abnahmeformular 340
Abrechner 22
Abrechnung 78
    Pauschalvertrag 259
Abrechnungseinheit 252
Abrechnungsgrundlage 248
Abrechnungsvorschrift 250
Abschlagsrechnung 229, 247, 248, 253
    Zahlung 257
Abschlagszahlung 248
Abschlussgespräch 348
Abschnittsbauleiter 21
Abschnittsbauleitung 10
Abschreibung 262
Abwasserentsorgung 96
Abweichungsanalyse 60
Adjunktion 348
Adressenverzeichnis 52
AHO 357
Akademie 9
Akquisition 20
Allgemeine technische Vertragsbedingung
    (ATV) 66, 76
Alternativposition 287
Änderungssatz 296
Anerkannte Regeln der Technik (aRdT) 85
Anforderung
    einer Abschlagszahlung 248
Anlagenbuchhaltung 226
Anlaufphase 3
Annahme
    Schlusszahlung 347
Annahmestopp 158
Anordnungsbeziehung 163
Anwendungsbereich 76
Anwuchsgarantie 368
Anzeige
    behördliche 19
    schriftliche 275
    von Bedenken 138
    von Behinderungen 141
Äquivalenzmethode 304
Arbeitnehmerüberlassung 160

Arbeitnehmerüberlassungsgesetz (AÜG) 161
Arbeitsgemeinschaft (ARGE) 162
Arbeitskalkulation 231, 264
Arbeitsnachweis 47
Arbeitsschutzgesetz (ArbSchG) 17, 84
Arbeitsschutzmaßnahme 56
Arbeitssicherheitsgesetz ASiG) 22
Arbeitsstättenverordnung (ArbStättV) 17
Arbeitsunterlage 27
Arbeitsvorbereitung 1, 3
Arbeitszeitgesetz (ArbZG) 17
Architekt 5, 9, 348
Architektenhaftpflichtversicherung 216
Archivfunktion 41
Archivierung 41, 351
ARIS 24
Aufbauorganisation 23
Aufbewahrungsfristen 351
Aufbewahrungspflicht 351
Aufgabe
    organisatorische 146
    rechtliche 134
    wirtschaftliche 208
Aufmaß 181
    durch Plan 182
    gemeinsames 183
Aufmaßtechniker 22
Aufmaßzeichnung 182
Aufsichtsdienst, technischer 93
Auftrag 137
Auftragsbestand 236
Auftragsverhandlung 149
Aufwandswert 328
Aufwendung 226
Ausfallbürgschaft 219
Ausführung
    Vorgaben 78
Ausführungsbürgschaft 220
Ausführungsfrist 300
    Verlängerung 142
    verschobene 141
Ausschreibungsmangel 361
Ausschreibungsunterlagen 149
Aussperrung 141, 269
Avalprovision 263

B
Bagatellklausel 296
BAL (Baustellenausstattungsliste) 117

Balkenplan 26, 162
BAS (Bauarbeitsschlüssel) 241
Basel III 260
Bauablaufplan 162
    störungsmodifiziert 273, 320
    störungsmodifizierter 300
Bauablaufsimulation 101
Bauabzugssteuer 152, 347
Bauanlaufberatung 4
Bauausführung 1
    Behinderung 298
    Unterbrechung 298
Baubeginnsanzeige 344
Baubestimmung
    eingeführte technische 86
    technische 86
Baubetriebsführung 1
Baubetriebslehre 1
Baubetriebsplanung 1
Baubetriebswirtschaft 1
Baufeld 141
Baufeldeinweisung 92
Baufreigabeschein 11
Bauführer 21
Baugefährdung 15
Baugerät 115
Baugeräteliste (BGL) 117
Baugeräteversicherung 217
Baugewährleistungsversicherung 217
Baugrundrisiko 211
Bauherrenbauleitung 10
Bauherrenhaftpflichtversicherung 216
Bauhilfsstoff 119
Bauingenieur 9
Baukaufmann 23
Bauleistung 7
    bestimmte 152
Bauleistungsversicherung 214
Bauleiter 20
    der Bauunternehmen 20
    nach LBO 11
    öffentlich-rechtlicher 11
    verantwortlicher 11
Bauleitung 2, 10
Bauleitungspersonal 8
Baumaschine 115
Baumaterial 119
Baumschutzverordnung 19
Baunebengewerbe 161
Bauphase, eigentliche 3

Stichwortverzeichnis

Bauprozess 113
Bausoll 7, 67
Baustellenbeton 119
Baustellencontrolling 60, 103
Baustelleneinrichtung 101
Baustelleneinrichtungsplanung
   Freigabe 92
Baustellenmodell 102
Baustellenorganisation 8
Baustellenpersonal 20
   Zusammensetzung 9
Baustellenschild 11
Baustellenverordnung (BaustellV) 22
Baustillstand 316
Baustoff 119
   sonstiger 127
Bautagebuch 33
Bautagesbericht 33, 35
Bauteil 355
Bauüberwachung 10
Bauvertrag 64
   Einheitspreisvertrag 147
   Pauschalvertrag 147
Bauvertragsklausel 211
Bauwerker 47
Bauwesenversicherung 214
Bauwirtschaft 1
Bauzeitverlängerung 316
Bedenken wegen
   Art der Ausführung 138
   Bodenkontamination 140
   Leistungen anderer Unternehmer 140
   mangelnder bautechnischer
      Eignung 139
   Tragfähigkeit Boden 139
   Unfallgefahr 139
Begehung, gemeinsame 145
Behinderung 38, 141, 274
Behinderungsanzeige
   Form 142
Bemusterung 92, 177
   verspätete 141
Benachrichtigungsfunktion 41
Beratung 30
Berichterstattung bei Risiken 208
Berichtswesen 27
Berufsgenossenschaft 93
   der Bauwirtschaft (BGBau) 93
Berufsgenossenschaft (BG) 17

Berufsgenossenschaft der
   Bauwirtschaft 55
Beschaffungsprozess 57
Besprechung 30
Besprechungskoordination 30
Besprechungsprotokoll 49
Bestandsdaten 357
Bestandsdokumentation 33, 354
Bestellschein 131
Bestimmung, technische 87
Beton 119
   abrufen 122
   nach Eigenschaft 121
   nach Zusammensetzung 121
   Standardbeton 121
Betonprüfstelle 172
Betonqualität 172
Betonstahl 127
Betonstahlliste 127, 128
Betonware 127
Betonwerkstein 127
Betriebsanleitung 354
Betriebsarzt 55
Betriebshaftpflichtversicherung 216
Betriebsrat 22
Betriebsstoff 119
Bewehrungsplan 127
Beweislast 338
Beweissicherungsverfahren 144, 363
   privatrechtliches 144
   selbständiges 363
Bewertung
   europäische technische 90
   technische 90
BG-Information 17
BGL (Baugeräteliste) 117
BG-Regelwerk 17
Bieterbürgschaft 218
Bilanz 226
BIM (Building Information Modeling) 31, 98
BImSchG (Bundes-Immissionsschutz-
   gesetz) 88
BNatSchG (Bundesnaturschutzgesetz) 16
Bodenkontamination 140
Bodenverunreinigung 16
Bohrprotokoll 50
Brainstorming 209
Brandstiftung 215
Briefpost 351

Buchführung, ordnungsgemäße 225
Buchungsanzeige 348
Buchungsbeleg 351
Bürgschaft 218, 219
    selbstschuldnerische 219
Bußgeld 16

C
CAD 98, 179
Checkliste 5
    für Startgespräch 5
Claim 267
Computational Engineering 98
Controlling 59, 60
    Termine 162
Controllingsystem 60

D
Dateiformat 40
Datenaustausch 40
Datenformat 33
Datennetz 96
Datennetzwerk 349
DB (Deutsche Bahn) 97
Deckblatt 39
Denkmalschutzgesetz (DschG) 18
Differenztheorie 303
DIN-Norm 86
Dokument 27
Dokumentation 54, 300, 351, 354
    bauliche Zustände 144
Dokumentenmanagement 41
Druckzuschlag 366

E
Effektivitätsverlust 306, 309
Eigenkapital 260
Eigenüberwachung 172
Eignung, bautechnische
    Boden 139
Einarbeitungseffekt 307
Einbauteil 127
Einbruchdiebstahlversicherung 217
Einheitliche technische Baubestimmung
    (ETB) 87
Einheitspreisvertrag 147
Einkäufer 23

Einzelzeitaufnahme 329
Eistag 132
Elektronikversicherung 217
E-Mail 351
Energieversorgungsunternehmen 94
Entgegennahme
    physische 337
Entschädigung 299, 319
    Umsatzsteuer 327
Entschädigung wegen
    Allgemeinen Geschäftskosten 326
    Baustellengemeinkosten 320
    eigener Geräte 325
    erhöhtem Personalaufwand 324
    erhöhter Baustellengemeinkosten 325
    Mietgeräten 324
    Steigerung von Lohn- und Gehaltskosten
        322, 323
    Stoffpreiserhöhungen 324
    Unterdeckung Allgemeiner
        Geschäftskosten 325
    verlängerter Gerätevorhaltung 324
    Wagnis und Gewinn 321, 326
Entscheidungsfindung 100
Erd- und Straßenbau 132
Erfolgsrechnung 226
Erhöhung
    Lohnkosten 305
    Stoffkosten 311
Ermöglichungspflicht 135
Ersatzinvestition 52
Ersatzvornahme 151
Erschwerniszuschlag 42
Erstellungspflicht 135
Erstmeldung 57
Ertrag 226
Eventualposition 288
Expertenwissen 349
Explosion 215
Expositionsklasse 172

F
Fachbauleiter 13
Fachingenieur 5
Fachingenieurbüro 14
Fachkraft für Arbeitssicherheit 22, 55
Fachkraft für Arbeitssicherheit (Fasi) 22
Fachlos 147
Facility Management (FM) 355

Fahreignungsregister 16
Fälligkeit
    Lohn 43
    Zahlung 347
Fassregel 187
Fensterreinigung 357
Fertigstellungsphase 3
Fertigungsplanung 1, 97
Feststellung
    gemeinsame 342
Feuer 215
Filterfunktion 41
Finanzbuchhalter 23
Finanzplanung 260, 262
Flächenberechnung 186
Forderungssicherungsgesetz 248, 366
Formular 27
    Abnahme 340
Forstamt 97
Fortschrittszeitaufnahme 329
Fotodokumentation 353
Freigabe
    Pläne 30
Freistellungsbescheinigung 150, 152
Friedhofsverordnung 19
Frischbeton 133
Führungsperson 5
Funktionsbeschreibung 20
Fußbodenfläche 358
Fußbodenreinigung 358

G
Garantie 359
Gauß-Elling 186
Gebäudemodell 100
    virtuelles 100
Gebrauchsabnahme 337, 345
Gefährdungsbeurteilung 55, 57
Gefahrenpotenzial 55
GEFMA 90, 357
Gehweg 144
Generalübernehmer 9
Generalunternehmer 9
Gerät 115
    eigenes 313
    Freimeldung 117
Gerätebuch 52
Geräteeinsatzbericht 50
Gerätehandbuch 354
Geräteliste 117

Gesamtprojektleitung 13
Geschäftsherr 14
Gewährleistung 339, 359
    verlängerte 368
Gewährleistungsbürgschaft 220, 348
Gewährleistungsphase 3
Gewalt, höhere 269
Gewässerverunreinigung 16
Gewinn- und Verlustrechnung 226
Gleitklausel 295
Grenzgüte 178
Grenzmuster 178
Grüner Punkt 11
Grünflächenamt 97
Gutachter 144
    gerichtlich bestellter 363
    privater 362

H
Haftpflichtschaden 215
Haftpflichtversicherung 216, 217
    Gewässerschaden 217
Haftung 10
    aus strafbarer Handlung 15
    Bauleitung 14
    bauvertragliche 14
    gegenüber Dritten 15
Handelsbrief 351
Handelsgesetzbuch 351
Handlungsaufgabe 23
Hauptpflicht 135
Hemmung 363
Höhere Gewalt 142, 269

I
IBPM (Internetbasiertes Projektmanagement-
    System) 40
IDEF (Integrated Computer-Aided Manufactu-
    ring Definition) 24
Index 38
Informationsdatenbank 349
Integrierte Projektabwicklung (IPA) 98
Inventar 351
Ist-Besteuerung 258

J
Jahresabschluss 351
Jahresende 236

Jahrhunderthochwasser 142
JArbSchG (Jugendarbeitsschutzgesetz) 18
Jour fixe 30, 92

K
Kalenderfunktion 41
Kalkulator 5
Kapitalbindung 260
Kapitalherkunft 260
Kaufmann 225
Keplersche Fassregel 187
Kick-off-meeting 4
KLR (Kosten- und Leistungsrechnung) 227
Klausel 65, 67
Kohlenwasserstoffe (KW) 140
Kollisionsplanung 100
Kommunikation 39
Kommunikationszeitalter 348
Kompatibilität 353
Kompetenz 23
Konfliktlösung 348
Kontakt
   mit Auftraggebern 92
   mit Behörden, Verwaltungen und Institutionen 93
   mit Planern 92
Kontingent 157
Kontrolle 59, 62
Konzernbürgschaft 224
Koordination 49
Koordinationsrisiko 148
Koordinator nach Baustellenverordnung 22, 55
Kosten- und Leistungsrechnung 62
Kostencontrolling 60, 236
Kostenmanagement 236
Kostenrisiko 295
Kosten-Soll-Ist-Vergleich 236, 330
Kostenstelle 226
Kostenträger 226
Kreditvergabe 260
Kreislaufwirtschaftsgesetz (KrWG) 16
Kulturdenkmal 18

L
Layerstruktur 33
LBO-Bauleiter 11
Leiharbeit 160

Leistung
   besondere 76, 78
   eigenmächtig erstellte 143
   mangelhafte 179
Leistungsbereich 355
Leistungsermittlung
   über Einheitspreise 229
   über Kosten 231
   über Vorgänge 232
Leistungsgerät 50, 115, 313
Leistungslohn 44
Leistungsmeldung 225
Leistungsmenge 228
Leistungsrechnung 62
Lieferschein 50, 115, 116, 124, 126
Lifecam 353
Liquidität 226, 260
Liquiditätsplanung 260, 263
Liste
   Materialanforderung 130
Logistik 168
Logistiksimulation 103
Lohnbericht 328
Lohnbuchhalter 23
Lohnbuchhaltung 226
Lohngleitklausel 295
Lohnleistung 154
Lohnmeldezettel 328
Lohnstundenerfassung 42
Long Term Evolution (LTE) 96
Luftverunreinigung 16

M
Management 59
Mangel 337, 339
   arglistig verschwiegener 362
   Beweislast 364
   Definition 360
   Nacherfüllung 339
   optischer 362
   qualitativer 361
   Rechtsfolgen 364
   Selbstvornahme 339
   technischer 362
   Verjährung 339, 363
   versteckter 362
   wesentlicher 340, 361
Mängelanspruch 363
Mangelart 361

Stichwortverzeichnis

Mangelbewertung 367
Mangelerfassung 367
Mangelfeststellung 367
Mangelfreiheit 359
Mängelmanagement 103, 179, 360
Mangelverfolgung 366
Maschinen-Tagesbericht 50
Massenermittlung 184
Materialabruf 130
Materialanforderungsliste 130
Materialeinkauf 130
Materiallieferung 234
Mauerstein 127
Mediation 348
Mehrlohnfaktor 44
Mehrmenge 290
Mehrstunde 44
Mehrwertsteuer 255, 284
Meister 9
Meldung
   Beinaheunfall 57
Mengenänderung 285
Mengenberechnung 184
Mengenermittlung 101
   per EDV 200
   von Hand 198
Microfilm 351
Mietgerät 115, 313
Mind Mapping 209
Minderleistung 307
Minderleistungskennzahl 309
Mindermenge 292
Minderwert 366
Mitwirkung des Auftraggebers 301
mock-up 178
Modell 178
Modellbau 179
MOE-Raum 154
MOE-Werkvertragsunternehmen 156
Monatsultimo 230
Multimomentaufnahme 329, 330

N
Nachbaranspruch 141
Nachbarbebauung 144
Nacherfüllung 339
Nachkalkulation 241, 328, 330
   kaufmännische 330

Nachtrag 267
   dem Grunde nach 274
   einreichen 276
   erkennen 273
   formulieren 275
   genehmigen 277
Nachtrag wegen
   Bauablaufstörung 298
   Behinderung 298
   geänderter Leistung 278
   Mehrmengen 285
   Mindermengen 289
   zusätzlicher Leistung 278
Nachtragsmanagement 267, 269, 272
Nachtragsposition 288
Nachtragspotenzial 269
Nachtragsursache 273
Nachunternehmer 130, 146
   führen und steuern 150
   Vergütung 151
Näherungsverfahren 190
NatSchG (Naturschutzgesetz) 18
Naturkatastrophe 215
Nebenleistung 76, 78
Nebenpflicht 135
Nebenstunde 328
Nettolohn 42
Netzbetreiber 94
Netzplantechnik 162
Norm 89

O
Obelisk 188
Oberbauleiter 20
Oberbauleitung 10
Oberflächenqualität 175
Objektplaner 348
Objektüberwachung 10
Obliegenheit 135
Ordnergruppe 54
Organigramm 23
Orkan 215

P
PAK (Polyzyklische aromatische Kohlenwasserstoffe) 140
Patronatserklärung 224

Pauschalvertrag 147
   Abrechnung 259
PCB (Polychlorierte Biphenyle) 140
per procura 137
Personal
   kaufmännisches 9
   technisches 9
Personalaufwand 310
Personalbedarf 114
Pflegearbeit 368
PKMS (Projekt-Kommunikations-
      Management-System) 39, 40
Plan
   Freigabe 30, 60, 139, 166, 335
Planänderung 141
Plandokumentation 33
Planeingangsbuch 38
Planlauf 92
Planlaufschema 30
Planlieferung
   unzureichende 141
   verspätete 141
Planschlüssel 40
Planung 60
Planungsänderung 38
Planungsmangel 361
Planungsunterlagen
   Übergabe 92
Planverwaltung 41
Polier 9, 21
Polyeder 187
Portfolioanalyse 211
Position
   dem Terminplan zuordnen 232
Positionen
   meldefähige 229
Prävention 17
   Grundsätze der 17
Preiserhöhung 295
Preisnachlass 235
Preisspiegel 149
Prisma 190
Prismatoid 187
Prismenverfahren 191
Produktionskontrolle
   Beton 124
Projektakte 54
Projektaufbauorganisation 24
Projektgespräch, erstes 4
Projektleiter 20

Projektleitung 10, 13
Projektordner 353
Projektordnerstruktur 53, 353
Projektorganisation 4
   Grundlagen 7
   Instrumentarien 27
Projektstruktur 162
Projektunterlagen 351
Projektverwaltung 41
Projektwissen 349
Prokura 137
Protokoll 5, 49
   technisches 49
Protokollverwaltung 41
Prozessanalyse 24
Prozesskette 24
   ereignisgesteuerte 24
Prozessökonomie 144
Prozessorganisation 24
Prüfeintragung 348
Prüfpflicht 138
Prüfung
   Rechnung 348
Punkte in Flensburg 16
PÜZ-Stelle 124
Pyramidenstumpf 188, 207

Q
QM-System 57
Qualifikation
   Bauleiter 21
   Bauleitungspersonal 8
Qualitätscontrolling 170
Qualitätsmanagement 170
Qualitätsmanagementsystem 57, 335, 351
Qualitätsmangel 361
Qualitätssicherung 57, 335
Qualitätsstufe 176
Quartalsbericht 236
Querprofil 191
Quotierung 157

R
Rammprotokoll 50
REB
   21.003 186
   23.003 203
REB-VB 23.003 201

REB-Verfahrensbeschreibung 200
Rechnung 345
Rechnungsabstrich 235
Rechnungsart 248
Rechnungsdatum 254
Rechnungsdeckblatt 249
Rechnungslauf 92
Rechnungsnummer 254
Rechnungsprüfer 23
Rechnungsprüfung 348
Rechnungsstellung
   Schlussrechnung 345
Rechtsbegriff 86
Rechtsfolge
   bei Mangel 364
Rechtsgutverletzung 15
Rechtsmangel 360
Redlining 41
REFA 309
REFA (Reichsausschuss für Arbeitszeitermittlung) 330
Regel
   allgemein anerkannte der Technik 85
   der Technik 85
Regelkreis, kybernetischer 60, 209
Regelung, kommunale 19
Regelwerk, technisches 76
Regiearbeit 45
Rentabilitätsvermutung 304, 311
Reprobetrieb 41
Ressource 132
Ressourcenbedarf 114
Ressourceneinsatz 113
Ressourcenermittlung 266
Rettungsdienst 93
Revisionszeichnung 354
Richtlinie für die Sicherung von Arbeitsstellen an Straßen (RSA) 94
   Regelplan 94
Risiko
   durch Koordination 148
   durch Schnittstellen 147
   Schnittstelle 344
Risikoaggregation 211
Risikobewältigung 212
Risikobewertung 209
Risikocontrolling 208
Risikoidentifikation 209
Risikoklassifizierung 211
Risikomanagement 208

Risikominimierung 148
Risikopolitik 208
Risikoportfolio 211
Risikopotenzial 211
Risikoquantifizierung 211
Risikosteuerung 212, 213
Risikostrukturierung 209, 211
Risikoübernahme 213
Risikoübertragung 212
Risikovermeidung 212
Risikoverminderung 212
Risikoverteilung 214
Risikovorsorge 66
Rohbauabnahme 337
Rohr 127
Rolle 27
Roter Punkt 11
   Regelplan 94
Rückstellung 235, 236
Ruhepause 17

S
Sachbeschädigung 15
Sachmangel 360
Sanitärcontainer 96
Schaden 299
   bei Baustellengemeinkosten 316
Schaden wegen
   entgangenem Gewinn 317, 318
   erhöhter Baustellengemeinkosten 316
   Kapitalverzinsung 315
   Minderleistung 307
   Reparaturaufwand 315
   sonstigem Personalaufwand 310
   Steigerung von Lohn- und Gehaltskosten 305
   Stoffpreiserhöhung 310
   Unterdeckung Allgemeiner Geschäftskosten 316
   verlängerter Gerätevorhaltung 313
Schadenermittlung 303
Schadenersatz 142
   Fälligkeit 318
   Umsatzsteuer 318
Schadensnachweis, kausal-konkludenter 143
Schiedsgerichtsverfahren 348
Schild 11
Schlechtwetter 42
Schlichtung 348

Schlussgespräch 348
Schlussrechnung 248, 250, 345
Schlusszahlung 347
Schnittstellenrisiko 147, 344
Schriftwechsel 27
Schutzpflicht 338
Schwarzarbeit 160
Schwermetall 140
Sekretariat 10
Selbstbeteiligungsklausel 296
Selbstvornahme 339
SiB (Sicherheitsbeauftragter) 22
Sicherheit und Gesundheitsschutz 55, 57
Sicherheits- und Gesundheitsschutz-
    koordinator 22
Sicherheits- und Gesundheitsschutzplan 55
Sicherheitsbeauftragter 55
Sicherheitsbeauftragter (SiB) 22
Sicherheitscontrolling 56
Sicherheitsfachkraft (Sifa) 22
Sicherheitsleistung 262, 348
Sicherheitsmanagement 166
Sichtbeton 173
Sichtkontrolle 180
Sifa (Sicherheitsfachkraft) 22
SiGe-Koordinator 31, 93
SiGe-Plan 166
Signallageplan 94
Simpsonsche Formel 191, 205
Simulation 212
    Logistik 103
Skonto 235, 255
Smartphone 35
Soll 0 66
Soll-Besteuerung 258
Soll-Ist-Vergleich 60
Soll-Ist-Vergleichsrechnung 62
Sowiesokosten 366
Spezialbaufacharbeiter 47
Spezifikation, technische 89
Stahleinbauteil 127
Stand der Wissenschaft 88
Standardbeton 121
Standardformular 29, 92
Startgespräch 4, 349
Stelle 23
StGB (Strafgesetzbuch) 15
Stilllegung
    Gerät 117
Stoffgleitklausel 296

Stoffpreiserhöhung 310
Stoffpreisgleitklausel 295
Straftat 16
Straßenbauamt 94
Straßenbehörde 94
Straßenverkehrsbehörde 93
Straßenverkehrsordnung (StVO) 16
Streiflicht 177
Streik 141, 269
Stromtarif 96
Strukturorganisation 23
Stundenaufwandswert 328
Stundenbericht 42
Stundenerfassung 42
Stundenkonto 42
Stundenlohn 44
Stundenlohnarbeiten 45
Stundenlohnbericht 92
Stundenlohnnachweis 45
Stundenlohnvertrag 45
Stundenlohnzettel 45
Stundenmeldung 42
Stunden-Soll-Ist-Vergleich 239
Stundenverbrauch 239
Stundenzettel 42
Sturmflut 215
Subunternehmer 146

T
Tagelohnarbeit 45
Tagelohnnachweis 47
Tagesordnung 49
Tagesstundenbericht 42
Tarifvertrag 161
Techniker 9
Technischer Leiter 20
Teilabnahme 342
Teilschlussrechnung 248, 250
Tektur 38
Telekommunikation 96
Termincontrolling 26, 162, 302
Terminliste 162
Terminmanagement 162
Terminplan, störungsmodifizierter 300
Terminplanung 26, 162, 232
Terminverzug 26
Toleranz im Hochbau 171
Totalübernehmer 9
Totalunternehmer 9

Tötung, fahrlässige 15
Tragfähigkeit
    Boden 139
Transportbeton 119
Transportbetonwerk 121

U
Übergabedokumentation 354
    Inhalt 355
    Struktur 354
Überschwemmung 215
Überstundenzuschlag 42
Überwachungsklasse 172
Überwachungsstelle
    anerkannte 172
Umkehr der Beweislast 338
UML (Unified Modelling Language) 24
Umleitungsplan 94
Umweltpflege 16
Unbedenklichkeitsbescheinigung 150
Unfall 142
Unfallgefahr 139
Unfallhäufigkeitsziffer 167
Unfallverhütungsvorschrift (UVV) 17
Unternehmensbauleitung 10
Unternehmenscontrolling 60
Unternehmensrechnung 226
Up- und Download 41
Urlaubs- und Lohnausgleichskasse 42
Urlaubsplanung 27
Urlaubszeit 115

V
Verantwortung 10
Verbrauchsdaten 357
Verbrauchsstoff 119
Verdingsordnung für Bauleistungen 64
Vergabe 154
    Lohnleistung 154
    Nachunternehmer 149
Vergabe- und Vertragsordnung für
        Bauleistungen (VOB) 64
    als Ganzes 67
Vergabeeinheit 147, 149
Vergleich
    Schaden und Entschädigung 327
Vergütung
    Nachunternehmer 151
Verhandlungsprotokoll 150

Verjährung 339
    Mängelanspruch 363
Verjährungsfrist 338
Verkehrsbetrieb, städtischer 97
Verkehrszeichenplan 94
Verlustquellenforschung 309
Verluststunde 328
Vermögenslage 303
Verpressprotokoll 50
Verrechnung, innerbetriebliche 47
Verrichtungsgehilfe 14
Versandbeleg 115
Versicherung 214
Versionsverwaltung 41
Vertragsanalyse 64, 65
Vertragsbedingung
    besondere 66
    zusätzliche 66
Vertragserfüllungsbürgschaft 220
Vertragsinhalt 150
Vertragsklausel, unwirksame 67
Vertragsmanagement 134
Vertragssoll 66
Vertragsstrafe 215, 338
Vertragstext 150
Vertragsunterlagen 150
Vertreter 20
Vertretungsvollmacht 14, 137
Verzugszins 347
Viewer 41
    als Ganzes 67
Vollmacht 14, 137
Volumenberechnung
    exakte 187
    genäherte 190
Vorankündigung 55
Vorarbeiter 21
Vorauszahlungsbürgschaft 222
Vorgabe zur Ausführung 78
Vorgabewert 44
Vorhaltegerät 50, 115
Vorlauffrist 301
Vorleistungspflicht 338

W
Wartungsanleitung 354
Wartungsarbeit 368
Wartungsvertrag 368
Wasserhaushaltgesetz (WHG) 16
Wasserversorgung 96

Wegegeld 43
Weg-Zeit-Diagramm 162
Werk
   mängelfreies 359
Werkvertrag 64
Werkvertragsunternehmen 156
Wetterinformation 132
Winter, extremer 142
Winterbau 132
Wirksamkeit
   Vertragsunterlagen 66
Wissen 348
   explizites 349
   impliziertes 349
   kodifiziertes 349
Wissenschaft 88
Wissensmanagement 349
Witterungseinfluss
   außergewöhnlicher 269
   normaler 215
Wochenstundenbericht 42
Workflow 41, 357

Z
Zahlung 347
Zahlungsbürgschaft 222
Zahlungseingang 262
Zahlungsfähigkeit 260
Zahlungsfreigabe 92
Zahlungsfrist 262
Zahlungsplan 259, 266
Zahlungsverzug 347
Zahlungsziel 235
Zeitarbeit 160
Zeitaufnahme 330
Zertifizierung 335
Zufahrtsstraße 144
Zusatzversorgungskasse des Baugewerbes
   (ZVK) 42, 158
Zuständigkeit 10
Zuständigkeitsmatrix 27, 29
Zustandsdaten 357

If you have any concerns about our products,
you can contact us on
ProductSafety@springernature.com

In case Publisher is established outside the EU,
the EU authorized representative is:
**Springer Nature Customer Service Center GmbH
Europaplatz 3, 69115 Heidelberg, Germany**

Printed by Libri Plureos GmbH
in Hamburg, Germany